2025
필기시험
대비

전산응용기계제도 기능사 필기

Computer Aided Mechanical Drawing

박미향 지음

BM (주)도서출판 성안당

【저자 약력】

■ 박미향
  • 진주기계공업고등학교 재직 중

전산응용기계제도기능사 필기

2017. 1. 18. 초 판 1쇄 발행
2025. 1. 8. 개정증보 9판 1쇄 발행(통산 11쇄 발행)

지은이 | 박미향
펴낸이 | 이종춘
펴낸곳 | BM (주)도서출판 **성안당**
주소 | 04032 서울시 마포구 양화로 127 첨단빌딩 3층(출판기획 R&D 센터)
     | 10881 경기도 파주시 문발로 112 파주 출판 문화도시(제작 및 물류)
전화 | 02) 3142-0036
     | 031) 950-6300
팩스 | 031) 955-0510
등록 | 1973. 2. 1. 제406-2005-000046호
출판사 홈페이지 | www.cyber.co.kr
ISBN | 978-89-315-8676-3 (13550)
정가 | 27,000원

이 책을 만든 사람들
책임 | 최옥현
진행 | 최창동
본문 디자인 | 민혜조
표지 디자인 | 박원석
홍보 | 김계향, 임진성, 김주승, 최정민
국제부 | 이선민, 조혜란
마케팅 | 구본철, 차정욱, 오영일, 나진호, 강호묵
마케팅 지원 | 장상범
제작 | 김유석

www.cyber.co.kr
성안당 Web 사이트

✳ 머리말

　도면은 모든 분야의 기본으로 중요한 부분을 차지하며 CAD 시스템을 이용하여 산업체에서의 제품개발, 설계, 생산기술 부문 등의 기술자들이 기술정보를 표현하고, 관리하기 위한 2D 도면과 3D 모델링 등을 산업표준 규격에 맞게 제도하는 직무 수행 능력은 현대사회에서 꼭 필요로 하는 것입니다. 자격증 취득을 준비하고 있는 여러분들이 이런 능력과 자질을 갖춘 기능인으로 거듭나기를 바라는 간절한 마음으로 이 책을 집필하게 되었습니다.

　필자는 수년간 공업계 고등학교에서 직접 전산응용기계제도기능사 필기와 실기시험을 지도하면서 학생들 눈높이를 겨냥하여 좀 더 쉽게 수험생들이 접근할 수 있는 방법을 연구하여 교재를 구성하였으며, 출제 문항수가 많은 단원을 중심으로 목차를 구성하였습니다.

　교재의 내용은 기출문제를 분석하여 각 단원별 내용의 개념과 접목시켜 정리하였고, 연도별로 기출문제와 복원문제를 수록하였으며, 2016년 5회 필기시험부터 시행된 자격검정 CBT(컴퓨터 기반 시험)를 대비할 수 있도록 출제기준에 맞추어 혼자 공부해도 이해가 쉽도록 꼼꼼하게 풀이하였기에 본 교재로 공부한 수험생은 자신감을 얻어 합격의 기쁨을 맛보게 될 것입니다.

　필자는 전산응용기계제도기능사 자격증을 취득하고자 하나 필기가 어려워 중도에 포기 하려는 수험생들의 입장에서 이 책을 집필하였기에 시간을 투자한 만큼의 성취감을 느낄 수 있으리라 자신합니다. 앞으로도 늘 초심(初心)을 잃지 않고 계속 연구하여 수험생들에게 진심으로 도움이 되는 좋은 책을 만드는 일에 최선을 다할 것입니다.

　마지막으로 이 책을 출판하는 데 많은 도움을 주신 '성안당' 직원 여러분께 진심으로 감사의 인사를 드립니다.

저자 박미향

1 국가직무능력표준(NCS)이란?

국가직무능력표준(NCS, National Competency Standards)은 산업현장에서 직무를 수행하기 위해 요구되는 지식·기술·태도 등의 내용을 국가가 산업부문별, 수준별로 체계화한 것이다.

(1) 국가직무능력표준(NCS) 개념도

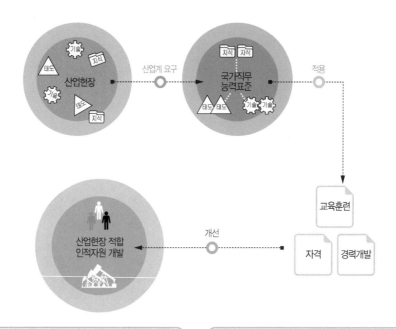

직무능력 : 일을 할 수 있는 On-spec인 능력

① 직업인으로서 기본적으로 갖추어야 할 공통능력 → 직업기초능력
② 해당 직무를 수행하는 데 필요한 역량(지식, 기술, 태도) → 직무수행능력

보다 효율적이고 현실적인 대안 마련

① 실무 중심의 교육·훈련 과정 개편
② 국가자격의 종목 신설 및 재설계
③ 산업현장 직무에 맞게 자격시험 전면 개편
④ NCS 채용을 통한 기업의 능력 중심 인사관리 및 근로자의 평생경력 개발 관리 지원

(2) 국가직무능력표준(NCS) 학습모듈

국가직무능력표준(NCS)이 현장의 '직무요구서'라고 한다면, NCS 학습모듈은 NCS 능력단위를 교육훈련에서 학습할 수 있도록 구성한 '교수·학습자료'이다.

NCS 학습모듈은 구체적 직무를 학습할 수 있도록 이론 및 실습과 관련된 내용을 상세하게 제시하고 있다.

② 국가직무능력표준(NCS)이 왜 필요한가?

> 능력 있는 인재를 개발해 핵심 인프라를 구축하고, 나아가 국가경쟁력을 향상시키기 위해 국가직무능력 표준이 필요하다.

(1) 국가직무능력표준(NCS) 적용 전/후

🔍 지금은
- 직업 교육·훈련 및 자격제도 가 산업현장과 불일치
- 인적자원의 비효율적 관리 운용

→ 국가직무 능력표준 →

🔍 이렇게 바뀝니다.
- 각각 따로 운영되었던 교육· 훈련, 국가직무능력표준 중심 시스템으로 전환 (일–교육·훈련–자격 연계)
- 산업현장 직무 중심의 인적자원 개발
- 능력중심사회 구현을 위한 핵심 인프라 구축
- 고용과 평생직업능력개발 연계 를 통한 국가경쟁력 향상

(2) 국가직무능력표준(NCS) 활용범위

기업체
Corporation

교육훈련기관
Education and training

자격시험기관
Qualification

- 현장 수요 기반의 인력채용 및 인사 관리 기준
- 근로자 경력개발
- 직무기술서

- 직업교육훈련과정 개발
- 교수계획 및 매체, 교재 개발
- 훈련기준 개발

- 자격종목의 신설· 통합·폐지
- 출제기준 개발 및 개정
- 시험문항 및 평가 방법

③ '기계요소설계' NCS 학습모듈(www.ncs.go.kr)

(1) NCS '기계요소설계' 직무 정의

기계요소설계는 기계를 구성하고 있는 단위요소를 설계하기 위하여 창의적인 기능품의 선정과 제조
방법을 고려한 요소의 강도, 형상, 구조를 결정하여 적합한 규격에 맞도록 검토 및 설계하는 일이다.

① '타워크레인운전'의 NCS 학습모듈

대분류	중분류	소분류	세분류(직무)
15. 기계	01. 기계설계	01. 설계기획	01. 기계설계기획
			02. 기계개발기획
			03. 기계조달
			04. 기계마케팅
		02. 기계설계	01. 기계요소설계
			02. 기계시스템설계
			03. 구조해석설계
			04. 기계제어설계

② 직업정보

세분류		기계요소설계, 기계시스템설계, 구조해석설계, 기계제어설계	
직업명		기계공학기술자	전기·전자 및 기계공학시험원
종사자 수		100.7천명	9.5천명
종사현황	연령	36세	39세
	임금	335.3만원	318.1만원
	학력	15.8년	14.6년
	성비	남성 : 95.9% 여성 : 4.1%	남성 : 96.9% 여성 : 3.4%
	근속연수	7.1년	10.6년
관련 자격		기계기술사	기계기술사

* 자료 : 한국고용정보원, 워크넷

③ NCS 능력단위별 능력단위요소

분류번호	능력단위	수준	능력단위요소
1501020111_16v3	2D도면작업	2	1. 작업환경 준비하기 2. 도면 작성하기
1501020112_16v3	2D도면관리	2	1. 치수 및 공차 관리하기 2. 도면 출력 및 데이터 관리하기
1501020113_16v3	3D형상모델링작업	2	1. 3D형상모델링 작업 준비하기 2. 3D형상모델링 작업하기
1501020114_16v3	3D형상모델링검토	2	1. 3D형상모델링 검토하기 2. 3D형상모델링 출력 및 데이터 관리하기
1501020115_16v3	도면분석	3	1. 도면분석하기 2. 요소부품 투상하기
1501020116_16v3	도면검토	3	1. 주요치수 및 공차 검토하기 2. 도면해독 검토하기
1501020104_14v2	요소공차검토	4	1. 요구기능 파악하기 2. 치수공차 검토하기 3. 표면조도 검토하기 4. 기하공차 검토하기
1501020105_14v2	요소부품재질선정	4	1. 요소부품 재료 파악하기 2. 최적요소부품 재질 선정하기 3. 요소부품 공정 검토하기 4. 열처리 방법 결정하기
1501020106_16v3	체결요소설계	3	1. 요구기능 파악하기 2. 체결요소 선정하기 3. 체결요소 설계하기
1501020107_16v3	동력전달요소설계	3	1. 요구기능 파악하기 2. 동력전달요소 선정하기 3. 동력전달요소 설계하기

분류번호	능력단위	수준	능력단위요소
1501020108_16v3	치공구요소설계	3	1. 요구기능 파악하기
			2. 치공구요소 선정하기
			3. 치공구요소 설계하기
1501020109_16v3	유공압요소설계	4	1. 요구기능 파악하기
			2. 유공압 요소 선정하기
			3. 유공압 요소 설계하기
1501020110_14v2	요소설계검증	6	1. 요소설계검증 준비하기
			2. 요소응력 해석하기
			3. 해석결과 확인 및 검증하기

※ www.ncs.go.kr NCS란? > NCS 구성 > 수준체계 참고

④ **평생경력개발경로**

- 활용대상

활용콘텐츠 개발	활용대상
평생경력개발경로 모형	사업체, 근로자
직무기술서	사업체
채용·배치·승진 체크리스트	사업체
자가진단도구	근로자

- 기대효과

※ 좀더 자세한 내용은 홈페이지(www.ncs.go.kr)를 방문하여 참고하시기 바랍니다.

① CBT란?

CBT란 Computer Based Test의 약자로, 컴퓨터 기반 시험을 의미한다.

정보기기운용기능사, 정보처리기능사, 굴삭기운전기능사, 지게차운전기능사, 제과기능사, 제빵기능사, 한식조리기능사, 양식조리기능사, 일식조리기능사, 중식조리기능사, 미용사(일반), 미용사(피부) 등 12종목은 이미 오래 전부터 CBT 시험을 시행하고 있으며, **타워크레인운전기능사는 2016년 5회 시험부터 CBT 시험이 시행**되었다.

CBT 필기시험은 컴퓨터로 보는 만큼 수험자가 답안을 제출함과 동시에 합격 여부를 확인할 수 있다.

② CBT 시험과정

한국산업인력공단에서 운영하는 홈페이지 **큐넷(Q-net)**에서는 누구나 쉽게 CBT 시험을 볼 수 있도록 실제 자격시험 환경과 동일하게 구성한 **가상 웹 체험 서비스를 제공**하고 있으며, 그 과정을 요약한 내용은 아래와 같다.

(1) 시험시작 전 신분 확인절차

수험자가 자신에게 배정된 좌석에 앉아 있으면 신분 확인절차가 진행된다.

이것은 시험장 감독위원이 컴퓨터에 나온 수험자 정보와 신분증이 일치하는지를 확인하는 단계이다.

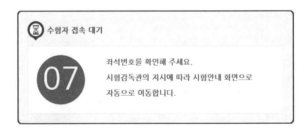

(2) CBT 시험안내 진행

신분 확인이 끝난 후 시험시작 전 CBT 시험안내가 진행된다.

> 안내사항 > 유의사항 > 메뉴 설명 > 문제풀이 연습 > 시험준비 완료

① 시험 [안내사항]을 확인한다.
- 시험은 총 5문제로 구성되어 있으며, 5분간 진행된다. (자격종목별로 시험문제 수와 시험시간은 다를 수 있다. (전상응용기계제도기능사 필기-60문제/1시간))
- 시험 도중 수험자의 PC에 장애가 발생할 경우 손을 들어 시험감독관에게 알리면 긴급장애조치 또는 자리이동을 할 수 있다.
- 시험이 끝나면 합격 여부를 바로 확인할 수 있다.

② 시험 [유의사항]을 확인한다.

시험 중 금지되는 행위 및 저작권 보호에 관한 유의사항이 제시된다.

③ 문제풀이 [메뉴 설명]을 확인한다.

문제풀이 기능 설명을 유의해서 읽고 기능을 숙지해야 한다.

④ 자격검정 CBT [문제풀이 연습]을 진행한다.

실제 시험과 동일한 방식의 문제풀이 연습을 통해 CBT 시험을 준비한다.
- CBT 시험문제 화면의 기본 글자크기는 150%이다. 글자가 크거나 작을 경우 크기를 변경할 수 있다.
- 화면배치는 1단 배치가 기본 설정이다. 더 많은 문제를 볼 수 있는 2단 배치와 한 문제씩 보기 설정이 가능하다.

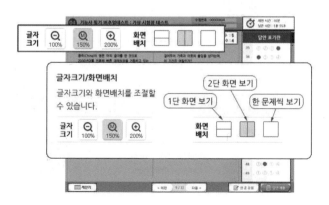

- 답안은 문제의 보기번호를 클릭하거나 답안표기 칸의 번호를 클릭하여 입력할 수 있다.
- 입력된 답안은 문제화면 또는 답안표기 칸의 보기번호를 클릭하여 변경할 수 있다.

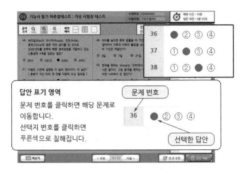

- 페이지 이동은 아래의 페이지 이동 버튼 또는 답안표기 칸의 문제번호를 클릭하여 이동할 수 있다.

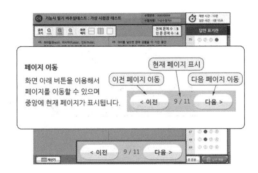

- 응시종목에 계산문제가 있을 경우 좌측 하단의 계산기 기능을 이용할 수 있다.

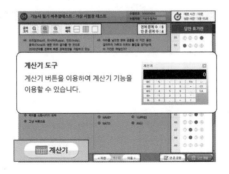

- 안 푼 문제 확인은 답안 표기란 좌측에 안 푼 문제 수를 확인하거나, 답안 표기란 하단 [안 푼 문제] 버튼을 클릭하여 확인할 수 있다. 안 푼 문제번호 보기 팝업창에 안 푼 문제번호가 표시된다. 번호를 클릭하면 해당 문제로 이동한다.

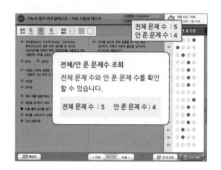

- 시험문제를 다 푼 후 답안 제출을 하거나 시험시간이 모두 경과되었을 경우 시험이 종료되며, 시험결과를 바로 확인할 수 있다.
- [답안 제출] 버튼을 클릭하면 답안 제출 승인 알림창이 나온다. 시험을 마치려면 [예] 버튼을 클릭하고 시험을 계속 진행하려면 [아니오] 버튼을 클릭하면 된다. 답안 제출은 실수 방지를 위해 두 번의 확인 과정을 거친다. 이상이 없으면 [예] 버튼을 한 번 더 클릭하면 된다.

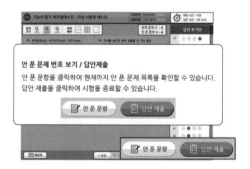

⑤ [시험준비 완료]를 한다.

시험 안내사항 및 문제풀이 연습까지 모두 마친 수험자는 [시험준비 완료] 버튼을 클릭한 후 잠시 대기한다.

③ CBT 시험 시행

④ 답안 제출 및 합격 여부 확인

 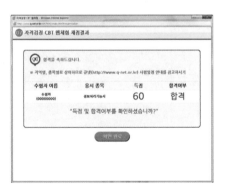

★ 좀 더 자세한 내용은 Q-Net 홈페이지(www.q-net.or.kr)를 방문하여 참고하시기 바랍니다. ★

전산응용기계제도기능사 **필기**

시험안내

종목 소개

전자 · 컴퓨터 기술의 급속한 발전에 따라 기계제도 분야에서도 컴퓨터에 의한 설계 및 생산시스템 (CAD/CAM)이 광범위하게 이용되고 있다. 그러나 이러한 시스템을 효율적으로 적용하고 응용할 수 있는 인력은 부족한 편이다. 이에 따라 산업현장에서 필요로 하는 전산응용 기계제도 분야의 기능 인력을 양성하기 위해 자격을 제정하고 시험을 실시한다.

종목 소개

필기과목명	주요항목	세부항목	세세항목
기계설계 제도	1. 2D 도면 작업	1. 작업환경 설정	1. 도면 영역의 크기 2. 선의 종류 3. 선의 용도 4. KS 기계제도 통칙 5. 도면의 종류 6. 도면의 양식 7. 2D CAD 시스템 일반 8. 2D CAD 입출력장치
		2. 도면 작성	1. 2D 좌표계 활용 2. 도형 작도 및 수정 3. 도면 편집 4. 투상법 5. 투상도 6. 단면도 7. 기타 도시법
		3. 기계 재료 선정	1. 재료의 성질 2. 철강 재료 3. 비철금속 재료 4. 비금속 재료
	2. 2D 도면 관리	1. 치수 및 공차 관리	1. 치수기입 2. 치수보조기호 3. 치수공차 4. 기하공차 5. 끼워맞춤공차 6. 공차관리 7. 표면거칠기 8. 표면처리 9. 열처리 10. 면의 지시기호
		2. 도면 출력 및 데이터 관리	1. 데이터 형식 변환(DXF, IGES)
	3. 3D형상모델링 작업	1. 3D형상모델링 작업 준비	1. 3D 좌표계 활용 2. 3D CAD 시스템 일반 3. 3D CAD 입출력장치
		2. 3D형상모델링 작업	1. 3D 형상모델링 작업
	4. 3D형상모델링 검토	1. 3D형상모델링 검토	1. 조립 구속 조건 종류
		2. 3D형상모델링 출력 및 데이터 관리	1. 3D CAD 데이터 형식 변환 (STEP, STL, PARASOLID, IGES)

필기과목명	주요항목	세부항목	세세항목
기계설계 제도	5. 기본 측정기 사용	1. 작업계획 파악	1. 측정 방법　　2. 단위 종류
		2. 측정기 선정	1. 측정기 종류　　2. 측정기 용도 3. 측정기 선정
		3. 기본 측정기 사용	1. 측정기 사용 방법
	6. 조립 도면	1. 부품도 파악	1. 기계 부품 도면 해독 2. KS 규격 기계 재료 기호
		2. 조립도 파악	1. 기계 조립 도면 해독
	7. 체결요소 설계	1. 요구 기능 파악 및 선정	1. 나사　　　　2. 키 3. 핀　　　　　4. 리벳 5. 볼트 · 너트　6. 와셔 7. 용접　　　　8. 코터
		2. 체결요소 선정	1. 체결요소별 기계적 특성
		3. 체결요소 설계	1. 체결요소 설계 2. 체결요소 재료 3. 체결요소 부품 표면처리 방법
	8. 동력전달요소 설계	1. 요구 기능 파악 및 선정	1. 축　　　　　2. 기어 3. 베어링　　　4. 벨트 5. 체인　　　　6. 스프링 7. 커플링　　　8. 마찰차 9. 플랜지　　　10. 캠 11. 브레이크　　12. 래칫 13. 로프
		2. 동력전달요소 설계	1. 동력전달요소 설계 2. 동력전달요소 재료 3. 동력전달요소 부품 표면처리 방법

취득 방법

(1) 검정방법

　– 필기: 전 과목 혼합, 객관식 60문항(60분)
　– 실기: 작업형(5시간)

(2) 합격기준

　– 필기, 실기: 100점을 만점으로 하여 각 60점 이상

▣ 참고 실시기관 홈페이지(www.q-net.or.kr)

이 책의 구성

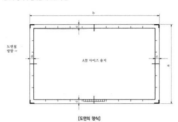

본문에서 출제 기준안에 적합한 핵심 내용을 간결하고 쉽게 설명하였으며, 중요 내용을 굵게 강조하였습니다. 실제 도면과 표, 기계 등의 비주얼 한 구성을 통해 한눈에 쏙 들어올 수 있도록 정리하였습니다.

실력점검문제
각 장의 본문에서 설명한 내용을 복습할 수 있도록 각 장마다 출제 비중이 높은 내용을 중심으로 실력점검문제를 수록 하였습니다.

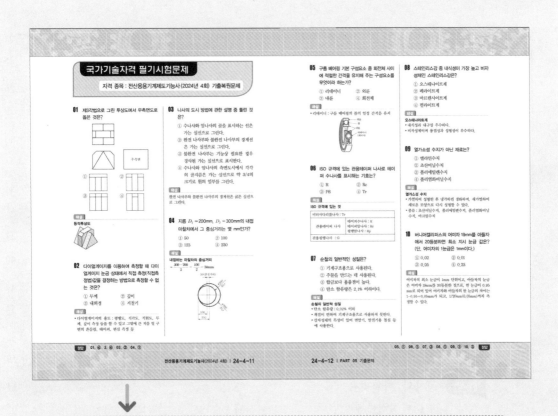

기출문제

실제 시험에 출제되었던 최신기출문제를 수록하였으며, 각 문제마다 해설을 달아 본인이 부족한 부분을 다시 확인하고 점검할 수 있습니다.

Part 01 기계제도

PART 01

기계제도

기계제도 파트에서는 설계도면 작업을 위한 정투상법을 이해하고 한국산업규격 (KS)에 적용되는 결합용 기계요소, 전동용 기계요소, 축용 기계요소 등에 관한 부품들을 찾을 수 있는 능력을 기르는 데 목적이 있다.

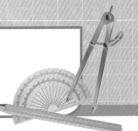

제1장 도면의 기본 규격과 통칙

1-1 제도의 정의와 목적

1) 제도의 정의

기계나 구조물의 모양, 크기, 위치, 정밀도, 가공 방법, 재질 등을 미리 약속된 규정에 따라 선·문자·숫자·기호 등을 사용하여 도면을 작성하는 과정이다.

제도하는 사람은 도면을 보는 사람이 알기 쉽도록 객관적이고 정확하고 빠르게 도면의 내용이 전달되도록 해야 한다.

2) 제도의 목적

제도의 목적은 설계자의 의도를 도면 사용자에게 정확하고 쉽게 전달하는 데 있다.

1-2 제도의 규격

★
1) 각국의 표준 기호와 명칭

기호	명칭	기호	명칭
ISO	국제 표준화 기구	KS	한국산업규격
JIS	일본산업규격	ANSI	미국산업규격
BS	영국산업규격	DIN	독일산업규격

★
2) 한국산업규격(KS)의 부문별 분류

기호	부문	기호	부문
KS A	기본(통칙)	KS B	기계
KS C	전기	KS D	금속
KS E	광산	KS F	토건

01 한국산업규격을 표시한 것은?

① DIN   ② JIS

③ KS   ④ ANSI

해설

각국의 표준 기호와 명칭
- DIN : 독일산업규격
- JIS : 일본산업규격
- KS : 한국산업규격
- ANSI : 미국산업규격
- BS : 영국산업규격

02 한국산업규격(KS)에서 기계 부문을 나타내는 분류 기호는?

① KS A   ② KS B

③ KS C   ④ KS D

해설

- KS B : 기계

03 한국산업규격(KS)의 부문별 분류기호 연결로 틀린 것은?

① KS A : 기본   ② KS B : 기계

③ KS C : 광산   ④ KS D : 금속

해설

한국산업규격(KS)의 부문별 분류
- KS A : 기본(통칙)
- KS B : 기계
- KS C : 전기, 전자
- KS D : 금속

04 제도에 대한 설명으로 적합하지 않은 것은?

① 제도자의 창의력을 발휘하여 주관적인 투상법을 사용할 수 있다.

② 설계자의 의도를 제작자에게 명료하게 전달하는 정보전달 수단으로 사용된다.

③ 기술의 국제 교류가 이루어짐에 따라 도면에도 국제규격을 적용하게 되었다.

④ 우리나라에서는 제도의 기본적이며 공통적인 사항을 제도 통칙 KS A에 규정하고 있다.

해설

- 도면은 객관적으로 KS 제도통칙에 맞게 작성하여야 한다. : 제도에서 '창의력', '주관적' 이란 단어가 나오면 틀린 설명이다.

05 제도의 목적을 달성하기 위하여 도면에 구비하여야 할 기본 요건이 아닌 것은?

① 면의 표면 거칠기, 재료 선택, 가공 방법 등의 정보

② 도면 작성 방법에 있어서 설계자 임의의 창의성

③ 무역 및 기술의 국제 교류를 위한 국제적 통용성

④ 대상물의 도형, 크기, 모양, 자세, 위치의 정보

해설

- 도면은 KS 제도통칙에 의해 누구나 도면을 이해할 수 있도록 객관적으로 작성되어야 한다.

제2장 도면의 크기 및 양식

2-1 도면의 크기

① 제도용지는 세로(폭 : a)와 가로(길이 : b)의 비(a : b = 1 : $\sqrt{2}$)로 정한다.

② 도면을 접어서 보관할 경우는 A_4의 크기로 표제란이 앞부분에 나타나도록 한다.

③ A_0(841×1189), A_1(594×841), A_2(420×594), A_3(297×420), A_4(210×297)이다.

④ A_0 용지의 넓이는 약 $1m^2$이다.

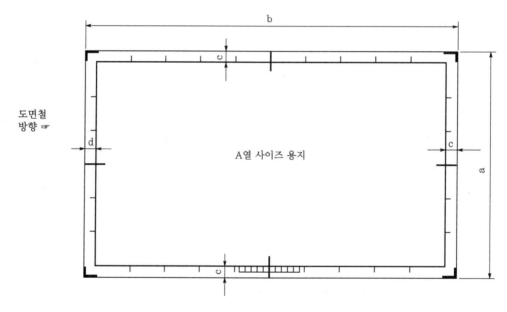

[도면의 양식]

[도면 크기의 종류 및 윤곽의 치수]

구분 \ 용지 호칭		A_0	A_1	A_2	A_3	A_4
a×b		841×1189	594×841	420×594	297×420	210×297
c		20	20	10	10	10
d	철하지 않을 때	20	20	10	10	10
	철할 때	25	25	25	25	25

2-2 도면의 양식

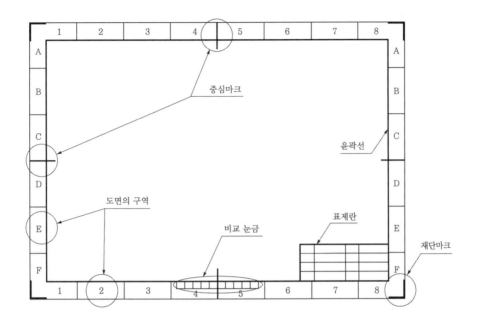

구분		내용 및 특징
★ 도면에 반드시 마련해야 할 양식	윤곽선	• **도면의 영역**을 명확히 한다. • 용지의 가장자리에서 생기는 손상으로 기재 사항을 해치지 않도록 그리는 테두리선이다. • 선의 굵기는 0.5mm **이상의 굵기**인 실선으로 윤곽선을 긋는다.
	중심 마크	• 도면의 마이크로필름 등으로 촬영, 복사 및 도면 철(접기)의 편의를 위하여 마련한다. • 윤곽선 중앙으로부터 용지의 가장자리에 이르는 0.5mm 굵기로 수직한 직선이다.
	표제란	• 표제란의 내용 : **도면번호**(다른 도면과 구별하고 도면 내용을 직접 보지 않고도 제품의 종류 및 형식 등의 도면 내용을 알 수 있도록 하기 위해 기입하는 것), **도명, 척도, 투상법, 도면작성일, 작성자** 등이 포함된다. • **도면을 접어서** 사용하거나 보관하고자 할 때 **앞부분에 표제란**이 보이도록 해야 한다.
비교눈금		• 도면의 크기가 얼마만큼 확대 또는 축소되었는지를 확인하기 위해 도면 아래 중심선 바깥쪽에 마련하는 도면 양식
도면의 구역		• 도면에서 특정 부분의 위치를 지시하는 데 편리하도록 표시하는 것으로 사각형의 각 변의 길이는 25~75mm 정도로 한다. • 그려진 도면의 내용 부분을 좌표로 읽을 수 있도록 마련한 도면 양식 (**가로 구역** : **숫자**로 표시, **세로 구역** : **대문자 알파벳**으로 표시)
재단마크		• 인쇄, 복사 또는 플로터로 출력된 도면을 규격에서 정한 크기대로 **자르기 위해 마련한 도면의 양식**

2-3 척도

★★
1) 척도 표시 방법

① 척도는 A : B로 표시한다.

┌──────► 대상물의 실제 길이
└────► 도면에서의 길이

② 도면의 치수 기입은 척도에 관계없이 실제 치수로 기입한다.

③ 도면을 그릴 때 척도를 결정하는 기준 ⇒ 물체의 크기이다.

★
2) 척도의 종류

구분 척도의 종류	내용	값(A : B)
현척(실척)	도형을 실물과 같은 크기로 그리는 경우	1:1
축척	도형을 실물보다 작게 그리는 경우 (가구, 기계, 자동차 등 크기가 큰 물체)	1:2, 1:5, 1:10, 1:20, 1:50, 1:100, 1:200 등
배척	도형을 실물보다 크게 그리는 경우 (시계나 정밀 부품 같은 크기가 작은 물체)	2:1, 5:1, 10:1, 20:1, 50:1

＊N・S : 비례척이 아닌 경우(임의의 척도)

01 도면을 철하지 않을 경우 A_2 용지의 윤곽선은 용지의 가장자리로부터 최소 얼마나 떨어지게 표시하는가?

① 10mm   ② 15mm

③ 20mm   ④ 25mm

해설

• 도면을 철하지 않을 때 용지의 가장자리에서 윤곽선까지의 거리는 A_2, A_3, A_4 10mm의 간격을 두고 윤곽선을 그린다.

02 한국산업표준에서 정한 도면의 크기에 대한 내용으로 틀린 것은?

① 제도용지 A_2의 크기는 420×594mm이다.

② 제도용지 세로와 가로의 비는 $1 : \sqrt{2}$ 이다.

③ 복사한 도면을 접을 때는 A_4 크기로 접는 것을 원칙으로 한다.

④ 도면을 철할 때 윤곽선은 용지 가장자리에서 10mm 간격을 둔다.

해설

• 도면을 철할 때는 용지 가장자리에서 윤곽선까지 25mm 간격을 둔다.

03 도면을 접어서 사용하거나 보관하고자 할 때 앞부분에 나타내어 보이도록 하는 부분은?

① 부품 번호가 있는 부분

② 표제란이 있는 부분

③ 조립도가 있는 부분

④ 도면이 그려지지 않은 뒷면

해설

• 도면을 접어서 보관 : A_4 규격(210×297)으로 접어서 보관하고 표제란이 앞으로 위치하도록 접는다.

04 도면을 그릴 때 척도를 결정하는 기준이 되는 것은?

① 물체의 재질   ② 물체의 무게

③ 물체의 크기   ④ 물체의 체적

해설

• 물체의 크기에 따라 척도(축척, 현척, 배척)가 결정된다.

05 길이가 50mm인 축을 도면에 5:1 척도로 그릴 때 기입되는 치수로 옳은 것은?

① 10   ② 250

③ 50   ④ 100

해설

• 치수를 기입할 때는 척도와 관계없이 치수는 반드시 실제 길이로 기입한다.

06 척도의 표시법 A : B의 설명으로 맞는 것은?

① A는 물체의 실제 크기이다.

② B는 도면에서의 크기이다.

③ 배척일 때 B를 1로 나타낸다.

④ 현척일 때 A만을 1로 나타낸다.

해설

• 척도는 A : B로 표시한다.

    A ┐→ 물체의 실제 길이

       └→ 도면에서의 길이

• 축척 → 1:2, 1:5, 1:10, 1:20, 1:50 등

  ∴ 1 : B

• 배척 → 2:1, 5:1, 10:1, 20:1, 50:1

  ∴ A : 1

정답 1. ①   2. ④   3. ②   4. ③   5. ③   6. ③

제3장 선

★ 3-1 선의 종류와 용도

선의 종류	선의 모양	선의 명칭	선의 용도
굵은 실선	▬▬▬	외형선	대상물이 보이는 부분 표시
		회전단면선(도면 外)	도형 外에 단면을 90° 회전하여 표시할 때
아주 굵은 실선	▬▬▬	특수한 용도의 선	얇은 부분의 단면을 도시하는 데 사용
가는 실선	────	치수선	치수 기입
		회전단면선(도면 內)	도형 內에 단면을 90° 회전하여 표시할 때
		중심선	도형의 중심선을 간략하게 표시
		수준면선	수면, 유면 등의 위치 표시
		해칭선	단면도의 절단된 부분
		특수한 용도	• 외형선 및 숨은선의 연장을 표시할 때(곡선 부분) • 평면이라는 것을 나타낼 때(축의 면치기) • 위치를 명시할 때(테이퍼 경사)
★ 가는 1점 쇄선	─ · ─ · ─	중심선	도형의 중심 표시, 중심이 이동한 중심궤적을 표시
		기준선	특히 위치 결정의 근거가 된다는 것을 명시할 때
		피치선	되풀이 하는 도형의 피치를 취하는 기준선을 표시
		절단선(반드시 끝부분과 방향이 바뀌는 부분은 굵은 선으로)	단면도를 그릴 때
가는 파선	---------	숨은선	대상물이 보이지 않는 부분 표시
굵은 1점 쇄선	▬ · ▬	**특수 지정선**	**특수 가공하는 부분과 특별한 요구사항을 적용**할 수 있는 범위 표시
★ 가는 2점 쇄선	─ ·· ─ ··	가상선	• **인접** 부분을 참고로 표시할 때 • **공구, 지그 등의 위치를 참고로 나타낼 때** • 가동 부분을 이동 중의 특정한 위치 또는 이동 한계의 위치로 표시할 때 • **가공 전 또는 후의 모양을 표시할 때** • 되풀이 하는 것을 나타낼 때 • **도시된 단면의 앞쪽에 있는 부분을 표시**할 때
		무게중심선	도형의 무게중심을 나타낸 선
파단선	〰⌇	불규칙한 파형의 가는 실선, 지그재그선	• 도면의 중간 부분 생략을 나타낼 때 • 도면의 일부분을 확대하거나 부분 단면의 경계를 표시할 때

3-2 선의 용도 사용 예

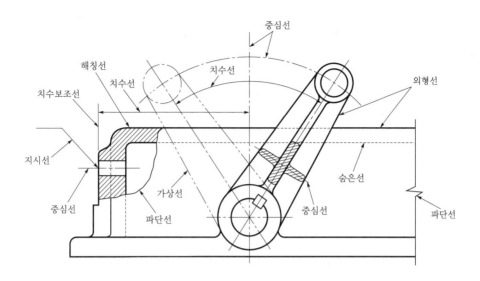

3-3 선의 굵기와 우선순위

1) 선의 굵기

0.18mm, 0.25mm, 0.35mm, 0.5mm, 0.7mm, 1.0mm

2) 선의 굵기의 비율

가는 선 : 굵은 선 : 아주 굵은 선 = 1 : 2 : 4

★★
3) 선의 우선순위

도면에서 2종류 이상의 선이 같은 장소에서 겹치는 경우에 적용

외형선 > 숨은선 > 절단선 > 중심선 > 무게중심선 > 치수 보조선

※ 도면에서 선의 굵기보다 가장 우선시 되는 것 ⇒ 치수(숫자와 기호), 문자

2-4 도면 검사

1) 도면 검사 항목

① 윤곽선, 표제란, 중심마크 등
② 공차 및 끼워맞춤, 가공기호, 재료 선택
③ 투상법, 척도, 치수 기입
④ 요목표 작성, 지시사항

★ 2) 출도 후 도면 정정

① 변경한 곳에 적당한 기호(△)를 표시한다. ⇒ 삼각형 속에 수정 횟수를 기록한다.
② 변경 연월일, 이유 등을 나타낸다.
③ 변경 전 치수는 한 줄로 그어서 취소함을 표시하고 그대로 둔다.

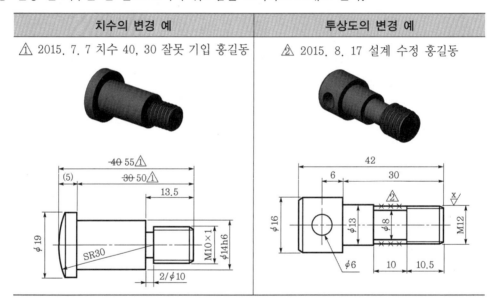

치수의 변경 예	투상도의 변경 예
⚠ 2015. 7. 7 치수 40, 30 잘못 기입 홍길동	⚠ 2015. 8. 17 설계 수정 홍길동

3) 도면이 구비해야 할 요건

① 보는 사람이 이해하기 쉬운 도면이어야 한다.
② 애매한 해석이 생기지 않도록 표현상 명확한 뜻을 가져야 한다.
③ 표면 정도, 재질, 가공 방법 등의 정보성을 포함한 도면이어야 한다.
④ 대상물의 도형과 함께 필요한 구조, 조립 상태, 치수, 가공법, 크기, 모양, 자세, 위치 등의 정보를 포함하여야 한다.
⑤ 무역 및 기술의 국제교류의 입장에서 국제성을 가져야 한다.

01 다음 중 한 도면에서 두 종류 이상의 선이 같은 장소에 겹치는 경우 가장 우선적으로 그려야 할 선은?

① 숨은선　　　　② 무게중심선
③ 절단선　　　　④ 중심선

해설

2개 이상의 선이 겹칠 때 선의 우선순위
① 외형선
② 숨은선
③ 절단선
④ 중심선
⑤ 무게중심선
⑥ 치수 보조선

02 다음 선의 용도에 의한 명칭 중 선의 굵기가 다른 것은?

① 치수선　　　　② 지시선
③ 외형선　　　　④ 치수 보조선

해설

가는 실선 표시 경우
• 치수선
• 치수 보조선
• 해칭선
• 회전단면선(도면 내)
• 수준면선

03 다음 선의 종류 중에서 특수한 가공을 하는 부분 등 특별한 요구사항을 적용할 범위를 나타내는 선은?

① 굵은 실선
② 가는 실선
③ 가는 1점 쇄선
④ 굵은 1점 쇄선

해설

굵은 1점 쇄선
• 부품의 일부분을 열처리할 때 표시
• 열처리, 도금 등 특별한 요구사항을 적용할 수 있는 범위를 표시하는 데 사용하는 특수 지정선

04 가상선의 용도로 맞지 않는 것은?

① 인접 부분을 참고로 표시하는 데 사용
② 도형의 중심을 표시하는 데 사용
③ 가공 전 또는 가공 후의 모양을 표시하는 데 사용
④ 도시된 단면의 앞쪽에 있는 부분을 표시하는 데 사용

해설

* **가는 2점 쇄선**
• 인접한 부분을 참고로 표시
• 가공 전과 후의 모양을 표시
• 도시된 단면의 앞쪽의 모양을 표시
• 공구, 지그 등의 위치 표시
* **중심선 : 도형의 중심을 표시하는 데 사용**

05 출도 후 도면 내용을 정정할 때 틀린 것은?

① 변경한 곳에 적당한 기호(△)를 표시한다.
② 변경 전의 도형, 치수는 지운다.
③ 변경 연월일, 이유 등을 나타낸다.
④ 변경 전 치수는 한 줄로 그어서 취소함을 표시하고 그대로 둔다.

해설

변경 전 도형이나 수정되기 전 치수는 지우지 않는다.

정답 1. ① 2. ③ 3. ④ 4. ② 5. ②

제4장 투상법

4-1 정투상도

1) 정투상법

네모진 유리상자 속에 물체를 넣고 바깥에서 들여다 보면 물체를 유리판에 투상하여 보고 있는 것과 같다. 이때 투상선이 투상면에 대하여 수직으로 되어 투상하는 것을 정투상법이라 한다.

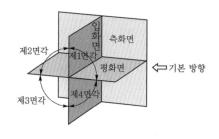

★★ 2) 제3각법과 제1각법의 비교 설명

	제3각법(제3상한)	제1각법(제1상한)
투상원리	눈 → 투상면 → 물체	눈 → 물체 → 투상면
기호		
투상도 배치	평면도 좌측면도 정면도 우측면도 배면도 저면도	저면도 우측면도 정면도 좌측면도 배면도 평면도

★
① 제3각법
  ㉠ 대상물을 제3면각의 안쪽에 두고 투상하는 방법이다.
  ㉡ 투상면의 뒤쪽에 물체를 놓는다.
  ㉢ 정면도를 기준으로 상하좌우에서 본 모양을 제 위치에 그리게 되므로 도면을 보고 물체를 이해하기가 쉽다.
  ㉣ 한국산업표준(KS)에서는 제3각법에 따라 도면을 작성하는 것을 원칙으로 한다.
  ※ 우리나라, 미국, 캐나다 등은 제3각법, 유럽에서는 제1각법, 일본에서는 제1각법과 제3각법을 혼용한다.
★
② 제1각법
  ㉠ 대상물을 **제1면각의 안쪽에 두고 투상하는 방법**이다.
  ㉡ 투상면의 앞쪽에 물체를 놓는다.
  ㉢ 기준면이 1면각이므로 상하좌우에서 본 모양을 반대 위치에 배치한다.

3) 도면 표시 방법

① 한 도면에서 제1각법과 제3각법을 혼용해서는 안 된다.
★★ ② **주투상도(정면도)의 선택 방법**
  ㉠ 대상물의 모양, 기능, 특징을 가장 뚜렷하게 나타내는 면을 주투상도로 선택한다.
  ㉡ 도면을 보는 사람이 알기 쉽게 선택한다.
  ㉢ 제작 공정을 쉽게 파악할 수 있도록 선택한다.
  ㉣ 가공자가 가공과 측정하기 용이하도록 선택한다.
③ 투상도의 표시 방법
  ㉠ 주투상도(정면도)를 보충하는 <u>다른 투상도</u>는 되도록 적게 한다.
                              ↳ 좌측면도, 우측면도, 평면도, 저면도, 배면도
  ㉡ 서로 관련되는 도면의 배치는 되도록 숨은선을 사용하지 않도록 한다.
④ 투상도 선정 방법
  ㉠ 1면도 : 정면도 한 면으로 치수기입 시 기호를 사용하여 충분히 형상을 도시할 수 있을 때 1면도로 나타낸다.
    예 원통, 각주, 구 등
  ㉡ 2면도 : 원통형 또는 평면인 간단한 물체는 정면도와 평면도, 정면도와 우측면도, 정면도와 좌측면도의 2개의 도면으로만 완전하게 도시할 수 있는 것을 2면도로 나타낸다.
  ㉢ 3면도 : 다소 복잡한 형상을 정면도, 평면도, 우측면도(좌측면도)의 3개 투상도로 완전하게 도시하여 3면도로 나타낸다.

4-2 정투상도를 보조하는 여러 가지 투상도

★★
1) 투상도의 종류

투상도의 종류	투상도 도시 예
• 보조투상도 : **경사면** 부에 있는 대상물에서 그 경사면의 실형을 나타낼 필요가 있는 경우에 그리는 투상도	
• 부분투상도 : **도면의 일부를 도시**하는 것으로 충분한 경우에 그 필요 부분만을 그리는 투상도	
• 국부투상도 : **대상물의 구멍, 홈** 등 한 국부만의 모양을 도시하는 것으로 충분한 경우에 그 필요 부분만을 그리는 투상도(원칙적으로 주된 도면으로부터 국부투상도까지 중심선, 기준선, 치수 등으로 연결한다.)	
• 회전투상도 : 대상물의 일부가 어느 각도를 가지고 있기 때문에 투**상면에 그 실형이 나타나지 않을 때에 그 부분을 회전해서 그리는 투상도**(이때 잘못 볼 우려가 있을 경우에는 작도에 사용한 선을 남긴다.)	
• 부분확대도 : **특정 부분의 모양이 작을 때** 그 부분의 상세한 도시나 치수 기입이 곤란한 경우에 가는 실선으로 둘러싸며 영자의 대문자를 표시함과 동시에 그 확대 부분을 다른 장소에 **확대하여 그리는 투상도**	

4-3 투상도의 종류

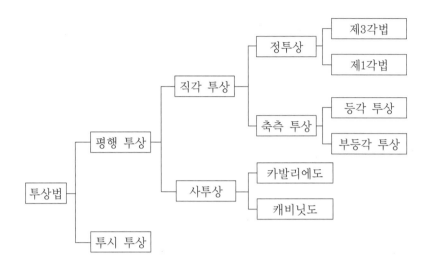

★
1) 등각투상도

- 정면, 평면, 측면을 하나의 투상도에서 동시에 볼 수 있다.(∵ 입체도이기 때문)
- 직육면체에서 직각으로 만나는 3개의 모서리는 120°를 이룬다.
- 한 축이 수직일 때는 나머지 두 축은 수평선과 30°를 이룬다.
- 원을 등각투상하면 타원이 된다.

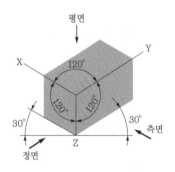

★
2) 사투상도

정투상도에서 정면도의 크기와 모양은 그대로 사용하고 평면도와 우측면도를 경사시켜 그리는 투상법을 사투상법이라 한다. 사투상도에는 카발리에도와 캐비닛도가 있다.

경사각은 임의로 그릴 수 있으나 보통 30°, 45°, 60°로 그린다.

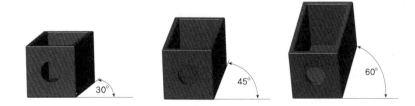

3) 도형의 생략에 관한 설명

① 대칭의 경우에는 대칭 중심선의 한쪽 도형만을 그리고 그 대칭 중심선의 양끝 부분에 짧은 두 개의 나란한 가는 실선을 그린다.

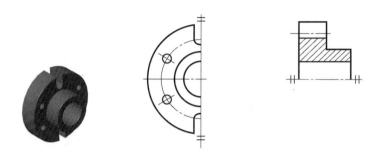

② 같은 종류, 같은 모양의 것이 다수 줄지어 있는 경우에는 지시선을 사용하여 기술할 수 있다.

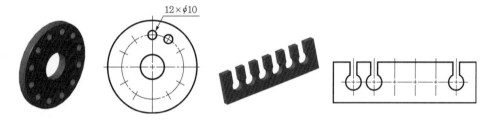

③ 물체가 긴 경우 도면의 여백을 활용하기 위하여 파단선이나 지그재그선을 사용하여 투상도를 줄여서 나타낼 수 있다.

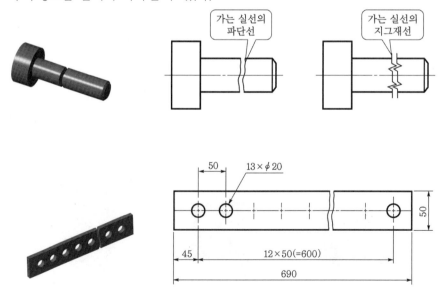

4-4 단면도

★★
1) 단면도의 종류

단면도의 종류	단면도 모양
• 온단면도(전단면도) : 물체의 1/2 절단	
• 한쪽단면도(1/4단면도) : 대칭물체를 1/4 절단, **내부와 외부를 동시에 표현**	
• 부분단면도 : **필요한 부분만을 절단하여 단면**으로 나타냄. 절단 부위는 가는 파단선을 이용하여 경계를 나타냄.	
• 회전도시단면도 : **암, 리브, 축, 훅 등의 일부를 90° 회전**하여 나타냄.	
• 계단단면도 : 계단 모양으로 물체를 절단하여 나타냄.	단면 A-A
• 조합에 의한 단면도 : 절단면을 두 개 이상 설치하여 단면도를 같은 평면으로 그리는 것	단면 A-A
• 두께가 얇은 부분의 단면도 : 얇은 판, 형강, 개스킷 등 그리고자 하는 단면이 얇을 때에는 실제 치수에 관계없이 **아주 굵은 실선**으로 나타냄.	

2) 단면하면 안 되는 부품

★ 길이 방향으로 단면하지 않는 부품	축, 키, 볼트, 너트, 멈춤 나사, 와셔, 리벳, 강구, 원통롤러, 기어의 이, 휠의 암, 리브

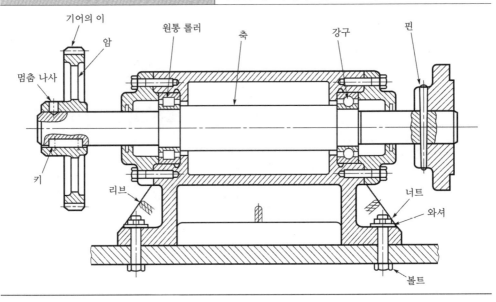

3) 단면도의 표시 방법

물체의 모양이나 내부 구조를 알기 쉽게 나타내기 위하여 가상으로 자른 면을 단면(section)이라 한다.

① 단면 표시 방법

　㉠ 단면은 원칙적으로 기본 중심선에서 절단한 면으로 표시한다(이때 절단선은 기입하지 않는다).

　㉡ 단면은 필요한 경우에는 기본 중심선이 아닌 곳에서 절단한 면으로 표시해도 좋다(단, 이때에는 절단 위치를 표시해 놓아야 한다).

　㉢ 단면을 표시할 때에는 해칭(hatching)이나 스머징(색연필로 표시)을 한다.

　㉣ 절단 위치에는 절단선을 그린다.

　㉤ 투상 방향과 같은 방향으로 화살표를 그리고 알파벳 대문자로 단면을 구분 표시한다.

　㉥ 숨은선은 단면도에 되도록 기입하지 않는다.

01 다음은 제3각법으로 도시한 물체의 투상도이다. 이 투상법에 대한 설명으로 틀린 것은? (단, 화살표 방향은 정면도이다.)

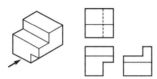

① 눈 → 투상면 → 물체의 순서로 놓고 투상한다.
② 평면도는 정면도 위에 배치된다.
③ 물체를 제 1면각에 놓고 투상하는 방법이다.
④ 배면도의 위치는 가장 오른쪽에 배열한다.

해설

• 3각법은 물체를 3면각에 놓고 투상한다.
• 1각법은 물체를 1면각에 놓고 투상한다.
• 3각법(◉◁) 배치

	평면		
좌측	정면	우측	배면
	저면		

02 정투상법에서 물체의 모양, 기능, 특징 등이 가장 잘 나타내는 쪽의 투상면을 무엇으로 잡는 것이 좋은가?

① 정면도   ② 평면도
③ 측면도   ④ 배면도

해설

주투상(정면)도 선택 방법
• 주투상도는 대상물의 모양, 기능, 특징을 가장 뚜렷하게 나타내는 면을 정면도로 선택한다.
• 도면을 보는 사람이 알기 쉽게 선택한다.
• 제작 공정을 쉽게 파악할 수 있도록 한다.
• 가공자가 가공과 측정하기 용이하도록 선택한다.

03 다음 투상 방법 설명 중 틀린 것은?

① 경사면부가 있는 대상물에서 그 경사면의 실형을 표시할 때에는 보조투상도로 나타낸다.
② 그림의 일부를 도시하는 것으로 충분한 경우에는 부분투상도로서 나타낸다.
③ 대상물의 구멍, 홈 등 한 부분만의 모양을 도시하는 것으로 충분한 경우에는 그 필요한 부분만을 회전투상도로서 나타낸다.
④ 특정 부분의 도형이 작은 이유로 그 부분의 상세한 도시나 치수 기입을 할 수 없을 때에는 부분확대도로 나타낸다.

해설

• 국부투상도 : 구멍, 홈 등 한 부분만 도시하는 경우
• 회전투상도 : 대상물의 일부가 어느 각도를 가지고 있기 때문에 투상면에 그 실형이 나타나지 않을 때에 그 부분을 회전해서 그리는 투상도이다.

04 치수는 물체의 모양을 잘 알아볼 수 있는 곳에 기입하고 그곳에 나타낼 수 없는 것만 다른 투상도에 기입하여야 하는데 주로 치수를 기입하여야 하는 치수 기입 장소는?

① 우측면도   ② 평면도
③ 좌측면도   ④ 정면도

해설

• 치수 기입 : 정면도에 집중해서 기입한다.

정답 1. ③ 2. ① 3. ③ 4. ④

05 투상도의 올바른 선택 방법으로 틀린 것은?

① 길이가 긴 물체는 특별한 사유가 없는 한 안정감 있게 옆으로 눕혀서 그린다.

② 대상 물체의 모양이나 기능을 가장 잘 나타낼 수 있는 면을 주투상도로 한다.

③ 조립도와 같이 주로 물체의 기능을 표시하는 도면에서는 대상물을 사용하는 상태로 그린다.

④ 부품도는 조립도와 같은 방향으로만 그려야 한다.

해설

• 부품도는 조립도의 방향과 관계없이 가공하는 사람이 이해하기 쉽도록 가공 방향에 맞추어 도면을 그려야 한다.

06 등각투상도에 대한 설명으로 틀린 것은?

① 원근감을 느낄 수 있도록 하나의 시점과 물체의 각 점을 방사선으로 이어서 그린다.

② 정면, 평면, 측면을 하나의 투상도에서 동시에 볼 수 있다.

③ 직육면체에서 직각으로 만나는 3개의 모서리는 120°를 이룬다.

④ 한 축이 수직일 때에는 나머지 두 축은 수평선과 30°를 이룬다.

해설

등각투상법

• 정면, 평면, 측면을 투상도에서 동시에 볼 수 있다. (∵입체도이기 때문)

• 직육면체에서 직각으로 만나는 3개의 모서리는 120°를 이룬다.

• 한 축이 수직일 때는 나머지 두 축은 수평선과 30°를 이룬다.

• 원을 등각투상하면 타원이 된다.

• 기계부품 등의 조립 순서나 분해 순서를 설명하는 지침서 등에 주로 사용된다.

• 원근감 : 투시투상도

등각투상도

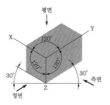

• 투시투상도 : 원근감이 있어 하나의 시점과 물체의 각 점을 방사선에 의해 그리는 방법

07 단면도에서 해칭에 관한 설명 중 틀린 것은?

① 해칭은 주된 중심선에 대하여 45°로 가는 실선을 사용하여 등간격으로 표시한다.

② 2개 이상의 부품이 인접한 경우 단면의 해칭은 방향이나 간격을 다르게 한다.

③ 해칭을 하는 부분 안에 글자나 기호를 기입하기 위해서는 해칭을 중단할 수 있다.

④ 해칭은 굵은 실선으로 하는 것을 원칙으로 하되 혼동의 우려가 없을 경우는 생략한다.

해설

단면도 표시 방법

① 단면 부분을 확실하게 표시하기 위하여 보통 해칭 (hatching)을 한다.

② 해칭을 하지 않아도 단면이라는 것을 알 수 있을 때에는 해칭을 생략해도 된다.

③ 단면은 필요로 하는 부분만을 파단하여 표시할 수 있다.

④ 일반적으로 해칭선의 각도는 주된 중심선에 대하여 45°로 가는 실선으로 등간격 3~5mm로 그린다.

⑤ 해칭하는 부분 안에 문자, 기호 등을 기입하기 위하여 해칭을 중단할 수 있다.

⑥ 단면 면적이 넓은 경우에는 그 외형선을 따라 적절한 범위에 해칭 또는 스머징을 한다.

⑦ 절단면 뒤에 나타나는 숨은선과 중심선은 표시하지 않는 것을 원칙으로 한다.

⑧ KS규격에 제시된 재료의 단면 표시 기호를 사용할 수 있다.

⑨ 단면을 기본 중심선에서 절단할 경우 절단선을 표시하지 않는다.

08 다음은 어느 단면도에 대한 설명인가?

> 상하 또는 좌우 대칭인 물체는 1/4을 떼어 낸 것으로 보고, 기본 중심선을 경계로 하여 1/2은 외형, 1/2은 단면으로 동시에 나타낸다. 이때, 대칭 중심선의 오른쪽 또는 위쪽을 단면으로 하는 것이 좋다.

① 한쪽단면도　　② 부분단면도
③ 회전도시단면도　④ 온단면도

해설

• 한쪽단면도 : 좌우 또는 상하가 대칭인 물체의 1/4을 잘라내고 중심선을 기준으로 외형도와 내부 단면도를 나타내는 단면의 도시 방법

09 다음 중 물체를 입체적으로 나타낸 도면이 아닌 것은?

① 투시도　　② 등각도
③ 캐비닛도　④ 정투상도

해설

• 도면 중 입체도면이 아닌 것은 정투상도 밖에 없다.

10 다음 설명과 관련된 투상법은?

> • 하나의 그림으로 대상물의 한 면(정면)만을 중점적으로 엄밀, 정확하게 표시할 수 있다.
> • 물체를 투상면에 대하여 한쪽으로 경사지게 투상하여 입체적으로 나타낸 것이다.

① 사투상법　　② 등각투상법
③ 투시투상법　④ 부등각투상법

해설

사투상도

• 정투상도에서의 정면도 크기와 모양을 그대로 사용하고 평면도와 우측면도를 경사시켜 그리는 투상법을 사투상법이라 한다.
• 사투상도에는 카발리에도와 캐비닛도가 있다.
• 경사각은 임의로 그릴 수 있으나 통상 30°, 45°, 60°로 그린다.

11 투상관계를 나타내기 위하여 그림과 같이 원칙적으로 추가되는 그림 위에 중심선 등으로 연결하여 그린 투상도는?

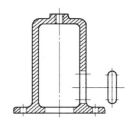

① 보조투상도　　② 국부투상도
③ 부분투상도　　④ 회전투상도

해설

국부투상도

• 대상물의 구멍, 홈 등 한 국부만의 모양을 도시하는 것으로 충분한 경우에 그 필요 부분만을 그리는 투상도
• 원칙적으로 주된 그림으로부터 국부투상도까지 중심선, 기준선, 치수 등으로 연결한다.

36 경사면부가 있는 대상물에서 그 경사면의 실형을 표시할 필요가 있는 경우에 사용하는 그림과 같은 투상도의 명칭은?

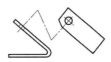

① 부분투상도　　② 보조투상도
③ 국부투상도　　④ 회전투상도

해설

• 보조투상도 : 경사면부에 있는 대상물에서 그 경사면의 실형을 나타낼 필요가 있는 경우에 그리는 투상도

제5장 스케치도 및 전개도

5-1 스케치도

1) 스케치도의 필요성

① 도면이 없는 부품을 제작하고자 할 경우
② 도면이 없는 부품이 파손되어 수리 제작할 경우
③ 현품을 기준으로 개선된 부품을 고안하려 할 경우
④ 물건을 고안하거나 설계할 때 머릿속으로 구상한 것을 구체화시킬 경우
⑤ 구체화된 아이디어를 보고 모양을 만들 때
⑥ 제작도면을 이해하는 데 도움을 줄 수 있는 경우
⑦ 다른 사람에게 설계자의 생각과 이미지를 쉽게 전달할 때

★ 2) 스케치도 종류

스케치도의 종류	
프린트법	부품의 표면에 기름 또는 광명단, 스템프 잉크를 칠한 후, 종이를 대고 눌러서 실제 모양을 뜨는 방법
모양 뜨기법(본 뜨기법)	불규칙한 곡선을 가진 물체를 직접 종이에 대고 그리는 것. 납선, 동선 등을 부품의 윤곽 곡선과 같이 만들어 종이에 옮기는 방법
사진촬영법	사진기로 직접 찍어서 도면을 그리는 방법
프리핸드법	손으로 직접 그리는 방법

★ 3) 스케치도를 그리는 방법

① 스케치할 물체의 특징을 파악하여 주투상도를 결정한다.
② 측정기구로 필요한 부분의 치수를 측정하여 도면에 기입한다.
③ 여러 가지 기호, 가공 방법, 재질 등 필요한 사항을 기입한다.

5-2 전개도

전개도는 입체의 표면을 평면 위에 펼쳐 그린 그림을 말한다. 전개도를 다시 접거나 감으면 그 입체의 모양이 된다.

1) 전개도법의 종류

전개도법의 종류	전개도
평행선을 이용한 전개도법 ① **각기둥이나 원기둥을 전개** ② 모서리나 중심축에 평행선을 그어 전개하는 방법	
방사선을 이용한 전개도법 ① **각뿔, 원뿔의 전개에 이용되는 것** ② 꼭짓점을 중심으로 하여 방사형으로 전개하는 방법	
삼각형을 이용한 전개도법 ① 삼각형을 이용한 전개도법은 **입체의 표면을 여러 개의 삼각형으로 나누어 전개하는 방법** ② 꼭짓점이 너무 멀리 떨어져 있어서 방사선법을 이용하기 어려운 원뿔이나 편심 원뿔, 각뿔 등의 전개도에 많이 이용된다.	

01 스케치도를 작성할 필요가 없는 경우는?

① 도면이 없는 부품을 제작하고자 할 경우
② 도면이 없는 부품이 파손되어 수리 제작할 경우
③ 현품을 기준으로 개선된 부품을 고안하려 할 경우
④ 제품 제작을 위해 도면을 복사할 경우

해설

스케치도가 필요한 경우
• 도면이 없는 부품을 세작하고자 할 경우
• 도면이 없는 부품이 파손되어 수리 제작할 경우
• 현품을 기준으로 개선된 부품을 고안하려 할 경우

02 스케치를 할 물체의 표면에 광명단을 얇게 칠하고 그 위에 종이를 대고 눌러서 실제의 모양을 뜨는 스케치 방법은?

① 프린트법 ② 모양뜨기 방법
③ 프리핸드법 ④ 사진법

해설

• 프린트법 : 부품의 표면에 기름 또는 광명단, 스템프 잉크를 칠한 후, 종이를 대고 눌러서 실제 모양을 뜨는 방법

03 물체의 모양을 연필만을 사용하여 정투상도나 회화적 투상으로 나타내는 스케치 방법은?

① 프린트법 ② 본뜨기법
③ 프리핸드법 ④ 사진 촬영법

해설

• 프리핸드법 : 연필만으로 직접 손으로 그리는 것

04 지름이 일정한 원통을 전개하려고 한다. 어떤 전개 방법을 이용하는 것이 가장 적합한가?

① 삼각형을 이용한 전개도법
② 방사선을 이용한 전개도법
③ 평행선을 이용한 전개도법
④ 사각형을 이용한 전개도법

해설

• 평행선을 이용한 전개도법 : 각기둥이나 원기둥
• 방사선을 이용한 전개도법 : 각뿔, 원뿔
• 삼각형을 이용한 전개도법 : 입체의 표면을 여러 개의 삼각형으로 나누어 전개하는 방법

05 스케치도를 그리는 방법으로 올바르지 않은 것은?

① 스케치할 물체의 특징을 파악하여 주투상도를 결정한다.
② 스케치도에는 주투상도만 그리고 치수, 재질, 가공법 등은 기입하지 않는다.
③ 부품 표면에 광명단 또는 스탬프잉크를 칠한 다음 용지에 찍어 실제 형상으로 모양을 뜨는 방법도 있다.
④ 실제 부품을 용지 위에 올려놓고 본을 뜨는 방법도 있다.

해설

스케치도에는 주투상도를 기준으로 치수 재질, 가공법 등을 기입한다.

1. ④ 2. ① 3. ③ 4. ③ 5. ② 정답

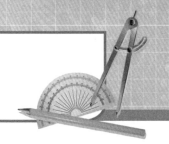

제6장 치수 기입

6-1 치수 기입의 요소와 원칙

1) 치수 기입의 요소

☞ 치수선, 치수 보조선, 치수 숫자, 화살표

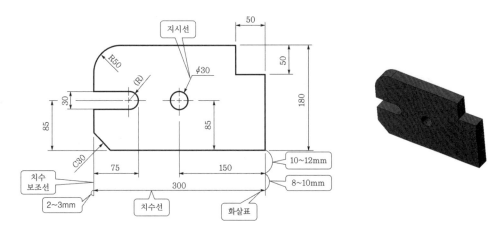

★★
2) 치수 기입의 원칙

① 대상물의 기능, 제작, 조립 등을 고려하여 꼭 필요한 치수를 분명하게 도면에 기입한다.
② 치수는 대상물의 크기, 자세 및 위치를 명확하게 표시할 수 있도록 기입한다.
③ **도면에 나타나는 치수는 특별히 명시하지 않는 한 다듬질 치수(마무리치수, 완성치수)를 표시한다.**
   * 마무리치수란 가공 여유를 포함하지 않은 치수로 가공 후 최종으로 검사할 완성된 제품의 치수를 말한다.
④ 치수에는 기능상 필요한 경우 KS B 0108에 따라 치수의 허용한계를 지시한다. 이론적으로 정확한 치수는 제외한다.
⑤ **치수 기입은 주투상도(정면도)에 집중 기입한다.**
⑥ 치수는 필요에 따라 기준으로 하는 점, 선 또는 면을 기준으로 하여 기입한다.
⑦ **치수는 중복을 피한다.**
⑧ 치수는 선에 겹치게 기입해서는 안 된다. (치수, 문자나 기호가 우선!)

⑨ 치수는 계산해서 구할 필요가 없도록 기입한다.

⑩ 관련되는 치수는 한 곳에 모아서 기입한다.

⑪ 치수는 공정마다 배열을 분리하여 기입한다.

⑫ **치수의 단위는 mm이고, 단위는 생략한다.**

⑬ cm나 m를 사용할 필요가 있을 경우에는 치수 옆에 단위를 붙인다.

⑭ 한 도면 안에서의 치수는 같은 크기로 기입한다.

⑮ **치수 숫자의 단위가 많을 경우에도 3단위마다 숫자 사이에 콤마(,)를 사용하지 않는다.**

⑯ 치수선, 치수 보조선 및 지시선은 가는 실선으로 한다.

⑰ **치수 보조선은 치수선보다 2~3mm 길게 긋는다.**

⑱ 치수선 또는 그 연장선 끝에는 화살표나 검정 점, 사선을 붙인다.

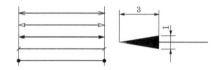

⑲ 치수를 기입하기 위한 지시선의 각도는 수평선에 60°가 되도록 긋는 것이 좋다.

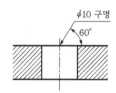

⑳ 외형선, 중심선, 기준선 및 이들의 연장선을 치수선으로 사용하지 않는다.

㉑ 각도를 표시할 때와 경사진 치수를 기입할 때 방향을 잘 맞추어 작성한다.

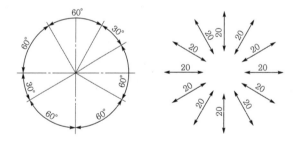

치수의 배치

★ 1) 치수의 배치 방법

치수의 배치 방법	배치 방법 도시
① 직렬 치수 기입 직렬로 나란히 연결된 개개의 치수에 주어진 **일반 공차**가 차례로 누적되어도 상관없는 경우에 사용한다.	 10 10 15 10 15 10 10
② 병렬 치수 기입 • 한 곳을 중심으로 치수를 기입하는 방법 • 각각의 **치수공차는 다른 치**수의 공차에 영향을 주지 않는다.	 10 20 35 45 60 70 80
③ 누진 치수 기입 병렬 치수 기입과 완전히 동등한 의미를 가지면서 한 개의 연속된 치수선으로 간편하게 표시된다. • 기점기호(○) : 치수선이 시작되는 곳에만 사용한다.	 60 45 25 10 기점기호 10 25 45 60
④ 좌표 치수 기입 프레스 금형설계와 사출금형 설계에서 많이 사용하는 방법이다.	<table><tr><td>구분</td><td>X</td><td>Y</td><td>Ø</td></tr><tr><td>A</td><td>10</td><td>10</td><td>16</td></tr><tr><td>B</td><td>45</td><td>10</td><td>12</td></tr><tr><td>C</td><td>25</td><td>25</td><td>20</td></tr><tr><td>D</td><td>10</td><td>45</td><td>10</td></tr><tr><td>E</td><td>45</td><td>45</td><td>8</td></tr></table>

2) 여러 개의 같은 구멍의 치수 기입

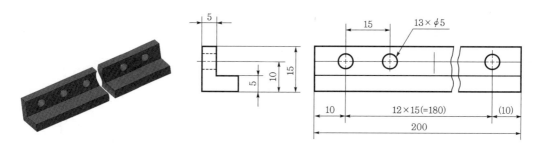

★★
6-3 치수 보조 기호

기호	설명	사용 예
(숫자)	참고 치수 : 표시하지 않아도 될 치수	(50)
∅	원의 지름(동전 모양)	∅50
S∅	구의 지름(공 모양)	S∅50
R	원의 반지름	R25
SR	구의 반지름	SR25
□	정사각형의 한 변의 치수 수치 앞에 붙인다.	□ 25
치수	이론적으로 정확한 치수 : 수정하면 안 됨.	50
—	치수 수치가 비례하지 않을 때 : 척도에 맞지 않을 때	50
C	45° 모따기 기호	C5
t =	재료의 두께	t = 7

6-4 여러 요소의 치수 기입

1) 지름 치수 기입

지름 치수 기입 방법	지름 치수 기입 예
① 물체의 단면이 원형이고, 그 모양을 도면에 표시하지 않고 원형인 것을 나타낼 경우 지름 치수 앞에 ϕ를 붙인다.	$\phi 20$ $\phi 16$ $\phi 16$ $\phi 22$ $\phi 18$ $\phi 10$
② 원형 그림의 지름 치수를 기입할 때는 ϕ를 생략해도 된다.	30
③ 지름이 다른 원통이 연속되어 있고, 치수 기입할 여유가 없을 때 그림과 같이 치수선의 연장선과 화살표를 그리고 지름의 기호 ϕ와 지름 치수를 기입한다.	$\phi 80$ $\phi 50$ $\phi 100$ $\phi 65$ $\phi 88$ $\phi 65$

2) 현, 원호 및 곡선의 치수 기입

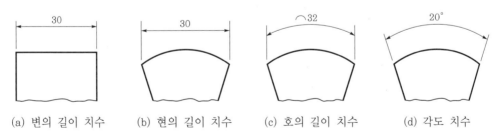

(a) 변의 길이 치수 (b) 현의 길이 치수 (c) 호의 길이 치수 (d) 각도 치수

3) 반지름 치수 기입

반지름 치수 기입 방법	반지름 치수 기입 예
① 반지름 치수는 반지름 기호 R을 치수 수치 앞에 기입한다. 단, 반지름을 표시하는 치수선을 원호의 중심까지 긋는 경우에는 반지름 기호 R을 생략해도 좋다.	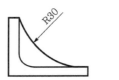 [원호의 중심이 없는 경우와 있는 경우 표시]
② 화살표나 치수를 기입할 여유가 없을 경우에 오른쪽 그림과 같이 중심 방향으로 치수선을 긋고 화살표를 붙인다.	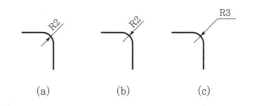
③ 반지름이 커서 그 중심 위치까지 치수선을 그을 수 없거나 여백이 없을 경우에는 그림과 같이 R400, R200 치수와 같이 Z자형으로 휘어서 표시하고 화살표가 붙은 부분은 정확한 중심 위치로 향하도록 한다.	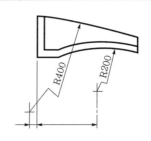 [반지름이 큰 경우]
④ 같은 중심을 가지는 반지름 치수가 연속된 경우는 오른쪽 그림과 같이 기점 기호를 사용하여 누진 치수 기입법을 사용한다.	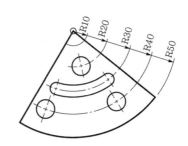 [동일 중심의 반지름 치수 기입]
⑤ 실제 모양을 나타내지 않는 투상도형에 실제의 반지름 또는 전개한 상태의 반지름을 나타낼 경우에는 그림과 같이 치수 수치 앞에 '실R' 또는 '전개R'의 글자기호를 기입한다.	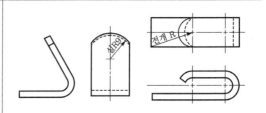

4) 테이퍼 및 기울기 치수 기입

① 테이퍼 : 중심선에 대하여 대칭으로 된 원뿔선의 경사를 테이퍼라 하며, 치수는 그림과 같이 나타낸다.

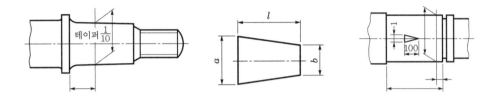

② 기울기 : 기준면에 대한 경사면의 경사를 기울기(구배)라 하며 치수는 그림과 같다.

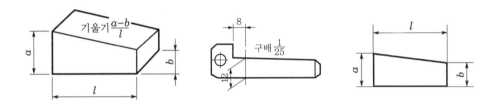

01 다음 중 치수 기입 원칙에 어긋나는 방법은?

① 관련되는 치수는 되도록 한곳에 모아서 기입한다.

② 치수는 되도록 공정마다 배열을 분리하여 기입한다.

③ 중복된 치수 기입을 피한다.

④ 치수는 각 투상도에 고르게 분포되도록 한다.

해설

• 도면의 치수 기입 : 정면도에 집중 기입하고 중복 기입은 피한다.

02 치수 보조선에 대한 설명으로 옳지 않은 것은?

① 필요한 경우에는 치수선에 대하여 적당한 각도로 평행한 치수 보조선을 그을 수 있다.

② 도형을 나타내는 외형선과 치수 보조선은 떨어져서는 안 된다.

③ 치수 보조선은 치수선을 약간 지날 때까지 연장하여 나타낸다.

④ 가는 실선으로 나타낸다.

해설

치수 보조선은 도형(외형선)에서 2~3mm 정도 틈새를 두고 그린다.

03 다음 치수 기입 방법에 대한 설명으로 틀린 것은?

① 치수의 단위는 mm이고 단위 기호는 붙이지 않는다.

② cm나 m를 사용할 필요가 있을 경우는 반드시 cm나 m 등의 기호를 기입하여야 한다.

③ 한 도면 안에서의 치수는 같은 크기로 기입한다.

④ 치수 숫자의 단위 수가 많은 경우에는 3단위마다 숫자 사이를 조금 띄우고 콤마를 사용한다.

해설

치수 숫자는 숫자의 단위 수가 많아도 3단위마다 숫자 사이에 콤마를 사용하지 않는다.

04 다음 치수 보조 기호의 사용 방법이 올바른 것은?

① Ø : 구의 지름 치수 앞에 붙인다.

② R : 원통의 지름 치수 앞에 붙인다.

③ □ : 정사각형의 한 변의 치수 수치 앞에 붙인다.

④ SR : 원형의 지름 치수 앞에 붙인다.

해설

• 치수 : 이론적으로 정확한 치수, 사각형 속의 치수

• □치수 : 정사각형 한 변의 치수 앞에 표시

05 다음 도면에서 전체 길이를 표시하고 있는 (A)부의 치수는?

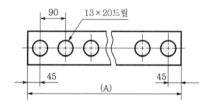

① 1,020

② 1,080

③ 1,170

④ 1,220

해설

전체 길이(A)＝(45×2)+(12×90)＝90+1,080
　　　　　＝1,170mm

13×20드릴
　　└→ 구멍의 지름
└→구멍의 갯수

---

1. ④ 2. ② 3. ④ 4. ③ 5. ③ **정답**

06 다음 그림과 같은 치수 기입 방법은?

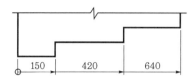

① 직렬 치수 기입법
② 병렬 치수 기입법
③ 누진 치수 기입법
④ 좌표 치수 기입법

• 누진 치수 기입법 : 기준면(기점 기호)에 대하여 누적 된 치수를 기입하는 방법

07 길이 치수에서 중요 부위 치수공차를 기입할 경우 적합하지 않은 것은?

①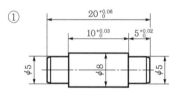

②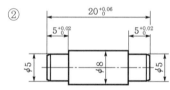

③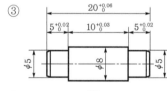

④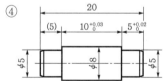

여러 개의 관련 치수에 허용 한계를 지시하는 경우
• 직렬 치수 기입 방법으로 치수를 기입할 때에는 치수 공차가 누적되므로 공차의 누적이 기능에 관계가 없 는 경우에만 사용
• 중요도가 낮은 치수는 기입하지 않거나 참고 치수로 표기한다.

08 구(sphere)를 도시할 때 필요한 최소의 투상도 수는?

① 1개   ② 2개
③ 3개   ④ 4개

• 구는 6면도 전체가 하나의 원으로 나타나기 때문에 정면도 하나만 투상하여야 한다.
∴ 최소 투상도는 1개(정면도)

09 치수 보조 기호의 SØ는 무엇을 나타내는 가?

① 표면   ② 구의 반지름
③ 피치   ④ 구의 지름

• 구의 반지름 : SR
• 구의 지름 : SØ

10 축의 끝에 45° 모떼기 치수를 기입하는 방법 으로 틀린 것은?

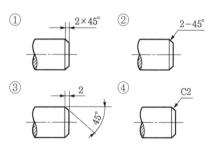

• ②번 표기법이 틀리다.

제7장 표면 거칠기

7-1 표면 거칠기

★ 1) 표면 거칠기의 측정 방법 3가지

표면 거칠기 측정 방법	설명	기준값 기호	단위
산술 평균 거칠기(Ra) (중심선 평균 거칠기)	거칠기 곡선에서 그 중심선의 방향으로 측정길이 L 부분을 채취하고 중심선 윗부분의 면적으로 측정길이 L로 나눈 값을 나타낸 것	a	
10점 평균 거칠기(Rz)	표본에서 제일 높은 봉우리에서 5번째 봉우리까지의 평균값과 가장 낮은 봉우리에서 5번째 봉우리까지의 평균값의 차이를 나타낸 값	z	μm
최대 높이(Ry)	단면고선에서 기준 길이만큼 채취한 부분의 가장 높은 봉우리와 가장 깊은 골 밑을 통과하는 평행한 두 직선의 간격을 단면 곡선의 세로비율 방향으로 측정하여 나타낸 값	s	

☞ 표면 거칠기 값이 작을수록 표면이 고운 다듬질이다.

2) 가공 방법의 기호

가공 방법	약호		가공 방법	약호	
	I	II		I	II
선반가공	L	선삭	호닝가공	GH	호닝
드릴가공	D	드릴링	액체호닝가공	SPLH	액체호닝
보링머신가공	B	보링	배럴연마가공	SPBR	배럴연마
밀링가공	M	밀링	버프 다듬질	SPBF	버핑
평삭(플레이닝)가공	P	평삭	블라스트 다듬질	SB	블라스팅
형삭(셰이핑)가공	SH	형삭	랩 다듬질	FL	래핑
브로칭가공	BR	브로칭	줄 다듬질	FF	줄 다듬질
리머가공	FR	리밍	스크레이퍼 다듬질	FS	스크레이핑
연삭가공	G	연삭	페이퍼 다듬질	FCA	페이퍼 다듬질

7-2 표면 거칠기의 표시 방법

★
1) 대상면의 지시 기호 및 제거가공의 지시 방법

기호	내용
	절삭 등 제거가공의 필요 여부를 문제 삼지 않을 때 사용
	제거가공을 필요로 한다는 것을 지시할 때 사용
	제거가공을 해서는 안 될 때 사용(그대로 둘 때)

★★
2) 줄무늬 방향의 기호

기호	뜻	설명도
=	가공에 의한 커터의 줄무늬 방향이 기호를 기입한 그림의 투상면에 **평행**	
⊥	가공에 의한 커터의 줄무늬 방향이 기호를 기입한 그림의 투상면에 **직각**	
X	가공에 의한 커터의 줄무늬 방향이 기호를 기입한 그림의 투상면에 경사지고 **두 방향으로 교차**	
M	가공에 의한 커터의 줄무늬가 **여러 방향으로 교차 또는 무방향**	
C	가공에 의한 커터의 줄무늬 방향이 기호를 기입한 면의 중심에 대한 대략 **동심원 모양**	
R	가공에 의한 커터의 줄무늬가 기호를 기입한 면의 중심에 대하여 대략 **레이디얼 모양**	

★★
3) 면의 지시 기호에 대한 각 지시 사항의 위치

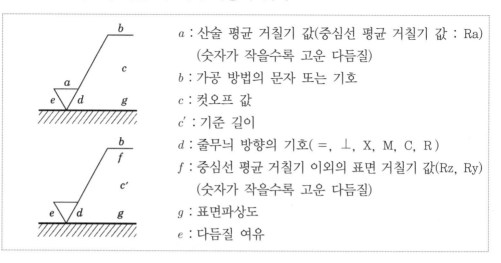

a : 산술 평균 거칠기 값(중심선 평균 거칠기 값 : Ra)
　　(숫자가 작을수록 고운 다듬질)

b : 가공 방법의 문자 또는 기호

c : 컷오프 값

c' : 기준 길이

d : 줄무늬 방향의 기호(=, ⊥, X, M, C, R)

f : 중심선 평균 거칠기 이외의 표면 거칠기 값(Rz, Ry)
　　(숫자가 작을수록 고운 다듬질)

g : 표면파상도

e : 다듬질 여유

① 중심선 평균 거칠기
　 표면 거칠기 표시 방법

② 10점 평균 거칠기와 최대값
　 표면 거칠기 표시 방법

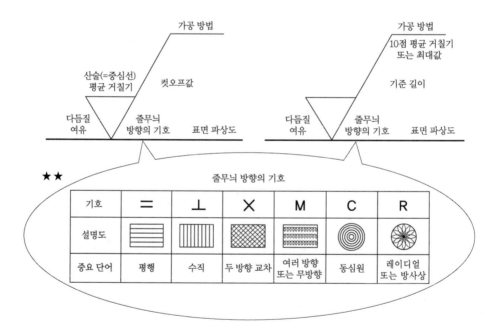

기호	＝	⊥	Ｘ	M	C	R
설명도						
중요 단어	평행	수직	두 방향 교차	여러 방향 또는 무방향	동심원	레이디얼 또는 방사상

01 다음 중 표면 거칠기 측정법이 아닌 것은?

① 중심선 평균 거칠기
② 최대 높이
③ 10점 평균 거칠기
④ 평균 면적 거칠기

해설

표면 거칠기 측정 방법
• 중심선 평균 거칠기(Ra)
• 최대 높이(Ry)
• 10점 평균 거칠기(Rz)

02 최대 높이 거칠기 값이 25S로 표시되어 있을 때 측정값은?

① 0.025mm
② 0.25mm
③ 2.5mm
④ 25mm

해설

• 표면 거칠기 표준값은 단위가 μm이다.
• $1\mu m = \dfrac{1}{1,000}$ mm

$$\therefore\ 25\mu m = 25 \times \dfrac{1}{1,000} = 0.025mm$$

03 다음 그림은 표면 거칠기의 지시이다. 면의 지시 기호에 대한 지시사항에서 D를 바르게 설명한 것은?

① 표면 파상도
② 줄무늬 방향의 기호
③ 다듬질 여유 기입
④ 중심선 평균 거칠기의 값

해설

표면 거칠기 지시 기호
• A : 산술 평균 거칠기 값
• B : 가공 방법
• D : 줄무늬 방향 기호
• E : 다듬질 여유

04 그림과 같이 기입된 표면 지시 기호의 설명으로 옳은 것은?

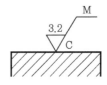

① 연삭가공을 하고 가공무늬는 다방면 교차가 되게 한다.
② 밀링가공을 하고 가공무늬는 동심원이 되게 한다.
③ 보링가공을 하고 가공무늬는 방사상이 되게 한다.
④ 선반가공을 하고 가공무늬는 투상면에 직각되게 한다.

해설

[표면 거칠기 지시 기호]
• M : 밀링 가공(가공 방법)
• C : 동심원(줄무늬 방향 기호)
• 3.2 : 중심선 표면 거칠기 값

[가공 방법 기호]
• G : 연삭가공
• M : 밀링가공
• B : 보링가공
• L : 선반가공
• D : 드릴가공

05 줄무늬 방향 기호의 뜻으로 틀린 것은?

① = : 가공에 의한 커터의 줄무늬 방향이 기호를 기입한 그림의 투상면에 평행

② ⊥ : 가공에 의한 커터의 줄무늬 방향이 기호를 기입한 그림의 투상면에 직각

③ X : 가공에 의한 커터의 줄무늬 방향이 여러 방향으로 교차 또는 무방향

④ C : 가공에 의한 커터의 줄무늬가 기호를 기입한 면의 중심에 대하여 대략 동심원 모양

해설

줄무늬 방향 기호 6가지
- = : 평행
- ⊥ : 직각
- X : 두 방향 교차
- M : 여러 방향 교차 또는 무방향
- C : 동심원 모양
- R : 레이디얼 모양 또는 방사상 모양

06 다음 중 가장 고운 다듬면을 나타내는 것은?

① ∨

② 0.2 ∨

③ 6.3 ∨

④ 25 ∨

해설

표면 거칠기 값이 작을수록 고운 다듬질면을 나타낸다.

07 다음의 표면 거칠기 기호에서 25가 의미하는 거칠기 값의 종류는?

① 산술 평균 거칠기
② 최대 높이 거칠기
③ 10점 평균 거칠기
④ 최소 높이 거칠기

$$\frac{W}{\bigvee} = \frac{25}{\bigvee}$$

해설

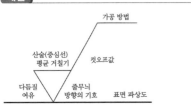

가공 방법

산술(중심선) 평균 거칠기 — 컷오프값

다듬질 여유 — 줄무늬 방향의 기호 — 표면 파상도

08 표면 거칠기 기호를 간략하게 기입한 것으로 옳은 것은?

①

②

③

④

해설

표면 거칠기의 기호 기입

$$\frac{25}{\bigvee}\left(\frac{6.3}{\bigvee}, \frac{1.6}{\bigvee}\right)$$

- $\frac{25}{\bigvee}$: 부품 전체에 적용(도면에 표기 안함)
- $\frac{6.3}{\bigvee}$: 해당 면에만 적용(도면에 반드시 표기함)
- $\frac{1.6}{\bigvee}$: 해당면 에만 적용(도면에 반드시 표기함)

09 그림에서 표면 거칠기 값(6.3)만을 직접 면에 지시하는 경우 표시 방향이 잘못된 것은?

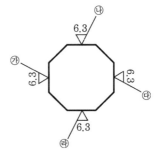

① ㉮

② ㉯

③ ㉰

④ ㉱

해설

- ㉯의 숫자가 ㉮의 숫자와 같은 방향이어야 한다.
∴ ㉯의 표시 방향이 잘못되었다.
- 도면을 오른쪽으로 90° 회전했을 때 숫자가 바로 보여야 한다.

제8장 공차와 끼워맞춤

8-1 공차

1) 일반공차 (보통공차)

일반공차는 특별한 정밀도를 요구하지 않는 부분에 모두 공차를 기입하지 않고 일괄하여 기입할 목적으로 규정되었다. 허용차는 절삭가공이나 주조품의 정밀도에 따라 KS규격에서 정한 아래표와 같이 적용한다.

공차의 등급		기준 치수 구분							
기호	구분	0.5 이상 3 이하	3 초과 6 이하	6 초과 30 이하	30 초과 120 이하	120 초과 400 이하	400 초과 1000 이하	1000 초과 2000 이하	2000 초과 4000 이하
		허용차(±)							
f	정밀급	0.05	0.05	0.10	0.15	0.2	0.3	0.5	–
m	보통급	0.10	0.10	0.20	0.30	0.5	0.8	1.2	2.0
c	거친급	0.20	0.30	0.50	0.80	1.2	2.0	3.0	4.0
v	아주 거친급	–	0.50	1.00	1.50	2.5	4.0	6.0	8.0

★★
2) 치수공차

구분		예 $\varnothing 50 \begin{smallmatrix} +0.02 = \varnothing 50.02 \\ -0.02 = \varnothing 49.98 \end{smallmatrix}$
기준 치수		$\varnothing 50$
치수공차	위치수 허용차–아래치수 허용차	0.04 = 0.02–(–0.02)
	최대 허용 (한계)치수–최소 허용 (한계)치수	0.04 = 50.02–49.98
허용(한계)치수	최대 허용(한계)치수	$\varnothing 50.02 = 50+0.02$
	최소 허용(한계)치수	$\varnothing 49.98 = 50+(-0.02)$
위치수 허용차(=최대 허용 (한계)치수–기준치수)		+0.02 = 50.02–50
아래치수 허용차(=최소 허용 (한계)치수–기준치수)		–0.02 = 49.98–50

3) IT(International Tolerance) 공차

치수공차와 끼워맞춤공차에 있어서 정해진 모든 치수공차를 의미하는 것으로 국제표준화기구(ISO) 공차 방식에 따라 분류한다.

★
① IT기본공차 일반사항
 ㉠ IT01부터 IT18까지 20등급으로 구분되어 있다.
 ㉡ 공차등급은 IT 기호 뒤에 등급을 표시하는 숫자를 붙여 사용한다.
 ㉢ 공차역의 위치는 구멍인 경우 알파벳 대문자, 축인 경우 알파벳 소문자를 사용한다.
 ㉣ 축의 등급이 구멍등급보다 한 등급 낮다.

★
② IT기본공차 적용

용도	게이지 제작 공차	끼워맞춤공차	끼워맞춤 이외의 공차
구멍	IT01~IT5	IT6~IT10	IT11~IT18
축	IT01~IT4	IT5~IT9	IT10~IT18

③ IT기본공차의 수치

(단위 : mm, μm)

치수 구분 (mm) 초과 / 이하		IT 01	IT 0	IT 1	IT 2	IT 3	IT 4	IT 5	IT 6	IT 7	IT 8	IT 9	IT 10	IT 11	IT 12	IT 13	IT 14	IT 15	IT 16	IT 17	IT 18
−	3	0.3	0.5	0.8	1.2	2	3	4	6	10	14	25	40	60	100	140	250	460	600	1.0	1.4
3	6	0.4	0.6	1	1.5	2.5	4	5	8	12	18	30	48	75	120	180	300	480	750	1.2	1.8
6	10	0.4	0.6	1	1.5	2.5	4	6	9	15	22	36	58	90	150	220	360	540	900	1.5	2.2
10	18	0.5	0.8	1.2	2	3	5	8	11	18	27	43	70	110	180	270	430	700	1100	1.8	2.7
18	30	0.6	1	1.5	2.5	4	6	9	13	21	33	52	84	130	210	330	520	840	1300	2.1	3.3
30	50	0.6	1	1.5	2.5	4	7	11	16	25	39	62	100	160	250	390	620	1000	1600	2.5	3.9
50	80	0.8	1.2	2	3	5	8	13	19	30	46	74	120	190	300	460	704	1200	1900	3.0	4.6
80	120	1.	1.5	2.5	4	6	10	15	22	35	54	87	140	220	350	540	870	1400	2200	3.5	5.4
120	180	1.2	2	3.5	5	8	12	18	25	40	63	100	160	250	400	630	1000	1600	2500	4.0	6.3
180	250	2	3	4.5	7	10	14	20	29	46	72	115	185	290	460	720	1150	1850	2900	4.6	7.2
250	315	2.5	4	6	8	12	16	23	32	52	81	130	210	320	520	810	1300	2100	3200	5.2	8.1
315	400	3	5	7	9	13	18	25	36	57	89	140	230	360	570	890	1400	2300	3600	5.7	8.9
400	500	4	6	8	10	15	20	27	40	63	97	155	250	400	630	970	1550	2500	4000	6.3	9.7

비고) IT01~16의 단위는 μm, IT17, 18의 단위는 mm이다.
  끼워맞춤에 적용되는 IT 공차등급은 일반적으로 구멍의 경우 6급~10급, 축의 경우 5급~9급이 적용된다.

※ 등급이 클수록 → 공차값 커짐

⬛ 8-2 끼워맞춤

★
1) 끼워맞춤 상태에 따른 분류

끼워맞춤 분류	특징
헐거운 끼워맞춤 (틈새)	• **구멍의 치수가 축의 지름보다 클 때**, 구멍과 축과의 치수의 차를 말한다. • 구멍과 축 사이에 항상 틈새가 있다(A~G). → (구멍>축)
중간 끼워맞춤	• 구멍과 축의 주어진 공차에 따라 틈새가 생길 수도 있고 죔새가 생길 수도 있다(H~N).
억지 끼워맞춤 (죔새)	• **구멍의 치수가 축의 지름보다 작을 때**, 조립 전의 구멍과 축과의 치수의 차를 말한다. • 구멍과 축 사이에 **항상 죔새**가 있어야 한다(P~Z). → (축>구멍)

★★
2) 끼워맞춤 틈새와 죔새 구하기

틈새(구멍 – 축) ＊大 : 위치수 허용차 小 : 아래치수 허용차	최대(大) 틈새＝구멍(大)−축(小)
	최소(小) 틈새＝구멍(小)−축(大)
죔새(축 – 구멍) ＊大 : 위치수 허용차 小 : 아래치수 허용차	최대(大) 죔새＝축(大)−구멍(小)
	최소(小) 죔새＝축(小)−구멍(大)

예 구멍 $200^{+0.02(大)}_{-0.01(小)}$, 축 $200^{-0.02(大)}_{-0.03(小)}$ 일 때

① 최대(大) 틈새＝구멍(大)−축(小)＝0.02−(−0.03)＝0.05

② 최소(小) 틈새＝구멍(小)−축(大)＝(−0.01)−(−0.02)＝0.01

★
3) 끼워맞춤의 종류

① 구멍기준식 끼워맞춤 : 아래치수 허용차가 0인 H 기호구멍을 기준구멍으로 한다.

　기초가 되는 치수 허용차가 아래치수 허용차가 되는 경우＝구멍(대문자)

　＊위치수 허용차＝기초가 되는 치수 허용차+IT등급 공차값

　＊아래치수 허용차＝기초가 되는 치수 허용차

② 축기준식 끼워맞춤 : 위치수 허용차가 0인 h 기호 축을 기준으로 한다.

　기초가 되는 치수 허용차가 위치 수허용차가 되는 경우＝축(소문자)

　＊위치수 허용차＝기초가 되는 치수 허용차

　＊아래치수 허용차＝기초가 되는 치수 허용차−IT공차값

8-3 구멍과 축의 공차 표시

1) 조립한 상태에서 치수의 허용한계 값 기입

① 어떤 경우에든 구멍의 치수는 축의 치수 위쪽에 기입한다.

② IT치수공차 기입법

  ㉠ Ø50 H7/h6

  ㉡ Ø50 H7−h6

  ㉢ Ø50 $\dfrac{H7}{h6}$

③ Js의 치수허용차

$$위치수\ 허용차\ =\ +\dfrac{기본공차}{2},\ \ 아래치수\ 허용차\ =\ -\dfrac{기본공차}{2}$$

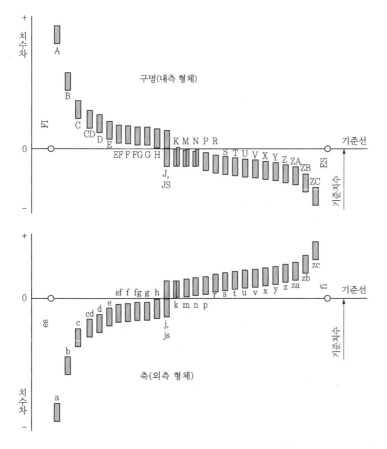

- 왼쪽의 그래프에서 H, h 를 기준으로 할 때
  ⇒ A(a)쪽으로 갈수록 틈새가 커진다.
  ⇒ Z(z)쪽으로 갈수록 죔새가 커진다.
- 구멍 : 대문자로 표기
- 축 : 소문자로 표기

01 치수공차 및 끼워맞춤에 관한 용어의 설명으로 옳지 않은 것은?

① 허용한계치수 : 형체의 실 치수가 그 사이에 들어가도록 정한, 허용할 수 있는 대소 2개의 극한의 치수

② 기준치수 : 위치수 허용차 및 아래치수 허용차를 적용하는 데 따라 허용한계치수가 주어지는 기준이 되는 치수

③ 치수허용차 : 실제 치수와 대응하는 기준치수와의 대수차

④ 기준선 : 허용한계치수 또는 끼워맞춤을 도시할 때 치수허용차의 기준이 되는 직선

해설

• 치수허용차＝허용한계치수－기준치수

02 위치수 허용차와 아래치수 허용차의 차이 값은?

① 치수공차　　　② 기준치수

③ 치수허용차　　④ 허용한계치수

해설

• 공차(치수공차)＝위치수 허용차－아래치수 허용차

03 IT기본공차는 몇 등급으로 구분되는가?

① 12　　　　　② 15

③ 18　　　　　④ 20

해설

• IT기본공차는 20등급(IT01, IT0, IT1~IT18)

04 최대 허용한계치수에서 기준치수를 뺀 값을 무엇이라 하는가?

① 아래치수 허용차　② 위치수 허용차

③ 실치수　　　　　④ 치수공차

해설

• 위치수 허용차 ＝최대 허용 (한계)치수－기준치수

05 끼워맞춤에서 최소 틈새란 무엇인가?

① 축의 최소 허용 치수 － 구멍의 최대 허용 치수

② 축의 최대 허용 치수 － 구멍의 최소 허용 치수

③ 구멍의 최대 허용 치수 － 축의 최소 허용 치수

④ 구멍의 최소 허용 치수 － 축의 최대 허용 치수

해설

편의상 大와 小로 표시

기준치수	위치수 허용차(大)
(구멍)	아래치수 허용차(小)

기준치수	위치수 허용차(大)
(축)	아래치수 허용차(小)

① 억지 끼워맞춤(죔새) : 축 ＞ 구멍
  • 최대 죔새＝축(大)－구멍(小)
  • 최소 죔새＝축(小)－구멍(大)
② 헐거운 끼워맞춤(틈새) : 구멍 ＞ 축
  • 최대 틈새＝구멍(大)－축(小)
  • 최소 틈새＝구멍(小)－축(大)

06 축용 게이지 제작에 사용되는 IT기본공차의 등급은?

① IT01~IT4　　② IT5~IT8

③ IT8~IT12　　④ IT11~IT18

해설

축기준식 게이지제작
공차 범위 ⇒ IT01~IT4

정답 1. ③　2. ①　3. ④　4. ②　5. ④　6. ①

07 IT기본공차는 치수공차와 끼워맞춤에 있어서 정해진 모든 치수공차를 의미하는 것으로 국제표준화기구(ISO) 공차 방식에 따라 분류한다. 구멍 끼워맞춤에 해당되는 공차의 등급범위는?

① IT3~IT5 　　② IT6~IT10

③ IT11~IT14 　④ IT16~IT18

• 구멍 끼워맞춤공차 : IT6~IT10

08 직진운동이나 회전운동이 필요한 기계부품 조립에 적용하는 끼워맞춤으로 가장 좋은 것은?

① 헐거운 끼워맞춤

② 억지 끼워맞춤

③ 영구조립 끼워맞춤

④ 중간 끼워맞춤

항상 틈새(헐거운 끼워맞춤)가 생기는 끼워맞춤으로 직선운동이나 회전운동이 필요한 기계부품의 조립에 적용한다.

09 다음 중 억지 끼워맞춤은?

① H7/h6 　　② F7/h6

③ G7/h6 　　④ H7/u6

• 억지 끼워맞춤(죔새) : z에 가까울수록 죔새가 커진다.

10 구멍이 $\phi 15 {}^{+0.018}_{0}$이고, 축이 $\phi 15 {}^{+0.018}_{+0.007}$인 중간 끼워맞춤에서 최대 죔새와 최대 틈새는?

① 최대 죔새 0.018, 최대 틈새 0.011

② 최대 죔새 0.011, 최대 틈새 0.018

③ 최대 죔새 0.018, 최대 틈새 0.025

④ 최대 죔새 0.001, 최대 틈새 0.007

• 억지 끼워맞춤(죔새) : 축 > 구멍
• 헐거운 끼워맞춤(틈새) : 구멍 > 축
• 최대 죔새＝축(大)−구멍(小)
　　　　　＝0.018−0＝0.018
• 최대 틈새＝구멍(大)−축(小)
　　　　　＝0.018−0.007＝0.011

11 18JS7의 공차 표시가 옳은 것은? (단, 기본공차의 수치는 18μm이다.)

① $18 {}^{+0.018}_{0}$ 　　② $18 {}^{0}_{-0.018}$

③ 18 ± 0.009 　　④ 18 ± 0.018

• 공차값은 기준선을 기준으로 +, − 값이 같다.

12 도면에서 구멍의 치수가 $\phi 80 {}^{+0.03}_{-0.02}$로 기입되어 있다면 치수공차는?

① 0.01 　　② 0.02

③ 0.03 　　④ 0.05

• 공차(치수공차)
　＝위치수 허용차−아래치수 허용차
　＝0.03−(−0.02)
　＝0.03+0.02
　＝0.05

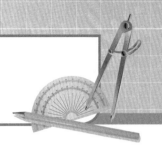

제9장 기하공차

9-1 기하공차

1) 기하공차의 필요성

기하공차는 부품을 제작하거나 조립할 때보다 정확하고 정밀한 제품을 만들기 위해 치수 허용차나 표면 거칠기 등과 아울러 모양이나 위치에 대하여 일정한 정밀도의 허용차를 붙일 필요가 있으며, 제품을 가장 경제적이고 효율적으로 생산할 수 있도록 하고 검사를 용이하게 하는 데 목적이 있다.

9-2 기하공차 기호

★★
1) 기하공차의 종류와 기호

적용하는 형체	기하공차의 종류		기호
단독형체	모양공차	진직도공차	—
		평면도공차	▱
		진원도공차	○
		원통도공차	⌀
단독형체 또는 관련형체		선의 윤곽도공차	⌒
		면의 윤곽도공차	⌓
관련형체	자세공차	평행도공차	//
		직각도공차	⊥
		경사도공차	∠
	위치공차	위치도공차	⊕
		동축도공차 또는 동심도공차	◎
		대칭도공차	═
	흔들림공차	원주 흔들림공차	↗
		온 흔들림공차	↗↗

2) 기하공차를 기입하는 틀

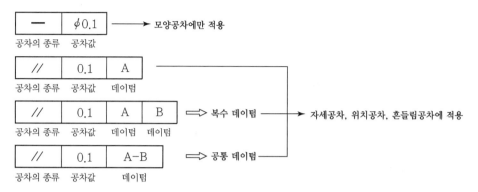

① '6구멍', '4면'과 같이 형체의 공차에 연관시켜 지시할 때는 〈그림 A〉와 같이 위쪽에 기입한다.

② 한 개의 형제에 2개 이상의 공차 표시를 할 때에는 〈그림 B〉와 같이 겹쳐서 기입한다.

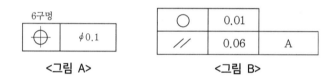

<그림 A>   <그림 B>

★
③ 대상으로 한 형체의 임의의 위치에서 특정한 길이(굵은 1점 쇄선)마다 공차를 지정할 경우에는 공차값 다음에 사선을 긋고 아래와 같이 그 길이를 기입한다.

3) 데이텀 표시 방법

기호 설명	기호 표시
① 데이텀은 형체의 기준이 되는 곳에 데이텀 삼각기호를 지시선을 사용하여 연결하고 영어의 대문자를 정사각형으로 둘러싸서 나타낸다.	

기호 설명	기호 표시
② 선 또는 자체가 데이텀 형체인 경우 ⇒ 형체의 외형선 위 또는 외형선을 연장하는 가는 선 위에 데이텀 삼각기호를 붙인다.	
③ 치수가 지정되어 있는 형체의 축 직선 또는 중심 평면이 데이텀인 경우 ⇒ 치수선의 연장선을 데이텀의 지시선으로 사용한다.	
④ 잘못 볼 염려가 없는 경우 ⇒ 공차기입틀과 데이텀 삼각기호를 직접 지시선에 의해 연결하여 문자 기호를 생략할 수 있다.	
⑤ 축 직선 또는 중심 평면이 공통인 모든 형체의 축 직선 또는 중심평면이 데이텀인 경우 ⇒ 축 직선 또는 중심 평면을 나타내는 중심선에 데이텀 삼각기호를 붙인다.	

9-3 기하공차의 도시

1) 동축도 공차

◎	∅ 0.1	A-B

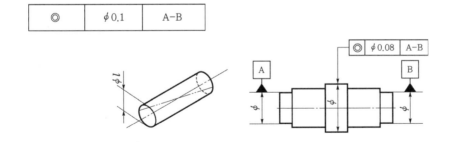

2) 공차에 의해 규제되는 형체의 표시 방법

① 선 또는 면 자체에 공차를 지정하는 경우에는 형체의 외형선 위 또는 외형선의 연장선에 (치수선의 위치를 피해서) 지시선의 화살표를 그림(a) 및 그림(b)와 같이 수직으로 한다.

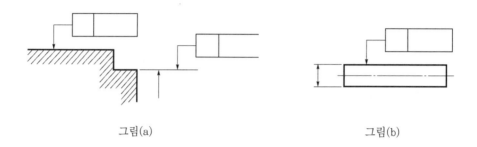

그림(a)   그림(b)

② 치수가 지정되어 있는 형체의 축선 또는 중심면에 공차를 지정하는 경우에는 치수선의 연장선이 공차 기입란으로부터 지시선이 되도록 그림(a), (b), (c)와 같이 한다.

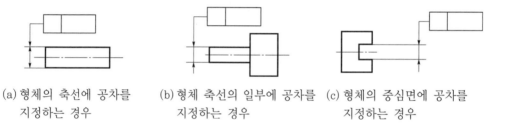

(a) 형체의 축선에 공차를   (b) 형체 축선의 일부에 공차를   (c) 형체의 중심면에 공차를
　　지정하는 경우   　지정하는 경우   　지정하는 경우

③ 축선 또는 중심면이 형체의 공통일 경우에는 축선 또는 중심면을 나타내는 중심선에 수직으로, 공차기입란으로부터 지시선의 화살표를 그림(a), (b)와 같이 그린다.

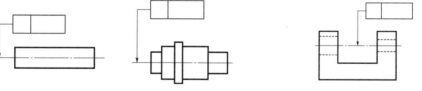

(a) 형체의 축선에 공차를 지정하는 경우,   (b) 형체의 중심면에 공차를 지정하는 경우,
　　중심선에 수직으로 화살표를 그린다.   　중심선에 수직으로 화살표를 그린다.

01 기하공차의 종류에서 위치공차에 해당되지 않는 것은?

① 위치도공차   ② 동축도공차
③ 대칭도공차   ④ 평면도공차

해설

[위치공차 3가지]
• 동축도공차 : ◎
• 위치도공차 : ⊕
• 대칭도공차 : ═

[자세공차 3가지]
• 평행도공차 : //
• 직각도공차 : ⊥
• 경사도공차 : ∠

02 기하공차의 종류 중 자세공차가 아닌 것은?

① //   ② ⊥
③ ⊕   ④ ∠

해설

자세공차 3가지
• 평행도공차 : //
• 직각도공차 : ⊥
• 경사도공차 : ∠

03 기하공차의 종류와 기호가 잘못 연결된 것은?

① 원통도 – ⌀
② 평행도 – //
③ 원주흔들림 – ⦰
④ 대칭도 – ═

해설

흔들림공차 2가지
• 원주흔들림 : ↗
• 온흔들림 : ⦰

04 그림에서 ㉮부분과 ㉯부분에 두 개의 베어링을 같은 축선에 조립하고자 한다. 이때 ㉮부분을 기준으로 ㉯부분에 기하공차를 결정할 때 가장 올바른 것은?

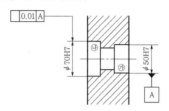

① ▱   ② ⌀
③ ◎   ④ ⊕

해설

• 데이텀의 위치와 기하공차를 넣을 부분의 위치 모양을 확인한다.

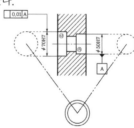

• ⌀50과 ⌀70의 원의 중심이 같아야 하므로 동축도공차가 되어야 한다.

05 데이텀(datum)의 도시 방법으로 맞는 것은?

①

②

③

④

해설

• 데이텀 기호는 2가지

06 다음은 스퍼기어를 나타낸 것이다. 이 끝부분에는 어떤 기하공차가 가장 적당한가?

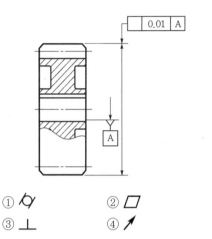

① ⌀
② ▱
③ ⊥
④ ⌴

- 원통도공차 : ⌀
- 평면도공차 : ▱
- 직각도공차 : ⊥
- 원주흔들림 : ⌴
→ 데이텀(A) 축선을 기준으로 회전했을 때 스퍼기어의 이끝원(면)이 반지름 방향 또는 축선 방향으로 0.01mm만큼의 공차 영역 내에서 흔들리는 정도를 말한다.

07 기준 A에 평행하고 지정 길이 100mm에 대하여 0.01mm의 공차값을 지정할 경우의 표시 방법으로 옳은 것은?

① | A | 0.01/100 | // |
② | // | 100/0.01 | A |
③ | A | // | 0.01/100 |
④ | // | 0.01/100 | A |

- 지정 길이에 대한 공차값을 나타낼 때

공차 기호	공차값/지정 길이	데이텀

전체 길이 중에서 지정 길이(100)만큼에 대해서 공차값(0.01)을 지정

//	0.01/100	A

08 다음 그림과 같이 기하공차를 적용할 때 알맞은 기하공차 기호는?

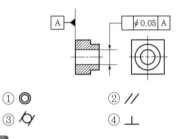

① ⌀
② //
③ ⌀
④ ⊥

데이텀 A의 기준 방향과 가공면은 직각관계가 된다.

09 | ⌴ | 0.1 | A | 로 표시된 기하공차 도면에서 ⌴가 의미하는 것은?

① 원주흔들림공차 ② 진원도공차
③ 온흔들림공차   ④ 경사도공차

흔들림공차 2가지
- 원주흔들림 : ⌴
- 온흔들림 : ⌴⌴

10 기하공차에 있어서 평면도의 공차값이 지정 넓이 75×75mm에 대해 0.1mm일 경우 도시가 바르게 된 것은?

① | ▱ | 75×75 | 0.1 |
② | ▱ | 0.1/75 |
③ | ▱ | 75×75/0.1 |
④ | ▱ | 0.1/75×75 |

- 평면도 공차 : 모양공차는 데이텀이 필요 없으므로 공차 기호와 공차값만 필요하다.

공차 기호	공차값/지정넓이

제10장 기계요소의 제도

10-1 결합용 기계요소의 제도

1. 나사

1) 나사의 각부 명칭과 용어

① **피치(pitch)** : 나사산과 나사산의 거리
② **줄 수** : 한 개의 나사곡선을 기초로 하여 만들어진 나사를 한 줄 나사라 하고, 2개 이상의 나사곡선으로 만들어진 나사를 여러 줄 나사라 한다. (2줄 나사, 3줄 나사 등)
③ **리드(lead)** : 나사를 1회전시켰을 때 축 방향으로 이동한 거리
 * $l = n \times p$ 여기서, (l : 리드, n : 줄 수, p : 피치)
④ **호칭지름** : 수나사의 바깥지름을 호칭지름이라 한다.
⑤ **플랭크(flank)** : 나사산의 표면을 플랭크라 한다.
⑥ **나사곡선의 리드각** : 나사곡선의 접선과 나선이 놓인 원통 축에 직각인 평면 사이에 예각을 나사곡선의 리드각이라 한다.

★ 2) 나사산의 모양에 따른 분류

나사의 종류		개요와 용도
삼각나사	미터나사	나사의 지름과 피치를 mm로 표시한 것으로 나사산의 각도는 60°이며, 미터 보통나사와 미터가는나사가 있다.
	유니파이나사	미국, 영국, 캐나다의 3국 협정에 의하여 생긴 나사로 나사산의 각도가 60°이며, 인치계 나사이다.
	관용나사	관, 관용 부품, 유체기기 등의 접속에 사용하는 나사로 평행나사와 테이퍼나사가 있으며, 테이퍼나사는 1/6로 잡는 것이 보통이다.
사각나사		단면의 모양이 정사각형에 가까운 나사로 프레스, 잭, 바이스 등과 같이 힘을 전달하거나 부품을 이동하는 기구 등에 사용된다.

나사의 종류	개요와 용도
사다리꼴나사	사각나사에 비해 가공이 쉽기 때문에 공작기계의 이송나사로 많이 사용하고 있으며, 나사산의 각도는 미터계에서 30°, 인치계에서는 29°이다.
톱니나사	압력 쪽은 사각나사, 반대쪽은 삼각나사로 제작하여 바이스와 같이 한 방향으로 큰 힘을 전달하고자 할 때 사용된다.
둥근나사	사다리꼴나사의 산봉우리 및 골 밑을 매우 둥글게 한 나사로서 먼지나 모래 등이 들어가기 쉬운 경우에 사용한다.
볼나사	축과 구멍의 끼워맞춤 부분에 다수의 강구를 넣어 마찰을 매우 작게 한 것으로 정밀 공작기계의 리드 스크루 등에 사용된다.

* **결합용, 체결용 나사 : 삼각나사(미터나사, 유니파이나사, 관용나사)**
* **운동용, 이동용, 힘 전달용 나사 : 삼각나사 이외(사각나사, 둥근나사, 볼나사 등)**

★★
3) 나사의 제도

나사 그리는 방법	나사 도시 예
① 나사 ┌ 수나사 ┌ 바깥지름 : 굵은실선 └ 골지름 : 가는실선 └ 암나사 ┌ 안지름 : 굵은실선 └ 골지름 : 가는실선	가는 실선으로 그린다.　굵은 실선으로 그린다.
② **완전 나사부와 불완전 나사부의 경계선은 굵은 실선으로 그린다.** ③ **불완전 나사부의 골 밑을 나타내는 선은 축선에 대하여 30°의 가는 실선으로 그린다.** ④ 수나사와 암나사의 측면 도시에서 각각의 골지름은 가는 실선으로 약 3/4만큼 그린다.	나사의 길이 불완전 나사부　완전 나사부　불완전 나사부 30°
⑤ **암나사 탭 구멍의 드릴 자리는 120°의 굵은 실선으로 그린다.** ⑥ 단면 시 나사부 해칭은 암나사의 안지름까지 해칭한다. ⑦ **탭을 가공하기 위한 드릴링 작업 기초 구멍 = 바깥지름(D) − 피치(p)**	120° 불완전 나사부　완전 나사부　불완전 나사부
⑧ 가려서 보이지 않는 나사부의 산봉우리와 골을 나타내는 선은 숨은선으로 한다. ┌ 안지름 : 굵은 숨은선 └ 골지름 : 가는 숨은선	숨은선으로 그린다

나사 그리는 방법	나사 도시 예
⑨ 수나사와 암나사의 결합 부분은 수나사로 표시한다.	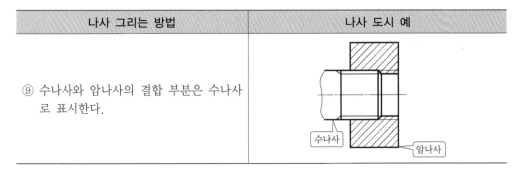

★
4) 나사의 종류 표시 방법(KS B 0200)

구분		나사의 종류		나사 종류의 기호	나사 호칭에 대한 표시 방법
일반용	ISO 규격에 있는 것	미터보통나사		M	M8
		미터가는나사			M8×1
		미니어처나사		S	S0.5
		유니파이보통나사		UNC	3/8−16UNC
		유니파이가는나사		UNF	NO.8−36UNF
		미터사다리꼴나사		Tr	Tr10×2
		관용 테이퍼나사	테이퍼수나사	R	R3/4
			테이퍼암나사	Rc	Rc3/4
			평행암나사	Rp	Rp3/4
		관용평행나사		G	G1/2
	ISO 규격에 없는 것	30°사다리꼴나사		TM	TM18
		29°사다리꼴나사		TW	TW20
		관용 테이퍼나사	테이퍼나사	PT	PT7
			평행암나사	PS	PS7
		관용평행나사		PF	PF7
특수용		미싱나사		SM	SM 1/4 산 40
		전구나사		E	E10

5) 나사의 표시 방법

① 미터사다리꼴나사 표시 방법

　㉠ 1줄 나사 표시 방법

　　• Tr40×7 : 호칭지름이 40mm, 피치가 7mm

- Tr40×7LH : 호칭지름이 40mm, 피치가 7mm, 왼나사(LH)
- Tr40×7-7H : 호칭지름이 40mm, 피치가 7mm, 암나사의 등급이 7H
- Tr40×7LH-7H : 호칭지름이 40mm, 피치가 7mm, 왼나사(LH), 암나사의 등급이 7H

ⓛ **여러 줄 나사 표시 방법**

- Tr40×14-(P7) : 호칭지름이 40mm, 리드가 14mm, 피치가 7mm
- Tr40×14(P7)-7e : 호칭지름이 40mm, 리드가 14mm, 피치가 7mm, 수나사의 등급이 7e

★★
② 나사의 호칭 방법

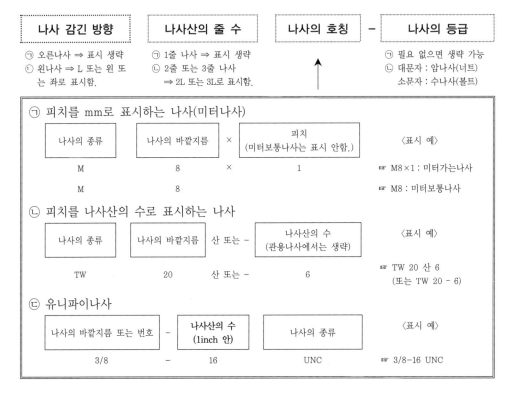

나사 감긴 방향	나사산의 줄 수	나사의 호칭	-	나사의 등급
㉠ 오른나사 ⇒ 표시 생략 ⓛ 왼나사 ⇒ L 또는 왼 또는 좌로 표시함.	㉠ 1줄 나사 ⇒ 표시 생략 ⓛ 2줄 또는 3줄 나사 ⇒ 2L 또는 3L로 표시함.			㉠ 필요 없으면 생략 가능 ⓛ 대문자 : 암나사(너트) 소문자 : 수나사(볼트)

㉠ 피치를 mm로 표시하는 나사(미터나사)

나사의 종류	나사의 바깥지름	×	피치 (미터보통나사는 표시 안함.)	〈표시 예〉
M	8	×	1	☞ M8×1 : 미터가는나사
M	8			☞ M8 : 미터보통나사

ⓛ 피치를 나사산의 수로 표시하는 나사

나사의 종류	나사의 바깥지름	산 또는 -	나사산의 수 (관용나사에서는 생략)	〈표시 예〉
TW	20	산 또는 -	6	☞ TW 20 산 6 (또는 TW 20 - 6)

㉢ 유니파이나사

나사의 바깥지름 또는 번호	-	나사산의 수 (1inch 안)	나사의 종류	〈표시 예〉
3/8	-	16	UNC	☞ 3/8-16 UNC

* 예를 들어 'L M20-6H' 나사 표시 방법을 보면

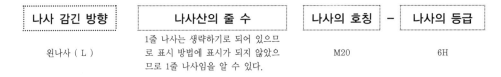

나사 감긴 방향	나사산의 줄 수	나사의 호칭	-	나사의 등급
왼나사 (L)	1줄 나사는 생략하기로 되어 있으므로 표시 방법에 표시가 되지 않았으므로 1줄 나사임을 알 수 있다.	M20		6H

6) 너트의 종류

너트의 명칭	너트의 용도
육각 너트	일반적으로 가장 많이 사용하는 너트
T 너트	공작기계 테이블의 T자 홈에 끼워 공작물을 고정하는 데 사용
사각 너트	겉모양이 사각형인 너트로 주로 목재에 사용
나비 너트	너트를 쉽게 조일 수 있도록 머리 부분을 나비 날개모양으로 만든 너트
육각 캡 너트	유체가 나사의 접촉면 사이의 틈새나 볼트와 볼트 구멍의 틈으로 새어나오는 것을 방지할 목적으로 사용
플랜지붙이 육각 너트	육각의 대각선 거리보다 큰 지름의 자리 면이 달린 너트로서 볼트구멍이 클 때, 접촉면을 거칠게 다듬질했을 때 또는 큰 면 압력을 피하려고 할 때 사용

7) 볼트 머리의 모양에 따른 분류

볼트의 종류		개요와 용도
육각볼트		일반 체결용으로 가장 많이 사용
육각 구멍붙이 볼트		볼트의 둥근머리에 육각 구멍 홈을 판 것으로 볼트머리가 밖으로 돌출되지 않아야 하는 곳에 사용
나비볼트		볼트를 쉽게 조일 수 있도록 머리 부분이 나비날개 모양의 볼트
기초볼트		콘크리트 바닥 위에 기계구조물을 고정시킬 때 사용
접시머리볼트		볼트의 머리부가 접시머리 모양으로 되어 있는 것으로 볼트의 머리부가 밖으로 돌출되지 않아야 하는 곳에 사용
아이볼트		나사의 머리 부분을 고리 형태로 만들어 여기에 로프, 체인, 후크 등을 걸어 무거운 물건을 들어올릴 때 사용

8) 와셔

볼트나 너트와 같은 나사 고정구와 함께 사용하여 주로 나사풀림을 방지하거나 볼트 머리나 너트가 받는 하중을 넓게 분산시키는 기계부품이다.

★ ① 와셔의 용도

　ㄱ 볼트머리의 지름보다 구멍이 클 때

ⓛ 접촉면이 바르지 못하고 경사졌을 때

ⓒ 너트가 재료를 파고 들어갈 염려가 있을 때

ⓔ 너트의 풀림을 방지할 때

★★
9) 나사 풀림 방지

나사 풀림 방지 방법	사용 예	나사 풀림 방지 방법	사용 예
① 와셔 이용 (스프링와셔, 이붙이와셔)		④ 분할핀 이용	
② 로크 너트 이용		⑤ 자동죔 너트 이용	
③ 작은 나사나 멈춤 나사 이용		⑥ 철사 이용	

★
10) 고정하는 방법에 따른 볼트의 분류

볼트의 명칭	관통볼트	탭볼트	스터드 볼트
볼트 그림			
볼트의 개요와 용도	체결하고자 하는 두 물체에 구멍을 뚫고 여기에 볼트를 관통시킨 후 그 반대쪽에서 너트로 조인다.	체결하고자 하는 물체의 두께가 너무 두꺼워 관통 구멍을 뚫을 수 없을 때 사용한다.	양끝에 수나사를 깎은 머리 없는 볼트로서 한쪽 끝은 본체에 고정시키고 또 다른 한쪽에는 너트를 조여서 고정시킨다.

2. 키, 핀, 코터

1) 키(key)

키는 축에 기어, 풀리, 커플링, 플라이 휠 등의 회전체를 단단히 고정시켜서 **축과 회전체를 일체로 하여 회전력을 전달시키는 기계요소**이다. 따라서 키는 축의 재료보다 단단한 재료를 사용해야 한다.

★★
① 키의 종류

키의 종류	설명
묻힘키(성크키)	• **축과 보스에 모두 홈을 판다.** 가장 많이 사용된다. • 묻힘 키의 일반적 기울기 : 1/100
안장키(새들키)	**축은 절삭하지 않고 보스에만 홈을 판다.**
반달키(우드러프키)	• 반달키의 크기 : $b \times d$ • 축에 원호상의 홈을 판다.
미끄럼키(페더키)	• 묻힘키의 일종으로 키는 테이퍼가 없어야 한다. • 축 방향으로 보스의 이동이 가능하며 보스와 간격이 있어 회전 중 이탈을 막기 위해 고정하는 경우가 많다.
접선키	축과 보스에 축의 접선 방향으로 홈을 파서 서로 반대의 **테이퍼를 120° 간격으로 2개의 키를 조합하여 끼운다.**
평키(플랫키)	축의 자리만 평평하게 다듬고 보스에 홈을 판다.
둥근키(핀키)	축과 보스에 드릴로 구멍을 내어 홈을 만든다.
스플라인(사각형 이)	축 둘레에 4~20개의 턱을 만들어 큰 회전력을 전달하는 경우 사용된다.
세레이션(삼각형 이)	축에 작은 삼각형의 작은 이를 만들어 축과 보스를 고정시킨 것으로 같은 지름의 스플라인에 비해 많은 이가 있으므로 **전동력이 가장 크다.**

② 키의 호칭 방법

규격번호 또는 명칭	호칭치수×길이	끝 모양의 특별지정	재료
<u>KS B 1311</u> 또는 <u>평행키</u>	25×14×19	양끝 둥금	SM45C

2) 핀

핀은 기계 접촉면의 미끄럼 방지나 나사의 풀림 방지 및 위치 고정용으로 사용한다.

★
① 핀의 종류

핀의 종류	설명	핀의 조립 상태
평행핀	기계부품을 조립할 때 및 **안내 위치를 결정할 때**	평행 핀
테이퍼핀	톱니바퀴, 핸들 등의 보스를 축에 간단히 고정하는 핀 • **호칭지름** : 작은 쪽의 지름을 호칭지름으로 한다. • **테이퍼는** 1/50의 테이퍼를 가진다.	테이퍼 $\frac{1}{50}$
슬롯 테이퍼핀	끝이 갈라진 테이퍼핀	
분할핀	핀을 박은 후 끝을 두 갈래로 벌려주어 **너트의 풀림을 방지**한다.	분할 핀
스프링핀	세로 방향으로 쪼개져 있어 구멍의 크기가 정확하지 않을 때 해머로 때려 박을 수가 있다.	

② 핀의 호칭 방법

규격번호 또는 명칭	등급	지름(d)×길이(ℓ)	재료
테이퍼핀	2급	8×80	SM20C

⇒ 테이퍼핀 2급 8×80 SM20C

3) 코터

코터는 축 방향에 인장력 또는 압축력이 작용하는 두 축을 연결하는 것으로 분해가 필요할 때 사용하며 **로드, 소켓, 코터**로 구성되어 있다.

로드 엔드 소캣 코터

10-2 축용 기계요소의 제도

1. 축

축은 회전운동을 하여 동력을 전달하는 것으로 2개 이상의 베어링으로 지지하며 주로 바퀴, 기어, 풀리 등에 끼워서 사용한다.

★★
① 축의 도시법

㉠ 축은 가공 방향과 동일한 방향으로 놓고 그린다.	㉡ 축은 중심선을 수평 방향으로 길게 놓고 그린다. 가공 방향과 일치하게 그린다.
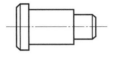	
㉢ 축은 원칙적으로 길이 방향으로 절단하지 않는다. 그러나 **키 홈** 등을 도시할 때는 **부분단면도**로 그린다.	㉣ 축의 길이가 긴 축은 중간을 파단하여 짧게 그리며, 이때의 축의 치수는 **원래(실제) 치수**를 기입한다.
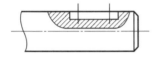	
㉤ **축의 끝 부분에 모따기를 한다.** (조립을 쉽고 정확하게 하기 위하여)	㉥ 축에 여유 홈이 있는 치수 기입은 2/φ10과 같이 홈의 **나비/홈의 지름** 순으로 기입한다.
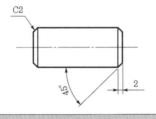	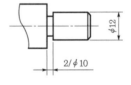

㉦ 축의 **널링**을 표시할 경우에는 축선에 대하여 30°로 엇갈리게 그린다.	㉧ 센터구멍과 그 표시 방법은 KS0410을 따르며 센터구멍의 그림 기호와 지시 방법을 참조한다.		
	① 센터구멍을 반드시 남겨둔다.		규격번호, 호칭방법
	② 센터구멍이 남아 있어도 좋다.		규격번호, 호칭방법
	③ 센터구멍이 남아 있으면 안 된다.		규격번호, 호칭방법

② 겉모양에 따른 축의 종류

축의 종류	설명
직선 축	보통 사용되는 축
테이퍼 축	축의 중심선에 대하여 양쪽으로 경사진 축
크랭크 축	내연기관에서 주로 사용되며 직선운동을 회전운동으로 바꾸는 축
플렉시블 축	축의 방향이 자유롭게 바뀔 수 있는 축

③ 하중에 따른 축의 종류

축의 종류	축의 설명	
차축	주로 휨하중을 받으며 차축과 같이 정지축과 회전축이 있다.	
전동축	기어축, 풀리축과 같이 비틀림과 휨을 동시에 받는 회전축 ☞ 주축 ⇒ 선축 ⇒ 중간축	
스핀들	주로 비틀림작용을 받으며 치수가 정밀하고 변형량이 작아 공작기계의 주축에 사용	

④ 회전 유무에 따른 축의 종류

축의 종류	설명
회전축 (Rotating Shaft)	회전하여 동력을 전달하는 축으로 대부분의 축은 여기에 속한다.
정지축 (Stationary Shaft)	자동차 바퀴 축과 같이 회전하지 않고 정지상태로 있는 축으로 주로 휨 하중을 받는다.

⑤ 단면 모양에 따른 축의 종류

축의 종류	설명
원형축	• 실축 : 단면 모양이 원형(Round Shaft)인 축으로 속이 꽉 찬 축 • 중공축 : 속이 파이프처럼 비어있는 축
각축	• 각축(Square Shaft)은 특수한 목적으로 사용하는 것 • 4각형 축과 6각형 축 등

2. 축이음

2개의 회전축을 연결하는 장치를 축이음(Shaft coupling)이라 하며, 커플링(coupling)과 클러치(clutch) 등이 있다.

① 축이음의 종류와 특징

★ ㉠ 커플링

　　운전 중에 원동축과 종동축을 분리할 수 없다.

　　• 올덤 커플링 : 두 축이 평행하거나 약간 떨어져 있는 경우, 축 중심이 어긋나 있거나 축의 양쪽 중심이 편심이 되어있을 때 사용한다.

　　• 유니버설 커플링 : 유니버설 조인트 또는 훅 조인트라고도 하며, 두 축이 같은 평면 내에 있으면서 그 중심선이 서로 30° 이내를 이루고 교차하는 경우 사용한다.

　　• 플랜지 커플링 : 플랜지를 볼트로 체결하여 두 축을 일체가 되게 한다.

　　• 플렉시블 커플링 : 두 축이 완전히 일치하지 않고 약간의 축의 비틀림을 허용하는 구조의 축이음에는 플렉시블 커플링(휨 커플링)이 필요하다.

★ ㉡ 클러치

　　운전 중에 수시로 원동축의 회전운동을 종동축에 연결했다 끊었다를 반복한다.

　　• 맞물림 클러치 : 서로 맞물리는 이를 가진 플랜지를 하나의 원동 축에, 또 다른 하나는 종동축에 고정하고 종동축에는 미끄럼 키를 설치하여 축 위에서 미끄러지게 한 것으로 원동축의 회전운동을 단속할 수 있다.

　　• 마찰 클러치 : 접촉면의 마찰력에 의하여 원동축의 회전력을 종동축에 전달하는 것으로 모양에 따라 원뿔 클러치, 전자력 클러치, 유체 클러치 등이 있다.

★
② 축이음 설계 시 고려할 사항

　㉠ 충분한 강도가 있을 것

　㉡ 진동에 강할 것

　㉢ 부식에 강할 것

　㉣ 열응력 및 열팽창에 강할 것

　㉤ 강성에 강할 것

★★
3. 베어링

베어링(Bearing)이란 회전하는 축을 지지하는 기계요소이다.

☞ 저널(Journal) : 베어링과 접촉하고 있는 축 부분

① 힘의 방향에 따른 베어링의 종류

베어링 종류	레이디얼 베어링 ⇒ 축의 중심선과 직각방향으로 하중작용	스러스트 베어링 ⇒ 축의 중심선과 같은 방향으로 하중작용
그림		

★★
② 베어링의 재료 구비조건

    ㉠ 가공이 쉬울 것

    ㉡ 부식에 강할 것

    ㉢ 충격하중에 강할 것

    ㉣ 피로 강도가 높을 것

    ㉤ 압축 강도가 클 것

    ㉥ 눌러 붙지 않는 내열성을 가질 것

    ㉦ 마찰계수가 적을 것

③ 베어링의 구조

    • 리테이너 : 볼의 간격을 일정하게 유지해 주는 것

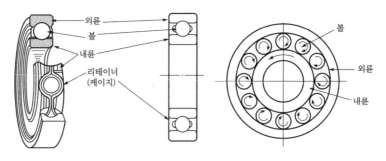

[볼베어링의 구조]

★★
④ 베어링 호칭법

기본 기호			보조 기호							표시법
계열기호		안지름 번호	접촉각 기호	리테이너 기호	실드 기호	궤도륜 형상기호	조합 기호	내부틈새 기호	등급 기호	
형식	치수									
6	0	8						C2	P6	→ 608 C2 P6
6	3	12			Z	NR				→ 6312 Z NR
6	2	/22								→ 62/22
6	2	04								→ 6204
6	0	26								→ 6026

★★
⑤ 베어링의 안지름 번호로 안지름 찾는 방법

㉠ 베어링 번호가 3자리인 베어링

3자리수 베어링 번호			안지름	베어링 안지름 번호와 안지름 관계
계열기호		안지름 번호		
형식	치수			
6	2	1	ø1	
6	2	2	ø2	
6	2	3	ø3	
6	2	4	ø4	
6	2	5	ø5	베어링 안지름 번호가 그대로 베어링 안지름이
6	2	6	ø6	된다.
6	2	7	ø7	
6	2	8	ø8	
6	2	9	ø9	
6	2	/2.5	ø2.5	베어링 안지름이 ø1~ø9 외의 안지름이 사용될
6	2	/5.5	ø5.5	경우 "/"를 붙이고 안지름 번호를 표시한다.

★★
ⓛ 베어링 번호가 4자리인 베어링

4자리수 베어링 번호				안지름	베어링 안지름 번호와 안지름 관계
계열기호		안지름 번호			
형식	치수				
6	3	0	0	ø 10	안지름 번호 00~03까지는 안지름이 불규칙하므로 안지름 외우기!
6	3	0	1	ø 12	
6	3	0	2	ø 15	
6	3	0	3	ø 17	
6	3	0	4	ø 20	안지름 번호×5 = 베어링 안지름 (04~96)
6	3	0	5	ø 25	
6	3	0	6	ø 30	
6	3	⋮	⋮	⋮	
6	3	2	2	ø 110	
6	3	2	3	ø 115	
6	3	⋮	⋮	⋮	
6	3	9	5	ø 475	
6	3	9	6	ø 480	
6	3	/500		ø 500	베어링 안지름이 ø 500 이상인 베어링 번호는 안지름 숫자 앞에 "/"를 붙이고 안지름 번호로 표시한다.
6	3	/550		ø 550	
6	3	/660		ø 660	
6	3	⋮		⋮	
6	3	/22		ø 22	규격에 나와 있지 않은 안지름을 사용할 경우 "/ "를 붙이고 안지름 번호를 표시한다.
6	3	/34		ø 34	
6	3	/52		ø 52	

4. 기타 기계요소

1) 캠

특수한 모양을 가진 원동절에 회전운동 또는 직선운동을 주어 이것과 짝을 이루고 있는 종동절이 복잡한 왕복직선운동이나 왕복각운동 등을 하는 장치이다.

① 캠의 종류

	판 캠	직선운동 캠	정면 캠	삼각 캠
평면 캠	종동절 캠	종동절	종동절 캠	
	원통 캠	원추 캠	구면 캠	빗판 캠(경사판 캠)
입체 캠	종동절 캠			

10-3 전동용 기계요소의 제도

1. 기어

서로 맞물려있는 한 쌍의 마찰차 접촉면이 이(tooth)를 만들어 회전시키면서 미끄러지지 않고 연속적으로 동력을 전달할 수 있다.

★★ 1) 기어 도시 방법

기어의 도시 방법	스퍼기어의 제도
〈스퍼기어 도시 방법〉 ① 이끝원은 굵은 실선으로 그린다. ② 피치원은 가는 1점 쇄선으로 그린다. ③ 피치원의 지름을 기입할 때는 치수 앞에 P.C.D(Pitch Circular Diameter)를 기입한다. ④ 이뿌리원은 가는 실선으로 그린다. 단, 축에 직각 방향으로 단면 투상할 경우에는 굵은 선으로 그린다. ⑤ 기어 요목표는 오른쪽과 같다. 　＊요목표란 기어 제작상 중요한 치형, 모듈, 압력각, 피치원 지름 등 기타 필요한 사항들을 기록한 것	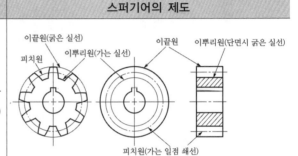
〈헬리컬기어 도시 방법〉 외접 헬리컬기어의 주투상도를 ① 단면으로 도시할 때 : 도면의 도시는 스퍼기어와 같지만 반드시 정면도에 이의 잇줄 방향(30°)으로 3개의 가는 2점 쇄선으로 표시한다. ② 단면으로 도시하지 않을 때 : 도면의 도시는 스퍼기어와 같지만 반드시 정면도에 이의 잇줄 방향(30°)으로 3개의 가는 실선으로 표시한다.	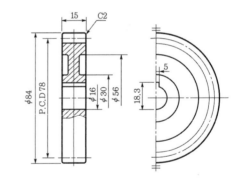

스퍼기어 요목표		
기어 치형		표준
공구	치형	보통이
	모듈	3
	압력각	20°
잇수		26
피치원 지름		P.C.D78
전체 이 높이		6.75
다듬질 방법		호브 절삭
정밀도		KS D ISO I328-1.4급

2) 이의 크기

★ 이의 크기를 나타내는 방법은 모듈, 원주피치, 지름피치 3가지가 있다.

이의 크기	이의 크기 구하는 공식
★★ 모듈(module)	• 모듈$(m) = \dfrac{\text{피치원의 지름}(d)}{\text{기어의 잇수}(z)}$(mm) • 이끝원의 지름 = 피치원의 지름 + (모듈×2) = $D + (m \times 2)$ • 기어중심거리(C) $= \dfrac{D_1 + D_2}{2} = \dfrac{mZ_1 + mZ_2}{2} = \dfrac{m(Z_1 + Z_2)}{2}$
원주피치(p)	원주피치(p) $= \dfrac{\text{피치원의 원주}(\pi d)}{\text{기어의 잇수}(z)} = \pi \times m$ (mm)
지름피치(dp)	지름피치(dp) $= \dfrac{\text{기어의 잇수}(z)}{\text{피치원의 지름}[d(\text{inch})]}$

3) 기어 상세도

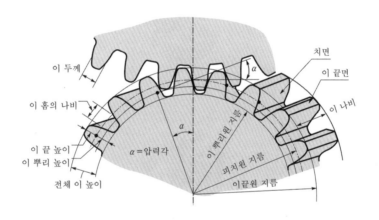

4) 기어의 속도비(i) $= \dfrac{\text{원동기어축 회전속도}}{\text{종동기어축 회전속도}}$

★
5) 기어전동의 특징

① 전동효율이 높고 감속비가 크다.
② 강력한 동력을 일정한 속도비로 전달할 수 있다.
③ 공작기계, 시계, 자동차, 항공기 등 적용 범위가 넓다.
④ 단점 : 충격에 약하고, 소음 진동이 발생한다.

★
6) 축의 위치에 따른 기어의 종류

축의 위치	기어의 형상	
두 축이 평행한 경우	[스퍼기어]	[래크와 피니언]
	[헬리컬기어]	[내접기어]
두 축이 교차하는 경우	[베벨기어]	[스파이럴 베벨기어]
두 축이 평행하지도 만나지도 않는 경우	[웜기어]	[하이포이드기어]

2. 체인 전동장치

체인 전동은 체인과 스프로킷 휠의 물림으로 동력을 전달하는 장치이다. 속도비를 확실하게 유지하고 축 사이 거리가 길어서 기어전동을 할 수 없는 경우에 사용하며 롤러체인과 사일런트체인, 블록체인 및 코일체인 등이 있다.

★ 1) 스프로킷 휠 도시 방법

스프로킷 휠의 도시 방법	스프로킷 휠의 제도
① **바깥지름은 굵은 실선**으로 그린다. ② **피치원은 가는 1점 쇄선**으로 그린다. ③ **이뿌리원은 가는 실선 또는 굵은 파선으로 그린다**(이뿌리원은 생략 가능). ④ 축에 직각 방향에서 본 그림을 **단면으로 도시할 때에는 이뿌리선을 굵은 실선으로 그린다.** ⑤ 도면에는 주로 스프로킷 소재를 제작하는 데 필요한 치수를 기입한다. ⑥ 항목표에는 원칙적으로 이의 특성을 나타내는 사항과 이의 절삭에 필요한 치수를 기입한다. * 자전거나 오토바이 등의 동력을 전달해 주는 기계요소이다.	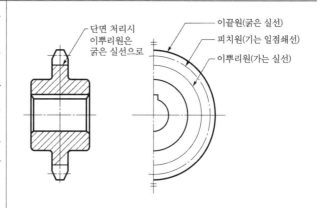 [스프로킷 휠의 제도]

항목표		
롤러 체인	호칭 번호	60
	원주 피치	19.50
	롤러 외경	11.91
스프로킷 휠	잇수	17
	치형	S
	피치원 지름	103.67
	바깥 지름	113
	이뿌리원 지름	91.76
	이뿌리 깊이	91.32

★ 2) 체인전동장치의 특성

① 단점
  ㉠ 진동과 소음이 나기 쉽다.
  ㉡ **고속회전에 부적합하다.**
  ㉢ 회전각의 전달 정확도가 좋지 못하다.
  ㉣ 윤활이 필요하다.
  ㉤ **축간거리가 4m 이하에서 사용한다.**

② 장점
  ㉠ 미끄럼 없이 정확한 속도비가 얻어진다.
  ㉡ 여러 개의 축을 동시에 구동할 수 있다.
  ㉢ **큰 동력을 전달시킬 수 있고 전동효율이 높다.**
  ㉣ 체인의 탄성에 의해 어느 정도의 충격하중을 흡수할 수 있다.

ⓜ 유지 및 수리가 쉽다.

ⓗ 초기 장력을 줄 필요가 없으므로 정지 때에 장력이 작용하지 않고 베어링에도 하중이 가해지지 않는다.

ⓢ 마멸이 생겨도 효율이 별로 저하되지 않으며 수명이 길다.

ⓞ 접촉각이 90° 이상이면 좋다.

ⓩ 내열, 내유, 내습성에 강하다.

ⓣ 체인의 길이를 자유로이 조절할 수 있다.

ⓚ 가장 적당한 체인의 속도는 2~3m/s이다.

3. 벨트 전동장치

벨트 전동장치는 원동축과 종동축 사이의 길이가 긴 경우에 벨트와 풀리 사이의 마찰력에 의해서 동력을 전달하는 섯으로 벨트의 형상에 따라 평벨트 전동장치, V벨트 전동장치 및 타이밍벨트 전동장치로 분류한다.

1) 평벨트

★ ① 평벨트 전동장치의 특성

ⓐ 가죽, 고무, 직물 및 강 등으로 다양한 벨트 재료를 사용할 수 있다.

ⓑ 바로걸기와 엇걸기를 할 수 있다.

ⓒ 두 축 사이의 거리가 비교적 먼 경우에 많이 사용한다.

ⓓ 벨트의 미끄러짐, 크리핑 및 플래핑 현상이 일어나기 쉽다.

★ ② 평벨트 거는 방법

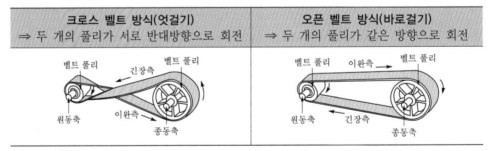

크로스 벨트 방식(엇걸기) ⇒ 두 개의 풀리가 서로 반대방향으로 회전	오픈 벨트 방식(바로걸기) ⇒ 두 개의 풀리가 같은 방향으로 회전

ⓐ 긴장(인장)측 : 종동축 ⇒ 원동축

ⓑ 이완측(긴장풀리) : 원동축 ⇒ 종동축

2) V벨트

★★
① V벨트 전동장치의 특성

㉠ 접촉 면적이 넓으므로 큰 동력을 얻을 수 있다.

㉡ 미끄럼이 적고 속도비가 크다.

㉢ 중심거리가 짧은 곳에 적당하다.

㉣ 전동효율이 높다(90~95%).

㉤ 장력이 작으므로 베어링에 걸리는 하중도 작다.

㉥ 운전이 조용하므로 고속운전이 가능하다.

㉦ 바로 걸기만 가능하며 충격을 흡수할 수 있다.

★★
② V벨트와 풀리

㉠ V벨트풀리의 홈의 각도 : 34°, 36°, 38°

㉡ V벨트의 각도 : 40°

㉢ 단면크기에 따른 V벨트풀리의 종류 : M < A < B < C < D < E

(M : 단면치수 가장 작음, E : 단면치수 가장 큼)

★
③ 벨트풀리 도시법

㉠ 벨트풀리와 같이 대칭인 것은 전체를 표시하지 않고 그 일부분만 표시할 수 있다.

㉡ 암과 같은 방사형의 것은 수직 또는 수평 중심선까지 회전하여 투상한다.

㉢ **암은 길이 방향으로 절단하여 도시하지 않는다.**

㉣ 암의 단면형은 도형의 밖이나 도형의 안에 회전도시단면도로 도시할 수 있다.

　– **도형 外**에 회전도시단면을 도시할 경우 **회전단면선은 굵은 실선**으로 그린다.

　– **도형 內**에 회전도시단면을 도시할 경우 **회전단면선은 가는 실선**으로 그린다.

　단면형은 대개 타원이며 근사화법의 원호를 그린다.

㉤ 테이퍼 부분의 치수를 기입할 때, 치수 보조선은 경사선(수평과 60° 또는 30°)으로 긋는다.

㉥ 끼워맞춤은 축 기준식인지 구멍 기준식인지를 명기한다.

㉦ 벨트풀리는 축 직각 방향의 투상을 정면도로 한다.

㉧ 벨트풀리의 홈 부분 치수는 해당하는 형별, 호칭지름에 따라 결정된다.

01 나사의 도시에서 완전 나사부와 불완전 나사부의 경계선을 나타내는 선의 종류는?

① 굵은 실선   ② 가는 실선
③ 가는 1점 쇄선   ④ 가는 2점 쇄선

해설

• 완전 나사부와 불완전 나사부의 경계는 굵은 실선으로 그린다.

02 다음 중 나사의 도시 방법으로 옳은 것은?

① 암나사의 안지름을 표시하는 선은 가는 실선으로 그린다.
② 완전 나사부와 불완전 나사부의 경계선은 가는 실선으로 그린다.
③ 수나사와 암나사 결합부 단면은 암나사로 나타낸다.
④ 골 부분에 대한 불완전 나사부는 축선에 대하여 30°의 가는 실선으로 나타낸다.

해설

① 암나사의 안지름을 표시하는 선은 굵은 실선으로 그린다.
② 완전 나사부와 불완전 나사부의 경계선은 굵은 실선으로 그린다.
③ 수나사와 암나사 결합부 단면은 수나사로 나타낸다.

03 먼지, 모래 등이 들어가기 쉬운 장소에 사용되는 나사는?

① 너클나사   ② 사다리꼴나사
③ 톱니나사   ④ 볼나사

해설

• 둥근나사(너클나사) : 모래나 먼지 등이 들어가기 쉬운 곳에 사용

04 자동차의 스티어링 장치, 수치제어 공작기계의 공구대, 이송장치 등에 사용되는 나사는?

① 둥근나사   ② 볼나사
③ 유니파이나사   ④ 미터나사

해설

• 볼나사 : 축과 구멍의 끼워맞춤 부분에 다수의 강구를 넣어 마찰을 매우 작게 한 것으로 정밀공작기계의 리드스크루 등에 사용된다.

05 나사의 표시 방법 중 Tr40×14(P7)−7e에 대한 설명 중 틀린 것은?

① Tr은 미터사다리꼴나사를 뜻한다.
② 줄 수는 7줄이다.
③ 40은 호칭지름 40mm를 뜻한다.
④ 리드는 14mm이다.

해설

미터사다리꼴 여러 줄 나사 표시 방법

$$\boxed{\text{Tr } 40 \times 14(\text{P7})-7\text{e}}$$

• Tr40 : 미터사다리꼴나사의 호칭지름 40mm
• 14 : 리드 14mm
• (P7) : 피치 7mm
• 7e : 나사의 등급

06 수나사 막대의 양 끝에 나사를 깎은 머리 없는 볼트로서, 한끝은 본체에 박고 다른 끝은 너트로 죌 때 쓰이는 것은?

① 관통볼트   ② 미니어처 볼트
③ 스터드볼트   ④ 탭볼트

해설

• 스터드볼트 : 양 끝에 수나사를 깎은 머리 없는 볼트로 한쪽 끝은 본체에 고정시키고 다른 한쪽 끝은 너트를 조여서 고정시킨다.

1. ①   2. ④   3. ①   4. ②   5. ②   6. ③   **정답**

07 미터나사에서 지름이 14mm, 피치가 2mm의 나사를 태핑하기 위한 드릴구멍의 지름은 보통 몇 mm로 하는가?

① 16 ② 14
③ 12 ④ 10

해설
드릴구멍의 지름＝나사의 지름 － 피치
＝14 － 2＝12

08 〈보기〉의 설명을 나사표시 방법으로 옳게 나타낸 것은?

〈보기〉
• 왼나사이며 두 줄 나사이다.
• 미터가는나사로 호칭지름이 50mm, 피치가 2mm이다.
• 수나사 등급이 4h 정밀급 나사이다.

① 왼 2줄 M50×2-4h
② 우 2줄 M50×2-4h
③ 오른 2줄 M50×2-4h
④ 2줄 M50×2-4h

해설
미터나사 표시 방법
• 감긴 방향 : 줄 수 : 나사호칭-등급
(왼나사) (2줄) (M50×2)-(4h)

09 축의 도시 방법 중 바르게 설명한 것은?

① 긴 축은 중간을 파단하여 짧게 그리되 치수는 실제의 길이를 기입한다.
② 축 끝의 모따기는 각도와 폭을 기입하되 60°모따기인 경우에 한하여 치수 앞에 'C'를 기입한다.
③ 둥근 축이나 구멍 등의 일부 면이 평면임을 나타낼 경우에는 굵은실선의 대각선을 그어 표시한다.
④ 축에 있는 널링(knurling)의 도시는 빗줄인 경우 축선에 대하여 45°로 엇갈리게 그린다.

해설
② 축 끝의 모따기는 각도와 폭을 기입하되 45°모따기인 경우에 한하여 치수 앞에 'C'를 기입한다.
③ 둥근 축이나 구멍 등의 일부 면이 평면임을 나타낼 경우에는 가는 실선의 대각선을 그어 표시한다.
④ 축에 있는 널링(knurling)의 도시는 빗줄인 경우 축선에 대하여 30°로 엇갈리게 그린다.

10 축의 설계 시 고려해야 할 사항으로 거리가 먼 것은?

① 강도 ② 제동장치
③ 부식 ④ 변형

해설
• 축의 설계 시 고려할 사항 : 축의 강도, 피로 충격, 강도, 응력 집중 영향, 부식, 변형 등

11 축이음 중 두 축이 평행하고 각 속도의 변동 없이 토크를 전달하는 데 가장 적합한 것은?

① 올덤 커플링
② 플렉시블 커플링
③ 유니버설 커플링
④ 플랜지 커플링

해설
• 올덤 커플링 : 두 축이 평행하고 축의 중심선의 위치가 약간 어긋났을 경우, 각 속도는 변화 없이 회전동력을 전달시키려고 할 때 사용된다.

12 롤링 베어링에서 전동체가 접촉되지 않고 일정한 간격을 유지할 수 있게 하는 것은?

① 내륜 ② 저널(journal)
③ 외륜 ④ 리테이너(retainer)

해설
• 리테이너 : 구름 베어링의 볼의 일정 간격을 유지

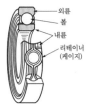

외륜
볼
내륜
리테이너
(케이지)

13 구름 베어링의 호칭 번호가 6204일 때 베어링의 안지름은 얼마인가?

① 15mm ② 20mm
③ 31mm ④ 62mm

해설

• 베어링 안지름 번호가 2자리

  62 04 ⇒ 04 × 5 = ∅ 20

14 볼 베어링 6203 ZZ에서 ZZ는 무엇을 나타내는가?

① 실드 기호 ② 내부 틈새 기호
③ 등급 기호 ④ 안지름 기호

해설

62 03 ZZ

• 62 : 계열번호
• 03 : 안지름 번호
• ZZ : 양쪽 실드 기호

15 볼 베어링의 KS 호칭 번호가 6026 P6일 때 P6가 나타내는 것은?

① 베어링 계열 기호
② 안지름 번호
③ 등급 기호
④ 형상 번호

해설

60 26 P6

• 60 : 계열 번호
• 26 : 안지름 번호
• P6 : 등급 기호

16 기어 제도법에 대한 설명 중 옳지 않은 것은?

① 스퍼기어의 이끝원은 굵은 실선으로 그린다.
② 맞물리는 한 쌍 기어의 도시에서 맞물림부의 이끝원은 모두 굵은 실선으로 그린다.
③ 헬리컬기어의 잇줄 방향은 3개의 가는 실선으로 그린다.

④ 스퍼기어의 피치원은 가는 2점 쇄선으로 그린다.

해설

기어 도시 방법
① 이끝원(=잇봉우리원)은 굵은 실선으로 그린다.
② 피치원은 가는 1점 쇄선으로 그린다.
③ 피치원의 지름을 기입할 때는 치수 앞에 P.C.D(Pitch Circular Diameter)를 기입한다.
④ 이뿌리원(=이골원)은 가는 실선으로 그린다. 단, 축에 직각 방향으로 단면 투상할 경우에는 굵은 실선으로 그린다.
⑤ 기어 요목표를 표시한다.

17 한 쌍의 기어 잇수가 40 및 60이고 두 축 간의 거리는 100mm일 때 기어의 모듈은?

① 1 ② 2
③ 3 ④ 4

해설

두 축간 중심거리(C)

$$C = \frac{(Z_1 + Z_2) \cdot m}{2}$$
$$100 = \frac{(40 + 60) \times m}{2}$$
$$\therefore \quad m = \frac{100 \times 2}{(40 + 60)} = 2$$

18 한 쌍의 기어가 맞물려 있을 때 모듈을 m이라 하고 각각의 잇수를 Z_1, Z_2라 할 때, 두 기어의 중심거리(C)를 구하는 식은?

① $C = (Z_1 + Z_2) \cdot m$

② $C = \dfrac{Z_1 + Z_2}{m}$

③ $C = \dfrac{(Z_1 + Z_2) \cdot m}{2}$

④ $C = \dfrac{Z_1 + Z_2}{2 \cdot m}$

해설

두 축 간 중심거리(C)

$$C = \frac{(Z_1 + Z_2) \cdot m}{2}$$

13. ② 14. ① 15. ③ 16. ④ 17. ② 18. ③ **정답**

19 모듈 5, 잇수가 40인 표준 평기어의 이끝원 지름은 몇 mm인가?

① 200mm ② 210mm
③ 220mm ④ 240mm

해설

이끝원의 지름＝피치원의 지름(d)+(m×2)
• d＝m×z＝5×40＝200mm
∴ 이끝원의 지름＝200+(5×2)
     ＝210mm

20 스퍼기어에서 모듈(m)이 4, 피치원 지름(D) 이 72mm일 때 전체 이 높이(h)는?

① 4.0mm ② 7.5mm
③ 9.0mm ④ 10.5mm

해설

전체 이 높이(h)
＝m×2.25＝4×2.25＝9.0mm

21 다음 스퍼기어 요목표에서 ㉠의 잇수는?

스퍼기어 요목표		
기어치형		표준
공구	치형	보통이
	모듈	2
	압력각	20°
잇수		㉠
피치원지름		Ø100
다듬질 방법		호브절삭

① 5 ② 20
③ 40 ④ 50

해설

$$모듈(m) = \frac{피치원의\ 지름(d)}{기어의\ 잇수(z)}$$

$$\therefore\ z = \frac{d}{m} = \frac{100}{2} = 50$$

22 전위기어의 사용 목적으로 가장 옳은 것은?

① 베어링 압력을 증대시키기 위함.
② 속도비를 크게 하기 위함.
③ 언더컷을 방지하기 위함.
④ 전동 효율을 높이기 위함.

해설

전위기어의 목적
• 언더컷을 방지하기 위해
• 중심거리를 변화시키기 위해
• 이의 강도를 개선하려 할 때

23 다음 체인전동의 특성 중 틀린 것은?

① 정확한 속도비를 얻을 수 있다.
② 벨트에 의해 소음과 진동이 심하다.
③ 2축이 평행한 경우에만 전동이 가능하다.
④ 축간 거리는 10~15m가 적합하다.

해설

체인전동의 특성
① 장점
  ㉠ 정확한 속도비가 얻어진다.
  ㉡ 여러 개의 축을 동시에 구동 가능
  ㉢ 큰 동력을 전달시킬 수 있고 전동효율이 높다.
  ㉣ 체인의 탄성 : 충격하중 흡수
  ㉤ 유지 및 수리가 쉽다.
  ㉥ 마멸이 생겨도 효율이 별로 저하되지 않으며 수명이 길다.
  ㉦ 접촉각이 90° 이상이 좋다.
  ㉧ 내열, 내유, 내습성에 강하다.
  ㉨ 체인의 길이를 자유로이 조절할 수 있다.
  ㉩ 체인 속도는 2~3m/s이다.
② 단점
  ㉠ 진동과 소음이 나기 쉽다.
  ㉡ 고속회전에 부적합하다.
  ㉢ 회전각의 전달 정확도가 좋지 못하다.
  ㉣ 윤활이 필요하다.
  ㉤ 축간 거리는 4m 이하에서 사용한다.

24 평벨트풀리의 제도법을 설명한 것 중 틀린 것은?

① 벨트풀리는 축 방향의 투상도를 정면도로 한다.

② 모양이 대칭형인 벨트풀리는 그 일부분만을 도시한다.

③ 암은 길이 방향으로 절단하여 단면을 도시하지 않는다.

④ 암의 단면 모양은 도형의 안이나 밖에 회전 단면을 도시한다.

해설

벨트풀리 도시법
- 벨트풀리 : 전체를 표시하지 않고 그 일부분만 표시할 수 있다.
- 암과 같은 방사형의 것은 수직 또는 수평 중심선까지 회전하여 투상한다.
- 암은 길이 방향으로 절단하여 도시하지 않는다.
- 암의 단면(회전도시단면도로 도시)
  ㉠ 도형의 안 – 가는 실선
  ㉡ 도형의 밖 – 굵은 실선
- 테이퍼 부분의 치수 기입 : 치수 보조선은 경사선(수평과 60° 또는 30°)으로 긋는다.
- 끼워맞춤은 축 기준식인지 구멍기준식인지를 명기한다.
- 벨트풀리 : 축 직각 방향의 투상을 정면도로 한다.
- 벨트풀리의 홈 부분 치수 : 형별, 호칭지름에 따라 결정한다.

25 V-벨트풀리는 호칭지름에 따라 홈의 각도를 달리 하는데, 다음 중 V-벨트풀리의 홈의 각도로 사용되지 않는 것은?

① 34°　　　　② 36°
③ 38°　　　　④ 40°

해설

- V벨트풀리 : 호칭지름에 따라 홈의 각도(34°, 36°, 38°)가 결정된다.
- V벨트 단면의 각도 : 40°

26 V벨트의 단면을 나타내는 다음 그림에서 벨트의 각 α는 몇 도인가?

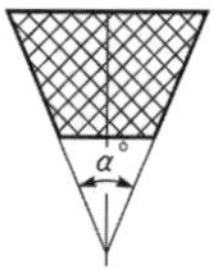

① 30°
② 35°
③ 40°
④ 45°

해설

V벨트 단면
- V벨트 단면규격 : M < A < B < C < D < E
  (M : 단면치수가 가장 작음)
- V벨트 단면의 각도 : 40°

27 평벨트전동에 비하여 V벨트 전동의 특징이 아닌 것은?

① 고속운전이 가능하다.

② 바로걸기와 엇걸기 모두 가능하다.

③ 미끄럼이 적고 속도비가 크다.

④ 접촉 면적이 넓으므로 큰 동력을 전달한다.

해설

V벨트전동의 특징
- 마찰력을 증대시킨 벨트(∵ 접촉면적이 넓음)
- 작은 장력으로 큰 회전력을 얻을 수 있다.
- 평벨트에 비해 운전이 조용 : 충격완화작용
- 협소한 장소에도 설치 가능
- V벨트의 내구력과 효율 높이기 위해 V홈의 표면을 정확하고 매끈하게 다듬질해야 한다.
- 고속운전이 가능하다.

28 평벨트를 벨트풀리에 걸 때 벨트와 벨트풀리의 접촉각을 크게 하기 위해 이완 측에 설치하는 것은?

① 림　　　　② 단차
③ 균형 추　　　④ 긴장풀리

해설

벨트전동장치
- 긴장(인장)측 종동축 : 원동축
- 이완측(긴장풀리) 원동축 : 종동축

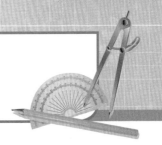

제11장 완충 및 제동장치

11-1 스프링

스프링은 재료의 탄성을 이용하여 충격과 진동을 완화하는 완충용이나 에너지의 축적, 힘의 측정, 운동과 압력의 억제 등에 활용된다.

1) 스프링의 종류

스프링의 종류		개요와 용도
압축코일 스프링		코일 중심선 방향으로 압축하중을 받는 코일 스프링으로 자동차의 현가장치, 자전거의 이장 등에 **충격 및 진동 완화용**으로 사용된다.
인장코일 스프링		코일 중심선 방향으로 인장하중을 받는 코일 스프링으로 재봉틀의 실걸이 스프링, 자전거의 앞 브레이크 스프링 등에 사용된다.
비틀림코일 스프링		코일 중심선의 주위에 비틀림 힘을 받는 코일 스프링으로 재봉틀의 실걸이 스프링, 자전거의 앞 브레이크 스프링 등에 사용된다.
(겹)판스프링		하중을 받칠 수 있는 가늘고 긴 판 모양의 스프링을 판스프링이라 하며, 판을 여러 개 겹쳐서 만든 것을 겹판스프링이라 한다. 자동차나 철도 차량의 주행 중 발생하는 충격이나 진동을 완화하는 역할을 한다.
스파이럴 스프링		단면이 일정한 밴드를 감아서 중심선이 한 평면상에서 소용돌이 모양을 만든 스프링으로서 한정된 공간에서 비교적 큰 에너지를 저장할 수 있다. 시계 및 장난감의 태엽이 많이 사용되고 있다.

2) 코일 스프링의 제도 ★★

① 코일 스프링(벌류트 스프링, 스파이럴 스프링 포함)은 하중이 가해지지 않은 상태로 그린다(단, 하중이 가해진 상태로 도시할 경우 치수와 하중을 명시한다).

② 겹판스프링은 원칙적으로 **상용하중 상태에서** 그린다.

③ 특별한 지시가 없으면 오른쪽 감기로 도시되고, 왼쪽 감기로 도시할 때는 '감긴 방향 왼쪽'이라고 명시한다.

④ 도면에 기입하기 복잡한 내용은 **항목표를 작성**하여 기입한다.

⑤ 스프링의 **중간 부분 생략도**에서는 **가는 1점 쇄선과 가는 2점 쇄선(가상선)**을 이용하여 생략 도시할 수 있다.

⑥ **스프링의 종류, 모양만을 도시할 경우 중심선을 굵은 실선으로** 그린다.

⑦ **판스프링**을 간략하게 도시할 경우 **굵은 실선**으로 그린다.

⑧ 하중과 높이(또는 길이), 휨 등의 관계를 표시할 때에는 선도나 표를 이용한다.

⑨ 조립도, 설명도 등에서 코일 스프링을 단면만 표시할 수 있다.

[인장코일 스프링 항목표]

재료		PWG
재료의 지름(mm)		2.6
코일의 평균 지름(mm)		18.4
코일 바깥지름(mm)		21±0.3
총감긴 수		12
감긴 방향		오른쪽
자유길이(mm)		65±1.6
초장력(kg)		약4
스프링 특성 지정	지정 길이(mm)	87
	길이 75와 87 사이의 스프링 정수(kg/mm)	0361
지정 길이때 응력(kg/mm^2)		57
시험하중(kgf)		22.5
시험하중 시의 응력(kg/mm^2)		72.6
최대허용 인장길이(mm)		95
혹의 형상		둥근혹
녹방지 처리		녹방지 기름 도포

3) 코일 스프링의 도시 방법

★★

코일 스프링 작성 방법	스프링 작성 시 사용되는 선	작성 예
코일 스프링의 중간 생략도	• 중심선 : 가는 1점 쇄선 • 외형선 : 가는 2점 쇄선	
코일 스프링의 간략도	• 중심선 : 굵은실선	

4) 스프링의 설계

★

스프링지수 (C)	• 코일의 평균지름(D)과 소선지름(d)과의 비 $\Rightarrow C = \dfrac{D}{d}$	
스프링상수 (K)	• K는 스프링의 단단한 정도를 나타낸다. • 스프링의 세기를 나타내며 상수(K)가 크면 잘 늘어나지 않는다. $\Rightarrow K = \dfrac{w}{\delta}$ 　　w : 하중(kgf 또는 N) 　　δ : 처짐(mm)	직렬연결 $\dfrac{1}{K} = \dfrac{1}{K_1} + \dfrac{1}{K_2}$ 병렬연결 $K = K_1 + K_2$

11-2 제동장치

브레이크는 기계 부분의 운동에너지를 열에너지나 전기에너지 등으로 바꾸어 흡수함으로써 운동속도를 감소시키거나 정지시키는 장치이며 일반기계, 자동차, 철도 차량 등에 널리 사용된다. 제동장치에서 가장 널리 사용되고 있는 것은 마찰브레이크이다.

★
1) 브레이크의 종류

① **디스크 브레이크(원판 브레이크)**
  ㉠ 마찰면이 원판으로 되어 있고, 원판의 수에 따라 단판 브레이크와 다판 브레이크로 분류된다.
  ㉡ 냉각이 쉽고 큰 회전력의 제동이 가능한 브레이크이다.
  ㉢ 캘리퍼형 원판 브레이크 : 회전운동을 하는 드럼이 안쪽에 있고 바깥에서 양쪽 대칭으로 드럼을 밀어 붙여 마찰력이 발생하도록 한 브레이크이다.

② **전자 브레이크**
  ㉠ 고정원판측의 코일에 전류를 통하면 전자력에 의해 회전원판이 끌어당겨져 제동작용이 일어나고 전류를 끊으면 스프링작용으로 원판이 떨어져 회전을 계속한다.
  ㉡ 전기에너지를 이용하여 제동력을 가해 주는 브레이크이다.

③ **자동하중 브레이크**
  ㉠ 하물을 감아올릴 때는 제동작용을 하지 않고, 내릴 때는 하물자중에 의해 브레이크 작용을 한다.
  ㉡ 자동하중 브레이크의 종류 : 나사 브레이크, 웜 브레이크, 원심 브레이크, 캠 브레이크 등이 있다.

2) 제동장치를 작동 부분의 구조에 따른 분류

① 밴드 브레이크(띠 브레이크) : 자전거 뒷바퀴 브레이크
② 디스크 브레이크 : 오토바이 앞바퀴 브레이크
③ 블록 브레이크 : 회전하는 브레이크 드럼을 브레이크 블록으로 누르게 하는 것이다.(자전거 앞바퀴 브레이크)

3) 브레이크 재료의 마찰계수

① 주철, 황동, 청동 : 0.1~0.2
② 목재 : 0.1~0.35
③ 가죽 : 0.23~0.3
④ **석면, 직물 : 0.35~0.6** 🖉 **마찰계수가 가장 크다.**

01 훅의 법칙(Hooke's law)이 성립되는 구간은?

① 비례한도   ② 탄성한도
③ 항복점   ④ 인장강도

해설

후크의 법칙 : 비례한도 내에서 힘과 처짐이 비례한다.

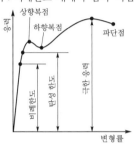

<응력과 변형률과의 관계>

02 스프링 제도 시 원칙적으로 상용하중 상태에서 그리는 스프링은?

① 코일 스프링   ② 벌류우트 스프링
③ 겹판 스프링   ④ 스파이럴 스프링

해설

겹판 스프링의 특징
• 자동차현가장치에 사용되는 스프링
• 스프링 제도 시 상용하중 상태에서 그린다.
• 너비가 좁고 얇은 긴 보로 만들어진다.
• 에너지 흡수 능력이 크다.
• 스프링 작용외에 구조용 부재기능을 한다.

03 스프링의 용도에 대한 설명 중 틀린 것은?

① 힘의 측정에 사용된다.
② 마찰력 증가에 이용한다.
③ 일정한 압력을 가할 때 사용된다.
④ 에너지를 저축하여 동력원으로 작동시킨다.

해설

스프링 사용 목적
• 힘의 축적
• 진동 흡수
• 충격 완화
• 힘의 측정
• 운동과 압력 억제

04 다음 중 후크의 법칙에서 늘어난 길이를 구하는 공식은? (단, λ : 변형량, W : 인장하중, A : 단면적, E : 탄성계수, l : 길이)

① $\lambda = \dfrac{Wl}{AE}$ ② $\lambda = \dfrac{AE}{W}$

③ $\lambda = \dfrac{AE}{Wl}$ ④ $\lambda = \dfrac{WE}{Al}$

해설

응력과 변형률

$E = \dfrac{\sigma}{\varepsilon} \Rightarrow \sigma = E\varepsilon$ 에 $\sigma = \dfrac{W}{A}$ 와 $\varepsilon = \dfrac{\lambda}{\ell}$ 를 대입

$\sigma = E\varepsilon$

$\dfrac{W}{A} = E\dfrac{\lambda}{\ell}$

$\therefore \lambda = \dfrac{W\ell}{AE}$

05 코일 스프링의 제도에 대한 설명 중 틀린 것은?

① 스프링은 원칙적으로 하중이 걸린 상태에서 도시한다.
② 스프링의 종류와 모양만을 도시할 때에는 재료의 중심을 굵은 실선으로 그린다.
③ 특별한 단서가 없는 한 모두 오른쪽 감기로 도시하고 왼쪽 감기일 경우 '감긴 방향 왼쪽'이라고 표시한다.
④ 코일 부분의 중간 부분을 생략할 때에는 생략한 부분을 가는 1점 쇄선 또는 가는 2점 쇄선으로 표시해도 좋다.

정답   1. ①   2. ③   3. ②   4. ①   5. ①

코일 스프링의 도시
- 스프링은 원칙적으로 무하중 상태에서 그린다(단, 하중이 가해진 상태로 도시할 경우 하중을 명시한다).
- 하중과 높이(길이), 휨 등의 관계를 표시할 때에는 선도나 표를 이용한다.
- 도면에 감긴 방향이 표시되지 않은 코일스프링은 오른쪽으로 감긴 것을 의미한다.
  - 오른쪽 감김 : 도면에 표시하지 않는다.
  - 왼쪽 감김 : 반드시 도면에 '왼쪽 방향 감김'이라고 표시해야 한다.
- 도면에 기입하기 복잡한 내용은 항목표를 작성하여 기입한다.
- 스프링의 중간 부분은 가는 1점 쇄선과 가는 2점 쇄선(가상선)을 이용하여 생략 도시할 수 있다.
- 스프링의 종류, 모양만을 도시할 경우 굵은 실선으로 그린다.
- 조립도, 설명도 등에서 코일 스프링을 단면만 표시할 수 있다.

06 스프링의 종류와 모양만을 도시할 때에는 재료의 중심선을 어떤 선으로 표시하는가?

① 굵은 실선   ② 가는 실선
③ 굵은 1점 쇄선   ④ 가는 1점 쇄선

- 스프링의 종류와 모양만을 도시할 때(간략도) : 중심선을 굵은 실선으로 표시

07 코일 스프링의 중간 부분을 생략할 때에 생략한 부분을 표시하는 선은?

① 가는 실선   ② 굵은 실선
③ 가는 1점 쇄선   ④ 파단선

코일 스프링의 도시
스프링의 중간 부분을 생략해서 도시할 때 : 중심선은 가는 1점 쇄선, 외형선은 가는 2점 쇄선으로 표시

08 제동장치에 대한 설명으로 틀린 것은?

① 제동장치는 기계 운동부의 이탈 방지 기구이다.

② 제동장치에서 가장 널리 사용되고 있는 것은 마찰 브레이크이다.
③ 용도는 일반기계, 자동차, 철도 차량 등에 널리 사용된다.
④ 운전 중인 기계의 운동에너지를 흡수하여 운동 속도를 감소 및 정지시키는 장치이다.

- 제동장치 : 기계 부분의 운동 에너지를 열에너지나 전기에너지 등으로 바꾸어 흡수함으로써 운동 속도를 감소시키거나 정지시키는 장치
예 브레이크

09 전자력을 이용하여 제동력을 가해 주는 브레이크는?

① 블록 브레이크
② 밴드 브레이크
③ 디스크 브레이크
④ 전자 브레이크

- 전자 브레이크 : 고정 원판식 코일에 전류를 통하면 전자력에 의하여 회전 원판이 잡아 당겨져 브레이크가 걸리고, 전류를 끊으면 스프링작용으로 원판이 떨어져 회전을 계속하는 브레이크이다.

10 자동하중 브레이크의 종류에 해당되지 않는 것은?

① 나사 브레이크   ② 웜 브레이크
③ 원심 브레이크   ④ 원판 브레이크

자동 하중 브레이크 종류
- 나사 브레이크
- 원심 브레이크
- 웜 브레이크

11 브레이크 재료 중 마찰계수가 가장 큰 것은?

① 주철   ② 석면 직물
③ 청동   ④ 황동

6. ①   7. ③   8. ①   9. ④   10. ④   11. ②   정답

해설

브레이크 재료의 마찰계수
• 주철, 황동, 청동 : 0.1~0.2
• 목재 : 0.1~0.35
• 가죽 : 0.23~0.3
• 석면 직물 : 0.35~0.6

12 브레이크 블록의 길이와 나비가 60×20mm이고 브레이크 블록을 미는 힘이 900N일 때 제동압력은?

① 0.75 N/mm² ② 7.5 N/mm²
③ 75 N/mm² ④ 750 N/mm²

해설

• $P = \dfrac{Q}{A} = \dfrac{900}{60 \times 20} = 0.75$

13 하물(荷物)을 감아올릴 때는 제동작용은 하지 않고 클러치 작용을 하며, 내릴 때는 하물자중에 의해 브레이크 작용을 하는 것은?

① 블럭 브레이크
② 밴드 브레이크
③ 자동하중 브레이크
④ 축압 브레이크

해설

• 자동하중 브레이크 : 하물을 감아올릴 때는 제동작용을 하지 않고 내릴 때는 하물자중에 의해 브레이크 작용을 한다.

14 제동장치를 작동 부분의 구조에 따라 분류할 때 이에 해당되지 않는 것은?

① 유압 브레이크
② 밴드 브레이크
③ 디스크 브레이크
④ 블록 브레이크

해설

작동 부분의 구조에 따라 분류
• 밴드 브레이크
• 디스크 브레이크
• 블록 브레이크

15 다음 스프링 중 나비가 좁고 얇은 긴 보의 형태로 하중을 지지하는 것은?

① 원판 스프링 ② 겹판 스프링
③ 인장 코일 스프링 ④ 압축 코일 스프링

해설

겹판 스프링의 특징
• 자동차현가장치에 사용되는 스프링
• 스프링 제도 시 상용하중 상태에서 그린다.
• 너비가 좁고 얇은 긴 보로 만들어진다.
• 에너지 흡수 능력이 크다.
• 스프링 작용외에 구조용 부재기능을 겸한다.

16 다음은 무엇에 대한 설명인가?

• 재료는 스프링강, 피아노선, 인청동 등이 사용된다.
• 무하중 상태로 작도하며 하중이 걸린 상태이면 치수와 하중을 기입한다.
• 종류와 모양만을 나타낼 때는 재료의 중심선만을 굵은 실선으로 나타낸다.

① 브레이크 ② 평벨트풀리
③ 등가속 캠 ④ 스프링

해설

스프링의 종류
• 압축 스프링   • 인장 코일 스프링
• 비틀림 코일 스프링   • 판 스프링
• 벌류트 스프링   • 스파이럴 스프링

17 후크의 법칙을 표현한 식으로 맞는 것은?
(단, σ : 응력, E : 영률, ε : 변형률)

① $\sigma = \dfrac{2E}{\varepsilon}$ ② $E = \dfrac{\sigma}{\varepsilon}$

③ $E = \dfrac{\varepsilon}{\sigma}$ ④ $\varepsilon = \dfrac{E}{2\sigma}$

해설

응력과 변형률
$E = \dfrac{\sigma}{\varepsilon} \Rightarrow \sigma = E\varepsilon$에

$\sigma = \dfrac{W}{A}$와 $\varepsilon = \dfrac{\lambda}{\ell}$를 대입

$\sigma = E\varepsilon$

$\dfrac{W}{A} = E\dfrac{\lambda}{\ell}$ $\therefore \lambda = \dfrac{W\ell}{AE}$

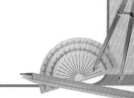

제12장 파이프

12-1 파이프 이음의 종류

1) 관의 표시

① 원칙적으로 1줄의 굵은 실선으로 표시한다.
② 유체의 흐름 방향은 실선에 화살표로 방향을 표시한다.

2) 배관도의 종류

구분	특징	배관도 도시
단선 도시법	• 간단한 수리 작업이나 스케치 배관도로 사용한다. • 관은 굵은 실선으로 나타낸다. • 기호를 사용하여 도면을 그린다.	로크 너트 / 부시 / 커플링 / 콕 / 유니언 / 글로브밸브 / 게이트밸브 / Y이음 / 체크밸브 / 45° 엘보 / 편심 줄이기 / 크로스 / 졸이개 / 엘보 / T이음 / 캡 / 플러그
복선 도시법	• 기호를 사용하지 않고 실물을 그대로 나타낸다. • 중요한 부분을 나타낼 때 복선 도시법을 사용한다. • 여러 가지 크기의 많은 파이프가 근접하여 설치된 장치에도 복선도시법을 사용한다.	로크 너트 / 부시 / 커플링 / 콕 / 유니언 / 글로브밸브 / 게이트밸브 / Y이음 / 체크밸브 / 45° 엘보 / 편심 줄이기 / 졸이개 / 엘보 / T이음 / 캡 / 플러그

12-2 파이프 도시

★ 1) 파이프 도시 방법

① 파이프, 파이프 이음, 밸브의 목 입구의 중심에서 중심까지의 길이로 표시한다.

② 파이프나 밸브 등의 호칭지름은 복선이나 단선으로 표시된 파이프라인 밖으로 지시선을 이용하여 표시한다.

③ 여러 가지 크기의 많은 파이프가 근접해서 설치되거나, 설치 여유가 중요한 장치에서는 복선도시법으로 배관도를 작성한다.

④ 파이프 끝부분에 나사가 없거나 왼나사를 필요로 할 때 지시선으로 표시한다.

⑤ 파이프 자리는 기계의 중심이나 기준이 되는 면으로부터 정확하게 표시한다.

★ 2) 파이프(관)에 흐르는 유체의 종류

① 공기 : Air

② 유류 : Oil

③ 가스 : Gas

④ 수증기 : Steam

⑤ 물 : Water

★ 3) 배관도의 계기 표시

압력계 : Pressure gauge	온도계 : Thermometer	유량계 : Flowmeter
P	T	F

4) 상관선(2개 이상의 입체면과 면이 만나는 경계선)

12-3 관의 접속

★ 1) 관의 결합 방식의 표시 방법

결합 방식의 종류	그림 기호
일반나사식	
용접식	
플렌지식	
턱걸이식	
유니온식	

★ 2) 관의 접속 상태 표시 방법

관의 접속 상태		도시 방법
접속하고 있지 않을 때		
접속하고 있을 때	교차 시	
	분기 시	

★ 3) 밸브 종류

종류	그림 기호	종류	그림 기호
밸브 일반		볼 밸브	
게이트 밸브		앵글 밸브	
글로브 밸브		3방향 밸브	
체크 밸브		안전 밸브	
버터플라이 밸브			

01 유체의 종류와 기호를 연결한 것으로 틀린 것은?

① 공기 – A   ② 가스 – G
③ 유류 – O   ④ 수증기 – W

해설

파이프의 도시 기호에서 유체 종류 표시 기호
• 공기 : A(Air)
• 가스 : G(Gas)
• 오일 : O(Oil)
• 수증기 : S(Steam)
• 물 : W(Water)

02 유체를 한 방향으로 흐르게 하여 역류를 방지하는데 사용되는 밸브의 도시 기호는?

①   ②
③   ④

해설

배관에서 밸브 종류
• ▷◁ : 밸브 일반
• ▷● : 글로브 밸브
• ▷◁ : 볼 밸브
• ╲╱ : 체크 밸브
• │●╲ : 버터플라이 밸브
• ▷◁ : 게이트 밸브
• ↗ : 앵글 밸브
• ▷╳ , ╳ : 안전 밸브
• ▷◁ : 슬루스 밸브
• ▷◁ : 3방향 밸브

03 파이프의 접속 표시를 나타낸 것이다. 관이 접속할 때의 상태를 도시한 것은?

①   ②
③   ④

해설

파이프 접속 도시 방법
• 접속하고 있을 때

• 접속하고 있지 않을 때

04 다음 중 관의 결합방식 표시 방법에서 유니언식을 나타내는 것은?

① —┼—   ② —┼┼—
③ —╫—   ④ —○—

해설

관 결합 방식의 종류

결합 방식	표시 방법
일반(나사식)	—┼—
용접식	—●—
플랜지식	—╫—
턱걸이식	—⊃—
유니온	—┼┼—

05 보기와 같은 배관설비도면에서 글로브 밸브는?

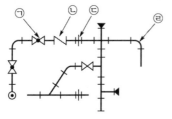

① ㉠   ② ㉡
③ ㉢   ④ ㉣

배관에서 밸브 종류

• ▷◁ : 글로브 밸브   • ⤙ : 체크 밸브

• ⟊⟊⟋ : 유니온 이음   • ⌐ᓂ : 엘보

06 배관도의 치수 기입 방법에 대한 설명 중 틀린 것은?

① 파이프나 밸브 등의 호칭지름은 파이프라인 밖으로 지시선을 끌어내어 표시한다.
② 치수는 파이프, 파이프 이음, 밸브의 목 입구의 중심에서 중심까지의 길이로 표시한다.
③ 여러 가지 크기의 많은 파이프가 근접해서 설치된 장치에서는 단선도시 방법으로 그린다.
④ 파이프의 끝부분에 나사가 없거나 왼나사를 필요로 할 때에는 지시선으로 나타내어 표시한다.

많은 파이프가 근접해서 설치된 장치나 설치 이유가 중요한 장치에서는 복선도시법으로 그린다.

07 유체의 유량이 30m³/s이고, 평균 속도가 1.5m/s일 때 관의 안지름은 약 몇 mm인가?

① 2,059   ② 3,089
③ 4,119   ④ 5,045

• $Q = A \times V = \dfrac{\pi d^2}{4} \times V$ (Q : 유량, A : 면적, V : 유속)

$$d^2 = \frac{4Q}{\pi V} = \frac{4 \times 30}{\pi \times 1.5}$$
$$\therefore d = 5.045\text{m} = 5,045\text{mm}$$

08 배관 기호에서 유량계의 표시 방법으로 바른 것은?

① Ⓟ   ② Ⓣ
③ Ⓕ   ④ Ⓦ

배관에서 계기 도시

• Ⓕ : 유량계

• Ⓟ : 압력계

• Ⓣ : 온도계

09 유체를 한 방향으로만 흐르게 하여 역류를 방지하는 구조의 밸브는?

① 안전 밸브   ② 스톱 밸브
③ 슬루스 밸브   ④ 체크 밸브

• 배관에서 유체의 역류를 방지하는 밸브 : 체크 밸브 (Check Valve)

10 다음은 관의 장치도를 단선으로 표시한 것이다. 체크 밸브를 나타내는 기호는 어느 것인가?

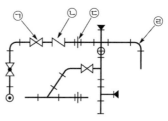

① ㉠   ② ㉡
③ ㉢   ④ ㉣

배관에서 밸브 종류

• ▷◁ : 밸브일반   • ⤙ : 체크 밸브

• ⟊⟊⟋ : 유니온 이음   • ⌐ᓂ : 엘보

5. ① 6. ③ 7. ④ 8. ③ 9. ④ 10. ② **정답**

제13장 리벳과 용접

13-1 리벳

★★
1) 리벳 작업

접합할 판에 프레스 펀치(판 두께가 20mm까지) 또는 드릴(연성이 부족한 강판, 기밀을 요하는 부분과 보일러)로 구멍을 뚫고 두 장의 구멍을 포개서 리벳을 박고 머리를 때려서 접합시킨다.

① **드릴 구멍의 지름은 리벳보다 약 1~1.5mm 정도 크게 뚫는다.**

② 고압탱크와 같은 기밀 유지가 필요한 작업에는 리벳 작업이 끝난 뒤에 리벳 머리를 때린 후에 판의 끝을 **코킹** 또는 **풀러링 작업**에 의해 판을 **밀착**시킨다(단, 5mm 이하에서는 이 작업을 할 수 없으므로 마포, 종이, 석면 등의 패킹을 끼워 리벳팅하여 기밀을 유지한다).

　㉠ 코킹(Caulking) : 보일러와 같이 기밀을 필요로 할 때 리벳 작업이 끝난 뒤에 리벳 머리 주위와 강판의 가장자리를 정과 같은 공구로 때리는 작업

　㉡ 풀러링(Fullering) : 코킹 작업 후 기밀을 완전하게 유지하기 위한 작업으로 강판과 같은 너비의 풀러링 공구로 때려 붙이는 작업

★★
2) 리벳의 도시법

① 리벳의 위치만 나타내는 경우 중심선만으로 표시한다.

② 리벳은 길이 방향으로 절단하여 단면도로 나타내지 않는다.

③ 박판, 얇은 형강은 그 단면을 굵은 실선으로 표시한다.

④ 리벳의 호칭길이에서 접시머리 리벳만 머리를 포함한 전체의 길이로 호칭되고 그 외의 리벳은 머리부 길이는 포함되지 않는다.

3) 리벳의 호칭

규격 번호	종류	호칭지름	×	길이	재료
KS B 1102	접시머리 리벳	16		45	SBV 34

* 리벳의 호칭길이 : 접시머리 리벳만 머리부를 포함한 전체의 길이로 호칭되고, 그 외의 리벳은 머리부를 제외한 길이를 호칭한다.

4) 사용 목적에 따른 분류

리벳의 분류	사용 목적
보일러용 리벳	강도와 기밀유지가 모두 필요할 때 사용하는 리벳으로 보일러, 고압탱크 등에 사용된다.
저압용 리벳	강도보다는 기밀유지가 필요할 때 사용하는 리벳으로 저압 탱크, 물탱크 등에 사용된다.
구조용 리벳	주로 높은 강도가 필요할 때 사용하는 리벳으로 차량, 교량, 구조물 등에 사용된다.

13-2 용접

용접은 2개의 금속을 용융온도 이상으로 가열하여 용융시켜 접합하는 결합법이다.

★
1) 용접 이음의 종류

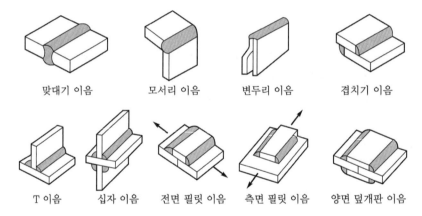

맞대기 이음　　모서리 이음　　변두리 이음　　겹치기 이음

T 이음　　십자 이음　　전면 필릿 이음　　측면 필릿 이음　　양면 덮개판 이음

★
2) 용접부의 보조 기호

용접부 표면 또는 용접부 형상	기호
평면(동일한 면으로 마감 처리)	——————
볼록형	⌒
오목형	⌣
끝단부를 매끄럽게 함	⏌
영구적인 덮게판을 사용	M
제거 가능한 덮게판을 사용	MR

★ 3) 용접부의 기본 기호

명칭	도시	기본 기호
양면 플랜지형 맞대기 이음		⊥
평면형 평행 맞대기 이음		‖
한쪽면 V형 홈 맞대기 이음		V
한쪽면 K형 홈 맞대기 이음		V
부분 용입 한쪽면 V형 맞대기 이음		Y
부분 용입 한쪽면 K형 맞대기 이음		Y
한쪽면 U형 홈 맞대기 이음		U
한쪽면 J형 맞대기 이음		Ƿ
뒷면 용접		⌣
필릿 용접		◿
플러그 용접		⊓
스폿 용접		○
심 용접		⊖

★ 4) 용접부의 기호 표시 방법

① 용접 기호의 구성

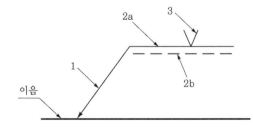

1 = 화살표(지시선)
2a = 기준선(실선)
2b = 동일선(파선)
3 = 용접 기호(이음 용접)

② 화살표 쪽과 화살표 반대쪽 이음의 표시

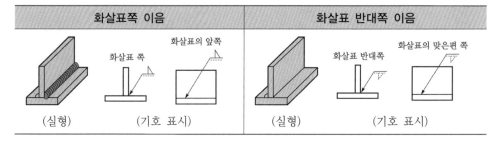

화살표쪽 이음		화살표 반대쪽 이음	
화살표 쪽 / 화살표의 앞쪽		화살표 반대쪽 / 화살표의 맞은편 쪽	
(실형)	(기호 표시)	(실형)	(기호 표시)

③ 양면대칭이음의 표시

화살표 쪽 용접   +   화살표 반대쪽 용접   =   양면 대칭 용접

5) 용접부의 모양과 용접 자세

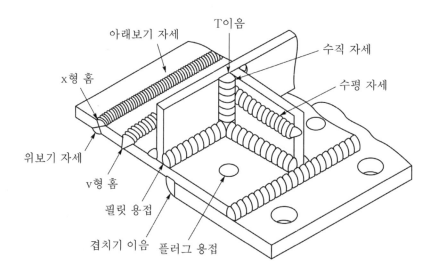

01 강판 또는 형강 등을 영구적으로 결합하는데 사용되는 것은?

① 핀　　　　　　② 키
③ 용접　　　　　④ 볼트와 너트

해설

• 영구적인 결합에 사용되는 것 : 용접, 리벳

02 용접부의 기호 중 플러그 용접을 나타내는 것은?

① ||　　　　　② ○

③ ◺　　　　　④ ⊓

해설

용접부의 기본 기호

명칭	기호
양면 플랜지형 맞대기 이음	⋀
평면형 평행 맞대기 이음	||
한쪽면 V형 홈 맞대기 이음	V
한쪽면 K형 홈 맞대기 이음	⊬
부분 용입 한쪽면 V형 맞대기 이음	Y
부분 용입 한쪽면 K형 맞대기 이음	⊬
한쪽면 U형 홈 맞대기 이음	Y
한쪽면 J형 맞대기 이음	⊬
뒷면 용접	⌣
필릿 용접	◺
플러그 용접	⊓
스폿 용접	○
심 용접	⊖

03 전체 둘레 현장 용접을 나타내는 보조 기호는?

① 🚩　　　　② ○
③ 🚩（원）　　④ ⌐

해설

• 🚩 : 현장 용접

• ○ : 용접 부재의 전체를 둘러서 용접할 때 원으로 표시한다.

04 리벳 이음의 도시 방법에 대한 설명으로 틀린 것은?

① 리벳은 길이 방향으로 단면하여 도시한다.
② 2장 이상의 판이 겹쳐 있을 때, 각 판의 파단선은 서로 어긋나게 외형선으로 긋는다.
③ 리벳의 체결 위치만 표시할 때에는 중심선만을 그린다.
④ 리벳을 크게 도시할 필요가 없을 때에는 리벳 구멍을 약도로 도시한다.

해설

• 리벳 이음은 길이 방향으로 단면으로 도시하지 않는다.

05 그림과 같은 리벳 이음의 명칭은?

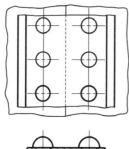

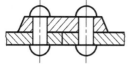

① 1줄 겹치기 리벳 이음
② 1줄 맞대기 리벳 이음
③ 2줄 겹치기 리벳 이음
④ 2줄 맞대기 리벳 이음

해설

• 한 줄 맞대기 이음

06 그림과 같이 용접하려고 할 때 사용하는 용접 기호는?

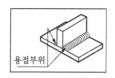

해설

• 화살표쪽 이음

• 화살표 반대쪽 이음

07 그림과 같이 한쪽 면을 용접하려고 할 때 용접 기호로 옳은 것은?

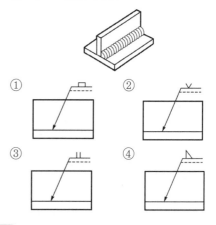

해설

• 필릿용접이다.

08 다음 그림은 용접부의 기호 표시 방법이다. (가)와 (나)에 대한 설명으로 틀린 것은?

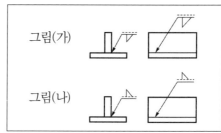

① 그림 (가)의 실제 모양이다. (한쪽 용접)

② 그림 (나)의 실제 모양이다. (양쪽 용접)

③ 그림 (가)는 화살표 쪽을 용접하라는 뜻이다.
④ 그림 (나)는 화살표 반대쪽을 용접하라는 뜻이다.

해설

• 그림(나)는 화살표 반대쪽의 이음으로 한쪽 용접이다.

5. ② 6. ③ 7. ④ 8. ② **정답**

제14장 재료 역학

14-1 하중의 종류

구분	하중의 종류와 정의		
하중의 작용 방향에 따라	• 수직하중 : 재료의 단면에 수직 방향으로 작용하는 하중	• 인장하중 : 재료를 길이 방향으로 잡아당기는 하중	
		• 압축하중 : 재료를 길이 방향으로 누르는 하중	<인장하중>　<압축하중>
	• 전단하중 : 재료를 가로 방향으로 자르는 하중		
	• 굽힘하중 : 재료가 휘어지게 작용하는 하중		
	• 비틀림하중 : 재료가 비틀어지게 작용하는 하중		
하중이 작용하는 시간에 따라	• 정하중 : 정지상태에서 시간이 지나도 힘의 크기, 방향, 속도가 일정한 하중. 시간에 따라 크기가 변하지 않거나 변화를 무시할 수 있는 하중		
	• 동하중 : 시간에 따라 힘의 크기, 방향, 속도가 수시로 변화하는 하중	• 반복하중 : 힘의 방향은 변하지 않고 연속하여 반복적으로 작용하는 하중	
		• 교번하중 : 힘의 크기와 방향이 주기적으로 변화하여 인장과 압축을 교대로 반복하여 작용하는 하중	
		• 충격하중 : 짧은 시간에 순간적으로 작용하는 하중	
분포 하중에 따른 하중	• 집중하중 : 한 점이나 아주 좁은 면적에 집중적으로 작용하는 하중		
	• 분포하중	• 균일분포하중 : 넓은 범위에 작용하는 하중이 고르게 작용하는 하중	
		• 불균일분포하중 : 넓은 범위에 작용하는 하중이 고르지 않게 작용하는 하중	

14-2 응력과 변형률

① 응력(σ) : 재료에 외력이 작용할 때 내력의 크기를 응력이라 한다(단위면적당의 하중).

$\sigma = \dfrac{P}{A}$ (여기서, σ : 응력, P : 하중, A : 면적)

② 변형률(ε) : 단위길이당의 처짐

$\varepsilon = \dfrac{\delta}{L}$ (여기서, ε : 변형률, δ : 처짐, L : 길이)

1) 열응력

물체가 구속상태가 아닌 자유로운 상태인 경우에는 온도의 변화가 생겼을 때 신축 또는 수축만 하고 물체 내부에는 영향을 미치지 않는다. 그러나 **물체가 구속을 받고 있을 때는 온도의 변화에 의해 생기는 응력을 열응력(Thermal stress)이라 한다.**

① 열응력

$\sigma = E \cdot \alpha \cdot (t_2 - t_1)$

여기서, α : 선팽창계수, t_1 : 처음온도, t_2 : 나중온도

② 열에 의한 변형률(ε)

$\sigma = E \cdot \varepsilon = E \cdot \alpha \cdot (t_2 - t_1)$에서

$\therefore \ \varepsilon = \alpha \cdot (t_2 - t_1) = \alpha \cdot \triangle t$

③ 열에 의한 변형량(δ)

$\varepsilon = \dfrac{\delta}{L}$ 에서

$\delta = \varepsilon \cdot L = \alpha \cdot (t_2 - t_1) \cdot L$

$\therefore \ \delta = \alpha \cdot (t_2 - t_1) \cdot L$
$\quad = \alpha \cdot \triangle t \cdot L$

2) 응력집중

균일단면의 형태를 갖는 물체를 인장 또는 압축을 할 때는 응력이 전단면에 등분포 된다고 가정할 수 있으나 **노치, 구멍** 등과 같이 **단면이 급변하는** 부품에 하중이 작용하면 그 단면에 나타나는 응력분포 상태는 일반적으로 대단히 불규칙하게 되고, **그 급변하는 부분에 국부적으로 큰 응력이 일어나게 된다.** 이 큰 응력이 일어나는 현상을 응력집중이라고 한다.

01 하중이 걸리는 속도에 의한 분류 중 동하중이 아닌 것은?

① 정하중   ② 충격하중
③ 반복하중   ④ 교번하중

해설

- 인장하중 : 재료를 길이 방향으로 잡아당기는 하중
- 압축하중 : 재료를 길이 방향으로 누르는 하중
- 전단하중 : 재료를 가로 방향으로 자르는 하중
- 굽힘하중 : 재료가 휘어지게 작용하는 하중
- 비틀림하중 : 재료가 비틀어지게 작용하는 하중
- 반복하중 : 힘의 방향은 변하지 않고 연속하여 반복적으로 작용하는 하중
- 교번하중 : 힘의 크기와 방향이 주기적으로 변화하여 인장과 압축을 교대로 반복하여 작용하는 하중
- 충격하중 : 짧은 시간에 순간적으로 작용하는 하중

02 다음 하중이 작용하는 방향에 따른 분류를 나타낸 것 중 틀린 것은?

① 인장하중   ② 휨하중
③ 전단하중   ④ 충격하중

해설

- 1번 문제 해설 참조

03 재료의 안전성을 고려하여 안전할 것이라고 허용되는 최대의 응력을 무슨 응력이라 하는가?

① 허용응력   ② 주응력
③ 사용응력   ④ 수직응력

해설

- 허용응력 : 어떤 재료를 사용하는 데 있어 그 재료를 안전하게 사용할 수 있도록 허용하는 최대응력

04 단면적이 $10mm^2$인 봉에 길이 방향으로 100N의 인장력이 작용할 때 발생하는 인장응력은 몇 N/mm^2인가?

① 5   ② 10
③ 80   ④ 99.6

해설

$$\sigma = \frac{P}{A} = \frac{100}{10} = 10 N/mm^2$$

05 한 변의 길이가 20mm인 정사각형 단면에 4KN의 압축하중이 작용할 때 내부에 발생하는 압축응력은 얼마인가?

① $10N/mm^2$ ② $20N/mm^2$
③ $100N/mm^2$ ④ $200N/mm^2$

해설

$$\bullet \ \sigma = \frac{P}{A} = \frac{4,000}{20 \times 20} = 10 N/mm^2$$

06 연강재 볼트에 8,000N의 하중이 축 방향으로 작용할 때, 볼트의 골지름은 몇 mm 이상이어야 하는가? (단, 허용 압축응력은 $40N/mm^2$이다.)

① 6.63   ② 20.02
③ 12.85   ④ 15.96

해설

$$\sigma = \frac{P}{A} = 40 N/mm^2, \ 40 N/mm^2 = \frac{8,000}{A}$$

$$A = \frac{8,000}{40} = 200 \, mm^2, \ A = \frac{\pi d^2}{4} = 200$$

$$\therefore \ d = \sqrt{\frac{4 \times 200}{\pi}} = 15.96 mm$$

정답   1. ①   2. ④   3. ①   4. ②   5. ①   6. ④

제15장 측정

15-1 측정 개요

가공된 부품은 사용 목적에 따라 치수, 형상, 가공 방법, 재료의 상태 등이 기준 단위 안에 포함되어 있는지를 수량적으로 나타낸 것을 측정이라 하며, 측정에 사용하는 장치를 측정기라 한다.

15-2 ★ 오차

측정 시 발생하는 공작물의 실제 치수값과 측정값과의 차이(측정값−참값)

오차의 종류	설명
계기 오차	측정도구의 불완전성 때문에 발생 → 보정 수정 가능 예 몸무게 측정 시 0점 기준값 오류, 전류계 0점 기준값 오류
환경 오차	실내 온도나 채광의 변화가 영향을 주어 일어나는 오차
개인 오차	측정자의 숙련도, 습관에 따라 발생하는 오차
측정기 오차	측정기의 구조상 발생하는 오차로, 구조적 오차를 줄이려면 아베의 원리에 맞는 측정기를 선정 * 아베의 원리 : 측정 오차를 최소화하려면 "측정하려는 공작물과 측정기의 측정 중심은 측정 방향에서 동일 축 선상의 일직선상에 배치해야 한다."
기기 오차	측정기의 구조상에서 일어나는 오차로서 아무리 정밀하게 제작한 기기라도 다소의 오차 발생
우연 오차	진동이나 소리, 기타 원인으로 인해 발생하는 오차

★
*15-3 측정 방법

측정 방법	특징 및 종류		
직접 측정	측정기를 직접 제품에 접촉 또는 비접촉을 하는 방식으로 이루어지며, 직접 눈금을 읽음으로 측정값을 얻는 방법		
	★ 종류	강철자	일반 눈금자
		버니어 캘리퍼스	자와 캘리퍼스를 조합한 것으로 공작물의 바깥지름, 안지름, 깊이, 단차 등을 측정
		마이크로미터	정밀하게 만든 암나사와 수나사의 끼워 맞춤을 이용한 정밀도가 높은 측정기
		베벨 각도기	2면 간의 각도를 간단하게 측정하는 데는 베벨 각도기가 많이 쓰이며, 눈금 읽는 방법에 따라서 기계적인 각도기와 광학적인 각도기가 있다
간접 측정	측정물의 모양이 기하학적으로 복잡한 경우 측정 부위의 치수를 기하학적이나 수학적인 관계에서 얻을 수 있는 측정		
	★ 종류	투영기에 의한 형상 측정	
		삼침을 이용한 나사의 유효지름 측정	
		사인바와 인디케이터에 의한 각도 측정	
비교 측정	기준이 되는 일정한 치수와 피측정물을 비교하여 그 측정치의 차이를 읽는 방법		
	★ 종류	테스트 인디케이터	측정 시 측정 방향이 측정자의 중심선에 직각이 되도록 하고 직각이 아닌 경우에는 규정에 따라 보정을 해야 한다.
		다이얼 게이지	측정자의 직선 또는 원호 운동을 기계적으로 확대하여 그 움직임을 지침의 회전 변위로 변환하여 눈금으로 읽을 수 있는 길이 측정기
		게이지 블록 (gauge block)	여러 가지 치수의 게이지 몇 개를 서로 밀착시켜 길이를 잰 뒤 각 게이지의 치수를 합하여 측정
		실린더 게이지	치수의 변화량을 측정자로 캠에 전달하고, 캠의 전도자로 누름핀에 전달되어 다이얼 게이지의 스핀들을 변화시켜 지침으로 표시
		공기 마이크로미터	배율이 높고, 내경 측정에 있어 정밀도가 높게 측정 가능하며, 합·불 판정과 측정값을 읽을 수 있는 장점이 있으며, 종류는 유량식, 배압식, 유속식, 진공식 등

15-4 측정기의 종류

1) 길이 측정

종류	특징과 측정 방법
버니어 캘리퍼스 (vernier calipers))	• 공작물의 바깥지름, 안지름, 깊이, 단차 등을 0.05mm 까지 측정 • 버니어 캘리퍼스 구조 내측측정면　고정나사　어미자 단차측정면　깊이바 아들자 외측측정면
마이크로미터 (micrometer)	• 나사를 이용한 것으로 수나사가 암나사 속에서 1회전할 때 나사축의 진행 거리는 나사의 1피치만큼 이동한다. 앤빌(anvil)은 프레임(frame)에 고 정되어 있으며, 스핀들(spindle)의 1피치는 0.5mm의 정밀 나사로, 심블 (thimble)에 고정 • 마이크로미터 구조 엔빌 스핀들 슬리브　심블 래칫스톱 클램프 프레임(몸체) • 종류 : 내측 마이크로미터, 깊이 마이크로미터
하이트 게이지 (height gauge)	• 대형 부품, 복잡한 모양의 부품 등을 정반 위에 올려놓고 정반면을 기준으 로 하여 높이를 측정하거나, 스크라이버(scriber) 끝으로 금 긋기 작업을 하는 데 사용한다. 하이트 게이지의 기본 구조는 스케일과 베이스 및 서피스 게이지를 한데 묶은 것으로, 아베의 원리에 어긋나는 구조이다.
다이얼 게이지 (dial gauge)	• 측정자의 직선 또는 회전운동의 움직임을 확대하여 지침의 회전변위로 변환시켜 눈금으로 읽는 구조이다. • 실제 치수와 표준 치수의 차를 측정한다. • 소형이고 경량이라 취급이 용이하여 측정범위가 넓다.
게이지 블록 (gauge block)	• 길이 측정의 표준으로 사용되고 103개 이상의 게이지에 의해 1,000mm부 터 201mm까지 0.01mm 간격으로 2만 개 정도의 많은 치수를 1개 또는 몇 개를 조합하여 얻을 수 있다. 조합된 게이지 블록의 치수 오차는 측정면 이 래핑 가공되어 있으므로 밀착하여 사용해도 $1\mu m$ 간격으로 조합할 수 있고, 그 정도가 아주 높고 쉽게 임의의 치수를 얻을 수 있다.

★ 2) 각도 측정

종류	특징과 측정 방법
각도 게이지	• 각도 게이지의 조합으로 다양한 각도를 얻을 수 있는 게이지 • 종류 : 요한슨식과 NPL식
컴비네이션 세트	강철자, 직각자 및 분도기 등을 조합하여 각도 측정
사인바(Sine Bar)	• 길이를 측정하고 삼각함수를 이용한 계산에 의하여 임의의 각을 측정하거나 만드는 각도 측정기이다. • 측정하려는 각도가 45°이내 이어야 오차가 적다. * $\sin\alpha = \dfrac{H-h}{L}$ (L : 사인바의 호칭치수 또는 롤러 사이의 중심거리)
수준기	액체와 기포가 들어있는 유리관 속에 있는 기포의 위치에 의하여 수평면에서 기울기를 측정하는 액체식 각도 측정기로 기계 조립이나 설치 시 수평 정도와 수직 정도를 확인하는 데 주로 사용한다.

15-5 ★★ 나사의 유효지름 측정

① 삼침법에 의한 측정 방법(정밀도가 가장 높음)
② 공구 현미경에 의한 방법
③ 나사 마이크로미터에 의한 방법

15-6 한계 게이지

① 어떤 일정한 편차를 허용하여도 사용 목적에 지장이 없을 경우 사용한다.
② 최대허용(한계) 치수와 최소허용(한계) 치수 사이에 측정값이 포함되면 합격, 범위를 벗어나면 불합격(∴ 합·불 판정만 가능하며 제품의 측정값은 표시 안됨)
③ 대량 측정이 용이(통과측과 정지측의 게이지)
④ 측정이 쉽고 신속하다.
★ ⑤ 종류

구멍용 한계 게이지	플러그 게이지	원통형 게이지
		판형 게이지
		봉 게이지
축용 한계 게이지	링 게이지	
	스냅 게이지	

01 측정자의 직선 또는 원호운동을 기계적으로 확대하여 그 움직임을 지침의 회전변위로 변환시켜 눈금으로 읽을 수 있는 측정기는?

① 수준기   ② 스냅 게이지

③ 게이지 블록   ④ 다이얼 게이지

해설

• 다이얼게이지 : 실제 치수와 표준 치수의 차를 측정, 소형·경량이라 취급이 용이하고 측정 범위가 넓다.

02 다음 중 비교 측정기에 속하는 것은?

① 강철자   ② 다이얼 게이지

③ 마이크로미터   ④ 버니어 캘리퍼스

해설

• 비교 측정기 : 다이얼 게이지, 게이지 블록, 실린더 게이지, 공기마이크로미터 등

03 정밀측정에서 아베의 원리에 대한 설명으로 옳은 것은?

① 내측 측정 시는 최대값을 택한다.

② 눈금선의 간격은 일치되어야 한다.

③ 단도기의 지지는 양끝 단면이 평행하도록 한다.

④ 표준자와 피측정물은 동일 축 선상에 있어야 한다.

해설

• 아베의 원리 : 측정 오차를 최소화하려면 "측정하려는 시료와 측정기의 측정 중심은 측정 방향에서 동일 축 선상의 일직선상에 배치해야 한다."

04 직접 측정용 길이 측정기가 아닌 것은?

① 강철자   ② 사인 바

③ 마이크로미터   ④ 버니어 캘리퍼스

해설

• 각도 측정 : 각도 게이지, 컴비네이션 세트, 사인바 등

05 직접 측정의 장점에 해당되지 않는 것은?

① 측정기의 측정 범위가 다른 측정법에 비하여 넓다.

② 측정물의 실체를 직접 읽을 수 있다.

③ 수량이 적고, 많은 종류의 제품 측정에 적합하다.

④ 측정자의 숙련과 경험이 필요 없다.

해설

직접 측정 시 개인 오차가 발생할 수 있다.

06 측정 오차에 관한 설명으로 틀린 것은?

① 기기 오차는 측정기의 구조상에서 일어나는 오차이다.

② 계통 오차는 측정값에 일정한 영향을 주는 원인에 의해 생기는 오차이다.

③ 우연 오차는 측정자와 관계없이 발생하고, 반복적이고 정확한 측정으로 오차 보정이 가능하다.

④ 개인 오차는 측정자의 부주의로 생기는 오차이며, 주의해서 측정하고 결과를 보정하면 줄일 수 있다.

해설

• 우연오차 : 진동이나 소리, 기타 원인으로 인해 발생하는 오차

정답 1. ④   2. ②   3. ④   4. ②   5. ④   6. ③

07 허용할 수 있는 부품의 오차 정도를 결정한 후 각각 최대 및 최소 치수를 설정하여 부품의 치수가 그 범위 내에 드는지를 검사하는 게이지는?

① 다이얼 게이지　② 게이지 블록
③ 간극 게이지　　④ 한계 게이지

해설
• 한계 게이지 : 공차 범위 내의 합·불을 판정하는 것이 목적

08 한계 게이지의 종류에 해당되지 않는 것은?

① 봉 게이지　　　② 스냅 게이지
③ 다이얼 게이지　④ 플러그 게이지

해설
• 한계 게이지 종류 : 원통형 게이지, 판형 게이지, 봉형 게이지, 링게이지, 스냅 게이지

09 일반적으로 한계 게이지 방식의 특징에 대한 설명으로 틀린 것은?

① 대량 측정에 적당하다.
② 합격, 불합격의 판정이 용이하다.
③ 조작이 복잡하므로 경험이 필요하다.
④ 측정 치수에 따라 각각의 게이지가 필요하다.

해설
• 한계 게이지는 측정이 간단하고 신속하게 측정 가능

10 나사의 측정 방법 중 삼침법으로 수나사의 무엇을 측정하는 방법인가?

① 골지름　　　② 피치
③ 유효지름　　④ 바깥지름

해설
나사의 유효지름 측정 방법
• 삼침법에 의한 측정 방법(정밀도가 가장 높음)
• 공구 현미경에 의한 방법
• 나사 마이크로미터에 의한 방법

11 다음 중 각도를 측정할 수 있는 측정기는?

① 사인바　　　　② 마이크로미터
③ 하이트 게이지　④ 버니어 캘리퍼스

해설
• 각도 측정 : 각도 게이지, 콤비네이션 세트, 사인바 등

12 각도 측정을 할 수 있는 사인바(sine bar)의 설명으로 틀린 것은?

① 정밀한 각도 측정을 하기 위해서는 평면도가 높은 평면에서 사용해야 한다.
② 롤러의 중심거리는 보통 100mm, 200mm로 만든다.
③ 45° 이상의 큰 각도를 측정하는 데 유리하다.
④ 사인바는 길이를 측정하여 직각 삼각형의 삼각함수를 이용한 계산에 의하여 임의각의 측정 또는 임의각을 만드는 기구이다.

해설
• 사인바로 각도를 측정할 때 45°를 넘으면 오차가 가장 심하게 된다.

13 블록 게이지 사용 시 링잉(wringing)이란 무엇인가?

① 개수를 줄이는 것
② 블록 게이지의 보호 장치
③ 여러 개를 조립하여 규정 치수로 만든 것
④ 두 조각을 눌러 밀착시키는 것

해설
• 밀착(wringing) : 두 개의 블록끼리 눌러 밀착하는 것
　㉠ 두꺼운 블록끼리의 밀착
　㉡ 두꺼운 것과 얇은 것의 밀착
　㉢ 얇은 것끼리의 밀착

PART 02

기계재료

공작물을 제작할 때는 설계도면도 중요하지만 공작물의 기능에 적합한 재료를 선택하는 것도 중요하다. 공작물의 기능에 적합한 재료를 선택할 수 있는 능력을 기르는 데 목적을 두고 있다.

제1장 **기계재료의 성질**

1-1 기계재료의 분류

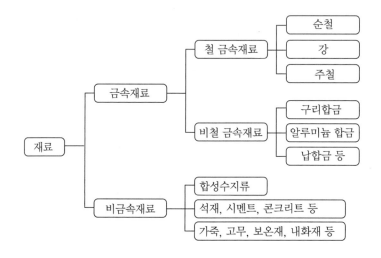

1-2 금속과 합금의 특징

★★
1) 금속의 공통적인 특징

① 상온에서 고체이다(Hg는 제외).
② 가공이 용이(소성 변형)하고 연성과 전성이 크다.
③ 금속 특유의 광택을 지니고, 빛을 발산한다.
④ 열전도율, 전기전도율이 크다(즉, 양도체이다).
⑤ 비중, 강도와 경도가 크다.
⑥ 용융점이 낮다.
⑦ 주조성(유동성)이 나쁘다.

2) 합금의 특징

합금은 C 성분에 Ni, Cr, Si, Mn 등을 1개 이상 첨가하여 만든 금속이다.

① 연성과 전성이 작다.
② 강도, 경도와 담금질 효과가 크다.
③ 열전도율과 전기전도율이 낮아진다.
④ 용융점이 낮다.
⑤ 주조성이 양호하다.
⑥ 내식성이 증가한다.
⑦ 색이 아름답다.

1-3 금속 재료의 성질

★ 1) 기계적 성질

① **강도** : 재료에 외력을 가하면 변형되거나 파괴가 되는데, 이때 **외력에 대한 최대 저항력을 강도**라 한다. 인장강도, 굽힘강도, 전단강도, 비틀림강도, 압축강도 등으로 분류한다.

② **경도** : 재료의 **단단한 정도를 표시**하는 것으로 다이아몬드와 같은 딱딱한 물체를 재료에 압입할 때의 변형 저항을 말한다.

③ **인성** : 외력에 저항하는 **질긴 성질**로서 재료에 굽힘이나 비틀림 등의 외력을 가할 때이 외력에 저항하는 성질을 인성이라 한다.

④ **취성(메짐성)** : 인성에 반대되는 성질로 잘 부서지고 **잘 깨지는 성질**을 말한다.

⑤ **피로** : 재료의 파괴력보다 작은 힘으로 **오랜 시간에 걸쳐 연속적으로 되풀이하여 작용**시켰을 때 이와 같은 현상을 피로라 한다.

★ ⑥ **크리이프** : 금속을 고온에서 **오랜시간 외력**을 가하면 **시간의 흐름에 따라 서서히 변형이 증가**하는데, 이를 크리이프라 한다.

⑦ **연성** : 재료를 잡아당겼을 때 가느다란 선으로 **늘어나는 성질**을 말하며 순서는 다음과 같다.

⇒ Au > Ag > Al > Cu > Pt > Pb > Zn > Fe > Ni

⑧ **전성** : 재료에 타격이나 압연작업과 같이 외력을 가하면 **얇은 판으로 넓게 펼 수 있는 성질**을 말하며 그 순서는 다음과 같다.

⇒ Au > Ag > Pt >Al > Fe > Ni > Cu 〉 Zn

⑨ **연신율** : 재료에 하중을 가할 때 원래의 길이에 대하여 늘어난 길이의 비를 말한다.

⑩ **항복점** : 재료에 탄성한계 이상의 외력을 가하면 외력과 연신율이 비례하지 않고 하중을 증가시키지 않아도 재료가 늘어나는 현상을 말한다.

★ 2) 물리적 성질

① **비중** : 어떤 물체의 무게와 이와 같은 부피의 순수한 물 4℃의 무게와의 비
  ㉠ **경금속** : **비중이 4.5 이하**의 가벼운 금속 – Al, Mg, Ti, Be
  ㉡ **중금속** : **비중이 4.5 이상**인 무거운 금속 – Fe, Ni, Cu, W, Pb
② **용융점** : 금속이 열에 의해 녹아서 고체가 액체로 되는 점
  ㉠ 용융점이 가장 낮은 금속 : 수은(Hg) → $-38.8℃$
  ㉡ 용융점이 가장 높은 금속 : 텅스텐(W) → $3410℃$
③ 용해잠열 : 어떤 금속 1g을 용해하는 데 필요한 열량을 말한다.
④ **비열** : 어떤 금속 1g을 1℃ 만큼 올리는 데 필요한 열량을 말한다.
  ㉠ 비열이 큰 금속 : Mg, Al 등
  ㉡ 비열이 작은 금속 : Pt, Au
⑤ **열팽창계수** : 물체의 온도가 1℃ 상승하였을 경우 증가한 물체의 치수가 팽창하기 전의 치수와의 비를 열팽창계수라 한다.
⑥ **열전도율** : 금속은 일반적으로 열의 전도율이 좋은 도체이다.
⑦ **전기전도율** : 금속 결정은 많은 전도전자를 가지고 있으며 금속 특유의 성질로서 전기를 잘 전도한다. 이때 전기를 전도하는 정도를 전기전도율이라 한다.
  ★ Ag > Cu > Au > Al > Mg > Zn > Ni > Fe > Pb > Sb
⑧ **자성** : 금속을 자기장속에 놓으면 유도작용에 의하여 자화되는 성질을 자성이라 한다.

3) 화학적 성질

① 부식 : 금속이 물 또는 대기 중, 기타 가스 기류 중에서 그 표면이 비금속성 화합물로 변하는 것을 부식이라 한다.
② 내식성 : 금속이 부식에 대하여 저항하는 성질을 말하며, 금속이 부식되기 쉽다는 것은 화합물이 되기 쉽다는 뜻이다.

★ [금속재료의 성질]

기계적 성질	물리적 성질	화학적 성질
강도, 경도, 인성, 취성(메짐성), 피로, 크리이프, 연성, 전성, 연신율, 항복점	비중, 용융점, 용융잠열, 비열, 열팽창계수, 열전도율, 자성, 전기전도율	부식, 내식성

★
1-4 금속결정구조

고체 상태의 금속이 규칙적으로 배열되어 있는 상태

금속 결정 구조	체심입방격자(BCC) (Body-Centered Cubic lattice) ⇒ Ba, V, Mo	면심입방격자(FCC) (Face-Centered Cubic lattice) ⇒ Au, Ag, Pt, Al, Cu, Ni, Pb	조밀육방격자(HCP) (Close-Packed Hexagonal)
특징	입방체의 각 꼭짓점과 중심에 1개씩의 원자가 배열된 크롬, 몰리브덴 등과 α철과 δ철 등이 있다. • 경도와 강도가 크다. • 용융점이 높다. • 전성과 연성이 작다.	입방체의 각 꼭짓점과 각 면의 중심에 1개씩의 원자가 배열된 구조로 전성과 연성이 좋으며 금, 은, 구리, 알루미늄, γ철 등이 이에 속한다. • 강도, 경도가 떨어진다. • 전성과 연성이 크다.	입방체의 각 꼭짓점과 각 면의 중심에 1개씩의 원자가 배열된 구조로 카드뮴, 코발트, 마그네슘, 아연 등이 있으며 연성이 부족하다. • 전성이 나쁘다. • 취성이 있다.
배열 상태			

1-5 고용체의 종류

침입형 고용체	치환형 고용체	규칙 격자형 고용체
용매원자 용질원자 	＜불규칙 상태＞ 	＜규칙 상태＞
어떤 성분 금속의 결정격자 원자 중에 다른 성분의 원자결정격자가 침입되어 고용되는 것. ⇒ 원자반경의 크기가 다를 경우	어떤 금속 성분의 결정격자의 원자가 다른 성분의 결정격자의 원자와 바뀌어져서 고용되는 것. ⇒ 원자반경의 크기가 유사한 원자끼리 적절한 배열을 형성하면서 새로운 상을 형성하는 것.	성분 금속의 원자에 규칙적으로 치환되어 고용되는 것.

* 고용체의 특징 : 혼합된 원자를 물리적인 방법으로 분리할 수 없으며, 각 성분 원소가 다른 성질을 갖고 있으므로 혼합물이나 화합물이 아니다.

1-6 금속재료의 소성변형

1) 소성변형의 원리

소성변형	특징
전위 (dislocation)	• 원자의 외력이 작용하면 불완전하거나 결함이 있는 곳에서부터 이동이 생기는 현상이다. • 전위의 움직임을 방해할수록 강도, 경도가 증가한다.
슬립(Slip)	• 압축이나 인장에 의한 결정의 미끄럼 현상이다. • 전위의 움직임에 따른 소성변형 과정으로 결정면의 연속성을 파괴한다.
쌍정(Twin)	• 변형 전과 후 일정한 각도만큼 회전하여 어떤 면을 경계하여 서로 대칭되는 현상을 말한다.

2) 재결정과 입자의 성장

① **재결정** : 냉간가공한 재료를 가열하면 내부응력이 제거되어 회복(재결정 온도 이하에서 일어남)이 되면 **새로운 결정핵**이 생기며, 이것이 성장하여 **전체가 새로운 결정으로 변하는 것**이다. 즉, 구결정 ⇒ 신결정

② **재결정온도** : 1시간 안에 95% 이상의 재결정이 생기도록 가열하는 온도

재결정온도＝(0.3~0.5)× Tm(Tm : 금속의 용융점)

③ 재결정온도가 높을수록 가공도가 낮다.

④ 재결정온도가 낮을수록 가공도가 높다.

⑤ 재결정을 하면 금속의 연성은 증가하고 강도와 경도는 감소한다.

★
3) 냉간가공과 열간가공

냉간가공(상온가공)	열간가공(고온가공)
• 재결정온도 이하에서 가공하는 것 • 냉간가공의 특징 　① 가공면이 깨끗하다(즉, 치수정밀도가 좋다). 　② 강도와 경도가 증가한다(연신율, 단면수축률, 인성은 감소). 　③ 조직이 치밀하다.	• 재결정온도 이상에서 가공하는 것 • 열간가공의 특징 　① 냉간가공(상온가공)보다 적은 힘으로 가공할 수 있다. 　② 편석에 의한 불균일 부분이 확산되어 균일한 재질을 얻을 수 있다. 　③ 마무리 온도를 재결정온도에 가깝게 하면 결정립이 미세화되어 강의 성질을 개선시킬 수 있다. 　④ 림드강의 기공이 압착되어 없어진다. 　⑤ 가열 때문에 산화되기 쉬워 정밀가공에 부적합하다.

★ 4) 가공경화

재결정온도 이하(냉간가공)에서 가공할수록 단단해지는 현상으로 금속을 상온에서 소성 변형 시켰을 때, 재질이 경화되고 연신율이 감소하는 현상이다.

예 보통 철사를 반복하여 구부렸다 펴면 끊어지는 현상

① 강도와 경도가 증가한다.

② 연신율, 단면수축률과 인성 등은 감소한다.

③ **가공경화를 없애려면** ㉠ **풀림처리**(인성 부여)를 한다.

ㄴ **재결정온도 이상에서 가공**한다(열간가공).

5) 시효경화와 인공시효

① 시효경화 : 금속이나 합금은 가공경화한 직후부터 시간의 경과와 함께 기계적 성질이 변화하나 나중에는 일정한 값을 나타내는 현상으로 담금질 후 오랜 시간 방치하거나 적당히 뜨임을 하면 경도가 증가하는 현상을 말한다.

• **시효경화** 일으키기 쉬운 금속 : **두랄루민**, 황동, 강철

② 인공시효 : 인공적으로 시효경화를 촉진시키는 것을 말하며 100~200℃를 높여준다.

01 금속 재료의 성질 중 기계적 성질이 아닌 것은?

① 인장강도　　② 연신율
③ 비중　　　　④ 경도

> **해설**
>
> **금속 재료의 기계적 성질**
> 강도, 경도, 인성, 피로, 취성(메짐성), 크리이프, 연성, 전성, 연신율, 항복점

02 강자성체에 속하지 않는 성분은?

① Co　　　　② Fe
③ Ni　　　　④ Sb

> **해설**
>
> • 강자성체 : 철(Fe), 니켈(Ni), 코발트(Co)

03 면심입방격자 구조로서 전성과 연성이 우수한 금속으로 짝지어진 것은?

① 금, 크롬, 카드뮴
② 금, 알루미늄, 구리
③ 금, 은, 카드뮴
④ 금, 몰리브덴, 코발트

> **해설**
>
> • 면심입방격자 : 전연성이 크고 가공성이 우수하며 전기전도가 크다.
> ⇒ Al, Ni, Cu, Ag, Pb

04 냉간가공에 대한 설명으로 올바른 것은?

① 어느 금속이나 모두 상온(20℃) 이하에서 가공함을 말한다.
② 그 금속의 재결정 온도 이하에서 가공함을 말한다.
③ 그 금속의 공정점보다 10~20℃ 낮은 온도에서 가공함을 말한다.
④ 빙점(0℃) 이하의 낮은 온도에서 가공함을 말한다.

> **해설**
>
> • 냉간가공(상온가공) : 재결정 온도 이하에서 가공하는 것
> • 열간가공(고온가공) : 재결정 온도 이상에서 가공하는 것

05 탄소강의 가공에 있어서 고온가공의 장점 중 틀린 것은?

① 상온가공에 비해 큰 힘으로 가공도를 높일 수 있다.
② 편석에 의한 불균일 부분이 확산되어서 균일한 재질을 얻을 수 있다.
③ 결정립이 미세화되어 가는 성질을 개선시킬 수 있다.
④ 강괴 중의 기공이 압착된다.

> **해설**
>
> **열간가공(고온가공) 특징**
> • 냉간가공(상온가공)보다 적은 힘으로 가공할 수 있다.
> • 편석에 의한 불균일 부분이 확산되어 균일한 재질을 얻을 수 있다.
> • 마무리 온도를 재결정 온도에 가깝게 하면 결정립이 미세화되어 강의 성질을 개선시킬 수 있다.
> • 림드강의 기공이 압착되어 없어진다.
> • 가열 때문에 산화되기 쉬워 정밀 가공에 부적합하다.

1. ③　2. ④　3. ②　4. ②　5. ①　**정답**

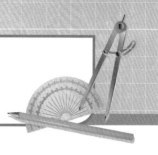

제2장 철강재료

2-1 철강재료의 분류와 제조법

★ 1) 철강재료의 개요

① 철강의 5원소 : 탄소(C), 규소(Si), 망간(Mn), 인(P), 황(S)

② 순철 : 탄소량 0.02% 이하를 말하며, 전기재료나 실험재료로 쓰인다.

③ 강 : 탄소가 2.11% 이하를 말하며, 기계의 주요 부품으로 쓰인다.

④ 주철 : 탄소가 2.11% 이상을 말하며, 기계의 몸체에 해당하는 구조물에 쓰인다.

2) 철강재료의 분류

① 제조 방법에 따른 분류

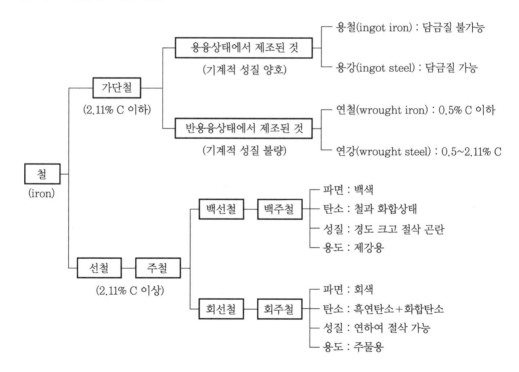

★★ ② 탄소 함유량에 따른 분류

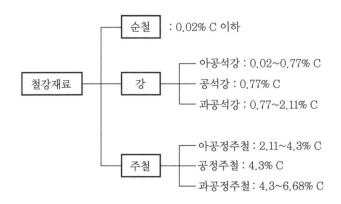

3) 강괴(Ingot)

강괴를 탈산 정도에 따라 림드강, 세미 킬드강, 킬드강으로 분류된다.

★ ① 강괴의 종류

강괴의 종류	특징	
림드강 (불완전 탈산강)	• **강을 가볍게 탈산시킨 것이다.** • 전평로 또는 전로에서 정련된 용강을 페로망간 (Fe-Mn)으로 불완전 탈산시켜 주형에 주입하여 응고한 것이다. • **내부에 기포가 많다.** • **수축관이 작고 표면이 깨끗하다.**	
세미킬드강 (약탈산)	• **강을 중간 정도로 탈산시킨 것이다.** • 응고 도중의 소량의 가스만 발생되도록 해서 적당 한 양의 기공을 형성시켜 응고에 의한 수축을 방 지한다. 탈산의 정도를 림드강과 킬드강의 중간 정도로 한 강이다. • **탈산제로는 Si가 바람직하다.**	
킬드강 (완전탈산)	• 중앙 상부에 큰 수축관이 생겨 그 부분에 불순물 이 모이게 된다. • 주입 후 가스가 거의 발생하지 않으므로 **기포나** **편석이 없다.** • 실수율이 낮아서 비싸다. • 강력 탈산제를 사용하여 **완전 탈산 시킨 강**이다.	

* 탈산작용 : 용존산소를 감소시키기 위해 탄화규소(SiC), 페로망간(MnFe), 페로실리
콘(SiFe), 알루미늄(Al) 등을 첨가하여 용존산소와 비용존산소, 불순물을 분리하여
산화철을 방지하기 위한 것이다.

2-2 순철

1) 순철(pure iron)

① 순철의 성질

ⓐ 비중(S)은 7.85이고, 용융점은 1538℃이다.

ⓑ 유동성과 열처리성이 떨어진다.

ⓒ 항복점과 인장강도가 낮다.

ⓓ 충격값, 단면수축률과 인성이 크다.

ⓔ 상온에서 강성체이다.

★★
2) 순철의 변태

α-Fe	γ-Fe	δ-Fe	융체
체심입방격자 (BCC)	면심입방격자 (FCC)	체심입방격자 (BCC)	

912℃   1,400℃   1,538℃

| 동소변태 | | 동소변태 | |

① 동소체 종류

ⓐ α-Fe : 912℃ 이하 ⇒ 체심입방격자(BCC)

ⓑ γ-Fe : 912 ~ 1,400℃ ⇒ 면심입방격자(FCC)

ⓒ δ-Fe : 1,400℃ 이상 ⇒ 체심입방격자(BCC)

② **동소변태**

서로 다른 상태로 존재하는 동일 원소가 원자 배열의 변화에 따라 나타나는 현상

⇒ A_3변태 : 912℃, A_4변태 : 1,400℃

③ **자기변태**

일정한 온도 이상에서 금속의 결정 구조는 변하지 않으나 자성을 잃고 상자성체로 자성이 변하는 현상

⇒ A_2변태(퀴리점) : 768℃

  ＊ 순철에는 A_1 변태점이 없다.

2-3 탄소강

★★ 1) 탄소강의 상태도와 조직

탄소강은 Fe에 적은 양$(0.02 \sim 2.11\%C)$의 탄소를 함유한 이원합금으로 가장 널리 사용된다.

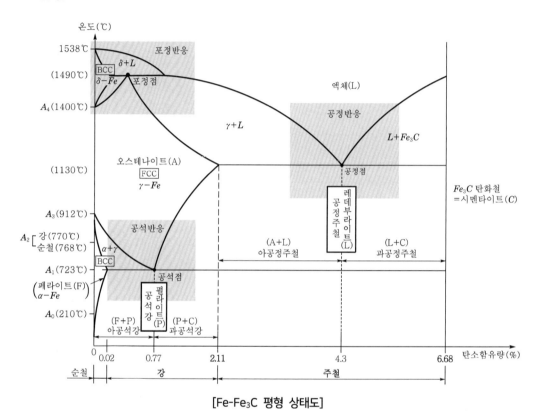

[Fe-Fe₃C 평형 상태도]

★ ① 변태점

ㄱ A₀(210℃) : 시멘타이트의 자기변태점

ㄴ A₁(723℃) : '강'에만 존재(순철에는 없다)

ㄷ A₂ : 자기변태점(퀴리점) ┌ 순철 : 768℃
                            └ 강 : 770℃

ㄹ A₃(912℃) : 순철의 **동소변태점**$(\alpha-\text{Fe} \leftrightarrows \gamma-\text{Fe})$

ㅁ A₄(1,400℃) : 순철의 **동소변태점**$(\gamma-\text{Fe} \leftrightarrows \delta-\text{Fe})$

⇒ A₃점을 상승시키고 A₄점을 하강시키는 원소 : Cr, Mo, W, V

② 탄소 함유량에 따른 분류

　　㉠ **순철** : **0 ~ 0.02%C 이하** ⇒ 전기 재료 사용(변압기 철심), 분말야금용

　　㉡ **강** : **0.02 ~ 2.11%C** ⇒ 기계구조물 재료로 사용

　　　• 아공석강 : 0.02 ~ 0.77%

　　　• 공석강 : 0.77%

　　　• 과공석강 : 0.77 ~ 2.11%

　　㉢ **주철** : **2.11 ~ 6.68%C** ⇒ 주물 재료로 사용

　　　• 아공정주철 : 2.11~4.3%

　　　• 공정주철 : 4.3%

　　　• 과공정주철 : 4.3~6.68%

★
③ 합금이 되는 금속의 반응

반응	반응식
포정반응	냉각 중에 고체와 액체가 다른 조성의 고체로 변하는 것 즉, 고체A+액체 ⇆ 고체B δ-Fe+액체(L) ⇆ γ-Fe(포정점 1,490℃, 0.17%C)
공정반응	2가지 성분금속이 용융되어 있는 상태에서는 하나의 액체로 존재하나 응고 시에는 두 종류의 금속이 일정한 비율로 동시에 정출되는 것 즉, 액체 ⇆ 고체A+고체B 액체(L) ⇆ γ-Fe+Fe$_3$C(공정점 1,130℃, 4.3%C)
공석반응	하나의 고용체로부터 두 종류의 고체가 일정한 비율로 변태하는 반응 즉, 고체A ⇆ 고체B+고체C γ-Fe ⇆ α-Fe+Fe$_3$C(공석점 723℃, 0.77%C)

2) 탄소강의 성질

① 물리적 성질과 화학적 성질

　　㉠ 탄소 함유량이 증가하면 ⎡비중, 열팽창 계수, 열전도도 ⇒ 감소
　　　　　　　　　　　　　　⎣비열, 전기저항, 항자력 ⇒ 증가

　　㉡ 화학적 성질 : 탄소강은 알칼리에는 거의 부식되지 않으나 산에는 약하다.

★
② 기계적 성질

　　㉠ **탄소량의 증가에 따라** ⎡**경도, 강도 ⇒ 증가**
　　　　　　　　　　　　　　⎣**연신율, 충격값, 인성, 단면수축률 ⇒ 감소**

　　㉡ **온도의 상승에 따라** ⎡경도, 강도 ⇒ 감소
　　　　　　　　　　　　　⎣연신율, 충격값, 인성, 단면수축률 ⇒ 증가

3) 취성(메짐성)의 종류

① **청열취성(blue shortness)** : 탄소강이 200~300℃에서 상온일 때보다 인성이 저하되는 특성을 말한다. ⇒ **인(P)이 원인**

② **적열취성(red shortness)** : 황을 많이 함유한 탄소강이 약 950℃에서 인성이 저하되는 특성을 말한다. ⇒ **황(S)이 원인**

③ **상온취성(cold shortness)(냉간취성)** : 인을 많이 함유한 탄소강이 상온에서 인성이 낮아지는 현상을 말한다. ⇒ **인(P)이 원인**

④ **고온취성** ⇒ 구리(Cu)가 원인

★★
4) 탄소강의 표준 조직

① **페라이트(Ferrite)** : α철에 탄소가 최대 0.02% 고용된 α고용체로, 대단히 연한 성질을 가지고 있어 전연성이 크며 A_2점 이하에서는 강자성체이다.

② **오스테나이트(Austenite)** : γ철에 탄소가 최대 2.11% 고용된 γ고용체로 실온에서는 존재하기 어려운 조직이다. 인성이 크며 상자성체이다.

③ **시멘타이트(Cementite)** : 철에 탄소가 6.68% 화합된 철의 금속 간 화합물(Fe_3C)로 매우 단단하고 부스러지기 쉬운 조직이다.

④ **펄라이트(Pearlite)** : 0.77%의 오스테나이트가 727℃ 이하로 냉각될 때 0.02%의 페라이트와 6.68%의 시멘타이트로 석출되어 생긴 공석강으로 강도가 크다.

⑤ **레데부라이트(Ledeburite)** : 4.3%의 용융철이 1,148℃ 이하로 냉각될 때 2.11%의 오스테나이트와 6.68%의 시멘타이트로 정출되어 생긴 공정주철로 경도가 크고 메짐성이 크다.

5) 탄소강의 종류와 용도

① 저탄소강 : 가공성 위주, 단접 양호, 열처리 불량

② 고탄소강 : 경도 위주, 단접 불량, 열처리 양호

③ 기계구조용 탄소 강재(SM) : 저탄소강, 구조물, 일반 기계부품에 사용

④ 탄소 공구강 : 고탄소강, 킬드강으로 제조

⑤ 주강 : 수축률은 주철의 2배, 융점이 높고 강도가 크나 유동성이 작다.

⑥ 쾌삭강 : 강에 S, Pb, Ce 등을 첨가하여 절삭성을 향상시킨 강

⑦ 침탄강(표면경화강) : 표면에 C를 침투시켜 강인성과 내마멸성을 증가시킨 강

★ 6) 탄소강에 함유된 원소의 영향

원소	특징
망간(Mn)	• 강도와 고온 가공성을 증가시키고 연신율의 감소를 억제시키며, 주조성과 담금질 효과를 향상시킨다. • 고온가공에 용이하다(∵ 고온에서 강도, 경도, 인성이 크기 때문). • 황과 결합하여 황화망간(MnS)을 만들어 탈산을 방지한다.
규소(Si)	• 단접성과 냉간 가공성을 해치게 되므로, 이들 목적에 쓰이는 탄소강은 규소의 함유량을 0.2% 이하로 해야 한다. • 0.3% 이상 함유되면 강도, 경도와 탄성한계가 증가하고, 연신율·단면 수축률과 충격값은 감소하며 유동성(주조성)은 우수하다. • 결정입자의 성장을 크게 하여 단접성과 냉간가공성을 나쁘게 한다.
인(P)	• 철과 화합하여 인화철(Fe_3P)을 만들어 결정립계에 편석하게 함으로써 충격값을 감소시키고 균열을 가져오게 한다. • 철에 용해된 인은 결정입자가 크고 거칠게 하며 강도와 경도는 다소 증가한다.
황(S)	• 가장 나쁜 영향을 주는 불순물로, 강 중에 FeS를 만들어 입계에 망상으로 분포한다. • 강 중에 0.02%만 있어도 인장강도, 연신율 및 충격치를 감소시킨다. • 고온 취성(hot shortness)의 원인이 된다. • 쾌삭 원소로, 절삭성을 향상시킨다.
탄소(C)	• 강도와 경도는 증가하고, 연성은 감소시킨다.

7) 탄소강에 함유된 가스

① **산소(O)** : 탄소 함유량이 적은 강에서 자주 나타나는 FeO(wustite)는 FeS와 유사하게 적열취성을 일으킨다.

② **수소(H)** : **헤어크랙(hair crack)**이라는 내부 균열을 일으켜 파괴의 원인을 제공한다.

③ **질소(N)** : 냉간가공 후 오랜 시간이 지나면 인성이 감소되는 변형시효를 유발한다.

★ 8) 강재의 KS 기호

기호	설명	기호	설명
SM	기계구조용 탄소 강재	SS	일반 구조용 압연강재
SKH	고속도 공구 강재	SPS	스프링강
GC	회주철	STC	탄소 공구강
SC	주강	STS	합금 공구강

01 전로에서 정련된 용강을 페로망간(Fe-Mn)으로 불완전 탈산시켜 주형에 주입한 것은?

① 탄소강　　　　② 킬드강
③ 림드강　　　　④ 세미킬드강

해설

[림드강(불완전 탈산강)]
• 강을 가볍게 탈산시킨 것
• 전평로 또는 전로에서 정련된 용강을 페로망간(Fe-Mn)으로 불완전 탈산시켜 주형에 주입하여 응고한 것이다.

[세미킬드강]
• 강을 중간 정도로 탈산시킨 것
• 응고 도중의 소량의 가스만 발생되도록 해서 적당한 양의 기공을 형성시켜 응고에 의한 수축을 방지한다. 탈산의 정도를 림드강과 킬드강의 중간 정도로 한 강이다.

[킬드강]
강력한 탈산제(규소, 알루미늄, 페로실리콘)를 레들 또는 주형의 용강에 첨가하여 가스 반응을 억제시켜 가스 방출은 없으나, 주괴 상부 중앙에 수축공이 만들어지는 결함이 발생한다(완전탈산강).

02 강괴를 탈산 정도에 따라 분류할 때 이에 속하지 않는 것은?

① 림드강　　　　② 세미림드강
③ 킬드강　　　　④ 세미킬드강

해설

• 1번 문제 해설 참고

03 탄소강 중 함유되어 헤어크랙(hair crack)이나 백점을 발생하게 하는 원소는?

① 규소(Si)　　　　② 망간(Mn)
③ 인(P)　　　　④ 수소(H)

해설

• 헤어크랙 : H_2의 영향으로 금속 내부에 머리카락 같은 균열이 발생하는 현상

04 탄소강에 함유된 5대 원소는?

① 황, 망간, 탄소, 규소, 인
② 탄소, 규소, 인, 망간, 니켈
③ 규소, 탄소, 니켈, 크롬, 인
④ 인, 규소, 황, 망간, 텅스텐

해설

• 탄소강의 5대 원소 : 황(S), 망간(Mn), 탄소(C), 규소(Si), 인(P)

05 다음 중 강의 표준 조직이 아닌 것은?

① 페라이트　　　　② 마르텐자이트
③ 시멘타이트　　　　④ 펄라이트

해설

강의 표준 조직
• 페라이트(F) : α-Fe에 탄소가 최대 0.02% 고용된 α 고용체, 경도가 가장 낮다.
• 오스테나이트(A) : γ-Fe에 탄소가 최대 2.11% 고용된 γ 고용체
• 시멘타이트(C) : Fe_3C(탄화철), 철에 탄소가 6.67% 화합된 철의 금속간 화합물
• 펄라이트(P) : α-Fe+Fe_3C ⇒ 페라이트와 시멘타이트가 층상으로 나타나는 조직
• 레데부라이트(L) : γ-Fe +Fe_3C ⇒ 경도가 크고 메진 성질

06 탄소강의 성질을 설명한 것 중 옳지 않은 것은?

① 소량의 구리를 첨가하면 내식성이 좋아진다.
② 인장 강도와 경도는 공석점 부근에서 최대가 된다.
③ 탄소강의 내식성은 탄소량이 감소할수록 증가한다.
④ 표준 상태에서는 탄소가 많을수록 강도나 경도가 증가한다.

1. ③　2. ②　3. ④　4. ①　5. ②　6. ③　**정답**

• 탄소강의 내식성 : 탄소가 증가할수록 내식성이 감소하고, 소량의 구리가 첨가되면 내식성은 좋아진다.

07 다음 중 철강재료에 관한 올바른 설명은?

① 탄소강은 탄소를 2.0 ~ 4.3% 함유한다.
② 용광로에서 생산된 철은 강이라 하고 불순물과 탄소가 적다.
③ 탄소강의 기계적 성질에 가장 큰 영향을 끼치는 것은 규소(Si)의 함유량이다.
④ 합금강은 탄소강이 지니지 못한 특수한 성질을 부여하기 위하여 합금원소를 첨가하여 만든 것이다.

① 용광로에서 생산된 철은 선철이다.
② 탄소강의 탄소 함유량은 0.02 ~ 2.11%이다.
③ 탄소강에서 기계적 성질에 가장 큰 영향을 끼치는 원소는 탄소(C)이다.

08 탄소공구강의 단점을 보강하기 위해 Cr, W, Mn, Ni, V 등을 첨가하여 경도, 절삭성, 주조성을 개선한 강은?

① 주조경질합금   ② 초경합금
③ 합금공구강   ④ 스테인리스강

• 합금공구강(STS) : STC+W, Cr, V, Mo, Ni을 첨가

제3장 탄소강의 열처리

3-1 열처리의 개요

탄소강은 가열 및 냉각에 따라 성질을 변화시킬 수 있다. 적당한 온도로 가열 및 냉각하여 사용목적에 적합한 성질로 개선하는 것을 열처리라 한다.

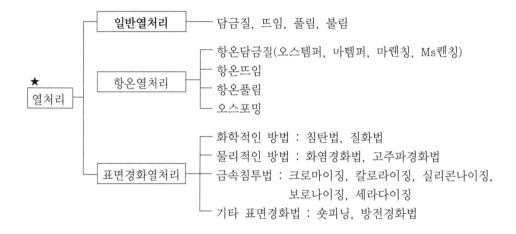

3-2 일반 열처리

1) 담금질(퀜칭) : 오스테나이트(A) 조직 → 마르텐자이트(M) 조직

아공석강을 A_3(910℃) 변태점 또는 A_1(723℃) 변태점보다 30~50℃ 정도 높은 온도로 **일정 시간 가열**하여 이온도에서 탄화물을 고용시켜 균일한 **오스테나이트(γ-Fe)**가 되도록 시간을 유지한 후 **물과 기름**과 같은 담금질제 중에서 **급랭하여 마르텐자이트 조직으**로 변태시켜 재질을 경화시키는 열처리를 말한다.

① **담금질의 목적**

오스테나이트조직(γ-Fe)을 급랭함으로써 마르텐자이트 조직으로 변태시켜 **경화시키는 것**이 목적이다(경도↑, 내마멸성↑).

＊ 강에 적당한 원소를 첨가하면 기계적 성질을 개선할 수 있는데, 특히 담금질성을 좋게 하고 내마멸성을 갖게 하며 내식성과 내산화성을 향상시킬 목적으로 첨가하는 원소 ⇒ Cr

② 담금질 온도

ㄱ 아공석강 : A_3 변태점보다 $30 \sim 50℃$ 높게 가열하여 급랭

ㄴ 과공석강 : A_1 변태점보다 $30 \sim 50℃$ 높게 가열하여 급랭

③ 담금질액(냉각액) : 소금물(냉각 속도가 가장 빠름), 비눗물, 물, 기름 등

④ **담금질 조직**(4가지) ⇒ 냉각 속도에 따라

ㄱ **오스테나이트(A)** : 고탄소강을 수랭하였을 때 나타나는 조직

ㄴ **마르텐자이트(M)** : 강을 물속에서 급랭시켰을 때 나타나는 침상조직으로 경도가 최대이며 취성이 있고 부식에 강하다.

ㄷ **트루스타이트(T)** : 마르텐자이트보다 냉각 속도를 느리게 했을 때 나타나는 조직

ㄹ **소르바이트(S)** : 트루스타이트보다 냉각 속도를 느리게 했을 때 나타나는 조직

★⑤ 담금질 조직의 경도 순서

M(마르텐자이트) > T(트루스타이트) > S(소르바이트) > P(펄라이트) > A(오스테나이트)
　　수랭　　　　　　　　유랭　　　　　　　공랭　　　　　　　노랭

★⑥ **질량 효과**

담금질할 때 재료의 두께에 따라 내·외부의 냉각 속도의 차이가 생기는 것을 말한다.

ㄱ 질량 효과는 소재가 두꺼울수록 질량 효과가 크다.

ㄴ 재료의 두께, 냉각 속도 차이와 질량의 크기에 따라 다르다.

ㄷ 질량 효과를 줄이려면 특수강(Cr, Mo, Mn, Ni)을 첨가한다.

★⑦ **심랭 처리(서브제로처리)**

담금질 된 잔류 오스테나이트를 $0℃$ 이하로 냉각하여 마르텐자이트화하는 처리 방법으로 주로 게이지류강에 적용한다.

※ **질량 효과를 없애기 위해 ⇒ 서브제로처리(심랭 처리)**

2) 뜨임(템퍼링)

① **뜨임의 목적**

담금질된 강을 A_1 변태점 이하에서 재가열한 후 냉각시켜서 담금질로 인한 취성을 제거하고 강도와 경도를 떨어뜨려 **강인성을 증가**시키기 위한 열처리이다(∵ 담금질 후 취성 때문).

② 사용 목적에 따른 뜨임의 종류

ㄱ 저온뜨임 : 담금질에서 생긴 재료 내부의 응력 제거, 치수의 경년변화 방지, 내 마모성 향상 등을 목적으로 $100 \sim 200℃$에서 **마르텐자이트 조직을 얻도록 조작**하는 열처리 방법이다.

＊Mo를 첨가하면 취성을 방지하는 데 효과적이다.

ㄴ **고온뜨임** : 담금질한 강을 $500 \sim 600℃$ 부근에서 뜨임하는 것으로 **강인성을 주기 위한 방법**이다.

③ 뜨임에 따른 조직 변화

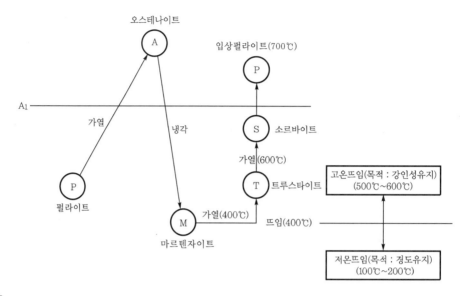

★
④ 고속도강(SKH 또는 HSS)
  • 표준형 : 0.8%C + W(18%) + Cr(4%) + V(1%) → 표기 : 18-4-1형 고속도강

3) 풀림(어닐링)

재결정 온도 이상으로 가열한 후 가공 전의 연한 상태로 만드는 열처리 방법이다.
① **풀림의 목적 : 내부응력을 제거하고 재료를 연화시킨다.**
② 풀림의 종류

풀림의 종류	내용 및 특징
저온풀림 (연화풀림)	• A_1 변태점 이하에서 실시 • 응력제거 풀림, 프로세스 풀림, 구상화 풀림, 재결정 풀림
고온풀림	• A_{321} 변태점 이상에서 실시 • 완전풀림, 확산풀림, 항온풀림
완전풀림	• 아공석강에서는 A_{321} 변태점보다 30~50℃ 높게 하고 • 공석강, 과공석강은 A_1 변태점보다 30~50℃ 높게 가열하여 적당 시간 유지 후 노에서 서서히 냉각시키는 열처리 방법으로, 경화된 강재의 연화나 잔류응력을 제거하여 절삭가공이나 소성가공을 용이하게 할 수 있다.

4) 불림(노멀라이징)

강을 열간가공하거나 열처리할 때 필요 이상의 고온으로 가열하면 결정입자가 크고 거칠어 기계적 성질이 나빠진다. 따라서 이를 방지하기 위하여 A$_3$, Acm 변태점보다 30~50℃ 정도 높게 가열한 후 공랭시키면 미세하고 **균일한 표준화된 조직**을 얻을 수 있는데, 이러한 열처리를 불림이라 한다.

★ ① 불림의 처리 목적

    ㉠ 조대화된 조직을 미세하게 한다.

    ㉡ 가공으로 인하여 불균일해진 조직을 균일하게 한다.

    ㉢ 기계적 성질을 향상시키는 것

    ㉣ 피삭성 개선

    ㉤ 잔류응력 제거

② 불림 처리 과정

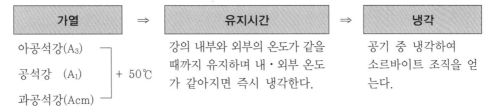

| 가열 | ⇒ | 유지시간 | ⇒ | 냉각 |

아공석강(A$_3$)
공석강 (A$_1$) + 50℃
과공석강(Acm)

강의 내부와 외부의 온도가 같을 때까지 유지하며 내·외부 온도가 같아지면 즉시 냉각한다.

공기 중 냉각하여 소르바이트 조직을 얻는다.

③ 불림에 의해 얻어진 강의 표준 조직

강의 표준 조직	특징
페라이트(F)	• α-Fe에 탄소가 최대 0.02% 고용된 α고용체로, 대단히 연하여 전연성이 크다. • A$_2$점(768℃) 이하에서는 강자성체이다. • 열처리가 되지 않는다.
오스테나이트(A)	• γ-Fe에 탄소가 최대 2.11% 고용된 γ고용체로, 인성이 크며 상자성체이나 실온에서는 존재하기 어렵다.
시멘타이트(C)	• Fe$_3$C(탄화철)는 철에 탄소가 6.67% 화합된 철의 금속 간 화합물로 백색의 침상이며, 대단히 단단하고 메짐성이 크다.
펄라이트(P)	• α-Fe + Fe$_3$C ⇒ 페라이트와 시멘타이트가 층상으로 나타나는 조직으로 강도가 크며 연성도 어느 정도 가지고 있다.
레데부라이트(L)	γ-Fe + Fe$_3$C ⇒ 경도가 크고 메진 성질을 갖고 있다.

3-3 항온열처리(베이나이트 조직을 얻기 위함)

변태점 이상으로 가열한 강을 보통의 열처리와 같이 연속적으로 냉각하지 않고 열욕 중에
담금질하여 그 온도로 일정한 시간 동안 항온 유지하였다가 냉각하는 열처리 방법이다.

1) 항온변태곡선(TTT곡선 = S곡선 = C곡선)

강을 **오스테나이트** 상태에서 A_1점 이하의 항온까지 급랭하여 이 온도에 그대로 항온을 유지
했을 때 일어나는 변태를 항온변태라 하고, 이 항온변태 및 조직의 변화를 시간에 대하여
나타나는 것을 항온변태곡선(TTT 곡선)이라 한다.

2) 항온열처리의 종류

항온열처리의 종류	내용 및 특징
★ 항온담금질	• **오스템퍼** : 하부베이나이트 조직을 얻는다. (담금 균열과 변형이 없다. 뜨임이 필요 없다.)
	• **마템퍼** : 강을 Ms점과 Mf점 사이에서 항온 유지 후 꺼내어 공기 중에서 냉각하여 마르텐자이트와 베이나이트의 혼합조직으로 만드는 열처리
	• **마퀜칭** : Ms점보다 조금 높은 온도의 열욕에 담금질한 후 재료의 내외부가 동일한 온도가 될 때까지 항온유지 후 서랭하여 담금 균열과 변형이 적은 조직을 얻는 열처리과정에서 마르텐자이트 조직을 얻는다.
항온뜨임	• 고속도강이나 다이스강 등의 뜨임에 이용되는 방법 • 뜨임 온도로부터 Ms(약 250℃) 부근의 열욕에 넣어 항온 유지시켜 2차 베이나이트가 생기도록 하는 처리로서 베이나이트 뜨임이라고도 한다.
항온풀림	• 일반적으로 풀림온도로 가열한 강재를 비교적 급속히 펄라이트 변태가 진행되는 온도, 즉, S곡선의 nose 부근의 온도 600℃~700℃로 항온 변태시키고 변태가 끝난 후 꺼내어 공랭시키는 방법이다.
오스포밍	• 과랭오스테나이트 상태에서 소성가공을 한 후 냉각 중 마르텐자이트화 하는 열처리

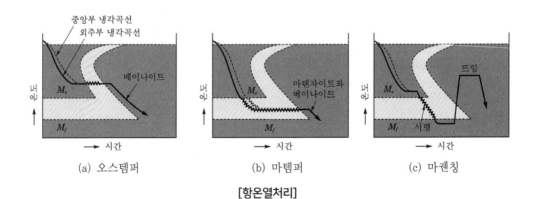

[항온열처리]

★★ 3-4 강의 표면경화법

기계의 축 및 기어 등은 강도, 인성 및 접촉부의 내마멸성이 요구된다. 일반적으로 담금질을 하면 경도는 크게 되나 메지게 되어 충격값이 감소하므로 표면경화만을 크게 할 필요가 있을 때에는 표면 경화열 처리를 한다.

표면경화법 종류	내용 및 특징
화학적 표면경화법	① **침탄법** • 저탄소강의 **표면에 탄소(C)를 침투**시켜 표면층만 고탄소로 만드는 방법 • 목적 : 기계부품이나 자동차부품 등에 내마모성, 인성, 기계적 성질을 개선하기 위한 표면경화법으로 표면에 탄소를 입힌다. • 청화법(시안화법, 액체침탄법) C와 N을 침투 ⇒ CN(시안화) **예** KCN, NaCN ② **질화법** • N침투 : NH_3(암모니아)를 이용하여 암모니아 가스 중에서 약 500℃로 장시간 가열하여 암모니아에서 생성된 질소에 의하여 강의 표면에 단단하고 **내식성이 높은 질소(N) 화합물을 만들어 표면을 경화**시키는 방법을 말한다. • 가스질화법으로 강의 표면을 경화하고자 할 때 질화효과를 크게 하는 원소 ⇒ 알루미늄 * 일부분의 질화층 생성을 방해하기 위한 방법 : Ni, Sn도금
물리적 표면경화법	① **화염경화법**(Frame hardeing, Shorterizing) • 선반베드의 표면경화법에 가장 널리 쓰인다. • 탄소강 표면에 산소-아세틸렌 화염으로 표면만을 가열하여 오스테나이트로 만든 다음 급랭하여 표면층만을 담금질하는 방법을 말한다. ② **고주파경화법** 고주파 유도전류에 의해 짧은 시간에 급속히 가열한 후 급랭시키는 방법
금속침투법	[고온 중에서 강의 산화방지법] • **크로마이징** : 재료의 표면에 Cr(크롬)을 **침투 확산**시키는 방법 • **칼로라이징** : 철강의 표면에 Al(알루미늄)을 **침투 확산**시키는 방법 • **실리콘나이징** : 철강에 Si(규소)를 **침투**시키는 방법 • **브로나이징** : 철강에 B(붕소)를 **침투**시키는 방법 • **세라다이징** : Zn(아연)을 **침투 확산**시키는 방법
숏피닝	• 금속재료의 표면에 강이나 **주철의 작은 입자들**을 고속으로 **분사**시켜 가공경화에 의하여 표면층의 경도를 높이는 방법이다.

01 담금질 응력 제거, 치수의 경년변화 방지, 내마모성 향상 등을 목적으로 100~200℃에서 마르텐자이트 조직을 얻도록 조작을 하는 열처리 방법은?

① 저온뜨임   ② 고온뜨임
③ 항온풀림   ④ 저온풀림

해설

뜨임
- 저온뜨임 : 뜨임온도는 100~200℃이며, 담금질 경도는 변화하지 않고 내부응력은 제거해 점도를 회복시키는 것이며 저탄소강, 구조강, 공구강 등에 실시
- 고온뜨임 : 고온뜨임은 400~600℃ 범위에서 실시한다. 그 중 스프링강 등 고점도를 요하는 것은 400~500℃에서 뜨임을 하고, 중탄소구조강에서는 500~600℃에서 뜨임을 실시한다.

02 니켈강을 가공 후 공기 중에 방치하여도 담금질 효과를 나타내는 현상은 무엇인가?

① 질량 효과   ② 자경성
③ 시기 균열   ④ 가공 경화

해설

- 자경성(Self Hardening) : 니켈, 크롬, 망간 등이 함유된 특수강에서 볼 수 있는 현상으로 담금질 온도에서 대기 속에 방랭하는 것만으로도 마르텐자이트 조직이 생성되어 단단해지는 성질

03 열처리에 대한 설명으로 틀린 것은?

① 금속 재료에 필요한 성질을 주기 위한 것이다.
② 가열 및 냉각의 조각으로 처리한다.
③ 금속의 기계적 성질을 변화시키는 처리이다.
④ 결정립을 조대화하는 처리이다.

해설

- 열처리 : 사용 목적에 따라 강에 적당한 성질을 주는 조작. 결정립을 조대화하면 강이 물러져 강도와 경도가 약해진다.

04 다음 열처리 방법 중 강을 경화시킬 목적으로 실시하는 열처리는?

① 담금질   ② 뜨임
③ 불림   ④ 풀림

해설

열처리 종류와 특징
- 담금질 : 강도와 경도 증가
- 뜨임 : 담금질로 인한 취성을 감소시키고 인성을 증가
- 풀림 : 강의 조직 개선 및 재질의 연화
- 불림 : 결정조직의 균일화, 내부 응력 제거

05 열처리 방법 및 목적으로 틀린 것은?

① 불림 – 소재를 일정 온도에 가열 후 공랭시킨다.
② 풀림 – 재질을 단단하고 균일하게 한다.
③ 담금질 – 급랭시켜 재질을 경화시킨다.
④ 뜨임 – 담금질된 것에 인성을 부여한다.

해설

- 풀림 : 재결정온도 이상으로 가열한 후 가공 전의 연한 상태로 만드는 열처리 방법이다.
- 풀림 목적 : 내부응력을 제거하고 재료를 연화시킨다.

1. ①   2. ②   3. ④   4. ①   5. ②   **정답**

제4장 합금강

4-1 구조용 합금강

합금강이란 탄소강에 Ni, Cr, Mo, Si, Mn … 등의 원소를 한 가지 이상 첨가하여 기계적 성질을 향상시킨 것이다.

기계부품 및 각종 구조물로 사용되는 것으로 기계적 성질은 물론 단조성, 피절삭성, 용접성 등과 같이 가공성이 좋아야 한다.

1) 구조용 합금강의 종류와 특징

구조용 합금강 종류	내용 및 특징
강인강	• 탄소강으로 얻기 어려운 강인성을 가져야 하기 때문에 탄소강에 Ni, Cr, Mo, W, V 등의 원소를 첨가한 것으로 Cr강, Ni-Cr강, Ni-Cr-Mo강, Cr-Mo강, Mn강 등이 있다.
표면경화용 합금강	• 강의 표면은 높은 경도를 가지고, 내부는 강인성을 필요로 할 때 사용한다. • 고주파 경화용 : Cr, Mo 함유한 강 • 침탄용강 : Ni, Cr, Mn 함유한 강 • 질화용강 : Al, Cr, V 함유한 강
쾌삭강	• 공작기계의 고속, 능률화에 따라 생산성을 높이고 가공재료의 **절삭성**, 제품의 정밀도 및 절삭공구의 수명 등을 향상하기 위하여 탄소강에 S, Pb, P, Mn을 첨가하여 개선한 구조용 특수강을 말한다.
스프링강(SPS)	• 탄성한도가 높아 주로 스프링을 만드는 데 사용되는 강 • 스프링강의 특성 ㄱ 항복강도와 크리프 저항이 커야 한다. ㄴ 탄성한도가 높아야 한다. ㄷ 충격값 및 피로한도가 커야 한다(반복하중에 잘 견뎌야 한다). ㄹ 열처리 및 표면처리를 이용해 사용한다. ㅁ 냉간가공 및 열간가공한다.

4-2 공구용 합금강

공구는 칼날, 바이트, 커터, 드릴 등과 같은 절삭성, 정이나 펀치와 같은 내충격성, 게이지나 다이스와 같이 내마멸성, 불변형성 등의 목적에 알맞은 특성을 가진 재료로 만들어진다.

★★
1) 공구용 합금강의 종류와 특징

공구용 합금강 종류	내용 및 특징
합금공구강(STS)	• 탄소공구강의 결점인 담금질 효과, 고온경도를 개선하기 위해 Cr, W, Mo, V를 첨가한 합금공구강이다.
고속도강(SKH)	• 고속도강은 고온에서도 경도가 저하되지 않고 내마멸성도 커서 고속 절삭의 공구로 적당하다. 고속도강을 일명, 하이스(HSS)라고도 하며 W계와 Mo계가 있다.
주조경질합금	• 주조한 상태의 것을 연삭 성형하여 사용하는 공구이다. * 스텔라이트(stellite) ㉠ Co − Cr − W − C가 함유된 합금 ㉡ 800℃까지의 고온에서도 경도가 유지된다. ㉢ 열처리가 불필요하다. ㉣ 고온경도가 고속강의 1~2배 정도 높다. ㉤ 정밀가공도가 높다.
소결초경합금 (초경합금)	• 고속, 고온 절삭에서 높은 경도를 유지하며 WC, TiC, TaC 분말에 Co를 첨가하고 소결시켜 만들어 진동이나 충격을 받으면 깨지기 쉬운 특성을 가진 공구재료이다. * 초경합금 = 탄화텅스텐(WC)+코발트(Co) ⇒ 압축 성형(다이아몬드에 가까운 초경질) ㉠ 금속 탄화물의 분말형 금속 원소를 프레스로 성형한 다음 이것을 소결하여 만든 합금 ㉡ 절삭 공구와 내열, 내마멸성이 요구되는 부품에 많이 사용되는 금속 ㉢ 고온경도 및 강도가 양호하다. ㉣ 경도가 높고, 고온에서 변형이 적다. ㉤ 내마모성과 압축강도가 높다. ㉥ WC를 주성분으로 TiC 등의 고융점 경질탄화물 분말 ㉦ Co, Ni 등의 인성이 우수한 분말을 결합재로 사용
게이지강	• 게이지는 치수에 표준이 되는 것이므로 내마멸성과 내식성이 우수하며 가공이 쉽고 열팽창계수가 작아야 한다. 예 블록 게이지
세라믹 공구 일종의 도기	• 알루미나(Al_2O_3)가 주가 된 세라믹으로서 화학적으로 안정되어 있으며 부식이 안되며 고온에 잘 견딘다. • 충격이나 급격한 온도 변화에 깨지기 쉽다. ㉠ 세라믹 공구는 초경합금에 비해 고속 절삭 가공성이 우수하며, 고온 경도가 높고 내마멸, 내용착성이 높다. ㉡ 세라믹에는 산화물계 세라믹(주재료 : 산화규소(SiO_2)), 질화물계 세라믹, 탄화물계 세라믹 등이 있다.

4-3 특수 용도용 합금강

1) 특수 용도용 합금강의 종류

특수 용도용 합금강의 종류	내용 및 특징
스테인리스강(STS)	• 강 중에 니켈이나 크롬을 첨가해주면 내식성이 좋아지며 대기중, 수중, 산 등에 잘 견디는 성질을 가진다. * 스테인리스강의 종류 　㉠ 페라이트계 스테인리스강 　㉡ 오스테나이트계 스테인리스강 　㉢ 마르텐자이트계 스테인리스강
내열강	• 열에 잘견디는 강으로 열팽창계수가 작아야 한다. 　⇒ 내열강의 주성분 : Cr, Ni, Si
베어링강	• 높은 강도, 경도, 내구성과 탄성한계 및 피로한도가 요구된다. 　⇒ **담금질 후 반드시 뜨임 처리한다.**
자석강	• 자석강은 항공기, 자동차 등의 점화장치, 전신전화기 및 여러 가지 계기류에 이용되고 있다.
불변강(고Ni강)	• 자성강 : Ni 26%에서 오스테나이트 조직을 갖는다. • 온도변화에도 불구하고 선팽창계수나 탄성계수가 변하지 않는 강 * **불변강의 종류** 　㉠ **인바** : 시계진자, 줄자, 정밀기계 부품으로 사용 　㉡ **슈퍼인바** : 인바보다 열팽창률이 작다. 　㉢ **엘린바** : 상온 부근에서 온도가 변하여도 탄성계수가 변하지 않는 Fe-Ni-Cr 합금으로 이루어진다. 고급시계, 정밀저울 　㉣ **코엘린바** : Cr-Fe-Ni-Cr의 조성을 가진 합금으로 엘린바(니켈합금)의 특성을 가지고 기계적 강도가 더 크고 고탄성의 성질을 가진다. 스프링, 태엽, 기상관측용기구 　㉤ **퍼멀로이** : 전선의 장하코일용 　㉥ **플래티나이트** : 열팽창계수가 유리나 백금과 동일. 전구나 진공관의 도입선 * 스테인레스강과 인바(invar) 등을 조합시켜 가정용 전기기구 등의 온도 조절용 바이메탈(bimetal)에 사용되는 신소재 ⇒ **클래드 재료**

01 온도 변화에 따라 선팽창계수나 탄성률 등의 특성이 변화하지 않는 합금강은?

① 내열강
② 쾌삭강(Free cutting steel)
③ 불변강(invariable steel)
④ 내마멸강

해설

• 불변강(고Ni강) : 온도 변화에도 불구하고 선팽창계수나 탄성계수가 변하지 않는 강

[불변강의 종류]
• 인바 : 시계진자, 줄자
• 슈퍼인바 : 인바보다 팽창률이 작다.
• 엘린바 : 고급시계, 정밀저울
• 코엘린바 : 스프링, 태엽, 기상관측용기구
• 퍼멀로이 : 전선의 장하코일용
• 플래티나이트 : 전구나 진공관의 도입선

02 오스테나이트계 18-8형 스테인리스강의 성분은?

① 크롬 18%, 니켈 8%
② 니켈 18%, 크롬 8%
③ 티탄 18%, 니켈 8%
④ 크롬 18%, 티탄 8%

해설

• 스테인리스강(STS) : 강에 Cr, Ni 등을 첨가하여 녹이 잘 슬지 않는다.
• 18-8형 스테인리스강 : 18%의 크롬, 8%의 니켈 함유

03 스테인리스강의 종류에 해당되지 않는 것은?

① 페라이트계 스테인리스강
② 펄라이트계 스테인리스강
③ 오스테나이트계 스테인리스강
④ 마르텐자이트계 스테인리스강

해설

스테인리스강의 종류
• 페라이트계 스테인리스강
• 오스테나이트 스테인리스강
• 마르텐자이트계 스테인리스강

04 절삭공구강의 일종인 고속도강(18-4-1)의 표준 성분은?

① Cr18%, W4%, V1%
② V18%, Cr4%, W1%
③ W18%, Cr4%, V1%
④ W18%, V4%, Cr1%

해설

• 표준형 고속도강의 성분 : W(텅스텐)18% - Cr(크롬)4% - V(바나듐)1%

05 특수강을 제조하는 목적으로 적합하지 않는 것은?

① 기계적 성질을 증대시키기 위하여
② 내마멸성을 증대시키기 위하여
③ 경도 저하를 시키기 위하여
④ 내식성을 증대시키기 위하여

해설

특수강 제조 목적
• 기계적 성질 향상
• 내식성 향상
• 내마멸성 향상

1. ③ 2. ① 3. ② 4. ③ 5. ③   **정답**

제5장 주철

5-1 주철의 개요

강보다 탄소를 많이 함유하므로 조직 내에 흑연이 발생하여 **취성이 크고 강도가 비교적 낮다.** 주조성이 우수하므로 복잡한 형상의 주물제품을 생산할 수 있다.

1) 주철의 분류

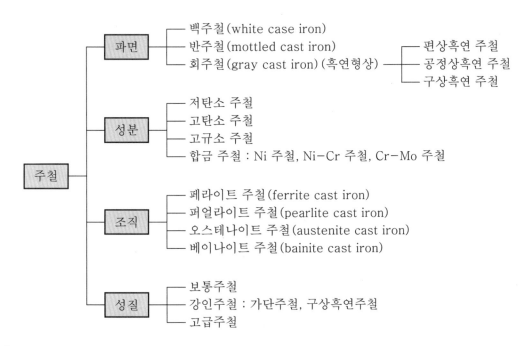

★ 2) 주철의 특징

① 탄소 함유량 : 2.11 ~ 6.68%
② 인장강도가 강에 비해 작다.
③ 압축강도가 크다.
④ 메짐성이 커서 고온에서 소성 변형이 어렵다.
⑤ 주조성(유동성)이 우수하여 복잡한 형상이 쉽게 주조된다.
⑥ 담금질과 뜨임이 불가능하다.

⑦ 경도(단단한 정도)는 높지만 강에 비해 강도(강하고 질긴 정도)가 낮으며 취성이 크다.

⑧ 가격이 저렴하다.

⑨ 고온에서 기계적 성질이 떨어진다.

⑩ 주철중 탄소의 흑연화를 위해서 탄소량과 규소의 함량이 중요하다.

　⇒ 마우러 조직도

⑪ 주철은 파면상으로 분류하면 회주철, 백주철, 반주철로 구분한다.

5-2 주철의 조직

1) 주철의 조직

바탕조직(펄라이트, 페라이트)과 흑연으로 구성되어 있다.

주철의 조직	내용 및 특징
흑연화	인장강도를 약하게 하나 흑연의 양, 크기, 모양 및 분포 상태는 주물의 특성인 주조성, 내마멸성 및 절삭성, 인성 등을 좋게 하는 데 크게 영향을 끼친다. * 흑연이 많으면 수축이 적게 되고 유동성이 좋다. • 흑연화 저해 원소 : Cr, Mn, S, Mo • 흑연화 촉진 원소 : Al, Ni, Si, Ti
시멘타이트	• 주철의 상중에서 가장 단단하며 경도가 1100 정도이다. • 주철 중에 시멘타이트가 많이 존재하는 백주철이 되면 매우 단단하고 절삭성이 현저히 저하된다.
페라이트	철을 주체로 한 고용체로서 주철에 있어서는 규소의 전부, 망간의 일부 및 극히 소량의 탄소를 포함하고 있다.
펄라이트	단단한 시멘타이트와 연한 페라이트가 혼합된 상으로 그 성질은 양자의 중간 정도가 된다.

★★
2) 마우러 조직도

탄소 함유량을 세로축, 규소 함유량을 가로축으로 하고, 두 성분 관계에 따라 주철의 조직이 어떻게 변화하는가를 나타낸 실용적인 선도를 **마우러(Maurer)의 조직도**라 한다.

① 백주철 → 펄라이트 + 시멘타이트

② 반주철 → 펄라이트 + 흑연 + 시멘타이트

③ 펄라이트주철 → 펄라이트 + 흑연

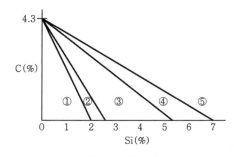

[마우러 조직도]

④ 회주철 → 펄라이트 + 흑연 + 페라이트

⑤ 페라이트주철 → 페라이트 + 흑연

★★
3) 주철의 성장

주철은 600℃ 이상의 온도에서 가열과 냉각을 반복하면 부피가 증가하여 파열되는 현상
(부피가 증가하여 변형이나 균열이 일어나 강도나 수명을 저하시키는 원인이 된다.)

① **주철의 성장 원인**

　㉠ 시멘타이트의 흑연화에 의한 팽창

　㉡ 페라이트 중에 고용되어 있는 Si의 산화에 의한 팽창

　㉢ A_1 변태에서 부피 변화로 인한 팽창

　㉣ 불균일 가열로 인한 균열에 의해 팽창

　㉤ 흡수된 가스에 의한 팽창

　㉥ Al, Si, Ni, Ti 등의 원소에 의한 흑연화 현상 촉진

② **주철의 성장 방지법**

　㉠ 흑연을 미세하게 하여 조직을 치밀하게 해준다.

　㉡ 탄소 및 실리콘 양을 감소시킨다.

　㉢ 탄화물 안정원소인 Cr, Mn, Mo, V을 첨가하여 펄라이트의 분해를 억제한다.

　㉣ 구상흑연은 편상흑연에 비하여 산화성 가스의 침입을 막기 때문에 성장을 적게 한다.

4) 주철의 화학성분 영향

① C의 영향 : 주철 중의 탄소는 흑연과 Fe_3C로 생성되며, 기지조직 중에 흑연을 함유
한 회주철이며 Fe_3C를 함유한 주철이 백주철이 된다.

② Si의 영향 : 흑연이 많은 주철은 응고 시 체적이 팽창하므로 흑연화 촉진 원소인
Si가 첨가된 주철은 응고 수축이 적어진다.

③ Mn의 영향

　㉠ 보통 주철 중에 0.4~1% 정도 함유되며 흑연화를 방해하여 백주철화를 촉진시
키는 원소이다.

　㉡ S와 결합해서 MnS 화합물을 생성함으로써 S의 해를 감소시킨다.

④ P의 영향 : 백주철화의 촉진 원소로서 1% 이상 포함되면 레데부라이트 중에 조대
한 침상, 판상의 시멘타이트를 생성시킨다.

⑤ S의 영향 : 주철 중에 Mn이 소량일 때 S는 Fe과 화합하여 FeS가 되고 오스테나이
트의 정출을 방해하므로 백주철화를 촉진시킨다.

5-3 주철의 종류와 용도

1) 보통주철

① 조직은 주로 편상 흑연과 페라이트로 되어 있는데 약간의 펄라이트를 함유하고 있다.

② 기계 가공성이 좋고 값이 싸므로 일반 기계부품, 수도관, 난방용품, 가정용품, 농기구 등에 쓰이며, 특히 공작기계의 베드, 프레임 및 기계 구조물의 몸체 등에 널리 쓰인다.

2) 고급주철

강력하고 내마멸성이 있는 **인장강도 245MPa(25kgf/mm^2) 이상**인 주철을 고급주철이라 한다.

① 펄라이트 주철 : 흑연이 미세하고 활 모양으로 구부러져 있으며 펄라이트 바탕을 하고 있다.

② 미하나이트 주철 : 바탕이 펄라이트로써 인장강도가 350~450MPa이고 담금질이 가능하며 연성과 인성이 대단히 크며, 두께 차이에 의한 성질의 변화가 매우 적어 내연기관의 실린더 등에 사용되는 주철로 피스톤 링에 가장 적합하다.

★★ 3) 가단주철

고탄소 주철로서 회주철과 같이 주조성이 우수한 백선주물을 만들고 열처리함으로써 강인한 조직으로 하여 **단조를 가능하게** 한 주철이다.

① 백심가단 주철 : 백주철을 산화철 또는 철광석 등의 가루로 된 산화제로 싸서 900~1,000℃의 고온에서 장시간 가열하면 탈탄 반응에 의하여 가단성을 부여시킨 것이다. 강도는 흑심 가단주철보다 다소 높으나 연신율은 작다.

② 흑심가단 주철 : 백주철을 풀림 상자 속에 넣어 풀림로에서 가열, 2단계의 흑연화 처리를 행하여 제조된다.

③ 펄라이트 가단주철 : 흑심가단주철의 2단계 흑연화 처리 중 1단계만 처리 후 500℃ 전후로 서랭하고, 다시 700℃ 부근에서 20~30시간 유지하여 필요한 조직과 성질로 조절한 것으로, 그 조직은 흑심 가단주철과 같다.

★★ 4) 구상 흑연 주철

용용 상태의 주철 중에 니켈, 크롬, 몰리브덴, 구리 등을 첨가하여 재질을 개선한 것으로 노듈러 주철, 덕타일 주철 등으로 불리며 내마멸성, 내열성, 내식성 등이 대단히 우수하여 자동차용 주물이나 주조용 재료로 가장 많이 사용되고 있다.

① **불스아이** : 구상화흑연주철의 현미경조직에서 주철 속의 흑연이 완전히 구상되어 그 주위가 페라이트가 된다.

② 황(S)이 적은 선철을 용해하여 주입 전에 Mg, Ce, C 등을 첨가하여 제조한 주철

③ 페이딩현상 : 보통주철을 용융시킨 후 빨리 냉각시켜 구상흑연주철을 만들어야 하는데, 만약 냉각이 빨리 안되어 다시 편상흑연이 되는 현상

④ 구상흑연주철 조직 : 시멘타이트형, 페라이트형(소눈 조직), 펄라이트형

★
5) 칠드주철

① 주조 시 주형에 냉금을 삽입하여 **표면을 급랭**시켜 **경도를 증가**시킨 내마모성 주철

② 표면 경도를 필요로 하는 부분만을 급랭하여 경화시키고 내부는 본래의 연한 조직으로 남게 하는 주철

③ 용융 상태에서 금형에 주입하여 표면을 급랭에 의해 경화시킨 백주철

④ 내부 : 회주철(연함), 외부 : 백주철(단단)

6) 특수합금주철

주철에 특수 원소를 첨가하여 보통주철보다 기계적 성질을 향상시키거나 내식성, 내열성, 내마멸성, 내충격성 등의 특성을 가지도록 한 주철이다.

① **니켈(Ni)** : 페라이트 속에 잘 고용되어 있으면 강도를 증가시키고 펄라이트를 미세하게 하여 흑연화를 증가시킨다. 또 내열, 내식 및 내마멸성을 증가시킨다.

② **크롬(Cr)** : 흑연 함유량을 감소시키는 한편 미세하게 하여 주물을 단단하게 한다.
합금주철에서 0.2~1.5% 첨가로 흑연화를 방지하고 탄화물을 안정시키는 원소이다.

③ 구리(Cu) : 적은 양은 흑연화 작용을 약간 촉진시키며 인장강도와 내산, 내식성을 크게 한다.

④ 마그네슘(Mg) : 흑연의 구상화를 일으키며, 기계적 성질을 좋게 한다.

Tip 합금강에서 소량의 Cr이나 Ni을 첨가하는 이유 ⇒ **내식성을 증가시키기 위해**

⑤ Mo : 흑연화를 다소 방해하고 0.25~1.25% 첨가로 두꺼운 주물의 조직을 균일화하며 흑연을 미세화하여 강도, 경도, 내마모성을 증가시킨다.

⑥ Ti : 강한 탈산제이고 흑연화를 촉진시키나 다량 함유하면 역효과가 일어날 수 있다.

⑦ V : 강력한 흑연화 억제제이며 0.1~0.5% 첨가로 조직을 치밀하고 균일화 한다.

⑧ Al : 강력한 흑연화 촉진제이다.

01 바탕이 펄라이트로써 인장강도가 350~450 MPa인 이 주철은 담금질이 가능하고 연성과 인성이 대단히 크며, 두께 차이에 의한 성질의 변화가 매우 적어 내연기관의 실린더 등에 사용되는 주철은?

① 펄라이트주철　　② 칠드주철

③ 보통주철　　　　④ 미하나이트주철

[해설]

• 고급주철 : 강력하고 내마멸성이 있는 인장 강도 245MPa (25kgf/mm²) 이상인 주철을 고급주철이라 한다.

　㉠ 펄라이트 주철 : 흑연이 미세하고 활 모양으로 구부러져 있으며 펄라이트 바탕을 하고 있다.

　㉡ 미하나이트 주철 : 바탕이 펄라이트로써 인장강도가 350~450MPa이고 담금질이 가능하며 연성과 인성이 대단히 크며, 두께 차이에 의한 성질의 변화가 매우 적어 내연기관의 실린더 등에 사용되는 주철로 피스톤 링에 가장 적합하다.

02 구상흑연주철을 조직에 따라 분류했을 때 이에 해당하지 않는 것은?

① 마르텐자이트형

② 페라이트형

③ 펄라이트형

④ 시멘타이트형

[해설]

구상흑연주철의 조직

• 시멘타이트형

• 펄라이트형

• 페라이트형

03 주철의 성장 원인 중 틀린 것은?

① 펄라이트 조직 중의 Fe_3C 분해에 따른 흑연화

② 페라이트 조직 중의 Si의 산화

③ A1 변태의 반복 과정 중에서 오는 체적 변화에 기인되는 미세한 균열의 발생

④ 흡수된 가스의 팽창에 따른 부피의 감소

[해설]

주철의 성장 원인

• 시멘타이트의 흑연화에 의한 팽창

• 페라이트 중에 고용되어 있는 Si의 산화에 의한 팽창

• A1 변태에서 부피 변화로 인한 팽창

• 불균일 가열로 인한 균열에 의해 팽창

• 흡수된 가스에 의한 팽창

• Al, Si, Ni, Ti 등의 원소에 의한 흑연화 현상 촉진

04 편상 흑연주철 중에서 인장강도가 몇 kgf/mm² 이상인 주철을 고급 주철이라 하는가?

① 5　　　　　② 10

③ 25　　　　④ 50

[해설]

• 고급주철 : 강력하고 내마멸성이 있는 인장 강도 245 MPa(25kgf/mm²) 이상인 주철을 말한다.

05 불스 아이(bull's eye) 조직은 어느 주철에 나타나는가?

① 가단주철　　　　② 미하나이트주철

③ 칠드주철　　　　④ 구상흑연주철

[해설]

• 구상흑연주철 : 용융 상태의 주철 중에 Ni, Cr, Mo, Cu 등을 첨가하여 재질을 개선한 것

　㉠ 불스아이 : 구상화흑연주철의 현미경조직에서 주철 속의 흑연이 완전히 구상되어 그 주위가 페라이트가 된다.

　㉡ 황(S)이 적은 선철을 용해하여 주입 전에 Mg, Ce, C 등을 첨가하여 제조한 주철

1. ④　2. ①　3. ④　4. ③　5. ④　**[정답]**

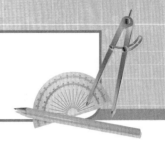

제6장 비철금속

6-1 알루미늄과 그 합금

1) 알루미늄

알루미늄은 **비중이** 2.7로 실용금속 중 Mg(1.74), Be(1.85) 다음으로 가벼운 금속이다. 전기 전도율은 구리의 60% 이상이므로 송전선으로 많이 사용한다.

★ 2) 알루미늄의 특징

① 열 및 전기의 양도체이다.
② 전연성 및 내식성이 우수하다.
③ 용융점(660℃)이 낮아 주조성이 우수하다.
④ 면심입방격자(FCC)라 가공이 잘된다.
⑤ 순도가 높을수록 연하다.
⑥ 상온, 고온가공이 용이하다.
⑦ 유동성이 작고 수축률이 크다.
⑧ 염산이나 황산 등의 무기산에는 약하며 특히 알카리수용액에는 더욱 약하다.
⑨ 바닷물에는 심하게 침식된다.
⑩ 변태점이 없다.

3) 용도

드로잉 재료, 다이캐스팅 재료, 자동차 구조용 재료, 전기 재료 등

4) 알루미늄합금의 열처리 : 용체화처리 → 담금질 → 인공시효처리 → 풀림

① 용체화처리 : 금속재료를 시효경화 시키며, 내부응력을 제거하기 위한 열처리
② 인공시효처리 : 용체화 처리 후 얻어지는 과포화 고용체를 120~200℃로 가열해서 과포화 성분을 석출시키는 방법
③ 풀림 : 잔류응력을 제거하여 재질을 연하게 하는 것

5) 알루미늄합금의 종류

알루미늄합금의 종류		내용 및 특징
주조용 알루미늄합금	Al-Cu계 합금	• 알루미늄-구리계 합금은 주조성, 기계적 성질, 기계 가공성은 좋으나, 고온에서 균열이 발생하는 결점이 있다.
	Al-Si계 합금	• 알루미늄-규소계 합금 : 10~14%의 규소가 함유된 **실루민**(silumin)이 대표적이다. • **Lo-Ex합금(내열합금)** : 내연기관의 피스톤용에 사용한다.
	Al-Mg계 합금	알루미늄에 약 10%까지의 마그네슘을 첨가한 합금을 하이드로날륨이라 하며, 다른 주물용 합금에 비하여 내식성, 강도, 연신율이 우수하고, 절삭성이 매우 좋다.
	다이캐스팅용 알루미늄합금	**다이캐스팅용 알루미늄이 갖추어야 할 성질** • **유동성이 좋을 것** • **열간 취성(메짐)이 적을 것** • **응고 수축에 대한 용탕 보급성이 좋을 것** • **금형에 잘 부착되지 않을 것(점착성이 없을 것)**
	Y합금	• 표준 성분은 4% Cu, 2% Ni, 1.5% Mg이다. • 시효 경화성이 있어서 모래형 및 금형 주물로 사용되는데, 금형 주물은 조직이 치밀하여 기계적 성질이 우수하다. • **Y합금**은 열간 단조, 압출 가공이 쉬워 단조품, **피스톤 등**에 이용된다.
가공용 알루미늄합금	고강도 알루미늄합금	• **두랄루민** : Al+Cu+Mg+Mn의 합금으로 가벼워서 항공기나 자동차 등에 사용된다. • 초두랄루민 : Mg이 다량으로 함유된 Al+Zn+Mg의 합금으로 주로 항공기용 재료로 사용된다.

	내식성
	알루미늄합금
		• 내식성 알루미늄합금의 종류
		  - Al+Mn계(알민)
		  - Al+Mg계(하이드로날륨)
		  - Al+Mg+Si계(알드레이)
		• 내식성 알루미늄합금은 알루미늄에 다른 원소를 첨가했을 때 내식성에는 나쁜 영향을 끼치지 않고, 강도를 개선하는 원소인 Mn, Mg, Si를 소량 첨가하여 만든 합금이다.

	기타 가공용 알루미늄합금	• 알클래드 : 고강도 알루미늄합금에 내식성을 향상시키기 위하여 내식성이 좋은 알루미늄합금을 피막하여 처리한 재료이다.

6-2 구리와 그 합금

구리와 그 합금은 중요한 비철재료의 하나로 사용되고 있다. 구리 중 약 80%는 순구리로 사용되는데, 주로 전기재료로 사용된다.

★
1) 구리의 특성

① **비중이 8.96**이며, 용융점이 1,083℃ 정도이다.
② 전기 및 열의 전도성이 우수하다.
③ 아름다운 광택과 귀금속의 성질이 우수하다
④ 전연성이 좋아 가공이 용이하다.
⑤ 황산, 염산에 쉽게 용해된다.
⑥ 비자성으로 내식성이 철강보다 우수하다.
⑦ Zn, Sn, Ni, Ag 등과는 합금이 잘된다.
⑧ 화학적 저항력이 커서 부식이 잘되지 않는다.

★
2) 황동(Cu+Zn)의 특징

① 황동은 **구리와 아연의 2원합금**으로 아연이 30~40%를 함유한 **7 : 3 황동, 6 : 4 황동**이 가장 널리 사용되고 있다.
② 황동은 구리에 비하여 주조성, 가공성 및 내식성이 우수
③ 가전제품, 자동차 부품, 탄피 가공재 또는 각종 주물에 널리 사용된다.
④ 황동은 아연의 함유량이
  • **30%일 때 ⇒ 연신율 최대**
  • **40%일 때 ⇒ 인장강도 최대**
⑤ 자연균열 : 관, 봉 등의 가공재에 잔류 변형(잔류 응력) 등이 존재할 때 아연이 많은 합금에서는 저장 중에 자연히 균열이 발생하는 현상을 자연균열이라고 하며, 특히 아연 함유량이 40% 합금에서 일어나기 쉽다.
  * 원인 : 냉간가공에 의한 내부응력, 공기 중의 염류, 암모니아 가스로 인해 입간 부식
  * **황동의 자연균열 방지책**
    • 온도 180 ~ 260℃에서 **응력제거 풀림 처리(저온풀림)**
    • **도료나 안료를** 이용하여 **표면 처리(도료)**
    • **Zn 도금으로 표면 처리(아연도금)**

★
3) 청동(Cu+Sn)의 특징

① 청동은 **구리와 주석의 합금**이지만 넓은 의미에서는 황동 이외의 구리 합금을 말한다.
  ㉠ Sn이 17~18% 범위까지 증가하면 인장강도와 경도가 커진다.

ⓛ 연신율은 Sn 4~5%일 때 최대이고, 25% 이상이면 오히려 취성이 생긴다.
ⓒ Sn 32%에서 경도가 최대이며, 가공성은 좋지 않다.

4) 구리 합금의 종류

구리 합금의 종류		내용 및 특징
황동 (Cu+Zn)	톰백 (tombac)	• 구리(Cu)+Zn(8~20%) ⇒ 색깔이 곱고 아름다워 단추, 금박, 금 모조품, 장식품(불상, 악기) 등에 사용되는 재료
	7:3 황동	• 애드미럴티 황동 = 7:3황동+Sn(1%) • 콘덴서, 튜브, 선박의 복수기관에 많이 사용 • 양은(니켈실버, 니켈황동) = 7:3황동+Ni(15~20%) • 계측기, 의료 기기 등
	6:4 황동 (문쯔메탈)	• 델타메탈(철황동) = 6:4황동+Fe(1~2%) • 광산, 선박, 화학용 기계 부품 등 • 네이벌 황동 = 6:4황동+Sn(1%) • 내해수성이 강하기 때문에 선박 기계에 사용 • 납황동(쾌삭황동) = 6:4황동+Pb(1.5~3.7%) • 절삭성이 좋아 대량 생산, 정밀 가공품에 사용
	주석 황동 (tin brass)	• 황동+Sn(1%) • 주석은 탈아연 부식을 억제하기 때문에 황동에 1% 정도의 주석을 첨가하면 내식성 및 내해수성이 좋아진다.
청동 (Cu+Sn)	포금 (gun metal)	• Sn(8~12%)+Zn(1~2%) • 내해수성이 좋고 수압, 증기압에도 잘 견디어 선박용 재료로 사용
	인청동	• 청동(Cu+Sn)+P(1%) 이하 • 기계적 성질이 좋고, 내식성을 가지며 기어, 베어링, 밸브 시트 등 기계부품에 사용
	납 청동	• Pb(4~22%)+Sn(6~11%) • 연성은 저하하지만 경도가 높고 내마멸성이 크므로 자동차나 일반 기계의 베어링 부분에 널리 사용
	켈밋 합금 (kelmet alloy)	• Cu+Pb(30~40%) • 열전도, 압축 강도가 크고, 마찰 계수가 작아 고속 고하중 베어링에 사용
	알루미늄 청동	• 황동이나 청동에 비하여 기계적 성질, 내식성, 내열성, 내마멸성 등이 우수하여 화학 기계 공업, 선박, 항공기, 차량 부품 등의 재료로 사용
	베릴륨 청동	• 구리 합금 중에서 가장 높은 강도와 경도를 가진다. • 베릴륨은 값이 비싸고 산화하기 쉬우며, 경도가 커서 가공하기 곤란함 등의 결점도 있으나 강도, 내마멸성, 내피로성과 전도율 등이 좋으므로 베어링, 기어, 고급 스프링과 공업용 전극 등에 쓰인다. • 구리에 2~3%의 Be를 첨가한 석출경화성 합금이다.

6-3 니켈과 그 합금

1) 니켈의 특성

① **비중은** 8.9이고 용융점은 1,453℃이다.
② 은백색의 면심입방격자이다.
③ 화학공업, 식품공업, 화폐, 도금용 등에 사용한다.
④ 연성이 크고 냉간 및 열간 가공(1,000~1,200℃)이 쉽다.

★★
2) 니켈합금의 종류

니켈합금의 종류	내용 및 특징
니켈-구리계합금	• **콘스탄탄**(constantan) = **구리**(Cu)+Ni(40~45%) • 통신 기재, 저항선, 전열선(자동차 히터) 등으로 사용된다. • **모넬메탈**(Monel metal) = **구리**(Cu)+Ni(60~70%) • 내열 및 내식성이 우수하므로 터빈 날개, 펌프 임펠러 등의 재료로 사용
니켈-철계합금	• **인바**(Invar) – 내식성이 좋고 열팽창 계수가 철의 1/10 정도이다. – 측량 기구, 표준 기구, 시계추, 바이메탈 등에 사용된다. • **엘린바**(Elinvar) = **인바+12% 크롬**(철-니켈-크롬 합금) 온도 변화에 따른 탄성 계수의 변화가 거의 없으므로 정밀 계측기기, 전자기 장치, 각종 정밀 부품 등에 사용된다.
니켈-크롬합금	• 크로멜(Chromel) : 크롬을 10% 함유한 니켈 – 크롬 합금 • 알루멜(Alumel) : 알루미늄을 3% 함유한 니켈 – 알루미늄 합금 • Ni 합금 중 Ni 80%에 Cr 20%가 함유된 합금으로 열전대 재료로 사용되는 것. 이들 합금은 1,200℃까지 온도 측정이 가능하고, 고온에서 내산화성이 크므로 고온 측정용의 열전쌍으로 사용된다.
내식·내열용합금	• 하스텔로이(Hastelloy) : 니켈, 몰리브덴, 철의 합금으로, 비산화성 환경에서 우수한 내식성이 있으며 염류, 알카리, 황산, 인산, 유기산 등의 수용액에 적합하다. • 인코넬(inconel) : 니켈, 크롬(11~33%), 철(0~25%)의 합금으로, 내식성과 내열성이 뛰어나며 특히 고온에서 내산화성이 좋아 전열기 부품, 열전쌍의 보호관, 진공관의 필라멘트 등에 사용된다.

6-4 베어링합금

1) 베어링합금의 개요

베어링합금이란 미끄럼베어링의 재료로 쓰이도록 만들어진 합금이다.

2) 베어링합금의 종류

베어링합금의 종류	내용 및 특징
화이트메탈 (white metal)	• 주석(Sn) + 구리(Cu) + 안티몬(Sb) + 아연(Zn)의 합금 • 저속기관의 베어링에 사용된다.
베빗메탈 (babbit metal)	• 주석, 구리와 안티몬을 함유한 것 • 주석계 화이트 메탈로, 연하고 우수한 베어링 합금으로 충격, 진동에 잘 견딘다.
함유 베어링 (oilless bearing)	• 다공질 재료에 윤활유를 함유하게 하여 급유할 필요를 없게 한 것이다.

6-5 마그네슘과 그 합금

★
1) 마그네슘의 특성

① 마그네슘의 성질
   ㉠ **비중 1.74**로 실용 금속 중 비중이 가장 작고 알루미늄보다 우수하다.
   ㉡ 알카리성에는 부식되지 않으나 산에는 부식된다.
   ㉢ 망간의 첨가로 철의 용해작용을 어느 정도 막을 수 있다.
   ㉣ 표면의 산화마그네슘은 내부의 부식을 방지한다.
   ㉤ 항공기, 자동차, 선박, 전기기기와 광학기계 등에 이용한다.
   ㉥ 구상흑연 주철의 첨가제로 사용한다.
② 용도 : 알루미늄 합금용, 구상흑연 주철 재료, Ti 제련용, 사진용 플래시 등

6-6 고융점 금속

- 고융점 금속이란 융점이 2,000 ~ 3,000℃ 정도의 높은 금속으로 텅스텐(W), 몰리브덴(Mo), 바나듐(V), 레늄(Re), 크롬(Cr) 등이 있다.
- 일반적으로 실온에서는 내식성이 뛰어나며 합금의 첨가에 의해 내산화성, 내열성이 현저히 향상되므로 고온 발열체, 전자 공업용 재료, 초내열 재료, 초경 공구, 방진 재료 등에 사용된다.

01 다이캐스팅용 합금의 성질로서 우선적으로 요구되는 것은?

① 유동성　　　　② 절삭성
③ 내산성　　　　④ 내식성

해설

• 다이캐스팅(다이주조) : 필요한 주조형상에 완전히 일치하도록 정확하게 기계 가공된 강제의 금형에 용융금속을 주입하여 금형과 똑같은 주물을 얻는 정밀주조법으로 용융금속의 유동성이 가장 중요하다.

02 황동에 첨가하면 강도와 연신율은 감소하나 절삭성을 좋게 하는 것은?

① 납　　　　　　② 알루미늄
③ 주석　　　　　④ 철

해설

• 쾌삭황동 : 황동(Cu+Zn)에 납(Pb)을 1.5~3% 첨가하면 강도와 연신율은 감소하나 절삭성은 좋아진다.

03 구리에 아연을 8~20% 첨가한 합금으로 α 고용체만으로 구성되어 있으므로 냉간가공이 쉽게 되어 단추, 금박, 금 모조품 등으로 사용되는 재료는?

① 톰백(tombac)
② 델타메탈(delta metal)
③ 니켈 실버(nickel silver)
④ 문쯔메탈(Muntz metal)

해설

• 톰백 : 구리(Cu)+Zn(8~20%)

04 다음 중 황동의 자연균열 방지책이 아닌 것은?

① 온도 180~260℃에서 응력제거 풀림 처리
② 도료나 안료를 이용하여 표면 처리
③ Zn 도금으로 표면 처리
④ 물에 침전처리

해설

• 황동 자연균열의 원인 : 냉간가공 시 잔류응력이 시간 경과에 따라 발생
• 황동의 자연균열은 수은용액에 황동을 넣으므로 발견된다. 수은은 자연균열을 일으키는 원인이 되며 저온풀림(200~250℃)으로 방지한다.
• 황동은 공기 중의 암모니아, 기타의 염류에 의해 입간 부식을 일으켜 내부 응력이 생겨 자연 균열이 생긴다.
• 황동의 자연균열 방지책
 – 온도 180~260℃에서 응력 제거 풀림 처리
 – 도료나 안료를 이용하여 표면 처리
 – Zn 도금으로 표면 처리

05 6:4 황동에 철 1~2%를 첨가한 동합금으로 강도가 크고 내식성도 좋아 광산기계, 선반용 기계에 사용되는 것은?

① 톰백　　　　　② 문쯔메탈
③ 네이벌황동　　④ 델타메탈

해설

• 델타메탈 : 6:4황동+Fe(1~2%)

06 다음 비철재료 중 비중이 가장 가벼운 것은?

① Cu　　　　　　② Ni
③ Al　　　　　　④ Mg

해설

• Cu(8.96) > Ni(8.9) > Al(2.7) > Mg(1.74)

1. ①　2. ①　3. ①　4. ④　5. ④　6. ④　**정답**

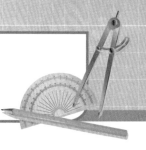

제7장 비금속재료와 신소재

7-1 비금속재료

1) 합성수지

합성수지는 **플라스틱**이라고도 한다. 플라스틱이라는 말은 어떤 온도에서 가소성을 가진 성질이라는 의미이다.

★ ① **합성수지의 공통된 성질**
  ㉠ 가볍고 튼튼하다.
  ㉡ 전기 절연성이 좋다.
  ㉢ 가공성이 크고 성형이 간단하다.
  ㉣ 착색이 쉽고 외관이 아름답다.
  ㉤ 강도·강성이 약하다.
  ㉥ 고온에 사용할 수 없다(열에 약하다).

★ ② **합성수지의 종류**
  ㉠ 열가소성 수지 종류 : 초산비닐수지
    열가소성 수지의 특징은 가열하면 분자 간의 결합력이 약해져서 연해지나, 냉각시키면 결합력이 강해져서 굳는다. 굳어진 후 다시 가열하면 연화되거나 용융되는 수지이다.

열가소성 수지	특징
폴리에틸렌 (PE)	• 에틸렌의 종합체로 대표적인 열가소성 수지이다. • 전기 절연성, 내수성, 방습성, 내한성이 우수한 열가소성 수지로서 사출성형품, 전선피복 재료, 내장이나 코팅 재료, 연료탱크나 용기 등의 재료로 널리 쓰인다.
폴리프로필렌 (PP)	• 프로필렌의 중합체로 필라멘트나 스테이플 섬유로 만들어 방직 섬유, 카펫, 로프 등으로 사용된다.
폴리염화비닐(PVC)	• 염화비닐의 중합체로 성형, 압출 및 캘린더링용 등이 있다.
폴리스티렌 (PS)	• 스티렌의 단독 중합체와 합성 고무로 개량한 스티렌 중합체를 말하며, 대부분 투명하고 딱딱하며 내수성을 가진 무정형 고체이다. • 장식용, 광학 제품, 조명 신호, 계량기 판 등의 재료로 널리 쓰인다.

열가소성 수지	특징
폴리카보네이트 (PC)	• 투명하고 매끈한 표면과 투시성이며, 높은 강도와 충격 인성을 가지고 있어 잘 깨지지 않는다. 내산성이나 강알카리성 염수와 용매에는 부식된다.
폴리아미드(PA)	• 주 사슬 속에 아미드 결합을 가지는 합성 고분자 화합물을 말하며 일반적으로 나일론이라고 한다.
아크릴	• 무색이고 표면이 매끈한 투명성이며 광학 유리로 가공할 수 있다. 단단하고 인성이 있으므로 잘 깨지지 않는다.
플루오르	• 올레핀의 중합으로 얻는 합성수지를 통틀어 일컬으며 부식성 화학 약품이나 용매에 아주 잘 견디고, 내수성, 내열성, 전기 절연성 등이 매우 우수하다.

★
ⓛ 열경화성 수지 종류

가열하면 경화되는 성질을 가지며, 한 번 경화시키면 불용용성 물질이 된다.

열경화성 수지	특징
페놀(PF)	열경화성 수지에서 높은 전기 절연성과 내열성이 있어 전기 부품재료를 많이 쓰고 있는 **베크라이트(bakelite)**라고 불리는 수지이다. 페놀 수지는 도료, 강력 접착제, 코팅 재료, 스펀지, 내충격성, 전기기구, 기어, 프로펠러 등에도 많이 사용되고 있다.
에폭시(EP)	현재 이용되고 있는 수지 중 가장 우수한 특성을 지닌 것으로 널리 이용되고 있다.
멜라민	멜라민과 알데히드를 축합 반응시켜 얻는 중합체로 멜라민의 성형품은 요소의 성형품보다 내열성, 내수성, 내약품성이 우수하며 표면 경도도 크다.
실리콘	유기 실리콘 중간체를 축합 반응시켜 얻는 중합체로 절연 니스, 침투제, 공업용 페인트 등과 같은 표면처리제로 많이 쓰이고 있다.
폴리에스테르(PET)	알코올과 다염기산의 중합체로 전기적 성질, 치수 안정성, 내열성, 내약품성 등이 우수하다. 큰 성형품도 비교적 간단히 만들 수 있어 전기 부품, 건축 재료, 항공기와 자동차의 부품, 미사일 부품, 소형 자동차의 차체, 어선의 선체, 케이스, 물 탱크 등의 재료로 쓰이며, 니스 등의 원료로도 쓰인다.
폴리우레탄	본질적으로는 열가소성 수지이나 거품 폴리우레탄은 열경화성 수지이다. 비중이 작고 강도가 크며 가공이 쉬워서 전기 절연 재료, 가구나 자동차의 쿠션, 메트리스 등으로 많이 사용된다.

열경화성 수지	특징
불포화 폴리에스테르계 FRP(Fiber Reinforced Plastic)	• 유리 및 카본섬유로 강화된 플라스틱계 복합재료로 경량, 내식성, 성형성 등이 뛰어난 고성능, 고기능성 재료이다. • 플라스틱 재료로서 동일 중량으로 **기계적 강도가 강철보다 강력한 재질이다.**

2) 내열재료와 보온재료

① 내화물 : 내화벽돌, 내화모르타르 등 금속제련이나 가열 등에 쓰이는 노를 만드는 재료를 말한다.

② 내화벽돌의 종류 : 산성내화벽돌, 중성내화벽돌, 염기성내화벽돌

③ 보온재료 : 유기질 보온재료, 무기질 보온재료, 금속 보온재료

3) 도료

물체의 표면에 칠하면 굳어져 단단하고 탄력있는 피막을 만들어 그 물체를 보호하는 동시에 내구력을 늘리고 아름답게 하는 것을 도료라 한다.

4) 접착제

접착제는 열경화성 수지를 사용하여 벨트의 접착, 금속표면 부착에 이용되며 용접열에 의한 영향이 적고 신뢰성이 있는 것이어야 한다.

5) 고무

① 천연고무 : 열대지방의 고무나무에서 채취한 액체 라텍스를 응고하여 만든 생고무에 황(S)을 첨가하여 형틀을 넣어 $100 \sim 150℃$로 가열하여 성형시킨 것이다.

② 합성고무 : 실리콘고무, 우레탄고무, 플루오르고무

7-2 신소재

기능성 재료란 강도는 중요시하지 않고 특수한 성능과 기능을 갖는 재료를 말하며, 이것은 하중이 가해질 때 변형하지 않는 것이 구조용 재료의 특징인데 반하여 하중이 가해질 때 편리하게 변형하는 것을 기능으로 하는 재료를 말한다. 기능성 재료에는 형상기억합금, 초소성합금, 제진합금 등이 있다.

1) 형상기억합금

형상기억합금은 처음에 주어진 특정 모양의 것을 인장하거나 소성 변형된 것을 다시 가열하면 원래의 모양으로 돌아오는 성질을 말한다.

[형상기억합금의 종류]

① Ni-Ti계 합금 : 내식성, 내마모성, 내피로성이 좋다. 값이 비싸다.

② Ni-Ti-Cu계 합금 : 내식성, 내마모성, 내피로성이 Ni-Ti계 합금보다 떨어진다. 가격이 저렴하다.

③ Ni-Ti-Al계 합금

2) 초소성합금

고온 크리프의 일종으로 고압을 걸지 않는 단순인장시점에서 변형되지 않고 정상적으로 수백 퍼센터(%) 연신되는 합금을 말한다.

3) 제진합금

기계장치의 표면에 접착하여 그 진동을 제어하기 위한 재료로서 Mg-Zr, Mn-Cu, Ti-Ni, Cu-Al-Ni, Al-Zn, Fe-Cr-Al 등이 있다.

4) 자성 재료

자기특성상 연자성 재료와 경자성 재료로 구분된다.

① 연자성 재료 : 연자성 재료란 쉽게 자화되고 탈자화되는 재료를 말하며 변압기, 전동기 및 발전기의 철심 재료로 사용된다.

　* 강자성체 : 철(Fe), 니켈(Ni), 코발트(Co)

② 경자성 재료 : 영구자석 재료로 사용되는 경자성 재료는 자화하기 어렵고, 한 번 자화되면 탈자화하기가 어려운 것으로 보자력과 전류 자기 유도가 높다. 이의 대표적 합금으로 알니코(Al-Ni-Co)가 있다.

5) 초전도합금

① 초전도

어떤 종류의 순금속이나 합금을 절대 0℃ 가까이까지 냉각하였을 때 특정 온도에서 전기저항이 갑자기 '0'이 되는 현상을 말한다.

② 초전도 재료의 응용

　㉠ 초전도 자석

　㉡ 자기분리와 여과

　㉢ 자기부상열차

ⓔ 고출력 케이블

　　　ⓜ 원자로 자기장치

　　　ⓗ 자기공명영상과 분광학

　　　ⓢ 컴퓨터에 필요한 고집적 회로

6) 파인세라믹

파인세라믹은 고강도, 고경도, 뛰어난 내열성, 내식성, 내마멸성, 경량성 등 종래 세라믹이 장점으로 지니고 있던 여러 특성을 현저하게 발전시킨 재료로 다양하게 이용되고 있다.

* 파인세라믹 ⇒ 가볍고, 내마모성, 내열성 및 내화학성이 우수하다. 자동차용 신소재로 사용된다.

7) 복합재료

① 개요

2종 이상의 소재를 복합하여 물리적·화학적으로 다른 상을 형성하여 다른 기능을 발휘하는 재료

② 특징

　　ⓣ 가볍고 높은 강도를 가진다.

　　ⓛ 단일재료로 얻을 수 없는 기능이 있다.

　　ⓒ 대량생산이 가능하다.

③ 용도 : 우주항공용 부품 등

④ 복합재료의 종류

　　ⓣ 섬유강화플라스틱(FRP)계 복합재료

　　ⓛ 섬유강화금속(FRM)계 복합재료

　　ⓒ 섬유강화세라믹(FRCer)계 복합재료

　　ⓔ 섬유강화콘크리트(FRCon)계 복합재료

　　ⓜ 섬유강화고무(FRR)계 복합재료

01 복합 재료 중에서 섬유 강화 재료에 속하지 않는 것은?

① 섬유강화 플라스틱
② 섬유강화 금속
③ 섬유강화 시멘트
④ 섬유강화 비닐

해설

• 섬유강화 복합 재료 : 강화재로서 섬유를 이용한 복합 재료를 말한다.
• **기제의 종류에 따라**
  • 섬유강화 플라스틱(FRP)
  • 섬유강화 금속(FRM)
  • 섬유강화 세라믹(FRC)
  • 섬유강화 콘크리트

02 다음 합성수지 중 일명 EP라고 하며, 현재 이용되고 있는 수지 중 가장 우수한 특성을 지닌 것으로 널리 이용되는 것은?

① 페놀수지
② 폴리에스테르수지
③ 에폭시수지
④ 멜라민수지

해설

• 에폭시수지(Epoxy Plastics) : 기계적, 전기적 성질 및 치수 안정성이 뛰어나고 강력한 접착력과 열과 화학물질에 대한 저항성이 좋아 널리 이용되고 있다.

03 열가소성 수지가 아닌 재료는?

① 멜라민수지
② 초산비닐수지
③ 폴리에틸렌수지
④ 폴리염화비닐수지

해설

열가소성 수지

• 가열하여 성형한 후 냉각하면 경화하며, 재가열하여 새로운 모양으로 다시 성형할 수 있다.
• 종류 : 초산비닐수지, 폴리에틸렌수지, 폴리염화비닐수지, 아크릴수지

04 열경화성 수지가 아닌 것은?

① 아크릴수지
② 멜라민수지
③ 페놀수지
④ 규소수지

해설

열경화성 수지

• 열을 가하여 경화한 후 다시 열을 가해도 물러지지 않는 수지
• 종류 : 페놀수지(베크라이트), 규소수지, 멜라민수지, 에폭시수지, 폴리우레탄수지, 요소수지

05 열경화성 수지에 해당되지 않는 것은?

① 페놀수지
② 요소수지
③ 멜라민수지
④ 염화비닐

06 열경화성 수지에서 높은 전기 절연성이 있어 전기부품 재료를 많이 쓰고 있는 베크라이트 (bakelite)라고 불리는 수지는?

① 요소수지
② 페놀수지
③ 멜라민수지
④ 에폭시수지

07 비금속 재료에 속하지 않는 것은?

① 합성수지
② 네오프렌
③ 도료
④ 고속도강

해설

• 고속도강 : 금속재료를 빠른 속도로 절삭하는 공구에 사용 되는 특수강. '18-4-1'

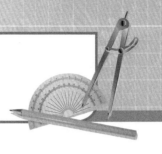

제8장 재료시험

8-1 재료시험법

1) 인장시험(연성파괴시험)

① 인장시험편 양단에 인장하중을 충격 없이 서서히 가하여 시험편이 파단될 때까지의 재료 특성을 알기 위해 행하는 시험방법이다.

② 비례한도, 탄성한도, 탄성계수, 항복강도 또는 내력, 인장강도, 최대 하중, 연신율, 단면 수축율 등을 측정할 수 있다.

2) 압축시험

재료에 하중을 가하여 그 **변형과 응력(應力)을 측정**하여 기계적 성질이나 변형 저항을 조사하는 시험방법이다.

3) 굽힘시험

재료에 굽힘 모멘트가 가해졌을 때의 **탄성 계수, 굽힘 항복점, 굽힘 변형 저항, 굽힘 강도를 측정**하는 시험방법이다.

4) 비틀림시험

비틀림 시험기를 사용하여 재료의 **비틀림각을 측정**하여 **전단응력(비틀림응력)을 측정**하기 위한 시험방법이다.

5) 충격시험

① 충격력에 대한 재료의 충격 저항의 크기를 알아보기 위한 것으로, **재료의 인성** 또는 **취성**을 알 수 있다.

② 충격 횟수에 따라 단일 충격시험과 반복 충격시험이 있으며, 단일 충격시험기로는 샤르피충격(chapy impact test)시험(2곳 지지)과 아이조드충격(Izod impact test)시험(1곳 지지)이 있다.

★★ 6) 경도시험(재료의 단단한 정도의 측정)

경도시험의 종류	내용
브리넬 경도시험(HB) (Brinell hardness)	**일정한 지름의 강구 압입체**를 일정한 하중 P(N)로 시험편 표면에 압입한 다음, 그때 시험편에 나타나는 압입 자국의 면적 A로 하중을 나누어 경도값을 구한다.
록웰 경도시험 (Rockwell hardness)	누름자와 하중을 조합함으로써 가장 단단한 것부터 가장 연한 것까지 모든 금속을 시험할 수 있는 B스케일($\frac{1}{16}''$의 강구 사용)과 C스케일(꼭지각이 120°인 다이아몬드 원뿔 사용)이 있다.
비커스 경도시험(HV) (Vickers hardness)	**꼭지각 136°인 원뿔형 다이아몬드 압입체를 시험편의 표면에 하중 P로 압입**한 다음, 시험편의 표면에 생긴 자국의 대각선 길이를 비커스 경도계에 있는 현미경으로 측정하여 경도를 구하는 방법이다.

쇼어 경도시험(HS)
(Shore hardness)
	• 시험편에 압입 자국을 남기지 않기 위해 다이아몬드 해머를 일정한 높이에서 시험편에 낙하시켰을 때 반발되는 높이로 경도를 측정한다.
	• 특징
	  – 주로 완성된 제품의 경도 측정에 적합하다.
	  – 시험편을 따로 준비할 필요 없이 직접 제품에 시험할 수 있어 이용 범위가 넓다.
	• 비교적 탄성률에 큰 차이가 없는 재료에 적당하다.
	• 경도차의 신뢰성이 높다.

긁힘시험	물체를 표준시편으로 긁어서 어느 쪽에 긁힌 흔적이 발생하는지를 관찰하는 방법이다.

7) 피로(Fatigue)시험

재료의 피로강도 및 피로균열 진전 속도 등의 피로 특성을 구하는 시험으로 피로한도는 재료가 영구히 파괴되지 않는 한계응력을 말한다.
• S-N곡선(S : 응력, N : 반복횟수)

★★ 8) 크리프(Creep)시험

응력과 온도가 일정한 상태에서 시간이 지남에 따라 서서히 변형이 연속적으로 진행되는 현상으로 그 변형이 증가할 때 시간과 변형률의 관계로부터 재료의 특성을 결정하는 시험방법이다.
• 크리프 한도 : 연성재료가 고온에서 정하중을 받을 때 기준강도를 말한다.

8-2 비파괴시험

비파괴검사는 재료에 존재하는 결함을 검사 대상물의 손상 없이 조사하는 것이다. 비파괴검사의 기초는 재료의 물리적 성질이 각종 결함의 존재로 변화하는 사실을 이용하고, 그 변화량을 추정하여 결함의 존재나 크기 등을 파악하는 기술이다.

비파괴시험 종류	내용
자분탐상법	강자성체 표면검사에 사용, 자성이 있는 철강 등의 재료를 자화하면 결함 부위에 누설자장이 형성되어 결함 주위에 자분을 뿌리면 자분이 달라붙는 현상이다. ⇒ 결함은 눈으로 확인 가능
침투탐상법	거의 모든 재료의 표면검사에 사용 ① 방법 : 표면에 이물질 제거 → 침투액 적용(빨간색) → 침투액 제거 → 현상액 적용 → 관찰 및 판독 ② 특징 　㉠ 거의 모든 재료에 적용할 수 있다. 　㉡ 시험장치와 방법이 단순하고 현장 적용이 쉽다. 　㉢ 제품의 크기와 형상에 크게 제한 받지 않는다.
초음파탐상법	초음파는 소리가 벽에 부딪혀서 반사되는 것과 같은 현상이 있으므로, 이들 성질을 이용하여 금속 내부의 결함이나 두께를 비파괴적으로 검사할 수 있다. • 펄스반사법 : 반사하는 초음파를 분석하여 검사 • 투과법 : 투과한 초음파를 분석하여 검사 • 공진법 : 펄스반사법과 비슷하지만 공진(물체의 고유진동수와 가진력의 진동수가 일치할 때 진폭이 점점 커지는 현상)을 이용
방사선탐상법	방사선탐상법은 시험체에 X선 α선, β선 및 γ선 등의 방사선을 투과시켜 방사선의 세기 변화를 필름의 상으로 나타내어 물체의 내부에 존재하는 결함의 크기와 위치 등을 조사하는 방법이다.
와전류탐상시험	전도체에 교류가 흐르는 코일을 가까이 하면 코일 주위에 생긴 자장의 영향으로 전도체 내부에 와전류가 발생한다. 이 와전류의 변화를 이용해서 시험체의 결함 유무를 검사하는 방법이다.
누설탐상시험	누설탐상시험은 시험체 내부와 외부의 압력 차이를 이용하여 유체의 누출과 유입 여부를 검사하는 방법이다.

8-3 금속조직검사

금속조직검사	내용
매크로검사 (육안검사)	염산 수용액을 사용하여 75~80℃에서 적당 시간을 부식 후 알카리용액으로 중화시켜 건조 후 조직을 검사한다.
현미경조직검사	검사 방법 : 시료채취 및 제작 ⇒ 연마 ⇒ 부식 ⇒ 조직 관찰
설퍼프린트법	브로마이드 인화지를 1~5%의 황산수용액에 5~10분 담근 후 시험편에 1~3분간 밀착한 다음 건조시켜 갈색 반점의 명암도를 조사하여 판정한다.

제8장 실력점검문제

01 금속의 조직검사로서 측정이 불가능한 것은?

① 기공 ② 결정입도
③ 내부응력 ④ 결함

해설

내부응력은 기계적 성질의 재료시험에 속한다.

02 경도 측정 시 B스케일과 C스케일을 가진 경도계는 어느 것인가?

① 쇼어 경도계 ② 브리넬 경도계
③ 록웰 경도계 ④ 비커어즈 경도계

해설

• 경도시험 : 재료의 단단한 정도 시험
 – 브리넬 경도(HB) 측정
 – 록웰 경도 측정 : 누름자와 하중을 조합함으로써 가장 단단한 것부터 가장 연한 것까지 모든 금속을 시험할 수 있는 B스케일과 C스케일이 있다.
 – 쇼어 경도(HS) 측정 : 압입체를 사용하지 않고 낙하체를 이용하는 반발 경도시험
 – 비커스 경도 측정

03 기계재료의 단단한 정도를 측정하는 가장 적합한 시험법은?

① 경도시험 ② 수축시험
③ 파괴시험 ④ 굽힘시험

04 재료시험에서 인성 또는 취성을 측정하기 위한 시험 방법은?

① 경도시험 ② 압축시험
③ 충격시험 ④ 비틀림시험

해설

• 충격시험 : 인성과 취성을 시험한다.
 ㉠ 샤르피 충격시험법
 ㉡ 아이조드 충격시험법

05 인장 시험 결과에서 산출되지 않는 것은?

① 항복 강도 ② 연신률
③ 단면 수축률 ④ 압축강도

해설

• 인장시험 : 비례한도, 탄성한도, 탄성계수, 항복강도 또는 내력, 인장강도, 최대 하중, 연신율, 단면 수축률 등을 측정

06 비틀림 시험의 목적과 관계없는 것은?

① 비틀림 강도 측정
② 강성 계수 측정
③ 연신율 측정
④ 비틀림각 측정

해설

• 연신율 측정 : 인장시험에서 산출되는 항목이다.

정답 1. ③ 2. ③ 3. ① 4. ③ 5. ④ 6. ③

PART
03

CAD

CAD(Computer Aided Design and Drafter)의 특징, 명령어와 좌표계의 종류를 이해하고 CAD시스템의 입출력 장치를 분류할 수 있으며, 3D모델링(wire frame modeling, surface modeling, solid modelling)의 각각의 특징을 이해한다.

제1장 CAD의 개요

1-1 CAD의 정의와 특징

1) CAD의 정의

CAD란 Computer Aided Design and Drafter의 약어로 실제 또는 가상의 물체를 설계하는 데 있어 컴퓨터를 이용하여 도면을 작성하는 것을 말한다.

2) CAD의 특징

설계 분야에서 CAD가 도입됨에 따라 설계시간 단축으로 생산성이 향상되었고 도면이 정밀하게 작성되면서 제품의 품질이 더욱 향상되었다.

3) CAD의 장점

① 설계자의 생산성을 높일 수 있다.
② 객관성과 정밀성을 바탕으로 하여 정확하고 신뢰할 수 있는 도면을 제시할 수 있다.
③ CAD 도면은 시간적, 경제적 이익을 얻을 수 있다.
④ CAD 도면의 저장과 관리가 편리하다.
⑤ CAD로 작업한 내용을 데이터로 저장하여 언제든지 신속하게 검토할 수 있다.
⑥ 제작한 도면을 수정, 보완할 수 있어 설계도면의 제작시간을 줄일 수 있다.
⑦ 제품 제조의 데이터베이스를 구축할 수 있다.
⑧ 의사전달을 용이하게 할 수 있다.

4) CAD 적용

① 개념 설계 : 스케치도, 초기 설계 계산 등
② 기본 설계 : 기기나 부품의 형상 정의, 크기, 해석 계산, 구조 계산 등
③ 상세 설계 : 조립 설계, 해석, 작도, 상세도 등
④ 생산 설계 : 계획 설계, 치공구 설계, NC 프로그램 설계 등
⑤ 품질 관리 : 자료 집계, 설계 표준화, 성능 특성 등
⑥ 생산 보조 : 부품 교환, 기술 데이터 변경 등

1-2 CAD 시스템의 구성

CAD 시스템(system)의 주요 구성은 크게 중앙처리장치(CPU), 보조기억장치 및 입·출력장치로 구분할 수 있다.

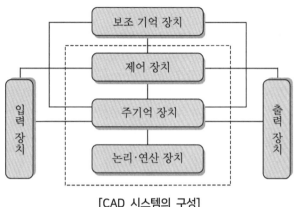

[CAD 시스템의 구성]

★
1) 중앙처리장치(CPU)

명령어의 해석과 자료의 연산, 비교 등의 처리를 제어하는 컴퓨터시스템의 핵심적인 장치이다.

① **논리(연산)장치** : 연산장치는 제어장치의 신호에 따라 덧셈이나 뺄셈, 곱셈, 나눗셈 등의 산술 연산과 AND, OR, NOT 등의 논리 연산 등의 명령을 수행한다.

② **제어장치** : 제어장치는 컴퓨터를 구성하는 모든 장치가 효율적으로 운영되도록 통제하는 장치이다. 즉 주기억 장치에 기억되어 있는 프로그램의 명령을 해독하여 입출력 장치, 주기억 장치, 연산 장치 등 컴퓨터를 구성하는 장치에 신호를 보내어 각 장치의 동작을 제어한다.

③ **주기억장치**

㉠ ROM : Read Only Memory로 읽을 수만 있는 메모리이기 때문에 전원이 없어도 내용이 지워지지 않는다.

㉡ RAM : Random Access Memory로 읽고 쓸 수도 있는 대신 전원이 나가버리면 모든 내용이 지워진다.

2) 보조기억장치

컴퓨터의 중앙처리장치가 아닌 외부에서 프로그램이나 데이터를 보관하기 위한 기억장치를 말한다. 주기억장치보다 속도는 느리지만 많은 자료를 영구적으로 보관할 수 있다.

⇒ 보조기억장치 : 하드 디스크, CD-ROM, USB 등

3) Cache Memory

컴퓨터에서 CPU와 주변기기 간의 속도 차이를 극복하기 위하여 두 장치 사이에 존재하는 보조기억장치이다.

★★
4) 입력장치와 출력장치

입력장치	출력장치	
	일시적 표현	영구적 표현

• 키보드
• 디지타이저와 태블릿
  일반적으로 디지타이저는 태블릿 기능을 겸하며 스타일러스 펜과 퍽이 함께 사용되며 주로 좌표 입력, 메뉴의 선택, 커서의 제어 등에 사용된다.
• 마우스
  커서 제어기구로 볼 방식과 광학적 방식
• 조이스틱
• 컨트롤 다이얼
• 트랙볼
• 라이트 펜
  점자센서가 부착되어 그래픽 스크린 상에 접촉하여 특정의 위치나 도형을 지정하거나 명령어 선택이나 좌표 입력이 가능하다.
• 스캐너
	• CRT 디스플레이
	 – 랜덤 스캔형 : 순서에 따라 영상이 그려지는 기법으로 벡터 스캔형이라고도 한다.
	 – 스토리지형 : 도면의 형상을 CRT 화면상에 저장
	 – 레지스터 스캔형 : 디지털TV
	• 모니터
	 – 컬러디스플레이 : 컬러디스플레이에 의해서 표현할 수 있는 색으로 3가지(빨강, 파랑, 초록) 색의 혼합비에 의해 약 4,100가지의 색이 만들어진다.
	  섀도마스크 방식
	  그리드편향 방식
	  페니트레이션 방식
		• 플로터(도면용지에 출력)
		• 프린터(잉크젯, 레이저)
		• 하드카피장치
		• COM 장치 : 종이 위에 영상을 출력하는 대신에 마이크로필름으로 출력하는 출력 장치

1-3 컴퓨터 처리속도와 기억 용량

★
1) 컴퓨터의 기억 용량 단위(1byte)

① 1bit : 정보를 나타내는 최소 단위

② 1B＝1byte＝8bit

③ 1KB＝2^{10}byte, 1MB＝2^{20}byte, 1GB＝2^{30}byte

★
2) 컴퓨터 처리 속도 단위

① 밀리초(ms) (1ms＝10^{-3}초)

② 마이크로초(μs) (1μs$=10^{-6}$초)

③ 나노초(ns) (1ns$=10^{-9}$초)

④ 피코초(ps) (1ps$=10^{-12}$초 : 처리 속도가 가장 빠르다)

3) 자료의 표현 단위

① 비트(bit) : 2진수 한 자리(0 또는 1)를 표현(정보 표현의 최소 단위)

② 니블(Nibble) : 4개의 비트가 모여 1Nibble을 구성

 • 16진수 한 자리를 나타낸다.

③ 바이트(Byte) : 8개의 비트가 모여 1Byte를 구성

④ 워드(Word) : 컴퓨터가 한 번에 처리할 수 있는 명령 단위

 • 하프워드 : 2Byte/풀워드 : 4Byte/더블워드 : 8Byte

⑤ 필드(Field) : 파일 구성의 최소 단위

⑥ 레코드(Record) : 1개 이상의 관련된 필드가 모여서 구성

 • 프로그램 내 입·출력 단위

⑦ 블록(Block) : 한 개 이상의 논리 레코드가 모여서 구성

 • 물리 레코드(Physical Record)라고도 한다.

⑧ 파일(file) : 같은 종류의 여러 레코드가 모여서 구성

 • 프로그램 구성의 기본 단위

⑨ 데이터베이스(Database) : 1개 이상의 관련된 파일의 집합

1-4 2D 좌표계

1) 2D 좌표계

 2D : 절대좌표, 상대좌표, 상대극좌표

① **절대 좌표계** : 좌표의 **원점**(0, 0)을 기준으로 하여 x, y축 방향의 거리로 표시되는 좌표이다.

 표시 방법 → x, y

② **상대 좌표** : 마지막 점(임의의 점)에서 다음 점까지 **거리**를 입력하여 선을 긋는 방법이다.

 표시 방법 → @ x, y

③ **(상대)극 좌표계** : 마지막 점에서 다음 점까지 **거리와 각도**를 입력하여 선 긋는 방법이다.

 표시 방법 → @ 거리 < 각도

제1장 실력점검문제

01 CAD 시스템의 입력장치 중에서 광점자 센서가 붙어 있어 화면에 접촉하여 명령어 선택이나 좌표 입력이 가능한 것은?

① 조이스틱(joystick)
② 마우스
③ 라이트 펜
④ 태블릿(tablet)

해설

• 라이트 펜 : 점자센서가 부착되어 그래픽 스크린 상에 접촉하여 특정의 위치나 도형을 지정하거나 명령어 선택이나 좌표 입력이 가능하다.

02 다음 입·출력장치의 연결이 잘못된 것은?

① 입력장치 – 키보드, 라이트 펜
② 출력장치 – 프린터, COM
③ 입력장치 – 트랙볼, 태블릿
④ 출력장치 – 디지타이저, 플로터

해설

• 입력장치 : 키보드, 디지타이저, 태블릿, 마우스, 조이스틱, 컨트롤 다이얼, 기능키, 트랙볼, 라이트 펜
• 출력장치 : 프린터, 플로터, 디스플레이, 모니터, 하드카피장치, COM장치

03 컬러 디스플레이(color display)에 의해서 표현할 수 있는 색들은 어떤 3색의 혼합에 의해서인가?

① 빨강, 파랑, 초록
② 빨강, 하양, 노랑
③ 파랑, 검정, 하양
④ 하양, 검정, 노랑

해설

• 컬러 디스플레이에 의해서 표현할 수 있는 색 : 3가지(빨강, 파랑, 초록)색의 혼합비에 의해 약 4,100가지의 색이 정해진다.

04 화면표시장치에 나타난 모양을 확대, 축소 등의 다른 조작 없이 그대로 종이 등의 물리적 요소에 출력시키는 장치를 무엇이라 하는가?

① 스캐너
② 라이트 펜
③ 모니터
④ 화면복사장치

해설

• 화면복사장치 : 화면에 나타난 상태 그대로를 출력시키는 것

05 컴퓨터 처리 속도의 단위(second)로 올바른 것은?

① $1ps = 10^{-12}$초
② $1ns = 10^{-6}$초
③ $1\mu s = 10^{-9}$초
④ $1ms = 10^{-2}$초

해설

• **컴퓨터 처리속도 단위**
 – 밀리초(ms) ($1ms = 10^{-3}$초)
 – 마이크로초(μs) ($1\mu s = 10^{-6}$초)
 – 나노초(ns) ($1ns = 10^{-9}$초)
 – 피코초(ps) ($1ps = 10^{-12}$초 : 처리속도가 가장 빠르다.)

정답 1. ③ 2. ④ 3. ① 4. ④ 5. ①

제2장 2D 도면 작업

디자인 개념을 시각적으로 구현하는 데 컴퓨터를 이용하는 창의적인 작업 방법을 CAD(Computer Aided Design)라 하며, 컴퓨터를 이용한 제조(CAM; Computer-Aided Manufacturing)와 대비를 이룬다. CAD/CAM 기술은 기계 설계, Bio/Nano/Medical CAD, 선박 설계, 건축 설계, 토목 설계, 플랜트 설계 등 매우 다양한 분야에서 활용된다.

2-1 ★ 그리기 보조도구

① **그리드(grid) 명령** : 도면 영역에 직사각형 격자(grid)를 표시하는 기능
② **스냅(snap)** : 사용되는 마우스 포인트를 일정한 간격으로 이동하도록 제어하는 기능
③ **OSNAP** : 캐드에서 효율적 명령어로 Object에서 정확한 점을 찾아주는 기능
④ **동적 입력** : 도면 작업 영역에서 설계 작업에 집중하는 데 도움을 주기 위해서 마우스 포인터 주위에 명령 프롬프트 인터페이스를 제공하는 기능
⑤ **직교 모드** : 도면 작업 영역에서 설계 작업에 도움을 주기 위해서 마우스 포인터 주위에 명령 프롬프트 인터페이스를 제공하는 기능

2-2 ★ 도면 작업

1) 도면 공통 작업

① **도면 규격 한계(limits)**를 설정한다. 도면의 크기에 맞게 설정한다.(A₁, A₂, A₃ 등)
② **척도(scale)**를 설정한다. 가능하다면 **척도는 1:1을 사용하는 것을** 원칙으로 하고 축척과 배척은 정해진 척도의 기준에 맞게 적용한다.
③ **단위(units) 및 정밀도(precision)**를 설정한다.
④ **윤곽선**을 설정한다.

★ 2) 도면층(layer) 작업

여러 장의 투명한 필름에 각각의 형상을 그리고 이것을 모두 겹쳐서 보더라도 한 장의 필름에 그린 형상으로 보이게 된다. 이때 각각의 낱장 필름 역할을 하는 것을 도면층이라고 한다.

① 도면 자체는 물론이고 다양한 객체들의 관리가 용이하다.

② 매우 복잡한 도면을 작업하는 경우, 화면에 객체를 일시적으로 숨기거나 필요시 다시 표시할 수 있다.

③ 객체가 화면에 표시되지만 선택 불가능(잠금)으로 설정하면 편집 작업을 좀 더 쉽고 빠르게 수행할 수 있다.

④ **객체의 선 가중치와 지정된 색상**에 따라 최종 도면을 인쇄할 수 있다.

⑤ 네트워크 설계 환경에서 프로젝트를 수행하는 경우, 외부 참조한 도면의 잠긴 도면층 객체들은 수정할 수 없어 자동으로 보호되어 동시 공동 작업을 수행할 수 있다.

2-3 도면 작성하기

★ 1) 도면 요소 그리기 명령

명령어 종류	옵션 설명
선 그리기	마우스로 시작점과 다음 점으로 연결하여 그린다.
원 그리기	• 원의 중심점, 반지름(지름)을 지정하여 원 그리기를 한다. • 3P 옵션으로 세 점을 지나는 원 그리기를 한다. • 2P 옵션으로 두 점을 지나는 원 그리기를 한다. • Ttr(tangent-tangent-radius) 옵션으로 접선과 반지름을 이용한 원 그리기를 한다.
호 그리기	• 3점 옵션의 3개의 점을 지정하여 그리기를 한다. • 시작점(S), 중심점(C), 끝점(E)을 지정하여 그리기를 한다. • 시작점(S), 중심점(C), 각도(A)를 지정하여 그리기를 한다. • 시작점(S), 중심점(C), 현의 길이(L)를 지정하여 그리기를 한다. • 시작점(S), 끝점(E), 각도(A)를 지정하여 그리기를 한다. • 시작점(S), 끝점(E), 호의 시작 방향(D)을 지정하여 그리기를 한다. • 시작점(S), 끝점(E), 반지름(R)을 지정하여 그리기를 한다. • 중심점(C), 시작점(S), 끝점(E)을 지정하여 그리기를 한다. • 중심점(C), 시작점(S), 각도(A)를 지정하여 그리기를 한다. • 중심점(C), 시작점(S), 현의 길이(L)를 지정하여 그리기를 한다.
다각형(polygon) 그리기	꼭짓점 수를 입력하여 다각형을 만든다(3각형, 4각형, 5각형 등).

2) 도면 요소 편집 명령

명령어 종류	옵션 설명
객체 간격 띄우기 (offset)	도면 영역에 도형 작도 시 가장 빈번하고 유용하게 사용하는 요소로서 명령 옵션으로는 간격 띄우기 거리, 통과점(T), 지우기(E) 등이 사용된다.
자르기(trim)	명령 옵션으로 도면에 따라 자르는 데 편리한 옵션(울타리(F), 걸치기(C), 프로젝트(P), 모서리(E), 지우기(R) 등)이 사용된다.
연장(extend)	다른 객체의 선이나 경계 모서리와 만나도록 연장하는 기능이다.
복사(copy)	원본 객체로부터 지정된 거리 및 방향 객체의 복사본을 만드는 기능이다.
이동(move)	객체를 지정된 방향 및 지정된 거리만큼 이동하는 기능이다.
스케일(scale)	선택한 객체를 확대 또는 축소할 수 있는 기능이다.
배열(array)	규칙적인 매트릭스(열과 행) 패턴으로 선택된 객체들의 다중 복사를 만드는 기능으로 다음과 같은 세 가지 유형의 배열이 있다. * 직사각형(rectangle), 경로(path), 원형(circular) 배열
모깎기(fillet)	모서리 처리 방법으로 둥근 모서리를 만드는 기능
모따기(chamfer)	모서리 처리 방법으로 각진 모서리를 만드는 기능
대칭(mirror)	원본 객체로부터 중심선을 기준으로 같은 거리로 대칭하는 기능

01 CAD의 디스플레이 기능 중 줌(ZOOM) 기능 사용 시 화면에서 나타나는 현상으로 옳은 것은?

① 도형 요소의 치수가 변화한다.
② 도형 형상의 방향이 반대로 바뀌어서 출력된다.
③ 도형 요소가 시각적으로 확대, 축소된다.
④ 도형 요소가 회전한다.

해설

ZOOM 기능은 도형 요소의 특성이 변화하는 것이 아니라 작업을 위해 모니터에 시각적으로만 확대·축소된다.

02 CAD 작업에서 제공되는 객체(object)를 정확하게 선정할 수 있도록 하는 방법이 아닌 것은?

① 원이나 원호의 중심
② 직선, 원호, 원의 교차점
③ 직선, 원호의 끝점
④ 점, 선, 원 등에서 가장 먼 점

해설

• Object snap : CAD 작업에서 도면요소의 지정 방법 중 정확한 객체 선택 방법
 - 직선, 원호의 끝점(END)
 - 직선, 원, 원호의 교차점(INT)
 - 원이나 원호의 중심(CEN)
 - 이나 호의 중간점(MID)

03 모든 유형의 곡선(직선, 스플라인, 원호 등) 사이를 경사지게 자른 코너를 말하는 것으로 각진 모서리나 꼭짓점을 경사 있게 깎아 내리는 작업은?

① Hatch   ② Fllet
③ Rounding   ④ Chamfer

해설

• Chamfer : 거리1, 거리2, 각도로 결정된다.

04 CAD 시스템에서 일반적인 선의 속성(attribute)으로 거리가 먼 것은?

① 선의 굵기(line thickness)
② 선의 색상(line color)
③ 선의 밝기(line brightness)
④ 선의 종류(line type)

해설

레이어 명령에서 선의 속성 중 선의 굵기, 색상, 선의 종류를 설정한다.

05 양궁 과녁과 같이 일정 간격을 가진 여러 개의 동심원으로 구성되는 형상을 만들려고 한다. 다음 중 가장 적절하게 사용될 수 있는 기능은?

① zoom   ② move
③ offset   ④ trim

해설

• offset : 도면 요소를 일정한 간격으로 복사하는 명령어

06 곡면 편집 기법 중 인접한 두 선을 둥근 모양으로 부드럽게 연결하도록 처리하는 것은?

① fillet   ② smooth
③ mesh   ④ trim

해설

• Fillet : 반지름의 크기에 따라 모서리의 곡선 크기가 달라지는 명령어

---

1. ③ 2. ④ 3. ④ 4. ③ 5. ③ 6. ①   **정답**

제3장 3D 형상 모델링

일반적으로 많이 사용되고 있는 3D 형상 모델링에는 CATIA, SolidWorks, UG-NX, Inventor, Solidedge 등이 있다. 형상 디자인과 부품 설계, 조립품, 조립 유효성 검사 및 시뮬레이션을 통해 디지털 프로토타입을 실현할 수 있으며, 제품의 오류를 최소화할 수 있다.

3-1 3D 좌표계

★
1) 3D 좌표계

① **직교좌표계** : x, y, z 방향의 축을 기준으로 공간상의 하나의 교점을 나타낸다.
   $\rightarrow (x_1,\ y_1, z_1\ )$

② **구면좌표계** : 기준점을 중심으로 2개의 각도 데이터와 1개의 길이 데이터로 해당 점의 좌표를 나타내는 좌표계 $\rightarrow (r, \varnothing, \theta)$

③ **원기둥좌표계** : 3D 원통형 좌표는 XY 평면에서 UCS 원점과의 거리, XY 평면에서 X축과의 각도 및 Z값으로 정확한 위치를 나타낸다. $\rightarrow (r, \theta, z_1)$

3-2 ★★ 3D 형상 모델링 종류

3D 형상 모델링 종류	특징
1) **와이어프레임 모델링** **(선 정보에 의한 모델링)** 모델의 표면을 삼각형 또는 사각형으로 분할하고 점, 직선, 곡선 등으로 연결하여 뼈대를 만드는 모델링	• 데이터의 구성이 간단하다(∵처리 속도가 빠르다). • 모델 작성을 쉽게 할 수 있다. • 3면 투시도의 작성이 용이하다. • **은선 제거가 불가능하다.** • **단면도 작성이 불가능하다.**

3D 형상 모델링 종류	특징
2) **서피스 모델링** **(면 정보에 의한 모델링)** 와이어 프레임 모델을 기본으로 면을 씌워 표면을 모델링하는 방식 게임, 영화, 예술 등 컴퓨터 그래픽스(CG, Computer Graphics)에 주로 활용	• 은선 제거가 가능하다. • 단면도를 작성할 수 있다. • 복잡한 형상의 표현이 가능하다. • 2개 면의 교선을 구할 수 있다. • **NC 가공 정보를 얻을 수 있다.**
	[서피스 모델링의 종류] • 폴리곤 모델링 • 넙스 모델링(NURBS; Non-Uniform Rational B-Spline Modeling) • 서브디비전 서피스 모델링(Subdivision Surface Modeling) • 패치 모델링(Patch Modeling)
3) **솔리드 모델링** **(체적 정보에 의한 모델링)** 기계, 건축, 제조 등의 산업용 캐드(CAD, Computer Aided Design)에서 주로 활용	• 은선 제거가 가능하다. • **물리적 성질(체적, 무게 중심, 관성모멘트) 등의 계산이 가능하다.** • **간섭체크가 용이하다.** • **Boolean 연산(합, 차, 적)을 통하여 복잡한 형상 표현도 가능하다.** • 형상을 절단한 단면도 작성이 용이하다. • **컴퓨터의 메모리양이 많아진다.** • 데이터의 처리가 많아진다. • 이동, 회전 등을 통하여 정확한 형상 파악을 할 수 있다. • **유한요소법(FEM)을 위한 메시 자동분할이 가능하다.** • 대량의 데이터로 인해 처리속도가 느려 게임 등에는 사용하지 않는다. • 물리적 성질 계산 및 명암(Shade), 컬러 기능으로 명확한 표현 가능
	[솔리드 모델링 표현 방식] • CSG(Constructive Solid Geometry) ① 기본 형상(구, 원추, 실린더 등) 이용(∵ 메모리양이 적음) ② 복잡한 형상을 단순한 기본 형상을 활용하여 조합 및 불리언 연산(합, 차, 적)으로 표현 ③ 형상 수정이 용이 • B-rep(Boundary Representation) ① 경계 표현을 이용하여 표현(∵ 메모리양이 많음) ② 형상을 구성하고 있는 정점(Vertex), 면(Face), 모서리(Edge)가 어떠한 관계를 가지는 지에 따라 표현하는 방법 ③ 전개도 작성 용이

3D 형상 모델링 작업

1) 3D 형상 모델링 기본 기능

- **파트 작성** : 3D 소프트웨어에서 파트는 **하나의 부품 형상을 모델링 하는 곳**으로, 3D 소프트웨어에서 파트는 형상을 표현하는 가장 기본적이고 중요한 요소이다. 보편적으로 3차원 형상 모델링하는 곳이 바로 파트이다.
- **조립품 작성** : **파트 작성에서 생성된 부품을 조립하는 것**으로, 3D 소프트웨어를 통해 부품 간 간섭 및 조립 유효성 검사 및 시뮬레이션 등 의도한 디자인대로 동작하는지 체크할 수 있는 요소이다.

① **2차원 기본요소의 정의** : 점, 선, 원, 원호, 스플라인 등에 의한 기본 요소들을 수정 편집 **및 결합하여 형상을 표현**하여 만들어진 모델은 면, 모서리, 꼭짓점으로 이루어지게 된다.

② **3차원 기본 형상의 정의** : 기본 요소의 조합으로 **구, 원통, 원뿔, 원추, 삼각기둥** 등 3차원 **기본 형상**을 이루고 소프트웨어에 따라 프리미티브(Primitive), 오브젝트(Object), 엘리먼트(Element), 엔티티(Entity) 등으로 명명한다.

★ 2) 특징 형상 모델링(Feature Based Modeling)

① 데이터 변환 기능 : 스케일링(Scaling), 이동(Translation), 회전(Rotation) 등의 수정 및 편집에 사용되는 기능으로 **2차원 기본 요소를 이용**하여 만들어진 스케치를 **3차원 모델화**

피처 유형	피처 설명	피처 형상
돌출 (Extrude)	평면에 스케치된 요소를 평면에 수직 방향으로 두께를 만들거나 제거	
회전 (Revolve)	평면에 스케치된 요소를 임의의 축을 중심으로 회전. 중심선을 기준으로 프로파일을 회전하여 재질을 붙이거나 파낸다.	

피처 유형	피처 설명	피처 형상
스윕 (Sweep)	단면과 경로를 스케치한 후 단면이 이동경로를 따라 이동하거나 경로 및 지름을 지정하여 베이스, 보스, 컷, 곡면을 작성한다. 스케치와 경로를 이용하고 때에 따라 원형프로파일의 경우 스케치할 필요 없이 가능	
로프트 (Loft)	여러 개의 단면 스케치를 연결규칙에 따라 연결. 두 개 이상의 프로파일을 이용하여 단면을 연결시킬 수 있으며, 베이스, 보스, 컷, 곡면 등의 지정이 가능	
쉘 (Shell)	컵이나 조개를 만드는 것처럼 선택한 면을 일정한 두께를 남겨두고 파내는 명령으로, 모델에서 면을 하나도 선택하지 않으면 닫힌 중공 형상(Hollow Model)을 생성하며, 다중 두께를 사용하여 모델의 두께를 부분적으로 다르게 쉘링 가능	
모깎기 (Fillet)	안쪽 또는 바깥쪽에 탄젠트 한 곡면을 생성. 모든 면 모서리, 선택한 면 세트, 선택한 모서리, 모서리 루프 등에 적용 가능	
모따기 (Chamfer)	선택한 모서리나 면, 또는 꼭짓점을 45° 등으로 면취	
대칭 복사 (Mirror)	평면이나 면을 기준으로 대칭 복사되는 한 개 이상의 피처를 작성할 수 있고 파트의 면, 피처 및 바디를 대칭 복사 가능 피처를 수정하면 대칭 복사된 피처가 함께 수정	

② 세그먼트(Segment) 기능 : 형상의 일부분을 선택, 수정, 삭제하도록 지원하는 기능
  (세그먼트 : 하나의 요소 혹은 몇 개의 요소들의 모임으로 수정 삭제의 기본 단위)

3) 부품(파트) 조립

① 탄젠트 : 선택한 항목을 인접 메이트로 배치
② 잠금 : 두 부품 간의 위치와 방향을 유지(모든 부품 가능)
③ 거리 : 선택한 항목 간에 특정 거리 유지
④ 각도 : 선택한 항목이 서로 특정 각도를 이루게 배치

3-4 형상 모델링 검토

1. 구속 조건

각각의 부품들이 조립되어 제 기능을 할 수 있도록 어떤 부품들은 회전이나 일정 각도로 움직이고, 볼트와 너트를 통한 체결이 이루어지는 등 다양한 결합 방식이 존재한다. 부품의 기능을 만족하기 위하여 구속 조건을 설정한다.

★
1) 구속 조건의 의미

① 스케치 요소와 요소 사이 또는 스케치 요소와 모델 사이의 자세를 흐트러짐 없이 잡아주는 기능
② 차후 디자인 변경이나 수정 시 편리하고 직관적으로 업무를 수행하기 위하여 필요한 기능
③ 형상구속과 치수구속으로 구분
④ 디자인을 형상화하기 위한 모델링 스케치(2D) 시 형상구속이나 치수구속의 조건을 만족해야 한다.
   * 형상구속 : 드로잉된 스케치 객체들 간의 자세를 맞추는 구속
   * 치수구속 : 스케치의 값을 정해서 크기를 맞추는 구속을 설정하는 기능

★
2) 형상구속

① 스케치 객체들의 자세가 자유롭게 변형되는 것을 방지
② 설계자가 의도한 대로 스케치 형상을 유지할 수 있도록 설정
③ 스케치 요소와 요소 사이 또는 스케치 요소와 모델 사이의 자세를 흐트러짐 없이 잡아주는 기능
④ 차후 디자인 변경이나 수정 시 편리하고 직관적으로 업무를 수행하기 위해 필요한 기능
⑤ **형상구속(2D)의 종류**
   ㉠ **수평구속** : 선택한 선분이 수평(가로선)이 되도록 구속한다.

ⓛ **수직구속** : 선택한 선분이 수직(세로선)이 되도록 구속한다.

ⓒ **동일구속** : 두 개 이상 선택된 스케치의 크기를 똑같이 구속한다.

ⓡ **동일선상 구속** : 두 개 이상 선택된 스케치 선을 동일한 위치로 선을 구속한다.

ⓜ **평행구속** : 두 개 이상 선택된 선을 평행하게 구속한다.

ⓗ **직각구속** : 선택된 두 개의 스케치선을 직각으로 구속한다.

ⓢ **동심구속** : 두 개 이상 선택된 원호의 중심을 정확하게 구속한다.

ⓞ **접선구속** : 선택된 두 개의 원호 또는 원과 선을 접선이 되도록 구속한다.

ⓩ **일치구속** : 떨어져 있는 점과 선을 정확하게 붙이거나 떨어져 있는 두 끝점을 정확하게 연결시키는 구속이다.

★★
3) 치수구속

3D스케치 요소에 대한 치수(길이, 원호, 지름, 각도 등)를 지정할 수 있다. 형상 조건이 부여된 뒤 치수구속을 통하여 길이, 각도, 지름, 현, 원호 등의 크기, 각도, 위치, 방향을 정의함으로써 형상을 완전히 구속한다.

① **치수구속의 종류**

ⓖ **모따기 치수** : 선이나 모서리 선 길이

ⓛ **기준선 치수** : 두 선 사이 각도

ⓒ **각도 치수** : 세 점 사이 각도

ⓡ **두 선 사이 거리**점에서 선까지의 수직 거리

ⓜ **두 점 사이 거리** 호와 반경 호의 실제 길이

ⓗ **원의 지름**

ⓢ **두 원호 또는 원의 중심 거리**

ⓞ **직선 모서리의 중간점**

ⓩ **스케치 요소와 중심선 간의 두 배 거리**

4) 완전 정의

① 형상구속 조건이 부여된 뒤 치수구속을 통하여 길이, 각도, 지름, 현, 원호 등의 치수를 기입함으로써 크기, 위치, 방향 등이 완전히 결정된 상태

② **색상을 통해** 각 스케치 요소의 **구속상태가 표시**된다.

③ 완전구속(보라색) : Inventor

ⓖ 직사각형의 윗변과 오른쪽 변에 치수를 부가하면 두 변 사이의 동등 조건으로 인해 사면의 크기가 함께 정해진다.

ⓛ 직사각형 자체가 원점에 고정된다면 모든 선이 보라색으로 표시되어 직사각형이 완전 정의가 된다.

④ 불완전 정의(초록색)) : Inventor
   ㉠ 직사각형일 경우 치수구속을 하지 않으면 선은 요소가 아직 구속되지 않아 초록색
      으로 표시 상태
   ㉡ 구속 조건 및 치수 기입을 통하여 완전 정의가 필요한 상태

3-5 조립구속

1) 조립구속 조건의 종류

＊ 조립품 작성 : 어셈블리 디자인, 파트 작성을 통해 부품을 조립하는 공간으로 3D 형상
   모델링을 통해 부품 간 간섭 및 조립 유효성 검사 및 시뮬레이션 등 의도한 디자인대로
   동작하는지 체크할 수 있는 요소이다.
① 일치 제약조건 : 일치시키고자 하는 면과 면, 선과 선, 축과 축 등을 선택하면 일치시
   켜주는 제약조건
② 접촉 제약조건 : 선택한 면과 면, 선과 선을 접촉하도록 하는 제약조건
③ 오프셋 제약조건 : 선택한 면과 면, 선과 선 사이에 오프셋으로 거리를 주는 제약조건
④ 각도 제약조건 : 면과 면, 선과 선을 선택해 각도로 제약을 주는 조건
⑤ 고정 컴포넌트 : 선택한 파트를 고정시켜주는 기능

01 다음 설명에 해당하는 3차원 모델링에 해당하는 것은?

> • 데이터의 구조가 간단하다.
> • 처리 속도가 빠르다.
> • 단면도 작성이 불가능하다.
> • 은선 제거가 불가능하다.

① 와이어프레임 모델링
② 서피스 모델링
③ 솔리드 모델링
④ 시스템 모델링

해설

와이어프레임 모델링(wireframe modeling)
• 데이터의 구성이 간단하다(∴ 처리 속도가 빠르다).
• 모델 작성을 쉽게 할 수 있다.
• 3면 투시도의 작성이 용이하다.
• 은선 제거가 불가능하다.
• 단면도 작성이 불가능하다.
• 기하학적 현상을 선에 의해서만 3차원 형상을 나타낸다.

02 3차원 물체를 외부 형상뿐만 아니라 내부 구조의 정보까지도 표현하여 물리적 성질 등의 계산까지 가능한 모델은?

① 와이어 프레임 모델
② 서피스 모델
③ 솔리드 모델
④ 엔티티 모델

해설

솔리드 모델링(solid modeling)
• 은선 제거가 가능하다.
• 물리적 성질(체적, 무게중심, 관성모멘트) 등의 계산이 가능하다(∴ 컴퓨터의 메모리양과 데이터 처리량이 많아진다).
• 간섭 체크가 용이하다.
• Boolean 연산(합, 차, 적)을 통하여 복잡한 형상 표현도 가능하다.
• 형상을 절단한 단면도 작성이 용이하다.

• 이동, 회전 등을 통하여 정확한 형상 파악을 할 수 있다.
• 유한요소법(FEM)을 위한 메시 자동 분할이 가능하다.

03 3차원 형상을 솔리드 모델링하기 위한 기본 요소를 프리미티브라고 한다. 이 프리미티브가 아닌 것은?

① 박스(box)
② 실린더(cylinder)
③ 원뿔(cone)
④ 퓨전(fusion)

해설

• 프리미티브(3D 기본 요소) : 원뿔, 박스, 육면체, 원기둥, 구, 원추, 회전체, 프리즘, 스윕

04 일반적으로 CAD 작업에서 사용되는 좌표계와 거리가 먼 것은?

① 상대좌표
② 절대좌표
③ 극좌표
④ 원점좌표

해설

좌표계의 종류
• 2D : 절대좌표, 상대좌표, 상대극좌표
• 3D : 원통형 좌표, 구형좌표(구면좌표)

05 설계에서 제조, 출하에 이르는 모든 기능과 공정을 컴퓨터를 통하여 통합 관리하는 시스템의 용어는?

① CAE
② CIM
③ FMS
④ CAD/CAM

해설

• CIM(Computer IntegratedManufacturing) : 컴퓨터를 이용, 기술개발, 설계, 생산, 판매에 이르기까지 하나의 통합된 체제를 구축하는 것을 말한다.

1. ① 2. ③ 3. ④ 4. ④ 5. ② **정답**

06 다음의 피처 명령어 중에서 필릿 명령으로 만들어진 3D형상 모델링은?

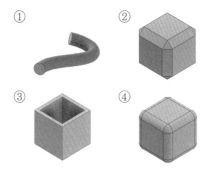

① 스윕, ② 모떼기(chamfer), ③ 쉘, ④ 모깎기(fillet)

07 모떼기(chamfer), 구멍(hole), 필릿(fillet) 등의 존재 여부, 크기 및 위치에 대한 정보가 있어 솔리드 모델로부터 공정계획을 자동으로 생성시키는 것이 용이한 모델링 방법은 무엇인가?

① 특징형상 모델링
② 파라메트릭 모델링
③ 비다양체 모델링
④ CSG 모델링

특징형상 모델링 : 모떼기(chamfer), 구멍(hole), 필릿(fillet) 등의 존재 여부, 크기 및 위치에 대한 정보가 있어 솔리드 모델로부터 공정계획을 자동으로 생성시키는 것이 용이한 모델링 방법

08 점, 선, 프로파일(윤곽선)을 경로에 따라 이동하여 베이스, 보스, 자르기 또는 곡면 형상을 생성하는 모델링 기법은?

① 스키닝(skinning)
② 리프팅(lifting)
③ 스윕(sweep)
④ 특징형상 모델링(feature-based model-ing)

① 스키닝 : 여러 개의 단면형상을 생성하고 이들을 덮어싸는 곡면을 생성하는 모델링 방법
② 리프팅 : 면의 일부 혹은 전부를 원하는 방향으로 당겨서 물체를 늘어나도록 하는 모델링 기능
④ 특징형상 모델링 : 7번 문제 해설 참조

09 기존에 생성된 솔리드모델에서 프로파일 모양으로 홈을 파거나 뚫을 때 사용하는 기능으로서 돌출명령어의 진행과정과 옵션은 동일하나 돌출형상으로 제거하는 명령어를 뜻하는 것은?

① 합치기(합집합)
② 교차하기(교집합)
③ 빼기(차집합)
④ 생성하기(신규 생성)

① 합치기(합집합) : 두 객체를 합쳐서 하나의 객체로 만드는 것
② 교차하기(교집합) : 두 객체의 겹치는 부분만 남기는 것
③ 빼기(차집합) : 한 객체에서 다른 한 객체의 부분을 빼는 것

10 그림의 구속 조건 중 도형의 평행조건을 부여하는 것은?

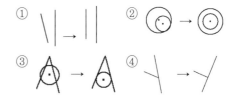

① 평행구속 : 두 개 이상 선택된 스케치선을 평행하게 구속한다.
② 동심원구속 : 두 개 이상 선택된 원호의 중심을 정확하게 구속한다.
③ 접선구속 : 선택된 두 개의 원호 또는 원과 선을 접선이 되도록 구속한다.
④ 직각구속 : 선택된 두 개의 스케치 선을 직각으로 구속한다.

6. ④ 7. ① 8. ③ 9. ③ 10. ①

제4장 3D 형상 모델링 데이터 및 출력

4-1 3D 형상 모델링 데이터

1. 3D 형상데이터 형식 변환

- 각각의 3D CAD 프로그램은 프로그램별 전용 확장자명을 가지는 파일로 저장
  → 다른 3D CAD 프로그램과의 호환이 불가능하다.
- 서로 다른 CAD 프로그램에서 작업 파일을 열어봐야 하는 경우가 자주 발생하므로 이를 위해 3D 데이터의 경우 특별한 프로그램의 특성에 따르지 않는 일반적인 중립 확장자 (STEP, IGES 등)가 필요하다.

★
1) STEP(STandard for the Exchange of Product model data)

① 제품설계부터 생산에 이르는 모든 데이터를 포함하기 위해서 가장 최근에 개발된 표준이다.
② **솔리드모델 정보만 받는다.**
③ 지오메트릭 형상, 토폴로지, 특징, 마테리얼 성질 등을 저장한다.
④ 파일은 점뿐만 아니라 선, 원, 자유곡선. 자유곡면, 트림 곡면, 색상, 글자 등 CAD/CAM 소프트웨어에서 **3차원 모델의 거의 모든 정보를 포함**한다.

★
2) IGES(Initial Graphics Exchange Specification)

① 그래픽 정보의 교환을 위해 미국 상무부의 국가표준국에서 제정한 **최초의 표준포맷**이다.
② 점뿐만 아니라 선, 원, 자유곡선, 자유곡면, 트림 곡면, 색상, 글자 등 CAD/CAM 소프트웨어에서 **3차원 모델의 거의 모든 정보를 포함**할 수 있다.
③ 파일 포맷에는 **아스키(ASCII) 포맷과 바이너리(Binary) 포맷**으로 분류한다.
　* 아스키(ASCII) : 미국 표준협회에서 제정한 코드로 '미국정보교환표준부호'라는 의미를 지니고 있으며 7비트 혹은 8비트로 한 문자를 표시하는 코드
④ 형상 데이터를 나타내는 엔티티로 이루어진다.
⑤ **서피스모델의 정보를 받는다.**

⑥ 한 개의 IGES 파일은 다섯 개의 섹션(section)으로 구성되어 있다.
  ㉠ 개시부(start section)
  ㉡ 글로벌 섹션(global section)
  ㉢ 디렉터리 엔트리 섹션(directory entry section) : 파일에서 정의한 모든 요소 (entity)의 목록을 저장
  ㉣ 파라미터 데이터 섹션(parameter section) : 엔터티들에 관한 실제 데이터가 기록되어 있는 부분
  ㉤ 종료부(terminate section)

★ 3) STL(표준 삼각형 언어 또는 표준 테셀레이션 언어)

① 모든 CAD 시스템으로부터 쉽게 생성되도록 단순하게 설계하였다(**색상, 질감 또는 모델 특성을 제외한 3차원 객체의 표면 형상만을 나타내는 것**).
② 3D프린팅 시스템 제작 판매사들에 인정되어 3D 프린팅의 **표준입력파일 포맷**으로 사용되고 있다.
③ STL 포맷은 삼각형의 세 꼭짓점이 나열된 순서에 따라 **오른손법칙**을 사용한다.
④ 3D 시스템사가 Albert Consulting Group에 의뢰해 쉽게 사용할 수 있게 만들어졌다.
⑤ **STL파일은 아스키(ASC11)코드**(문자열을 사용하여 형상을 표현)와 **바이너리코드 형식** (좌표정보로 표현)이 있다.
⑥ 동일한 Vertax(꼭짓점 또는 정점)가 반복된 법칙으로 인해 파일의 크기가 매우 커지게 되어 전송시간이 길고 저장공간을 많이 차지한다. 전송시간도 느리고 정보를 처리하는 데 비효율적인 것이 단점이다.
⑦ 메시데이터로 변환되어 저장(표면 메시에 대한 정보만 포함)

4) AMF(Additive Manufacturing File)

① 3D프린팅과 같은 적층 제조 프로세스를 위한 객체를 표현하기 위한 공개 표준이다.
② 3D프린터에서 제작될 3D모델의 모양과 구성을 설명할 수 있도록 설계된 XML 기반 파일 형식이다.
  * XML(Extensible Markup Language) : 인터넷 웹페이지를 만드는 HTML
③ **STL형식의 단점을 보완**하여 용량이 적고 색상, 재료, 표면 윤곽을 기본적으로 표현한다.

5) OBJ(Object File)

① **3D프린터의 표준 입력 파일 포맷으로 많이 사용**한다.
② 3D 애니메이션 프로그램 개발사인 Wavefront사에서 개발한 3D 모델링 데이터 형식이다.
③ 기하학적 정점, 텍스처 좌표, 정점 법선과 다각형 면들을 포함한다.
④ **호환성이 매우 뛰어나지만 용량이 크다.**

⑤ 벡터형식을 기반으로 아스키나 바이너리 형식으로 저장 가능하다.

⑥ 색상과 질감 정보를 갖는 파일 형식이다.

6) DXF(Data Exchange File)

① 미국의 Autodesk사에서 개발한 오토캐드 데이터와의 호환성을 위해 제정한 아스키형식(ASCII Format)으로 문자로 구성된다.

② 문자편집기(Text Editor)에 의해 편집이 가능하고, 다른 컴퓨터 하드웨어에서도 처리가 가능하다.

2. 3D프린터 출력 원리

3D프린터에서의 출력은 3D 프로그램에서 모델링된 부품 파일을 일반 2D프린터처럼 인쇄 버튼을 눌러 바로 출력할 수 있는 것이 아니라, 3D프린터가 인식할 수 있는 동작 코드와 좌표가 있는 파일, 즉 슬라이싱 프로그램에서 G코드라는 파일로 변환해서 저장하여 3D프린터기에 파일을 전송해야만 출력이 되는 장비이다.

1) 모델링 데이터 변환 저장하기

파일 형식 변환파일 형식을 변경하기 위해서는 저장 또는 내보내기 기능에 있는 파일 형식을 통해 3D프린터 슬라이싱 프로그램에서 불러올 수 있는 파일(*.STL 형식과 *.OBJ 형식)로 변경할 수 있다.

① *.STL 형식 : 주로 3D 형상 모델링에서 생성

② *.OBJ 형식

  ㉠ 3D 데이터 포맷 중 3차원 형상의 맵핑 이미지 정보를 포함하고 있다.

  ㉡ 그래픽 프로그램에서 많이 사용된다.

  ㉢ 기하학적 정점, 텍스처 좌표, 정점법선과 다각형 면들을 표현한다.

  ㉣ 매 프레임에 하나의 파일이 필요하고 많은 용량이 필요하다.

  ㉤ obj 파일로 내보내고 불러오는 데 오랜 시간이 걸리는 단점이 있다.

2) G코드 파일 생성

3D 프린터기에 맞는 슬라이싱 프로그램에서 *.STL 파일을 G코드로 저장한다.

∴ 3D형상 모델링 → *.STL 파일로 저장 → 슬라이싱 프로그램 → G코드로 저장 → 3D 출력

4-2 3D 형상 모델링 출력

1. 3D 출력장치

1) 재료압출 방식(Material Extrusion)

① FDM(Fused Deposition Modeling)
  ㉠ 가장 일반화된 방식
  ㉡ 오픈소스 기반의 FFF(Fused Filament Fabrication)와 유사
  ㉢ 열가소성플라스틱 재료를 가열된 압출기에서 반용융 상태로 녹인 후 G코드의 좌표 경로에 따라 압출조형

2) 재료분사 방식(Material Jetting)

① MJM(Multi Jet Modeling)
  ㉠ 폴리젯(PolyJet)과 유사하며 MJP(Multi Jet Printing)라고도 한다.
  ㉡ 잉크젯프린터의 원리를 이용한 프린팅 방식
  ㉢ 미세노즐을 이용하여 원하는 패턴에만 분사한 뒤 자외선(UV) 램프를 작동시켜 포토큐어링 후 반복적 조형
  ㉣ 아크릴 계열은 투명도 조절 가능(내부 육안 확인)
  ㉤ 정밀도가 우수하고 표면 조도가 양호
  ㉥ 조형물이 고온(65℃ 이상)에서 열 변형 가능성 우려
  ㉦ 조형물의 강도 취약

3) 광중합방식(Photo Polymerization)

① SLA(Stereo Lithography Apparatus)
  ㉠ 광경화성 수지를 수조 등에 준비한 뒤 자외선 또는 레이저빔 등을 조사하여 한 층씩 경화시켜 조형
  ㉡ 최초로 상용화된 프린팅 방식
  ㉢ 레이저빔 등의 광원을 거울(디지털스캔미러)을 이용하여 정밀하게 조사하거나 자외선 램프 등을 이용하여 레이어 전체에 빔을 조사
  ㉣ 수조의 일부 수지만을 사용하므로 재료 소모가 심한 편
② DLP(Digital Light Processing)
  ㉠ SLA 방식과 기술적으로 유사
  ㉡ 빔프로젝터를 이용하여 광경화성 수지를 경화 조형
  ㉢ 단면층 전체 이미지를 한 번에 조사하여 경화하므로 출력속도 우수

4) 분말적층 용융 결합방식(Powder Bed Fusion)

① SLS(Selective Laser Sintering)

㉠ 선택적 레이저 소결 방식

㉡ 분말 재료를 롤러 등을 이용하여 베드에 얇게 깔아준 뒤 레이저를 선택적으로 조사하여 소결 조형

㉢ 레이저빔, 전자빔 등의 에너지원 사용

㉣ 조형물의 내구성이 우수하여 시제품이 아닌 최종제품 생산 가능

㉤ 소결된 분말 이외 분말이 서포트 역할을 하므로 별도의 서포트 불필요

㉥ 서포트가 없으므로 복잡한 형상 조형 용이

㉦ 분말 재료의 재사용 가능

01 국제표준화기구(ISO)에서 제정한 제품 모델의 교환과 표현의 표준에 관한 줄인 이름으로 형상정보뿐 아니라 제품의 가공, 재료, 공정, 수리 등 수명주기 정보의 교환을 지원하는 것은?

① IGES
② DXF
③ SAT
④ STEP

해설

STEP
• 제품설계부터 생산에 이르는 모든 데이터를 포함하기 위해서 가장 최근에 개발된 표준
• 지오메트릭 형상, 토폴로지, 특징, 마테리얼 성질 등을 저장
• 파일은 점뿐만 아니라 선, 원, 자유곡선. 자유곡면, 트림 곡면, 색상, 글자 등 CAD/CAM 소프트웨어에서 3차원 모델의 거의 모든 정보를 포함

02 다음 중 데이터의 전송속도를 나타내는 단위는?

① BPS
② MIPS
③ DPI
④ RPM

해설

• BPS(bit per second) : 1초 동안 전송할 수 있는 모든 비트의 수

03 IGES(Initial Graphics Exchange Specification)를 설명한 것으로 옳은 것은?

① 그래픽 정보 교환용 기계장치
② 초기 생성된 그래픽을 수정하기 위한 기능
③ 장기에서 그래픽 정보를 생성하기 위한 초기화 상태에 관한 규칙
④ 서로 다른 시스템 간의 그래픽 정보를 상호교류하기 위한 파일 구조

해설

각각의 3D CAD프로그램에서 저장된 작업 파일을 다른 프로그램에서도 열어봐야 하는 경우가 자주 발생하므로 이를 위해 3D 데이터의 경우 특별한 프로그램의 특성에 따르지 않고 어디에서나 열어볼 수 있는 일반적인 중립 확장자(STEP, IGES 등)가 필요하다.

04 데이터 변환 파일 중 대표적인 표준 파일 형식이 아닌 것은?

① IGES
② ASCII
③ DXF
④ STEP

해설

• ASCII : 미국의 표준코드로 컴퓨터와 주변장치 간의 데이터 입·출력에 주로 사용하는 데이터 표현 규칙

05 IGES 파일 구조가 가지는 section이 아닌 것은?

① directory section
② global section
③ start section
④ local section

해설

• 개시부(start section)
• 글로벌 섹션(global section)
• 디렉터리 엔트리 섹션(directory entry section)
• 파라미터 데이터 섹션
• 종료부(terminate section)

06 제품의 모델(model)과 그와 관련된 데이터 교환에 관한 표준 데이터 형식이 아닌 것은?

① STEP
② IGES
③ DXF
④ DWG

해설

• 3D 형상 모델링 데이터 교환 형식 : STEP, IGES, DXF

PART
04

기출문제

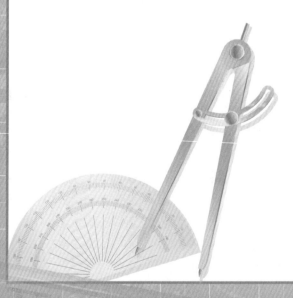

최신 기출문제를 수험생 혼자서 공부할 수 있도록 이해하기 쉽게 빠짐없이 풀이를 하였다. 기출문제를 확실하게 이해할 수 있도록 풀이하여 전산응용기계제도 기능사 필기시험 합격하는 것을 목표로 하고 있다.

memo

01 탄소 공구강의 구비 조건으로 틀린 것은?

① 내마모성이 클 것
② 가공 및 열처리성이 양호할 것
③ 저온에서의 경도가 클 것
④ 강인성 및 내충격성이 우수할 것

해설

탄소공구강 구비 조건
열처리가 양호할 것, 고온 경도가 클 것, 내마모성이
클 것, 내충격성이 우수할 것

02 인장강도가 255~340MPa로 Ca-Si나 Fe
-Si 등의 접종제로 접종 처리한 것으로 바
탕조직은 펄라이트이며 내마멸성이 요구되
는 공작기계의 안내면이나 강도를 요하는
기관의 실린더 등에 사용되는 주철은?

① 칠드 주철   ② 미하나이트 주철
③ 흑심가단 주철   ④ 구상흑연 주철

해설

• 칠드 주철 : 주조 시 주형에 냉금을 삽입하여 표면을
급냉시켜 경도를 증가시킨 내마모성 주철로 표면 경
도를 필요로 하는 부분만을 급랭하여 경화시키고 내
부는 본래의 연한 조직으로 남게 하는 주철, 용융상
태에서 금형에 주입하여 표면을 급랭에 의해 경화시
킨 백주철
• 미하나이트 주철 : 시멘타이트 또는 펄라이트 일부분
을 남겨서 적당한 강도와 경도 등을 유지하게 한 것
이다.
• 흑심가단 주철 : 백선 주물을 풀림 상자 속에 넣어 풀림
로에서 가열, 2단계의 흑연화 처리를 행하여 제조된다.
• 구상흑연 주철 : 용융 상태의 주철 중에 니켈, 크롬,
몰리브덴, 구리 등을 첨가하여 재질을 개선한 것으
로 노듈러 주철, 덕타일 주철 등으로 불리는 이 주철
은 내마멸성, 내열성, 내식성 등이 대단히 우수하여
자동차용 주물이나 주조용 재료로 가장 많이 사용되
고 있다.

03 구리의 원자 기호와 비중과의 관계가 옳은
것은? (단, 비중은 20℃, 무산소동이다.)

① Al − 6.86   ② Ag − 6.96
③ Mg − 9.86   ④ Cu − 8.96

해설

Al−2.7, Ag−10.5, Mg−1.74

04 황동은 어떤 원소의 2원합금인가?

① 구리와 주석   ② 구리와 망간
③ 구리와 납   ④ 구리와 아연

해설

• 황동 ⇒ Cu(구리)+Zn(아연)
• 청동 ⇒ Cu(구리)+Sn(주석)

05 담금질 응력 제거, 치수의 경년 변화 방지,
내마모성 향상 등을 목적으로 100~200℃
에서 마르텐자이트 조직을 얻도록 조작을
하는 열처리 방법은?

① 저온뜨임   ② 고온뜨임
③ 항온풀림   ④ 저온풀림

해설

뜨임
• 저온뜨임 ⇒ 뜨임온도는 100~200℃이며, 담금질 경
도는 변화하지 않고 내부응력은 제거해 점도를 회복시
키는 것이며 저탄소강, 구조강, 공구강 등에 실시
• 고온뜨임 ⇒ 고온뜨임은 400~600℃ 범위에서 실시.
그 중 스프링강 등 고점도를 요하는 것은 400~500℃
에서 뜨임을 하고 중탄소 구조강에서는 500~600℃
범위에서 뜨임을 실시

06 강재의 KS규격 기호 중 틀린 것은?

① SKH – 고속도 공구강 강재
② SM – 기계 구조용 탄소 강재
③ SS – 일반 구조용 압연 강재
④ STS – 탄소 공구강 강재

> **해설**
> STS
> 합금 공구강 강재

07 복합 재료 중에서 섬유강화 재료에 속하지 않는 것은?

① 섬유강화 플라스틱
② 섬유강화 금속
③ 섬유강화 시멘트
④ 섬유강화 고무

> **해설**
> • 섬유강화 복합 재료 : 강화재로서 섬유를 이용한 복합 재료를 말함.
> • 기제의 종류에 따라 : 섬유강화 플라스틱(FRP), 섬유강화금속(FRM), 섬유강화 세라믹(FRC), 섬유강화 콘크리트

08 볼트를 결합시킬 때 너트를 2회전하면 축 방향으로 10mm, 나사산 수는 4산이 진행한다. 이와 같은 나사의 조건은?

① 피치 1.25mm, 리드 5mm
② 피치 2.5mm, 리드 5mm
③ 피치 5mm, 리드 10mm
④ 피치 2.5mm, 리드 10mm

> **해설**
> • 리드는 나사를 1회전했을 때 축 방향으로 이동한 거리이다. 2회전 시 10mm이므로, 1회전 시는 5mm를 이동한다.
> ∴ 리드(ℓ) =5
> $\ell = n \times p$
> $5 = 4 \times p$
> ∴ 피치(p) $= \dfrac{5}{4} = 1.25$

09 다음 중 후크의 법칙에서 늘어난 길이를 구하는 공식은? (단, λ : 변형량, W : 인장하중, A : 단면적, E : 탄성계수, l : 길이이다.)

① $\lambda = \dfrac{Wl}{AE}$ ② $\lambda = \dfrac{AE}{W}$

③ $\lambda = \dfrac{AE}{Wl}$ ④ $\lambda = \dfrac{W}{Al}$

> **해설**
> $\sigma = \dfrac{W}{A} = E\varepsilon$, $\varepsilon = \dfrac{\lambda}{\ell}$ 을 대입 $\dfrac{W}{A} = E\dfrac{\lambda}{\ell}$ 정리하면
> ∴ $\lambda = \dfrac{W\ell}{AE}$

10 기어, 풀리, 커플링 등의 회전체를 축에 고정시켜서 회전운동을 전달시키는 기계요소는?

① 나사 ② 리벳
③ 핀 ④ 키

> **해설**
> 축에 회전체를 고정하여 회전운동을 전달하는 동력전달용 기계요소 ⇒ 키(key)

11 코일 스프링의 전체 평균직경이 50mm, 소선의 직경이 6mm일 때 스프링 지수는 약 얼마인가?

① 1.4 ② 2.5
③ 4.3 ④ 8.3

> **해설**
> • 스프링지수(C)
> $C = \dfrac{D}{d} = \dfrac{50}{6} = 8.3$

12 직선운동을 회전운동으로 변환하거나 회전운동을 직선운동으로 변환하는데 사용되는 기어는?

① 스퍼기어 ② 베벨기어
③ 헬리컬기어 ④ 랙과 피니언

> **해설**
> 직선 운동(랙) ⇆ 회전 운동(피니언)

13 엔드 저널로서 지름이 50mm의 전동축을 받치고 허용 최대 베어링 압력을 6N/mm², 저널 길이를 80mm라 할 때 최대 베어링 하중은 몇 KN인가?

① 3.64KN ② 6.4KN

③ 24KN ④ 30KN

해설

$$\sigma = \frac{P}{A}$$

$$P = \sigma \times A = 6 \times (50 \times 80) = 24,000N = 24KN$$

14 축이음 중 두 축이 평행하고 각속도의 변동 없이 토크를 전달하는데 가장 적합한 것은?

① 올덤 커플링 ② 플렉시블 커플링

③ 유니버설 커플링 ④ 플랜지 커플링

해설

커플링의 종류
- 올덤 커플링 : 두 축이 평행하거나 약간 떨어져 있는 경우, 축 중심이 어긋나 있거나 축의 양쪽 중심이 편심이 되어 있을 때
- 유니버설 커플링 : 유니버설 조인트 또는 훅 조인트라고도 하며, 두 축이 같은 평면 내에 있으면서 그 중심선이 서로 30° 이내를 이루고 교차하는 경우
- 플랜지 커플링 : 플랜지를 볼트로 체결하여 두 축을 일체가 되게 함.
- 플렉시블 커플링 : 두 축이 완전히 일치하지 않고 약간의 축의 비틀림을 허용하는 구조의 축이음에는 플렉시블 커플링이 필요함.

15 나사의 끝을 이용하여 축에 바퀴를 고정시키거나 위치를 조정할 때 사용되는 나사는?

① 태핑나사 ② 사각나사

③ 볼나사 ④ 멈춤나사

해설

멈춤나사
나사의 머리 부분이 없고 홈이 일자 또는 육각렌치 홈이 나 있다.

16 절삭공구 인선의 마모에 해당되지 않는 것은?

① 크레이터(crater)

② 플랭크(flank)

③ 치핑(chipping)

④ 드래싱(dressing)

해설

절삭공구 마모 3가지
- 크레이터마모(경사면 마모) : 유동 칩이 바이트 경사면 위에 미끄러질 때, 공구 윗면에 오목하게 파진 부분이 생기는 것으로 공구의 경사각을 크게 하면 경사면 마모와 발생을 억제할 수 있다.
- 플랭크 마모(여유면 마모) : 여유면이 절삭면에 평행하게 마모되는 형태로 주로 공구 여유면과 공작물의 절삭면 사이의 마찰에 의해 생긴다.
- 치핑 : 공구의 날이 공구날 모서리를 따라 작은 조직으로 떨어져 나가는 것을 의미하며 절삭 작업에서 충격이나 진동에 의해 급속히 공구인선이 파손되는 현상이다.

17 길이 측정에 적합하지 않은 것은?

① 버니어 캘리퍼스 ② 마이크로미터

③ 하이트게이지 ④ 수준기

해설

길이 측정
버니어 갤리퍼스, 마이크로미터, 하이트게이지, 스냅게이지

18 절삭공구 재료의 구비 조건으로 틀린 것은?

① 일감보다 단단하고 강인성이 필요하다.

② 절삭할 때 마찰계수가 커야 한다.

③ 형상을 만들기가 쉽고 가격이 저렴해야 한다.

④ 높은 온도에서도 경도가 필요하다.

해설

공구 재료의 구비 조건
- 고온경도, 내마모성, 강인성이 커야 한다.
- 절삭가공 중 온도 상승에 따른 경도가 감소되지 않아야 한다.
- 마찰계수가 작아야 한다.
- 열처리가 쉬워야 한다.
- 값이 저렴하고 구입이 용이해야 한다.

19 구성인선(built-up-edge)에 대한 일반적인 방지대책으로 옳은 것은?

① 마찰계수가 큰 절삭공구를 사용한다.
② 공구의 윗면 경사각을 크게 한다.
③ 절삭 속도를 작게 한다.
④ 절삭 깊이를 크게 한다.

해설

구성인선 방지책
• 공구의 윗면 경사각을 크게 한다(30° 이상).
• 절삭 속도를 크게 한다(120m/min 이상).
• 절삭 깊이를 작게 한다.
• 공구의 인선(절삭날)은 예리하게 한다.
• 칩과 바이트 사이에 윤활성이 좋은 윤활제를 사용한다.
• 절삭유를 사용한다.
• 초경합금 공구를 사용한다.

20 새들 위에 선회대가 있어 테이블을 일정한 각도로 회전시키거나 테이블 상·하로 경사시킬 수 있는 밀링머신은?

① 수직 밀링머신   ② 수평 밀링머신
③ 만능 밀링머신   ④ 램형 밀링머신

해설

만능 밀링머신
회전테이블이 있다. 수평 밀링머신으로 새들 위에 선회대가 있어 일정한 각도로 회전시키거나 테이블을 상하로 경사시킬 수 있는 밀링머신이다. 가공이 곤란한 비틀림 홈, 헬리컬기어, 스플라인 축 등을 가공한다.

21 래핑의 설명으로 옳은 것은?

① 건식은 랩과 일감 사이에 랩제와 래핑액을 공급하며 가공하는 방식이다.
② 건식래핑 뒤에 습식래핑을 한다.
③ 일감은 랩 재질보다 연해야 한다.
④ 랩제로 탄화규소(SiC), 산화알루미나(Al_2O_3)가 주로 쓰인다.

해설

문제의 보기 풀이
① 습식 랩핑
② 습식 랩핑 후 건식 랩핑한다.
③ 랩 재질이 일감보다 연해야 한다.

22 선반 작업에서 주축의 회전수(rpm)를 구하는 공식으로 맞는 것은?

① $\dfrac{절삭속도(m/min)}{원주율 \times 공작물의 지름(m)}$

② $\dfrac{절삭속도(m/min) \times 원주율}{공작물의 지름(m)} \times 1,000$

③ $\dfrac{공작물의 지름(m) \times 원주율}{절삭속도(m/min)}$

④ $\dfrac{공작물의 지름(m)}{절삭속도(m/min) \times 원주율} \times 1,000$

해설

• 공작물 지름의 단위가 mm일 때
$$V = \frac{\pi D n}{1,000}, \quad n = \frac{1,000\,V}{\pi D}$$

• 공작물 지름의 단위가 m일 때
$$V = \pi D n, \quad n = \frac{V}{\pi D}$$

23 보호구의 구비 조건으로 틀린 것은?

① 착용 및 작업하기가 쉬워야 한다.
② 자기 몸에 맞아야 한다.
③ 전기가 잘 통해야 된다.
④ 유해 위험물에 대하여 완전한 방호가 되어야 한다.

해설

보호구는 절연재로 만들어져야 한다.

24 연삭가공의 특징을 설명한 내용으로 올바르지 않은 것은?

① 단단한 재료는 가공이 곤란하다.
② 정밀도가 높고 표면 거칠기가 우수하다.
③ 연삭 압력 및 연삭 저항이 적어 마그네틱 척으로도 가공물을 고정할 수 있다.
④ 연삭점의 온도가 높다.

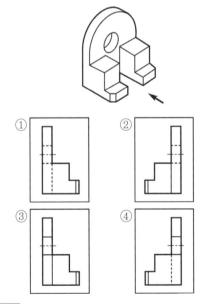
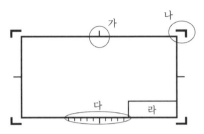
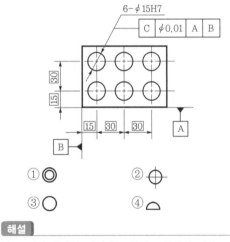

위치공차

- 위치도(공차) :
- 동축도(공차) 또는 동심도 : ◎
- 대칭도(공차) : ═

30 다음 끼워맞춤공차 중 틈새가 가장 큰 것은?

① H7/p6 　　② H7/m6
③ H7/h6 　　④ H7/f6

구멍의 공차가 H7로 동일하므로 축의 공차가 a에 가까운 공차값일수록 틈새가 크다.
∴ 보기 중 f가 가장 a에 가깝다.

31 다음 그림의 일부를 도시하는 것으로도 충분한 경우에 그리는 투상도는?

① 국부투상도
② 부분투상도
③ 회전투상도
④ 부분확대도

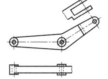

- 국부투상도 : 대상물의 구멍, 홈 등 한 국부만의 모양을 도시하는 것으로 충분한 경우에 그 필요 부분만을 그리는 투상도
- 부분투상도 : 그림의 일부를 도시하는 것으로 충분한 경우에 그 필요 부분만을 그리는 투상도
- 회전투상도 : 대상물의 일부가 어느 각도를 가지고 있기 때문에 투상면에 그 실형이 나타나지 않을 때에 그 부분을 회전해서 그리는 투상도
- 부분확대도 : 특정 부분의 모양이 작을 때 그 부분의 상세한 도시나 치수 기입이 곤란한 경우 가는 실선으로 둘러싸며 영자의 대문자를 표시함과 동시에 그 확대 부분을 다른 장소에 확대하여 그리는 투상도

32 다음 기계가공 중 일반적으로 표면을 가장 매끄럽게(표면 거칠기 값이 작게) 가공할 수 있는 것은?

① 연삭기 　　② 드릴링머신
③ 선반 　　　④ 밀링

표면을 가장 매끄럽게 가공하는 방법 ⇒ 연삭기

33 치수 보조 기호와 의미가 잘못 연결된 것은?

① R - 반지름
② C - 45° 모떼기
③ SR - 구의 반지름
④ (50) - 이론적으로 정확한 치수

(50) ⇒ 참고 치수

[50] ⇒ 이론적으로 정확한 치수

34 다음 해칭에 대한 설명 중 틀린 것은?

① 해칭선은 수직 또는 수평의 중심선에 대하여 45°로 경사지게 긋는 것이 좋다.
② 인접한 단면의 해칭은 선의 방향 또는 각도를 변경하거나 해칭 간격을 달리하여 긋는다.
③ 단면 면적이 넓은 경우에는 그 외형선에 따라 적절한 범위에 해칭 또는 스머징을 한다.
④ 해칭 또는 스머징하는 부분 안에 문자나 기호를 절대로 기입해서는 안 된다.

④ 해칭 또는 스머징하는 부분 안에 문자나 기호를 기입할 수 있다(∵ 해칭선보다 치수, 문자 기호가 우선이기 때문).

35 다음 그림은 제3각법으로 나타낸 투상도이다. 평면도에 누락된 선을 완성한 것은?

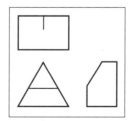

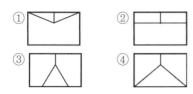

③ 가는 2점 쇄선
④ 굵은 1점 쇄선

해설

가는 2점 쇄선의 용도
• 인접 부분을 참고로 표시할 때
• 공구, 지그 등의 위치를 참고로 나타낼 때
• 되풀이 하는 것을 나타낼 때
• 가공 전 또는 후의 모양을 표시할 때
• 가동 부분을 이동 중의 특정한 위치 또는 이동한 계의 위치로 표시할 때
• 도시된 단면의 앞쪽에 있는 부분을 표시할 때

해설

등각투상도

36 최대 허용한계치수와 최소 허용한계치수와의 차이 값을 무엇이라고 하는가?

① 공차   ② 기준차수
③ 최대 틈새   ④ 위치수허용차

해설

(치수)공차=최대 허용한계치수－최소 허용한계치수
   ＝위치수허용차－아래치수허용차

37 축용 게이지 제작에 사용되는 IT기본공차의 등급은?

① IT01~IT4   ② IT5~IT8
③ IT8~IT12   ④ IT11~IT18

해설

IT기본공차적용
• 게이지 제작공차 : IT01~IT5(구멍),
             IT01~IT4(축)
• 끼워맞춤공차 : IT6~IT10(구멍),
             IT5~IT9(축)
• 끼워맞춤 이외의 공차 : IT11~IT18(구멍),
             IT10 ~ IT18(축)

38 가공 전 또는 가공 후의 모양을 표시하기 위해 사용하는 선의 종류는?

① 가는 1점 쇄선
② 가는 파선

39 표면 거칠기 기호를 간략하게 기입한 것으로 옳은 것은?

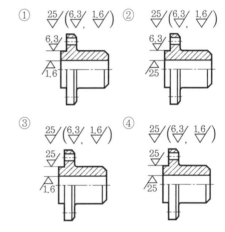

해설

표면 거칠기 기호 기입 : $\frac{25}{\bigvee}$($\frac{6.3}{\bigvee}$, $\frac{1.6}{\bigvee}$)

• $\frac{25}{\bigvee}$: 부품 전체에 적용(도면에 표기 안 함)
• $\frac{6.3}{\bigvee}$: 해당 면에만 적용(도면에 반드시 표기함)
• $\frac{1.6}{\bigvee}$: 해당 면에만 적용(도면에 반드시 표기함)

40 도면에 사용되는 선, 문자가 겹치는 경우에 투상선의 우선 적용되는 순위로 맞는 것은?

① 문자 → 외형선 → 중심선 → 치수선
② 외형선 → 문자 → 중심선 → 숨은선
③ 문자 → 숨은선 → 외형선 → 중심선
④ 중심선 → 파단선 → 문자 → 치수 보조선

- 선의 우선순위(도면에서 2종류 이상의 선이 같은 장소에서 겹치는 경우에 적용)
  ⇒ 외형선 > 숨은선 > 절단선 > 중심선 > 무게중심선 > 치수선, 치수 보조선, 지시선, 해칭선
- 도면에서 선의 굵기보다 가장 우선시 되는 것
  ⇒ 치수(숫자와 기호), 문자

41 제3각법과 제1각법의 표준 배치에서 서로 반대 위치에 있는 투상도의 명칭은?

① 평면도와 저면도
② 배면도와 평면도
③ 정면도와 저면도
④ 정면도와 우측면도

제3각법 배치

	평면도		
좌측면도	정면도	우측면도	배면도
	저면도		

제1각법 배치

	저면도		
우측면도	정면도	좌측면도	배면도
	평면도		

42 다음 그림은 어느 단면도에 해당하는가?

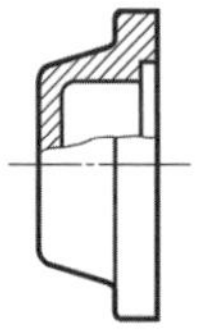

① 온단면도
② 한쪽단면도
③ 회전도시단면도
④ 부분단면도

부분단면도 : 필요한 부분만큼 파단선을 이용한 단면도

43 스케치할 물체의 표면에 광명단 또는 스탬프잉크를 칠한 다음 용지에 찍어 실형을 뜨는 스케치법은?

① 사진촬영법
② 프린트법

③ 프리핸드법
④ 본뜨기법

스케치도의 종류
- 프린트법 ⇒ 부품의 표면에 기름 또는 광명단, 스탬프 잉크를 칠한 후, 종이를 대고 눌러서 실제 모양을 뜨는 방법
- 모양 뜨기법(본 뜨기법) ⇒ 불규칙한 곡선을 가진 물체를 직접 종이에 대고 그리는 것. 납선, 동선 등을 부품의 윤곽 곡선과 같이 만들어 종이에 옮기는 방법
- 사진촬영법 ⇒ 사진기로 직접 찍어서 도면을 그리는 방법
- 프리핸드법 ⇒ 손으로 직접 그리는 방법

44 KS표준 중 기계 부문에 해당되는 분류기호는?

① KS A
② KS B
③ KS C
④ KS D

한국산업규격(KS)의 부문별 분류
- KS A : 기본(통칙)
- KS B : 기계
- KS C : 전기, 전자
- KS D : 금속

45 치수 기입의 원칙에 대한 설명으로 틀린 것은?

① 필요한 치수를 명료하게 도면에 기입한다.
② 가능한 한 주요 투상도에 집중하여 기입한다.
③ 가능한 한 계산하여 구할 필요가 없도록 기입한다.
④ 잘 알 수 있도록 중복하여 기입한다.

치수 기입에서 중복 기입은 하지 않는다.

46 ISO 표준에 있는 미터사다리꼴나사를 표시하는 기호는?

① TM
② Tr
③ TW
④ PT

- 미터보통나사 : M
- 미터가는나사 : M × 피치
- 미니어처나사 : S
- 유니파이보통나사 : UNC
- 유니파이가는나사 : UNF
- 미터사다리꼴나사 : Tr
- 관용테이퍼나사 : R, Rc, Rp
- 관용평행나사 : G
- 30° 사다리꼴나사 : TM
- 29° 사다리꼴나사 : TW
- 테이퍼나사 : PT
- 평행암나사 : PS
- 관용평행나사 : PF
- 미싱나사 : SM
- 전구나사 : E

47 그림과 같은 용접을 하고자 한다. 기호 표시로 옳은 것은?

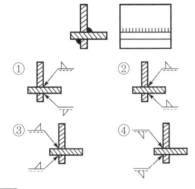

해설

지시선의 위치를 잘 파악한다.
- 실선에 용접 기호를 그릴 때 ⇒ 화살표 방향 용접한 경우
- 점선에 기호를 그릴 때 ⇒ 화살표 반대 방향 용접한 경우

48 다음 중 체크 밸브의 그림 기호는?

①   ②

③   ④

해설

① 일반 밸브, ② 앵글 밸브, ③ 체크 밸브, ④ 게이트 밸브

49 코일 스프링의 제도 방법 중 틀린 것은?

① 스프링은 원칙적으로 무하중인 상태로 그린다.
② 하중과 높이 또는 처짐과의 관계를 표시할 필요가 있을 때에는 선도 또는 표로 표시한다.
③ 특별한 단서가 없는 한 모두 오른쪽 감기로 도시하고 왼쪽 감기로 도시할 때에는 '감김 방향 왼쪽'이라고 표시한다.
④ 코일 스프링의 중간 부분을 생략할 때에는 생략하는 부분을 선 지름의 중심선을 굵은 실선으로 그린다.

해설

코일 스프링의 중간 부분을 생략할 때 ⇒ 생략하는 부분을 가는 1점 쇄선과 가는 2점 쇄선으로 그린다.

50 '6008C2P6'은 베어링 호칭 번호의 보기이다. 08의 의미는 무엇인가?

① 베어링 계열 번호
② 안지름 번호
③ 틈새 기호
④ 등급 기호

해설

60 08 C2 P6
- 60 : 계열 번호
- 08 : 안지름 번호
- C2 : 틈새기호
- P6 : 등급기호

51 나사 제도 시 수나사와 암나사의 골지름을 표시하는 선은?

① 굵은 실선　　② 가는 1점 쇄선
③ 가는 실선　　④ 가는 2점 쇄선

수나사와 암나사의 골지름 표시 선 ⇒ 가는 실선

52 다음 중 리벳의 호칭 방법으로 올바른 것은?

① 규격 번호, 종류, 호칭지름×길이, 재료
② 규격 번호, 길이×호칭지름, 종류, 재료
③ 재료, 종류, 호칭지름×길이, 규격 번호
④ 종류, 길이×호칭지름, 재료, 규격 번호

리벳의 호칭 방법

규격 번호	종류	호칭지름	×	길이	재료

53 래크와 기어의 이가 서로 완전히 접하도록 겹쳐 놓았을 때, 기어의 기준 원통과 기준 래크의 기준면 사이를 공통 법선을 따라 측정한 거리를 무엇이라 하는가?

① 공칭 피치　　② 전위량
③ 법선 피치　　④ 오버핀 치수

전위량
기어의 기준 원통과 기준 래크의 기준면 사이를 공통 법선을 따라 측정한 거리

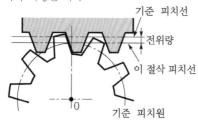

54 스퍼기어에서 모듈(m)이 4, 피치원 지름 (D)이 72mm일 때 전체 이 높이(H)는?

① 4.0mm　　② 7.5mm
③ 9.0mm　　④ 10.5mm

H=2.25×m=2.25×4=9.0mm

55 축의 제도에 대한 설명으로 옳은 것은?

① 축은 가공 방향에 관계없이 도시할 수 있다.
② 축은 길이 방향으로 절단하여 전단면도로 그린다.
③ 긴 축이라도 중간 부분을 절단해서 그릴 수 없다.
④ 축에 빗줄 널링을 표시할 경우에는 축선에 대하여 30°로 엇갈리게 표현한다.

축의 도시법
① 축은 가공 방향과 동일한 방향으로 놓고 그린다.
② 축은 중심선을 수평 방향으로 길게 놓고 그린다.
③ 축은 원칙적으로 길이 방향으로 전체를 절단하지 않고 키 홈 등을 단면을 도시할 필요가 있을 때는 부분단면도로 그린다.
④ 축의 길이가 긴축은 중간을 파단하여 짧게 그리며 이때의 축의 치수는 원래(실제) 치수를 기입한다.
⑤ 축의 끝부분에 모떼기를 한다(조립을 쉽고 정확하게 하기 위하여).
⑥ 축에 여유 홈이 있는 치수 기입은 2/ϕ12와 같이 홈의 나비/홈의 지름 순으로 기입한다.
⑦ 축의 널링을 표시할 경우에는 축선에 대하여 30°로 엇갈리게 그린다.
⑧ 센터 구멍과 그 표시 방법은 KS0410을 따르며 센터 구멍의 그림 기호와 지시 방법을 참조한다.

56 다음 설명과 관련된 V-벨트의 종류는?

- 한 줄 걸기를 원칙으로 한다.
- 단면 치수가 가장 적다.

① A형　　② B형
③ E형　　④ M형

V-벨트 단면
V-벨트 단면 치수 : M < A < B < C < D < E
(M : 단면 치수가 가장 작음)

57 CAD 시스템에서 데이터 저장장치가 아닌 것은?

① USB 메모리   ② HDD
③ LIGHT PEN   ④ CD-ROM

해설

LIGHT PEN : 입력장치

58 사진 또는 그림과 같이 종이 위의 도형의 정보를 그래픽 형태로 읽어 들여 컴퓨터에 전달하는 입력장치는?

① 트랙볼(track ball)
② 라이트 펜(light pen)
③ 스캐너(scanner)
④ 디지타이저(digitizer)

해설

스캐너
책이나 사진 등에 있는 이미지나 문자 자료를 컴퓨터가 처리할 수 있는 형태로 정보를 변환하여 입력할 수 있는 장치.

59 CAD 시스템에서 도면상 임의의 점을 입력할 때 변하지 않는 원점(0, 0)을 기준으로 정한 좌표계는?

① 상대 좌표계   ② 상승 좌표계
③ 중분 좌표계   ④ 절대 좌표계

해설

절대 좌표계	상대 좌표계	상대극 좌표계
좌표의 원점(0, 0)을 기준으로 하여 x, y축 방향의 거리로 표시되는 좌표	마지막 점(임의의 점)에서 다음 점까지 거리를 입력하여 선 긋는 방법	마지막 점에서 다음 점까지 거리와 각도를 입력하여 선 긋는 방법
x, y	@x, y	@거리 < 각도

60 솔리드 모델링의 특징을 열거한 것 중 틀린 것은?

① 은선 제거가 불가능하다.
② 간섭 체크가 용이하다.
③ 물리적 성질 등의 계산이 가능하다.
④ 형상을 절단하여 단면도 작성이 용이하다.

해설

솔리드 모델링(solid modeling)
• 은선 제거가 가능하다.
• 물리적 성질(체적, 무게중심, 관성모멘트) 등의 계산이 가능하다(∴ 컴퓨터의 메모리 양과 데이터 처리량이 많아진다).
• 간섭 체크가 용이하다.
• Boolean 연산(합, 차, 적)을 통하여 복잡한 형상 표현도 가능하다.
• 형상을 절단한 단면도 작성이 용이하다.
• 이동, 회전 등을 통하여 정확한 형상 파악을 할 수 있다.
• 유한요소법(FEM)을 위한 메시 자동 분할이 가능하다.

01 베어링으로 사용되는 구리계 합금이 아닌 것은?

① 문쯔 메탈(muntz metal)
② 켈밋(kelmet)
③ 연청동(lead bronze)
④ 알루미늄 청동

해설

• 문쯔메탈 ⇒ 6 : 4황동(구리 60%+아연 40%)으로 인장 강도가 크며 열간 단조용으로 사용
• 구리계 베어링 합금 ⇒ 연청동, 인청동, 베어링청동, 켈밋, 알루미늄청동 등

02 비중이 2.7로써 가볍고 은백색의 금속으로 내식성이 좋으며, 전기전도율이 구리의 60% 이상인 금속은?

① 알루미늄(Al)   ② 마그네슘(Mg)
③ 바나듐(V)   ④ 안티몬(Sb)

해설

알루미늄의 성질
• 비중 2.7(경금속), 융점 660℃이며, 면심입방격자
• 전기 및 열의 양도체
• 산화피막이 있어 대기 중에 잘 부식이 안 되며, 해수 또는 산알카리에 부식된다.

03 초경합금의 특성에 대한 설명 중 올바른 것은?

① 고온경도 및 내마멸성이 우수하다.
② 내마모성 및 압축강도가 낮다.
③ 고온에서 변형이 많다.
④ 상온의 경도가 고온에서 크게 저하된다.

해설

* 초경합금 = 탄화텅스텐(WC) + 코발트(Co)
⇒ 압축 성형(다이아몬드에 가까운 초경질)
• 금속 탄화물의 분말형 금속 원소를 프레스로 성형한 다음 이것을 소결하여 만든 합금
• 절삭 공구와 내열, 내마멸성이 요구되는 부품에 많이 사용되는 금속
• 고온경도 및 강도가 양호하다.
• 경도가 높다. 고온에서 변형이 적다.
• 내마모성과 압축 강도가 높다.
• WC를 주성분으로 TiC 등의 고융점 경질탄화물 분말
• Co, Ni 등의 인성이 우수한 분말을 결합재로 사용
• 사용 목적, 용도에 따라 재질의 종류가 다양하다.

04 특수강을 제조하는 목적으로 적합하지 않은 것은?

① 기계적 성질을 향상시키기 위하여
② 내마멸성을 증대시키기 위하여
③ 취성을 증가시키기 위하여
④ 내식성을 증대시키기 위하여

해설

취성(메짐성) ⇒ 잘 깨지는 성질

05 주철에 대한 설명 중 틀린 것은?

① 강에 비하여 인장강도가 낮다.
② 강에 비하여 연신율이 작고, 메짐이 있어서 충격에 약하다.
③ 상온에서 소성 변형이 잘 된다.
④ 절삭 가공이 가능하며 주조성이 우수하다.

해설

상온에서 소성 변형이 어렵다.

1. ① 2. ① 3. ① 4. ③ 5. ③   **정답**

06 탄소강에 함유된 원소 중 백점이나 헤어크랙의 원인이 되는 원소는?

① 황(S)　　　　　② 인(P)
③ 수소(H)　　　　④ 구리(Cu)

탄소강이 함유된 유소
- 산소(O) : 탄소 함유량이 적은 강에서 자주 나타나는 FeO는 FeS와 유사하게 적열취성을 일으킴.
- 수소(H) : 헤어크랙(hair crack)이라는 내부 균열을 일으켜 파괴의 원인을 제공한다.
- 질소(N) : 냉간가공 후 오랜 시간이 지나면 인성이 감소되는 변형시효를 유발한다.

07 WC를 주성분으로 TiC 등의 고융점 경질탄화물 분말과 Co, Ni 등의 인성이 우수한 분말을 결합재로 하여 소결 성형한 절삭 공구는?

① 세라믹　　　　② 서멧
③ 주조경질합금　④ 소결초경합금

소결초경합금
고속, 고온 절삭에서 높은 경도를 유지하며 WC, TiC, TaC 분말에 Co를 첨가하고 소결시켜 만들어 진동이나 충격을 받으면 깨지기 쉬운 특성을 가진 공구 재료이다.

08 전위기어의 사용 목적으로 가장 옳은 것은?

① 베어링 압력을 증대시키기 위함
② 속도비를 크게 하기 위함
③ 언더컷을 방지하기 위함
④ 전동 효율을 높이기 위함

전위기어의 목적
언더컷을 방지하기 위해, 중심거리를 변화시키기 위해, 이의 강도를 개선하려 할 때

09 홈 붙이 육각너트의 윗면에 파여진 홈의 개수는?

① 2개　　　　② 4개
③ 6개　　　　④ 8개

육각 너트 윗면에 홈이 6개 있다.

10 전단하중 W(N)를 받는 볼트에 생기는 전단응력 $\tau(N/mm^2)$를 구하는 식으로 옳은 것은? (단, 볼트 전단면적을 $A(mm^2)$이라고 한다.)

① $\tau = \dfrac{\pi A^2/4}{W}$　　② $\tau = \dfrac{A}{W}$

③ $\tau = \dfrac{W}{\pi A^2/4}$　　④ $\tau = \dfrac{W}{A}$

$$\tau(\text{전단응력}) = \frac{W(\text{전단하중})}{A(\text{전단면적})}$$

11 보스와 축의 둘레에 여러 개의 같은 키(key)를 깎아 붙인 모양으로 큰 동력을 전달할 수 있고 내구력이 크며, 축과 보스의 중심을 정확하게 맞출 수 있는 특징을 가지는 것은?

① 반달 키　　　② 새들 키
③ 원뿔 키　　　④ 스플라인

스플라인 ⇒ 축 둘레에 4~20개의 턱을 만들어 큰 회전력을 전달하는 경우 사용된다.

12 다음 제동장치 중 회전하는 브레이크 드럼을 브레이크 블록으로 누르게 한 것은?

① 밴드 브레이크
② 원판 브레이크
③ 블록 브레이크
④ 원추 브레이크

블록 브레이크
회전하는 브레이크 드럼을 브레이크 블록으로 누르게 하는 것이다.

13 축 방향으로만 정하중을 받는 경우 50KN을 지탱할 수 있는 훅 나사부의 바깥지름은 약 몇 mm인가? (단, 허용응력은 50N/mm²이다.)

① 40mm ② 45mm

③ 50mm ④ 55mm

해설

축 방향으로 정하중을 받는 경우

$$d = \sqrt{\frac{2W}{\sigma}} = \sqrt{\frac{2 \times 50,000}{50}} = \sqrt{2,000}$$
$$= \sqrt{100} \times \sqrt{20} = 10\sqrt{20} = 44.7$$

14 지름 5mm 이하의 바늘 모양의 롤러를 사용하는 베어링은?

① 니들 롤러 베어링

② 원통 롤러 베어링

③ 자동 조심형 롤러 베어링

④ 테이퍼 롤러 베어링

해설

니들 롤러 베어링

• 롤러의 지름이 바늘 모양으로 가늘다(5mm 이하).

• 마찰저항이 크다.

• 충격하중에 강하다.

• 축 지름에 비하여 바깥지름이 작다(∵ 롤러지름이 작아서).

• 내륜 붙이 베어링과 내륜 없는 베어링이 있다.

15 모듈이 3이고 잇수가 30과 90인 한쌍의 표준 평기어의 중심거리는?

① 150mm ② 180mm

③ 200mm ④ 250mm

해설

$$\text{중심거리}(C) = \frac{m(Z_1 + Z_2)}{2} = \frac{3(30 + 90)}{2} = 180\text{mm}$$

16 광물섬유 또는 혼합유의 극압 첨가제로 쓰이는 것은?

① 염소 ② 수소

③ 니켈 ④ 크롬

해설

극압유의 첨가제

염소(Cl), 황(S), 납(Pb), 인(P) 등을 첨가

17 화재를 연소물질에 따라 분류할 때 D급 화재에 속하는 것은?

① 일반화재 ② 금속화재

③ 전기화재 ④ 유류화재

해설

연소물질에 따른 화재의 분류

• A급 : 일반화재

• B급 : 유류화재

• C급 : 전기화재

• D급 : 금속화재

18 밀링 부속장치 중 주축의 회전운동을 왕복운동으로 변환시키고 바이트를 사용해서 스플라인, 세레이션, 내경키(key)홈 등을 가공하는 부속장치는?

① 수직 밀링장치 ② 슬로팅장치

③ 래크 절삭장치 ④ 회전 테이블

해설

슬로팅장치

니형 밀링머신의 컬럼 앞면에 주축과 연결하여 사용하며 주축의 회전운동을 공구대 램의 직선왕복운동으로 변화시켜 바이트로서 직선 절삭이 가능하다.

19 선반에 부착된 체이싱 다이얼(chasing dial)의 용도는?

① 드릴링할 때 사용한다.

② 널링 작업을 할 때 사용한다.

③ 나사 절삭을 할 때 사용한다.

④ 모방 절삭을 할 때 사용한다.

해설

체이싱 다이얼

나사 절삭

20 절삭 작업에서 충격에 의해 급속히 공구인선이 파손되는 현상은?

① 치핑
② 플랭크 마모
③ 크레이터 마모
④ 온도에 의한 파손

해설

공구인선 마모
• 크레이터 마모 : 유동 칩이 바이트 경사면 위에 미끄러질 때, 공구 윗면에 오목하게 파진 부분이 생기는 것으로 공구의 경사각을 크게 하면 경사면 마모와 발생을 억제할 수 있다.
• 플랭크 마모 : 여유면이 절삭면에 평행하게 마모되는 형태로 주로 공구 여유면과 공작물의 절삭면 사이의 마찰에 의해 생긴다.
• 치핑 : 공구의 날이 공구날 모서리를 따라 작은 조직으로 떨어져 나가는 것을 의미하며 절삭 작업에서 충격이나 진동에 의해 급속히 공구인선이 파손되는 현상이다.

21 선반에서 고속절삭을 할 때의 장점이 아닌 것은?

① 구성인선이 억제된다.
② 절삭 능률이 향상된다.
③ 표면 조도가 감소된다.
④ 가공 변질층이 감소된다.

해설

고속절삭 시
가공면이 매끈해져서 표면조도가 좋아진다.

22 양두 연삭기에서 작업할 때의 주의사항으로 맞는 것은?

① 숫돌차의 회전을 규정 이상으로 하여서는 안 된다.
② 숫돌차의 안전커버가 작업에 방해가 될 때에는 떼어 놓고 작업한다.
③ 소형 숫돌 작업은 항상 숫돌차 외주의 정면에서 한다.

④ 숫돌차 외주와 일감 받침대와의 간격은 6mm 이상으로 조절한다.

해설

공구연삭
• 숫돌차는 안전을 위해 커버를 설치한다.
• 소형숫돌 작업은 정면과 측면을 사용할 수 있다.
• 숫돌차 외주와 일감 받침대의 간격은 3mm 이내로 조절한다.

23 절삭유제의 3가지 주된 작용에 속하지 않는 것은?

① 냉각작용   ② 세척작용
③ 윤활작용   ④ 마모작용

해설

절삭유제의 작용 ⇒ 냉각작용, 윤활작용, 세척작용

24 버니어 캘리퍼스의 크기를 나타낼 때 기준이 되는 것은?

① 아들자의 크기
② 어미자의 크기
③ 고정나사의 피치
④ 측정 가능한 치수의 최대 크기

해설

버니어 캘리퍼스의 크기
측정 가능한 치수의 최대 크기

25 호닝에서 금속가공 시 가공액으로 사용하는 것은?

① 등유
② 휘발유
③ 수용성 절삭유
④ 유화유

해설

호닝에서 가공 시 사용하는 가공액
등유 또는 경유에 라드유를 혼합해서 사용

26 다음 구멍과 축의 끼워맞춤 조합에서 헐거운 끼워맞춤은?

① Ø40H7/g6 　　② Ø50H7/k6

③ Ø60H7/p6 　　④ Ø40H7/s6

해설

구멍의 공차가 H7로 동일하므로 축의 공차가 a에 가까운 공차값일수록 틈새가 크다.

∴보기 중 g가 가장 a에 가깝다.

27 KS규격에서 정한 척도 중 우선적으로 사용되지 않는 축척은?

① 1:2 　　② 1:3

③ 1:5 　　④ 1:10

해설

축척에 사용되는 척도
1:2, 1:5, 1:10, 1:20, 1:50, 1:100, 1:200 등

28 다음 중 스프링의 재료로써 가장 적당한 것은?

① SPS7 　　② SCr420

③ GC20 　　④ SF50

해설

스프링 재료 ⇒ SPS

29 다음과 같은 기하공차를 기입하는 틀의 지시사항에 해당하지 않는 것은?

⊥	0.01	A

① 데이텀 문자 기호
② 공차값
③ 물체의 등급
④ 기하 공차의 종류 기호

해설

⊥	0.01	A
기하공차의 종류	공차값	데이텀

30 제거 가공을 하지 않는다는 것을 지시할 때 사용하는 표면 거칠기의 기호로 맞는 것은?

① 　　②

③ 　　④

해설

▽ : 제거 가공을 필요로 하는 지시

✓ : 제거 가공의 여부를 묻지 않을 때

✓⊘ : 제거 가공을 해서는 안 됨을 지시

31 Ø60G7의 공차값을 나타낸 것이다. 치수공차를 바르게 나타낸 것은?

> Ø60의 IT7급의 공차값은 0.03이며, Ø60G7의 기초가 되는 치수허용차에서 아래치수허용차는 +0.01이다.

① $Ø60^{+0.03}_{+0.01}$ 　　② $Ø60^{+0.04}_{+0.03}$

③ $Ø60^{+0.04}_{+0.01}$ 　　④ $Ø60^{+0.02}_{+0.01}$

해설

구멍 기준식 끼워맞춤
• 위치수허용차(0.03)+(0.01)=0.04
• 아래치수허용차(기초가 되는 치수)=0.01
∴ $Ø60^{+0.04}_{+0.01}$

32 경사면부가 있는 대상물에서 그 경사면의 실형을 표시할 필요가 있는 경우에 사용하는 그림과 같은 투상도의 명칭은?

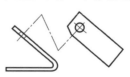

① 부분투상도 　　② 보조투상도
③ 국부투상도 　　④ 회전투상도

• 국부투상도 ⇒ 대상물의 구멍, 홈 등 한 국부만의 모양을 도시하는 것으로 충분한 경우에 그 필요 부분만을 그리는 투상도
• 부분투상도 ⇒ 그림의 일부를 도시하는 것으로 충분한 경우에 그 필요 부분만을 그리는 투상도
• 회전투상도 ⇒ 대상물의 일부가 어느 각도를 가지고 있기 때문에 투상면에 그 실형이 나타나지 않을 때에 그 부분을 회전해서 그리는 투상도
• 부분확대도 ⇒ 특정 부분의 모양이 작을 때 그 부분의 상세한 도시나 치수 기입이 곤란한 경우 가는 실선으로 둘러싸며 영자의 대문자를 표시함과 동시에 그 확대 부분을 다른 장소에 확대하여 그리는 투상도

33 그림의 투상에서 우측면도가 될 수 없는 것은?

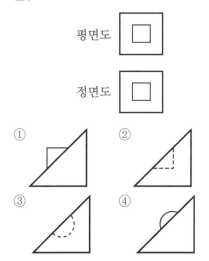

③의 측면도는 반원의 지름이 기울어져 있기 때문에 정면도의 길이와 다르다.

34 치수 기입 'SR30'에서 'SR' 기호의 의미는?

① 구의 직경　② 전개 반지름
③ 구의 반지름　④ 원의 호

• SR ⇒ 구의 반지름
• SØ ⇒ 구의 지름

35 두 개의 옆면 모서리가 수평선과 30°되게 기울여 하나의 그림으로 정육면체의 세 개의 면을 나타낼 수 있으며 주로 기계 부품의 조립이나 분해를 설명하는 정비지침서 등에 사용하는 투상법은?

① 투시투상법　② 등각투상법
③ 사투상법　④ 정투상법

등각투상법
① 정면, 평면, 측면을 투상도에서 동시에 볼 수 있다(∵ 입체도이기 때문).
② 직육면체에서 직각으로 만나는 3개의 모서리는 120°를 이룬다.
③ 한 축이 수직일 때는 나머지 두 축은 수평선과 30°를 이룬다.
④ 원을 등각 투상하면 타원이 된다.
⑤ 기계부품 등의 조립 순서나 분해 순서를 설명하는 지침서 등에 주로 사용된다.

36 다음 등각투상도의 화살표 방향이 정면도일 때 평면도를 올바르게 표시한 것은? (단, 제3각법의 경우에 해당한다.)

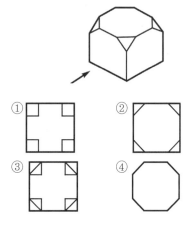

37 다음 기하공차의 종류 중 단독 모양에 적용하는 것은?

① 진원도　② 평행도
③ 위치도　④ 원주 흔들림

해설

단독형체 공차
- 진직도(공차) : ▬
- 평면도(공차) : ▱
- 진원도(공차) : ○
- 원통도(공차) : ⌭
- 선의 윤곽도(공차) : ⌒
- 면의 윤곽도(공차) : ⌓

38 대상물의 일부를 떼어낸 경계를 표시하는 데 사용하는 선의 명칭은?

① 외형선   ② 파단선

③ 기준선   ④ 가상선

해설

파단선 : 불규칙한 파형의 가는 실선 또는 지그재그선
⇒ 도면의 중간 부분 생략을 나타낼 때, 도면의 일부분을 확대하거나 부분 단면의 경계를 표시할 때

39 다음 중 치수공차를 올바르게 나타낸 것은?

① 최대 허용한계치수 − 최소 허용한계치수

② 기준치수 − 최소 허용한계치수

③ 최대 허용한계치수 − 기준치수

④ (최소 허용한계치수 − 최대 허용한계치수)/2

해설

(치수)공차 = 최대 허용한계치수 − 최소 허용한계치수
        = 위치수허용차 − 아래치수허용차

40 한국산업표준(KS)의 부문별 분류기호 연결로 틀린 것은?

① KS A : 기본   ② KS B : 기계

③ KS C : 광산   ④ KS D : 금속

해설

한국산업규격(KS)의 부문별 분류
- KS A : 기본(통칙)
- KS B : 기계
- KS C : 전기, 전자
- KS D : 금속

41 대칭 도형을 생략하는 경우 대칭 그림 기호를 바르게 나타낸 것은?

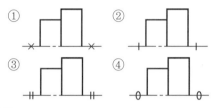

해설

중심선 양쪽에 가는 실선 2개씩을 중심선에 수직으로 그린다.

42 회전도시단면도에 대한 설명으로 틀린 것은?

① 회전도시단면도는 핸들, 벨트풀리, 기어 등과 같은 바퀴의 암, 림, 리브 등의 절단한 단면의 모양을 90°로 회전하여 표시한 것이다.

② 회전도시단면도는 투상도의 안이나 밖에 그릴 수 있다.

③ 회전도시단면도를 투상의 절단한 곳과 겹쳐서 그릴 때에는 가는 2점 쇄선으로 그린다.

④ 회전도시단면도를 절단할 곳의 전후를 파단하여 그 사이에 그릴 경우에는 굵은 실선으로 그린다.

해설

회전도시단면도를 투상의 절단한 곳과 겹쳐서 그릴 때에는 가는 실선으로 그린다.

43 가공에 의한 커터의 줄무늬가 여러 방향으로 교차 또는 무방향을 나타내는 줄무늬 방향 기호는?

① ∇X   ② M

③ ∇C   ④ R

줄무늬 방향 기호 6가지
• = : 평행
• ⊥ : 직각
• X : 두 방향 교차
• M : 여러 방향 교차 또는 무방향
• C : 동심원 모양
• R : 레이디얼 모양 또는 방사상 모양

44 치수는 물체의 모양을 잘 알아 볼 수 있는 곳에 기입하고 그 곳에 나타낼 수 없는 것만 다른 투상도에 기입하여야 하는데 주로 치수를 기입하여야 하는 치수 기입 장소는?

① 우측면도　　② 평면도
③ 좌측면도　　④ 정면도

해설

치수 기입은 주투상도(정면도)에 집중 기입하다.

45 도면에서 2종류 이상의 선이 같은 장소에서 중복될 경우 우선순위에 따라 선을 그리는 순서로 맞는 것은?

① 외형선, 절단선, 숨은선, 중심선
② 외형선, 숨은선, 절단선, 중심선
③ 외형선, 무게중심선, 중심선, 치수 보조선
④ 외형선, 중심선, 절단선, 치수 보조선

해설

2개 이상의 선이 겹칠 때 선의 우선순위
① 외형선
② 숨은선, 은선
③ 절단선
④ 중심선
⑤ 무게중심선, 가상선
⑥ 치수선, 치수 보조선 해칭선, 지시선 등

선보다 더 우선시 되는 것 : 기호, 문자, 숫자

46 그림과 같은 대칭적인 용접부의 기호와 보조 기호의 설명으로 올바른 것은?

① 양면 V형 맞대기 용접, 볼록형
② 양면 필릿 용접, 볼록형
③ 양면 V형 맞대기 용접, 오목형
④ 양면 필릿 용접, 오목형

해설

양면 V형 맞대기 용접(양면 대칭 용접)과 볼록형

47 스프로킷 휠의 도시 방법에서 바깥지름은 어떤 선으로 표시하는가?

① 가는 실선　　② 굵은 실선
③ 가는 1점 쇄선　④ 굵은 1점 쇄선

해설

스프로킷 휠 도시법
① 바깥지름은 굵은 실선
② 피치원은 가는 1점 쇄선
③ 이뿌리원은 가는 실선 또는 굵은 파선으로 도시(이뿌리원은 생략 가능)
④ 축의 직각 방향에서 단면으로 도시할 때 ⇒ 이뿌리선을 굵은 실선으로 도시
⑤ 도면에는 주로 스프로킷 소재를 제작하는데 필요한 치수를 기입
⑥ 항목표 ⇒ 이의 특성
⑦ 치수 기입은 이의 절삭에 필요한 치수 기입

48 그림과 같은 단선도시법이 나타내는 것으로 맞는 것은?

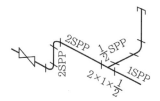

① 스케치 배관도　② 투상 배관도
③ 평면 배관도　　④ 등각 배관도

등각 배관도

49 다음과 같은 평행 키의 호칭 설명으로 틀린 것은?

> KS B 1311 P - A 25×14×90

① P : 모양이 나사용 구멍 없음
② A : 끝부가 한쪽 둥근형
③ 25 : 키의 너비
④ 14 : 키의 높이

해설

- A ⇒ 양쪽 둥근형
- B ⇒ 양쪽 네모형
- C ⇒ 한쪽 둥근형

50 구름 베어링의 호칭 번호에 대한 설명으로 틀린 것은?

① 안지름의 치수가 1~9mm인 경우는 안지름 치수를 그대로 안지름 번호로 사용한다.
② 안지름 치수가 11, 13, 15, 17mm인 경우 안지름 번호는 각각 00, 01, 02, 03으로 표현한다.
③ 안지름 치수가 20mm 이상 480mm 이하인 경우에는 5로 나눈 값을 안지름 번호로 사용한다.
④ 안지름 치수가 500mm 이상인 경우에는 안지름 치수를 그대로 안지름 번호로 사용한다.

해설

베어링 안지름 번호 2자리
예) 00 ⇒ ∅ 10, 01 ⇒ ∅ 12, 02 ⇒ ∅ 15
03 ⇒ ∅ 17, 04 ⇒ 04×5= ∅ 20

51 다음 축의 도시 방법으로 적당하지 않은 것은?

① 축은 길이 방향으로 단면 도시를 하지 않는다.
② 널링 도시 시 빗줄인 경우 축선에 대하여 45° 엇갈리게 그린다.
③ 단면 모양이 같은 긴축은 중간을 파단하여 짧게 그릴 수 있다.
④ 축의 끝에는 주로 모따기를 하고, 모따기 치수를 기입한다.

해설

널링 도시 시 빗줄인 경우 축선에 대하여 30° 엇갈리게 그린다.

52 입체 캠의 종류에 해당하지 않는 것은?

① 원통 캠   ② 정면 캠
③ 빗판 캠   ④ 원뿔 캠

해설

- 평면 캠 : 판 캠, 직선운동 캠, 정면 캠, 삼각 캠
- 입체 캠 : 원통 캠, 원추 캠, 구면(구형) 캠, 빗판 캠 (경사판 캠)

53 어떤 나사의 표시가 좌2줄 M10-7H/6g이다. 이에 대한 설명으로 틀린 것은?

① 왼나사
② 2줄 나사
③ 미터 보통나사
④ 암나사 등급 6g

해설

나사산의 감긴 방향	나사산의 줄 수	나사의 호칭	-	나사의 등급
왼 또는 L	2줄(2L)	M10	-	7H/6g

- 7H : 암나사 등급, 6g : 수나사 등급

54 나사를 제도하는 방법을 설명한 것 중 틀린 것은?

① 수나사의 바깥지름과 암나사의 안지름을 나타내는 선은 굵은 실선으로 그린다.
② 수나사와 암나사의 골을 표시하는 선은 가는 실선으로 그린다.
③ 완전 나사부와 불완전 나사부와의 경계를 나타내는 선은 가는 실선으로 그린다.
④ 불완전 나사부의 골밑을 나타내는 선은 축선에 대하여 30°의 경사진 가는 실선으로 그린다.

[해설]

완전 나사부와 불완전 나사부와의 경계를 나타내는 선은 굵은 실선으로 그린다.

55 기어의 도시 방법을 설명한 것 중 틀린 것은?

① 피치원은 굵은 실선으로 그린다.
② 잇봉우리원은 굵은 실선으로 그린다.
③ 이골원은 가는 실선으로 그린다.
④ 잇줄 방향은 보통 3개의 가는 실선으로 그린다.

[해설]

피치원은 가는 1점 쇄선으로 그린다.

56 모듈 6, 잇수가 20개인 스퍼기어의 피치원 지름은?

① 20mm
② 30mm
③ 60mm
④ 120mm

[해설]

$D = m \times Z = 6 \times 20 = 120mm$

57 컴퓨터의 구성에서 중앙처리장치에 해당하지 않는 것은?

① 연산장치
② 제어장치
③ 주기억장치
④ 출력장치

[해설]

중앙처리장치(CPU)
논리(연산)장치, 제어장치, 주기억장치(ROM, RAM)

58 출력하는 도면이 많거나 도면의 크기가 크지 않을 경우 도면이나 문자 등을 마이크로 필름화하는 장치는?

① COM 장치
② CAE 장치
③ CIM 장치
④ CAT 장치

[해설]

COM 장치
종이 위에 영상을 출력하는 대신에 마이크로필름으로 출력하는 출력장치

59 모델링 방법 중 와이어 프레임(wire frame) 모델링에 대한 설명으로 틀린 것은?

① 처리 속도가 빠르다.
② 물리적 성질의 계산이 가능하다.
③ 데이터 구성이 간단하다.
④ 모델 작성이 쉽다.

[해설]

와이어 프레임(wire frame) 모델링
• 데이터의 구성이 간단하다(∴ 처리 속도가 빠르다).
• 모델 작성을 쉽게 할 수 있다.
• 3면 투시도의 작성이 용이하다.
• 은선 제거가 불가능하다.
• 단면도 작성이 불가능하다.

60 일반적인 CAD 시스템에서 사용되는 좌표계의 종류가 아닌 것은?

① 극좌표계
② 원통좌표계
③ 회전좌표계
④ 직교좌표계

[해설]

• 2D : 절대좌표, 상대좌표, (상대)극좌표, 직교좌표계
• 3D : 원통형좌표, 구형좌표(구면좌표)

01 열처리 방법 중에서 표면경화법에 속하지 않는 것은?

① 침탄법   ② 질화법

③ 고주파 경화법   ④ 항온 열처리법

해설

- 화학적 표면경화법 : 침탄법, 질화법, 청화법(시안화법, 액체 침탄법)
- 물리적 표면경화법 : 화염 경화법, 고주파 경화법

02 일반적으로 경금속과 중금속을 구분하는 비중의 경계는?

① 1.6   ② 2.6

③ 3.6   ④ 4.6

해설

비중 : 어떤 물체의 무게와 이와 같은 부피의 순수한 물 4°C의 무게와의 비

- 경금속 : 비중이 4.6 이하의 가벼운 금속 – Al, Mg, Ti, Be
- 중금속 : 비중이 4.6 이상인 무거운 금속 – Fe, Ni, Cu, W, Pb

03 황동의 자연균열 방지책이 아닌 것은?

① 온도 180~260°C에서 응력 제거 풀림 처리

② 도료나 안료를 이용하여 표면 처리

③ Zn 도금으로 표면 처리

④ 물에 침전 처리

해설

황동의 자연균열 방지책

- 온도 180~260°C에서 응력 제거 풀림 처리(저온 풀림)
- 도료나 안료를 이용하여 표면 처리(도료)
- Zn 도금으로 표면 처리(아연도금)

04 주철의 성장 원인이 아닌 것은?

① 흡수한 가스에 의한 팽창

② Fe_3C의 흑연화에 의한 팽창

③ 고용 원소인 Sn의 산화에 의한 팽창

④ 불균일한 가열에 의해 생기는 균열 팽창

해설

주철의 성장 원인

- 시멘타이트(Fe_3C)의 흑연화에 의한 팽창
- 페라이트 중에 고용되어 있는 Si의 산화에 의한 팽창
- A_1 변태에서 부피 변화로 인한 팽창
- 불균일 가열로 인한 균열에 의해 팽창
- 흡수된 가스에 의한 팽창
- Al, Si, Ni, Ti 등의 원소에 의한 흑연화 현상 촉진

05 열경화성수지가 아닌 것은?

① 아크릴수지   ② 멜라민수지

③ 페놀수지   ④ 규소수지

해설

열경화성수지

- 페놀(PF)수지
- 에폭시(EP)수지
- 멜라민수지
- 실리콘
- 폴리에스테르(PET)
- 폴리우레탄
- 불포화 폴리에 스테르계 FRP(Fiber Reinforced Plastic)

06 알루미늄의 특성에 대한 설명 중 틀린 것은?

① 내식성이 좋다.

② 열전도성이 좋다.

③ 순도가 높을수록 강하다.

④ 가볍고 전연성이 우수하다.

알루미늄의 성질
- 비중 2.7(경금속), 융점 660°C이며, 면심입방격자
- 전기 및 열의 양도체
- 산화피막이 있어 대기 중에 잘 부식이 안되며 해수 또는 산알카리에 부식

07 강을 절삭할 때 쇳밥(chip)을 잘게 하고 피삭성을 좋게 하기 위해 황, 납 등의 특수원소를 첨가하는 강은?

① 레일강   ② 쾌삭강
③ 다이스강   ④ 스테인레스강

쾌삭강
공작기계의 고속, 능률화에 따라 생산성을 높이고 가공 재료의 절삭성, 제품의 정밀도 및 절삭공구의 수명 등을 향상시키기 위하여 탄소강에 S, Pb, P, Mn을 첨가하여 개선한 구조용 특수강을 말한다.

08 스프링을 사용하는 목적이 아닌 것은?

① 힘 축적
② 진동 흡수
③ 동력 전달
④ 충격 완화

스프링 사용 목적
힘의 축적, 진동 흡수, 충격 완화, 힘의 측정, 운동과 압력 억제

09 저널베어링에서 저널의 지름이 30mm, 길이가 40mm, 베어링의 하중이 2,400N일 때 베어링의 압력[N/mm²]은?

① 1   ② 2
③ 3   ④ 4

$$p = \frac{W}{dl} = \frac{2,400}{30 \times 40} = 2[\text{N/mm}^2]$$

10 시편의 표준거리가 40mm이고 지름이 15mm일 때 최대하중이 6KN에서 시편이 파단 되었다면 연신율은 몇 %인가? (단, 연신된 길이는 10mm이다.)

① 10   ② 12.5
③ 25   ④ 30

$$\varepsilon = \frac{\ell' - \ell}{\ell} = \frac{10}{40} = 0.25$$

$$\therefore \ 0.25 \times 100 = 25\%$$

11 웜기어에서 웜이 3줄이고 웜휠의 잇수가 60개일 때의 속도비는?

① 1/10   ② 1/20
③ 1/30   ④ 1/60

$$속도비 = \frac{웜줄수}{웜기어\ 잇수} = \frac{3}{60} = \frac{1}{20}$$

12 부품의 위치결정 또는 고정 시에 사용되는 체결 요소가 아닌 것은?

① 핀(pin)   ② 너트(nut)
③ 볼트(bolt)   ④ 기어(gear)

- 결합용 기계요소 : 볼트, 너트, 키, 핀, 코터
- 전동용 기계요소 : 마찰차, 기어, 스프로킷, 풀리

13 비틀림 모멘트를 받는 회전축으로 치수가 정밀하고 변형량이 적어 주로 공작기계의 주축에 사용하는 축은?

① 차축
② 스핀들
③ 플랙시블 축
④ 크랭크 축

- 차축 : 주로 휨 하중을 받으며 차축과 같이 정지축과 회전축이 있음.
- 스핀들 : 주로 비틀림 작용을 받으며 치수가 정밀하고 변형량이 작아 공작기계의 주축에 사용.
- 플랙시블 축 : 축의 방향이 자유롭게 바뀔 수 있는 축
- 크랭크 축 : 내연기관에서 주로 사용되며 직선운동을 회전운동으로 바꾸는 축

14 축에 키 홈을 파지 않고 축과 키 사이의 마찰력만으로 회전력을 전달하는 키는?

① 새들키   ② 성크키
③ 반달키   ④ 둥근키

해설

- **묻힘키(성크키)** : 축과 보스에 모두 홈을 판다. 가장 많이 사용된다.
- **안장키(새들키)** : 축은 절삭하지 않고 보스에만 홈을 판다.
- **반달키(우드러프키)** : 축에 원호상의 홈을 판다. 반달키의 크기 : b×d
- **미끄럼키(페더키)** : 묻힘키의 일종으로 키는 테이퍼가 없어야 한다. 축 방향으로 보스의 이동이 가능하며 보스와 간격이 있어 회전 중 이탈을 막기 위해 고정하는 경우가 많다.
- **접선키** : 축과 보스에 축의 접선 방향으로 홈을 파서 서로 반대의 테이퍼를 120° 간격으로 2개의 키를 조합하여 끼운다.
- **평키(플랫키)** : 축의 자리만 평평하게 다듬고 보스에 홈을 판다.
- **둥근키(핀키)** : 축과 보스에 드릴로 구멍을 내어 홈을 만든다.

15 나사를 기능상으로 분류했을 때 나사에 속하지 않는 것은?

① 볼나사   ② 관용나사
③ 둥근나사   ④ 사다리꼴나사

해설

- 삼각나사 ⇒ 결합용, 위치조정용(미터나사, 유니파이나사, 관용나사)
- 삼각나사 이외의 나사 ⇒ 운동용, 이송용

16 브로칭머신을 설치 시 면적을 많이 차지하지만 기계의 조작이 쉽고, 가동 및 안전성이 우수한 브로칭머신은?

① 수평 브로칭머신
② 자동형 브로칭머신
③ 수동형 브로칭머신
④ 직립형 브로칭머신

해설

수평 브로칭머신
점검과 기계 조작이 쉽고, 설치 면적을 많이 차지한다. 운전과 설치의 안정성이 직립형에 비해 좋다.

17 측정자의 직선 또는 원호 운동을 기계적으로 확대하여 그 움직임을 지침의 회전 변위로 변환시켜 눈금을 읽을 수 있는 측정기는?

① 다이얼게이지   ② 마이크로미터
③ 만능 투영기   ④ 3차원 측정기

해설

다이얼게이지
측정하려고 하는 부분에 측정자를 대어 스핀들의 미소한 움직임을 눈금판 위에 지시되는 치수를 읽어 길이를 비교하는 길이 측정기

18 보링머신에서 할 수 없는 작업은?

① 태핑   ② 구멍 뚫기
③ 기어 가공   ④ 나사 깎기

해설

보링머신으로 할 수 있는 작업
드릴링, 보링, 리밍, 탭핑, 나사깎기, 카운터 싱킹, 카운터 보링, 스폿 페이싱

19 숫돌입자와 공작물이 접촉하여 가공하는 연삭 작용과 전해 작용을 동시에 이용하는 특수가공법은?

① 전주연삭   ② 전해연삭
③ 모방연삭   ④ 방전가공

전해 연삭

고속도로 회전하는 다이아몬드 숫돌과 가공물 사이의
전해질 수용액에 전류를 통하게 하여 가공하는 방법으
로 가공 중에 발열이 억제되는 이점이 있다.

20 연삭숫돌의 단위 체적당 연삭 입자의 수,
즉 입자의 조밀 정도를 무엇이라 하는가?

① 입도 ② 결합도
③ 조직 ④ 입자

연삭숫돌의 표시 방법

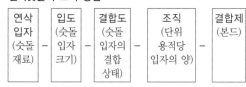

연삭 입자 (숫돌 재료)	입도 (숫돌 입자 크기)	결합도 (숫돌 입자의 결합 상태)	조직 (단위 용적당 입자의 양)	결합제 (본드)

21 절삭가공 시 절삭에 직접적인 영향을 주지
않는 것은?

① 절삭열
② 가공물의 재질
③ 절삭공구의 재질
④ 측정기의 정밀도

측정기의 정밀도는 절삭가공과는 관계없다.

22 신시내티 밀링 분할대로 13등분을 단식 분
할할 경우는?

① 26구멍 줄에서 크랭크가 3회전하고 2
구멍씩 이동시킨다.
② 39구멍 줄에서 크랭크가 3회전하고 3
구멍씩 이동시킨다.
③ 52구멍 줄에서 크랭크가 3회전하고 4
구멍씩 이동시킨다.
④ 75구멍 줄에서 크랭크가 3회전하고 5
구멍씩 이동시킨다.

$n = \dfrac{40}{N} = \dfrac{40}{13} = 3\dfrac{1}{13}$ (3회전과 $\dfrac{1}{13}$ 회전)

• 신시내티 분할표에서는 구멍 수가 13이라는 것이 없
기 때문에 분자 분모에 같을 수를 곱하여 표의 숫자
로 맞춘다.

• $\dfrac{1 \times 3}{13 \times 3} = \dfrac{3}{39}$

∴ 3회전과 39구멍 줄에서 3구멍씩 이동시킨다.

23 선반 심압대 축 구멍의 테이퍼 형태는?

① 쟈르노 테이퍼
② 브라노샤프형 테이퍼
③ 쟈급스 테이퍼
④ 모스 테이퍼

모스 테이퍼
선반의 주축대, 심압대 등

24 CNC 선반의 준비 기능 중 직선보간에 속
하는 것은?

① G00 ② G01
③ G02 ④ G03

• G00 : 급속이송
• G01 : 직선보간
• G02 : 원호보간(시계 방향)
• G03 : 원호보간(반시계 방향)

25 선반의 이송 단위 중에서 1회전당 이송량
의 단위는?

① mm/rev ② mm/min
③ mm/stroke ④ mm/s

회전운동 시
mm/rev(1회전당 이송량)

26 표면 거칠기 값(6.3)만을 직접 면에 지시하는 경우 표시 방향이 잘못된 것은?

① ㉮
② ㉯
③ ㉰
④ ㉱

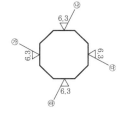

㉰의 표면 거칠기 값(6.3)이 180° 회전하여 ㉮와 같은 방향으로 숫자가 표시되어야 한다.

27 대상물의 일부를 떼어 낸 경계를 표시하는데 사용하는 선은?

① 외형선   ② 숨은선
③ 가상선   ④ 파단선

파단선 : 불규칙한 파형의 가는 실선, 지그재그선

〰	• 도면의 중간 부분 생략을 나타낼 때
⺄	• 도면의 일부분을 확대하거나 부분 단면의 경계를 표시할 때

28 제3각법에 대한 설명으로 틀린 것은?

① 투상 원리는 눈 → 투상면 → 물체의 관계이다.
② 투상면 앞쪽에 물체를 놓는다.
③ 배면도는 우측면도의 오른쪽에 놓는다.
④ 좌측면도는 정면도의 좌측에 놓는다.

제3각법에서는 투상면 뒤쪽에 물체를 놓는다.

29 특수한 가공을 하는 부분 등 특별한 요구사항을 적용할 수 있는 범위를 표시하는데 사용하는 선의 종류는?

① 가는 1점 쇄선   ② 굵은 1점 쇄선
③ 가는 2점 쇄선   ④ 굵은 2점 쇄선

굵은 1점 쇄선
• 부품의 일부분을 열처리할 때 표시
• 특수한 가공(열처리, 도금) 등 특별한 요구사항을 적용할 수 있는 범위를 표시하는데 사용하는 특수 지정선

30 다음 중 모양공차에 속하지 않는 것은?

① 평면도공차
② 원통도공차
③ 면의 윤곽도공차
④ 평행도공차

단독형체 모양공차 6가지
• 진원도공차 : ○
• 원통도공차 : ⌔
• 진직도공차 : ―
• 평면도공차 : ▱
• 선의 윤곽도 : ⌒
• 면의 윤곽도 : ⌓

31 표면의 결인 줄무늬 방향의 지시 기호 C의 설명으로 맞는 것은?

① 가공에 의한 커터의 줄무늬 방향이 기호로 기입한 그림의 투상면에 경사지고 두 방향으로 교차
② 가공에 의한 커터의 줄무늬 방향이 여러 방향으로 교차 또는 두 방향
③ 가공에 의한 커터의 줄무늬가 기호를 기입한 면의 중심에 대하여 거의 동심원 모양
④ 가공에 의한 커터의 줄무늬가 기호를 기입한 면의 중심에 대하여 대략 레이디얼 모양

줄무늬 방향 기호 6가지
• = : 평행
• ⊥ : 직각
• X : 두 방향 교차
• M : 여러 방향 교차 또는 무방향
• C : 동심원 모양
• R : 레이디얼 모양 또는 방사상 모양

32 다음 그림의 치수 기입에 대한 설명으로 틀린 것은?

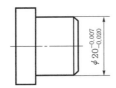

① 기준 치수는 지름 20이다.
② 공차는 0.013이다.
③ 최대 허용 치수는 19.93이다.
④ 최소 허용 치수는 19.98이다.

기준 치수 ($\varnothing$ 20)	+	위치수 허용차 (−0.007)	=	최대 허용 한계치수 (19.993)
	+	아래치수 허용차 (−0.020)	=	최소 허용 한계치수 (19.980)

33 다음과 같이 도면에 기하공차가 표시되어 있다. 이에 대한 설명으로 틀린 것은?

//	0.05/100	A

① 기하공차 허용 값은 0.05mm이다.
② 기하공차 기호는 평행도를 나타낸다.
③ 관련 형체로 데이텀은 A이다.
④ 기하공차 전체 길이에 적용된다.

데이텀 A에 대한 평행도공차는 지정 길이(100mm)에 대한 허용 공차값이 0.05이다.

34 $\varnothing$50H7/p6와 같은 끼워맞춤에서 H7의 공차값은 $^{+0.025}_{0}$이고, p6의 공차값은 $^{+0.042}_{+0.026}$이다. 최대 죔새는?

① 0.001　　② 0.027
③ 0.042　　④ 0.067

최대 죔새＝축(大) − 구멍(小)＝0.042−0＝0.042

35 그림과 같이 축의 홈이나 구멍 등과 같이 부분적인 모양을 도시하는 것으로 충분한 경우의 투상도는?

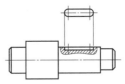

① 회전투상도　　② 부분확대도
③ 국부투상도　　④ 보조투상도

국부투상도
대상물의 구멍, 홈 등 한 국부만의 모양을 도시하는 것으로 충분한 경우에 그 필요 부분만을 그리는 투상도(원칙적으로 주된 그림으로부터 국부투상도까지 중심선, 기준선, 치수 등으로 연결한다).

36 제3각법으로 그린 투상도에서 우측면도로 옳은 것은?

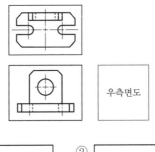

우측면도

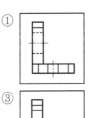
①

②

③

④

해설

37 치수의 위치와 기입 방향에 대한 설명 중 틀린 것은?

① 치수는 투상도와 모양 및 치수의 대조 비교가 쉽도록 관련 투상도 쪽으로 기입한다.
② 하나의 투상도인 경우, 길이 치수 위치는 수평 방향의 치수선에 대해서는 투상도의 위쪽에서 수직 방향의 치수선에 대해서는 투상도의 오른쪽에서 읽을 수 있도록 기입한다.
③ 각도 치수는 기울어진 각도 방향에 관계없이 읽기 쉽게 수평 방향으로만 기입한다.
④ 치수는 수평 방향의 치수선에는 위쪽, 수직 방향의 치수선에는 왼쪽으로 약 0.5mm 정도 띄어서 중앙에 치수를 기입한다.

해설

각도 치수는 표시되는 영역의 위치에 따라 기입한다.

38 다음 재료 기호 중 기계구조용 탄소강재는?

① SM45C　　② SPS1
③ STC3　　④ SKH2

해설

① SM45C : 기계구조용 탄소강재
② SPS1 : 스프링 강재
③ STC3 : 탄소공구 강재
④ SKH2 : 고속도 공구강

39 척도 기입 방법에 대한 설명으로 틀린 것은?

① 척도는 표제란에 기입하는 것이 원칙이다.
② 같은 도면에서는 서로 다른 척도를 사용할 수 없다.
③ 표제란이 없는 경우에는 도명이나 품번 가까운 곳에 기입한다.
④ 현척의 척도 값은 1:1이다.

해설

같은 도면에서 서로 다른 측도를 사용할 수 있다.
(예, 도면 내 확대도)

40 제3각법으로 그린 정투상도 중 잘못 그려진 투상이 있는 것은?

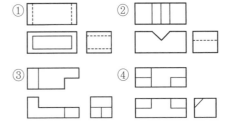

41 한국산업표준에서 정한 도면의 크기에 대한 내용으로 틀린 것은?

① 제도용지 A2의 크기는 420×594mm이다.
② 제도용지 세로와 가로의 비는 $1 : \sqrt{2}$ 이다.
③ 복사한 도면을 접을 때는 A4 크기로 접는 것을 원칙으로 한다.
④ 도면을 철할 때 윤곽선은 용지 가장자리에서 10mm 간격을 둔다.

해설

구분 \ 용지호칭	A_0	A_1	A_2	A_3	A_4
철하지 않을 때	20	20	10	10	10
철할 때	25	25	25	25	25

42 IT공차에 대한 설명으로 옳은 것은?

① IT01부터 IT18까지 20등급으로 구분되어 있다.

② IT01~IT4는 구멍 기준공차에서 게이지 공차 제작공차이다.

③ IT6~IT10은 축 기준공차에서 끼워맞춤 공차이다.

④ IT10~IT18은 구멍 기준공차에서 끼워맞춤 이외의 공차이다.

해설

IT01부터 IT18까지 20등급으로 구분되어 있다.

용도	게이지 제작 공차	끼워맞춤 공차	끼워맞춤 이외의 공차
구멍	IT01~IT5	IT6~IT10	IT11~IT18
축	IT01~IT4	IT5~IT9	IT10~IT18

43 제작 도면으로 완성된 도면에서 문자, 선 등이 겹칠 때 우선순위로 맞는 것은?

① 외형선 → 숨은선 → 중심선 → 숫자, 문자

② 숫자, 문자 → 외형선 → 숨은선 → 중심선

③ 외형선 → 숫자, 문자 → 중심선 → 숨은선

④ 숫자, 문자 → 숨은선 → 외형선 → 중심선

해설

선의 우선순위(도면에서 2종류 이상의 선이 같은 장소에서 겹치는 경우에 적용)

① 외형선
② 숨은선, 은선
③ 절단선
④ 중심선
⑤ 무게중심선, 가상선
⑥ 치수선, 치수 보조선 해칭선, 지시선 등

- 도면에서 선의 굵기보다 가장 우선시 되는 것
  ⇒ 치수(숫자와 기호), 문자

44 그림과 같이 V 벨트풀리의 일부분을 잘라내고 필요한 내부 모양을 나타내기 위한 단면도는?

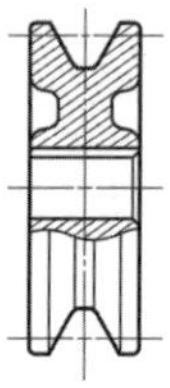

① 온단면도　　② 한쪽단면도
③ 부분단면도　　④ 회전도시단면도

해설

파단선을 이용한 부분단면도이다.

45 이론적으로 정확한 치수를 나타내는 치수 보조기호는?

① <u>50</u>　　② [50] (테두리 상자)
③ ~~50~~　　④ (50)

해설

- (숫자) : 참고치수(표시하지 않아도 될 치수)
- Ø : 원의 지름(동전 모양)
- SØ : 구의 지름(공 모양)
- R : 원의 반지름
- SR : 구의 반지름
- □ : 정사각형의 한 변의 치수 수치 앞에 붙인다.
- [치수] : 이론적으로 정확한 치수(수정하면 안 됨.)
- ＿ : 치수 수치가 비례하지 않을 때(척도에 맞지 않을 때)
- C : 45° 모따기 기호
- t= : 재료의 두께

42. ① 43. ② 44. ③ 45. ② **정답**

46 다음은 계기의 도시 기호를 나타낸 것이다. 압력계를 나타낸 것은?

① S
② P
③ T
④ F

해설

② 압력계
③ 온도계
④ 유량계

47 외접 헬리컬기어를 축에 직각인 방향에서 본 단면으로 도시할 때, 잇줄 방향의 표시 방법은?

① 1개의 가는 실선
② 3개의 가는 실선
③ 1개의 가는 2점 쇄선
④ 3개의 가는 2점 쇄선

해설

헬컬기어의 표시는 보통 잇줄 방향의 3개의 가는 실선으로 표현한다. 단, 단면으로 표시할 때는 3개의 가는 2점 쇄선으로 표시한다.

48 모듈 6, 잇수 $Z_1 = 45$, $Z_2 = 85$, 압력각 $14.5°$의 한 쌍의 표준 기어를 그리려고 할 때, 기어의 바깥지름 D_1, D_2를 얼마로 그리면 되는가?

① 282mm, 522mm
② 270mm, 510mm
③ 382mm, 622mm
④ 280mm, 610mm

해설

- d(피치원) $= m$(모듈) $\times Z$(잇수)
- D(바깥지름) $= d$(피치원) $+ (2 \times m)$
  $= (m \times Z) + (2 \times m)$

- $D_1 = (m \times Z_1) + (2 \times m)$
  $= (6 \times 45) + (2 \times 6) = 282$mm
- $D_2 = (m \times Z_2) + (2 \times m)$
  $= (6 \times 85) + (2 \times 6) = 522$mm

49 다음 용접이음의 기본 기호 중에서 잘못 도시된 것은?

① v형 맞대기 ∨
② 필릿 용접 : ◺
③ 플러그 용접 : ⊓
④ 심용접 : ○

해설

- ⊖ : 심용접
- ○ : 점용접

50 V벨트풀리에 대한 설명으로 올바른 것은?

① A형은 원칙적으로 한 줄만 걸친다.
② 암은 길이 방향으로 절단하여 도시한다.
③ V벨트풀리는 축 직각 방향의 투상을 정면도로 한다.
④ V벨트풀리의 홈의 각도는 35°, 38°, 40°, 42° 4종류가 있다.

해설

① M형은 원칙적으로 한 줄만 걸친다.
② 암은 길이 방향으로 절단하여 도시하지 않는다.
④ V벨트풀리의 홈의 각도는 34°, 36°, 38° 3종류가 있다.

51 다음 나사의 종류와 기호 표시로 틀린 것은?

① 미터보통나사 : M
② 관용평행나사 : G
③ 미니어처나사 : S
④ 전구나사 : R

해설

전구나사 기호 ⇒ E

52 구름 베어링의 호칭 번호가 '6203 ZZ'이면 이 베어링의 안지름은 몇 mm인가?

① 15   ② 17

③ 60   ④ 62

해설

베어링의 안지름 번호 03 ⇒ 17mm

53 스플릿 테이퍼 핀의 테이퍼 값은?

① 1/20   ② 1/25

③ 1/50   ④ 1/100

해설

• 테이퍼 핀의 테이퍼 ⇒ 1/50
• 테이퍼 핀의 호칭지름 ⇒ 지름이 작은 쪽의 지름

54 스프링의 제도에 있어서 틀린 것은?

① 코일 스프링은 원칙적으로 무하중 상태로 그린다.
② 하중과 높이 등의 관계를 표시할 필요가 있을 때에는 선도 또는 요목표에 표시한다.
③ 특별한 단서가 없는 한 모두 왼쪽으로 감은 것을 나타낸다.
④ 종류와 모양만을 간략도로 나타내는 경우 재료의 중심선만을 굵은 실선으로 그린다.

해설

스프링과 나사의 경우 특별한 단서가 없으면 모두 오른쪽 방향이다.

55 다음 나사의 도시 방법으로 틀린 것은?

① 암나사의 안지름은 굵은 실선으로 그린다.
② 완전 나사부와 불완전 나사부의 경계선은 굵은 실선으로 그린다.

③ 수나사의 바깥지름은 굵은 실선으로 그린다.
④ 수나사와 암나사의 측면도시에서 골지름은 굵은 실선으로 그린다.

해설

수나사와 암나사의 골지름 ⇒ 가는 실선

56 다음 표기는 무엇을 나타낸 것인가?

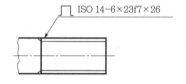

① 사다리꼴나사
② 스플라인
③ 사각나사
④ 세레이션

해설

• 스플라인 ⇒ 큰 동력을 전달하고자 할 때, 축으로부터 직접 여러 줄의 키(key)를 절삭하여, 축과 보스(boss)가 슬립 운동을 할 수 있도록 한 것

57 다음 중 서피스 모델링의 특징으로 틀린 것은?

① NC 가공 정보를 얻기가 용이하다.
② 복잡한 형상 표현이 가능하다.
③ 구성된 형상에 대한 중량 계산이 용이하다.
④ 은선 제거가 가능하다.

해설

서피스 모델링의 특징
• 은선 제거가 가능하다.
• 단면도를 작성할 수 있다.
• 복잡한 형상의 표현이 가능하다.
• 2개 면의 교선을 구할 수 있다.
• NC 가공 정보를 얻을 수 있다.

58 도형의 좌표변환 행렬과 관계가 먼 것은?

① 미러(mirror) ② 회전(rotate)
③ 스케일(scale) ④ 트림(trim)

해설

트림(trim)
좌표변환 행렬이 아니고 필요 없는 도면요소의 부분을 자르는 명령

59 CAD 시스템의 입력장치가 아닌 것은?

① 키보드 ② 라이트 펜
③ 플로터 ④ 마우스

해설

- 입력장치 : 키보드, 디지타이저, 태블릿, 마우스, 조이스틱, 컨트롤 다이얼, 기능키, 트랙볼, 라이트 펜
- 출력장치 : 디스플레이, 모니터, 플로터(도면용지에 출력), 프린터(잉크젯, 레이저), 하드카피장치, COM장치

60 컴퓨터의 중앙처리장치(CPU)를 구성하는 요소가 아닌 것은?

① 제어장치
② 주기억장치
③ 보조기억장치
④ 연산논리장치

해설

중앙처리장치(CPU)의 구성 요소
논리(연산)장치, 제어장치, 주기억장치(ROM, RAM)

01 주조경질합금의 대표적인 스텔라이트의 주 성분을 올바르게 나타낸 것은?

① 몰리브덴 – 크롬 – 바나듐 – 탄소 – 티탄
② 크롬 – 탄소 – 니켈 – 마그네슘
③ 탄소 – 텅스텐 – 크롬 – 알루미늄
④ 코발트 – 크롬 – 텅스텐 – 탄소

해설

스텔라이트(stellite)
• Co-Cr-W-C가 함유된 합금
• 800℃까지의 고온에서도 경도가 유지된다.
• 열처리가 불필요하다.
• 고온경도가 고속강의 1~2배 정도 높다.
• 정밀가공도가 높다.

02 설계도면에 SM40C로 표시된 부품이 있다. 어떤 재료를 사용해야 하는가?

① 인장강도가 40MPa인 일반구조용 탄소강
② 인장강도가 40MPa인 기계구조용 탄소강
③ 탄소를 0.37~0.43%가 함유한 일반구 조용 탄소강
④ 탄소를 0.37~0.43%가 함유한 기계구 조용 탄소강

해설

S M 40C

↳ 탄소 함유량
↳ 판, 관, 선, 봉 등 제품의 규격명, 형상별 종류나 용도를 나타내는 부분
↳ 재질을 나타내는 부분이며, 영어의 머리글자 나 원소 기호 등으로 표기

03 강괴를 탈산 정도에 따라 분류할 때 이에 속하지 않는 것은?

① 림드강
② 세미림드강
③ 킬드강
④ 세미킬드강

해설

림드강(불완전 탈산강)
• 강을 가볍게 탈산시킨 것
• 전평로 또는 전로에서 정련된 용강을 페로망간(Fe-Mn)으로 불완전 탈산시켜 주형에 주입하여 응고한 것이다.

캡드강
• 림드강을 변형시킨 것

세미킬드강
• 강을 중간 정도로 탈산시킨 것
• 응고 도중의 소량의 가스만 발생되도록 해서 적당한 양의 기공을 형성시켜 응고에 의한 수축을 방지한다. 탈산의 정도를 림드강과 킬드강의 중간 정도로 한 강이다.

킬드강(완전탈산강)
• 강력한 탈산제(규소, 알루미늄, 페로실리콘)를 레들 또는 주형의 용강에 첨가하여 가스반응을 억제시켜 가스방출은 없으나, 주괴 상부 중앙에 수축공이 만 들어지는 결함이 발생한다.

04 Cr 10~11%, Co 26~58%, Ni 10~16% 함 유하는 철합금으로 온도 변화에 대한 탄성 율의 변화가 극히 적고 공기 중이나 수중에 서 부식되지 않고 스프링, 태엽 기상관측용 기구의 부품에 사용되는 불변강은?

① 인바(invar)
② 코엘린바(coelinvar)
③ 퍼멀로이(permalloy)
④ 플래티나이트(platinite)

1. ④ 2. ④ 3. ② 4. ② **정답**

불변강(고Ni강)
온도 변화에도 불구하고 선팽창계수나 탄성계수가 변하지 않는 강

불변강의 종류
- 인바 : 시계진자, 줄자
- 슈퍼인바 : 인바보다 팽창률이 작음.
- 엘린바 : 고급 시계, 정밀저울
- 코엘린바 : 스프링, 태엽, 기상 관측용 기구
- 퍼멀로이 : 전선의 장하코일용
- 플래티나이트 : 전구나 진공관의 도입선

05 주철의 흑연화를 촉진시키는 원소가 아닌 것은?

① Al   ② Mn
③ Ni   ④ Si

흑연화 촉진 원소 : Al, Ni, Si, Ti

06 담금질한 탄소강을 뜨임 처리하면 어떤 성질이 증가되는가?

① 강도   ② 경도
③ 인성   ④ 취성

- 담금질 ⇒ 강도와 경도 증가
- 뜨임 ⇒ 담금질로 인한 취성을 감소시키고 인성을 증가
- 풀림 ⇒ 강의 조직개선 및 재질의 연화
- 불림 ⇒ 결정조직의 균일화, 내부응력 제거

07 철강 재료에 관한 올바른 설명은?

① 용광로에서 생산된 철은 강이다.
② 탄소강은 탄소함유량이 3.0~4.3% 정도이다.
③ 합금강은 탄소강에 필요한 합금 원소를 첨가한 것이다.
④ 탄소강의 기계적 성질에 가장 큰 영향을 끼치는 원소는 규소(Si)이다.

① 용광로에서 생산된 철은 선철이다.
② 탄소강은 탄소함유량은 0.02~2.11%이다.
④ 탄소강에서 기계적 성질에 가장 큰 영향을 끼치는 원소는 탄소(C)이다.

08 나사결합부에 진동하중이 작용하든가 심한 하중 변화가 있으면 어느 순간에 너트는 풀리기 쉽다. 너트의 풀림 방지법으로 사용하지 않는 것은?

① 나비 너트
② 분할핀
③ 로크 너트
④ 스프링 와셔

나비 너트
너트를 쉽게 풀 수 있도록 나비 모양의 손잡이로 되어 있다.

09 나사 및 너트의 이완을 방지하기 위하여 주로 사용되는 핀은?

① 테이퍼핀
② 평행핀
③ 스프링핀
④ 분할핀

㉠ 평행핀 : 기계부품을 조립할 때 및 안내 위치를 결정할 때
㉡ 테이퍼핀 : 톱니바퀴, 핸들 등의 보스를 축에 간단히 고정하는 핀
   ⓐ 호칭지름 : 작은 쪽의 지름을 호칭지름으로 한다.
   ⓑ 테이퍼는 1/50의 테이퍼를 가진다.
㉢ 분할핀 : 핀을 박은 후 끝을 두 갈래로 벌려주어 너트의 풀림을 방지한다.
㉣ 스프링핀 : 세로 방향으로 쪼개져 있어 구멍의 크기가 정확하지 않을 때 해머로 때려 박을 수가 있다.

10 체인 전동의 특징으로 잘못된 것은?

① 고속 회전의 전동에 적합하다.
② 내열성, 내유성, 내습성이 있다.
③ 큰 동력 전달이 가능하고 전동 효율이 높다.
④ 미끄럼이 없고 정확한 속도비가 얻을 수 있다.

해설

체인 전동은 고속 회전에 부적합하며 저속, 큰 동력 전달에 적당하다.

11 구름베어링 중에서 볼베어링의 구성요소와 관련이 없는 것은?

① 외륜   ② 내륜
③ 니들   ④ 리테이너

해설

볼베어링의 구성 요소 : 내륜, 외륜, 볼, 리테이너

12 평기어에서 피치원의 지름이 132mm, 잇수가 44개인 기어의 모듈은?

① 1   ② 3
③ 4   ④ 6

해설

$$m(모듈) = \frac{D(피치원\ 지름)}{Z(잇수)} = \frac{132}{44} = 3$$

13 다음 그림에서 응력집중 현상이 일어나지 않는 것은?

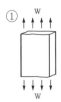 ① 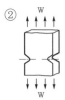 ②

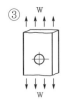 ③ 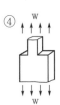 ④

해설

응력집중
표면의 작은 결함, 단면이 급격하게 변화하는 노치, 구멍, 홈, 단 부위에서 응력 분포가 불규칙하고 국부적으로 매우 큰 응력이 발생하는 현상

14 나사에 관한 설명으로 옳은 것은?

① 1줄 나사와 2줄 나사의 리드(lead)는 같다.
② 나사의 리드각과 비틀림각의 합은 90°이다.
③ 수나사의 바깥지름은 암나사의 안지름과 같다.
④ 나사의 크기는 수나사의 골지름으로 나타낸다.

해설

문제 보기 풀이
① 1줄 나사와 2줄 나사의 리드(lead)는 줄수에 따라 리드 값은 다르다.
  $\ell(리드) = n(줄수) \times p(피치)$
③ 수나사의 바깥지름은 암나사의 골지름과 같다.
④ 나사의 크기는 수나사의 바깥지름으로 나타낸다.

15 압축 코일 스프링에서 코일의 평균지름(D)이 50mm, 감김수가 10회, 스프링지수(C)가 5.0일 때 스프링 재료의 지름은 약 몇 mm 인가?

① 5   ② 10
③ 15   ④ 20

해설

스프링 지수 $(C) = \dfrac{D}{d}$

여기서, $C=5$, $D=50$, $d=?$

$$\therefore d = \frac{D}{C} = \frac{50}{5} = 10$$

16 연삭숫돌의 3요소가 아닌 것은?

① 숫돌입자　　② 입도
③ 결합제　　　④ 기공

해설

연삭숫돌의 3요소 ⇒ 숫돌입자, 결합제, 기공

17 드릴가공의 불량 또는 파손 원인이 아닌 것은?

① 구멍에서 절삭 칩이 배출되지 못하고 가득 차 있을 때
② 이송이 너무 커서 절삭저항이 증가할 때
③ 시닝(thinning)이 너무 커서 드릴이 약해졌을 때
④ 드릴의 날 끝 각도가 표준으로 되어 있을 때

해설

드릴가공의 불량 또는 파손 원인
• 구멍에서 절삭칩이 배출되지 못하고 가득 차 있을 때
• 이송이 너무 커서 절삭저항이 증가할 때
• 시닝(thining)이 너무 커서 드릴이 약해졌을 때
• 여유 각이 적당하지 못하여 공작물과 드릴 사이에 마찰이 커질 때

18 드릴의 홈, 나사의 골지름, 곡면 형상의 두께를 측정하는 마이크로미터는?

① 외경 마이크로미터
② 캘리퍼형 마이크로미터
③ 나사 마이크로미터
④ 포인트 마이크로미터

해설

• 나사 마이크로미터 : 삼각나사의 유효직경 측정(외경, 골지름, 유효직경, 피치, 나사산의 각도)
• 포인트 마이크로미터 : 스핀들 및 앤빌의 측정면 선단이 뾰족한 드릴의 웹 두께나 암나사의 골지름 측정

19 다음 중 밀링머신에서 할 수 없는 작업은?

① 널링가공　　② T홈가공
③ 베벨기어가공　　④ 나선 홈가공

해설

널링가공 ⇒ 선반작업

20 각형 구멍, 키 홈, 스플라인 홈 등을 가공하는데 사용되는 공작기계로 제품 형상에 맞는 단면 모양과 동일한 공구를 통과시켜 필요한 부품을 가공하는 기계는?

① 호빙머신　　② 기어셰이퍼
③ 보링머신　　④ 브로칭머신

해설

• 호빙머신 ⇒ 기어의 이를 절삭하는 기어절삭용 전용 공작기계
• 기어셰이퍼 ⇒ 기어절삭기로 가공된 기어의 면을 매끄럽고 정밀하게 만들기 위해 툴로 피니언 공구가 사용되는 공작기계
• 보링머신 ⇒ 드릴로 뚫은 구멍을 깎아서 크게 하거나 정밀도를 높이는 공작기계

21 CNC 선반에서 사용하는 워드의 설명이 옳은 것은?

① G50 내·외경 황삭 사이클이다.
② T0305에서 05는 공구 번호이다.
③ G03은 원호보간으로 공구의 진행 방향은 반시계 방향이다.
④ G04 P200은 dwell time으로 공구 이송이 2초 동안 정지한다.

해설

① G50 ⇒ 좌표계 설정
② T0305 ⇒ T : 공구기능, 03 : 공구 번호, 05 : 공구 보정 번호
④ G04 P200 ⇒ G04 : 휴지, dwell time : 잠시 정지 P200 : 0.2초 동안

22 초경합금의 주성분은?

① W, Cr, V　　② WC, Co
③ TiC, TiN　　④ Al_2O_3

해설

초경합금

WC, TiC, TaC 분말에 Co 분말을 결합 제조하여 혼합한 다음 금형에 넣어 가압성형, 소결시키는 분말야금법

---

23 바이트의 날 끝 반지름이 1.2mm인 바이트로 이송을 0.05mm/rev로 깎을 때 이론상의 최대 높이 거칠기는 몇 μm인가?

① 0.57   ② 0.45

③ 0.33   ④ 0.26

해설

$$H = \frac{S^2}{8r} = \frac{0.05^2}{8 \times 1.2} = 0.00026\text{mm}\left(1\text{mm} = \frac{1}{1,000}\mu m\right)$$

$$\therefore 0.00026 \times 1,000 = 0.026 \mu m$$

---

24 절삭 가공에서 매우 짧은 시간에 발생, 성장, 분열, 탈락의 주기를 반복하는 현상은?

① 경사면(crater) 마멸

② 절삭 속도(cutting speed)

③ 여유면(flank) 마멸

④ 빌트업 에지(built-up edge)

해설

구성인선의 발생 주기

발생 ⇒ 성장 ⇒ 분열 ⇒ 탈락이 $\frac{1}{10} \sim \frac{1}{200}$ 초를 주기적으로 반복한다.

---

25 입도가 작고 연한숫돌에 적은 압력으로 가압하면서 가공물에 이송을 주고, 동시에 숫돌에 진동을 주어 표면 거칠기를 향상시키는 가공법은?

① 배럴(barrel)

② 슈퍼 피니싱(superfinishing)

③ 버니싱(burnishing)

④ 래핑(lapping)

해설

슈퍼 피니싱

입도가 작고 연한숫돌을 작은 압력으로 공작물 표면에

가압하면서 공작물에 이송을 주고 동시에 숫돌에 좌우로 진동을 주어 표면 거칠기를 높이는 가공법이다.

---

26 구멍의 치수가 $\varnothing 50^{+0.025}_{\ \ 0}$, 축의 치수가 $\varnothing 50^{-0.009}_{-0.025}$일 때 최대 틈새는 얼마인가?

① 0.025   ② 0.05

③ 0.07   ④ 0.009

해설

최대 틈새 = 구멍(大) − 축(小)

       = 0.025 − (−0.025) = 0.05

---

27 다듬질 면의 지시 기호가 틀린 것은?

①   ②

③   ④

해설

∨ : 제거 가공을 필요로 하는 지시

∨ : 제거 가공의 여부를 묻지 않음.

∨ : 제거 가공을 해서는 안 됨을 지시

---

28 그림의 투상에서 정면도로 맞는 것은?

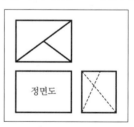

정면도

①   ②

③   ④

---

29 물체가 구의 지름임을 나타내는 치수 보조 기호는?

① SØ   ② C
③ Ø   ④ R

① SØ : 구의 지름
② C : 모떼기
③ Ø : 원의 지름
④ R : 원의 반지름

30 치수 기입의 원칙에 맞지 않는 것은?

① 가공에 필요한 요구사항을 치수와 같이 기입할 수 있다.
② 치수는 주로 주투상도에 집중시킨다.
③ 치수는 되도록 도면사용자가 계산하도록 기입한다.
④ 공정마다 배열을 나누어서 기입한다.

치수 기입에서 치수는 도면사용자가 계산이 필요 없도록 기입한다.

31 보기에서 ⓐ가 지시하는 선의 용도에 의한 명칭으로 맞는 것은?

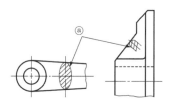

① 회전단면선   ② 파단선
③ 절단선   ④ 특수지정선

• 회전단면선 : 회전도시단면도의 단면을 표시하는 선
• 파단선 : 도면의 일부분을 확대하거나 부분단면의 경계를 나타낼 때
• 절단선 : 단면도의 단면 경계를 표시하는 선
• 특수지정선 : 특수가공하는 부분이나 특별한 요구사항을 적용할 수 있는 범위를 표시할 때

32 제도의 목적을 달성하기 위하여 도면이 구비하여야 할 기본 요건이 아닌 것은?

① 면의 표면 거칠기, 재료 선택, 가공 방법 등의 정보
② 도면 작성 방법에 있어서 설계자 임의의 창의성
③ 무역 및 기술의 국제 교류를 위한 국제적 통용성
④ 대상물의 도형, 크기, 모양, 자세, 위치의 정보

도면 작성 시 KS규격에 맞게 객관적으로 작성한다.

33 일반 치수공차 기입 방법 중 잘못된 기입 방법은?

① 10 ± 0.1 ② $10^{+0.1}_{0}$
③ $10^{+0.2}_{-0.5}$ ④ $10^{-0.1}_{0}$

치수 공차
• 위치수허용차(항상 아래치수허용차보다 커야 함)
• 아래치수허용차(항상 위치수허용차보다 작아야 함)
∴ ④ $10^{-0.1}_{0}$ 는 위치수허용차가 아래치수허용차보다 작으므로 잘못 기입됨.

34 대칭형의 물체를 1/4 절단하여 내부와 외부의 모습을 동시에 보여주는 단면도는?

① 온단면도
② 한쪽단면도
③ 부분단면도
④ 회전도시단면도

한쪽단면도
대칭 물체를 1/4 절단, 내부와 외부를 동시에 표현

35 중간 부분을 생략하여 단축해서 그릴 수 없는 것은?

① 관   ② 스퍼기어
③ 래크   ④ 교량의 난간

해설

모양이 반복되는 길이가 긴 도면은 중간 부분을 생략해서 단축해서 그릴 수 있다. ⇒ 스퍼기어는 원으로 이루어져 있으므로 중간 부분을 생략할 수 없다.

36 제3각법에서 정면도 아래에 배치하는 투상도를 무엇이라 하는가?

① 평면도   ② 좌측면도
③ 배면도   ④ 저면도

해설

제3각법 배치

	평면도		
좌측면도	정면도	우측면도	배면도
	저면도		

37 기하공차 기호에서 다음 중 자세공차를 나타내는 것이 아닌 것은?

① 대칭도공차   ② 직각도공차
③ 경사도공차   ④ 평행도공차

해설

자세공차 ⇒ ㉠ 평행도(∥)
             ㉡ 직각도(⊥)
             ㉢ 경사도(∠)

38 도면을 철하지 않을 경우 A_2 용지의 윤곽선은 용지의 가장자리로부터 최소 얼마나 떨어지게 표시하는가?

① 10mm   ② 15mm
③ 20mm   ④ 25mm

해설

구분 \ 용지호칭	A_0	A_1	A_2	A_3	A_4
철하지 않을 때	20	20	10	10	10
철할 때	25	25	25	25	25

39 다음 표면 거칠기의 표시에서 C가 의미하는 것은?

① 주조가공
② 밀링가공
③ 가공으로 생긴 선이 무방향
④ 가공으로 생긴 선이 거의 동심원

해설

줄무늬 방향 기호 6가지
• = : 평행
• ⊥ : 직각
• X : 두 방향 교차
• M : 여러 방향 교차 또는 무방향
• C : 동심원 모양
• R : 레이디얼 모양 또는 방사상 모양

40 기하공차에 있어서 평면도의 공차값이 지정 넓이 75×75mm에 대해 0.1mm일 경우 도시가 바르게 된 것은?

① ▱ | 75×75 | 0.1
② ▱ | 0.1/75
③ ▱ | 75×75/0.1
④ ▱ | 0.1/75×75

해설

모양공차 기호 표기

▱	공차값 / 지정 면적
공차의 종류	공차값

41 다음은 제3각법으로 정투상한 도면이다. 등각투상도로 적합한 것은?

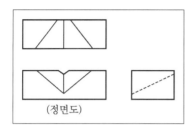

(정면도)

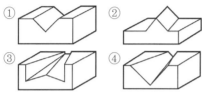

① ② ③ ④

42 최대 허용 치수가 구멍 50.025mm, 축 49.975mm 이며 최소 허용 치수가 구멍 50.000mm, 축 49.950mm일 때 끼워맞춤의 종류는?

① 중간 끼워맞춤 ② 억지 끼워맞춤
③ 헐거운 끼워맞춤 ④ 상용 끼워맞춤

해설

• 억지 끼워맞춤(항상 죔새) ⇒ 축 > 구멍
• 헐거운 끼워맞춤(항상 틈새) ⇒ 구멍 > 축

43 제도 시 선의 굵기에 대한 설명으로 틀린 것은?

① 선은 굵기 비율에 따라 표시하고 3종류로 한다.
② 선의 최대 굵기는 0.5mm로 한다.
③ 동일 도면에서는 선의 종류마다 굵기를 일정하게 한다.
④ 선의 최소 굵기는 0.18mm로 한다.

해설

선의 굵기(한국산업표준에서 정한 도면에 사용)
0.18mm, 0.25mm, 0.35mm, 0.5mm, 0.7mm, 1.0mm

44 투상도의 선택 방법에 대한 설명 중 틀린 것은?

① 대상물의 모양이나 기능을 가장 뚜렷하게 나타내는 부분을 정면도로 선택한다.
② 기능을 나타내는 도면에서는 대상물을 사용하는 상태로 놓고 표시한다.
③ 특별한 이유가 없는 한 대상물을 모두 세워서 그린다.
④ 비교 대조가 불편한 경우를 제외하고는 숨은선을 사용하지 않도록 투상을 선택한다.

해설

특별한 이유가 없는 경우에는 대상물을 옆으로 길게 놓은 상태에서 그린다.

45 다음 중 재료의 기호와 명칭이 맞는 것은?

① STC : 기계 구조용 탄소 강재
② STKM : 용접 구조용 압연 강재
③ SC : 탄소 공구 강재
④ SS : 일반 구조용 압연 강재

해설

• STC : 탄소공구강재
• STKM : 기계 구조용 탄소강관
• SC : 탄소 주강품

46 베벨기어 제도 시 피치원을 나타내는 선의 종류는?

① 굵은 실선
② 가는 1점 쇄선
③ 가는 실선
④ 가는 2점 쇄선

해설

기어 제도 시 피치원의 선 종류 ⇒ 가는 1점 쇄선

47 벨트풀리의 도시법에 대한 설명으로 틀린 것은?

① 벨트풀리는 축 직각 방향의 투상을 주 투상도로 할 수 있다.
② 벨트풀리는 모양이 대칭형이므로 그 일 부분만을 도시할 수 있다.
③ 암은 길이 방향으로 절단하여 도시한다.
④ 암의 단면형은 도형의 안이나 밖에 회 전 단면을 도시한다.

해설

• 암은 길이 방향으로 절단하여 도시하지 않는다.
• 길이 방향으로 단면하지 않는 부품
  ☞ 축, 키, 볼트, 너트, 멈춤 나사, 와셔, 리벳, 강 구, 원통롤러, 기어의 이, 휠의 암, 리브

48 다음 기호 중 화살표 쪽의 표면에 V형 홈 맞대기 용접을 하라고 지시하는 것은?

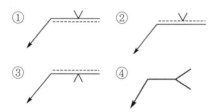

해설

① ⇒ 화살표 쪽의 표면에 V홈 맞대기 용접
②와 ③ ⇒ 화살표 반대쪽의 표면에 V홈 맞대기 용접

49 나사의 종류와 표시하는 기호로 틀린 것은?

① S0.5 : 미니어처나사
② Tr 10×2 : 미터 사다리꼴나사
③ Rc 3/4 : 관용 테이퍼 암나사
④ E10 : 미싱나사

해설

미싱나사기호 ⇒ SM
전구나사 ⇒ E

50 축의 도시 방법에 대한 설명으로 틀린 것은?

① 긴 축은 중간 부분을 파단하여 짧게 그 리고 실제 치수를 기입한다.
② 길이 방향으로 절단하여 단면을 도시한다.
③ 축의 끝에는 조립을 쉽고 정확하게 하 기 위해서 모따기를 한다.
④ 축의 일부 중 평면 부위는 가는 실선의 대각선으로 표시한다.

해설

• 축은 길이 방향으로 절단하여 도시하지 않는다.
• 길이 방향으로 단면하지 않는 부품
  ☞ 축, 키, 볼트, 너트, 멈춤 나사, 와셔, 리벳, 강 구, 원통롤러, 기어의 이, 휠의 암, 리브

51 스퍼기어의 모듈이 2이고, 잇수가 56개 일 때 이 기어의 이끝원 지름은 몇 mm인가?

① 56
② 112
③ 114
④ 116

해설

• d(피치원)$= m$(모듈)$\times Z$(잇수)
• D(바깥지름)$= d + (2 \times m)$
  $= (m \times Z) + (2 \times m)$
• $D_1 = (m \times Z_1) + (2 \times m)$
  $= (2 \times 56) + (2 \times 2) = 116$mm

52 주어진 테이퍼 핀의 호칭지름으로 맞는 부 위는?

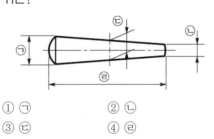

① ㉠
② ㉡
③ ㉢
④ ㉣

해설

테이퍼 호칭지름은 작은 쪽의 지름이 호칭지름이다.

53 기계요소 중 캠에 대한 설명으로 맞는 것은?

① 평면 캠에는 판 캠, 원뿔 캠, 빗판 캠이 있다.
② 입체 캠에는 원통 캠, 정면 캠, 직선운동 캠이 있다.
③ 캠 기구는 원동절(캠), 종동절, 고정절로 구성되어 있다.
④ 캠을 작도할 때는 캠 윤곽, 기초원, 캠선도 순으로 완성한다.

- 평면 캠 : 판 캠, 직선운동 캠, 정면 캠, 삼각 캠
- 입체 캠 : 원통 캠, 원추 캠, 구면(구형) 캠, 빗판 캠 (경사판 캠)
- 캠 작도 순서 : 기초원 – 캠윤곽 – 캠선도 순으로 한다.

54 나사의 도시에서 완전 나사부와 불완전 나사부의 경계선을 나타내는 선의 종류는?

① 굵은 실선   ② 가는 실선
③ 가는 1점 쇄선   ④ 가는 2점 쇄선

나사의 불완전 나사부와 완전 나사부의 경계선
굵은 실선

55 다음과 같은 배관설비도면에서 유니온 접속을 나타내는 기호는?

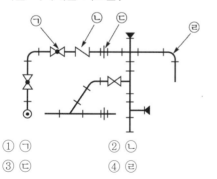

① ㉠   ② ㉡
③ ㉢   ④ ㉣

문제의 기호 설명
㉠ 글로벌 밸브, ㉡ 체크 밸브, ㉢ 유니온 이음,
㉣ 90° 엘보

56 구름베어링 호칭 번호의 순서가 올바르게 나열된 것은?

① 형식 기호 – 치수계열 기호 – 안지름 번호 – 접촉각 기호
② 치수계열 기호 – 형식 기호 – 안지름 번호 – 접촉각 기호
③ 형식 기호 – 안지름 번호 – 치수계열 기호 – 틈새 기호
④ 치수계열 기호 – 안지름 번호 – 형식 기호 – 접촉각 기호

구름베어링 호칭 방법

계열 기호		안지름 번호	접촉각 기호
형식	치수		

57 CAD 시스템의 3차원 모델링 중 서피스 모델링의 일반적인 특징으로 틀린 것은?

① 은선 처리가 가능하다.
② 관성모멘트 등 물리적 성질을 계산할 수 있다.
③ 단면도 작성을 할 수 있다.
④ NC 가공 데이터 생성에 사용된다.

서피스 모델링의 특징
- 은선 제거가 가능하다.
- 단면도를 작성할 수 있다.
- 복잡한 형상의 표현이 가능하다.
- 2개 면의 교선을 구할 수 있다.
- NC 가공 정보를 얻을 수 있다.

58 CAD의 좌표 표현 방식 중 임의의 점을 지정할 때 원점을 기준으로 좌표를 지정하는 방법은?

① 상대좌표   ② 상대극좌표
③ 절대좌표   ④ 혼합좌표

절대좌표 : 좌표의 원점(0, 0)을 기준으로 하여 x, y 축 방향의 거리로 표시되는 좌표

59 CAD 시스템의 입력장치 중에서 광점자 센서가 붙어 있어 화면에 접촉하여 명령어 선택이나 좌표 입력이 가능한 것은?

① 조이스틱(joystick)
② 마우스(mouse)
③ 라이트 펜(light pen)
④ 태블릿(tablet)

해설

라이트 펜(light pen)
점자센서가 부착되어 그래픽 스크린 상에 접촉하여 특정의 위치나 도형을 지정하거나 명령어 선택이나 좌표 입력이 가능하다.

60 CAD 시스템을 구성하는 하드웨어로 볼 수 없는 것은?

① CAD 프로그램
② 중앙처리장치
③ 입력장치
④ 출력장치

해설

• 하드웨어 : 입·출력장치
• 소프트웨어 : 프로그램

01 일반적으로 탄소강에서 탄소함유량이 증가하면 용해 온도는?

① 불변이다.   ② 불규칙적이다.

③ 낮아진다.   ④ 높아진다.

해설

탄소강에 탄소함유량이 증가
• 경도, 강도가 높아진다.
• 인성, 전성, 충격값이 감소된다.
• 용해온도가 낮아진다. 냉간 가공이 어려워진다.

02 유리섬유에 합침(合浸)시키는 것이 가능하기 때문에 FRP(Fiber Reinforced Plastic)용으로 사용되는 열경화성 플라스틱은?

① 폴리에틸린계
② 폴리염화비닐계
③ 불포화 폴리에스테르계
④ 아크릴계

해설

열가소성수지
• 폴리에틸렌(PE)
• 폴리프로필렌(PP)
• 폴리염화비닐(PVC)
• 폴리스티렌(PS)
• 폴리카보네이트(PC)
• 폴리아미드(PA)
• 아크릴
• 플루오르

열경화성수지
• 페놀(PF)
• 에폭시(EP)
• 멜라민
• 실리콘
• 폴리에스테르(PET)
• 폴리우레탄
• 불포화 폴리에스테르계 ⇒ FRP(Fiber Reinforced P lastic)

03 구리에 니켈 40~50% 정도를 함유하는 합금으로서 통신기, 전열선 등의 전기저항 재료로 이용되는 것은?

① 모넬메탈   ② 콘스탄탄
③ 엘린바   ④ 인바

해설

니켈-구리계 합금
• 콘스탄탄(constantan) = 구리(Cu)+Ni(40~45%)
  ⇒ 통신 기재, 저항선, 전열선(자동차 히터) 등으로 사용된다.
• 모넬메탈(Monel metal) = 구리(Cu)+Ni(60~70%)
  ⇒ 내열 및 내식성이 우수하므로 터빈 날개, 펌프 임펠러 등의 재료로 사용

04 탄소강의 가공에 있어서 고온 가공의 장점 중 틀린 것은?

① 상온 가공에 비해 큰 힘으로 가공도를 높일 수 있다.
② 편석에 의한 불균일 부분이 확산되어서 균일한 재질을 얻을 수 있다.
③ 결정립이 미세화되어 성질을 개선시킬 수 있다.
④ 강괴 중의 기공이 압착된다.

해설

열간가공(고온가공) 특징
• 냉간가공(상온가공)보다 적은 힘으로 가공할 수 있다.
• 편석에 의한 불균일 부분이 확산되어 균일한 재질을 얻을 수 있다.
• 마무리 온도를 재결정 온도에 가깝게 하면 결정립이 미세화되어 강의 성질을 개선시킬 수 있다.
• 림드강의 기공이 압착되어 없어진다.
• 가열 때문에 산화되기 쉬워 정밀 가공에 부적합하다.

05 열간가공이 쉽고 다듬질 표면이 아름다우며 특히 용접성이 좋고 고온강도가 큰 장점을 갖고 있어 각종 축, 기어, 강력볼트, 암, 레버 등에서 사용하는 것으로 기호 표시를 SCM으로 하는 강은?

① 니켈 – 크롬–몰리브덴강
② 크롬 – 몰리브덴강
③ 크롬 – 망간–규소강
④ 니켈 – 크롬강

해설

크롬–몰리브덴강(SCM)
담금질 용이, 뜨임취성이 작다.

06 강재의 크기에 따라 표면이 급랭되어 경화하기 쉬우나 중심부에 갈수록 냉각 속도가 늦어져 경화량이 적어지는 현상은?

① 잔류응력   ② 노치 효과
③ 질량 효과   ④ 경화능

해설

질량 효과
담금질할 때 재료의 두께에 따라 내·외부의 냉각 속도의 차이가 생기는 것을 말한다.
• 질량 효과는 소재가 두꺼울수록 질량 효과가 크다.
• 재료의 두께 냉각 속도 차이 질량의 크기에 따라 다르다.
• 질량 효과를 줄이려면 특수강(Cr, Mo, Mn, Ni)을 첨가한다.
• 질량 효과를 없애기 위해 ⇒ 서브제로 처리(심냉 처리)

07 구리의 일반적 특성에 관한 설명으로 틀린 것은?

① 전연성이 좋아 가공이 용이하다.
② 전기 및 열의 전도성이 우수하다.
③ 화학적 저항력이 작아 부식이 잘된다.
④ Zn, Sn, Ni, Ag 등과는 합금이 잘된다.

해설

구리의 특성
• 비중이 8.96이며, 용융점이 1,083℃ 정도이다.

• 전기 및 열의 전도성이 우수하다.
• 아름다운 광택과 귀금속의 성질이 우수하다.
• 전연성이 좋아 가공이 용이하다.
• 황산, 염산에 쉽게 용해된다.
• 비자성으로 내식성이 철강보다 우수하다.
• Zn, Sn, Ni, Ag 등과는 합금이 잘된다.
• 화학적 저항력이 커서 부식이 잘되지 않는다.

08 회전운동을 하는 드럼이 안쪽에 있고 바깥에서 양쪽 대칭으로 드럼을 밀어 붙여 마찰력이 발생하도록 한 브레이크는?

① 캘리퍼형 원판 브레이크
② 블록 브레이크
③ 밴드 브레이크
④ 드럼 브레이크

해설

디스크 브레이크(원판 브레이크)
• 마찰면이 원판으로 되어 있다.
• 원판 수에 따라 단판 브레이크와 다판 브레이크로 분류된다.
• 냉각이 쉽고 큰 회전력의 제동이 가능한 브레이크이다.
• 캘리퍼형 원판 브레이크 회전운동을 하는 드럼이 안쪽에 있고 바깥에서 양쪽 대칭으로 드럼을 밀어 붙여 마찰력이 발생하도록 한 브레이크이다.

09 단면적이 100mm²인 강재에 300N의 전단 하중이 작용할 때 전단응력(N/mm²)은?

① 1   ② 2
③ 3   ④ 4

해설

$$\tau(\text{전단응력}) = \frac{P(\text{하중})}{A(\text{면적})} = \frac{300}{100} = 3(\text{N/mm}^2)$$

10 주로 강도만을 필요로 하는 리벳이음으로서 철교, 선박, 차량 등에 사용하는 리벳은?

① 용기용 리벳   ② 보일러용 리벳
③ 코킹   ④ 구조용 리벳

리벳이음의 종류
- 구조용 리벳 ⇒ 강도 필요(선박, 차량, 구조물)
- 저압용 리벳 ⇒ 기밀 및 수밀 필요(저압용 탱크)
- 보일러용 리벳 ⇒ 강도 및 기밀 필요

11 키의 종류 중 페더키(feather key)라고도 하며, 회전력의 전달과 동시에 축 방향으로 보스를 이동시킬 필요가 있을 때 사용되는 것은?

① 미끄럼키 ② 반달키
③ 새들키 ④ 접선키

- **묻힘키(성크키)** : 축과 보스에 모두 홈을 판다. 가장 많이 사용된다.
- **안장키(새들키)** : 축은 절삭하지 않고 보스에만 홈을 판다.
- **반달키(우드러프키)** : 축에 원호상의 홈을 판다.
  반달키의 크기 : b×d
- **미끄럼키(페더키)** : 묻힘키의 일종으로 키는 테이퍼가 없어야 한다. 축 방향으로 보스의 이동이 가능하며 보스와 간격이 있어 회전 중 이탈을 막기 위해 고정하는 경우가 많다.
- **접선키** : 축과 보스에 축의 접선 방향으로 홈을 파서 서로 반대의 테이퍼를 120° 간격으로 2개의 키를 조합하여 끼운다.
- **평키(플랫키)** : 축의 자리만 평평하게 다듬고 보스에 홈을 판다.
- **둥근키(핀키)** : 축과 보스에 드릴로 구멍을 내어 홈을 만든다.

12 동력 전달용 기계요소가 아닌 것은?

① 기어
② 체인
③ 마찰차
④ 유압 댐퍼

- 동력전달용 기계요소 : 기어, 스프로킷(체인), 벨트풀리(V벨트, 평벨트), 마찰차
- 유압댐퍼 : 유압을 이용하여 진동과 충격을 흡수하는 장치

13 평벨트 전동과 비교한 V벨트 전동의 특징이 아닌 것은?

① 미끄럼이 적고 속도비가 크다.
② 바로걸기와 엇걸기 모두 가능하다.
③ 접촉 면적이 넓으므로 큰 동력을 전달한다.
④ 고속운전이 가능하다.

V벨트 전동은 엇걸기가 불가능하다.

14 평판 모양의 쐐기를 이용하여 인장력이나 압축력을 받는 2개의 축을 연결하는 결합용 기계요소는?

① 아이 볼트 ② 테이퍼키
③ 코터 ④ 커플링

코터
축 방향에 인장력 또는 압축력이 작용하는 두 축을 연결하는 것으로 분해가 필요할 때 사용하며 로드, 소켓, 코터로 구성

15 24산 3줄 유니파이 보통나사의 리드는 몇 mm인가?

① 1.175 ② 2.175
③ 3.175 ④ 4.175

유니파이 보통나사
- 24산 : 1인치 안의 나사산 수
  ∴ 피치 $=25.4/24=1.0583$
- ℓ(리드) $=n$(줄수)$\times p$(피치)
  $=3\times1.0583=3.175$

16 절삭제를 사용하는 목적과 관계가 없는 것은?

① 절삭 작용을 어렵게 한다.
② 공구의 경도 저하를 방지한다.
③ 가공물의 정밀도 저하를 방지한다.
④ 윤활 및 세척 작용을 한다.

절삭유의 작용
• 냉각 작용
• 윤활 작용
• 세척 작용(절삭 작용을 쉽게 한다)

17 공구에 진동을 주고 공작물과 공구 사이에 연삭입자와 가공액을 주고 전기적 에너지를 기계적 에너지로 변화함으로서 공작물을 정밀하게 다듬는 방법은?

① 래핑　　　　② 슈퍼 피니싱
③ 전해 연마　　④ 초음파 가공

해설

초음파 가공
공구와 공작물 사이에 연삭입자와 가공액을 주입하고 공구에 초음파 진동을 주어 전기적 양도체나 부도체의 여부에 관계없이 정밀한 가공을 하는 방법이다.

18 단단한 재료일수록 드릴의 선단 각도는 어떻게 해주어야 하는가?

① 크게 한다.
② 작게 한다.
③ 시작점에서는 작은 각도, 끝점에서는 큰 각도로 한다.
④ 일정하게 한다.

해설

드릴 작업 시 재료가 단단할수록 선단각도를 크게 한다.

19 오차가 +20μm인 마이크로미터로 측정한 결과 55.25mm의 측정값을 얻었다면 실제 값은?

① 55.18mm　　② 55.23mm
③ 55.25mm　　④ 55.27mm

해설

실제값=측정값－오차=55.25－0.02=55.23

$\quad\hookrightarrow\quad \because 20\mu m = 0.02mm(1\mu m = \dfrac{1}{1,000}mm)$

20 선반의 척 중 불규칙한 모양의 공작물을 고정하기에 가장 적합한 것은?

① 마그네틱척　　② 단동척
③ 압축공기척　　④ 연동척

해설

단동척
• 죠가 4개이며 각각 개별적으로 움직임.
• 불규칙한 단면 모양의 공작물 고정 시
• 복잡한 가공 시

21 지름이 100mm인 연강을 회전수 300r/min(=rpm), 이송 0.3mm/rev, 길이 50mm를 1회 가공할 때 소요되는 시간은 약 몇 초인가?

① 약 20초　　② 약 33초
③ 약 40초　　④ 약 56초

해설

1회 가공시간

$T= \dfrac{l}{Nf} = \dfrac{50}{300\times 0.3} = 0.56(min) = 33(sec)$

22 연삭숫돌의 기호 WA 60KmV에서 '60'은 무엇을 나타내는가?

① 조직　　　　② 결합도
③ 숫돌 입자　　④ 입도

해설

연삭 입자 (숫돌 재료)	입도 (숫돌 입자 크기)	결합도 (숫돌 입자의 결합 상태)	조직 (단위 용적당 입자의 양)	결합제 (본드)
WA	60	K	M	V

23 키 홈, 스프라인 홈, 원형이나 다각형의 구멍들을 가공하는 브로칭머신은?

① 자동 브로칭머신
② 특수 브로칭머신
③ 외경 브로칭머신
④ 내면 브로칭머신

내면 브로칭머신 ⇒ 키 홈, 스플라인 홈, 원형이나 다각형의 구멍을 1회에 가공하는 것

24 CNC 선반의 준비기능에서 G32 코드의 기능은?

① 홈가공　　　② 모서리정밀가공
③ 나사절삭가공　④ 드릴가공

• G32 : 나사절삭가공
• G74 : 단면가공 사이클(드릴가공)
• G75 : 내·외경 홈가공

25 밀링머신의 부속장치가 아닌 것은?

① 분할대　　　② 회전 테이블
③ 래크 절삭장치　④ 크로스 레일

밀링머신의 부속장치
밀링바이스, 회전 테이블, 래크 절삭장치, 분할대

26 제3각법으로 그린 투상도의 평면도로 옳은 것은?

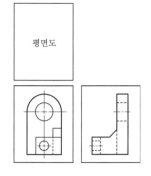

　① 　　　②

③ 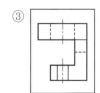　　④

등각투상도　　　제3각법 투상

27 투상에 사용하는 숨은선을 올바르게 적용한 것은?

①　　　②
③　　　④

선 접속의 올바른 방법

28 기하 공차의 구분 중 모양공차의 종류에 속하지 않는 것은?

① 직진도공차
② 평행도공차
③ 진원도공차
④ 면의 윤곽도공차

단독형체 모양 공차 6가지
• 진원도공차 : ○
• 원통도공차 : ⌀
• 진직도공차 : ―
• 평면도공차 : ▱
• 선의 윤곽도 : ⌒
• 면의 윤곽도 : ⌓

29 투상도의 올바른 선택 방법으로 틀린 것은?

① 길이가 긴 물체는 특별한 사유가 없는 한 안정감 있게 옆으로 뉘워서 그린다.
② 대상 물체의 모양이나 기능을 가장 잘 나타낼 수 있는 면을 주투상도로 한다.
③ 조립도와 같이 주로 물체의 기능을 표시하는 도면에서는 대상물을 사용하는 상태로 그린다.
④ 부품도는 조립도와 같은 방향으로만 그려야 한다.

부품도는 조립도의 방향과 무관하고 가공방향에 맞게 그린다. 정면도를 잘 선정하는 것이 중요하다.

30 KS 부문별 분류기호에서 기계를 나타내는 것은?

① KS A   ② KS B
③ KS K   ④ KS H

한국산업규격(KS)의 부문별 분류
• KS A : 기본(통칙)
• KS B : 기계
• KS C : 전기, 전자
• KS D : 금속

31 대칭인 물체를 1/4 절단하여 물체의 안과 밖의 모양을 동시에 나타낼 수 있는 단면도는?

① 부분단면도
② 한쪽단면도
③ 회전도시단면도
④ 온단면도

한쪽단면도(1/4단면도)
대칭 물체를 1/4 절단, 내부와 외부를 동시에 표현

32 치수의 허용한계를 기입할 때 일반사항에 대한 설명으로 틀린 것은?

① 직렬 치수 기입법으로 치수를 기입할 때는 치수공차가 누적되므로, 공차의 누적이 기능에 관계가 없는 경우에만 사용하는 것이 좋다.
② 병렬 치수 기입법으로 치수를 기입할 때 치수공차는 다른 치수의 공차에 영향을 주기 때문에 기능 조건을 고려하여 공차를 적용한다.
③ 축과 같이 직렬 치수 기입법으로 치수를 기입할 때 중요도가 작은 치수는 괄호를 붙여서 참고 치수로 기입하는 것이 좋다.
④ 기능에 관련되는 치수와 허용한계는, 기능을 요구하는 부위에 직접 기입하는 것이 좋다.

병렬 치수 기입법
치수를 기입할 때 치수공차는 다른 치수의 공차에 영향을 주지 않는다.

33 다음 등각투상도에서 화살표 방향을 정면도로 할 경우 평면도로 올바른 것은?

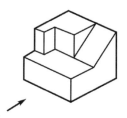

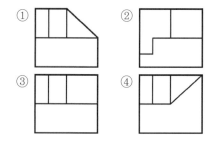

가는 2점 쇄선의 용도
- 인접 부분을 참고로 표시할 때
- 공구, 지그 등의 위치를 참고로 나타낼 때
- 되풀이 하는 것을 나타낼 때
- 가공 전 또는 후의 모양을 표시할 때
- 가동 부분을 이동 중의 특정한 위치 또는 이동한 계의 위치로 표시할 때
- 도시된 단면의 앞쪽에 있는 부분을 표시할 때

34 다음 중 치수 기입 방법으로 맞는 것은?

① 관련되는 치수는 나누어서 기입한다.
② 길이의 치수는 원칙적으로 밀리미터의 단위로 기입하고 단위 기호를 붙인다.
③ 각도의 치수는 일반적으로 도, 분, 초 등의 단위를 기입한다.
④ 가공이나 조립할 때, 기준으로 하는 곳이 있더라도 상관없이 기입한다.

해설

- 관련 치수는 모아서 정면도에 집중 기입한다.
- 단위는 mm가 원칙으로 사용되고 기호는 생략한다.
- 가공이나 조립 시 기준을 정하여 치수 기입을 한다.

35 가공 방법의 약호에서 연삭가공의 기호는?

① D   ② G
③ L   ④ M

해설

① D : 드릴
② G : 연삭
③ L : 선반
④ M : 밀링

36 대상물의 가공 전 또는 가공 후의 모양을 표시하는데 사용하는 선은?

① 가는 실선
② 굵은 실선
③ 가는 1점 쇄선
④ 가는 2점 쇄선

37 다음 그림은 제3각법으로 제도한 것이다. 이 물체의 등각투상도로 알맞은 것은?

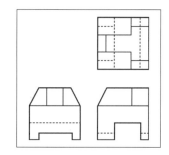

①   ②

③   ④

38 다음 중 재료 기호에 대한 명칭이 잘못된 것은?

① GC200 : 회주철품
② SC450 : 탄소강 주강품
③ SM20C : 기계 구조용 탄소강재
④ BC3 : 황동 주물

해설

BC3 : 청동 주물

39 구멍과 축의 치수가 [보기]와 같을 때 최대 죔새는 얼마인가?

구멍의 치수	$\varnothing 30^{+0.025}_{\ \ \ 0}$
축의 치수	$\varnothing 30^{+0.020}_{-0.005}$

① 0.005   ② 0.020

③ 0.025   ④ 0.030

해설

최대 죔새＝축(大) － 구멍(小)＝0.020－0＝0.020

40 다음의 표면 거칠기 기호 중 주조품의 표면 제거 가공을 허락하지 않는 것을 지시하는 기호는?

①   ②

③   ④ ✓

해설

표면 거칠기 기호 3가지

▽ : 제거 가공을 필요로 하는 지시

√ : 제거 가공의 여부를 묻지 않음.

♀ : 제거 가공을 해서는 안 됨을 지시

41 도면에 마련하는 양식 중에서 마이크로필름 등으로 촬영하거나 복사 및 철할 때의 편의를 위하여 마련하는 것은?

① 윤곽선   ② 표제란

③ 중심마크   ④ 비교눈금

해설

중심마크

- 도면의 마이크로필름 등으로 촬영, 복사 및 도면 철(접기)의 편의를 위하여 마련한다.
- 윤곽선 중앙으로부터 용지의 가장자리에 이르는 0.5mm 이상 굵기로 수직한 직선으로 표시

42 구의 지름을 나타내는 치수 보조 기호는?

① ∅   ② C

③ S∅   ④ R

해설

① ∅ : 원의 지름

② C : 모떼기

③ S∅ : 구의 지름

④ R : 원의 반지름

43 도면을 그릴 때 가는 2점 쇄선으로 그려야 하는 것은?

① 숨은선   ② 피치선

③ 가상선   ④ 해칭선

해설

가는 2점 쇄선 ⇒ 가상선, 무게중심선

44 다음의 기하공차 기호를 바르게 해석한 것은?

//	0.1
	0.05/100

① 대칭도가 전체 길이에 대해 0.1mm, 지정 길이 100mm에 대해 0.05mm의 허용치를 갖는다.

② 대칭도가 전체 길이에 대해 0.05mm, 지정 길이 100mm에 대해 0.1mm의 허용치를 갖는다.

③ 평행도가 전체 길이에 대해 0.1mm, 지정 길이 100mm에 대해 0.05mm의 허용치를 갖는다.

④ 평행도가 전체 길이에 대해 0.05mm, 지정 길이 100mm에 대해 0.1mm의 허용치를 갖는다.

해설

기하공차 기호	형체의 전체 길이에 대한 공차값
	지정 길이의 공차값/지정 길이

45 구멍의 최소 치수가 축의 최대 치수보다 큰 경우는 무슨 끼워맞춤인가?

① 헐거운 끼워맞춤
② 강한 억지 끼워맞춤
③ 중간 끼워맞춤
④ 억지 끼워맞춤

해설

헐거운 끼워맞춤(항상 틈새) ⇒ 구멍 > 축

46 리벳이음의 도시 방법에 대한 설명 중 옳은 것은?

① 얇은 판, 형강 등의 단면은 가는 실선으로 도시한다.
② 리벳의 위치만을 표시할 때는 굵은 실선으로 그린다.
③ 리벳은 길이 방향으로 절단하여 도시한다.
④ 구조물에 쓰이는 리벳은 약도로 표시할 수 있다.

해설

① 얇은 판, 형강 등의 단면은 굵은 실선으로 도시한다.
② 리벳의 위치만을 표시할 때는 중심선만 그린다.
③ 리벳은 길이 방향으로 절단하여 도시하지 않는다.

47 축에서 도형 내의 특정 부분이 평면 또는 구멍의 일부가 평면임을 나타낼 때의 도시 방법은?

① 가는 파선을 사각형으로 나타낸다.
② 굵은 실선을 대각선으로 나타낸다.
③ 가는 실선을 대각선으로 나타낸다.
④ '평면'이라고 표시한다.

해설

축에서 평면 부분을 표시할 때 ⇒ 가는 실선으로 대각선을 그린다.

48 구름베어링의 호칭 번호가 6204일 때 베어링의 안지름은 얼마인가?

① 15mm
② 20mm
③ 31mm
④ 62mm

해설

안지름 번호가 '04'이므로 ⇒ 04×5＝20mm

49 볼트의 규격 M12×80의 설명으로 맞는 것은?

① 미터나사 골지름이 12mm이다.
② 미터나사 호칭지름이 12mm이다.
③ 미터나사 피치가 80mm이다.
④ 미터나사 바깥지름이 80mm이다.

해설

• 미터나사의 호칭지름(수나사의 바깥지름) ⇒ ⌀12mm
• 나사의 길이 ⇒ 80mm

50 스프로킷 휠의 도시 방법으로 틀린 것은?

① 바깥지름 – 굵은 실선
② 피치원 – 가는 1점 쇄선
③ 축 직각 단면으로 도시할 때 이뿌리원 – 굵은 실선
④ 이뿌리원 – 가는 1점 쇄선

해설

이뿌리원
가는 실선 또는 굵은 파선

51 배관 기호에서 온도계의 표시 방법으로 바른 것은?

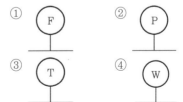

① 유량계
② 압력계
③ 온도계
④ 잘못된 기호

52 용접부 표면의 형상에서 동일 평면으로 다듬질함을 표시하는 보조 기호는?

① ━━ ② ◇
③ ◡ ④ ◠

해설

① 평면(동일한 면으로 마감처리)
③ 오목형
④ 볼록형

53 코일 스프링의 도시 방법으로 적합한 것은?

① 특별한 단서가 없는 한 모두 오른쪽 감기로 도시한다.
② 중간 부분을 생략할 때는 생략한 부분을 파단선을 이용하여 도시한다.
③ 모양만을 도시할 때는 스프링의 외형을 가는 파선으로 그린다.
④ 원칙적으로 하중이 걸린 상태에서 도시한다.

해설

② 중간 부분을 생략할 때는 가는 1점 쇄선, 가는 2점 쇄선으로 도시한다.
③ 모양만을 도시할 때는 스프링의 중심선을 굵은 실선으로 그린다.
④ 원칙적으로 무하중 상태에서 도시한다.

54 도면에 3/8-16UNC-2A로 표시되어 있다. 이에 대한 설명 중 틀린 것은?

① UNC는 유니파이 보통나사를 의미한다.
② 3/8은 나사의 지름을 표시하는 숫자이다.
③ 16은 1인치 내의 나사산의 수를 표시한 것이다.

④ 2A는 수량을 의미한다.

해설

2A ⇒ 나사의 등급

55 기어의 요목표에 [기준래크]의 치형, 압력각, 모듈을 기입한다. 여기서 [기준래크]란 무엇을 뜻하는가?

① 기어 이를 가공할 공구를 지정한 것이다.
② 기어 이를 검사할 측정기를 지정한 것이다.
③ 기어 이를 가공할 기계 종류를 지정한 것이다.
④ 기어 이를 가공할 때 설치할 곳을 지정한 것이다.

해설

기준래크는 기어를 가공할 공구를 말한다.

56 스퍼기어에서 축 방향에서 본 투상도의 이뿌리원을 나타내는 선은?

① 가는 1점 쇄선 ② 가는 2점 쇄선
③ 가는 실선 ④ 굵은 실선

해설

기어의 이뿌리원
가는 실선(단, 단면으로 표시될 때는 굵은 실선)

57 CAD 시스템에서 사용되는 입력장치의 종류가 아닌 것은?

① 키보드 ② 마우스
③ 디지타이저 ④ 플로터

해설

• 입력장치 : 키보드, 마우스, 디지타이저와 태블릿, 조이스틱, 컨트롤 다이얼, 트랙볼, 라이트 펜
• 출력장치 : 디스플레이, 모니터, 플로터(도면용지에 출력), 프린터(잉크젯, 레이저), 하드카피장치, COM 장치

58 마지막 입력 점으로부터 다음 점까지의 거리와 각도를 입력하는 좌표 입력 방법은?

① 절대좌표 입력
② 상대좌표 입력
③ 상대극좌표 입력
④ 요소 투영점 입력

해설

• 절대좌표계 : 좌표의 원점(0, 0)을 기준으로 하여 x, y축 방향의 거리로 표시되는 좌표(x, y)
• 상대좌표계 : 마지막 점(임의의 점)에서 다음 점까지 거리를 입력하여 선 긋는 방법(@x, y)
• 상대극좌표계 : 마지막 점에서 다음 점까지 거리와 각도를 입력하여 선 긋는 방법(@거리< 각도)

59 3차원 형상을 솔리드 모델링하기 위한 기본 요소를 프리미티브라고 한다. 이 프리미티브가 아닌 것은?

① 박스(box)   ② 실린더(cylinder)
③ 원뿔(cone)   ④ 퓨전(fusion)

해설

퓨전(fusion)
기본 요소들을 합치는 것이다.

60 캐시 메모리(cache memory)에 대한 설명으로 맞는 것은?

① 연산장치로서 주로 나눗셈에 이용된다.
② 제어장치로 명령을 해독하는데 주로 사용된다.
③ 보조기억장치로서 휴대가 가능하다.
④ 중앙처리장치와 주기억장치 사이의 속도차이를 극복하기 위해 사용한다.

해설

Cache Memory
컴퓨터에서 CPU와 주변기기 간의 속도 차이를 극복하기 위하여 두 장치 사이에 존재하는 보조기억장치

01 다음 중 록웰 경도를 표시하는 기호는?

① HBS   ② HS

③ HV   ④ HRC

해설

경도시험 : 재료의 단단한 정도 시험
- 브리넬 경도(HB) 측정
- 록웰 경도(HRB, HRC) 측정
- 쇼어 경도(HS) 측정
- 비커스 경도 측정

02 형상기억합금의 종류에 해당되지 않는 것은?

① 구리-알루미늄-니켈계 합금

② 니켈-티타늄-구리계 합금

③ 니켈-티타늄계 합금

④ 니켈-크롬-철계 합금

해설

- 형상기억합금 ⇒ 형상기억합금은 처음에 주어진 특정 모양의 것을 인장 하거나 소성 변형된 것을 다시 가열하면 원래의 모양으로 돌아오는 성질을 말한다.
- 형상기억합금의 종류 ⇒ Ni-Ti계 합금, Ni-Ti-Cu계 합금, Ni-Ti-Al계 합금

03 열가소성수지가 아닌 재료는?

① 멜라민수지   ② 초산비닐수지

③ 폴리에틸렌수지   ④ 폴리염화비닐수지

해설

열가소성수지
- 가열하여 성형한 후 냉각하면 경화하며, 재가열하여 새로운 모양으로 다시 성형할 수 있다.
- 종류 : 초산비닐수지, 폴리에틸렌수지, 폴리염화비닐수지, 아크릴수지

04 베릴륨 청동 합금에 대한 설명으로 옳지 않는 것은?

① 피로한도, 내열성, 내식성이 우수하다.

② 베어링, 고급 스프링 재료에 이용된다.

③ 구리에 2~3%의 Be를 첨가한 석출경화성 합금이다.

④ 가공이 쉽게 되고 가격이 싸다.

해설

베릴륨 청동
구리 합금 중에서 가장 높은 강도와 경도를 가진다. 값이 비싸고 산화하기 쉬우며 경도가 커서 가공하기 곤란함 등의 결점도 있으나 강도, 내마멸성, 내피로성, 전도율 등이 좋으므로 베어링, 기어, 고급 스프링, 공업용 전극 등에 쓰인다. 구리에 2~3%의 Be를 첨가한 석출경화성 합금이다.

05 주철의 성장 원인 중 틀린 것은?

① 펄라이트 조직 중의 Fe_3C 분해에 따른 흑연화

② 페라이트 조직 중의 Si의 산화

③ A_1 변태의 반복과정 중에서 오는 체적 변화에 기인되는 미세한 균열의 발생

④ 흡수된 가스의 팽창에 따른 부피의 감소

해설

주철의 성장 원인
- 시멘타이트의 흑연화에 의한 팽창
- 페라이트 중에 고용되어 있는 Si의 산화에 의한 팽창
- A_1 변태에서 부피 변화로 인한 팽창
- 불균일 가열로 인한 균열에 의해 팽창
- 흡수된 가스에 의한 팽창
- Al, Si, Ni, Ti 등의 원소에 의한 흑연화 현상 촉진

1. ④ 2. ④ 3. ① 4. ④ 5. ④   **정답**

06 Al–Cu–Mg–Mn의 합금으로 시효경화 처리한 대표적인 알루미늄 합금은?

① 두랄루민　　　② Y-합금
③ 코비탈륨　　　④ 로우엑스 합금

> **해설**
>
> **시효경화성 알루미늄합금**
> 두랄루민(Al+Cu+Mg+Mn+Si) : 가벼워서 항공기나 자동차 등에 사용됨.

07 다이캐스팅용 합금의 성질로서 우선적으로 요구되는 것은?

① 유동성　　　② 절삭성
③ 내산성　　　④ 내식성

> **해설**
>
> **다이캐스팅용 알루미늄(Al) 합금이 갖추어야 할 성질**
> • 유동성이 좋을 것
> • 응고 수축에 대한 용탕 보급성이 좋을 것
> • 열간취성이 적을 것

08 스프링에서 스프링 상수(k) 값의 단위로 옳은 것은?

① N　　　　② N/mm
③ N/mm²　　④ mm

> **해설**
>
> 스프링 상수$(k) = \dfrac{W}{\delta} = \dfrac{무게(N)}{처짐(mm)}$

09 다음 ISO 규격나사 중에서 미터보통나사를 기호로 나타내는 것은?

① Tr　　　　② R
③ M　　　　④ S

> **해설**
>
> ① Tr : 미터사다리꼴나사
> ② R : 테이퍼수나사
> ③ M : 미터보통나사
> ④ S : 미니어처나사

10 분할핀에 관한 설명이 아닌 것은?

① 테이퍼 핀의 일종이다.
② 너트의 풀림을 방지하는데 사용된다.
③ 핀 한쪽 끝이 두 갈래로 되어 있다.
④ 축에 끼워진 부품의 빠짐을 방지하는데 사용된다.

> **해설**
>
> **분할핀**
> 핀을 박은 후 끝을 두 갈래로 벌려주어 너트의 풀림을 방지한다.

11 하중 3,000N이 작용할 때, 정사각형 단면에 응력 30N/cm²이 발생했다면 정사각형 단면 한 변의 길이는 몇 mm인가?

① 10　　　　② 22
③ 100　　　④ 200

> **해설**
>
> $\sigma = \dfrac{P}{A}, \quad A = \dfrac{3,000}{30} = 100\text{cm}^2$
> ∴ 한 변의 길이 ⇒ 10cm(문제의 단위는 mm이므로 ⇒ 100mm)

12 축이음 설계 시 고려사항으로 틀린 것은?

① 충분한 강도가 있을 것
② 진동에 강할 것
③ 비틀림각의 제한을 받지 않을 것
④ 부식에 강할 것

> **해설**
>
> 축의 설계 시 고려할 사항 ⇒ 축의 강도, 피로 충격, 강도, 응력 집중 영향, 부식, 변형 등

13 모듈이 m인 표준 스퍼기어(미터식)에서 전체 이 높이는?

① 1.25m　　　② 1.5708m
③ 2.25m　　　④ 3.2504m

> **해설**
>
> 기어에서 전체 이 높이 ⇒ 2.25×m

---

14 레이디얼 볼 베어링 번호 6200의 안지름은?

① 10mm ② 12mm
③ 15mm ④ 17mm

해설

- 62 00 ⇒ ⌀ 10
- 62 01 ⇒ ⌀ 12
- 62 02 ⇒ ⌀ 15
- 62 03 ⇒ ⌀ 17

15 3줄 나사, 피치가 4mm인 수나사를 1/10 회전시키면 축 방향으로 이동하는 거리는 몇 mm인가?

① 0.1 ② 0.4
③ 0.6 ④ 1.2

해설

- 줄 수와 리드와의 관계 ⇒ L=n×p
  (단, 리드(L), 나사 줄 수(n) 피치(P))
- L=3×4=12 ⇒ 1회전 시 이동거리
- 문제에서 1/10 회전이라 했으므로 정답은 1.2mm

16 드릴링머신 1대에 여러 개의 스핀들을 설치하고 1개의 구동축으로 유니버설 조인트를 이용하여 여러 개의 드릴을 동시에 구동시키는 드릴링머신은?

① 직접 드릴링머신
② 레이디얼 드릴링머신
③ 다축 드릴링머신
④ 다두 드릴링머신

해설

드릴링머신의 종류
- 탁상 드릴머신 ⇒ 탁상 위에 설치하여 지름 13mm 이하의 작은 드릴 구멍의 작업에 사용
- 직립 드릴링머신 ⇒ 주축 역회전장치가 있어 태핑 작업을 할 수 있다.
- 다축 드릴링머신 ⇒ 다수의 구멍을 동시에 가공하는 데 사용
- 레이디얼 드릴링머신 ⇒ 수직의 기둥을 중심으로 암을 선회시킬 수 있고 주축헤드는 암을 따라 수평으로 이동하므로 대형 일감의 가공에 편리하다.

- 다두 드릴링머신 ⇒ 여러 가지 공구를 한꺼번에 주축에 장착하여 순차적으로 '드릴링→리밍→ 탭핑' 작업을 한다.

17 마이크로미터의 구조에서 부품에 속하지 않는 것은?

① 앤빌 ② 스핀들
③ 슬리브 ④ 스크라이버

해설

- 마이크로미터의 구조 ⇒ 앤빌, 스핀들, 슬리브, 딤블, 클램프, 레칫 스톱, 프레임
- 하이트게이지의 부속품 ⇒ 스크라이버

18 밀링머신에서 직접 분할법으로 8등분을 하고자 한다. 직접 분할판에서 몇 구멍씩 이동시키면 되는가?

① 3구멍 ② 5구멍
③ 8구멍 ④ 12구멍

해설

$n = \dfrac{24}{N} = \dfrac{24}{8} = 3 (\therefore 3구멍씩 이동)$

19 연삭숫돌의 구성 3요소가 아닌 것은?

① 입자 ② 결합제
③ 절삭유 ④ 기공

해설

연삭숫돌의 3요소 ⇒ 입자, 결합제, 기공

20 바이트의 인선과 자루가 같은 재질로 구성된 바이트는?

① 단체 바이트
② 클램프 바이트
③ 팁 바이트
④ 인서트 바이트

14. ① 15. ④ 16. ③ 17. ④ 18. ① 19. ③ 20. ① **정답**

① 단체 바이트 ⇒ 날 부분과 자루 부분이 같은 재질로 구성
② 클램프 바이트 ⇒ 공구자루에 절삭날을 작은 나사로 고정
③ 팁 바이트 ⇒ 자루 날 부분에만 초경합금 등의 공구재료로 된 팁을 용접하여 만듦.
④ 인서트 바이트 ⇒ 고속도 공구강·초경합금의 팁을 바이트 홀더(shank)에 장착한 바이트

21 금속으로 만든 작은 덩어리를 가공물 표면에 투사하여 피로강도를 증가시키기 위한 냉간 가공법은?

① 숏 피닝　　　② 액체호닝
③ 슈퍼 피니싱　　④ 버핑

• **액체호닝** : 연마제를 가공액과 혼합하여 가공부의 표면에 압축공기를 이용하여 고압과 고속으로 분사시켜 가공물 표면과 충돌시켜 표면을 가공하는 방법이다.
• **슈퍼 피니싱** : 입도가 작고 연한숫돌을 작은 압력으로 공작물 표면에 가압하면서 공작물에 이송을 주고 동시에 숫돌에 좌우로 진동을 주어 표면 거칠기를 높이는 가공법이다.
• **버핑** : 버프의 원둘레 또는 측면에 연마재를 바르고 금속 표면을 연마하는 작업이다.

22 내면연삭 작업 시 가공물은 고정시키고 연삭숫돌이 회전운동 및 공전운동을 동시에 진행하는 연삭 방법은?

① 유성형　　　② 보통형
③ 센터리스형　　④ 만능형

내면 연삭 작업의 종류
• **공작물 회전형(보통형)** : 공작물과 연삭숫돌이 정해진 위치에서 동시에 회전하므로 이송 또는 절삭 깊이는 숫돌 또는 공작물이 주게 되는 연삭 방식
• **공작물 고정형(유성형)** : 유성형이라고도 하며, 공작물이 대형일 경우, 또는 공작물을 척에 장치하여 회전시키기 힘든 경우, 가공물을 고정시키고 연삭숫돌이 회전운동 및 공전운동을 동시에 진행하는 연삭 방식

23 선반으로 기어절삭용 밀링커터를 제작하려고 할 때 전면 여유각을 가공하기에 가장 적합한 작업은?

① 모방절삭(copying) 작업
② 릴리빙(relieving) 작업
③ 널링(knurling) 작업
④ 터렛(turret) 작업

릴리빙 작업
나사탭이나 밀링커터 등의 플랭크(flank) 제작

24 공구와 가공물의 상대운동이 웜과 웜기어의 관계로 기어를 절삭할 수 있는 공작기계는?

① 펠로스 기어셰이퍼
② 마그 기어셰이퍼
③ 라이네케르 베벨기어셰이퍼
④ 기어 호빙머신

기어 호빙머신 : 웜과 웜기어의 원리를 이용
기어셰이퍼에 의한 방법
• 래크 커터에 의한 방법 : 마그 기어셰이퍼
• 피니언커터의 의한 방법 : 펠로스 기어셰이퍼

25 여러 가지 종류의 공작기계에서 할 수 있는 가공을 1대의 기계에서 가능하도록 만든 것은?

① 단능 공작기계
② 만능 공작기계
③ 전용 공작기계
④ 표준 공작기계

만능 공작기계 ⇒ 여러 가지 종류의 공작기계에서 할 수 있는 가공을 1대의 기계에서 가능하도록 만든 것

26 모양에 따른 선의 종류에 대한 설명으로 틀린 것은?

① 실선 : 연속적으로 이어진 선
② 파선 : 짧은 선을 일정한 간격으로 나열한 선
③ 1점 쇄선 : 길고 짧은 2종류의 선을 번갈아 나열한 선
④ 2점 쇄선 : 긴선 2개와 짧은 선 2개를 번갈아 나열한 선

해설

④ 2점 쇄선 : 긴선 1개와 짧은 선 2개를 번갈아 나열한 선

27 기준 A에 평행하고 지정길이 100mm에 대하여 0.01mm의 공차값을 지정할 경우 표시방법으로 옳은 것은?

① | A | 0.01/100 | // |
② | // | 100/0.01 | A |
③ | A | // | 0.01/100 |
④ | // | 0.01/100 | A |

해설

공차 종류

공차 종류	공차값 / 지정길이	데이텀

28 다음 중 구상흑연 주철품 재질 기호는?

① SC410
② GC300
③ GCD400 – 18
④ SF490 A

해설

① SC410 : 탄소주강품
② GC300 : 회주철품
③ GCD400 – 18 : 구상흑연주철품
④ SF490 A : 탄소강 단강품

29 다음 중 치수 기입의 원칙 설명으로 틀린 것은?

① 설계자의 특별한 요구사항을 치수와 함께 기입할 수 있다.
② 도면에 나타내는 치수는 특별히 명시하지 않는 한 도시한 대상물의 마무리 치수를 표시한다.
③ 치수는 되도록이면 정면도, 측면도, 평면도에 분산하여 기입한다.
④ 치수는 되도록이면 계산할 필요가 없도록 기입하고 중복되지 않게 기입한다.

해설

③ 치수는 되도록이면 정면도에 집중 기입한다.

30 그림과 같은 단면도(빗금친 부분)를 무엇이라 하는가?

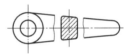

① 회전도시단면도
② 부분단면도
③ 온단면도
④ 한쪽단면도

해설

회전도시단면도
암, 리브, 축, 훅 등의 일부를 90° 회전하여 나타냄.

31 반복도형의 피치를 잡은 기준이 되는 선은?

① 가는 실선
② 가는 파선
③ 가는 1점 쇄선
④ 가는 2점 쇄선

해설

피치를 나타내는 선
가는 1점 쇄선(중심선)

32 투상도의 표시 방법에서 보조투상도에 관한 설명으로 옳은 것은?

① 복잡한 물체를 절단하여 나타낸 투상도
② 경사면부가 있는 물체의 경사면과 맞서는 위치에 그린 투상도
③ 특정 부분의 도형이 작아서 그 부분만을 확대하여 그린 투상도
④ 물체의 홈, 구멍 등 특정 부위만 도시한 투상도

문제의 보기 설명
① 단면도
② 보조투상도
③ 부분확대도
④ 국부투상도

33 가공에 의한 커터의 줄무늬가 기호를 기입한 면의 중심에 대하여 거의 방사 모양인 커터의 줄무늬 방향 기호는?

① ⊥   ② X
③ M   ④ R

줄무늬 방향 기호
• ⊥ : 직각
• X : 두 방향 교차
• M : 여러 방향 교차 또는 무방향
• R : 레이디얼 모양 또는 방사상 모양

34 다음 중에서 '제거 가공을 허용하지 않는다.'는 것을 지시하는 기호는?

①   ②

③   ④ 6.3

√ : 제거 가공을 필요로 하는 지시
√ : 제거 가공의 여부를 묻지 않을 때
√ : 제거 가공을 해서는 안 됨을 지시

35 제3각법으로 투상한 그림과 같은 도면에서 누락된 평면도에 가장 적합한 것은?

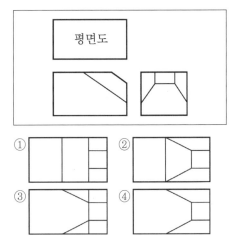

평면도

①   ②

③   ④

등각투상도

36 다음은 3각법으로 정투상한 도면이다. 등각투상도로 맞는 것은 어느 것인가?

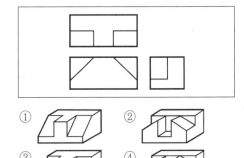

①   ②

③   ④

등각투상도

32. ② 33. ④ 34. ① 35. ④ 36. ③

37 다음 중 길이 및 허용한계 기입을 잘못한 것은?

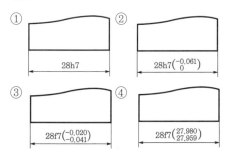

치수 기입에서 위치수허용차가 항상 아래치수허용차보다 커야 함.

38 표제란에 기입할 사항으로 거리가 먼 것은?

① 도면 번호   ② 도면 명칭
③ 부품기호   ④ 투상법

표제란의 내용
- 도면 번호(다른 도면과 구별하고 도면 내용을 직접보지 않고도 제품의 종류 및 형식 등의 도면 내용을 알수 있도록 하기 위해 기입하는 것), 도명, 척도, 투상법, 도면작성일, 작성자 등이 포함된다.
- 도면을 접어서 사용하거나 보관하고자 할 때 앞부분에 표제란이 보이도록 해야 한다.

39 도면에 나타난 그림의 크기가 치수와 비례하지 않을 때 표시하는 방법 중 틀린 것은?

① 치수 아래쪽에 굵은 실선을 긋는다.
② '비례하지 않음'으로 표시한다.
③ NS로 기입한다.
④ 치수를 ( ) 안에 넣는다.

참고치수 : 치수를 ( )안에 넣는다.

40 다음 그림을 15H7−m6의 구멍과 축에 중간 끼워맞춤을 나타낸 것으로 최대 죔새를 A, 최대 틈새를 B라 할 때 옳은 것은?

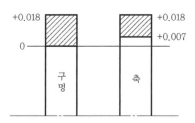

① A=0.018, B=0.011
② A=0.011, B=0.018
③ A=0.018, B=0.025
④ A=0.011, B=0.025

- 억지 끼워맞춤(죔새) ⇒ 축 > 구멍
  ☞ 최대 죔새=축(大) − 구멍(小)=0.018−0=0.018
- 헐거운 끼워맞춤(틈새) ⇒ 구멍 > 축
  ☞ 최대 틈새=구멍(大) − 축(小)=0.018−0.007
    =0.011

41 단면의 표시와 단면도의 해칭에 관한 설명 중 틀린 것은?

① 일반적으로 단면부의 해칭은 생략하여 도시하고 특별한 경우는 예외로 한다.
② 인접한 부품의 단면은 해칭의 각도 또는 간격을 달리하여 구별할 수 있다.
③ 해칭하는 부분에 글자 등을 기입하는 경우, 해칭을 중단할 수 있다.
④ 해칭선의 각도는 일반적으로 주된 중심선에 대하여 45°로 하여 가는 실선으로 등간격으로 그린다.

도면 단면부는 해칭이나 스머징으로 표시하는 것이 원칙이고 간단하거나 해칭이 없어도 이해가 되는 도면에서는 생략 가능하다.

42 제1각법과 제3각법의 설명 중 틀린 것은?

① 제1각법은 물체를 1상한에 놓고 정투상 법으로 나타낸 것이다.
② 제1각법은 눈 → 투상면 → 물체의 순서로 나타낸다.
③ 제3각법은 물체를 3상한에 놓고 정투상 법으로 나타낸 것이다.
④ 한 도면에 제1각법과 제3각법을 같이 사용해서는 안 된다.

제3각법
눈 → 투상면 → 물체의 순서로 나타냄

43 기하공차의 기호와 공차의 명칭이 서로 맞는 것은?

① － : 진직도공차   ② ◎ : 위치도공차
③ ○ : 원통도공차   ④ ∠ : 동심도공차

기하공차의 기호와 공차 명칭
• 모양공차 : 진직도(공차) ▬, 평면도(공차) ▱, 진원도(공차) ○, 원통도(공차) ⌀, 선의 윤곽도(공차) ⌒, 면의 윤곽도(공차) ⌓
• 자세공차 : 평행도 //, 직각도 ⊥, 경사도 ∠
• 위치공차 : 위치도(공차) ⊕, 동축도(공차) 또는 동심도 ◎, 대칭도(공차) ═
• 흔들림공차 : 원주 흔들림(공차) ↗, 온 흔들림(공차) ↗↗

44 IT공차 등급에 대한 설명 중 틀린 것은?

① 공차등급은 IT기호 뒤에 등급을 표시하는 숫자를 붙여 사용한다.
② 공차역의 위치에 사용하는 알파벳은 모든 알파벳을 사용할 수 있다.
③ 공차역의 위치는 구멍인 경우 알파벳 대문자, 축인 경우 알파벳 소문자를 사용한다.
④ 공차등급은 IT01부터 IT18까지 20등급으로 구분한다.

공차역의 위치에 사용하는 알파벳
I, L, O, Q, V를 제외한 알파벳을 사용한다.
(∵ 알파벳 대·소문자가 헷갈릴 수 있는 애매한 알파벳은 사용하지 않는다.)

45 컴퓨터 도면관리시스템의 일반적인 장점을 잘못 설명한 것은?

① 여러 가지 도면 및 파일의 통합관리체계를 구축 가능하다.
② 반영구적인 저장매체로 유실 및 훼손의 염려가 없다.
③ 도면의 질과 정확도를 향상시킬 수 있다.
④ 정전 시에도 도면 검색 및 작업을 할 수 있다.

컴퓨터 도면 관리 중 정전 시에는 도면 검색 및 작업을 할 수 없다.

46 일반적으로 스퍼기어의 요목표에 기입하는 사항이 아닌 것은?

① 치형   ② 잇수
③ 피치원 지름 ④ 비틀림각

기어 요목표 기입 항목
기어의 치형, 모듈, 압력각, 잇수, 피치원지름, 정밀도, 전체 이 높이, 다듬질 방법

47 볼 베어링 6203 ZZ에서 ZZ는 무엇을 나타내는가?

① 실드 기호   ② 내부틈새 기호
③ 등급 기호   ④ 안지름 기호

• 실드 기호 : Z(한쪽), ZZ(양쪽)
• 내부틈새 기호 : C2
• 등급 기호 : P6
• 안지름 번호 : 03

48 다음 중 관의 결합방식 표시 방법에서 유니 언식을 나타내는 것은?

① ────┼──── ② ────┼┼────

③ ────┼┼──── ④ ────○────

① 나사식이음
② 유니언이음
③ 플랜지이음

49 나사용 구멍이 없고 양쪽 둥근형 평행키의 호칭으로 옳은 것은?

① P-A 25×90

② TG 20×12×70

③ WA 23×16

④ T-C 22×12×60

P - A 25×90
        └─→ 키의 너비×길이
      └──→ 양쪽 둥근 형
    └───→ 나사용 구멍 없음

50 다음 중 축의 도시 방법에 대한 설명으로 틀린 것은?

① 축은 길이 방향으로 절단하여 단면 도시하지 않는다.

② 긴 축은 중간 부분을 생략해서 그릴 수 있다.

③ 축에 널링을 도시할 때 빗줄인 경우는 축선에 대하여 45°로 엇갈리게 그린다.

④ 축은 일반적으로 중심선을 수평 방향으로 놓고 그린다.

③ 축에 널링을 도시할 때 빗줄인 경우는 축선에 대하여 30°로 엇갈리게 그린다.

51 기어의 제도 방법 중 틀린 것은?

① 축 방향에서 본 이끝원은 굵은 실선으로 표시한다.

② 축 방향에서 본 피치원은 가는 1점 쇄선으로 표시한다.

③ 서로 물려 있는 한 쌍의 기어에서 맞물림부의 이끝원은 가는 실선으로 표시한다.

④ 베벨기어 및 웜 휠의 축 방향에서 본 그림에서 이뿌리원은 생략하는 것이 보통이다.

③ 이끝원은 굵은 실선으로 표시한다.

52 벨트풀리의 도시 방법 설명으로 틀린 것은?

① 모양이 대칭형인 벨트풀리는 그 일부분만을 도시할 수 있다.

② 암은 길이 방향으로 절단하여 그 단면을 도시할 수 있다.

③ 암은 단면형은 도형의 안이나 밖에 회전 단면을 도시할 수 있다.

④ 벨트풀리의 홈 부분 치수는 해당하는 형별, 호칭지름에 따라 결정된다.

• 암은 길이 방향으로 절단하여 그 단면으로 도시할 수 없다.
• 길이 방향으로 단면하지 않는 부품 ⇒ 축, 키, 볼트, 너트, 멈춤 나사, 와셔, 리벳, 강구, 원통롤러, 기어의 이, 휠의 암, 리브

53 좌 2줄 M50×3-6H는 나사 표시 방법의 보기이다. 리드는 몇 mm인가?

① 3 ② 6

③ 9 ④ 12

ℓ(리드)$= n$(줄수)$\times p$(피치)$= 2\times 3 = 6$mm

54 다음은 단속 필릿 용접부의 주요 치수를 나타낸 기호이다. 기호에 대한 설명으로 틀린 것은?

① a : 목 두께
② n : 용접부의 개수
③ l : 목 길이
④ e : 인접한 용접부 간의 간격

해설

필릿 용접부의 치수

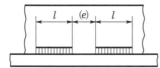

• l : 용접 길이
• e : 인접한 용접부 간의 간격
• n : 용접부의 개수
• a : 목 두께

55 스프링 제도에 대한 설명으로 맞는 것은?

① 오른쪽 감기로 도시할 때는 '감긴 방향 오른쪽'이라고 반드시 명시해야 한다.
② 하중이 걸린 상태에서 그리는 것을 원칙으로 한다.
③ 하중과 높이 및 처짐과의 관계는 선도 또는 요목표에 나타낸다.
④ 스프링의 종류와 모양만을 도시할 때에는 재료의 중심선만을 가는 실선으로 그린다.

해설

① 오른쪽 감기로 도시할 때는 명시하지 않는다.
② 하중은 무하중 상태에서 그리는 것을 원칙으로 한다.
④ 스프링의 종류와 모양만을 도시할 때에는 재료의 중심선을 굵은 실선으로 그린다.

56 다음 중 육각볼트의 호칭이다. ⓒ이 의미하는 것은?

KS B 1002 6각볼트 A M12×80 −8.8 MFZn2
　ㄱ　　　　ㄴ　　ㄷ　　ㄹ　　　ㅁ　　ㅂ

① 강도　　　　　② 부품등급
③ 종류　　　　　④ 규격 번호

해설

육각볼트의 호칭
ㄱ 규격 번호
ㄴ 종류
ㄷ 등급
ㄹ 나사 종류와 길이
ㅁ 강도
ㅂ 재료

57 3차원 물체의 외부 형상뿐만 아니라 중량, 무게중심, 관성모멘트 등의 물리적 성질도 제공할 수 있는 형상 모델링은?

① 서피스 모델링
② 와이어 프레임 모델링
③ 솔리드 모델링
④ 곡면 모델링

해설

솔리드 모델링(solid modeling)
• 은선 제거가 가능하다.
• 물리적 성질(체적, 무게중심, 관성모멘트) 등의 계산이 가능하다. (∴컴퓨터의 메모리양과 데이터 처리량이 많아진다.)
• 간섭체크가 용이하다.
• Boolean 연산(합, 차, 적)을 통하여 복잡한 형상 표현도 가능하다.
• 형상을 절단한 단면도 작성이 용이하다.
• 이동, 회전 등을 통하여 정확한 형상 파악을 할 수 있다.
• 유한 요소법(FEM)을 위한 메시 자동분할이 가능하다.

58 중앙처리장치(CPU)와 주기억장치 사이에서 원활한 정보교환을 위하여 주기억장치의 정보를 일시적으로 저장하는 고속 기억장치는?

① floppy disk ② CD-ROM
③ cache memory ④ coprocessor

해설

Cache Memory
컴퓨터에서 CPU와 주변기기 간의 속도 차이를 극복하기 위하여 두 장치 사이에 존재하는 보조기억장치

59 그림과 같이 위치를 알 수 없는 점 A에서 점 B로 이동하려고 한다. 어느 좌표계를 사용해야 하는가?

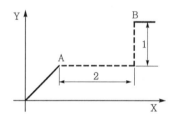

① 상대좌표 ② 절대좌표
③ 원통좌표 ④ 절대극좌표

해설

그래프에서 A점의 위치가 임의의 점이므로 상대좌표이다.

60 CAD 시스템의 입력장치에 해당하지 않는 것은?

① 키보드(keyboard)
② 마우스(mouse)
③ 디스플레이(display)
④ 라이트 펜(light pen)

해설

• 입력장치 : 키보드, 디지타이저, 태블릿, 마우스, 조이스틱, 컨트롤 다이얼, 기능키, 트랙볼, 라이트 펜
• 출력장치 : 디스플레이, 모니터, 플로터(도면용지에 출력), 프린터(잉크젯, 레이저), 하드카피장치, COM 장치

01 공구의 합금강을 담금질 및 뜨임 처리하여 개선되는 재질의 특성이 아닌 것은?

① 조직의 균질화 ② 경도 조절
③ 가공성 향상 ④ 취성 증가

해설

공구 재료의 구비 조건
• 고온경도, 내마모성, 강인성이 커야 한다.
• 절삭 가공 중 온도 상승에 따른 경도가 감소되지 않아야 한다.
• 마찰계수가 작아야 한다.
• 열처리가 쉬워야 한다.
• 값이 저렴하고 구입이 용이해야 한다.
• 취성(잘 깨지는 성질)은 감소하고 인성은 증가한다.

02 금속 재료를 고온에서 오랜 시간 외력을 걸어놓으면 시간의 경과에 따라 서서히 그 변형이 증가하는 현상은?

① 크리프 ② 스트레스
③ 스트레인 ④ 템퍼링

해설

크리프(Creep)
재료가 고온에서 정적하중을 받을 때 주위의 환경에 의한 변형을 말한다.

03 절삭공구류에서 초경합금의 특성이 아닌 것은?

① 경도가 높다.
② 마모성이 좋다.
③ 압축 강도가 높다.
④ 고온 경도가 양호하다.

해설

초경합금(소결합금)
• 금속탄화물(WC, TIC, Tac)을 프레스로 성형 소결시킨 합금으로 최근 고속 절삭에 널리 쓰인다.
• 경도가 높고 내마모성이 높다(고속도강 절삭 속도의 4배 빠름).

04 황동의 연신율이 가장 클 때 아연(Zn)의 함유량은 몇 % 정도인가?

① 30 ② 40
③ 50 ④ 60

해설

• 7(Cu) : 3(Zn)황동 ⇒ 연신율이 최대
• 6(Cu) : 4(Zn)황동 ⇒ 인장강도가 최대

05 구상 흑연주철을 조직에 따라 분류했을 때 이에 해당하지 않는 것은?

① 마르텐자이트형
② 페라이트형
③ 펄라이트형
④ 시멘타이트형

해설

구상 흑연주철의 조직
페라이트, 펄라이트, 시멘타이트

06 주철의 장점이 아닌 것은?

① 압축 강도가 작다.
② 절삭 가공이 쉽다.
③ 주조성이 우수하다.
④ 마찰 저항이 우수하다.

정답 1. ④ 2. ① 3. ② 4. ① 5. ① 6. ①

해설

주철의 장점
• 마찰저항이 우수하고 절삭가공이 쉽다.
• 주조성이 우수하고 복잡한 부품의 성형이 가능하다.
• 가격이 저렴하다.
• 잘 녹슬지 않는다.
• 융점이 낮고 유동성이 좋다.

07 합금의 종류 중 고용융점 합금에 해당하는 것은?

① 티탄 합금
② 텅스텐 합금
③ 마그네슘 합금
④ 알루미늄 합금

해설

고용융점 합금
텅스텐(W) : 3410℃

08 다음 중 구름 베어링의 특성이 아닌 것은?

① 감쇠력이 작아 충격 흡수력이 작다.
② 축심의 변동이 작다.
③ 표준형 양산품으로 호환성이 높다.
④ 일반적으로 소음이 작다.

해설

구름베어링
미끄럼 베어링에 비하여 충격에 약하고 소음이 발생함.

09 지름이 50mm 축에 10mm인 성크 키를 설치했을 때, 일반적으로 전단하중만을 받을 경우 키가 파손되지 않으려면 키의 길이는 몇 mm인가?

① 25mm
② 75mm
③ 150mm
④ 200mm

해설

전단하중 작용 시 ⇒ 키의 길이=지름×1.5배
∴ $\ell = 1.5 \times d = 1.5 \times 50 = 75mm$

10 인장응력을 구하는 식으로 옳은 것은? (단, A는 단면적, W는 인장하중이다.)

① A×W
② A+W
③ A/W
④ W/A

해설

$$\sigma = \frac{W}{A}$$

11 롤링베어링의 내륜이 고정되는 곳은?

① 저널
② 하우징
③ 궤도면
④ 리테이너

해설

리테이너 : 볼의 간격을 일정하게 유지해 주는 것

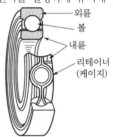

외륜
볼
내륜
리테이너
(케이지)

12 기계재료의 단단한 정도를 측정하는 가장 적합한 시험법은?

① 경도시험
② 수축시험
③ 파괴시험
④ 굽힘시험

해설

경도시험 ⇒ 재료의 단단한 정도 시험
• 브리넬 경도(HB) 측정
• 록웰 경도 측정
• 쇼어 경도(HS) 측정
• 비커스 경도 측정

13 자동차의 스티어링 장치, 수치제어 공작기계의 공구대, 이송장치 등에 사용되는 나사는?

① 둥근나사
② 볼나사
③ 유니파이나사
④ 미터나사

볼나사

축과 구멍의 끼워맞춤 부분에 다수의 강구를 넣어 마찰을 매우 작게 한 것으로 정밀공작기계의 리드스크루 등에 사용된다.

14 모듈 5, 잇수가 40인 표준 평기어의 이끝원 지름은 몇 mm인가?

① 200mm ② 210mm
③ 220mm ④ 240mm

• $m=\dfrac{D}{z}$, $D=\text{m}\times z = 5\times 40 = 200$

∴ 이끝원의 지름 $=D+(2\times\text{m})$
$\qquad\qquad\qquad =200+(2\times 5)=210\text{mm}$

15 두 축이 평행하고 거리가 아주 가까울 때 각 속도의 변동 없이 토크를 전달할 경우 사용되는 커플링은?

① 고정 커플링(fixed coupling)
② 플랙시블 커플링(flexible coupling)
③ 올덤 커플링(Oldham's coupling)
④ 유니버설 커플링(universal coupling)

올덤 커플링 : 두 축이 평행하거나 약간 떨어져 있는 경우, 축 중심이 어긋나 있거나 축의 양쪽 중심이 편심이 되어있을 때 사용

16 다음 중 테이블이 일정한 각도로 선회할 수 있는 구조로 기어 등 복잡한 제품을 가공할 수 있는 것은?

① 플레인 밀링머신
　 (plain milling machine)
② 만능 밀링머신
　 (universal milling machine)
③ 생산형 밀링머신
　 (production milling machine)

④ 플라노 밀러(plano miller)

만능 밀링머신

수평 밀링머신으로 새들 위에 선회대가 있어 일정한 각도로 회전시키거나 테이블을 상하로 경사시킬 수 있는 밀링머신이다. 가공이 곤란한 비틀림 홈, 헬리컬 기어, 스플라인 축 등을 가공한다. 회전테이블이 있다.

17 선반가공에서 회전수를 구하는 공식이 N＝1,000V/πD라 할 때 이 공식의 표기가 틀린 것은?

① N＝회전수(r/min＝rpm)
② π＝원주율
③ D＝공작물의 반지름(mm)
④ V＝절삭 속도(m/min)

D : 공작물의 지름(mm)

18 드릴링머신에서 볼트나 너트를 체결하기 곤란한 표면을 평탄하게 가공하여 체결이 잘되도록 하는 것은?

① 리밍 ② 태핑
③ 카운터 싱킹 ④ 스폿 페이싱

드릴 작업의 종류
• 리밍 : 드릴을 사용하여 뚫은 구멍의 내면을 리머로 정밀하게 다듬질 하는 작업
• 탭핑 : 드릴을 사용하여 뚫은 구멍의 내면에 탭을 사용하여 암나사를 가공하는 작업
• 카운터 싱킹 : 접시머리나사의 머리 부분이 공작물에 묻히도록 원뿔자리를 파는 작업

19 일반적인 연삭숫돌 검사 방법의 종류가 아닌 것은?

① 초음파검사 ② 음향검사
③ 회전검사 ④ 균형검사

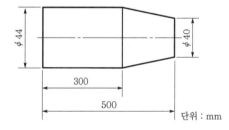

전해연마

전기 화학적인 방법으로 표현을 다듬질하는 방법으로 전기도금의 원리와 반대로 전해액에 일감을 양극으로 하여 전기를 통하면 표면이 용해 석출되어 공작물의 표면이 매끈하도록 다듬질하는 것을 말한다.

26 기하공차의 종류 중 적용하는 형체가 관련 형체에 속하지 않는 것은?

① 자세공차   ② 모양공차
③ 위치공차   ④ 흔들림공차

단독형체공차
- 진직도(공차) : ─
- 평면도(공차) : ▱
- 진원도(공차) : ○
- 원통도(공차) : ⌭
- 선의 윤곽도(공차) : ⌒
- 면의 윤곽도(공차) : ⌓

27 다음은 제3각법으로 그린 정투상도이다. 입체도로 옳은 것은?

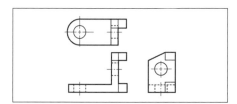

 ①   ②
 ③   ④

28 다음 중 '가는 선 : 굵은 선 : 아주 굵은 선' 굵기의 비율이 옳은 것은?

① 1 : 2 : 4   ② 1 : 3 : 4
③ 1 : 3 : 6   ④ 1 : 4 : 8

선의 굵기의 비율

가는 선 : 굵은 선 : 아주 굵은 선＝1 : 2 : 4
(0.25)　(0.5)　　(1.0)

29 모양공차를 표기할 때 다음과 같은 공차 틀에 기입하는 내용은?

A	B

① A : 공차값, B : 공차의 종류 기호
② A : 공차의 종류 기호, B : 데이텀 문자 기호
③ A : 데이텀 문자 기호, B : 공차값
④ A : 공차의 종류 기호, B : 공차값

모양공차

─	0.1
공차의 종류	공차값

자세공차, 위치공자, 흔들림공차

//	0.1	A
공차의 종류	공차값	데이텀

30 도면에 사용한 선의 용도 중 특수한 가공을 하는 부분 등 특별한 요구사항을 적용할 범위를 표시하는 데 쓰이는 선은?

① 가는 1점 쇄선   ② 가는 2점 쇄선
③ 굵은 1점 쇄선   ④ 굵은 2점 쇄선

굵은 1점 쇄선
- 부품의 일부분을 열처리할 때 표시
- 열처리, 도금 등 특별한 요구사항을 적용할 수 있는 범위를 표시하는데 사용하는 특수 지정선

31 선의 종류에 따른 용도의 설명으로 틀린 것은?

① 굵은 실선 ─ 외형선으로 사용한다.
② 가는 실선 ─ 치수선으로 사용한다.
③ 파선 ─ 숨은선으로 사용한다.
④ 굵은 1점 쇄선 ─ 단면의 무게 중심선으로 사용한다.

- 가는 2점 쇄선 ⇒ 무게 중심선
- 굵은 1점 쇄선 ⇒ 열처리, 도금 등 특별한 요구사항을 적용할 수 있는 범위를 표시할 때

32 좌우 또는 상하가 대칭인 물체의 1/4을 잘라내고 중심선을 기준으로 외형도와 내부 단면도를 나타내는 단면의 도시 방법은?

① 한쪽단면도　　② 부분단면도
③ 회전단면도　　④ 온단면도

해설

한쪽단면도(1/4단면도)
대칭 물체를 1/4 절단, 내부와 외부를 동시에 표현

33 투상도의 선택 방법에 대한 설명으로 틀린 것은?

① 조립도 등 주로 기능을 나타내는 도면에서는 대상물을 사용하는 상태로 놓고 그린다.
② 부품을 가공하기 위한 도면에서는 가공 공정에서 대상물이 놓인 상태로 그린다.
③ 주투상도에서는 대상물의 모양이나 기능을 가장 뚜렷하게 나타내는 면을 그린다.
④ 주투상도를 보충하는 다른 투상도는 명확하게 이해를 위해 되도록 많이 그린다.

해설

주투상도(정면도)를 보충하는 다른 투상도는 되도록 반드시 필요한 것만 그린다.

34 그림과 같은 지시 기호에서 'B'에 들어갈 지시 사항으로 옳은 것은?

① 가공 방법
② 표면 파상도
③ 줄무늬 방향 기호
④ 컷오프값·평가길이

해설

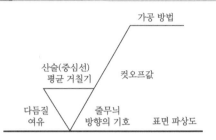

35 다음 치수 보조 기호에 관한 내용으로 틀린 것은?

① C : 45°의 모떼기
② D : 판의 두께
③ ⌒ : 원호의 길이
④ □ : 정사각형 변의 길이

해설

- (치수) : 참고치수 : 표시하지 않아도 될 치수
- ∅ : 원의 지름(동전 모양)
- S∅ : 구의 지름 (공 모양)
- R : 원의 반지름
- SR : 구의 반지름
- □ : 정사각형의 한 변의 치수 수치 앞에 붙인다.
- 치수 : 이론적으로 정확한 치수 : 수정하면 안 됨.
- 치수 : 치수 수치가 비례하지 않을 때 : 척도에 맞지 않을 때
- C : 45° 모따기 기호
- t= : 재료의 두께

36 기준 치수가 30, 최대 허용 치수가 29.9, 최소 허용 치수가 29.8일 때 아래치수허용차는?

① -0.1　　② -0.2
③ +0.1　　④ +0.2

해설

아래치수허용차＝최소 허용 치수−기준치수
$$= 29.8 - 30 = -0.2$$

37 최대 허용 치수와 최소 허용 치수의 차를 무엇이라고 하는가?

① 치수공차　　② 끼워맞춤
③ 실치수　　　④ 기준선

해설

(치수)공차＝최대 허용 치수−최소 허용 치수
$$= 위치수허용차 − 아래치수허용차$$

38 투상법의 종류 중 정투상법에 속하는 것은?

① 등각투상법　　② 제3각법
③ 사투상법　　　④ 투시도법

해설

정투상법에는 제1각법과 제3각법이 있다.

39 가공 방법에 대한 기호가 잘못 짝지어진 것은?

① 용접 : W　　② 단조 : F
③ 압연 : E　　④ 전조 : RL

해설

• 압연(R : Rolled)
• 단조(F : Forged)
• 용접(W : Welding)
• 전조(RL : Rolling)

40 도면을 마이크로필름에 촬영하거나 복사할 때의 편의를 위하여 도면의 위치결정에 편리하도록 도면에 표시하는 양식은?

① 재단 마크　　② 중심마크
③ 도면의 구역　　④ 방향 마크

해설

중심마크
• 도면의 마이크로필름 등으로 촬영, 복사 및 도면 철 (접기)의 편의를 위하여 마련한다.
• 윤곽선 중앙으로부터 용지의 가장자리에 이르는 0.5mm 굵기로 수직한 직선

41 다음 중 알루미늄 합금주물의 재료 표시 기호는?

① ALBrC1　　② ALDC1
③ AC1A　　　④ PBC2

해설

알루미늄합금 AC로 시작하면 주물을 의미한다.
• 다이캐스팅용 알루미늄합금 : ALDC
• 인청동주물 : PBC

42 지름과 반지름의 표시 방법에 대한 설명 중 틀린 것은?

① 원 지름의 기호는 ∅로 나타낸다.
② 원 반지름의 기호는 R로 나타낸다.
③ 구의 지름은 치수를 기입할 때는 G∅를 쓴다.
④ 구의 반지름은 치수를 기입할 때는 SR을 쓴다.

해설

• 구의 지름 : S∅

43 다음 입체도에서 화살표 방향이 정면일 경우 정투상도의 평면도로 옳은 것은?

① 　　②
③ 　　④

등각투상도	정투상법

44 끼워맞춤의 표시 방법을 설명한 것 중 틀린 것은?

① ∅20H7 : 지름이 20인 구멍으로 7등급의 IT공차를 가짐
② ∅20h6 : 지름이 20인 축으로 6등급의 IT 공차를 가짐
③ ∅20H7/g6 : 지름이 20인 H7 구멍과 g6 축이 헐거운 끼워맞춤으로 결합되어 있음을 나타냄
④ ∅20H7/f6 : 지름이 20인 H7 구멍과 f6 축이 중간 끼워맞춤으로 결함되어 있음을 나타냄

해설

∅20H7/f6 ⇒ 헐거운 끼워맞춤

45 도면이 구비하여야 할 기본 요건이 아닌 것은?

① 보는 사람이 이해하기 쉬운 도면
② 그린 사람이 임의로 그린 도면
③ 표면 정도, 재질, 가공 방법 등의 정보성을 포함한 도면
④ 대상물의 크기, 모양, 자세, 위치 등의 정보성을 포함한 도면

해설

② 그린 사람이 임의로 그린 도면
⇒ 도면은 KS 제도법에 맞게 그려야 한다.

46 기어의 도시 방법을 나타낸 것 중 틀린 것은?

① 이끝원은 굵은 실선으로 그린다.
② 피치원은 가는 1점 쇄선으로 그린다.
③ 단면으로 표시할 때 이뿌리원은 가는 실선으로 그린다.
④ 잇줄 방향은 보통 3개의 가는 실선으로 그린다.

해설

이뿌리원
보통 가는 실선으로 그린다(단, 단면으로 표시할 때는 굵은 실선으로 그린다).

47 평행키 끝부분의 형식에 대한 설명으로 틀린 것은?

① 끝부분 형식에 대한 지정이 없는 경우는 양쪽 네모형으로 본다.
② 양쪽 둥근형은 기호 A를 사용한다.
③ 양쪽 네모형은 기호 S를 사용한다.
④ 한쪽 둥근형은 기호 C를 사용한다.

해설

평행키 끝부분의 형식
• 양쪽 둥근형 : A
• 양쪽 네모형 : B
• 한쪽 둥근형 : C

48 나사의 제도 시 불완전 나사부와 완전 나사부의 경계를 나타내는 선을 그릴 때 사용하는 선의 종류는?

① 굵은 파선
② 굵은 1점 쇄선
③ 가는 실선
④ 굵은 실선

해설

불완전 나사부와 완전 나사부의 경계 ⇒ 굵은 실선

49 평벨트풀리의 도시 방법이 아닌 것은?

① 암의 단면형은 도형의 안이나 밖에 회전 도시 단면도로 도시한다.

② 풀리는 축직각 방향의 투상을 주투상도로 도시할 수 있다.

③ 풀리와 같이 대칭인 것은 그 일부만을 도시할 수 있다.

④ 암은 길이 방향으로 절단하여 단면을 도시한다.

• 암은 길이 방향으로 단면을 도시하지 않는다.

• 길이 방향으로 단면하지 않는 부품

☞ 축, 키, 볼트, 너트, 멈춤 나사, 와셔, 리벳, 강구, 원통롤러, 기어의 이, 휠의 암, 리브

50 베어링의 안지름 번호를 부여하는 방법 중 틀린 것은?

① 안지름 치수가 1, 2, 3, 4mm인 경우 안지름 번호는 1, 2, 3, 4이다.

② 안지름 치수가 10, 12, 15, 17mm인 경우 안지름 번호는 01, 02, 03, 04이다.

③ 안지름 치수가 20mm 이상 480mm 이하인 경우 5로 나눈 값을 안지름 번호로 사용한다.

④ 안지름 치수가 500mm 이상인 경우 '/안지름 치수'를 안지름 번호로 사용한다.

베어링 안지름 번호 2자리

예) $00 \Rightarrow \varnothing 10$, $01 \Rightarrow \varnothing 12$, $02 \Rightarrow \varnothing 15$

$03 \Rightarrow \varnothing 17$, $04 \Rightarrow 04 \times 5 = \varnothing 20$

51 다음 그림이 나타내는 용접 이음의 종류는?

① 모서리 이음　② 겹치기 이음

③ 맞대기 이음　④ 플랜지 이음

맞대기 이음　겹치기 이음　T이음

십자 이음　모서리 이음　양면 덮개판 이음

52 축의 도시 방법에 대한 설명으로 틀린 것은?

① 가공 방향을 고려하여 도시하는 것이 좋다.

② 축은 길이 방향으로 절단하여 온단면도를 표현하지 않는다.

③ 빗줄 널링의 경우에는 축선에 대하여 30°로 엇갈리게 그린다.

④ 긴축은 중간을 파단하여 짧게 표현하고, 치수 기입은 도면상에 그려진 길이로 나타낸다.

긴축은 중간을 파단하여 짧게 표현하고, 치수 기입은 도면상 그려진 길이가 아니고 실제 길이를 나타낸다.

53 코일 스프링 도시의 원칙 설명으로 틀린 것은?

① 스프링은 원칙적으로 하중이 걸린 상태로 도시한다.

② 하중과 높이 또는 휨과의 관계를 표시할 필요가 있을 때는 선도 또는 요목표에 표시한다.

③ 특별한 단서가 없는 한 모두 오른쪽 감기로 도시한다.

④ 스프링의 종류와 모양만을 간략도로 도시할 때에는 재료의 중심선만을 굵은 실선으로 그린다.

스프링을 도시할 때는 기본적으로 무하중 상태에서 도시한다.

54 다음은 표준 스퍼기어 요목표이다. (1), (2)
에 들어갈 숫자로 옳은 것은?

스퍼기어		
기어 치형		표준
공구	치 형	보통이
	모 듈	2
	압력각	20°
잇수		32
피치원 지름		(1)
전체 이 높이		(2)
다듬질 방법		호브 절삭
정밀도		KS B 1450, 급

① (1) ∅64　　　　(2) 4.5
② (1) ∅40　　　　(2) 4
③ (1) ∅40　　　　(2) 4.5
④ (1) ∅64　　　　(2) 4

해설

피치원의 지름(D) = $m \times z = 2 \times 32 = \varnothing 64$
전체 이 높이 $= m \times 2.25 = 2 \times 2.25 = 4.5mm$

55 다음 관 이름의 그림 기호 중 플랜지식 이
음은?

① ─┼─　　　② ─╫┼─
③ ─╢├─　　　④ ─┤ ┐

해설

① 나사식 이음
② 플랜지식 이음
③ 유니언 나사 이음
④ 나사 박음 관 끝부분 기호

56 인치계 사다리꼴나사의 나사산 각도는?

① 29°　　　　② 30°
③ 55°　　　　④ 60°

해설

• 인치계 사다리꼴(TW) 나사산의 각도 ⇒ 29°
• 미터계 사다리꼴(TM) 나사산의 각도 ⇒ 30°

57 다음 중 기계설계 CAD에서 사용하는 3차
원 모델링 방법이라고 할 수 없는 것은?

① 와이어프레임 모델링
　(wire frame modeling)
② 오브젝트 모델링(object modeling)
③ 솔리드 모델링(solid modeling)
④ 서피스 모델링(surface modeling)

해설

3차원의 기하학적 형상 모델링
• 와이어 프레임 모델링(wire frame modelling)
• 서피스 모델링(surface modelling)
• 솔리드 모델링(solid modelling)

58 스스로 빛을 내는 자기발광형 디스플레이
로서 시야각이 넓고 응답시간도 빠르며 백
라이트가 필요 없기 때문에 두께를 얇게 할
수 있는 디스플레이는?

① TFT-LCD
② 플라즈마 디스플레이
③ OLED
④ 래스터스캔 디스플레이

해설

OLED(Organic Light Emitting Diodes)
전류가 흐르면 빛을 내는 자체발광형 유기물질로 Back
Light가 필요 없으므로 두께를 얇게 할 수 있다.

59 CAD를 2차원 평면에서 원을 정의하고자 한
다. 다음 중 특정 원을 정의할 수 없는 것은?

① 원의 반지름과 원을 지나는 하나의 접
　선으로 정의
② 원의 중심점과 반지름으로 정의
③ 원의 중심점과 원을 지나는 하나의 접
　선으로 정의
④ 원을 지나는 3개의 점으로 정의

해설

원의 반지름과 원을 지나는 두 개의 접선으로 원을 정
의한다.

60 다음 컴퓨터 장치 중 해당 장치가 잘못 연결된 것은?

① 출력장치 : LCD
② 보조기억장치 : USB 메모리
③ 입력장치 : 태블릿
④ 주기억장치 : 하드디스크

해설

- 입력장치 ⇒ 키보드, 디지타이저, 태블릿, 마우스, 조이스틱, 컨트롤 다이얼, 기능키, 트랙볼, 라이트 펜
- 출력장치 ⇒ 디스플레이, 모니터, 플로터(도면용지에 출력), 프린터(잉크젯, 레이저), 하드카피장치, COM 장치
- 보조기억장치 ⇒ 하드디스크, USB

정답 60. ④

01 열처리한 탄소강을 기본으로 하는 철강에서 매우 중요한 작업이다. 열처리의 특성을 잘못 설명한 것은?

① 내부의 응력과 변형을 감소시킨다.
② 표면을 연화시키는 등의 성질을 변화시킨다.
③ 기계적 성질을 향상시킨다.
④ 강의 전기적 / 자기적 성질을 향상시킨다.

해설

열처리
• 재료를 가열과 냉각을 통해서 기계적 성질을 향상시키고 내부응력과 변형을 감소시켜 강의 표면도 경화시키는 목적이 있다.
• 열처리 방법으로 담금질, 풀림, 뜨임, 불림 등이 있다.

02 5~20% Zn의 황동으로 강도는 낮으나 전연성이 좋고 황금색에 가까우며 금박 대용, 황동단추 등에 사용되는 구리 합금은?

① 톰백   ② 문쯔메탈
③ 델타메탈   ④ 주석황동

해설

톰백 ⇒ 구리(Cu)+Zn(5~20%)

03 다음 중 플라스틱 재료로서 동일 중량으로 기계적 강도가 강철보다 강력한 재질은?

① 글라스 섬유   ② 폴리카보네이트
③ 나일론   ④ FRP

해설

FRP(Fiber Reinforced Plastic) : 유리 및 카본섬유로 강화된 플라스틱계 복합 재료로 경량, 내식성, 성형성 등이 뛰어난 고성능, 고기능성 재료. 플라스틱 재료로서 동일 중량으로 기계적 강도가 강철보다 강력한 재질

04 일반구조용 압연강재의 KS 기호는?

① SS330
② SM400A
③ SM45C
④ SNC415

해설

• SS : 일반구조용 압연 강재
• SM : 기계구조용 탄소강 강관

05 철과 탄소는 약 6.68% 탄소에서 탄화철이라는 화합물을 만드는데 이 탄소강의 표준조직은 무엇인가?

① 펄라이트
② 오스테나이트
③ 시멘타이트
④ 솔바이트

해설

탄소강의 표준조직
페라이트(0.02%C), 펄라이트(0.8%C), 오스테나이트(0.2%C), 시멘타이트(6.67%C)

06 비철금속 구리(Cu)가 다른 금속재료와 비교해 우수한 것 중 틀린 것은?

① 연하고 전연성이 좋아 가공하기 쉽다.
② 전기 및 열전도율이 낮다.
③ 아름다운 색을 띠고 있다.
④ 구리 합금은 철강재료에 비하여 내식성이 좋다.

해설

구리(Cu)는 전기와 열전도율이 높다.

1. ② 2. ① 3. ④ 4. ① 5. ③ 6. ② **정답**

07 강의 표면 경화법으로 금속표면에 탄소(C)를 침입 고용시키는 방법은?

① 질화법　　　　② 침탄법
③ 화염경화법　　④ 숏피닝

해설

침탄법
저탄소강(0.2% 이하) 재료 탄소를 입히고 달구어 급냉시켜 고탄소강으로 만드는 것이 목적

08 왕복운동기관에서 직선운동과 회전운동을 상호 전달할 수 있는 축은?

① 직선축　　　　② 크랭크 축
③ 중공축　　　　④ 플렉시블 축

해설

크랭크 축
직선운동과 회전운동을 전달하는 축

09 재료의 안전성을 고려하여 허용할 수 있는 최대 응력을 무엇이라 하는가?

① 주응력　　　　② 사용응력
③ 수직응력　　　④ 허용응력

해설

$$안전율 = \frac{인장강도}{허용응력}$$

⇒ 허용응력은 인장강도를 안전율로 나눈 값으로서 안전성을 고려한 최대 응력을 나타낸다.

10 스퍼기어에서 Z는 잇수(개)이고, P가 지름피치(인치)일 때 피치원 지름(D, mm)을 구하는 공식은?

① $D = \dfrac{PZ}{25.4}$　　② $D = \dfrac{25.4}{PZ}$

③ $D = \dfrac{P}{25.4Z}$　　④ $D = \dfrac{25.4Z}{P}$

해설

$$지름피치(P) = \frac{25.4 \times Z}{D}, \quad D = \frac{25.4 \times Z}{P}$$

11 큰 토크를 전달시키기 위해 같은 모양의 키 홈을 등 간격으로 파서 축과 보스를 잘 미끄러질 수 있도록 만든 기계요소는?

① 코터　　　　　② 묻힘키
③ 스플라인　　　④ 테이퍼키

해설

스플라인(사각형 이)
축 둘레에 4~20개의 사각 이를 만들어 큰 회전력을 전달한다.

12 스프링의 길이가 100mm인 한 끝을 고정하고, 다른 끝에 무게 40N의 추를 달았더니 스프링의 전체 길이가 120mm로 늘어났을 때 스프링상수는 몇 N/mm인가?

① 8　　　　　　② 4
③ 2　　　　　　④ 1

해설

$$스프링상수(k) = \frac{W}{\delta} = \frac{무게(N)}{처짐(mm)}$$
$$= \frac{40}{120-100} = \frac{40}{20} = 2$$

13 다음 벨트 중에서 인장강도가 대단히 크고 수명이 가장 긴 벨트는?

① 가죽벨트
② 강철벨트
③ 고무벨트
④ 섬유벨트

해설

강철벨트
인장강도가 매우 높아 늘어나지 않으므로 수명이 매우 길다.

14 축이음 기계요소 중 플렉시블 커플링에 속하는 것은?

① 올덤 커플링　　② 셀러 커플링
③ 클램프 커플링　④ 마찰 원통 커플링

해설

올덤 커플링
두 축이 평행하거나 약간 떨어져 있는 경우, 축 중심이 어긋나 있거나 축의 양쪽 중심이 편심이 되어 있을 때 사용

15 회전체의 균형을 좋게 하거나 너트를 외부에 돌출시키지 않으려고 할 때 주로 사용하는 너트는?

① 캡 너트　　　② 둥근 너트
③ 육각 너트　　④ 와셔붙이 너트

해설

둥근 너트
회전체의 균형을 좋게 하거나 너트를 외부에 돌출시키지 않을 때 사용(예 : 밀링 척에 사용).

16 NC 공작기계의 절삭 제어방식 종류가 아닌 것은?

① 위치결정 제어　② 직선절삭 제어
③ 곡선절삭 제어　④ 윤곽절삭 제어

해설

• 위치결정 제어 : 이동 중에 속도 제어 없이 최종 위치만을 찾아 제어하는 방식
• 직선절삭 제어 : 직선으로 이동하면서 절삭이 이루어지는 방식
• 윤곽절삭 제어 : 2개 이상의 서보모터를 연동시켜 위치와 속도를 제어하므로 대각선 경로, S자 경로, 원형 경로 등 어떠한 경로라도 자유자재로 공구를 이동시켜 연속절삭을 할 수 있는 방식. 최근에는 CNC 공작기계는 대부분 이 방식을 적용한다.

17 연삭숫돌 구성의 3요소에 포함되지 않는 것은?

① 입자　　　　　② 결합제

③ 조직　　　　　④ 기공

해설

연삭숫돌의 3요소
입자, 결합제, 기공

18 선반 작업의 안전사항으로 틀린 것은?

① 절삭공구는 가능한 길게 고정시킨다.
② 칩의 비산에 대비하여 보안경을 착용한다.
③ 공작물 측정은 정지 후에 한다.
④ 칩은 맨손으로 제거하지 않는다.

해설

선반 작업 시 절삭공구(바이트)는 되도록 짧게 고정

19 다음 중 절삭저항력이 가장 작은 칩의 형태는?

① 열단형 칩　　② 전단형 칩
③ 균열형 칩　　④ 유동형 칩

해설

유동형 칩
• 가장 이상적인 칩
• 연성 재료를 고속 절삭할 때 발생
• 절삭 깊이가 적을 때
• 윗면 경사각이 클 때
• 절삭 저항이 가장 적다.
• 선삭 작업에서 생김.

20 수평형 브로칭머신의 설명과 가장 거리가 먼 것은?

① 직립형에 비해 가공물 고정이 불편하다.
② 기계의 조작이 쉽다.
③ 가동 및 안정성, 기계의 점검 등이 직립형보다 우수하다.
④ 직립형에 비해 설치면적이 적다.

해설

수평형 브로칭머신은 직립형보다 설치면적이 많이 필요하다.

21 두께 30mm의 탄소강판에 절삭 속도 20m/min, 드릴의 지름 10mm, 이송 0.2mm/rev로 구멍을 뚫을 때 절삭 소요시간은 약 몇 분인가? (단, 드릴의 원추 높이는 5.8mm, 구멍은 관통하는 것으로 한다.)

① 0.11   ② 0.28

③ 0.75   ④ 1.11

해설

- 절삭 속도 : $v = \dfrac{\pi dn}{1,000}$

- 회전수 : $n = \dfrac{1,000v}{\pi d} = \dfrac{1,000 \times 20}{3.14 \times 10} = 637(\text{rpm})$

- 드릴가공 소요시간 : $T = \dfrac{t+h}{n \times s} = \dfrac{30+5.8}{637 \times 0.2}$
$$= 0.28(\min)$$

22 수직 밀링머신에서 넓은 평면을 능률적으로 가공하는데 적합한 커터는?

① 더브테일 커터

② 사이드밀링 커터

③ 정면 커터

④ T커터

해설

정면 커터

수직 밀링머신에서 넓은 면적을 가공하는데 적합한 공구이다.

23 미터나사에서 지름이 14mm, 피치가 2mm의 나사를 태핑하기 위한 드릴 구멍의 지름은 보통 몇 mm로 하는가?

① 16   ② 14

③ 12   ④ 10

해설

탭핑을 위한 드릴 구멍의 지름＝나사의 지름－피치
$$= 14 - 2 = 12\text{mm}$$

24 다음 중 비절삭 작업에 속하지 않는 가공법은?

① 단조   ② 호빙

③ 압연   ④ 주조

해설

- 비절삭 작업 : 칩이 발생하지 않는 작업(단조, 압연, 주조 등)
- 절삭 작업 : 칩이 발생하는 작업(선반, 밀링, 연삭, 호빙 등)

25 와이어 컷 방전가공에 대한 설명으로 틀린 것은?

① 복잡한 형상의 절단 작업이 가능하다.

② 장시간 동안 무인으로 작동할 수 있다.

③ 경도가 높은 금속도 절단이 가능하다.

④ 방전 후 사용한 와이어는 재사용이 가능하다.

해설

와이어 컷 방전가공

방전 후 사용한 와이어는 재사용하지 않는다.

26 중간 끼워맞춤에서 구멍의 치수는 $50^{+0.035}_{0}$, 축의 치수가 $50^{+0.042}_{+0.017}$일 때 최대 죔새는?

① 0.033   ② 0.008

③ 0.018   ④ 0.042

해설

최대 죔새＝축(大) － 구멍(小)＝0.042－0＝0.042

27 제작도면으로 사용할 도면의 같은 장소에서 숫자와 여러 종류의 선이 겹치게 될 때 가장 우선되는 것은?

① 해칭선   ② 치수선

③ 숨은선   ④ 숫자

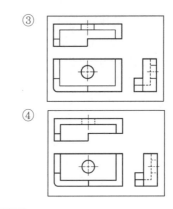

④

화살표 방향을 정면도로 정투상도를 그린다.

해설

2개 이상의 선이 겹칠 때 선의 우선순위

① 외형선
② 숨은선, 은선
③ 절단선
④ 중심선
⑤ 무게중심선, 가상선
⑥ 치수선, 치수 보조선 해칭선, 지시선 등
선보다 더 우선시 되는 것 ⇒ 기호, 문자, 숫자

28 다음 기하공차의 종류 중 위치공차 기호가 아닌 것은?

① ⊕ ②
③ ═ ④ ◎

해설

* **위치공차**

• 위치도(공차) : ⊕
• 동축도(공차) 또는 동심도 : ◎
• 대칭도(공차) : ═

29 입체도에서 화살표(↗) 방향을 정면도로 할 때, 제3각법으로 투상한 것 중 옳은 것은?

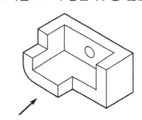

①

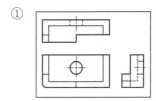

②

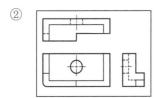

30 다음 그림은 면의 지시 기호이다. 그림에서 M은 무엇을 의미하는가?

① 밀링가공 ② 줄무늬 방향
③ 표면 거칠기 ④ 선반가공

해설

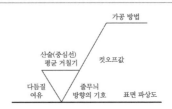

31 다음 도면의 양식 중에서 반드시 마련해야 하는 양식은?

① 도면의 구역 ② 중심마크
③ 비교눈금 ④ 재단마크

해설

도면에서 반드시 마련해야 할 3가지 양식

• 윤곽선
• 중심마크
• 표제란

32 다음 그림과 같이 리브 둥글기 반지름이 현저하게 다른 리브를 그릴 때 평면도로 옳은 것은? (R1 > R2)

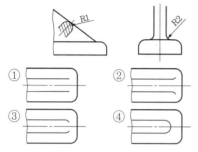

① ② ③ ④

① R1＝R2
② R1 ＜ R2
③ R1 ＞ R2

33 산술평균 거칠기 표시 기호는?

① Ra ② Rs
③ Rz ④ Ru

표면 거칠기 측정 방법
㉠ 중심선평균거칠기(Ra)＝산술평균거칠기
㉡ 최대 높이(Ry)
㉢ 10점 평균거칠기(Rz)

34 가상선의 용도에 대한 설명으로 틀린 것은?

① 인접 부분을 참고로 표시하는데 사용한다.
② 수면, 유면 등의 위치를 표시하는데 사용한다.
③ 가공 전, 가공 후의 모양을 표시하는데 사용한다.
④ 도시된 단면의 앞쪽에 있는 부분을 표시하는데 사용한다.

수면, 유면 등의 위치를 표시 ⇒ 가는 실선

35 다음은 KS 제도 통칙에 따른 재료 기호이다.

> KS D 3752 SM45C

위 기호에 대한 설명 중 옳은 것을 모두 고르면?

> ㉠ KS D는 KS 분류기호 중금속 부문에 대한 설명이다.
> ㉡ S는 재질을 나타내는 기호로 강을 의미한다.
> ㉢ M은 기계구조용을 의미한다.
> ㉣ 45C는 재료의 최저 인장강도가 45kgf/mm² 를 의미한다.

① ㉠, ㉡   ② ㉠, ㉣
③ ㉠, ㉡, ㉢   ④ ㉡, ㉢, ㉣

SM45C
  ↳ 탄소함유량을 나타냄.

36 치수 보조 기호의 설명으로 틀린 것은?

① 구의 지름 – S∅
② 구의 반지름–SR
③ 45° 모따기–C
④ 이론적으로 정확한 치수 – (15)

• (치수) : 참고치수 : 표시하지 않아도 될 치수
• ∅ : 원의 지름(동전 모양)
• S∅ : 구의 지름 (공 모양)
• R : 원의 반지름
• SR : 구의 반지름
• □ : 정사각형의 한 변의 치수 수치 앞에 붙인다.
• 치수 : 이론적으로 정확한 치수 : 수정하면 안 됨.
• 치수 : 치수 수치가 비례하지 않을 때 : 척도에 맞지 않을 때
• C : 45° 모따기 기호
• t= : 재료의 두께

37 대상물의 구멍, 홈 등 모양만을 나타내는 것으로 충분한 경우에 그 부분만을 도시하는 그림과 같은 투상도는?

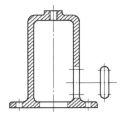

① 회전투상도   ② 국부투상도
③ 부분투상도   ④ 보조투상도

해설

국부투상도
• 대상물의 구멍, 홈 등 한 국부만의 모양을 도시하는 것으로 충분한 경우에 그 필요 부분만을 그리는 투상도
• 원칙적으로 주된 그림으로부터 국부투상도까지 중심선, 기준선, 치수 등으로 연결한다.

38 도면에 치수를 기입할 때의 주의사항으로 틀린 것은?

① 치수는 정면도, 측면도, 평면도에 보기 좋게 골고루 배치한다.
② 외형선, 중심선 혹은 그 연장선은 치수선으로 사용하지 않는다.
③ 치수는 가능한 한 도형의 오른쪽과 위쪽에 기입한다.
④ 한 도면 내에서는 같은 크기의 숫자로 치수를 기입한다.

해설

치수 기입은 정면도에 집중 기입한다.

39 투상도법에서 원근감을 갖도록 나타내어 건축물 등의 공사 설명용으로 주로 사용하는 투상법은?

① 등각투상도   ② 투시도
③ 정투상도   ④ 부등각투상도

해설

원근감 ⇒ 투시투상도

40 IT기본공차의 등급으로 되어 있는 것은?

① 10등급   ② 18등급
③ 20등급   ④ 25등급

해설

IT01부터 IT18까지 20등급으로 구분되어 있다.

41 다음 도면의 기하공차가 나타내고 있는 것은?

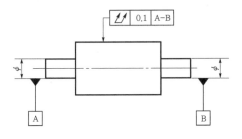

① 원통도   ② 진원도
③ 온 흔들림   ④ 원주 흔들림

해설

• ⟋⟋ : 온 흔들림
• 공차값 : 0.1

42 다음 그림과 같은 단면도를 무슨 단면도라 하는가?

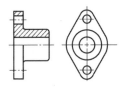

① 회전도시단면도
② 부분단면도
③ 한쪽단면도
④ 온단면도

- 온단면도(전단면도=1/2단면도) ⇒ 물체의 1/2 절단
- 한쪽단면도(1/4단면도) ⇒ 대칭물체를 1/4 절단, 내부와 외부를 동시에 표현
- 부분단면도 ⇒ 필요한 부분만을 절단하여 단면으로 나타냄. 절단 부위는 가는 파단선을 이용하여 경계를 나타냄.
- 회전단면도 ⇒ 암, 리브, 축, 훅 등의 일부를 90° 회전하여 나타냄.

43 다음의 평면도에 해당하는 것은? (제3각법의 경우)

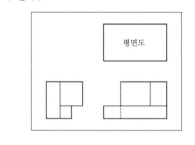

평면도

①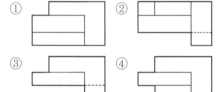
②
③
④

해설

등각투상도

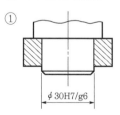

44 조립한 상태의 치수허용한계 값을 나타낸 것으로 틀린 것은?

①

ϕ 30H7/g6

②

ϕ 30 $\frac{H7}{g6}$

③

축 ϕ 30 $^{-0.007}_{-0.020}$

구멍 ϕ 30 $^{+0.021}_{0}$

④

②
①

ϕ 30 ①$^{+0.021}_{0}$
②$^{-0.007}_{-0.020}$

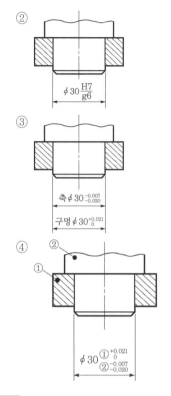

해설

조립 상태의 치수 기입에서는 항상 구멍 공차값을 위쪽에 표기하여야 한다.

45 도면 관리에서 다른 도면과 구별하고 도면 내용을 직접 보지 않고도 제품의 종류 및 형식 등의 도면 내용을 알 수 있도록 하기 위해 기입하는 것은?

① 도면 번호
② 도면 척도
③ 도면 양식
④ 부품 번호

해설

도면 번호
도면의 내용을 보지 않고도 도면 번호로 제품의 종류와 형식 등을 알 수 있도록 기입한 것.

46 기어의 도시 방법으로 옳은 것은? (단, 단면도가 아닌 일반 투상도로 나타낼 때로 가정한다.)

① 잇봉우리원은 가는 실선으로 그린다.
② 피치원은 가는 1점 쇄선으로 그린다.
③ 이골원은 가는 2점 쇄선으로 그린다.
④ 잇줄 방향은 보통 2개의 굵은 실선으로 그린다.

• 잇봉우리원(이끝원) : 굵은 실선
• 이골원(이뿌리원) : 가는 실선(단면 시 : 굵은 실선)
• 잇줄 방향 : 보통 3개의 가는 실선

47 〈보기〉의 설명을 나사 표시 방법으로 옳게 나타낸 것은?

〈보기〉
• 왼나사이며 두 줄 나사이다.
• 미터 가는 나사로 호칭지름이 50mm, 피치가 2mm이다.
• 수나사 등급이 4h 정밀급 나사이다.

① L 2줄 M50×2−4h
② 왼 2N TM50×2 − 4h
③ 2N M50×2−4h
④ 왼 2줄 M2×50 − 4h

나사산의 감긴 방향	나사산의 줄 수	나사의 호칭	−	나사의 등급
왼 또는 L	2줄(2L)	M50 x 2	−	4h

48 평벨트 풀리의 도시 방법으로 틀린 것은?

① 벨트 풀리는 축 직각 방향의 투상도를 주투상도로 한다.
② 암은 길이 방향으로 절단하여 단면을 도시하지 않는다.
③ 대칭형인 벨트 풀리는 생략하지 않고 되도록 전체를 그려야 한다.

④ 암의 테이퍼 부분 치수를 기입할 때 치수 보조선은 경사선으로 그어서 치수를 나타낼 수 있다.

평벨트 풀리는 대칭형이므로 1/2을 생략한 투상도로 도시할 수 있다.

49 다음 중 플러그 용접 기호는?

① ⊖　　② ⌐
③ ○　　④ ‖

문제의 보기 풀이
① 심용접
② 플러그 용접
③ 점용접
④ 맞대기 용접

50 다음 중 센터구멍이 필요하지 않은 경우를 나타낸 기호는?

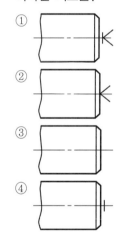

문제의 보기 풀이
① 표기법은 센터구멍이 남아 있어서는 안 됨을 나타낼 때
② 표기법은 센터구멍이 반드시 남아 있도록 할 때
③ 표기법은 센터구멍이 남아 있어도 없어도 상관 없을 때

51 모듈 m인 한 쌍의 외접 스퍼기어가 맞물려 있을 때에 각각의 잇수를 Z_1, Z_2라면 두 기어의 중심거리를 구하는 계산식은?

① $\dfrac{(Z_1 + Z_2) \times m}{2}$

② $m \times (Z_1 + Z_2)$

③ $\dfrac{m}{2 \times (Z_1 + Z_2)}$

④ $2 \times m \times (Z_1 + Z_2)$

해설

두 축간 중심거리(C) = $\dfrac{(Z_1 + Z_2) \cdot m}{2}$

52 베어링 호칭 번호가 다음과 같을 때 이에 대한 설명으로 틀린 것은?

> 7210CDTP5

① 베어링 계열 기호는 '72'이다.
② 안지름 번호는 '10'으로 호칭 베어링의 안지름이 50mm이다.
③ 접촉각 기호는 'C'이다.
④ 정밀도 등급은 'DT'이다.

해설

베어링 호칭 번호 ⇒ 72 10 C DT P5
　　　　　　　　병렬 조합↲ ↳ 정밀도 등급

53 스프링의 종류 및 모양만을 간략도로 도시하는 경우 표시 방법으로 옳은 것은?

① 재료의 중심선을 굵은 실선으로 그린다.
② 재료의 중심선을 가는 2점 쇄선으로 그린다.
③ 재료의 중심선을 가는 실선으로 그린다.
④ 재료의 중심선을 굵은 1점 쇄선으로 그린다.

해설

코일 스프링의 도시
① 스프링은 원칙적으로 무하중 상태에서 그린다(단, 하중이 가해진 상태로 도시할 경우 하중을 명시한다).
② 도면에 감긴 방향이 표시되지 않은 코일 스프링은 오른쪽 감기로 도시한다.
③ 스프링의 종류와 모양만을 도시할 경우 중심선을 굵은 실선으로 그린다.

54 배관제도에서 관의 끝부분이 용접식 캡의 경우를 나타내는 그림 기호는?

해설

① 플랜지 캡
② 나사 캡

55 수나사 막대의 양 끝에 나사를 깎은 머리 없는 볼트로서, 한 끝은 본체에 박고 다른 끝은 너트로 죌 때 쓰이는 것은?

① 관통볼트　　　② 미니어처볼트
③ 스터드볼트　　④ 탭볼트

해설

스터드볼트
양 끝에 수나사를 깎은 머리 없는 볼트로 한쪽 끝은 본체에 고정시키고 다른 한쪽 끝은 너트를 조여서 고정.

56 다음 그림은 어떤 기계요소를 나타낸 것인가?

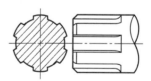

① 원뿔 키　　　② 접선 키
③ 세레이션　　　④ 스플라인

해설

스플라인

축 둘레에 4~20개의 턱을 만들어 큰 회전력을 전달하는 경우 사용된다.

57 면을 사용하여 은선을 제거시킬 수 있고 또 면의 구분이 가능하므로 가공면을 자동적으로 인식 처리할 수 있어서 NC data에 의한 NC 가공 작업이 가능하나 질량 등의 물리적 성질은 구할 수 없는 모델링 방법은?

① 서피스 모델링
② 솔리드 모델링
③ 시스템 모델링
④ 와이어 프레임 모델링

해설

서피스 모델링(surface modeling)
• 은선 제거가 가능하다.
• 단면도를 작성할 수 있다.
• 복잡한 형상의 표현이 가능하다.
• 2개 면의 교선을 구할 수 있다.
• NC 가공 정보를 얻을 수 있다.
• 서피스 모델링의 임의의 평면을 절단하면 선으로 표현된다.

58 각 좌표계에서 현재 위치, 즉 출발점을 항상 원점으로 하여 임의의 위치까지의 거리로 나타내는 좌표계 방식은?

① 직교 좌표계   ② 극 좌표계
③ 상대 좌표계   ④ 원통 좌표계

해설

• 절대 좌표계 : 좌표의 원점(0, 0)을 기준으로 하여 x, y축 방향의 거리로 표시되는 좌표(x, y)
• 상대 좌표계 : 마지막 점(임의의 점)에서 다음 점까지 거리를 입력하여 선 긋는 방법(@x, y)
• (상대)극 좌표계 : 마지막 점에서 다음 점까지 거리와 각도를 입력하여 선 긋는 방법(@거리 < 각도)

59 컴퓨터에서 중앙처리장치의 구성으로만 짝 지어진 것은?

① 출력장치, 입력장치
② 제어장치, 입력장치
③ 보조기억장치, 출력장치
④ 제어장치, 연산장치

해설

중앙처리장치(CPU)의 구성요소
논리(연산)장치, 제어장치, 주기억장치(ROM, RAM)

60 다음 중 입력장치로 볼 수 없는 것은?

① 터치패드   ② 라이트 펜
③ 3D 프린터   ④ 스캐너

해설

• 입력장치 : 키보드, 마우스, 디지타이저와 태블릿, 조이스틱, 컨트롤 다이얼, 트랙볼, 라이트 펜
• 출력장치 : 디스플레이, 모니터, 플로터(도면용지에 출력), 프린터(잉크젯, 레이저), 하드카피장치, COM 장치

01 초경공구와 비교한 세라믹공구의 장점 중 옳지 않은 것은?

① 고온 경도가 높다.
② 고속 절삭 가공성이 우수하다.
③ 내마멸성이 높다.
④ 충격강도가 높다.

해설

세라믹공구의 장점
• 고온경도가 높다.
• 고속 절삭 가공성이 우수하다.
• 내마멸성이 높다.
• 충격강도가 작다.

02 내열용 알루미늄합금 중에 Y합금의 성분은?

① 구리, 납, 아연, 주석
② 구리, 니켈, 망간, 주석
③ 구리, 알루미늄, 납, 아연
④ 구리, 알루미늄, 니켈, 마그네슘

해설

Y 합금의 표준 성분은 Al, Cu, Ni, Mg이다.

03 항공기 재료로 가장 적합한 것은 무엇인가?

① 파인 세라믹
② 복합 조직강
③ 고강도 저합금강
④ 초두랄루민

해설

고강도 알루미늄 합금
• 두랄루민 : Al+Cu+Mg+Mn의 합금으로 가벼워서 항공기나 자동차 등에 사용된다.
• 초두랄루민 : 아연이 다량으로 함유된 Al+Zn+Mg의 합금으로 주로 항공기용 재료로 사용된다.

04 내열성과 내마모성이 크고 온도가 600℃ 정도까지 열을 주어도 연화되지 않은 특징이 있으며, 대표적인 것으로 텅스텐(18%), 크롬(4%), 바나듐(1%)로 조성된 강은?

① 합금공구강
② 다이스강
③ 고속도공구강
④ 탄소공구강

해설

표준형 고속도강의 성분
W(텅스텐)18% − Cr(크롬)4% − V(바나듐)1%

05 황이 함유된 탄소강에 적열취성을 감소시키기 위해 첨가하는 원소는?

① 망간   ② 규소
③ 구리   ④ 인

해설

• 적열취성 ⇒ 탄소강을 900℃ 이상에서 가열을 하면 황(S) 때문에 단조압연 시 붉은색으로 취성이 발생.
• 적열취성 방지책 ⇒ 망간(Mn)

06 탄소강에 함유된 5대 원소는?

① 황, 망간, 탄소, 규소, 인
② 탄소, 규소, 인, 망간, 니켈
③ 규소, 탄소, 니켈, 크롬, 인
④ 인, 규소, 황, 망간, 텅스텐

해설

탄소강 5대 원소의 특징
① 망간(Mn) : 강도와 고온 가공성을 증가시키고 연신율의 감소를 억제시키며, 주조성과 담금질 효과를 향상시킨다.

적열취성을 방지한다(고온 가공에 용이 ∵고온에서 강도, 경도, 인성이 크기 때문).

② 규소(Si) : 단접성과 냉간 가공성을 해치게 되므로, 이들 목적에 쓰이는 탄소강은 규소의 함유량을 0.2% 이하로 해야 한다.
  ㉠ 강도, 경도와 탄성한계 - 증가
  ㉡ 연신율, 단면수축률, 충격값 - 감소
  ㉢ 유동성(주조성) - 우수
③ 인(P) : 철과 화합하여 인화철(Fe3P)을 만들어 결정립계에 편석하게 함으로써 충격값을 감소시키고 균열을 가져오게 한다.
④ 황(S)
  ㉠ 가장 나쁜 영향을 주는 불순물로, 강중에 FeS를 만들어 입계에 망상으로 분포한다.
  ㉡ 강중에 0.02%만 있어도 인장강도, 연신율 및 충격치를 감소시킨다.
  ㉢ 고온 취성(hot shortness)의 원인이 된다.
  ㉣ 쾌삭 원소로, 절삭성을 향상시킨다.
⑤ 탄소(C) : 강도와 경도는 증가 ↑, 연성은 감소 ↓

07 마르텐자이트와 베이나이트의 혼합조직으로 Ms와 Mf점 사이의 염욕에 담금질하여 과냉 오스테나이트의 변태가 완료할 때까지 항온 유지한 후에 꺼내어 공랭하는 열처리는 무엇인가?

① 오스템퍼(austemper)
② 마템퍼(martemper)
③ 패턴팅(patenting)
④ 마퀜칭(marquenching)

① 오스템퍼 : 하부베이나이트 조직을 얻는다. (담금 균열, 변형이 없다. 뜨임 필요 없다.)
② 마템퍼 : 강을 Ms점과 Mf점 사이에서 항온 유지 후 꺼내어 공기 중에서 냉각하여 마르텐자이트와 베이나이트의 혼합 조직으로 만드는 열처리
④ 마퀜칭 : Ms점보다 조금 높은 온도의 열욕에 담금질한 후 재료의 내외부가 동일한 온도가 될 때까지 항온유지 후 서랭하여 담금 균열과 변형이 적은 조직을 얻는 열처리과정 마르텐자이트 조직

08 하중의 작용 상태에 따른 분류에서 재료의 축선 방향으로 늘어나게 하는 하중은?

① 굽힘하중
② 전단하중
③ 인장하중
④ 압축하중

인장하중
재료를 길이 방향으로 잡아당기는 하중

09 스프링의 용도에 대한 설명 중 틀린 것은?

① 힘의 측정에 사용된다.
② 마찰력 증가에 이용한다.
③ 일정한 압력을 가할 때 사용된다.
④ 에너지를 저축하여 동력원으로 작동시킨다.

스프링 사용 목적
• 힘의 축적(동력원)
• 진동 흡수
• 충격 완화
• 힘의 측정
• 운동과 압력을 가할 때

10 양쪽 끝 모두 수나사로 되어 있으며, 한쪽 끝에 상대 쪽에 암나사를 만들어 미리 반영구적 나사박음하고, 다른 쪽 끝에 너트를 끼워죄도록 하는 볼트는 무엇인가?

① 스테이 볼트
② 아이 볼트
③ 탭 볼트
④ 스터드 볼트

스터드 볼트
양 끝에 수나사를 깎은 머리 없는 볼트로 한쪽 끝은 본체에 고정시키고 다른 한쪽 끝은 너트를 조여서 고정.

11 기어의 잇수가 40개이고, 피치원의 지름이 320mm일 때 모듈의 값은?

① 4
② 6
③ 8
④ 12

$$m = \frac{D}{z} = \frac{320}{40} = 8$$

12 깊은 홈 베어링의 호칭 번호가 6208일 때 안지름은 얼마인가?

① 10mm   ② 20mm

③ 30mm   ④ 40mm

> **해설**
>
> 베어링 안지름 번호가 2자리 : 08×5 = ∅ 40

13 유니버설 조인트의 허용 축 각도는 몇 도(°) 이내인가?

① 10°   ② 20°

③ 30°   ④ 60°

> **해설**
>
> 유니버설 조인트의 허용 축 각도는 30° 이내이다.

14 나사에 대한 설명으로 틀린 것은?

① 나사산의 모양에 따라 삼각, 사각, 둥근 것 등으로 분류한다.

② 체결용 나사는 기계 부품의 접합 또는 위치 조정에 사용된다.

③ 나사를 1회전하여 축 방향으로 이동한 거리를 '리드'라 한다.

④ 힘을 전달하거나 물체를 움직이게 할 목적으로 사용하는 나사는 주로 삼각나사이다.

> **해설**
>
> • 삼각나사 ⇒ 결합용, 위치조정용 : 미터나사, 유니파이나사, 관용나사
> • 사각나사 ⇒ 운동용, 이송용

15 길이가 1m이고 지름이 30mm인 둥근 막대에 3,000N의 인장하중을 작용하면 얼마 정도 늘어나는가? (단, 세로탄성계수는 2.1×10^5 N/mm²이다.)

① 0.102mm   ② 0.202mm

③ 0.302mm   ④ 0.402mm

> **해설**
>
> $$A = \frac{\pi d^2}{4} = \frac{\pi \times 30^2}{4} = 706.5$$
>
> $$\lambda = \frac{P\ell}{AE} = \frac{3,000 \times 1,000}{706.5 \times 2.1 \times 10^5} = 0.202$$

16 다음 머시닝센터 프로그램에서 G99가 의미하는 것은?

```
G90 G99 G73 Z-25.5R5. Q3. F80;
```

① 1회 절삭 깊이

② 초기점 복귀

③ 가공 후 R지점 복귀

④ 절대지령

> **해설**
>
> G99 : 가공 후 R지점 복귀

17 절삭가공 공작기계에 속하지 않는 것은?

① 선반   ② 밀링머신

③ 셰이퍼   ④ 프레스

> **해설**
>
> • 절삭가공 : 절삭으로 인한 칩이 발생하는 것(선반, 밀링, 셰이퍼 등)
> • 비절삭가공 : 칩이 발생되지 않음(프레스 등).

18 밀링의 부속장치 중 분할 작업과 비틀림 홈 가공을 할 수 있는 장치는?

① 테이블   ② 분할대

③ 슬로팅장치   ④ 랙밀링장치

> **해설**
>
> **부속장치의 종류**
> • 아버 : 밀링커터의 고정 용구, 커터를 설치하는 장치로서 자루 없는 커터를 고정한다.
> • 어댑터, 콜릿 : 엔드밀 등 자루가 있는 밀링커터의 고정용구이다.
> • 밀링바이스 : 공작물을 테이블에 설치하기 위한 장치이다(수평, 회전, 만능, 유압바이스).

- 회전 테이블 : 공작물에 회전운동이 필요할 때 사용한다. 공작물은 회전테이블 위의 바이스에 고정, 수동 또는 테이블의 자동 이송으로 가공한다.
- 랙 절삭 장치 : 수평밀링머신이나 만능밀링머신의 주축단에 장치하여 기어를 절삭하는 장치이다. 테이블의 선회 각도에 의하여 45°까지 임의의 헬리컬 래크도 절삭이 가능하다.
- 분할대 : 원주 및 각도 분할 시 사용하며 주축대와 심압대를 한 쌍으로 테이블 위에 설치한다.
- 슬로팅장치 : 니형 밀링머신의 컬럼 앞면에 주축과 연결하여 사용하며 주축의 회전운동을 공구대 램의 직선왕복운동으로 변화시켜 바이트로서 직선 절삭이 가능하다.

19 원통의 내면을 사각 숫돌이 원통형으로 장착된 공구를 회전 및 상·하 운동을 시켜 가공하는 정밀입자 공작기계는 무엇인가?

① 선반 ② 슬로터
③ 호닝머신 ④ 플레이너

해설
호닝머신
- 긴 숫돌을 혼(hone)의 구멍에 넣고 회전 및 왕복운동시키고 원주 방향으로 압력을 가하면서 다듬질하는 가공법이다(내연기관의 실린더, 고속 베어링 면, 크랭크축, 기어 등).
- 직사각형 단면의 긴 숫돌을 지지봉의 끝에 방사 방향으로 붙여놓고 공구를 구멍의 내면에 넣고 회전 및 이송 운동(축 방향 운동)시켜 구멍 내면을 정밀한 다듬질하는 작업이다.
- 구멍에 대한 진원도, 진직도 및 표면 거칠기를 향상시키고 치수정밀도는 3~10 μm 높일 수 있다.

20 그림과 같이 일감은 제자리에서 회전하고 숫돌이 회전과 전후이송을 주어 원통의 외경을 연삭하는 방식은?

① 연삭 숫돌대 방식
② 플랜지 컷 방식
③ 센터리스 방식
④ 테이블 왕복식

해설
외경연삭
㉠ 트래버스연삭 ⇒ 가공물(일감)의 지름이 단이 없을 때
  ⓐ 숫돌대 왕복형 : 공작물은 회전만 숫돌은 회전 및 좌우왕복운동
  ⓑ 테이블 왕복형 : 숫돌은 회전만 공작물은 회전 및 좌우왕복운동
㉡ 플런지연삭(플랜지컷형) ⇒ 공작물의 지름에 단이 있을 때 숫돌을 테이블과 직각으로 이동시켜 연삭하고 전체 길이의 동시 가공이 가능하다.
㉢ 센터리스 연삭 ⇒ 가늘고 긴 일감을 가공할 때나 센터로 고정할 수 없을 때 사용한다.

21 외측 마이크로미터 0점 조정 시 기준이 되는 것은?

① 블록 게이지 ② 다이얼 게이지
③ 오토콜리메이터 ④ 레이저 측정기

해설
블록 게이지
길이 기준으로서 사용되는 측정기이며, 외측마이크로미터 영점 조정 시 기준이 된다.

22 선반가공에서 사용되는 칩 브레이커에 대한 설명으로 옳은 것은?

① 바이트 날 끝각이다.
② 칩의 절단장치이다.
③ 바이트 여유각이다.
④ 칩의 한 종류이다.

해설
칩 브레이커
작업자의 안전을 위해 칩을 짧게 끊기 위한 인위적인 칩의 절단장치

23 커터의 날 수가 10개, 1날당 이송량 0.14mm, 커터의 회전수는 715rpm으로 연강을 밀링에서 가공할 때 테이블의 이송 속도는 약 몇 mm/min인가?

① 715
② 1,000
③ 5,100
④ 7,150

테이블 이송 속도(mm/min)
$f = fz \times z \times n = 0.14 \times 10 \times 715 = 1,001 \, mm/min$

24 높은 정밀도를 요구하는 가공물, 정밀기계의 구멍 가공 등에 사용하는 것으로 외부환경 변화에 따른 영향을 받지 않도록, 항온, 항습실에 설치하는 보링머신은 무엇인가?

① 수평형 보링머신
② 수직형 보링머신
③ 지그(Jig) 보링머신
④ 코어(Core) 보링머신

지그 보링머신
주로 일감의 한 면에 2개 이상의 구멍을 뚫을 때 직교좌표 x, y 두 축 방향으로 각각 $2\sim10\mu$ 의 정밀도로 구멍을 뚫는 보링머신. 정밀도 유지를 위해 20℃의 항온실에 설치해야 한다.

25 선반에서 사용하는 부속장치는?

① 방진구
② 아버
③ 분할대
④ 슬로팅장치

밀링머신의 부속장치
• 밀링바이스
• 회전테이블
• 슬로팅장치
• 분할대
• 밀링커터의 고정용구(아버, 어댑터, 콜릿)
선반의 부속장치
• 주축대
• 심압대
• 왕복대(새들, 에이프런, 공구대)
• 베드

방진구(가늘고 긴 공작물 가공 시 사용. 진동이나 자중, 휨으로 인한 변형을 방지하는 역할)

26 인쇄, 복사 또는 플로터로 출력된 도면을 규격에서 정한 크기대로 자르기 위해 마련한 도면의 양식은?

① 비교눈금
② 재단마크
③ 윤곽선
④ 도면의 구역기호

• 비교눈금 : 도면의 크기가 얼마만큼 확대 또는 축소되었는지를 확인하기 위해 도면 아래 중심선 바깥쪽에 마련하는 도면양식(가는 실선)
• 재단마크 : 인쇄, 복사 또는 플로터로 출력된 도면을 규격에서 정한 크기대로 자르기 위해 마련한 도면의 양식
• 윤곽선 : 도면의 영역을 명확히 한다. 용지의 가장자리에서 생기는 손상으로 기재 사항을 해치지 않도록 그리는 테두리선. 선의 굵기는 0.5mm 이상의 굵기인 실선으로 윤곽선을 긋는다.
• 도면의 구역 : 도면에서 특정 부분의 위치를 지시하는데 편리하도록 표시하는 것으로 사각형의 각 변의 길이는 25~75mm 정도로 한다. 그려진 도면의 내용의 부분을 좌표로 읽을 수 있도록 마련한 도면양식
⇒ 가로 구역 : 숫자로 표시
⇒ 세로 구역 : 대문자 알파벳으로 표시

27 주로 금형으로 생산되는 플라스틱 눈금자와 같은 제품 등에 제거 가공 여부를 묻지 않을 때 사용되는 기호는?

①
②
③
④

: 절삭 등 제거, 가공의 필요 여부를 문제 삼지 않을 때 사용

: 제거 가공을 필요로 한다는 것을 지시할 때 사용

: 제거 가공을 해서는 안 될 때 사용(그대로 둘 때)

28 다음 그림에서 모떼기가 C2일 때 모떼기의 각도는?

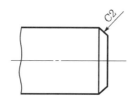

① 15°   ② 30°
③ 45°   ④ 60°

해설

치수보조기호 모떼기(C)의 각도는 45°이다.

29 다음 그림은 어떤 물체를 제3각법 정투상도로 나타낸 것이다. 입체도로 옳은 것은?

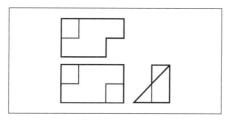

①   ②

③   ④

30 다음 투상도에 표시된 'SR'은 무엇을 의미하는가?

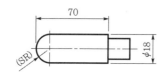

① 원의 반지름   ② 원호의 지름
③ 구의 반지름   ④ 구의 지름

해설

• φ : 원의 지름
• R : 원의 반지름
• Sφ : 구의 지름
• SR : 구의 반지름

31 다음과 같이 표시된 기하 공차에서 A가 의미하는 것은?

//	0.011	A

① 공차 종류와 기호
② 데이텀 기호
③ 공차 등급 기호
④ 공차값

해설

//	0.011	A
공차의 종류	공차값	데이텀

32 다음 그림을 제3각법(정면도−화살표 방향)의 투상도로 볼 때 좌측면도로 가장 적합한 것은?

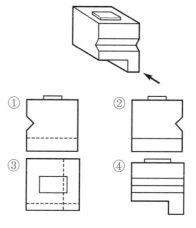

①   ②   ③   ④

33 같은 단면의 부분이나 같은 모양이 규칙적으로 나타난 경우는 다음 그림과 같이 중간 부분을 잘라내어 도시할 수 있다. 이와 같은 용도로 사용하는 선의 명칭은?

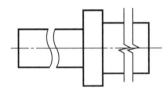

① 절단선   ② 파단선

③ 생략선   ④ 가상선

해설

파단선
- ∿ : 불규칙한 파형의 가는 실선, 도면의 중간 부분 생략을 나타낼 때
- ∿— : 지그재그선, 도면의 일부분을 확대하거나 부분 단면의 경계를 표시할 때

34 가공에 의한 커터의 줄무늬 방향이 그림과 같을 때, (가) 부분의 기호는?

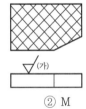

① X   ② M

③ R   ④ C

해설

줄무늬 방향 기호 6가지
- = : 평행
- ⊥ : 직각
- X : 두 방향 교차
- M : 여러 방향 교차 또는 무방향
- C : 동심원 모양
- R : 레이디얼 모양 또는 방사상 모양

35 다음 중 회전도시단면도로 나타내기에 가장 부적절한 것은?

① 리브   ② 기어의 이

③ 훅   ④ 바퀴의 암

해설

회전도시단면도
바퀴의 암, 림, 리브, 훅 등의 절단한 단면의 모양을 90°로 회전하여 표시한 것이다.

36 치수 보조선에 대한 설명으로 옳지 않은 것은?

① 필요한 경우에는 치수선에 대하여 적당한 각도로 평행한 치수 보조선을 그을 수 있다.
② 도형을 나타내는 외형선과 치수 보조선은 떨어져서는 안 된다.
③ 치수 보조선은 치수선을 약간 지날 때까지 연장하여 나타낸다.
④ 가는 실선으로 나타낸다.

해설

치수 보조선의 시작은 외형선에서 2~3mm 정도 떨어져야 한다.

37 선의 종류에서 용도에 의한 명칭과 선의 종류를 바르게 연결한 것은?

① 외형선 – 굵은 1점 쇄선
② 중심선 – 가는 2점 쇄선
③ 치수 보조선 – 굵은 실선
④ 지시선 – 가는 실선

해설

- 외형선-굵은 실선
- 중심선-가는 1점 쇄선
- 치수 보조선-가는 실선

38 물체의 모양을 연필만을 사용하여 정투상도나 회화적 투상으로 나타내는 스케치 방법은?

① 프린트법   ② 본뜨기법

③ 프리핸드법   ④ 사진촬영법

- 프린트법 : 부품의 표면에 기름 또는 광명단, 스템프 잉크를 칠한 후, 종이를 대고 눌러서 실제 모양을 뜨는 방법
- 모양뜨기법(본뜨기법) : 불규칙한 곡선을 가진 물체를 직접 종이에 대고 그리는 것. 납선, 동선 등을 부품의 윤곽 곡선과 같이 만들어 종이에 옮기는 방법
- 사진촬영법 : 사진기로 직접 찍어서 도면을 그리는 방법
- 프리핸드법 : 손으로 직접 그리는 방법

39 치수공차 및 끼워맞춤에 관한 용어의 설명으로 옳지 않은 것은?

① 허용한계치수 : 형체의 실 치수가 그 사이에 들어가도록 정한, 허용할 수 있는 대소 2개의 극한의 치수

② 기준치수 : 위치수허용차 및 아래치수허용차를 적용하는데 따라 허용한계치수가 주어지는 기준이 되는 치수

③ 치수허용차 : 실제 치수와 대응하는 기준치수와의 대수차

④ 기준선 : 허용한계치수 또는 끼워맞춤을 도시할 때 치수 허용차의 기준이 되는 직선

치수허용차는 위치수허용차와 아래치수허용차를 말한다.
- 기준치수 + 위치수허용차＝최대허용한계치수
- 기준치수 + 아래치수허용차＝최소허용한계치수

40 경사면부가 있는 대상물에 대해서 그 대상면의 실형을 도시할 필요가 있는 경우 그림과 같이 투상도를 나타낼 수 있는데 이 투상도의 명칭은?

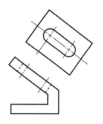

① 부분투상도 ② 보조투상도
③ 국부투상도 ④ 특수투상도

- **보조투상도** : 경사면 부에 있는 대상물에서 그 경사면의 실형을 나타낼 필요가 있는 경우에 그리는 투상도
- **부분투상도** : 그림의 일부를 도시하는 것으로 충분한 경우에 그 필요 부분만을 그리는 투상도
- **국부투상도** : 대상물의 구멍, 홈 등 한 국부만의 모양을 도시하는 것으로 충분한 경우에 그 필요 부분만을 그리는 투상도(원칙적으로 주된 그림으로부터 국부투상도까지 중심선, 기준선, 치수 등으로 연결한다).
- **부분확대도** : 특정 부분의 모양이 작을 때 그 부분의 상세한 도시나 치수 기입이 곤란한 경우에 가는 실선으로 둘러싸며 영자의 대문자를 표시함과 동시에 그 확대부분을 다른 장소에 확대하여 그리는 투상도
- **특수투상도** : 축측투상도(등각도, 부등각도), 사투상도, 투시투상도

41 특수한 가공을 하는 부분 등 특별한 요구사항을 적용할 수 있는 범위를 표시하는데 사용하는 선은?

① 굵은 1점 쇄선
② 가는 2점 쇄선
③ 가는 실선
④ 굵은 실선

굵은 1점 쇄선
외형선에 평행하게 약간 떨어지게 하여 굵은 1점 쇄선을 긋고 특수 가공 부분에 기입

42 구멍의 최대 허용 치수가 50.025, 최소 허용 치수가 50.000이고, 축의 최대 허용 치수가 50.050, 최소 허용 치수가 50.034 일 때 최소 죔새는 얼마인가?

① 0.009 ② 0.050
③ 0.025 ④ 0.034

- 억지 끼워맞춤(죔새) ⇒ 축 > 구멍
- 최소 죔새＝축(小) － 구멍(大)
  ＝50.034－50.025＝0.009

43 다음 중 모양공차의 종류에 속하지 않는 것은?

① 평면도공차
② 원통도공차
③ 평행도공차
④ 면의 윤곽도공차

해설

모양공차 6가지
• 진원도공차 : ○
• 원통도공차 : ⌀
• 진직도공차 : —
• 평면도공차 : ▱
• 선의 윤곽도 : ⌒
• 면의 윤곽도 : ⌒

44 특별히 연장한 크기가 아닌 일반 A계열 제도 용지의 세로 : 가로의 비는 얼마인가? (단, 가로가 긴 용지를 기준으로 한다.)

① 1 : 1
② 1 : $\sqrt{2}$
③ 1 : $\sqrt{3}$
④ 1 : 2

해설

용지의 비율=세로 : 가로=1 : $\sqrt{2}$

45 다음과 같은 정면도와 우측면도가 주어졌을 때 평면도로 알맞은 것은? (단, 제3각법의 경우)

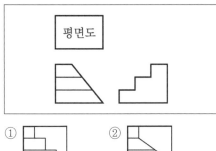

① 　②
③ 　④

46 다음 중 운전 중에 두 축을 결합하거나 떼어 놓을 수 있는 것은?

① 플렉시블 커플링
② 플랜지 커플링
③ 유니버설 조인트
④ 맞물림 클러치

해설

축이음
• 커플링 : 운전 중 두 축을 분리할 수 없음.
• 클러치 : 운전 중 두 축을 분리할 수 있음.
　(마찰클러치, 맞물림 클러치)

47 호칭지름 6mm, 호칭길이 30mm, 공차 m6인 비경화강 평행핀의 호칭 방법이 옳게 표현된 것은?

① 평행핀 – 6×30 – m6–St
② 평행핀 – 6×30 – m6 – A1
③ 평행핀 – 6m6×30–St
④ 평행핀 – 6m6×30–A1

해설

명칭 또는 규격번호	–	지름(d)	공차	×	길이(ℓ)	–	재료
평행핀		6	m6	×	30	–	St

48 나사의 도시에 관한 내용 중 나사 각부를 표시하는 선의 종류가 틀린 것은?

① 수나사의 골지름과 암나사의 골 지름은 가는 실선으로 그린다.
② 가려서 보이지 않은 나사부는 파선으로 그린다.
③ 완전 나사부와 불완전 나사부의 경계는 가는 실선으로 그린다.
④ 수나사의 바깥지름과 암나사의 안지름은 굵은 실선으로 그린다.

해설

나사부와 불완전 나사부의 경계선은 굵은 실선으로 그린다.

49 용접부의 기호 도시 방법에 대한 설명 중 잘못된 것은?

① 용접부 도시를 위해서는 일반적으로 실선과 점선의 2개의 기준선을 사용한다.
② 기준선에서 경우에 따라 점선은 나타내지 않을 수도 있다.
③ 기준선은 우선적으로는 도면 아래 모서리에 평행하도록 표시하고, 여의치 않을 경우 수직으로 표시할 수도 있다.
④ 용접부가 접합부의 화살표 쪽에 있다면 용접 기호는 기준선의 점선 쪽에 표시한다.

해설

기준선의 점선 쪽에 표시하는 것은 화살표의 반대쪽면의 용접 기호이다.

50 다음 스퍼기어 요목표에서 ①의 잇수는?

스퍼기어 요목표	
기어치형	표준
치형	보통이
모듈	2
압력각	20°
잇수	①
피치원지름	∅100
다듬질 방법	호브절삭

① 5
② 20
③ 40
④ 50

해설

$$m = \frac{D}{z}$$

$$z = \frac{D}{m} = \frac{100}{2} = 50$$

51 스퍼기어 도시법에서 잇봉우리원을 나타내는 선의 종류는?

① 가는 실선
② 굵은 실선
③ 가는 1점 쇄선
④ 가는 2점 쇄선

해설

기어 도시법에서 이끝원(잇봉우리원)은 굵은 실선으로 도시한다.

52 다양한 형태를 가진 면 또는 홈에 의하여 회전운동 또는 왕복운동을 발생시키는 기구는?

① 캠
② 스프링
③ 베어링
④ 링크

해설

캠
특수한 모양을 가진 원동절에 회전운동 또는 직선운동을 주어 이것과 짝을 이루고 있는 종동절이 복잡한 왕복직선운동이나 왕복각운동 등을 하는 장치

53 나사의 호칭에 대한 표시 방법 중 틀린 것은?

① 미터사다리꼴나사 : R3/4
② 미터가는나사 : M8×1
③ 유니파이가는나사 : No.8-36UNF
④ 관용평행나사: G1/2

해설

• 미터사다리꼴나사 : Tr
• 테이퍼 수나사 : R3/4

48. ③ 49. ④ 50. ④ 51. ② 52. ① 53. ① **정답**

54 스프로킷 휠의 도시법에 대한 설명으로 틀린 것은?

① 바깥지름은 굵은 실선, 피치원은 가는 1점 쇄선으로 도시한다.

② 이뿌리원을 축에 직각인 방향에서 단면 도시할 경우에는 가는 실선으로 도시한다.

③ 이뿌리원은 가는 실선 또는 굵은 파선으로 도시하나 기입을 생략해도 좋다.

④ 항목표에는 원칙적으로 톱니의 특성을 나타내는 사항을 기입한다.

해설

스프로킷 휠의 도시법에서 이뿌리원

• 축에 직각인 방향에서 단면 도시할 경우에는 굵은 실선으로 도시한다.

• 단면 도시가 아닐 때 가는 실선으로 도시한다.

55 롤러베어링의 안지름 번호가 03일 때 안지름은 몇 mm인가?

① 15　　　　② 17

③ 3　　　　④ 12

해설

베어링 안지름 번호가 2자리

예) 62 00 ⇒ ⌀ 10

62 01 ⇒ ⌀ 12

62 02 ⇒ ⌀ 15

62 03 ⇒ ⌀ 17

62 04 ⇒ 04 × 5 = ⌀ 20

62 05 ⇒ 05 × 5 = ⌀ 25

⋮

62 08 ⇒ 08 × 5 = ⌀ 40

⋮

62 26 ⇒ 26 × 5 = ⌀ 130

⋮

62 96 ⇒ 96 × 5 = ⌀ 480

62/500 ⇒ ⌀ 500

⋮

• 안지름 치수가 500mm 이상인 경우 '/안지름 치수'를 안지름 번호로 사용한다.

• 62/22 ⇒ 베어링 안지름 번호 앞에 '/'가 있으면 '/' 바로 뒤에 있는 안지름 번호가 바로 안지름이 된다.

56 유체의 종류와 문자 기호를 연결한 것으로 틀린 것은?

① 공기 – A

② 연료 가스–G

③ 일반 물 – W

④ 증기–R

해설

파이프의 도시 기호에서 유체 종류 표시 기호

• 공기 : A(Air)

• 가스 : G(Gas)

• 오일 : O(Oil)

• 증기 : S(Steam)

• 물 : W(Water)

57 CAD 시스템의 입력장치로 볼 수 있는 것을 모두 고른 것은?

| ㉠ 태블릿 | ㉡ 플로터 |
| ㉢ 마우스 | ㉣ 라이트 펜 |

① ㉠, ㉡　　　　② ㉡, ㉢, ㉣

③ ㉢, ㉣　　　　④ ㉠, ㉢, ㉣

해설

• 입력장치 : 키보드, 마우스, 디지타이저와 태블릿, 조이스틱, 컨트롤 다이얼, 트랙볼, 라이트 펜

• 출력장치 : 디스플레이, 모니터, 플로터(도면용지에 출력), 프린터(잉크젯, 레이저), 하드카피장치, COM 장치

58 일반적으로 CAD 작업에서 사용되는 좌표계 또는 좌표의 표현 방식과 거리가 먼 것은?

① 원점좌표

② 절대좌표

③ 극좌표

④ 상대좌표

해설

CAD(2D) 작업에서 사용하는 좌표계

절대좌표, 상대좌표, (상대)극좌표

59 다음 자료의 표현단위 중 그 크기가 가장 큰 것은?

① bit(비트) ② byte(바이트)
③ record(레코드) ④ field(필드)

해설

자료의 표현 단위
① 비트(bit)
  • 2진수 한 자리(0 또는 1)를 표현
  • 정보 표현의 최소 단위
② 니블(Nibble)
  • 4개의 비트가 모여 1Nibble을 구성
  • 16진수 한 자리를 나타냄.
③ 바이트(Byte)
  • 8개의 비트가 모여 1Byte를 구성
④ 워드(Word)
  • 컴퓨터가 한 번에 처리할 수 있는 명령 단위
  • 하프워드 : 2Byte
  • 풀워드 : 4Byte
  • 더블워드 : 8Byte
⑤ 필드(Field)
  • 파일 구성의 최소 단위
⑥ 레코드(Record)
  • 1개 이상의 관련된 필드가 모여서 구성
⑦ 블록(Block)
  • 한 개 이상의 논리 레코드가 모여서 구성
⑧ 파일(file)
  • 같은 종류의 여러 레코드가 모여서 구성
⑨ 데이터베이스(Database)
  • 1개 이상의 관련된 파일의 집합

60 CAD에서 기하학적 현상을 나타내는 방법 중 선에 의해서만 3차원 형상을 표시하는 방법을 무엇이라고 하는가?

① shaded modeling
② line drawing modeling
③ cure modeling
④ wireframe modeling

해설

3차원의 기하학적 형상 표시 방법
• 와이어 프레임 모델링(wire frame modelling)
  ⇒ 선
• 서피스 모델링(surface modelling) ⇒ 면
• 솔리드 모델링(solid modelling) ⇒ 체적

01 공구 재료의 필요조건이 아닌 것은?

① 열처리가 쉬울 것
② 내마멸성이 작을 것
③ 강인성이 클 것
④ 고온 경도가 클 것

해설

공구 재료의 필요조건
• 고온경도, 내마모성, 강인성이 커야 한다.
• 절삭 가공 중 온도 상승에 따른 경도 감소되지 않아야 한다.
• 마찰계수가 작아야 한다.
• 열처리가 쉬워야 한다.
• 값이 저렴하고 구입이 용이해야 한다.

02 니켈강을 가공 후 공기 중에 방치하여도 담금질 효과를 나타내는 현상은 무엇인가?

① 질량 효과   ② 자경성
③ 시기 균열   ④ 가공 경화

해설

자경성(Self Hardening)
니켈, 크롬, 망간 등이 함유된 특수강에서 볼 수 있는 현상으로 담금질 온도에서 대기속에 방랭하는 것만으로도 마르텐자이트 조직이 생성되어 단단해지는 성질

03 구리 4%, 마그네슘 0.5%, 망간 0.5%, 나머지가 알루미늄인 고강도 알루미늄 합금은?

① 실루민   ② 두랄루민
③ 라우탈   ④ 로우엑스

해설

고강도 알루미늄 합금 종류
• 두랄루민 : Al+Cu+Mg+Mn의 합금으로 가벼워서 항공기나 자동차 등에 사용된다.

• 초두랄루민 : 아연이 다량으로 함유된 Al+Zn+Mg의 합금으로 주로 항공기용 재료로 사용된다.

04 주철의 성질을 가장 올바르게 설명한 것은?

① 탄소의 함유량이 2.0% 이하이다.
② 인장강도가 강에 비하여 크다.
③ 소성변형이 잘된다.
④ 주조성이 우수하다.

해설

주철의 성질
• 탄소함유량 : 2.11~6.68%
• 인장강도가 강에 비해 작다.
• 압축강도가 크다.
• 메짐성이 커서 고온에서 소성변형이 어렵다.
• 주조성(유동성)이 우수하여 복잡한 형상이 쉽게 주조된다.

05 킬드강에는 어떤 결함이 주로 생기는가?

① 편석 증가
② 내부에 기포
③ 외부에 기포
④ 상부 중앙에 수축공

해설

킬드강 결함
주괴 상부 중앙에 수축공이 만들어지는 결함 발생(완전 탈산강)

06 합금주철에서 0.2~1.5% 첨가로 흑연화를 방지하고 탄화물을 안정시키는 원소는 무엇인가?

① Cr   ② Ti
③ Ni   ④ Mo

정답   1. ②   2. ②   3. ②   4. ④   5. ④   6. ①

합금주철에서의 첨가 원소
• Cr : 흑연화 방지
• Ti : 강탈산제, 흑연화 촉진
• Ni : 흑연화 촉진
• Mo : 흑연화 다소 방지, 주물조직 균일화

07 내식용 Al 합금이 아닌 것은?

① 알민(Almin)
② 알드레이(Aldrey)
③ 하이드로날륨(hydronalium)
④ 코비탈륨(cobitalium)

해설

내식용 알루미늄 합금의 종류
• Al+Mn계(알민)
• Al+Mg계(하이드로날륨)
• Al+Mg+Si계(알드레이)

08 볼트와 볼트 구멍 사이에 틈새가 있어 전단 응력과 휨응력이 동시에 발생하는 현상을 방지하기 위한 가장 올바른 방법은?

① 와셔를 사용한다.
② 로크너트를 사용한다.
③ 멈춤나사를 사용한다.
④ 링이나 봉을 끼워 사용한다.

해설

볼트와 볼트 구멍 사이에 틈새가 있어 전단응력과 휨 응력 발생 방지 방법
• 링이나 봉을 끼워 사용한다.
• 테이퍼 볼트를 사용한다.
• 리머 볼트를 사용한다.

09 웜기어의 특징으로 가장 거리가 먼 것은?

① 큰 감속비를 얻을 수 있다.
② 중심거리에 오차가 있을 때는 마멸이 심하다.
③ 소음이 작고 역회전 방지를 할 수 있다.
④ 웜휠의 정밀측정이 쉽다.

해설

웜기어의 특징
• 감속비가 매우 크다.
• 역전방지 기능이 있다.
• 소음이 작다.
• 중심거리에 오차가 있을 때 마멸이 심하다.

10 나사의 용어 중 리드에 대한 설명으로 맞는 것은?

① 1회전 시 작용되는 토크
② 1회전 시 이동한 거리
③ 나사산과 나사산의 거리
④ 1회전 시 원주의 길이

해설

리드(Lead)
나사를 1회전했을 때, 축 방향으로 이동한 거리

11 한 변의 길이가 20mm인 정사각형 단면에 4KN의 압축하중이 작용할 때 내부에 발생하는 압축응력은 얼마인가?

① 10N/mm^2
② 20N/mm^2
③ 100N/mm^2
④ 200N/mm^2

해설

$$\sigma = \frac{P}{A} = \frac{4{,}000}{20 \times 20} = \frac{4{,}000}{400} = 10\text{N/mm}^2$$

12 축의 설계 시 고려해야 할 사항으로 거리가 먼 것은?

① 강도
② 제동장치
③ 부식
④ 변형

해설

축의 설계 시 고려할 사항
축의 강도, 피로 충격, 강도, 응력 집중 영향, 부식, 변형 등

13 3줄 나사에서 피치가 2mm일 때 나사를 6회전시키면 이동하는 거리는 몇 mm인가?

① 6 ② 12
③ 18 ④ 36

해설

$n=3$, $p=2$
$L=n \times p = 3 \times 2 = 6mm$ (1회전)
∴ 6회전 이동거리 ⇒ $6mm \times 6$회전 $= 36mm$

14 사용 기능에 따라 분류한 기계요소에서 직접전동 기계요소는?

① 마찰차 ② 로프
③ 체인 ④ 벨트

해설

직접전동 기계요소 : 기어, 마찰차

15 볼트의 머리와 중간재 사이 또는 너트와 중간재 사이에 사용하여 충격을 흡수하는 작용을 하는 것은?

① 스프링 와셔 ② 토션바
③ 벌류트 스프링 ④ 코일 스프링

해설

스프링 와셔 : 스프링 작용을 하는 와셔

16 연삭가공에서 결합제의 기호 중 틀린 것은?

① 비트리파이드 - V
② 금속결합제 - M
③ 셸락 - E
④ 레지노이드 - R

해설

연삭가공에서 연삿숫돌 결합제의 기호
• V : 비트리파이드 숫돌
• S : 실리케이트 숫돌
• 탄성숫돌 : E(셸락), R(고무), B(레지노이드), PVA(비닐)
• M : 금속질의 숫돌(다이아몬드 숫돌의 결합제로 사용)

17 방전가공에서 가공 전극의 구비조건으로 틀린 것은?

① 전기 저항이 크다.
② 전극의 소모가 크다.
③ 기계가공이 용이하다.
④ 가격이 저렴해야 한다.

해설

방전가공의 전극 재료
• 전기저항이 낮고 전기전도도 클 것
• 용융점이 높고 소모가 적을 것
• 정밀도가 높고 가공이 용이할 것
• 구하기 쉽고 가격이 저렴할 것

18 CNC 기계의 서보기구에서 피드백 회로가 없는 방식은?

① 반폐쇄 회로방식
  (semi-closed loop system)
② 폐쇄 회로방식(closed loop system)
③ 개방 회로방식(open loop system)
④ 하이브리드 서보방식
  (hybrid servo system)

해설

서보기구 중에서 피드백 회로가 없는 방식
개방 회로방식

19 원통연삭 작업에서 지름이 300mm인 연삭숫돌로 지름이 200mm인 공작물을 연삭할 때에 숫돌바퀴의 원주 속도는 1500m/min 이다. 이때 숫돌바퀴의 회전수는 약 몇 rpm인가?

① 1,492 ② 1,592
③ 1,692 ④ 1,792

해설

$$N = \frac{1,000v}{\pi d} = \frac{1,000 \times 1,500}{\pi \times 300}$$
$$= 1,592rpm$$

20 보링머신에서 이미 뚫은 구멍을 필요한 크기나 정밀한 치수로 넓히는 작업에 사용되는 공구는?

① 면판　　　　② 돌리개
③ 방진구　　　④ 보링 바

> **해설**
>
> **보링 바**
> 이미 뚫은 구멍을 필요한 크기나 정밀한 치수로 넓히는 작업에 사용되는 공구

21 호빙머신으로 가공할 수 없는 기어는?

① 웜기어
② 스퍼기어
③ 스파이럴 베벨기어
④ 헬리컬기어

> **해설**
>
> **스파이럴 베벨기어**
> 링 형상의 공구를 이용하며 글리이슨식 스파이럴 베벨기어 절삭기를 이용한다.

22 밀링머신의 부속장치가 아닌 것은?

① 아버　　　　② 에이프런
③ 슬로팅 장치　④ 회전 테이블

> **해설**
>
> **밀링머신의 부속장치**
> • 밀링바이스
> • 회전테이블
> • 슬로팅장치
> • 분할대
> • 밀링커터의 고정용구(아버, 어댑터, 콜릿)
> **선반의 부속장치**
> • 주축대
> • 심압대
> • 왕복대(새들, 에이프런, 공구대)
> • 베드
> • 방진구(가늘고 긴 공작물 가공 시 사용. 진동이나 자중, 휨으로 인한 변형을 방지하는 역할)

23 선반에서 일감이 1회전하는 동안 바이트가 길이 방향으로 이동하는 거리는?

① 회전력　　　② 주분력
③ 피치　　　　④ 이송

> **해설**
>
> **이송**
> 선반에서 공작물의 1회전마다 절삭 방향으로 절삭 공구를 이송하는 거리

24 절삭 저항의 크기를 측정하는 것은?

① 다이얼 게이지(dial gauge)
② 서피스 게이지(surface gauge)
③ 스트레인 게이지(strain gauge)
④ 게이지 블록(gauge block)

> **해설**
>
> 절삭저항의 크기 측정 ⇒ 스트레인 게이지

25 진원도 측정법이 아닌 것은?

① 지름법　　　② 수평법
③ 삼점법　　　④ 반지름법

> **해설**
>
> 진원도 측정법 ⇒ 지름법·반지름법·삼점법

26 다음 선의 종류 중 선의 굵기가 다른 것은?

① 해칭선　　　② 중심선
③ 치수 보조선　④ 특수 지정선

> **해설**
>
> • 가는선 : 치수선, 치수 보조선, 해칭선 등
> • 굵은선 : 특수 지정선

27 다음 중 자세공차에 속하지 않는 것은?

① //　　　　② ⊥
③ ▱　　　　④ ∠

---

20. ④ 21. ③ 22. ② 23. ④ 24. ③ 25. ② 26. ④ 27. ③　**정답**

자세공차
- 평행도 : //
- 직각도 : ⊥
- 경사도 : ∠

28 치수 보조 기호에서 이론적으로 정확한 치수를 나타내는 것은?

① 30 (박스)
② 30 (밑줄)
③ 30
④ (30)

- (치수) : 참고 치수 : 표시하지 않아도 될 치수
- Ø : 원의 지름(동전 모양)
- SØ : 구의 지름(공 모양)
- R : 원의 반지름
- SR : 구의 반지름
- □ : 정사각형의 한 변의 치수 수치 앞에 붙인다.
- 치수 (박스) : 이론적으로 정확한 치수(수정하면 안 됨.)
- 치수 (밑줄) : 치수 수치가 비례하지 않을 때(척도에 맞지 않을 때)
- C : 45° 모따기 기호
- t= : 재료의 두께

29 다음 제3각법으로 나타낸 정투상도 중 틀린 것은?

①
②
③
④

30 다음 도면과 같이 치수 25밑에 그은 선이 의미하는 것은?

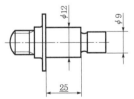

① 다듬질 치수
② 가공 치수
③ 기준치수
④ 비례하지 않는 치수

28번 문제 해설 참고

31 치수 기입의 원칙과 방법에 관한 설명으로 적합하지 않은 것은?

① 치수는 중복 기입을 피한다.
② 치수는 되도록 공정마다 배열을 분리하여 기입한다.
③ 치수는 되도록 계산하여 구할 필요가 없도록 기입한다.
④ 치수는 되도록 정면도, 평면도, 측면도 등에 분산시켜 기입한다.

치수는 되도록 정면도에 집중해서 기입한다.

32 표면 거칠기 기호 중 제거가공을 필요로 하는 경우 지시하는 기호로 맞는 것은?

① ∼
② ∀
③ ∜
④ √

∀ : 제거 가공을 필요로 하는 지시
√ : 제거 가공의 여부를 묻지 않을 때
∜ : 제거 가공을 해서는 안 됨을 지시

33 줄무늬 방향의 기호에서 가공에 의한 컷의 줄무늬가 여러 방향으로 교차 또는 무방향을 나타내는 것은?

① M
② C
③ R
④ X

줄무늬 방향 기호 6가지
- = : 평행
- ⊥ : 직각
- X : 두 방향 교차
- M : 여러 방향 교차 또는 무방향
- C : 동심원 모양
- R : 레이디얼 모양 또는 방사상 모양

34 재료 기호 SM10C에서 10을 바르게 설명한 것은?

① 탄소강 10번
② 주조품 1종
③ 인장강도 10kgf/mm2
④ 탄소 함유량 0.08~0.13%

해설
재료기호에서 C가 숫자 뒤에 있을 때는 숫자는 탄소함유량을 나타낸다고 기억하면 됨.

35 다음 투상도의 평면도로 가장 적합한 것은? (단, 제3각법으로 도시하였다.)

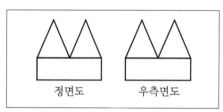

정면도　　우측면도

 ① 　　 ②

 ③ 　　 ④

36 구멍의 최소 치수가 축의 최대 치수보다 큰 경우이며, 항상 틈새가 생기는 끼워맞춤으로 직선운동이나 회전운동이 필요한 기계 부품의 조립에 적용하는 것은?

① 억지 끼워맞춤
② 중간 끼워맞춤
③ 헐거운 끼워맞춤
④ 구멍기준식 끼워맞춤

해설
• 항상 틈새 : 헐거운 끼워맞춤
• 항상 죔새 : 억지 끼워맞춤

37 다음은 제3각법으로 도시한 물체의 투상도이다. 이 투상법에 대한 설명으로 틀린 것은? (단, 화살표 방향은 정면도이다.)

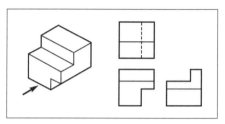

① 눈 → 투상면 → 물체의 순서로 놓고 투상한다.
② 평면도는 정면도 위에 배치된다.
③ 물체를 제 1면각에 놓고 투상하는 방법이다.
④ 배면도의 위치는 가장 오른쪽에 배열한다.

해설
제3각법은 제3면각에 놓고 투상하는 방법이다.

38 도면이 구비해야 할 기본 요건으로 가장 거리가 먼 것은?

① 대상물의 도형과 함께 필요로 하는 구조, 조립 상태, 치수, 가공 방법 등의 정보를 포함하여야 한다.
② 애매한 해석이 생기지 않도록 표현상 명확한 뜻을 가져야 한다.
③ 무역 및 기술의 국제교류의 입장에서 국제성을 가져야 한다.
④ 제품의 가격 정보를 항상 포함하여야 한다.

해설
도면의 구비 조건에서 가격 정보와는 관계가 없다.

39 길이 치수의 치수공차 표시 방법으로 틀린 것은?

① $50^{-0.05}_{0}$ 　　② $50^{+0.05}_{0}$

③ $50^{+0.05}_{+0.02}$ 　　④ 50 ± 0.05

치수공차 기입에서 위치수허용차는 아래치수허용차보다 항상 커야 한다.

40 구멍의 치수와 축의 치수가 다음과 같은 끼워맞춤에서 최대 죔새는?

| 구멍의 치수 : $\varnothing 50\ ^{+0.025}_{+0.005}$ |
| 축의 치수 : $\varnothing 50\ ^{+0.033}_{+0.017}$ |

① 0.008　　　　② 0.028
③ 0.042　　　　④ 0.050

• 억지 끼워맞춤(죔새) ⇒ 축 > 구멍
• 최대 죔새＝축(大) － 구멍(小)
　　　　　＝0.033－0.005＝0.028

41 그림과 같이 물체를 투상할 때 중심선 또는 절단선을 기준으로 그 앞부분을 잘라내고 남은 뒷부분의 단면 모양을 나타내는 것은?

① 한쪽단면도
② 회전도시단면도
③ 온단면도
④ 조합에 의한 단면도

온단면도(전단면도) ⇒ $\frac{1}{2}$ 절단

42 단면도를 나타낼 때 길이 방향으로 절단하여 도시할 수 있는 것은?

① 볼트　　　　② 기어의 이
③ 바퀴 암　　　④ 풀리의 보스

길이 방향으로 단면하지 않는 부품 ⇒ 축, 키, 볼트, 너트, 멈춤 나사, 와셔, 리벳, 강구, 원통롤러, 기어의 이, 휠의 암, 리브

43 기계제도 도면에 사용되는 척도의 설명이 틀린 것은?

① 한 도면에서 공통적으로 사용되는 척도는 표제란에 기입한다.
② 도면에 그려지는 길이와 대상물의 실제 길이와의 비율로 나타낸다.
③ 척도의 표시는 잘못 볼 염려가 없다고 하여도 반드시 기입하여야 한다.
④ 같은 도면에서 다른 척도를 사용할 때에는 필요에 따라 그림 부근에 기입한다.

척도는 반드시 기입하는 것은 아니다.

44 구(sphere)를 도시할 때 필요한 최소의 투상도 수는?

① 1개　　　　② 2개
③ 3개　　　　④ 4개

구는 삼각법으로 6면도의 투상도가 똑같기 때문에 투상도는 정면도 하나만 그린다.

45 되풀이 되는 도형을 도시할 때 적용하는 가상선의 종류는?

① 가는 2점 쇄선
② 가는 1점 쇄선
③ 가는 실선
④ 가는 파선

가는 2점 쇄선의 용도
• 인접 부분을 참고로 표시할 때
• 공구, 지그 등의 위치를 참고로 나타낼 때
• 되풀이 하는 것을 나타낼 때
• 가공 전 또는 후의 모양을 표시할 때
• 가동 부분을 이동 중의 특정한 위치 또는 이동한 계의 위치로 표시할 때
• 도시된 단면의 앞쪽에 있는 부분을 표시할 때

46 일반적으로 가장 널리 사용되며 축과 보스에 모두 홈을 가공하여 사용하는 키는?

① 접선키 ② 안장키
③ 묻힘키 ④ 원뿔키

- 접선키 : 축과 보스에 축의 접선 방향으로 홈을 파서 서로 반대의 테이퍼를 120° 간격으로 2개의 키를 조합하여 끼운다.
- 안장키(새들키) : 축은 절삭하지 않고 보스에만 홈을 판다.
- 원뿔키 : 특수키의 일종으로 원뿔형으로 된 것으로 축과 보스에 홈을 파지 않고 보스 구멍을 원뿔 모양으로 만들고 세 개로 분할된 원뿔통형의 키를 때려 박아 마찰만으로 회전력을 전달한다. 비교적 큰 힘에 견딘다.

47 다음 중 복렬 앵귤러 콘택트 고정형 볼베어링의 도시 기호는?

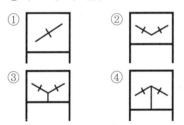

해설

문제 보기 풀이
① 단렬 앵귤러 볼 베어링
② 복렬 앵귤러 볼 베어링

48 미터나사 M50×2의 설명으로 맞는 것은?

① 호칭지름이 50mm이며, 나사 등급이 2급이다.
② 호칭지름이 50mm이며, 나사 피치가 2mm이다.
③ 유효지름이 50mm이며, 나사 등급이 2급이다.
④ 유효지름이 50mm이며, 나사 피치가 2mm이다.

해설

나사의 호칭 : M50 × 2
- M : 나사의 종류(미터 나사)
- 50 : 호칭지름
- 2 : 나사의 피치

49 유체를 한 방향으로 흐르게 하기 위해 역류를 방지하는데 사용되는 체크 밸브의 도시 기호는?

해설

문제의 보기 기호 설명
① 체크 밸브
② 안전 밸브
③ 글로벌 밸브
④ 게이트 밸브

50 다음 중 평 벨트장치의 도시 방법에 관한 설명으로 틀린 것은?

① 암은 길이 방향으로 절단하여 도시하는 것이 좋다.
② 벨트 풀리와 같이 대칭형인 것은 그 일부만을 도시할 수 있다.
③ 암과 같은 방사형의 것은 회전도시단면도로 나타낼 수 있다.
④ 벨트 풀리는 축직각 방향의 투상을 주 투상도로 할 수 있다.

해설

- 암은 길이 방향으로 도시하지 않는다.
- 길이 방향으로 단면하지 않는 부품
  ⇒ 축, 키, 볼트, 너트, 멈춤 나사, 와셔, 리벳, 강구, 원통롤러, 기어의 이, 휠의 암, 리브

51 나사를 도면에 그리는 방법에 대한 설명으로 틀린 것은?

① 나사의 골 밑은 가는 실선으로 나타낸다.
② 나사의 감긴 방향이 오른쪽이면 도면에 별도 표기할 필요가 없다.
③ 수나사와 암나사가 결합되어 있는 나사를 그릴 때에는 암나사 위주로 그린다.
④ 나사의 불완전 나사부는 필요한 경우 중심축선으로부터 경사 가는 실선으로 표시한다.

해설

나사 도시법
① 나사의 골지름은 가는 실선으로 나타낸다.
② 나사의 감긴 방향이 오른나사가 기본이며 오른나사는 표기를 생략하고 왼나사는 왼, L, 좌로 표시한다.
③ 수나사와 암나사 중 대표나사는 수나사이므로 결합 시에는 수나사 위주로 나사를 그린다.
④ 나사의 불완전 나사부는 필요한 경우 중심선으로부터 경사($30°$)로 가는 실선으로 그린다.

52 축을 제도할 때 도시 방법의 설명으로 맞는 것은?

① 축에 단이 있는 경우는 치수를 생략한다.
② 축은 길이 방향으로 전체를 단면하여 도시한다.
③ 축 끝에 모떼기는 치수는 생략하고 기호만 기입한다.
④ 단면 모양이 같은 긴 축은 중간을 파단하여 짧게 그릴 수 있다.

해설

축의 도시법
① 축에 단이 있는 경우는 반드시 치수를 기입한다.
② 축은 원칙적으로 길이 방향으로 전체를 절단하지 않고 키홈 등을 단면을 도시할 필요가 있을 때는 부분단면도로 도시한다.
③ 축의 끝부분에 모따기를 기호와 치수를 기입한다. (조립을 쉽고 정확하게 하기 위하여)
④ 축의 길이가 긴축은 중간을 파단하여 짧게 그리며 이때의 축의 치수는 원래(실제) 치수를 기입한다.

53 기어의 도시 방법에 대한 설명 중 틀린 것은?

① 기어 소재를 제작하는데 필요한 치수를 기입한다.
② 잇봉우리원은 굵은 실선, 피치원은 가는 1점 쇄선으로 그린다.
③ 헬리컬기어를 도시할 때 잇줄 방향은 보통 3개의 가는 실선으로 그린다.
④ 맞물리는 한 쌍의 기어에서 잇봉우리원은 가는 1점 쇄선으로 그린다.

해설

맞물리는 한 쌍의 기어에서도 이끝원(잇봉우리원)은 굵은 실선(외형선)으로 그린다.

54 다음 중 캠을 평면 캠과 입체 캠으로 구분할 때 입체 캠의 종류로 틀린 것은?

① 원통 캠   ② 삼각 캠
③ 원뿔 캠   ④ 빗판 캠

해설

• 평면 캠 : 판 캠, 직선운동 캠, 정면 캠, 삼각 캠
• 입체 캠 : 원통 캠, 원추 캠, 구면(구형) 캠, 빗판 캠 (경사판 캠)

55 모듈 2인 한 쌍의 스퍼기어가 맞물려 있을 때에 각각의 잇수를 20개와 30개라고 하면, 두 기어의 중심거리는?

① 20   ② 30
③ 50   ④ 100

해설

$m = \dfrac{D}{z}$ (m : 모듈, z : 잇수, D : 피치원 지름)

$D = m \times z$

$D_1 = 2 \times 20 = 40$

$D_2 = 2 \times 30 = 60$

$\therefore$ 중심거리 $= \dfrac{D_1 + D_2}{2} = \dfrac{40 + 60}{2} = 50$

또는 중심거리 $= \dfrac{(Z_1 + Z_2) \cdot m}{2} = \dfrac{(20 + 30) \times 2}{2} = 50$

56 그림과 같이 한쪽 면을 용접하려고 할 때 용접 기호로 옳은 것은?

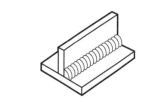

①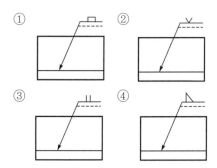
②
③
④

57 공간상에 구성되어 있는 하나의 점을 표현하는 방법으로서 기준점을 중심으로 2개의 각도 데이터와 1개의 길이 데이터로 해당 점의 좌표를 나타내는 좌표계는?

① 직교좌표계　　② 상대좌표계
③ 원통좌표계　　④ 구면좌표계

58 일반적으로 CAD에서 사용하는 3차원 형상 모델링이 아닌 것은?

① 솔리드 모델링(solid modeling)
② 시스템 모델링(system modeling)
③ 서피스 모델링(surface modeling)
④ 와이어 프레임 모델링(wire frame mo-deling)

59 컴퓨터가 기억하는 정보의 최소 단위는?

① bit　　　　② record
③ byte　　　④ field

60 다음 CAD 시스템에서 사용하는 장치 중 그 성질이 다른 하나는 무엇인가?

① 마우스　　　② 트랙볼
③ 플로터　　　④ 라이트 펜

01 가단주철의 종류에 해당하지 않는 것은?

① 흑심 가단주철
② 백심 가단주철
③ 오스테나이트 가단주철
④ 펄라이트 가단주철

> **해설**
>
> **가단주철의 종류**
> • 흑심 가단주철
> • 백심 가단주철
> • 펄라이트 가단주철

02 비자성체로서 Cr과 Ni을 함유하며 일반적으로 18–8 스테인리스강이라 부르는 것은?

① 페라이트계 스테인리스강
② 오스테나이트계 스테인리스강
③ 마르텐자이트계 스테인리스강
④ 펄라이트계 스테인리스강

> **해설**
>
> **오스테나이트계 스테인리스강(18–8 스테인리스강)**
> Cr(12~20%)을 중심으로 니켈(8~16%)이 필요에 따라 함유되는 합금강으로 가공성과 용접성이 좋다.

03 8~12% Sn에 1~2% Zn의 구리합금으로 밸브, 콕, 기어, 베어링, 부시 등에 사용되는 합금은?

① 코르손 합금   ② 베릴륨 합금
③ 포금   ④ 규소 청동

> **해설**
>
> **포금(gun metal)**
> • Sn(8~12%) + Zn(1~2%)
> • 내해수성이 좋고 수압, 증기압에도 잘 견디어 선박용 재료 사용

04 주철의 여러 성질을 개선하기 위하여 합금 주철에 첨가하는 특수원소 중 크롬(Cr)이 미치는 영향이 아닌 것은?

① 경도를 증가시킨다.
② 흑연화를 촉진시킨다.
③ 탄화물을 안정시킨다.
④ 내열성과 내식성을 향상시킨다.

> **해설**
>
> **Cr의 영향**
> • 흑연화 방지
> • 탄화물을 안정화시킴
> • 내식성과 내열성 증대
> • 경도 증가

05 다이캐스팅 알루미늄 합금으로 요구되는 성질 중 틀린 것은?

① 유동성이 좋을 것
② 금형에 대한 점착성이 좋을 것
③ 열간 취성이 적을 것
④ 응고수축에 대한 용탕 보급성이 좋을 것

> **해설**
>
> 금형에 대한 점착성이 없을 것(∵ 금형에 너무 잘 부착되면 금형에서 분리가 힘들어지므로)

06 탄소강의 경도를 높이기 위하여 실시하는 열처리는?

① 불림   ② 풀림
③ 담금질   ④ 뜨임

> **해설**
>
> 담금질 ⇒ 경화, 뜨임 ⇒ 인성, 풀림 ⇒ 연화, 불림 ⇒ 표준화

정답 1. ③ 2. ② 3. ③ 4. ② 5. ② 6. ③

07 고용체에서 공간격자의 종류가 아닌 것은?

① 치환형 ② 침입형
③ 규칙 격자형 ④ 면심 입방 격자형

해설

- 침입형 고용체(Fe-C) : 어떤 성분 금속의 결정 격자 중에 다른 원자가 침입한 것이다.
- 치환형 고용체(Ag-Cu, Cu-Zn) : 어떤 성분 금속의 원자가 다른 성분 금속의 결정격자의 원자의 위치가 바뀐 형식의 고용체이다.
- 규칙 격자형 고용체 : 고용체 내에서 원자가 어떤 규칙성을 가지고 배열된 경우 이다.

08 브레이크 드럼에서 브레이크 블록에 수직으로 밀어 붙이는 힘이 1,000N이고 마찰계수가 0.45일 때 드럼의 접선 방향 제동력은 몇 N인가?

① 150 ② 250
③ 350 ④ 450

해설

$F= \mu N=0.45 \times 1000=450N$

09 지름 $D_1 = 200mm$, $D_2 = 300mm$의 외접 마찰차에서 그 중심거리는 몇 mm인가?

① 50 ② 100
③ 125 ④ 250

해설

중심거리 $= \dfrac{D_1 + D_2}{2} = \dfrac{200+300}{2} = \dfrac{500}{2} = 250mm$

10 기어 전동의 특징에 대한 설명으로 가장 거리가 먼 것은?

① 큰 동력을 전달한다.
② 큰 감속을 할 수 있다.
③ 넓은 설치장소가 필요하다.
④ 소음과 진동이 발생한다.

해설

기어전동의 특징
- 전동효율이 높고 감속비가 크다.
- 강력한 동력을 일정한 속도비로 전달할 수 있다.
- 공작기계, 시계, 자동차, 항공기 등 적용범위가 넓다.
- 충격에 약하고, 소음 진동이 발생한다.

11 미터나사에 관한 설명으로 틀린 것은?

① 기호는 M으로 표기한다.
② 나사산의 각도는 55°이다.
③ 나사의 지름 및 피치를 mm로 표시한다.
④ 부품의 결합 및 위치의 조정 등에 사용된다.

해설

미터나사의 나사산의 각도는 60°이다.

12 평벨트의 이음 방법 중 효율이 가장 높은 것은?

① 이음쇠이음 ② 가죽끈이음
③ 관자볼트이음 ④ 접착제이음

해설

평벨트의 이음 방법 중 접착제이음이 가장 효율이 높다.

13 축 방향으로 인장하중만을 받는 수나사의 바깥지름(d)과 볼트 재료의 허용인장응력(σa) 및 인장하중(W)과의 관계가 옳은 것은?

① $d = \sqrt{\dfrac{2W}{\sigma_a}}$ ② $d = \sqrt{\dfrac{3W}{8\sigma_a}}$

③ $d = \sqrt{\dfrac{8W}{3\sigma_a}}$ ④ $d = \sqrt{\dfrac{10W}{3\sigma_a}}$

해설

축 방향으로만 인장하중을 받을 경우 나사 설계 공식
$d= \sqrt{\dfrac{2W}{\sigma_a}}$

---

7. ④ 8. ④ 9. ④ 10. ③ 11. ② 12. ④ 13. ① 　정답

14 전단하중에 대한 설명으로 옳은 것은?

① 재료를 축 방향으로 잡아당기도록 작용하는 하중이다.

② 재료를 축 방향으로 누르도록 작용하는 하중이다.

③ 재료를 가로 방향으로 자르도록 작용하는 하중이다.

④ 재료가 비틀어지도록 작용하는 하중이다.

① 인장하중, ② 압축하중, ③ 전단하중, ④ 비틀림하중

15 베어링 호칭 번호가 6205인 레이디얼 볼베어링의 안지름은?

① 5mm   ② 25mm

③ 62mm   ④ 205mm

베어링 번호가 4자리이므로 안지름(축지름)

$05 \Rightarrow 05 \times 5 = \varnothing\, 25$

16 지름이 30mm인 연강을 선반에서 절삭할 때, 주축을 200rpm으로 회전시키면 절삭속도는 몇 m/min인가?

① 10.54   ② 15.48

③ 18.85   ④ 21.54

절삭 속도$(V) = \dfrac{\pi dN}{1,000} = \dfrac{\pi \times 30 \times 200}{1,000}$

$\fallingdotseq 18.85 \text{m/min}$

17 여러 개의 절삭 날을 일직선상에 배치한 절삭공구를 사용하여 1회의 통과로 구멍의 내면을 가공하는 공작기계는?

① 셰이퍼   ② 슬로터

③ 브로칭머신   ④ 플레이너

브로칭머신

일감의 내면이나 외면을 1회 통과시켜 가공하는 공작기계로 대량 생산에 적합하다.

18 밀링머신의 일반적인 크기 표시는?

① 밀링머신의 최고 회전수로 한다.

② 밀링머신의 높이로 한다.

③ 테이블의 이송거리로 한다.

④ 깎을 수 있는 공작물의 최대 길이로 한다.

밀링머신의 크기를 표시하는 방법은 테이블의 이송거리(전후, 좌우, 상하의 최대 이송거리)로 나타내며 크기에 따라 번호로 나타낸다.

19 정밀 보링머신의 특성에 대한 설명으로 틀린 것은?

① 고속회전 및 정밀한 이송기구를 갖추고 있다.

② 다이아몬드 또는 초경합금 공구를 사용한다.

③ 진직도는 높으나 진원도는 낮다.

④ 실린더나 베어링면 등을 가공한다.

정밀 보링머신은 진원도와 진직도가 높은 제품을 가공한다.

20 드릴 가공 방법에서 구멍에 암나사를 가공하는 작업은?

① 다이스 작업   ② 탭핑 작업

③ 리밍 작업   ④ 보링 작업

• 탭핑 : 암나사가공

• 다이스 작업 : 수나사가공

21 연삭숫돌에는 눈메움이나 무딤현상이 발생하였을 때 숫돌을 수정하는 작업은?

① 래핑   ② 드레싱
③ 글레이징   ④ 덮개 설치

해설

드레싱
숫돌바퀴에 눈메움이나 무딤이 일어나면 연삭 상태가 나빠지므로 숫돌바퀴의 표면에서 이런 현상을 제거하는 작업

22 선반가공에서 가공면의 미끄러짐을 방지하기 위하여 요철 형태로 가공하는 것은?

① 내경 절삭가공   ② 외경 절삭가공
③ 널링가공   ④ 보링가공

해설

널링가공
공구나 기계류의 손잡이 부분에 미끄럽지 않도록 우툴두툴한 자국을 내는 가공법을 말한다.

23 선반 작업 중에 지켜야 할 안전사항이 아닌 것은?

① 긴 공작물을 가공할 때는 안전장치를 설치 후 가공한다.
② 가공물이 긴 경우 심압대로 지지하고 가공한다.
③ 드릴 작업 시 시작과 끝은 이송을 천천히 한다.
④ 전기배선의 절연 상태를 점검한다.

해설

전기배선의 절연상태 점검은 가동하기 전에 점검한다.

24 구성인선의 방지 대책 중 틀린 것은?

① 윤활성이 좋은 절삭 유제를 사용한다.
② 공구의 윗면 경사각을 크게 한다.
③ 절삭 깊이를 크게 한다.
④ 고속으로 절삭한다.

해설

구성인선 방지대책
• 공구의 윗면 경사각을 크게 한다(30° 이상).
• 절삭 속도를 크게 한다(120m/min 이상).
• 절삭 깊이를 작게 한다.
• 공구의 인선은 (절삭날을) 예리하게 한다.
• 칩과 바이트 사이에 윤활성이 좋은 윤활제를 사용한다.
• 절삭유를 사용할 것
• 초경합금 공구를 사용할 것

25 전기도금과는 반대로 일감을 양극으로 하여 전기에 의한 화학적 용해작용을 이용하고 가공물의 표면을 다듬질하여 광택이 나게 하는 가공법은?

① 기계연마
② 전해연마
③ 초음파가공
④ 방전가공

해설

• 초음파가공 : 공구와 공작물 사이에 연삭입자와 가공액을 주입하고 공구에 초음파 진동을 주어 전기적 양도체나 부도체의 여부에 관계없이 정밀한 가공을 하는 방법
• 방전가공 : 전기의 양극과 음극이 부딪칠 때 일어나는 스파크로 가공하는 방법

26 다음 도면에서 표현된 단면도로 맞는 것은?

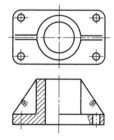

① 전단면도, 한쪽단면도, 부분단면도
② 한쪽단면도, 부분단면도, 회전도시단면도
③ 부분단면도, 회전도시단면도, 계단단면도
④ 전단면도, 한쪽단면도, 회전도시단면도

21. ②   22. ③   23. ④   24. ③   25. ②   26. ②   정답

㉠ 회전도시단면
㉡ 부분단면
㉢ 한쪽단면도 ⇒ 전체 도면의 중심선을 기준으로 왼쪽은 단면도 오른쪽은 외형도

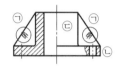

27 정투상도 1각법과 3각법을 비교 설명한 것으로 틀린 것은?

① 3각법에서는 저면도는 정면도의 아래에 나타낸다.
② 1각법은 평면도를 정면도의 바로 아래에 나타낸다.
③ 1각법에서는 정면도 아래에서 본 저면도를 정면도 아래에 나타낸다.
④ 3각법에서 측면도는 오른쪽에서 본 것을 정면도의 오른쪽에 나타낸다.

제1각법의 배치

	저면도		
우측면도	정면도	좌측면도	배면도
	평면도		

28 다음 투상도는 제3각법으로 투상한 것이다. 이 물체의 등각투상도로 맞는 것은?

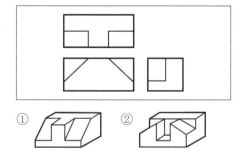

③  ④

29 치수 배치 방법 중 치수공차가 누적되어도 좋은 경우에 사용하는 방법은?

① 누진 치수 기입법
② 직렬 치수 기입법
③ 병렬 치수 기입법
④ 좌표 치수 기입법

• 병렬치수기입 : 한 곳을 중심으로 치수를 기입하는 방법으로 각각의 차수공차는 다른 치수의 공차에 영향을 주지 않는다.
• 누진치수기입 : 병렬치수기입과 완전히 동등한 의미를 가지면서 한 개의 연속된 치수선으로 간편하게 표시된다.
• 좌표치수기입 : 프레스 금형설계와 사출금형 설계에서 많이 사용하는 방법이다.

30 여러 각도로 기울여진 면의 치수를 기입할 때 일반적으로 잘못 기입된 치수는?

① Ⓐ
② Ⓑ
③ Ⓒ
④ Ⓓ

치수 기입에서 숫자의 방향을 잘 확인한다.
(1사분면~4사분면을 구분하여 익힌다.)

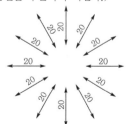

31 ∅50H7의 구멍에 억지 끼워맞춤이 되는 축의 끼워맞춤 공차 기호는?

① ∅50js6　　② ∅50f6
③ ∅50g6　　④ ∅50p6

억지 끼워맞춤(=죔새) : z에 가까울수록 죔새가 커진다.
∴ 헐거운 끼워맞춤 : a~g
　중간 끼워맞춤 : h~n
　억지 끼워맞춤 : p~z

32 대상 면을 지시하는 기호 중 제거가공을 허락하지 않는 것을 지시하는 것은?

① ②

③ ④ M

∇ : 제거 가공을 필요로 하는 지시
∨ : 제거 가공의 여부를 묻지 않을 때
∇ : 제거 가공을 해서는 안 됨을 지시

33 스케치도를 작성할 필요가 없는 경우는?

① 제품 제작을 위해 도면을 복사할 경우
② 도면이 없는 부품을 제작하고자 할 경우
③ 도면이 없는 부품이 파손되어 수리 제작 할 경우
④ 현품을 기준으로 개선된 부품을 고안하려 할 경우

스케치도가 필요한 경우
• 도면이 없는 부품을 제작하고자 할 경우
• 도면이 없는 부품이 파손되어 수리 제작할 경우
• 현품을 기준으로 개선된 부품을 고안하려 할 경우

34 기하공차의 기호 중 진원도를 나타낸 것은?

① ○　　② ◎
③ ⊕　　④ ⌀

단독형체 모양공차 6가지
• 진원도공차 : ○
• 원통도공차 : ⌀
• 진직도공차 : ▬
• 평면도공차 : ▱
• 선의 윤곽도 : ⌒
• 면의 윤곽도 : ⌒

35 도면에 기입된 공차도시에 관한 설명으로 틀린 것은?

∥	0.050	A
	0.011/200	

① 전체 길이는 200mm이다.
② 공차의 종류는 평행도를 나타낸다.
③ 지정 길이에 대한 허용 값은 0.011이다.
④ 전체 길이에 대한 허용 값은 0.050이다.

∥	0.050	A	⇒
	0.011/200		

평행도	형체의 전체 공차값	데이텀
	지정 길이의 공차값/지정 길이	

36 다음 중 억지 끼워맞춤 또는 중간 끼워맞춤에서 최대 죔새를 나타내는 것은?

① 구멍의 최대 허용 치수 – 축의 최소 허용 치수
② 구멍의 최대 허용 치수 – 축의 최대 허용 치수
③ 축의 최소 허용 치수 – 구멍의 최소 허용 치수
④ 축의 최대 허용 치수 – 구멍의 최소 허용 치수

• 억지 끼워맞춤(죔새) ⇒ 축 > 구멍=축 – 구멍
• 최대 죔새=축(大) – 구멍(小)

37 치수 기입의 일반적인 원칙에 대한 설명으로 틀린 것은?

① 치수는 되도록 공정마다 배열을 분리하여 기입할 수 있다.
② 관계된 치수를 명확히 나타내기 위해 치수를 중복하여 나타낼 수 있다.
③ 대상물의 기능, 제작, 조립 등을 고려하여 필요하다고 생각되는 치수를 명료하게 도면에 지시한다.
④ 도면에 나타내는 치수는 특별히 명시하지 않는 한 그 도면에 도시한 대상물의 다듬질 치수를 도시한다.

해설
치수 기입은 중복 기입을 피한다.

38 보조투상도의 설명 중 가장 옳은 것은?

① 복잡한 물체를 절단하여 그린 투상도
② 그림의 특정 부분만을 확대하여 그린 투상도
③ 물체의 경사면에 대향하는 위치에 그린 투상도
④ 물체의 홈, 구멍 등 투상도의 일부를 나타낸 투상도

해설
① 단면도
② 부분확대도
③ 보조투상도
④ 국부투상도

39 가공에 의한 커터의 줄무늬 방향이 다음과 같이 생길 경우 올바른 줄무늬 방향 기호는?

① C   ② M
③ R   ④ X

해설
줄무늬 방향 기호 6가지
• = : 평행
• ⊥ : 직각
• X : 두 방향 교차
• M : 여러 방향 교차 또는 무방향
• C : 동심원 모양
• R : 레이디얼 모양 또는 방사상 모양

40 다음 중 물체의 이동 후의 위치를 가상하여 나타내는 선은?

① ────────────
② ─ ─ ─ ─ ─ ─ ─ ─
③ ─·─·─·─·─·─·─
④ ─··─··─··─··─

해설
가는 2점 쇄선(가상선)
• 인접 부분을 참고로 표시할 때
• 공구, 지그 등의 위치를 참고로 나타낼 때
• 가동 부분을 이동 중의 특정한 위치 또는 이동한계의 위치로 표시할 때
• 가공 전 또는 후의 모양을 표시할 때
• 되풀이 하는 것을 나타낼 때

41 2개면이 교차 부분을 표시할 때 'R1=2×R2'인 평면도의 모양으로 가장 적합한 것은?

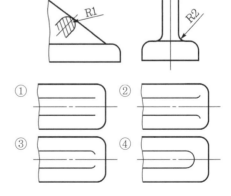

해설

① R1 = R2

② R1 < R2

③ R1 > R2

42 도면의 양식 중에서 반드시 마련해야 하는 사항이 아닌 것은?

① 표제란　　　② 중심마크

③ 윤곽선　　　④ 비교눈금

해설

도면에서 반드시 마련해야 할 3가지 양식

① 윤곽선

② 중심마크

③ 표제란

43 입체도에서 정투상도의 정면도로 옳은 것은?

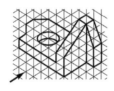

해설

화살표 방향에서 본 투상도 그리기

44 도면이 구비하여야 할 요건이 아닌 것은?

① 국제성이 있어야 한다.

② 적합성, 보편성을 가져야 한다.

③ 표현상 명확한 뜻을 가져야 한다.

④ 가격, 유통체제 등의 정보를 포함하여야 한다.

해설

도면이 구비해야 할 요건

• 보는 사람이 이해하기 쉬운 도면이어야 한다.

• 애매한 해석이 생기지 않도록 표현상 명확한 뜻을 가져야 한다.

• 표면 정도, 재질, 가공 방법 등의 정보성을 포함한 도면이어야 한다.

• 대상물의 도형과 함께 필요한 구조, 조립 상태, 치수, 가공법, 크기, 모양, 자세, 위치 등의 정보를 포함하여야 한다.

• 무역 및 기술의 국제 교류의 입장에서 국제성을 가져야 한다.

45 파선의 용도 설명으로 맞는 것은?

① 치수를 기입하는데 사용된다.

② 도형의 중심을 표시하는데 사용된다.

③ 대상물의 보이지 않는 부분의 모양을 표시한다.

④ 대상물의 일부를 파단한 경계 또는 일부를 떼어낼 경계를 표시한다.

해설

파선(숨은선) : 대상물이 보이지 않는 부분 표시

46 축에 빗줄로 널링(knurling)이 있는 부분의 도시 방법으로 가장 올바른 것은?

① 널링부 전체를 축선에 대하여 45°로 엇갈리게 동일한 간격으로 그린다.

② 널링부 일부분만 축선에 대하여 45°로 엇갈리게 동일한 간격으로 그린다.

③ 널링부 전체를 축선에 대하여 30°로 동일한 간격으로 엇갈리게 그린다.

④ 널링부 일부분만 축선에 대하여 30°로 엇갈리게 동일한 간격으로 그린다.

해설

• **널링가공(선반가공)** : 30°로 축선에 대해 엇갈리게 동일 간격으로 일부분만 도시한다.

47 스프로킷 휠의 도시 방법에 대한 설명 중 옳은 것은?

① 스프로킷의 이끝원은 가는 실선으로 그린다.

② 스프로킷의 피치원은 가는 2점 쇄선으로 그린다.

③ 스프로킷의 이뿌리원은 가는 실선으로 그린다.

④ 축의 직각 방향에서 단면을 도시할 때 이뿌리선은 가는 실선으로 그린다.

해설

스프로킷 휠의 도시 방법

① 스프로킷의 바깥지름(이끝원)은 굵은 실선으로 그린다.

② 스프로킷의 피치원은 가는 1점 쇄선으로 그린다.

③ 스프로킷의 이뿌리원은 가는 실선 또는 굵은 파선으로 그린다(이뿌리원은 생략 가능).

④ 축에 직각 방향에서 본 그림을 단면으로 도시할 때에는 톱니를 단면으로 표시하지 않고 이뿌리선을 굵은 실선으로 그린다.

48 다음 중 평면 캠의 종류가 아닌 것은?

① 판 캠　　　　　② 정면 캠

③ 구형 캠　　　　④ 직선운동 캠

해설

• 평면 캠 : 판 캠, 직선운동 캠, 정면 캠, 삼각 캠
• 입체 캠 : 원통 캠, 원추 캠, 구면(구형) 캠, 빗판 캠 (경사판 캠)

49 운전 중 결합을 끊을 수 없는 영구적인 축이음을 다음 단어 중에서 모두 고른 것은?

> 커플링, 유니버설 조인트, 클러치

① 커플링, 유니버설 조인트

② 커플링, 클러치

③ 유니버설 조인트, 클러치

④ 커플링, 유니버설 조인트, 클러치

해설

• 영구적 이음으로 운전 중에 두 축을 분리할 수 없음. ⇒ 커플링(올덤 커플링, 유니버설 커플링, 플랜지 커플링, 플렉시블 커플링)
• 운전 중에 수시로 원동축의 회전운동을 종동축에 연결했다 끊었다를 반복함. ⇒ 클러치

50 미터사다리꼴나사 [Tr40×7 LH]에서 LH가 뜻하는 것은?

① 피치　　　　　② 나사의 등급

③ 리드　　　　　④ 왼나사

해설

Tr40×7 LH : 호칭지름이 40mm, 피치가 7mm, LH는 왼나사를 나타냄.

51 볼트의 골 지름을 제도할 때 사용하는 선의 종류로 옳은 것은?

① 굵은 실선　　　② 가는 실선

③ 숨은선　　　　④ 가는 2점 쇄선

해설

$$나사 \begin{cases} 수나사 \begin{cases} 바깥지름 : 굵은\ 실선 \\ 골지름 : 가는\ 실선 \end{cases} \\ 암나사 \begin{cases} 안지름 : 굵은\ 실선 \\ 골지름 : 가는\ 실선 \end{cases} \end{cases}$$

52 스퍼기어 표준 치형에서 맞물림 기어의 피니언 잇수가 16, 기어 잇수가 44일 때 축 중심간 거리로 옳은 것은? (단, 모듈이 5이다.)

① 120mm　　　　② 150mm

③ 200mm　　　　④ 300mm

해설

축 중심간 거리 $C = \dfrac{(Z_1 + Z_2) \cdot m}{2}$

$= \dfrac{(16+44) \times 5}{2} = 150mm$

53 테이퍼 핀 1급 4×30 SM50C의 설명으로 맞는 것은?

① 테이퍼 핀으로 호칭지름이 4mm, 길이가 30mm, 재료가 SM50C이다.

② 테이퍼 핀으로 최대 지름이 4mm, 길이가 30mm, 재료가 SM50C이다.

③ 테이퍼 핀으로 평균 지름이 4mm, 길이가 30mm, 재료가 SM50C이다.

④ 테이퍼 핀으로 구멍의 지름이 4mm, 길이가 30mm, 재료가 SM50C이다.

테이퍼 핀은 작은 쪽의 지름이 호칭지름이 된다.

명칭	호칭
테이퍼 핀	명칭, 등급, 호칭지름×길이, 재료
슬롯 테이퍼 핀	명칭, 호칭지름×길이, 재료, 지정사항
분할 핀	명칭, 호칭지름×길이, 재료, 지정사항

54 배관을 도시할 때 관의 접속 상태에서 '접속하고 있을 때 – 분기 상태'를 도시하는 방법으로 옳은 것은?

파이프 접속 도시 방법

• 접속하고 있을 때 ⇒ ┼(교차상태), ┷(분기 상태)

• 접속하고 있지 않을 때 ⇒ ┼ ┼ ┴

55 축에 작용하는 하중의 방향이 축 직각 방향과 축 방향에 동시에 작용하는 곳에 가장 적합한 베어링은?

① 니들 롤러베어링

② 레이디얼 볼베어링

③ 스러스트 볼베어링

④ 테이퍼 롤러베어링

• 니들 롤러베어링, 레이디얼 볼베어링 ⇒ 축에 작용하는 하중이 축의 직각 방향으로 작용

• 스러스트 볼베어링 ⇒ 축에 작용하는 하중이 축의 방향과 평행할 때

• 테이퍼 롤러베어링 : 롤러가 테이퍼 형상을 가진 것으로 축에 작용하는 하중의 방향이 축 직각방향과 축 방향의 힘이 동시에 작용하는 곳에 사용

56 다음 그림과 같은 점용접을 용접 기호로 바르게 나타낸 것은?

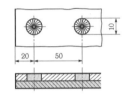

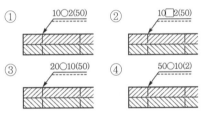

점용접 기호 표시

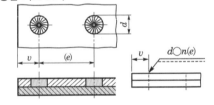

57 서피스(surface) 모델링에서 곡면을 절단하였을 때 나타나는 요소는?

① 곡선　　② 곡면

③ 점　　　④ 면

3차원의 기하학적 형상 모델링의 절단하였을 때 나타나는 요소

• 와이어프레임 모델링(wire frame modelling) ⇒ 점

• 서피스 모델링(surface modelling) ⇒ 선

• 리드 모델링(solid modelling) ⇒ 면

58 컴퓨터의 기억용량의 단위인 비트(bit)의 설명으로 틀린 것은?

① binary digit의 약자이다.
② 정보를 나타내는 가장 작은 단위이다.
③ 전기적으로 처리하기가 아주 편리하다.
④ 0과 1을 동시에 나타내는 정보 단위이다.

해설

컴퓨터의 기억용량 단위(1byte)
• 1bit : 정보를 나타내는 최소 단위(0 또는 1이 기본)
• 1B=1byte=8bit
• 1KB=2^{10}byte, 1MB=2^{20}byte, 1GB=2^{30}byte

59 CAD 시스템에서 마지막 입력 점을 기준으로 다음 점까지의 직선거리와 기준 직교축과 그 직선이 이루는 각도로 입력하는 좌표계는?

① 절대좌표계   ② 구면좌표계
③ 원통좌표계   ④ 상대극좌표계

해설

• 절대좌표계 : 좌표의 원점(0, 0)을 기준으로 하여 x, y축 방향의 거리로 표시되는 좌표(x, y)
• 상대좌표계 : 마지막 점(임의의 점)에서 다음 점까지 거리를 입력하여 선 긋는 방법(@x, y)
• (상대)극좌표계 : 마지막 점에서 다음 점까지 거리와 각도를 입력하여 선 긋는 방법(@거리 < 각도)

60 다음 중 주변기기를 기능별로 묶어진 것으로, 그 내용이 잘못된 것은?

① 키보드, 마우스, 조이스틱
② 프린터, 플로터, 스캐너
③ 자기디스크, 자기드럼, 자기테이프
④ 라이트 펜, 디지타이저, 테이프리더

해설

• 입력장치 : 키보드, 디지타이저, 태블릿, 마우스, 조이스틱, 컨트롤 다이얼, 기능키, 트랙볼, 라이트 펜
• 출력장치 : 디스플레이, 모니터, 플로터(도면용지에 출력), 프린터(잉크젯, 레이저), 하드카피장치, COM 장치

01 열처리 방법 및 목적으로 틀린 것은?

① 불림－소재를 일정온도에 가열 후 공냉시킨다.
② 풀림－재질을 단단하고 균일하게 한다.
③ 담금질－급냉시켜 재질을 경화시킨다.
④ 뜨임－담금질된 것에 인성을 부여한다.

해설

풀림
• 재결정 온도 이상으로 가열한 후 가공 전의 연한 상태로 만드는 열처리 방법이다.
• 목적 : 내부응력을 제거하고 재료를 연화시킨다.

02 특수강에 포함되는 특수원소의 주요 역할 중 틀린 것은?

① 변태 속도의 변화
② 기계적, 물리적 성질의 개선
③ 소성 가공성의 개량
④ 탈산, 탈황의 방지

해설

제강공정에서 탈산과 탈황작업은 반드시 필요한 작업이다.

03 금속의 결정구조에서 체심입방격자의 금속으로만 이루어진 것은?

① Au, Pb, Ni
② Zn, Ti, Mg
③ Sb, Ag, Sn
④ Ba, V, Mo

해설

체심입방격자(BCC)(Body-Centered Cubic lattice)
Ba, V, Mo

04 황동의 합금 원소는 무엇인가?

① Cu － Sn
② Cu － Zn
③ Su － Al
④ Cu － Ni

해설

• 황동＝Cu(구리)＋Zn(아연)
• 청동＝Cu＋Sn(주석)

05 초경합금에 대한 설명 중 틀린 것은?

① 경도가 HRC 50 이하로 낮다.
② 고온경도 및 강도가 양호하다.
③ 내마모성과 압축강도가 높다.
④ 사용 목적, 용도에 따라 재질의 종류가 다양하다.

해설

초경합금＝탄화텅스텐(WC) + 코발트(CO) ⇒ 압축 성형 (다이아몬드에 가까운 초경질)
• 금속 탄화물의 분말형 금속 원소를 프레스로 성형한 다음 이것을 소결하여 만든 합금
• 절삭 공구와 내열, 내마멸성이 요구되는 부품에 많이 사용되는 금속
• 고온경도 및 강도가 양호하다.
• 경도가 높고, 고온에서 변형이 적다.
• 내마모성과 압축강도가 높다.
• WC를 주성분으로 TiC 등의 고융점 경질탄화물 분말
• Co, Ni 등의 인성이 우수한 분말을 결합재로 사용
• 사용 목적, 용도에 따라 재질의 종류가 다양하다.

06 다이캐스팅용 알루미늄(Al)합금이 갖추어야 할 성질로 틀린 것은?

① 유동성이 좋을 것
② 열간취성이 적을 것
③ 금형에 대한 점착성이 좋을 것
④ 응고수축에 대한 용탕 보급성이 좋을 것

1. ② 2. ④ 3. ④ 4. ② 5. ① 6. ③ **정답**

해설

금형에 대한 점착성이 없을 것(∵ 금형에 너무 잘 부착되면 금형에서 분리가 힘들어지므로)

07 경질이고 내열성이 있는 열경화성 수지로서 전기 기구, 기어 및 프로펠러 등에 사용되는 것은?

① 아크릴수지 ② 페놀수지
③ 스티렌수지 ④ 폴리에틸렌

해설

페놀(PF)수지

열경화성 수지에서 높은 전기 절연성과 내열성이 있어 전기부품재료를 많이 쓰고 있는 베크라이트(bakelite)라고 불리는 수지이다. 페놀수지는 도료, 강력 접착제, 코팅 재료, 스펀지, 내충격성, 전기기구, 기어, 프로펠러 등에도 많이 사용됨.

08 길이 100cm의 봉이 압축력을 받고 3mm만큼 줄어들었다. 이때 압축 변형률은 얼마인가?

① 0.001 ② 0.003
③ 0.005 ④ 0.007

해설

변형률(ε) : 단위길이당의 처짐(여기서, ε : 변형률, δ : 처짐, L : 길이)

$$\varepsilon = \frac{\delta}{L} = \frac{3}{1,000} = 0.003$$

09 각속도(ω, rad/s)를 구하는 식 중 옳은 것은? (단, N : 회전수(rpm), H : 전달마력(PS)이다.)

① $\omega = (2\pi N)/60$
② $\omega = 60/(2\pi N)$
③ $\omega = (2\pi N)/(60H)$
④ $\omega = (60H)/(2\pi N)$

해설

각속도(ω) $= \dfrac{2\pi N}{60}$

10 국제단위계(SI)의 기본 단위에 해당되지 않은 것은?

① 길이 : m ② 질량 : kg
③ 광도 : mol ④ 열역학 온도 : K

해설

국제단위계(SI)의 기본 단위 7가지
- 길이 : m
- 질량 : kg
- 열역학 온도 : K
- 물질의 양 : mol(몰)
- 시간 : s(초)
- 전류 : A(암페어)
- 광도 : cd(칸델라)

11 물체의 일정 부분에 걸쳐 균일하게 분포하여 작용하는 하중은?

① 집중하중 ② 분포하중
③ 반복하중 ④ 교번하중

해설

- 집중하중 : 한 점이나 아주 좁은 면적에 집중적으로 작용하는 하중
- 반복하중 : 힘의 방향은 변하지 않고 연속하여 반복적으로 작용하는 하중
- 교번하중 : 힘의 크기와 방향이 주기적으로 변화하여 인장과 압축을 교대로 반복하여 작용하는 하중

12 볼나사의 단점이 아닌 것은?

① 자동체결이 곤란하다.
② 피치를 작게 하는데 한계가 있다.
③ 너트의 크기가 크다.
④ 나사의 효율이 떨어진다.

해설

볼나사의 장점
- 나사효율이 높다.
- 축 방향의 백래시를 작게 할 수 있다.
- 정밀도를 오래 유지한다.
- 먼지에 의한 마모가 적다.
- 윤활은 아주 소량으로도 가능하다.

볼나사의 단점
• 가격이 비싸다.
• 작은 피치가 불가능하다.
• 자동 체결곤란하다.
• 작은 너트가 불가능하다.
• 고속회전 시 소음 발생한다.

13 외접하고 있는 원통마찰차의 지름이 각각 240mm, 360mm일 때, 마찰차의 중심거리는?

① 60mm   ② 300mm
③ 400mm   ④ 600mm

해설

마찰차의 중심거리 $= \dfrac{240+360}{2} = \dfrac{600}{2} = 300mm$

14 축을 설계할 때 고려하지 않아도 되는 것은?

① 축의 강도
② 피로 충격
③ 응력 집중의 영향
④ 축의 표면조도

해설

축의 설계 시 고려할 사항
축의 강도, 피로 충격, 강도, 응력 집중 영향, 부식, 변형 등

15 가장 널리 쓰이는 키(key)로 축과 보스 양쪽에 키 홈을 파서 동력을 전달하는 것은?

① 성크 키   ② 반달 키
③ 접선 키   ④ 원뿔 키

해설

② 반달(우드러프) 키 : 축에 원호상의 홈을 판다.
③ 접선 키 : 축과 보스에 축의 점선 방향으로 홈을 파서 서로 반대의 테이퍼를 120° 간격으로 2개의 키를 조합하여 끼운다.
④ 원뿔 키 : 축과 보스에 홈을 파지 않고 보스 구멍을 원뿔 모양으로 만들고 세 개로 분할된 원뿔통형의 키를 때려 박아 마찰만으로 회전력을 전달한다. 비교적 큰 힘에 견딘다.

16 절삭 공구 재료 중에서 가장 경도가 높은 재질은?

① 고속도강   ② 세라믹
③ 스텔라이트   ④ 입방정 질화붕소

해설

입방정 질화붕소
다이아몬드 다음으로 경도가 높은 CBN은 Cubic Boron Nitride의 약자로서 붕소와 질소의 화합물로서 6방정형의 결정 구조를 가진 BN을 주원료로 하여 인조다이아몬드 합성법과 마찬가지로 초고온 고압장치에서 합성된다.

17 선반에서 단동척에 대한 설명으로 틀린 것은?

① 연동척보다 강력하게 고정한다.
② 무거운 공작물이나 중절삭을 할 수 있다.
③ 불규칙한 공작물의 고정이 가능하다.
④ 3개의 조가 있으므로 원통형 공작물 고정이 쉽다.

해설

단동척
죠오가 4개이며 각각 개별적으로 움직임. 불규칙한 (단면 모양) 공작물 고정 시, 복잡한 가공 가능

18 기어절삭에 사용되는 공구가 아닌 것은?

① 랙(rack) 커터   ② 호브
③ 피니언 커터   ④ 브로치

해설

브로치 : 가늘고 긴 일정한 단면 모양을 가진 공구면에 많은 날을 가진 절삭공구

19 지름 30mm인 환봉을 318rpm으로 선반가공할 때, 절삭 속도는 약 몇 m/min인가?

① 30   ② 40
③ 50   ④ 60

해설

절삭 속도$(V) = \dfrac{\pi d N}{1,000}$

$\therefore V = \dfrac{\pi \times 30 \times 318}{1,000} ≒ 30$

20 밀링에서 테이블의 좌우 및 전후이송을 사용한 윤곽가공과 간단한 분할 작업도 가능한 부속장치는?

① 슬로팅장치
② 분할대
③ 유압 밀링 바이스
④ 회전 테이블장치

해설

• 슬로팅장치 : 니형 밀링머신의 컬럼 앞면에 주축과 연결하여 사용하며 주축의 회전운동을 공구대 램의 직선왕복운동으로 변화시켜 바이트로서 직선 절삭이 가능하다.
• 분할대 : 원주 및 각도 분할 시 사용하며 주축대와 심압대를 한 쌍으로 테이블 위에 설치한다.
• 유압 밀링바이스 : 공작물을 테이블에 설치하기 위한 장치이다.

21 보통 보링머신을 분류한 것으로 틀린 것은?

① 테이블형
② 플레이너형
③ 플로우형
④ 코어형

해설

보통 보링머신의 종류
㉠ 테이블형
㉡ 플레이너형
㉢ 플로우형

22 공작물, 미디어(media), 공작액, 콤파운드를 상자속에 넣고 회전 또는 진동시키면 공작물과 연삭입자가 충돌하여 공작물 표면에 요철을 없애고 매끈한 다듬질 면을 얻는 가공 방법은?

① 브로칭
② 배럴가공
③ 숏피닝
④ 래핑

해설

배럴가공
회전하는 상자에 공작물과 공작액, 콤파운드 등을 함께 넣어 공작물이 입자와 충돌하는 동안에 그 표면의 요철을 제거하여 공작물 표면을 매끄럽게 한다.

23 선반 바이트 팁을 사용 중에 절삭날이 무디어지면 날 부분을 새것으로 교환하여 날을 순차로 사용하는 것은?

① 클램프 바이트
② 단체 바이트
③ 경납땜 바이트
④ 용접 바이트

해설

바이트의 종류
• 단체 바이트 : 절삭날과 자루가 동일한 재료로 만들어진 공구
• 팁 바이트 : 자루날 부분만 초경합금 등의 공구재료로 된 팁을 자루 끝 부분에 용접한 바이트
• 클램프 바이트 : 바이트날이 무디어지면 날 부분만 새것으로 교환하여 사용하는 바이트
• 인서트 바이트 : 고속도강 공구강, 초경합금의 팁을 바이트 홀더(shank)에 장착한 바이트

24 센터리스 연삭에서 조정숫돌의 역할로 옳은 것은?

① 연삭숫돌의 이송과 회전
② 일감의 고정기능
③ 일감의 탈착기능
④ 일감의 회전과 이송

해설

조정숫돌의 역할 : 일감의 회전과 이송

25 다수의 절삭날을 직렬로 나열된 공구를 가지고 1회 행정으로 공작물의 구멍 내면 혹은 외측표면을 가공하는 절삭 방법은?

① 호닝
② 래핑
③ 브로칭
④ 액체 호닝

해설

브로칭머신 : 일감의 내면이나 외면을 1회 통과시켜 가공하는 공작기계로 대량 생산에 적합하다.

26 다음 중 치수 기입 원칙에 어긋나는 것은?

① 중복된 치수 기입을 피한다.
② 관련되는 치수는 되도록 한곳에 모아서 기입한다.
③ 치수는 되도록 공정마다 배열을 분리하여 기입한다.
④ 치수는 각 투상도에 고르게 분배되도록 한다.

해설

치수 기입은 주투상도(정면도)에 집중 기입한다.

27 투상도의 표시 방법 설명으로 잘못된 것은?

① 부분투상도–대상물의 구멍, 홈 등과 같이 한 부분의 모양을 도시하는 것으로 충분한 경우에는 그 필요한 부분만을 도시한다.
② 보조투상도–경사부가 있는 물체는 그 경사면의 보이는 부분의 실제 모양을 전체 또는 일부분을 나타낸다.
③ 회전투상도–대상물의 일부분을 회전해서 실제 모양을 나타낸다.
④ 부분확대도–특정한 부분의 도형이 작아서 그 부분을 자세하게 나타낼 수 없거나 치수 기입을 할 수 없을 때에는 그 해당 부분을 확대하여 나타낸다.

해설

• 부분투상도 : 그림의 일부를 도시하는 것으로 충분한 경우에 그 필요 부분만을 그리는 투상도
• 국부투상도 : 대상물의 구멍, 홈 등 한 국부만의 모양을 도시하는 것으로 충분한 경우에 그 필요부분만을 그리는 투상도

28 다음 중 도면 제작에서 원의 지시선 긋기 방법으로 맞는 것은?

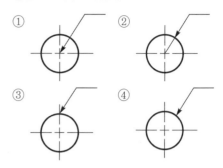

해설

④번이 바르게 표현됨.

29 다음은 어느 단면도에 대한 설명인가?

> 상하 또는 좌우 대칭인 물체는 $\frac{1}{4}$을 떼어낸 것으로 보고, 기본 중심선을 경계로 하여 $\frac{1}{2}$은 외형, $\frac{1}{2}$은 단면으로 동시에 나타낸다. 이 때, 대칭 중심선의 오른쪽 또는 위쪽을 단면으로 하는 것이 좋다.

① 한쪽단면도   ② 부분단면도
③ 회전도시단면도   ④ 온단면도

해설

한쪽단면도(1/4단면도) ⇒ 대칭 물체를 1/4 절단, 내부와 외부를 동시에 표현된다.

30 다음 중 억지 끼워맞춤인 것은?

① 구멍–H7, 축–g6
② 구멍–H7, 축 – f6
③ 구멍–H7, 축–p6
④ 구멍–H7, 축 – e6

해설

억지 끼워맞춤(죔새) : z에 가까울수록 죔새가 커진다.
∴ (헐거운 끼워맞춤 : a~g, 중간 끼워맞춤 : h~n, 억지 끼워맞춤 : p~z)

31 다음 중 2종류 이상의 선이 같은 장소에서 중복될 경우 가장 우선되는 선의 종류는?

① 중심선   ② 절단선
③ 치수 보조선   ④ 무게 중심선

해설

2개 이상의 선이 겹칠 때 선의 우선순위
① 외형선
② 숨은선
③ 절단선
④ 중심선
⑤ 무게중심선, 가상선
⑥ 치수선, 치수 보조선 해칭선, 지시선 등

32 다음과 같이 지시된 기하공차의 해석이 맞는 것은?

○	0.05	
//	0.02/150	A

① 원통도 공차값 0.05mm, 축선은 데이텀 축직선 A에 직각이고 지정 길이 150mm 평행도 공차값 0.02mm
② 진원도 공 차값 0.05mm, 축선은 데이텀 축직선 A에 직각이고 전체 길이 150mm 평행도 공차값 0.02mm
③ 진원도 공차값 0.05mm, 축선은 데이텀 축직선 A에 평행하고 지정 길이 150mm 평행도 공차값 0.02mm
④ 원통의 윤곽도 공차값 0.05mm, 축선은 데이텀 축직선 A에 평행하고 전체 길이 150mm 평행도 공차값 0.02mm

해설

○	0.05	⇒	원통도	공차값

//	0.02/150	A	⇒

평행도	지정 길이의 공차값/지정 길이	데이텀

33 다음 중 줄무늬 방향의 기호 설명 중 잘못된 것은?

① X : 가공에 의한 커터의 줄무늬 방향의 기호를 기입한 투상면에 경사지고 두 방향으로 교차
② M : 가공에 의한 커터의 줄무늬 방향의 기호를 기입한 투상면에 평행
③ C : 가공에 의한 커터의 줄무늬 방향의 기호를 기입한 면의 중심에 대하여 대략 동심원 모양
④ R : 가공에 의한 커터의 줄무늬 방향의 기호를 기입한 면의 중심에 대하여 대략 레이디얼 모양

해설

줄무늬 방향 기호 6가지
• = : 평행
• ⊥ : 직각
• X : 두 방향 교차
• M : 여러 방향 교차 또는 무방향
• C : 동심원 모양
• R : 레이디얼 모양 또는 방사상 모양

34 다음 중 가장 고운 다듬면을 나타내는 것은?

①   ②
③ 6.3   ④ 25

해설

표면 거칠기 값이 작을수록 표면이 고운 다듬질이다. (가장 표면이 거친 것 : 25, 가장 표면이 매끄러운 것 : 0.2)

35 다음 중 3각 투상법에 대한 설명으로 맞는 것은?

① 눈 → 투상면 → 물체
② 눈 → 물체 → 투상면
③ 투상면 → 물체 → 눈
④ 물체 → 눈 → 투상면

• 제1각법 : 눈 → 물체 → 투상면
• 제3각법 : 눈 → 투상면 → 물체

36 특수한 가공을 하는 부분 등, 특별히 요구 사항을 적용할 수 있는 범위를 표기하는데 사용하는 선은?

① 가는 1점 쇄선   ② 가는 2점 쇄선
③ 굵은 1점 쇄선   ④ 아주 굵은 실선

굵은 1점 쇄선
• 부품의 일부분을 열처리할 때 표시
• 특수한 가공(열처리, 도금) 등 특별한 요구사항을 적용 할 수 있는 범위를 표시하는데 사용하는 특수 지정선

37 다음 중 인접 부분을 참고로 나타내는데 사용하는 선은?

① 가는 실선   ② 굵은 1점 쇄선
③ 가는 2점 쇄선   ④ 가는 1점 쇄선

가는 2점 쇄선의 용도
• 인접 부분을 참고로 표시할 때
• 공구, 지그 등의 위치를 참고로 나타낼 때
• 되풀이 하는 것을 나타낼 때
• 가공 전 또는 후의 모양을 표시할 때
• 가동 부분을 이동 중의 특정한 위치 또는 이동한 계 의 위치로 표시할 때
• 도시된 단면의 앞쪽에 있는 부분을 표시할 때

38 재료 기호 표시의 중간 부분 기호 문자와 제품명이다. 연결이 틀리게 된 것은?

① P : 관
② W : 선
③ F : 단조품
④ S : 일반 구조용 압연재

P(Plate) : 판

39 ∅35h6에서 위치수허용차가 0일 때, 최대 허용 한계 치수 값은? (단, 공차는 0.0160이다.)

① ∅34.084   ② ∅35.000
③ ∅35.016   ④ ∅35.084

최대 허용 한계 치수＝기준 치수＋위치수허용차
　　　　　　　　＝35＋0.000＝35.000

40 정투상법에 따라 평면도와 우측면도가 다음과 같다면 정면도에 해당하는 것은?

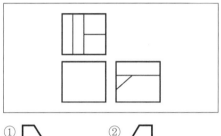

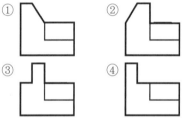

등각투상도

41 공차 기호에 의한 끼워맞춤의 기입이 잘못된 것은?

① 50H7/g6   ② 50H7 − g6
③ $50\dfrac{H7}{g6}$ ④ 60H7(g6)

④는 잘못된 표기임.

42 KS의 부문별 분류기호로 맞지 않는 것은?

① KS A : 기본   ② KS B : 기계
③ KS C : 전기   ④ KS D : 전자

해설
___
한국산업규격(KS)의 부문별 분류
• KS A : 기본(통칙)
• KS B : 기계
• KS C : 전기, 전자
• KS D : 금속

43 기하공차의 종류를 나타낸 것 중 틀린 것은?

① 진직도(━)   ② 진원도(○)
③ 평면도(□)   ④ 원주 흔들림(✗)

해설
___
단독형체 모양공차 6가지
• 진원도공차 : ○
• 원통도공차 : ⌀
• 진직도공차 : ━
• 평면도공차 : ▱
• 선의 윤곽도 : ⌒
• 면의 윤곽도 : ⌓

44 도면에서 A₃ 제도 용지의 크기는?

① 841×1,189   ② 594×841
③ 420×594   ④ 297×420

해설
___
A₁(841×594), A₂(594×420), A₃(420×297),
A₄(297×210)

45 다음의 투상도의 좌측면도에 해당하는 것은? (단, 제3각 투상법으로 표현한다.)

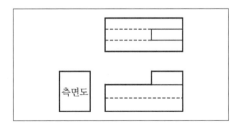

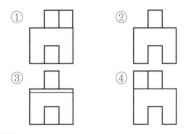

해설
___
등각투상도

46 다음 그림이 나타내는 코일 스프링 간략도의 종류로 알맞은 것은?

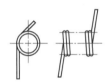

① 벌류트 코일스프링
② 압축 코일스프링
③ 비틀림 코일스프링
④ 인장 코일스프링

해설
___
비틀림 코일스프링
코일 중심선의 주위에 비틀림 힘을 받는 코일스프링으로 재봉틀의 실걸이 스프링, 자전거의 앞 브레이크 스프링 등에 사용된다.

47 베어링의 호칭이 6026일 때 안지름은 몇 mm인가?

① 26   ② 52
③ 100   ④ 130

해설
___
베어링 번호가 4자리이므로 베어링 안지름 번호 2자리
'26' ∴ 26 × 5=130

48 스퍼기어 요목표에서 잇수는?

스퍼기어 요목표	
기어 치형	표준
공구 모듈	2
공구 치형	보통이
공구 압력각	20°
전체 이 높이	4.5
피치원 지름	40
잇 수	(?)
다듬질 방법	호브절삭
정밀도	KS B ISO 1328-1, 4급

① 5   ② 10
③ 15   ④ 20

해설

$$모듈(m) = \frac{피치원의\ 지름(d)}{기어의\ 잇수(z)}$$

$$\therefore\ z = \frac{d}{m} = \frac{40}{2} = 20$$

49 용접 지시 기호가 나타내는 용접 부위의 형 상으로 가장 옳은 것은?

 ①

 ②

 ③

 ④

해설

 화살표 방향에 v형 맞대기 용접을 하 라는 의미이므로 화살표쪽부터 아래 로 내려갈수록 좁아지고 화살표 반대 방향에는 볼록형 용접

50 평행키의 호칭 표기 방법으로 맞는 것은?

① KS B 1311 평행키 10×8×25
② KS B 1311 10×8×25 평행키
③ 평행키 10×8×25 양끝 둥금 KS B 1311
④ 평행키 10×8×25 KS B 1311 양끝 둥금

해설

키의 호칭 방법

규격번호 또는 명칭	호칭치수 ×길이	끝 모양의 특별 지정	재료
KS B 1311 또는 평행키	10×8×25	양끝 둥금	SM45C

51 V벨트의 형별 중 단면의 폭 치수가 가장 큰 것은?

① A형   ② D형
③ E형   ④ M형

해설

V벨트 단면 치수
M < A < B < C < D < E (M : 단면 치수가 가장 작음.)

52 나사면에 증기, 기름 또는 외부로부터의 먼 지 등이 유입되는 것을 방지하기 위해 사용 하는 너트는?

① 나비 너트   ② 둥근 너트
③ 사각 너트   ④ 캡 너트

해설

캡 너트
유체가 나사의 접촉면 사이의 틈새나 볼트와 볼트구멍 의 틈으로 새어나오는 것을 방지할 목적으로 사용한다.

53 기어제도 시 잇봉우리원에 사용하는 선의 종류는?

① 가는 실선   ② 굵은 실선
③ 가는 1점 쇄선   ④ 가는 2점 쇄선

기어제도 시

이끝원(=잇봉우리원)은 굵은 실선으로 그린다.

54 운전 중 또는 정지 중에 운동을 전달하거나 차단하기에 적절한 축이음은?

① 외접기어   ② 클러치

③ 올덤 커플링   ④ 유니버설 조인트

- 커플링(올덤 커플링, 유니버설 커플링, 플랜지 커플링, 플렉시블 커플링) : 운전 중에 두 축을 분리할 수 없음.
- 클러치 : 운전 중에 수시로 원동축의 회전운동을 종동축에 연결했다 끊었다를 반복함.

55 관이음 기호 중 유니언 나사이음 기호는?

관 결합방식의 종류

① 유니온 나사이음

② 캡

③ 나사식 T이음

④ 플랜지 이음

56 '왼 2줄 M50×2 6H'로 표시된 나사의 설명으로 틀린 것은?

① 왼 : 나사산의 감는 방향

② 2줄 : 나사산의 줄 수

③ M50×2 : 나사의 호칭지름 및 피치

④ 6H : 수나사의 등급

나사산의 감긴 방향	나사산의 줄 수	나사의 호칭	–	나사의 등급
왼 (L)	2줄	M50 x 2		6H

57 중앙처리장치(CPU)의 구성요소가 아닌 것은?

① 주기억장치   ② 파일저장장치

③ 논리연산장치   ④ 제어장치

중앙처리장치(CPU)의 구성 요소

① 논리(연산)장치

② 제어장치

③ 주기억장치(ROM, RAM)

58 디스플레이 상의 도형을 입력장치와 연동시켜 움직일 때, 도형이 움직이는 상태를 무엇이라고 하는가?

① 드래깅(dragging)

② 트리밍(trimming)

③ 셰이딩(shading)

④ 주밍(zooming)

- 트리밍 : 도형을 확대하거나 회전, 이동하면서 도형이 규정화면으로부터 빠져나올 때, 이 빠져나온 부분을 제거하는 방법
- 셰이딩 : 컴퓨터에 입력된 입체의 표면에 음영을 부여하는 기술로 광원의 거리나 각도, 밝기 등을 조절함으로써 음영을 만들어 내는 방법
- 주밍 : 도형을 확대, 축소하는 방법

59 다음 중 와이어 프레임 모델링(wireframe modeling)의 특징은?

① 단면도 작성이 불가능하다.

② 은선 제거가 가능하다.

③ 처리 속도가 느리다.

④ 물리적 성질의 계산이 가능하다.

와이어프레임 모델링(wireframe modeling)

- 데이터의 구성이 간단하다(∴ 처리 속도가 빠르다).
- 모델 작성을 쉽게 할 수 있다.
- 3면 투시도의 작성이 용이하다.
- 은선 제거가 불가능하다.
- 단면도 작성이 불가능하다.
- 기하학적 현상을 선에 의해서만 3차원 형상을 나타낸다.

60 다음 시스템 중 출력장치로 틀린 것은?

① 디지타이저(digitizer)
② 플로터(plotter)
③ 프린터(printer)
④ 하드 카피(hard copy)

해설

• 일시적 출력 : 디스플레이, 모니터
• 영구적 출력 : 플로터, 프린터, 하드카피장치, COM 장치

01 공구용으로 사용되는 비금속재료로 초내열성 재료, 내마멸성 및 내열성이 높은 세라믹과 강한 금속의 분말을 배열 소결하여 만든 것은?

① 다이아몬드   ② 고속도강
③ 서멧   ④ 석영

해설

서멧 : 분말 야금법으로 만들어진 금속과 세라믹스로 이루어지는 내열재료이며 세라믹스의 특성인 경도·내열성·내산화성·내약품성·내마모성과 금속의 강인성·가소성·기계적 강도 등을 함께 가진다.

02 베어링으로 사용되는 구리계 합금으로 거리가 먼 것은?

① 켈밋(kelmet)
② 연청동(lead bronze)
③ 문쯔메탈(muntz metal)
④ 알루미늄 청동(Al bronze)

해설

베어링 합금
• 구리계 베어링 합금 : 켈밋, 연청동, 알루미늄 청동
• 주석계(화이트메탈) : 베빗메탈
• 납(pb)계(화이트메탈) : 러지메탈, 바흔메탈

03 마우러조직도에 대한 설명으로 옳은 것은?

① 탄소와 규소량에 따른 주철의 조직관계를 표시한 것
② 탄소와 흑연량에 따른 주철의 조직관계를 표시한 것
③ 규소와 망간량에 따른 주철의 조직관계를 표시한 것
④ 규소와 Fe_3C량에 따른 주철의 조직관계를 표시한 것

해설

마우러조직도
탄소(C)량과 규소(Si)량에 따른 주철의 조직관계로 냉각 속도에 따라 주철의 종류가 달라짐을 나타냄.

04 열처리의 방법 중 강을 경화시킬 목적으로 실시하는 열처리는?

① 담금질   ② 뜨임
③ 불림   ④ 풀림

해설

• 뜨임 ⇒ 담금질로 인한 취성을 감소시키고 인성을 증가
• 풀림 ⇒ 강의 조직 개선 및 재질의 연화
• 불림 ⇒ 결정조직의 균일화, 내부 응력 제거

05 고속도 공구강 강재의 표준형으로 널리 사용되고 있는 18-4-1형에서 텅스텐의 함유량은?

① 1%   ② 4%
③ 18%   ④ 23%

해설

고속도강(SKH) : W(18%) − Cr(4%) − V(1%)
               텅스텐   크롬   바나듐

06 탄소공구강의 구비 조건으로 거리가 먼 것은?

① 내마모성이 클 것
② 저온에서의 경도가 클 것
③ 가공 및 열처리성이 양호할 것
④ 강인성 및 내충격성이 우수할 것

② 고온에서의 경도가 클 것

07 다음 중 알루미늄 합금이 아닌 것은?

① Y합금
② 실루민
③ 톰백(tombac)
④ 로엑스(Lo-Ex) 합금

- 주조용 알루미늄합금 : 실루민(silumin), Lo-Ex 합금, Y합금
- 가공용 알루미늄합금 : 두랄루민, 초두랄루민, 알민, 하이드로날륨
- 톰백＝구리(Cu)+Zn(8~20%)

08 축에 키(key)홈을 가공하지 않고 사용하는 것은?

① 묻힘(sunk)키   ② 안장(saddle)키
③ 반달키   ④ 스플라인

- 묻힘(sunk)키 : 축과 보스에 모두 홈을 판다.
- 반달(우드러프)키 : 축에 원호상의 홈을 판다.
- 스플라인 : 축 둘레에 사각형이 모양의 턱을 4~20개를 만든다.

09 표점거리 110mm, 지름 20mm의 인장시편에 최대하중 50KN이 작용하여 늘어난 길이 $\triangle\ell$=22mm일 때 연신율은?

① 10%   ② 15%
③ 20%   ④ 25%

$\epsilon = \dfrac{\ell' - \ell}{\ell} = \dfrac{22}{110} = 0.2$

∴ $0.2 \times 100 = 20\%$

10 전달마력 30kw, 회전수 200rpm인 전동축에서 토크 T는 약 몇 N·m인가?

① 107   ② 146
③ 1,070   ④ 1,430

- 동력＝T(토크)×ω(각속도)
- 각속도(ω)＝$\dfrac{2\pi N}{60}$＝21rad/s

  1kw＝1KN·m/s

  30,000N·m/s＝T×ω＝T×21

  ∴ T＝$\dfrac{30,000}{21}$＝1,428.6N·m

11 피치 4mm인 3줄 나사를 1회전 시켰을 때의 리드는 얼마인가?

① 6mm   ② 12mm
③ 16mm   ④ 18mm

n(줄수)=3, p(피치)=4

L(리드)＝n×p＝3×4＝12mm(1회전)

12 벨트전동에 관한 설명으로 틀린 것은?

① 벨트풀리에 벨트를 감는 방식은 크로스벨트 방식과 오픈벨트 방식이 있다.
② 오픈벨트방식에서는 양 벨트풀리가 반대방향으로 회전한다.
③ 벨트가 원동차에 들어가는 측을 인(긴)장측이라 한다.
④ 벨트가 원동차로부터 풀려나오는 측을 이완측이라 한다.

• 크로스벨트 방식(엇걸기) : 두 개의 풀리가 서로 반대 방향으로 회전

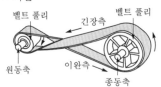

• 오픈벨트 방식(바로걸기) : 두 개의 풀리가 같은 방향 으로 회전

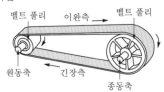

13 원주에 톱니형상의 이가 달려 있으며 폴 (pawl)과 결합하여 한쪽 방향으로 간헐적 인 회전운동을 주고 역회전을 방지하기 위 하여 사용되는 것은?

① 래칫 휠
② 플라이 휠
③ 원심 브레이크
④ 자동하중 브레이크

래칫 휠
휠의 주위에 특별한 형태의 이를 갖고 이것에 폴을 물려, 축의 역회전을 막기도 하고, 간헐적으로 축을 회전시키기도 하는 톱니바퀴로 역회전 방지가 필요한 리프트에 많이 사용된다.

14 볼트 너트의 풀림방지 방법 중 틀린 것은?

① 로크 너트에 의한 방법
② 스프링 와셔에 의한 방법
③ 플라스틱 플러그에 의한 방법
④ 아이 볼트에 의한 방법

볼트 너트의 풀림방지 방법
① 와셔 이용(스프링와셔, 이붙이와셔)
② 로크 너트 이용
③ 작은 나사나 멈춤 나사 이용
④ 분할핀 이용
⑤ 자동죔 너트 이용
⑥ 철사 이용
• 아이 볼트는 무거운 물체를 크레인, 체인블록 등으로 들어서 이동시킬 때 유용한 볼트

15 기어에서 이(tooth)의 간섭을 막는 방법으로 틀린 것은?

① 이의 높이를 높인다.
② 압력각을 증가시킨다.
③ 치형의 이끝면을 깎아낸다.
④ 피니언의 반경 방향의 이뿌리면을 파낸다.

기어에서 이의 간섭을 막는 방법
① 이 높이를 낮게 한다.
② 전위기어를 사용한다.
③ 압력각을 크게 한다.
④ 치형의 이끝면을 깎아낸다.
⑤ 피니언의 반경 방향의 이뿌리면을 파낸다.

16 공작물의 외경 또는 내면 등을 어떤 필요한 형상으로 가공할 때, 많은 절삭날을 갖고 있는 공구를 1회 통과시켜 가공하는 공작 기계는?

① 브로칭머신   ② 밀링머신
③ 호빙머신   ④ 연삭기

브로칭머신
일감의 내면이나 외면을 1회 통과시켜 가공하는 공작 기계로 대량 생산에 적합하다. 각 구멍이나 키 홈, 스플라인, 세레이션 가공에 쓰이며 특수한 모양의 면 등 가공에도 응용된다.

17 드릴의 구조 중 드릴가공을 할 때 가공물과 접촉에 의한 마찰을 줄이기 위하여 절삭날 면에 부여하는 각은?

① 나선각 ② 선단각

③ 경사각 ④ 날 여유각

해설

날 여유각
여유각은 절삭공구와 공작물과의 마찰을 감소시키고, 날 끝이 공작물에 파고들기 쉽게 해주는 기능.

18 4개의 조(jaw)가 각각 단독으로 움직이도록 되어 있어 불규칙한 모양의 일감을 고정하는데 편리한 척은?

① 단동척 ② 연동척

③ 마그네틱척 ④ 콜릿척

해설

단동척
죠가 4개이며 각각 개별적으로 움직임.
• 불규칙한 단면 모양의 공작물 고정 시
• 복잡한 가공 시

19 선반에서 척에 고정할 수 없는 대형 공작물 또는 복잡한 형상의 공작물을 고정할 때 사용하는 부속장치는?

① 센터 ② 면판

③ 바이트 ④ 맨드릴

해설

면판
척으로 고정할 수 없는 대형 공작물이나 불규칙한 일감 고정에 앵글플레이트, 볼트, 중심 추와 함께 사용한다.

20 연삭에서 결합도에 따른 경도의 선정기준 중 결합도가 높은 숫돌(단단한 숫돌)을 사용해야 할 때는?

① 연삭 깊이가 클 때

② 접촉 면적이 작을 때

③ 경도가 큰 가공물을 연삭할 때

④ 숫돌차의 원주 속도가 빠를 때

해설

결합도가 높은 숫돌(단단한숫돌)
• 연질 가공물의 연삭
• 연삭 깊이가 작을 때
• 접촉면적이 적을 때
• 가공면의 표면이 거칠 때
• 숫돌차의 원주 속도가 느릴 때

결합도가 낮은 숫돌(연한숫돌)
• 경도가 큰 가공물의 연삭
• 연삭 깊이가 클 때
• 접촉면이 클 때
• 가공물의 표면이 치밀할 때
• 숫돌차의 원주 속도가 빠를 때

21 선반에서 40mm의 환봉을 120m/min의 절삭 속도로 절삭가공을 하려고 할 경우, 2분 동안의 주축 총 회전수는?

① 650mm ② 960mm

③ 1720mm ④ 1910mm

해설

절삭 속도 : $v = \dfrac{\pi d n}{1,000} = \dfrac{1,000 \times 120}{3.14 \times 40}$

회전수 : $n = \dfrac{1,000 v}{\pi d}(\mathrm{rpm}) = 955\,\mathrm{rpm}$

(1분 동안 주축의 회전수)

∴ 문제에서 요구하는 2분 동안의 주축의 총 회전수
☞ 955rpm×2분=1,910

22 다음 중 고온경도가 높으나 취성이 커서 충격이나 진동에 약한 절삭공구는?

① 고속도강

② 탄소공구강

③ 초경합금

④ 세라믹

해설

세라믹
• 고온, 경도가 높다.
• 충격, 진동에 약하다.
• 냉각제를 사용하지 않는다.
• 주성분($A\ell_2O_3$: 산화알루미늄)

23 다음 중 와이어 컷 방전가공에서 전극 재질로 일반적으로 사용하지 않는 것은?

① 동　　　　　② 황동
③ 텅스텐　　　④ 고속도강

해설

와이어 컷 방전가공에서 전극 재질은 주로 순금속(동, 텅스텐 등), 황동이 사용되므로 고속도강은 적합하지 않다.

24 밀링머신의 부속장치가 아닌 것은?

① 아버　　　　　② 래크 절삭장치
③ 회전 테이블　④ 에이프런

해설

밀링머신의 부속장치
• 밀링바이스
• 회전테이블
• 래크 절삭장치
• 분할대
• 밀링커터의 고정용구(아버, 어댑터, 콜릿)

선반의 부속장치
• 주축대
• 심압대
• 왕복대(새들, 에이프런, 공구대)
• 베드
• 방진구

25 드릴링머신 가공의 종류로 틀린 것은?

① 슬로팅　　　② 리밍
③ 탭핑　　　　④ 스폿 페이싱

해설

드릴링머신에 의한 가공
• 드릴링
• 리밍
• 탭핑
• 보링
• 스폿 페이싱
• 카운터 싱킹
• 카운터 보링

26 기하공차의 종류 중 모양공차에 해당되지 않는 것은?

① 평행도공차　② 진직도공차
③ 진원도공차　④ 평면도공차

해설

단독형체 모양공차 6가지
• 진원도공차 : ○
• 원통도공차 : ⌀
• 진직도공차 : ━
• 평면도공차 : ▱
• 선의 윤곽도 : ⌒
• 면의 윤곽도 : ⌓

27 끼워맞춤에서 구멍 기준식 헐거운 끼워맞춤을 나타낸 것은?

① H7/g6　　　② H6/F8
③ h6/P9　　　④ h6/F7

해설

구멍 기준식이므로 ⇒ H7

28 다음 중심선 평균거칠기 값 중에서 표면이 가장 매끄러운 상태를 나타내는 것은?

① 0.2a　　　② 1.6a
③ 3.2a　　　④ 6.3a

해설

표면 거칠기 값이 작을수록 표면이 고운 다듬질이다. (가장 표면이 거친 것 : 6.3a, 가장 표면이 매끄러운 것 : 0.2a)

29 제3각법으로 그린 3면도 투상도 중 틀린 것은?

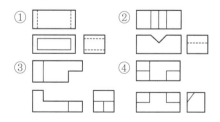

30 단면도에 관한 내용이다. 올바른 것을 모두 고른 것은?

> ㄱ. 절단면은 중심선에 대하여 45° 경사지게 일정한 간격으로 가는 실선으로 빗금을 긋는다.
> ㄴ. 정면도는 단면도로 그리지 않고 평면도나 측면도만 절단한 모양으로 그린다.
> ㄷ. 한쪽단면도는 위, 아래 또는 왼쪽과 오른쪽이 대칭인 물체의 단면을 나타낼 때 사용한다.
> ㄹ. 단면 부분에는 해칭(hatching)이나 스머징(smudging)을 한다.

① ㄱ, ㄴ   ② ㄴ, ㄷ
③ ㄱ, ㄴ, ㄷ   ④ ㄱ, ㄷ, ㄹ

해설

단면도를 정면도로 한다.

31 다음 가공 방법의 약호를 나타낸 것 중 틀린 것은?

① 선반가공(L)   ② 보링가공(B)
③ 리머가공(FR)   ④ 호닝가공(GB)

해설

호닝가공 ⇒ GH

32 치수공차와 끼워맞춤에서 구멍의 치수가 축의 치수보다 작을 때, 구멍과 축과의 치수의 차를 무엇이라 하는가?

① 틈새   ② 죔새
③ 공차   ④ 끼워맞춤

해설

끼워맞춤의 종류
• 틈새(헐거운 끼워맞춤) : 구멍의 치수가 축의 지름보다 클 때, 구멍과 축과의 치수의 차를 말한다(구멍 > 축).
• 중간 끼워맞춤 : 구멍과 축의 주어진 공차에 따라 틈새가 생길 수도 있고 죔새가 생길 수도 있다.
• 죔새(억지끼워맞춤) : 구멍의 치수가 축의 지름보다 작을 때, 조립 전의 구멍과 축과의 치수의 차를 말한다(축 > 구멍).

33 기계도면에서 부품란에 재질을 나타내는 기호가 'SS400'으로 기입되어 있다. 기호에서 '400'은 무엇을 나타내는가?

① 무게   ② 탄소함유량
③ 녹는 온도   ④ 최저인장강도

해설

S S 400
   ↳ 최저인장강도

34 구의 반지름을 나타내는 치수 보조 기호는?

① ∅   ② S∅
③ SR   ④ C

해설

치수 보조 기호
• S∅ : 구의 지름
• SR : 구의 반지름
• R : 원의 반지름
• ∅ : 원의 지름
• C : 모따기

35 다음 등각투상도의 화살표 방향이 정면도일 때 평면도를 올바르게 표시한 것은? (단, 제3각법의 경우에 해당한다.)

①   ②
③   ④

36 한국산업표준 중 기계부문에 대한 분류기호는?

① KS A   ② KS B
③ KS C   ④ KS D

한국산업규격(KS)의 부문별 분류
• KS A : 기본(통칙)
• KS B : 기계
• KS C : 전기, 전자
• KS D : 금속

37 다음 기하공차 종류 중 단독형체가 아닌 것은?

① 진직도   ② 진원도

③ 경사도   ④ 평면도

단독형체 모양공차 6가지
• 진원도공차 : ○
• 원통도공차 : ⌀
• 진직도공차 : ━
• 평면도공차 : ▱
• 선의 윤곽도 : ⌒
• 면의 윤곽도 : ⌓

38 다음 중 척도의 기입 방법으로 틀린 것은?

① 척도는 표제란에 기입하는 것이 원칙이다.

② 표제란이 없는 경우에는 부품 번호 또는 상세도의 참조 문자 부근에 기입한다.

③ 한 도면에는 반드시 한 가지 척도만을 사용해야 한다.

④ 도형의 크기가 치수와 비례하지 않으면 NS라고 표시한다.

한 도면에서 여러 개의 척도를 사용할 수 있다.
(예 확대도의 척도)

39 핸들, 벨트 풀리나 기어 등과 같은 바퀴의 암, 리브 등에서 절단한 모양을 90° 회전시켜서 투상도의 안에 알맞은 선의 종류는?

① 가는 실선

② 가는 1점 쇄선

③ 가는 2점 쇄선

④ 굵은 1점 쇄선

• 단면이 도형 외에 있으면 해칭의 테두리선은 외형선이다.
• 단면이 도면 내에 있으면 해칭의 테두리선은 가는 실선이다.

40 그림과 같이 경사면부가 있는 대상물에서 그 경사면의 실형을 표시할 필요가 있는 경우에 상용하는 투상도의 명칭은?

① 부분투상도   ② 보조투상도

③ 국부투상도   ④ 회전투상도

정투상도를 보조하는 투상도
• 부분투상도 : 그림의 일부를 도시하는 것으로 충분한 경우에 그 필요 부분만을 그리는 투상도
• 국부투상도 : 대상물의 구멍, 홈 등 한 국부만의 모양을 도시하는 것으로 충분한 경우에 그 필요 부분만을 그리는 투상도
• 회전투상도 : 대상물의 일부가 어느 각도를 가지고 있기 때문에 투상면에 그 실형이 나타나지 않을 때에 그 부분을 회전해서 그리는 투상도

41 도면에서 구멍의 치수가 $\varnothing 80^{+0.03}_{-0.02}$ 로 기입되어 있다면 치수공차는?

① 0.01   ② 0.02

③ 0.03   ④ 0.05

치수공차(공차) = 위치수허용차 − 아래치수허용차
$$= 0.03 - (-0.02)$$
$$= 0.03 + 0.02$$
$$= 0.05$$

42 도면의 표제란에 사용되는 제1각법의 기호로 옳은 것은?

① 제1각법
② 제3각법
③, ④ 잘못된 표기임.

43 다음과 같이 다면체를 전개한 방법으로 옳은 것은?

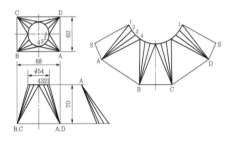

① 삼각형법 전개 ② 방사선법 전개
③ 평행선법 전개 ④ 사각형법 전개

삼각형법 전개 : 입체표면을 몇 개의 삼각형으로 나누어 전개도를 그릴 때

44 다음 중 가는 2점 쇄선의 용도로 틀린 것은?

① 인접 부분 참고 도시
② 공구, 지그 등의 위치
③ 가공 전 또는 가공 후의 모양
④ 회전단면도를 도형 내에 그릴 때의 외형선

* **가는 2점 쇄선의 용도**
• 인접 부분을 참고로 표시할 때
• 공구, 지그 등의 위치를 참고로 나타낼 때
• 되풀이 하는 것을 나타낼 때
• 가공 전 또는 후의 모양을 표시할 때

• 가동 부분을 이동 중의 특정한 위치 또는 이동한 계의 위치로 표시할 때
• 도시된 단면의 앞쪽에 있는 부분을 표시할 때

* **회전단면도 도시 방법**
• 도형 內에 그릴 때는 회전단면선을 가는 실선으로 그린다.
• 도형 外에 그릴 때는 회전단면선을 굵은 실선(외형선)으로 그린다.

45 치수 기입에 대한 설명 중 틀린 것은?

① 제작에 필요한 치수를 도면에 기입한다.
② 잘 알 수 있도록 중복하여 기입한다.
③ 가능한 한 주요 투상도에 집중하여 기입한다.
④ 가능한 한 계산하여 구할 필요가 없도록 기입한다.

치수 기입에서 중복기입은 피한다.

46 헬리컬기어, 나사기어, 하이포이드기어의 잇줄 방향의 표시 방법은?

① 2개의 가는 실선으로 표시
② 2개의 가는 2점 쇄선으로 표시
③ 3개의 가는 실선으로 표시
④ 3개의 굵은 2점 쇄선으로 표시

• 기어를 단면으로 도시할 때 ⇒ 도면의 도시는 스퍼기어와 같지만 반드시 정면도에 이의 잇줄 방향(30°)으로 3개의 가는 2점 쇄선으로 표시한다.
• 기어를 단면으로 도시하지 않을 때 ⇒ 도면의 도시는 스퍼기어와 같지만 반드시 정면도에 이의 잇줄 방향(30°)으로 3개의 가는 실선으로 표시한다.

47 평벨트 풀리의 도시 방법에 대한 설명 중 틀린 것은?

① 암은 길이 방향으로 절단하여 단면 도시를 한다.

② 벨트풀리는 축 직각 방향의 투상을 주 투상도로 한다.

③ 암의 단면형은 도형의 안이나 밖에 회전단면을 도시한다.

④ 암의 테이퍼 부분 치수를 기입할 때 치수 보조선은 경사선으로 긋는다.

해설

길이 방향으로 단면하지 않는 부품

축, 키, 볼트, 너트, 멈춤 나사, 와셔, 리벳, 강구, 원통롤러, 기어의 이, 휠의 암, 리브

48 기어의 종류 중 피치원 지름이 무한대인 기어는?

① 스퍼기어   ② 래크

③ 피니언   ④ 베벨기어

해설

• 스퍼기어, 피니언, 베벨기어
$D(피치원) = z(잇수) \times m(모듈)$

• 래크는 직선으로 기어 이가 만들어져 있으므로 피치원의 지름이 무한대이다.

49 관용테이퍼 나사 중 테이퍼 수나사를 표시하는 기호는?

① M   ② Tr

③ R   ④ S

해설

관용테이퍼나사

• 테이퍼수나사 : R
• 테이퍼암나사 : Rc
• 평행암나사 : Rp

50 '6208 ZZ'로 표시된 베어링에 결합되는 축의 지름은?

① 10mm   ② 20mm

③ 30mm   ④ 40mm

해설

베어링번호가 4자리이므로 안지름(축지름)

$08 \Rightarrow 08 \times 5 = \varnothing 40$

51 다음 용접이음의 용접 기호로 옳은 것은?

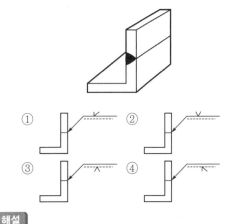

해설

지시선의 위치가 화살표 반대쪽의 용접 모양을 나타냄.

52 축의 끝에 45° 모떼기 치수를 기입하는 방법으로 틀린 것은?

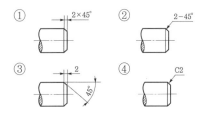

해설

②번 표기법이 틀림.

53 보일러 또는 압력용기에서 실제 사용압력이 설계된 규정압력보다 높아졌을 때, 밸브가 열려 사용압력을 조정하는 장치는?

① 콕   ② 체크 밸브

③ 스톱 밸브   ④ 안전 밸브

정답   47. ①   48. ②   49. ③   50. ④   51. ③   52. ②   53. ④

- 콕 : 유체의 유통과 차단을 위한 장치
- 체크 밸브 : 유체의 역류를 방지하는 장치
- 스톱 밸브 : 밸브가 밸브 시트에 의해 밸브시트와 직각방향으로 작동하는 장치

54 스프링 도시의 일반사항이 아닌 것은?

① 코일 스프링은 일반적으로 무하중 상태에서 그린다.
② 그림 안에 기입하기 힘든 사항은 일괄하여 요목표에 기입한다.
③ 하중이 걸린 상태에서 그린 경우에는 치수를 기입할 때, 그 때의 하중을 기입한다.
④ 단서가 없는 코일 스프링이나 벌류트 스프링은 모두 왼쪽으로 감은 것을 나타낸다.

해설

스프링 도시법에서 단서가 없는 스프링은 모두 오른쪽 감기이다.

55 나사용 구멍이 없는 평행키의 기호는?

① P
② PS
③ T
④ TG

해설

- 보통형, 조임형 : 나사용 구멍이 없는 평행키, P
- 활동형 : 나사용 구멍 부착 평행키, PS

56 볼트의 머리가 조립 부분에서 밖으로 나오지 않아야 할 때, 사용하는 볼트는?

① 아이 볼트
② 나비 볼트
③ 기초 볼트
④ 육각구멍붙이 볼트

해설

육각구멍붙이 볼트
볼트의 둥근 머리에 육각구멍 홈을 판 것으로 볼트 머리가 밖으로 돌출되지 않아야 하는 곳에 사용

57 다음 설명에 가장 적합한 3차원의 기하학적 형상모델링 방법은?

- Boolean 연산(합, 차, 적)을 통하여 복잡한 형상 표현이 가능하다.
- 형상을 절단한 단면도 작성이 용이하다.
- 은선 제거가 가능하고 물리적 성질 등의 계산이 가능하다.
- 컴퓨터의 메모리량과 데이터 처리가 많아진다.

① 서피스 모델링(surface modeling)
② 솔리드 모델링(solid modeling)
③ 시스템 모델링(system modeling)
④ 와이어 프레임 모델링(wire frame modeling)

해설

솔리드 모델링(solid modeling)
- 은선 제거가 가능하다.
- 물리적 성질(체적, 무게중심, 관성모멘트) 등의 계산이 가능하다.
- 간섭 체크가 용이하다.
- Boolean 연산(합, 차, 적)을 통하여 복잡한 형상 표현도 가능하다.
- 형상을 절단한 단면도 작성이 용이하다.
- 이동, 회전 등을 통하여 정확한 형상 파악을 할 수 있다.
- 유한요소법(FEM)을 위한 메시 자동 분할이 가능하다.

58 컴퓨터가 데이터를 기억할 때의 최소 단위는 무엇인가?

① bit
② byte
③ word
④ block

해설

컴퓨터 데이터의 최소 단위 ⇒ bit

59 다음 중 입·출력장치의 연결이 잘못된 것은?

① 입력장치 – 트랙볼, 마우스
② 입력장치 – 키보드, 라이트 펜
③ 출력장치 – 프린터, COM
④ 출력장치 – 디지타이저, 플로터

해설

- 입력장치 : 키보드, 마우스, 디지타이저와 태블릿, 조이스틱, 컨트롤 다이얼, 트랙볼, 라이트 펜
- 출력장치 : 디스플레이, 모니터, 플로터(도면용지에 출력), 프린터(잉크젯, 레이저), 하드카피장치, COM 장치

60 CAD 시스템에서 점을 정의하기 위해 사용되는 좌표계가 아닌 것은?

① 극좌표계   ② 원통좌표계
③ 회전좌표계   ④ 직교좌표계

해설

2D : 절대좌표, 상대좌표, (상대)극좌표, 직교좌표계
3D : 원통형 좌표, 구형좌표(구면좌표)

01 수기가공에서 사용하는 줄, 쇠톱밥, 정 등의 절삭가공용 공구에 가장 적합한 금속재료는?

① 주강　　　　② 스프링강
③ 탄소공구강　④ 쾌삭강

해설

수기가공에 사용되는 절삭공구 재질 ⇒ 탄소공구강

02 일반적인 합성수지의 공통된 성질로 가장 거리가 먼 것은?

① 가볍다.
② 착색이 자유롭다.
③ 전기절연성이 좋다.
④ 열에 강하다.

해설

합성수지의 공통된 성질
• 가볍고 튼튼하다.
• 전기 절연성이 좋다.
• 가공성이 크고 성형이 간단하다.
• 착색이 쉽고 외관이 아름답다.
• 강도·강성이 약하다.
• 고온에 사용할 수 없다(열에 약하다).

03 다음 비철 재료 중 비중이 가장 가벼운 것은?

① Cu　　　　② Ni
③ Al　　　　④ Mg

해설

Cu(8.96) > Ni(8.9) > Al(2.7) > Mg(1.74)

04 탄소강에 첨가하는 합금원소와 특성과의 관계가 틀린 것은?

① Ni – 인성 증가
② Cr – 내식성 향상
③ Si – 전자기적 특성 개선
④ Mo – 뜨임취성 촉진

해설

Mo – 뜨임취성을 방지한다.

05 철–탄소계 상태도에서 공정주철은?

① 4.3%C　　② 2.1%C
③ 1.3%C　　④ 0.86%C

해설

공정주철의 탄소(C) 함유량 ⇒ 4.3%C

06 탄소공구강의 단점을 보강하기 위해 Cr, W, Mn, Ni, V 등을 첨가하여 경도, 절삭성, 주조성을 개선한 강은?

① 주조경질합금　② 초경합금
③ 합금공구강　　④ 스테인리스강

해설

합금공구강(STS)
탄소공구강(STC)+W, Cr, V, Mo, Ni을 첨가

07 다음 중 청동의 합금 원소는?

① Cu+Fe　　② Cu+Sn
③ Cu+Zn　　④ Cu+Mg

청동 : Cu+Sn

황동 : Cu+Zn

08 베어링의 호칭 번호가 6308일 때 베어링의 안지름은 몇 mm인가?

① 35 ② 40

③ 45 ④ 50

베어링 번호가 4자리이므로 안지름(축지름)

$08 \Rightarrow 08 \times 5 = \oslash 40$

09 2KN의 짐을 들어 올리는데 필요한 볼트의 바깥지름은 몇 mm 이상이어야 하는가? (단, 볼트 재료의 허용 인장응력은 400N/cm²이다.)

① 20.2 ② 31.6

③ 36.5 ④ 42.2

$\sigma = \dfrac{P}{A}$

$400\text{N/cm}^2 = \dfrac{2,000}{A}$

$A = \dfrac{2,000}{400} = 5\text{cm}^2$

$\therefore A = \dfrac{\pi d^2}{4} = 5\text{cm}^2$

$d = \sqrt{\dfrac{4 \times 5}{\pi}} = 31.6\text{mm}$

10 테이퍼 핀의 테이퍼 값과 호칭지름을 나타내는 부분은?

① 1/100, 큰 부분의 지름

② 1/100, 작은 부분의 지름

③ 1/50, 큰 부분의 지름

④ 1/50, 작은 부분의 지름

테이퍼 핀의 테이퍼 값 : 1/50

테이퍼 핀의 호칭지름 : 작은 쪽의 지름

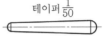

테이퍼 $\dfrac{1}{50}$

11 나사의 기호 표시가 틀린 것은?

① 미터 사다리꼴나사 : Tr

② 인치계 사다리꼴나사 : WTC

③ 유니파이 보통나사 : UNC

④ 유니파이 가는나사 : UNF

• 30° 사다리꼴나사(미터계) : TM

• 29° 사다리꼴나사(인치계) : TW

12 나사의 피치가 일정할 때 리드(lead)가 가장 큰 것은?

① 4줄 나사 ② 3줄 나사

③ 2줄 나사 ④ 1줄 나사

줄 수와 리드와의 관계

L=n×p

(단, 리드(L), 나사 줄 수(n), 피치(P))

13 원통형 코일의 스프링 지수가 9이고, 코일의 평균지름이 180mm이면 소선의 지름은 몇 mm인가?

① 9 ② 18

③ 20 ④ 27

스프링 지수$(C) = \dfrac{D}{d}$ (여기서, C=2, D=50, d=?)

$\therefore d = \dfrac{D}{C} = \dfrac{180}{9} = 20\text{mm}$

14 간헐운동(intermittent motion)을 제공하기 위해서 사용되는 기어는?

① 베벨기어　　② 헬리컬기어
③ 웜기어　　④ 제네바기어

임의의 시간 간격으로 운동과 정지를 되풀이할 수 있는 기구로 간헐운동을 제공하는 것은 래칫이나 간헐기어, 제네바기어 등 특수한 기어 등이 있다.

15 직접전동 기계요소인 홈 마찰차에서 홈의 각도(2α)는?

① $2\alpha = 10 \sim 20°$　　② $2\alpha = 20 \sim 30°$
③ $2\alpha = 30 \sim 40°$　　④ $2\alpha = 40 \sim 50°$

해설
직접전동 기계요소
기어, 마찰차(홈 마찰차의 홈 각도 $2\alpha = 30 \sim 40°$)

16 머시닝센터의 준비기능에서 X-Y평면 지정 G코드는?

① G17　　② G18
③ G19　　④ G20

해설
• G17 : X-Y평면
• G18 : Z-X평면
• G19 : Y-Z평면

17 센터리스 연삭기에서 조정숫돌의 기능은?

① 가공물의 회전과 이송
② 가공물의 지지와 이송
③ 가공물의 지지와 조절
④ 자공물의 회전과 지지

해설
조정숫돌의 기능
가공물의 회전과 이송

18 선반에서 그림과 같이 테이퍼가공을 하려 할 때, 필요한 심압대의 편위량은 몇 mm인가?

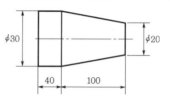

① 4　　② 7
③ 12　　④ 15

해설
심압대 편위량
$$x = \frac{(D-d)L}{2l} = \frac{(30-20) \times 140}{2 \times 100} = 7\text{mm}$$

19 일반적인 보링머신에서 작업할 수 없는 것은?

① 널링 작업　　② 리밍 작업
③ 탭핑 작업　　④ 드릴링 작업

해설
보링머신 작업
드릴링, 리밍, 태핑, 정면절삭, 밀링가공 등의 작업
널링 작업 ⇒ 선반 작업

20 선반에서 맨드릴의 종류에 속하지 않는 것은?

① 표준 맨드릴　　② 팽창식 맨드릴
③ 수축식 맨드릴　　④ 조립식 맨드릴

해설
맨드릴의 종류
표준 맨드릴, 팽창식 맨드릴, 조립식 맨드릴, 나사 맨드릴, 테이퍼 맨드릴

21 일반적으로 래핑 작업 시 사용하는 랩제로 거리가 먼 것은?

① 탄화규소　　② 산화알루미나
③ 산화크롬　　④ 흑연가루

---

14. ④　15. ③　16. ①　17. ①　18. ②　19. ①　20. ③　21. ④　**정답**

랩제의 종류
- 탄화규소(SiC) : 거친래핑
- 알루미나(Al_2O_3) : 정밀다듬질
- 산화철(Fe_2O_2)
- 다이아몬드
- 알루미늄
- 산화크롬

22 피니언 커터 또는 래크 커터를 왕복 운동시키고 공작물에 회전운동을 주어 기어를 절삭하는 창성식 기어절삭 기계는?

① 호빙머신 ② 기어 연삭
③ 기어셰이퍼 ④ 기어 플래닝

기어셰이퍼에 의한 가공 방법
공구(피니언 커터나 래크 커터를 왕복운동)+공작물 (회전운동)

23 밀링머신의 부속장치로 가공물을 필요한 각도로 등분할 수 있는 장치는?

① 슬로팅장치 ② 래크절삭장치
③ 분할대 ④ 아버

- 슬로팅장치 ⇒ 가로 또는 만능 밀링머신의 주축머리에 장착하여 슬로팅머신과 같이 절삭공구를 상하로 왕복 운동시켜 키 홈 등을 절삭하는 장치
- 래크절삭장치 ⇒ 수평 밀링머신이나 만능 밀링머신의 주축단에 장치하여 기어를 절삭하는 장치
- 아버 ⇒ 커터를 설치하는 장치로 자루 없는 커터를 고정

24 원통 외경연삭의 이송 방식에 해당하지 않는 것은?

① 플랜지 컷 방식
② 테이블 왕복식
③ 유성형 방식
④ 연삭숫돌대 방시

내경 연삭장치 종류 ⇒ 보통형, 유성형

25 절삭공구가 회전운동을 하며 절삭하는 공작기계는?

① 선반 ② 셰이퍼
③ 밀링머신 ④ 브로칭머신

- 선반 : 공작물이 회전
- 밀링 : 공구가 회전

26 이론적으로 정확한 치수를 나타낼 때 사용하는 기호로 옳은 것은?

① t= ② ( )
③ □ ④ △

- ( ) : 참고치수 : 표시하지 않아도 될 치수
- ⌀ : 원의 지름(동전 모양)
- S⌀ : 구의 지름(공 모양)
- R : 원의 반지름
- SR : 구의 반지름
- □ : 정사각형의 한 변의 치수 수치 앞에 붙인다.
- 치수 : 이론적으로 정확한 치수 : 수정하면 안 됨.
- 치수 : 치수 수치가 비례하지 않을 때, 척도에 맞지 않을 때
- C : 45° 모따기 기호
- t= : 재료의 두께

27 도면의 척도가 '1:2'로 도시되었을 때 척도의 종류는?

① 배척 ② 축척
③ 현척 ④ 비례척이 아님

- 척도는 A : B로 표시
  (A : 도면에서의 길이, B : 물체의 실제 길이)
- 축척 → 1:2, 1:5, 1:10, 1:20, 1:50 등 ∴ 1 : B
- 배척 → 2:1, 5:1, 10:1, 20:1, 50:1 ∴ A : 1

28 도면 제작과정에서 다음과 같은 선들이 같은 장소에서 겹치는 경우 가장 우선시 하여 나타내야 하는 것은?

① 절단선　　　　② 중심선
③ 숨은선　　　　④ 치수선

해설

- 선의 우선순위 ⇒ 외형선 > 숨은선 > 절단선 > 중심선 > 무게중심선 > 치수선, 치수 보조선, 지시선, 해칭선
- 도면에서 선의 굵기보다 가장 우선시 되는 것 ⇒ 치수(숫자와 기호), 문자

29 다음 등각투상도에서 화살표 방향을 정면도로 할 경우 평면도로 가장 옳은 것은?

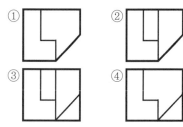

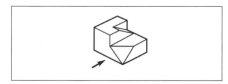

해설

삼각법으로 투상한다.

30 가공 결과 그림과 같은 줄무늬가 나타났을 때 표면의 결 도시 기호로 옳은 것은?

①
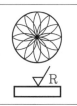

② ▽M

③ ▽X

④ ▽C

해설

줄무늬 방향 기호 (R)

R	가공에 의한 커터의 줄무늬가 기호를 기입한 면의 중심에 대하여 대략 레이디얼 모양

31 제3각법에서 정면도 아래에 배치하는 투상도를 무엇이라 하는가?

① 평면도　　　　② 좌측면도
③ 배면도　　　　④ 저면도

해설

3각법에서 6면도 배치

	평면도		
좌측면도	정면도	우측면도	배면도
	저면도		

32 가는 1점 쇄선으로 표시하지 않는 선은?

① 가상선　　　　② 중심선
③ 기준선　　　　④ 피치선

해설

- 가는 1점 쇄선 : 중심선, 기준선, 피치선
- 가는 2점 쇄선 : 가상선, 무게중심선

33 '가' 부분에 나타날 보조투상도를 가장 적절하게 나타낸 것은?

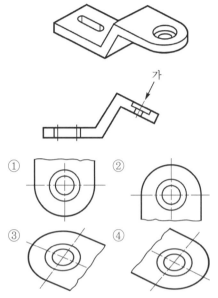

① ② ③ ④

해설

정투상도를 보조하는 투상도 중 보조투상도
경사면 부에 있는 대상물에서 그 경사면의 실형을 나타낼 필요가 있는 경우

34 우리나라의 도면에 사용되는 길이 치수의 기본적인 단위는?

① mm   ② cm
③ m   ④ inch

해설

우리나라에서 사용되는 도면의 기본 단위 ☞ mm

35 그림과 같이 표면의 결 지시기호에서 각 항목에 대한 설명이 틀린 것은?

① a : 거칠기 값
② c : 가공 여유

③ d : 표면의 줄무늬 방향
④ f : Ra가 아닌 다른 거칠기 값

해설

• f : Ra가 아닌 Ry 또는 Rz 값을 표기
• c : 기준 길이 또는 컷오프값

36 상하 또는 좌우 대칭인 물체의 1/4을 절단하여 기본 중심선을 경계로 1/2은 외부 모양, 다른 1/2은 내부 모양으로 나타내는 단면도는?

① 전단면도   ② 한쪽단면도
③ 부분단면도   ④ 회전단면도

해설

한쪽단면도(1/4단면도)
대칭 물체를 1/4 절단, 내부와 외부를 동시에 표현

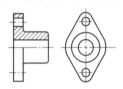

37 재료 기호가 'STS11'로 명기되었을 때 이 재료의 명칭은?

① 합금공구강 강재
② 탄소공구강 강재
③ 스프링 강재
④ 탄소 주강품

해설

• 탄소공구강(STC)
• 합금공구강(STS)

38 다음 기하공차 중 모양공차에 속하지 않는 것은?

①   ②
③   ④

단독형체 모양공차 6가지
- 진원도공차 : ◯
- 원통도공차 : ⌀
- 진직도공차 : ▬
- 평면도공차 : ▱
- 선의 윤곽도 : ⌒
- 면의 윤곽도 : ⌓

39 구멍의 최소 치수가 축의 최대 치수보다 큰 경우로 항상 틈새가 생기는 상태를 말하며, 미끄럼운동이나 회전운동이 필요한 부품에 적용하는 끼워맞춤은?

① 억지 끼워맞춤
② 중간 끼워맞춤
③ 헐거운 끼워맞춤
④ 조립 끼워맞춤

해설

헐거운 끼워맞춤(틈새) : a에 가까울수록 틈새가 커진다.
∴ 헐거운 끼워맞춤 : a~g
　중간 끼워맞춤 : h~n
　억지 끼워맞춤 : p~z

40 그림의 'b' 부분에 들어갈 기하공차 기호로 가장 옳은 것은?

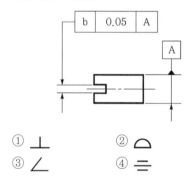

① ⊥　　② ⌓
③ ∠　　④ ═

해설

대칭도공차
지시선의 화살표로 표시한 중심면은 데이텀 중심평면 A에 대칭으로 0.05mm의 공차값 사이에 있어야 한다.

41 다음 중 국가별 표준규격기호가 잘못 표기된 것은?

① 영국 – BS　　② 독일 – DIN
③ 프랑스 – ANSI　④ 스위스 – SNV

해설

- ISO : 국제 표준화 기구
- JIS : 일본 산업규격
- BS : 영국 산업규격
- SNV : 스위스 산업규격
- KS : 한국산업규격
- ANSI : 미국 산업규격
- DIN : 독일 산업규격
- NF : 프랑스 산업규격

42 제3각법으로 표시된 다음 정면도와 우측면도에 가장 적합한 평면도는?

평면도

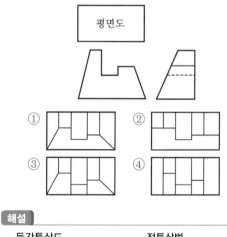

① 　　②

③ 　　④

해설

등각투상도　　　　정투상법

43 단면을 나타내는 데 대한 설명으로 옳지 않은 것은?

① 동일한 부품의 단면은 떨어져 있어도 해칭의 각도와 간격을 동일하게 나타낸다.
② 두께가 얇은 부분의 단면도는 실제 치수와 관계없이 한 개의 굵은 실선으로 도시할 수 있다.
③ 단면은 필요에 따라 해칭하지 않고 스머징으로 표현할 수 있다.
④ 해칭선은 어떠한 경우에도 중단하지 않고 연결하여 나타내야 한다.

해설
- 선의 우선순위 ⇒ 외형선 > 숨은선 > 절단선 > 중심선 > 무게중심선 > 치수선, 치수 보조선, 지시선, 해칭선
- 도면에서 선의 굵기보다 가장 우선시 되는 것 ⇒ 치수(숫자와 기호), 문자
- ∴ 치수, 문자, 기호 등을 해칭선에 나타내어야 할 경우는 해칭선을 부분 삭제할 수 있다.

44 각도의 허용한계치수 기입 방법으로 틀린 것은?

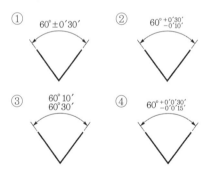

① $60° \pm 0'30'$
② $60°{}^{+0'30'}_{-0'10'}$
③ $\begin{matrix}60°\ 10'\\60°\ 30'\end{matrix}$
④ $60°{}^{+0'0'30'}_{-0'0'15'}$

해설
③번은 잘못된 표기법임(∵위치수허용차가 항상 큰 값이어야 함).

45 다음과 같은 구멍과 축의 끼워맞춤에서 최대 죔새는?

구멍 : $20\ H7 = 20{}^{+0.021}_{\ \ \ \ 0}$

축 : $20\ p6 = 20{}^{+0.035}_{+0.022}$

① 0.035
② 0.021
③ 0.014
④ 0.001

해설
- 억지 끼워맞춤(죔새) ⇒ 축 > 구멍
- 최대 죔새=축(위치수허용차 : 大) − 구멍(아래치수허용차 : 小)=0.035−0=0.035

46 기어의 잇수는 31개, 피치원지름은 62mm인 표준스퍼기어의 모듈은 얼마인가?

① 1
② 2
③ 4
④ 8

해설
$$모듈(m) = \frac{피치원의\ 지름(d)}{기어의\ 잇수(z)} = \frac{62}{31} = 2$$

47 배관 작업에서 관과 관을 이을 때 이음방식이 아닌 것은?

① 나사이음
② 플랜지이음
③ 용접이음
④ 클러치이음

해설
- 축이음 : 클러치이음, 커플링이음
- 관이음 : 나사이음, 플랜지이음, 유니온이음, 용접이음 등

48 다음 중 스프로킷 휠의 도시 방법으로 틀린 것은? (단, 축 방향에서 본 경우를 기준으로 한다.)

① 항목표에는 톱니의 특성을 나타내는 사항을 기입한다.
② 바깥지름은 굵은 실선으로 그린다.
③ 피치원은 가는 2점 쇄선으로 그린다.
④ 이뿌리원을 나타내는 선은 생략 가능하다.

기어, 스프로킷의 피치원 지름 : 가는 1점 쇄선

49 나사 표기가 다음과 같이 나타날 때 설명으로 틀린 것은?

> Tr40×14(P7) LH

① 호칭지름은 40mm이다.
② 피치는 14mm이다.
③ 왼나사이다.
④ 미터 사다리꼴나사이다.

Tr40 x 14(P7) LH
• 14 : 리드
• (P7) : 피치
• LH : 왼나사

50 구름 베어링 호칭 번호 '6203 ZZ P6'의 설명 중 틀린 것은?

① 62 : 베어링 계열 번호
② 03 : 안지름 번호
③ ZZ : 실드 기호
④ P6 : 내부 틈새 기호

• P6 : 등급 기호
• C2 : 내부틈새 기호

51 그림과 같이 가장자리(edge) 용접을 했을 때 용접 기호로 옳은 것은?

① ∨ ② Y

③ ‖‖‖ ④ ∨

① 개선각이 급격한 V형 맞대기 용접
② 넓은 루트면이 있는 V형 맞대기 용접
④ 일면 개선형 맞대기 용접

52 6각 구멍붙이 볼트 M50×2−6g에서 6g가 나타내는 것은?

① 다듬질 정도   ② 나사의 호칭지름
③ 나사의 등급   ④ 강도 구분

나사감긴 방향	나사산의 줄 수	나사의 호칭	−	나사의 등급
(오른나사) 생략	(1줄 나사) 생략	M50x2	−	6g

53 동력을 전달하거나 작용하중을 지지하는 기능을 하는 기계요소는?

① 스프링   ② 축
③ 키   ④ 리벳

• 결합용 기계요소 : 볼트/너트, 키, 핀, 코터, 리벳
• 완충용 기계요소 : 스프링

54 웜의 제도 시 피치원 도시 방법으로 옳은 것은?

① 가는 1점 쇄선으로 도시한다.
② 가는 파선으로 도시한다.
③ 굵은 실선으로 도시한다.
④ 굵은 1점 쇄선으로 도시한다.

기어, 웜, 스프로킷의 피치원 지름 ⇒ 가는 1점 쇄선

49. ② 50. ④ 51. ③ 52. ③ 53. ② 54. ① **정답**

55 다음 중 키의 호칭 방법을 옳게 나타낸 것은?

① (종류 또는 기호) (표준 번호 또는 키 명칭) (호칭 치수)×(길이)

② (표준 번호 또는 키 명칭) (종류 또는 기호) (호칭 치수)×(길이)

③ (종류 또는 기호) (표준 번호 또는 키 명칭) (길이)×(호칭 치수)

④ (표준 번호 또는 키 명칭) (종류 또는 기호) (길이)×(호칭 치수)

해설

키의 호칭 방법

규격번호 또는 명칭	호칭치수 ×길이	끝 모양의 특별 지정	재료
KS B 1311 또는 평행키	10×8×25	양끝 둥금	SM45C

56 압축하중을 받는 곳에 사용되며 주로 자동차의 현가장치, 자전거의 안장 등 충격이나 진동 완화용으로 사용되는 스프링은?

① 압축코일스프링
② 판스프링
③ 인장코일스프링
④ 비틀림코일스프링

해설

압축코일스프링

코일 중심선 방향으로 압축하중을 받는 코일스프링으로 자동차의 현가장치, 자전거의 안장 등에 충격 및 진동 완화용으로 사용된다.

57 CAD 시스템에서 기하학적 데이텀의 변환에 속하지 않는 것은?

① 이동(translation)
② 회전(rotation)
③ 스케일링(scaling)

④ 리드로잉(redrawing)

해설

• 편집기능 : 이동, 회전, 복사, 스케일링(확대, 축소), 대칭 등의 명령
• 리드로잉(redrawing) : 시각적으로 화면을 정리하는 명령

58 CAD 시스템에서 출력장치가 아닌 것은?

① 디스플레이(CRT)
② 스캐너
③ 프린터
④ 플로터

해설

• 입력장치 : 키보드, 마우스, 디지타이저와 태블릿, 조이스틱, 컨트롤 다이얼, 트랙볼, 라이트 펜
• 출력장치 : 디스플레이, 모니터, 플로터(도면용지에 출력), 프린터(잉크젯, 레이저), 하드카피장치, COM 장치

59 CPU(중앙처리장치)의 주요 기능으로 거리가 먼 것은?

① 제어기능　　② 연산기능
③ 대화기능　　④ 기억기능

해설

중앙처리장치(CPU)의 구성 요소
논리(연산)장치, 제어장치, 주기억장치(ROM, RAM)

60 정육면체, 실린더 등 기본적인 단순한 입체의 조합으로 복잡한 형상을 표현하는 방법은?

① B-rep 모델링
② CSG 모델링
③ Parametric 모델링
④ 분해 모델링

해설

모델링
• B-rep 모델링 : 입체를 둘러싸고 있는 면을 조합하여 물체로 표현하는 방법
• CSG 모델링 : 단순한 입체의 솔리드의 조합(합,차,적)으로 물체를 표현하는 방법

01 Cu와 Pb합금으로 항공기 및 자동차의 베어링메탈로 사용되는 것은?

① 양은(nickel silver)
② 켈밋(kelmet)
③ 베빗메탈(babbit metal)
④ 애드미럴티 포금(admiralty gun metal)

해설

켈밋 : 열전도가 크기 때문에 사용 중 온도가 상승하기 어렵다. 항공기·자동차 기관의 축 베어링, 커넥팅 로드 베어링 등 사용

02 다음 중 표면경화의 종류가 아닌 것은?

① 침탄법　　　② 질화법
③ 고주파경화법　④ 심냉처리법

해설

* **표면경화법 종류**
• 화학적 표면경화법 : 침탄법, 질화법, 청화법(시안화법, 액체침탄법)
• 물리적 표면경화법 : 화염경화법, 고주파경화법
* **심냉처리(서브제로처리법)** : 잔류 오스테나이트를 0℃ 이하로 냉각하여 마르텐자이트화 하는 처리방법으로 주로 게이지강에 적용한다.(질량효과를 없애기 위한 방법)

03 금속이 탄성한계를 초과한 힘을 받고도 파괴되지 않고 늘어나서 소성변형이 되는 성질은?

① 연성　　　② 취성
③ 경도　　　④ 강도

해설

• 연성 : 재료를 잡아당겼을 때 가느다란 선으로 늘어나는 성질을 말함.
• 연성이 큰 순서 : Au > Ag > Al > Cu > Pt > Pb > Zn > Fe > Ni

04 주철의 특성에 대한 설명으로 틀린 것은?

① 주조성이 우수하다.
② 내마모성이 우수하다.
③ 강보다 인성이 크다.
④ 인장강도보다 압축강도가 크다.

해설

주철의 특성
• 인장강도가 강에 비해 작다.
• 압축강도가 크다.
• 메짐성이 커서 고온에서 소성변형이 어렵다.
• 주조성(유동성)이 우수하여 복잡한 형상이 쉽게 주조된다.
• 경도(단단한 정도)가 높지만 강에 비해 강도(강하고 질긴 정도)는 낮다. 취성이 크다.
• 주철은 파면상으로 분류하면 회주철, 백주철, 반주철로 구분한다.

05 접착제, 껌, 전기절연재료에 이용되는 플라스틱의 종류는?

① 폴리초산비닐계　② 셀룰로오스계
③ 아크릴계　　　④ 불소계

해설

• 아크릴계 : 무색이고 표면이 매끈한 투명성이며, 광학 유리로 가공할 수 있다. 단단하고 인성이 있으므로 잘 깨어지지 않는다.
• 불소계 : 내열성, 내약품성, 전기 절연성 등이 뛰어나고, 특히 마찰계수가 작을 뿐만 아니라 접착·점착성이 없는 특성을 지님.
• 셀룰로오스계 : 피복제로 사용됨.

06 주조용 알루미늄합금이 아닌 것은?

① Al-Cu계　　② Al-Si계
③ Al-Zn-Mg계　④ Al-Cu-Si계

주조용 알루미늄합금
• 실루민 : Al-Si
• 하이드로날륨 : Al-Mg
• Y합금 : Al-Cu-Ni-Mg
• 라우탈 : Al-Cu-Si
• 로엑스 : Al-Si-Ni-Mg
• Al-Cu계

07 주철의 결점인 여리고 약한 인성을 개선하기 위하여 먼저 백주철의 주물을 만들고, 이것을 장시간 열처리하여 탄소의 상태를 분해 또는 소실시켜 인성 또는 연성을 증가시킨 주철은?

① 보통주철   ② 합금주철
③ 고급주철   ④ 가단주철

해설

가단주철
고탄소 주철로서 회주철과 같이 주조성이 우수한 백선 주물을 만들고 열처리함으로써 강인한 조직으로 하여 단조를 가능하게 한 주철(백심가단 주철, 흑심가단 주철, 펄라이트 가단주철)

08 인장시험에서 시험편의 절단부단면적이 14mm²이고, 시험전 시험편의 초기단면적이 20mm²일 때 단면수축률은?

① 70%   ② 80%
③ 30%   ④ 20%

해설

$$단면\ 수축률 = \frac{초기단면적 - 인장된\ 단면적}{초기단면적} \times 100$$
$$= \frac{20-14}{20} \times 100 = 30\%$$

09 나사가 축을 중심으로 한 바퀴 회전할 때 축 방향으로 이동한 거리는?

① 피치   ② 리드
③ 리드각   ④ 백래시

해설

• 피치(pitch) : 나사산과 나사산의 거리
• 리드각 : 나사곡선의 접선과 나선이 놓인 원통 축에 직각인 평면 사이에 예각을 나사곡선의 리드각이라 한다.

10 축의 원주에 많은 키를 깎은 것으로 큰 토크를 전달시킬 수 있고, 내구력이 크며 보스와의 중심축을 정확하게 맞출 수 있는 것은?

① 성크키   ② 반달키
③ 접선키   ④ 스플라인

해설

키의 종류
• 묻힘키(성크키) : 축과 보스에 모두 홈을 판다. 가장 많이 사용된다.
• 안장키(새들키) : 축은 절삭하지 않고 보스에만 홈을 판다.
• 반달키(우드러프키) : 반달키의 크기 : b × d, 축에 원호상의 홈을 판다.
• 미끄럼키(페더키) : 묻힘키의 일종으로 키는 테이퍼가 없어야 한다. 축 방향으로 보스의 이동이 가능하며 보스와 간격이 있어 회전 중 이탈을 막기 위해 고정하는 경우가 많다.
• 접선키 : 축과 보스에 축의 점선 방향으로 홈을 파서 서로 반대의 테이퍼를 120° 간격으로 2개의 키를 조합하여 끼운다.
• 평키(플랫키) : 축의 자리만 평평하게 다듬고 보스에 홈을 판다.
• 둥근키(핀키) : 축과 보스에 드릴로 구멍을 내어 홈을 만든다.
• 스플라인(사각형 이) : 축 둘레에 4~20개의 턱을 만들어 큰 회전력을 전달하는 경우 사용된다.
• 세레이션(삼각형 이) : 축에 작은 삼각형의 작은 이를 만들어 축과 보스를 고정시킨 것으로 같은 지름의 스플라인에 비해 많은 이가 있으므로 전동력이 가장 크다.

11 교차하는 두 축의 운동을 전달하기 위하여 원추형으로 만든 기어는?

① 스퍼기어   ② 헬리컬기어
③ 웜기어   ④ 베벨기어

- 두 축이 평행한 기어 : 스퍼기어, 래크와 피니언, 헬리컬기어, 내접기어
- 두 축이 교차하는 기어 : 베벨기어, 스파이럴 베벨기어
- 두 축이 평행하지도 만나지도 않는 기어 : 웜기어, 하이포이드기어

12 다음 중 전동용 기계요소에 해당되는 것은?

① 볼트와 너트　　② 리벳
③ 체인　　　　　④ 핀

전동용 기계요소
- 마찰차+마찰차
- 기어+기어
- 풀리+벨트
- 스프로킷+체인

13 롤러체인에 대한 설명으로 잘못된 것은?

① 롤러 링크와 판 링크를 서로 교대로 하여 연속적으로 연결한 것을 말한다.
② 링크의 수가 짝수이면 간단히 결합되지만, 홀수이면 오프셋 링크를 사용하여 연결한다.
③ 조립 시에는 체인의 초기장력을 가하여 스프로킷 휠과 조립한다.
④ 체인의 링크를 잇는 핀과 핀 사이의 거리를 피치라고 한다.

롤러체인의 특징
- 미끄럼 없이 일정한 속도비
- 초기장력이 필요 없다.
- 체인의 길이 신축성
- 탄성에 의한 충격 흡수

14 나사의 피치와 리드가 같다면 몇 줄 나사에 해당되는가?

① 1줄 나사　　② 2줄 나사
③ 3줄 나사　　④ 4줄 나사

줄 수와 리드와의 관계
$L=n \times p$(단, 리드(L), 나사 줄 수(n), 피치(P))
∴리드(L) : ① $L=p$,　② $L=2p$
　　　　　　③ $L=3p$,　④ $L=4p$

15 압축코일 스프링에서 코일의 평균지름이 50mm 감김 수가 10회, 스프링지수가 5일 때, 스프링 재료의 지름은 약 몇 mm인가?

① 5　　　　　　② 10
③ 15　　　　　④ 20

스프링지수$(C) = \dfrac{D}{d}$(여기서, C=5, D=50, d=?)

$\therefore \ d = \dfrac{D}{C} = \dfrac{50}{5} \equiv 10mm$

16 초경합금의 주요 성분으로 거리가 먼 것은?

① 황　　　　　② 니켈
③ 코발트　　　④ 텅스텐

초경합금=탄화텅스텐(WC)+코발트(Co) ⇒ 압축 성형 (다이아몬드에 가까운 초경질)
- 금속 탄화물의 분말형 금속 원소를 프레스로 성형한 다음 이것을 소결하여 만든 합금
- Co, Ni 등의 인성이 우수한 분말을 결합재로 사용
- 고온경도 및 강도가 양호하다.
- 경도가 높다, 고온에서 변형이 적다.
- 내마모성과 압축강도가 높다.
- WC를 주성분으로 TiC 등의 고융점 경질탄화물 분말

17 금속선의 전극을 이용하여 NC로 필요한 형상을 가공하는 방법은?

① 전주가공
② 레이저가공
③ 전자 빔가공
④ 와이어 컷 방전가공

와이어 컷 방전가공

동 또는 텅스텐 등의 가는 와이어를 이용하여 전극으로 특정 형상의 윤곽을 방전가공으로 잘라내는 방법

18 이동 방진구의 조(Jaw)는 몇 개인가?

① 5개   ② 4개

③ 2개   ④ 1개

• 이동 방진구 : 왕복대에 설치하며 조의 개수는 2개

• 고정 방진구 : 베드에 설치하며 조의 개수는 3개

19 연한숫돌에 적은 압력으로 가압하면서 가공물에 회전운동과 이송을 주며, 숫돌을 다듬질할 면에 따라 매우 작고 빠른 진동을 주는 가공법은?

① 래핑   ② 배럴

③ 액체호닝   ④ 슈퍼 피니싱

슈퍼 피니싱

• 입도가 작고 연한숫돌을 작은 압력으로 공작물 표면에 가압하면서 공작물에 이송을 주고 동시에 숫돌에 좌우로 진동을 주어 표면 거칠기를 높이는 가공법이다.

• 숫돌과 공작물의 접촉면적의 크기 때문에 매끈하며 이송자국이나 진동에 의한 변질부가 극히 작다.

• 다른 가공법보다 정밀도가 높은 면을 짧은 시간에 얻을 수 있다.

• 슈퍼 피니싱용 숫돌입자는 상대 속도가 클수록 결합도가 작은 것을 사용한다.

20 작업대 위에 설치하여 사용하는 소형의 드릴링머신은?

① 다축 드릴링머신

② 직립 드릴링머신

③ 탁상 드릴링머신

④ 레이디얼 드릴링머신

드릴링머신의 종류

• 탁상 드릴머신 : 탁상 위에 설치하여 지름 13mm 이하의 작은 드릴 구멍의 작업에 사용

• 직립 드릴링머신 : 주축역회전 장치가 있어 태핑 작업을 할 수 있다.

• 다축 드릴링머신 : 다수의 구멍을 동시에 가공하는 데 사용

• 레이디얼 드릴링머신 : 수직의 기둥을 중심으로 암을 선회시킬 수 있고 주축헤드는 암을 따라 수평으로 이동하므로 대형일감의 가공에 편리하다.

• 다두 드릴링머신 : 여러 가지 공구를 한꺼번에 주축에 장착하여 순차 적으로 '드릴링→ 리밍 → 탭핑' 작업한다.

21 브로칭머신의 크기는 어떻게 표시하는가?

① 가공 최대높이

② 브로칭의 최대폭

③ 브로칭의 최대길이

④ 최대인장력, 최대행정길이

• 브로칭머신의 크기 : 최대 인장응력과 행정으로서 표시

22 선반의 이송단위 중에서 1회전당 이송량의 단위는?

① mm/s   ② mm/rev

③ mm/min   ④ mm/stroke

mm/rev : 1회전당 이송량

23 밀링분할법의 종류에 해당되지 않은 것은?

① 단식분할법   ② 미분분할법

③ 직접분할법   ④ 차동분할법

밀링분할법의 종류

직접분할법, 단식분할법, 차동분할법, 각도분할법

24 연삭숫돌의 결합제 표시 기호와 그 내용이 틀린 것은?

① B : 비닐   ② R : 고무
③ S : 실리케이트   ④ V : 비트리파이드

연삭숫돌의 결합제
• V : 비트리파이드
• S : 실리케이트
• E : 셀락
• R : 고무
• M : 금속결합제
• B : 레지노이드

25 지름 120mm, 길이 340mm인 탄소강 둥근 막대를 초경합금 바이트를 사용하여 절삭 속도 150m/min으로 절삭하고자 할 때 회전수는 약 몇 rpm인가?

① 398   ② 498
③ 598   ④ 698

해설

• 절삭 속도 : $v = \dfrac{\pi dn}{1,000}$

• 회전수 : $n = \dfrac{1,000v}{\pi d}(\text{rpm}) = \dfrac{1,000 \times 150}{3.14 \times 120}$
$$= 398 \text{rpm}$$

26 왼쪽 입체도 형상을 오른쪽과 같이 도시할 때 표제란에 기입해야 할 각법 기호로 옳은 것은?

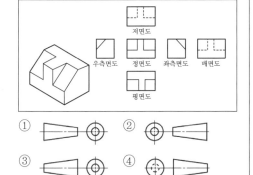

해설

3각법 (⊕◁) 배치

	평면		
좌측	정면	우측	배면
	저면		

1각법(◁⊕) 배치

	저면		
우측	정면	좌측	배면
	평면		

27 구멍의 치수가 $\varnothing 30^{+0.025}_{\ 0}$, 축의 치수가 $\varnothing 30^{+0.020}_{-0.005}$일 때 최대 죔새는 얼마인가?

① 0.030   ② 0.025
③ 0.020   ④ 0.005

해설

• 억지 끼워맞춤(죔새) ⇒ 축 > 구멍
• 최대 죔새＝축(위치수허용차 : 大) － 구멍(아래치수허용차 : 小)＝0.020－0＝0.020

28 어떤 물체를 제3각법으로 다음과 같이 투상했을 때 평면도로 옳은 것은?

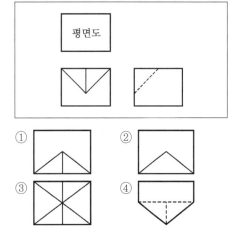

등각투상도

29 표면 거칠기 지시 기호의 기입 위치가 잘못된 것은?

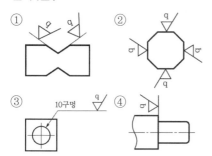

해설

④의 표면 거칠기 방향이 틀렸음.

30 가공과정에서 줄무늬가 다음과 같이 나타날 때 표면의 줄무늬 방향 지시 기호(*)로 옳은 것은?

① =
② M
③ C
④ R

해설

기호	=	⊥	×	M	C	R
설명도						
중요단어	평행	수직	두방향교차	여러방향 또는 무방향	동심원	레이디얼 또는 방사상

31 기계제도에서 사용하는 선에 대한 설명 중 틀린 것은?

① 숨은선, 외형선, 중심선이 한 장소에 겹칠 경우 그 선은 외형선으로 표시한다.
② 지시선은 가는 실선으로 표시한다.
③ 무게 중심선은 굵은 1점 쇄선으로 표시한다.
④ 대상물이 보이는 부분의 모양을 표시할 때는 굵은 실선을 사용한다.

해설

가는 2점 쇄선
무게중심선, 가상선

32 도면 작성 시 가는 2점 쇄선을 사용하는 용도로 틀린 것은?

① 인접한 다른 부품을 참고로 나타낼 때
② 길이가 긴 물체의 생략된 부분의 경계선을 나타낼 때
③ 축 제도 시 키 홈 가공에 사용되는 공구의 모양을 나타낼 때
④ 가공 전 또는 후의 모양을 나타낼 때

해설

가는 2점 쇄선의 용도
• 인접 부분을 참고로 표시할 때
• 공구, 지그 등의 위치를 참고로 나타낼 때
• 되풀이 하는 것을 나타낼 때
• 가공 전 또는 후의 모양을 표시할 때
• 가동 부분을 이동 중의 특정한 위치 또는 이동한 계의 위치로 표시할 때
• 도시된 단면의 앞쪽에 있는 부분을 표시할 때

33 다음 중 공차의 종류와 기호가 잘못 연결된 것은?

① 진원도공차 : ○
② 경사도공차 : ∠
③ 직각도공차 : ⊥
④ 대칭도공차 : ◎

모양공차
- 진직도(공차) : ▬
- 평면도(공차) : ▱
- 진원도(공차) : ○
- 원통도(공차) : ⌀
- 선의 윤곽도(공차) : ⌒
- 면의 윤곽도(공차) : ⌓

자세공차
- 평행도 : //
- 직각도 : ⊥
- 경사도 : ∠

위치공차
- 위치도(공차) : ⊕
- 동축도(공차) 또는 동심도 : ◎
- 대칭도(공차) : ⹀

흔들림공차
- 원주 흔들림(공차) : ↗
- 온 흔들림(공차) : ⫽↗

34 다음 그림에서 나타난 치수선은 어떤 치수를 나타내는가?

① 변의 길이 ② 호의 길이
③ 현의 길이 ④ 각도

(a) 변의 길이 치수

(b) 현의 길이 치수

(c) 호의 길이 치수

(d) 각도 치수

35 치수의 배치 방법 중 개별 치수를 하나의 열로서 기입하는 방법으로 일반 공차가 차례로 누적되어도 문제없는 경우에 사용하는 배치 방법은?

① 직렬 치수 기입법
② 병렬 치수 기입법
③ 누진 치수 기입법
④ 좌표 치수 기입법

- 병렬치수기입 : 한 곳을 중심으로 치수를 기입하는 방법으로 각각의 차수공차는 다른 치수의 공차에 영향을 주지 않는다.
- 누진치수기입 : 병렬치수기입과 완전히 동등한 의미를 가지면서 한 개의 연속된 치수선으로 간편하게 표시된다.
- 좌표치수기입 : 프레스 금형설계와 사출금형 설계에서 많이 사용하는 방법이다.

36 투상도의 선택 방법에 관한 설명으로 옳지 않은 것은?

① 대상물의 모양 및 기능을 가장 명확하게 표시한 면을 주투상도로 한다.
② 조립도 등 주로 기능을 표시하는 도면에서는 대상물을 사용하는 상태로 투상도를 그린다.
③ 특별한 이유가 없는 경우는 대상물을 가로 길이로 놓은 상태로 그린다.
④ 대상물의 명확한 이해를 위해 주투상도를 보충하는 다른 투상도를 되도록 많이 그린다.

주투상도(정면도)를 보충하는 다른 투상도는 필요한 투상도만 그린다.

37 제도의 목적을 달성하기 위하여 도면이 구비하여야 할 기본 요건이 아닌 것은?

① 면의 표면 거칠기, 재료 선택, 가공 방법 등의 정보
② 도면 작성법에 있어서 설계자 임의의 창의성
③ 무역 및 기술의 국제 교류를 위한 국제적 통용성
④ 대상물의 도형, 크기, 모양, 자세 위치의 정보

> **해설**
>
> 제도에서 '창의력', '주관적'이란 단어가 나오면 틀린 설명임. 도면은 KS제도법에 맞게 그려야 한다.

38 다음 투상도에서 A–A와 같이 단면했을 때 가장 올바르게 나타낸 단면도는?

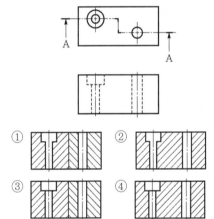

> **해설**
>
> 계단단면도

39 단면을 나타내는 방법에 대한 설명으로 옳지 않은 것은?

① 단면임을 나타내기 위해 사용하는 해칭선은 동일 부분의 단면인 경우 같은 방식으로 도시되어야 한다.
② 해칭 부위가 넓은 경우 해칭을 할 범위의 외형 부분에 해칭을 제한할 수 있다.
③ 경우에 따라 단면 범위를 매우 굵은 실선으로 강조할 수 있다.
④ 인접하는 얇은 부분의 단면을 나타낼 때는 0.7mm 이상의 간격을 가진 완전한 검은색으로 도시할 수 있다. 단 이 경우 실제 기하학적 형상을 나타내어야 한다.

> **해설**
>
> 얇은 부분의 단면은 굵은 실선으로 단면을 표시한다.

40 다음 중 재료기호와 명칭이 틀린 것은?

① SM20C : 회주철품
② SF340A : 탄소강 단강품
③ SPPS420 : 압력배관용 탄소 강관
④ PW–1 : 피아노 선

> **해설**
>
> • SM : 기계구조용 탄소강 강관
> • GC : 회주철품

41 도면의 촬영, 복사 및 도면 접기의 편의를 위한 중심마크의 선 굵기는 몇 mm인가?

① 0.1mm   ② 0.3mm
③ 0.7mm   ④ 1mm

> **해설**
>
> **중심마크**
> 도면의 마이크로필름 등으로 촬영, 복사 및 도면 철(접기)의 편의를 위하여 마련한다. 윤곽선 중앙으로부터 용지의 가장자리에 이르는 0.5mm~0.7mm 굵기로 수직한 직선이다.

42 최대 허용 치수가 구멍 50.025mm, 축 49.975 mm이며 최소 허용 치수가 구멍 50.000mm, 축 49.950mm일 때 끼워맞춤의 종류는?

① 헐거운 끼워맞춤 ② 중간 끼워맞춤
③ 억지 끼워맞춤 ④ 상용 끼워맞춤

헐거운 끼워맞춤(항상 틈새) : 구멍 > 축

43 치수선에서는 치수의 끝을 의미하는 기호로 단말기호와 기점기호를 사용하는데 다음 중 단말기호에 속하지 않는 것은?

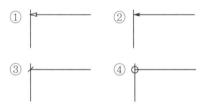

단말기호(화살표, 사선, 점으로 이루어짐)

기점기호(속이 비어있는 작은 원) : 누진치수 기입법에서 기준면에 사용하는 기호

44 다음 그림에서 ㉮부분과 ㉯부분에 두 개의 베어링을 같은 축선에 조립하고 한다. 이때 ㉮부분의 데이텀을 기준으로 ㉯부분 기하공차를 적용하고자 할 때 올바른 기하공차 기호는?

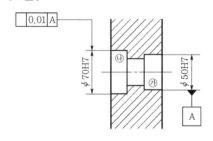

① ◎ ② ▱
③ ⟋ ④ ⊕

∅50과 ∅70의 원의 중심이 같아야 하므로 동축도 공차가 되어야 함.

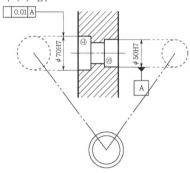

45 다음과 같이 제3각법으로 그린 정투상도를 등각투상도로 바르게 표현한 것은?

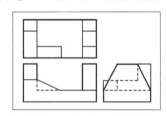

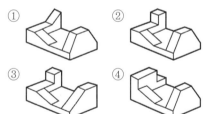

등각투상도

46 스프링의 제도에 관한 설명으로 틀린 것은?

① 코일스프링은 일반적으로 하중이 걸리지 않은 상태로 그린다.

② 코일스프링에서 특별한 단서가 없으면 오른쪽으로 감은 스프링을 의미한다.

③ 코일스프링에서 양끝을 제외한 동일 모양 부분의 일부를 생략할 때는 생략하는 부분의 선지름의 중심선을 가는 1점 쇄선으로 나타낸다.

④ 스프링의 종류와 모양만을 간략도로 나타내는 경우에는 스프링 재료의 중심선만을 가는 실선으로 그린다.

해설

코일스프링의 제도 방법
① 원칙적으로 무하중 상태에서 그린다.
② 코일스프링의 중간 부분을 생략할 때는 생략 부분을 가는 1점 쇄선, 가는 2점 쇄선으로 그린다.
③ 특별한 단서가 없는 한 모두 오른쪽 감기로 도시한다.
④ 스프링의 종류와 모양만을 간략도로 나타내는 경우에는 스프링의 중심선을 굵은 실선으로 그린다.

47 나사 제도에 관한 설명으로 틀린 것은?

① 측면에서 본 그림 및 단면도에서 나사산의 봉우리는 굵은 실선으로 골 밑은 가는 실선으로 그린다.

② 나사의 끝 면에서 본 그림에서 나사의 골 밑은 가는 실선으로 그린 원주의 3/4에 가까운 원의 일부로 나타낸다.

③ 숨겨진 나사를 표시할 때는 나사산의 봉우리는 굵은 파선, 골 밑은 가는 파선으로 그린다.

④ 나사부의 길이 경계는 보이는 경우 굵은 실선으로 나타낸다.

해설

숨겨진 나사를 표시할 때 나사산 봉우리는 보통 파선, 골 밑은 가는 파선으로 그린다.

48 스프로킷 휠의 도시 방법에 대한 설명으로 틀린 것은?

① 축 방향으로 볼 때 바깥지름은 굵은 실선으로 그린다.

② 축 방향으로 볼 때 피치원은 가는 1점 쇄선으로 그린다.

③ 축 방향으로 볼 때 이뿌리원은 가는 2점 쇄선으로 그린다.

④ 축에 직각인 방향에서 본 그림을 단면으로 도시할 때에는 이뿌리의 선은 굵은 실선으로 그린다.

해설

스프로킷 휠의 도시 방법
① 바깥지름은 굵은 실선으로 그린다.
② 피치원은 가는 1점 쇄선으로 그린다.
③ 이뿌리원은 가는 실선 또는 굵은 파선으로 그린다. (이뿌리원은 생략 가능)
④ 축에 직각 방향에서 본 그림을 단면으로 도시할 때에는 톱니를 단면으로 표시하지 않고 이뿌리선을 굵은 실선으로 그린다.
⑤ 도면에는 주로 스프로킷 소재를 제작하는 데 필요한 치수를 기입한다.

49 다음 그림과 같은 용접부의 용접지시기호로 옳은 것은?

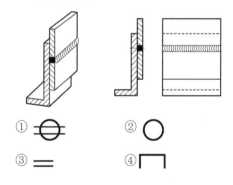

① ⊖ ② ◯

③ ═ ④ ⊔

해설

* **심용접** : 점용접을 연속으로 용접하는 방법
① 심용접
② 점용접
③ 표면접합부
④ 플러그용접

46. ④ 47. ③ 48. ③ 49. ① **정답**

50 구름베어링의 호칭이 '6203 ZZ'인 베어링의 안지름은 몇 mm인가?

① 3   ② 15
③ 17   ④ 30

해설

베어링 안지름 번호가 2자리

예) 62 00 ⇒ ∅ 10
  62 01 ⇒ ∅ 12
  62 02 ⇒ ∅ 15
  62 03 ⇒ ∅ 17
  62 04 ⇒ 04 × 5 = ∅ 20
       ·
       ·
  62 08 ⇒ 08 × 5 = ∅ 40
       ·
       ·
  62 96 ⇒ 96 × 5 = ∅ 480
  62/500 ⇒ ∅ 500
       ·
       ·

• 안지름 치수가 500mm 이상인 경우 '/안지름 치수'를 안지름 번호로 사용한다.
• 62/22 : 베어링 안지름 번호 앞에 '/'가 있으면 '/' 바로 뒤에 있는 안지름 번호가 바로 안지름이 된다.

51 다음은 어떤 밸브에 대한 도시 기호인가?

① 글로브 밸브   ② 앵글 밸브
③ 체크 밸브   ④ 게이트 밸브

해설

배관에서 밸브 종류
• ⋈ : 밸브 일반
• ▶◀ : 글로브 밸브
• ⋈ : 볼 밸브
• ⋈ : 체크 밸브
• ⋈ : 버터플라이 밸브
• ⋈ : 게이트 밸브
• ↗ : 앵글 밸브
• ⋈ , ⋈ : 안전 밸브

52 축의 도시 방법에 대한 설명 중 잘못된 것은?

① 모떼기는 길이 치수와 각도로 나타낼 수 있다.
② 축은 주로 길이 방향으로 단면도시를 한다.
③ 긴 축은 중간을 파단하여 짧게 그릴 수 있다.
④ 45° 모떼기의 경우 C로 그 의미를 나타낼 수 있다.

해설

축은 길이 방향으로 단면도시하지 않는다. 단, 필요시 부분단면으로 표시한다.

53 일반적으로 키의 호칭 방법에 포함되지 않는 것은?

① 키의 종류   ② 길이
③ 인장강도   ④ 호칭 치수

해설

키 호칭 방법

규격번호 또는 명칭	호칭치수×길이	끝 모양의 특별 지정	재료
KS B 1311 또는 평행키	10×8×25	양끝 둥금	SM45C

54 나사 표시 기호 중 틀린 것은?

① M : 미터가는나사
② R : 관용테이퍼 암나사
③ E : 전구나사
④ G : 관용평행나사

해설

관용테이퍼 나사
• 테이퍼수나사 : R
• 테이퍼암나사 : Rc
• 평행암나사 : Rp

55 스퍼기어 제도 시 축 방향에서 본 그림에서 이골원은 어느 선으로 나타내는가?

① 가는 실선　　② 가는 파선
③ 가는 1점 쇄선　④ 가는 2점 쇄선

기어 그리는 방법
• 잇봉우리원(이끝원) : 굵은 실선
• 이골원(이뿌리원) : 가는 실선(단면 시 : 굵은 실선)
• 잇줄 방향 : 보통 3개의 가는 실선

56 모듈이 2, 잇수가 30인 표준 스퍼기어의 이끝원의 지름은 몇 mm인가?

① 56　　　　② 60
③ 64　　　　④ 68

• $m = \dfrac{D}{z}$, D(피치원 지름) $= m \times z = 2 \times 30 = 60$
• 이끝원의 지름 $= D + (2 \times m)$
  $= 60 + (2 \times 2) = 64\text{mm}$

57 CAD 시스템에서 원점이 아닌 주어진 시작점을 기준으로 하여 그 점과의 거리로 좌표를 나타내는 방식은?

① 절대좌표방식
② 상대좌표방식
③ 직교좌표방식
④ 극좌표방식

• 절대좌표계 : 좌표의 원점(0, 0)을 기준으로 하여 x, y축 방향의 거리로 표시되는 좌표(x, y)
• 상대좌표계 : 마지막 점(임의의 점)에서 다음 점까지 거리를 입력하여 선 긋는 방법(@x, y)
• (상대)극좌표계 : 마지막 점에서 다음 점까지 거리와 각도를 입력하여 선 긋는 방법(@거리 < 각도)

58 CAD 작업 시 모델링에 관한 설명 중 틀린 것은?

① 3차원 모델링에는 와이어프레임, 서피스, 솔리드 모델링이 있다.
② 자동적인 체적계산을 위해서는 솔리드 모델링보다는 서피스 모델링을 사용하는 것이 좋다.
③ 솔리드 모델링은 와이어 프레임, 서피스 모델링에 비해 높은 데이터 처리 능력이 필요하다.
④ 와이어 프레임 모델링의 경우 디스플레이 된 방향에 따라 여러 가지 다른 해석이 나올 수 있다.

솔리드 모델링(solid modeling)
• 은선 제거가 가능하다.
• 물리적 성질(체적, 무게중심, 관성모멘트) 등의 계산이 가능하다.
• 간섭 체크가 용이하다.
• Boolean 연산(합, 차, 적)을 통하여 복잡한 형상 표현도 가능하다.
• 형상을 절단한 단면도 작성이 용이하다.
• 이동, 회전 등을 통하여 정확한 형상 파악을 할 수 있다.
• 유한요소법(FEM)을 위한 메시 자동분할이 가능하다.

59 다음 중 CAD 시스템의 출력장치가 아닌 것은?

① Plotte　　② Printer
③ Keyboard　④ TFT-LED

• 입력장치 : 키보드, 마우스, 디지타이저와 태블릿, 조이스틱, 컨트롤 다이얼, 트랙볼, 라이트 펜
• 출력장치 : 디스플레이, 모니터, 플로터(도면용지에 출력), 프린터(잉크젯, 레이저), 하드카피장치, COM 장치

60 컴퓨터에서 CPU와 주기억장치 간의 데이터 접근 속도 차이를 극복하기 위해 사용하는 고속의 기억장치는?

① cache memory
② associative memory
③ destructive memory
④ nonvolatile memory

해설

cache memory
컴퓨터에서 CPU와 주변기기 간의 속도 차이를 극복하기 위하여 두 장치 사이에 존재하는 보조기억장치

01 다음 중 표면을 경화시키기 위한 열처리 방법이 아닌 것은?

① 풀림　　　　② 침탄법
③ 질화법　　　④ 고주파경화법

해설

표면경화법 종류
• 화학적 표면경화법
　⇒ 침탄법, 질화법, 청화법(시안화법, 액체침탄법)
• 물리적 표면경화법
　⇒ 화염경화법, 고주파경화법

02 강재의 크기에 따라 표면이 급랭되어 경화하기 쉬우나 중심부에 갈수록 냉각 속도가 늦어져 경화량이 적어지는 현상은?

① 경화능　　　② 잔류응력
③ 질량효과　　④ 노치효과

해설

• 경화능 : 열처리에서 마르텐자이트의 형성으로 인해 경화되는 능력
• 잔류응력 : 외력이 없는 상태에서 금속 내부에 남아 있는 응력
• 노치효과 : 재료에 있어서 작은 노치가 있으면 그것이 없는 경우보다 작은 힘으로 파손되는 현상

03 소결 초경합금 공구강을 구성하는 탄화물이 아닌 것은?

① WC　　　　② TiC
③ TaC　　　　④ TMo

해설

초경합금(소결합금)
금속탄화물(WC, TIC, Tac)을 프레스로 성형 소결시킨 합금으로 최근 고속절삭에 널리 쓰인다.

04 다음 중 합금공구강의 KS 재료 기호는?

① SKH　　　　② SPS
③ STS　　　　④ GC

해설

재료의 성분과 특징
• 탄소공구강(STC) : 탄소량 0.6~1.5% 함유
　⇒ 줄, 쇠톱, 정, 펀치의 재료
• 합금공구강(STS) : STC+W, Cr, V, Mo, Ni을 첨가
• 고속도강(SKH) : 표준형고속도강
　⇒ C(0.8%)+W(18%)+Cr(4%)+V(1%)

05 구리에 니켈 40~50% 정도를 함유하는 합금으로서 통신기, 전열선 등의 전기저항 재료로 이용되는 것은?

① 인바　　　　② 엘린바
③ 콘스탄탄　　④ 모넬메탈

해설

니켈합금의 종류
① 니켈-구리계 합금
　• 콘스탄탄(constantan)=구리(Cu) + Ni(40~45%)
　　⇒ 통신 기재, 저항선, 전열선(자동차 히터) 등으로 사용된다.
　• 모넬메탈(Monel metal)=구리(Cu)+Ni(60~70%)
　　⇒ 내열 및 내식성이 우수하므로 터빈 날개, 펌프 임펠러 등의 재료로 사용
② 니켈-철계 합금
　• 인바(Invar) ⇒ 측량 기구, 표준 기구, 시계추, 바이메탈 등에 사용된다.
　• 엘린바(Elinvar) = 인바 + 12% 크롬(철-니켈-크롬 합금) ⇒ 온도 변화에 따른 탄성 계수의 변화가 거의 없으므로 정밀 계측기기, 전자기 장치, 각종 정밀 부품 등에 사용된다.

1. ①　2. ③　3. ④　4. ③　5. ③　**정답**

06 구리에 아연이 5~20% 첨가되어 전연성이 좋고 색깔이 아름다워 장식품에 많이 쓰이는 황동은?

① 포금   ② 톰백
③ 문쯔메탈   ④ 7:3

포금 : $Sn(8\sim12\%)$ + $Zn(1\sim2\%)$
③ 6 : 4 황동(문쯔메탈) : 델타메탈, 네이벌 황동, 납 황동(쾌삭황동)
④ 7 : 3 황동 : 애드미럴티 황동＝7 : 3황동 + Sn(1%), 양은(니켈실버, 니켈황동)＝7 : 3황동 + Ni(15~20%)

07 Fe-C 상태도에서 온도가 낮은 것부터 일어나는 순서가 옳은 것은?

① 포정점 → A_2 변태점 → 공석점 → 공정점
② 공석점 → A_2 변태점 → 공정점 → 포정점
③ 공석점 → 공정점 → A_2 변태점 → 포정점
④ 공정점 → 공석점 → A_2 변태점 → 포정점

• 공석점 : 723℃
• 자기변태점(A_2변태점) : 768℃
• 공정점 : 1,130℃
• 포정점 : 1,495℃

08 다음 중 축 중심에 직각 방향으로 하중이 작용하는 베어링을 말하는 것은?

① 레이디얼 베어링(radial bearing)
② 스러스트 베어링(thrust bearing)
③ 원뿔 베어링(cone bearing)
④ 피벗 베어링(pivot bearing)

하중이 작용하는 방향에 따라
• 스러스트 베어링 : 힘의 방향과 축의 방향이 같은 방향
• 레이디얼 베어링 : 힘의 방향과 축의 방향이 직각

09 리벳팅이 끝난 뒤에 리벳머리의 주위 또는 강판의 가장자리를 정으로 때려 그 부분을 밀착시켜 틈을 없애는 작업은?

① 시밍   ② 코킹
③ 커플링   ④ 해머링

리벳팅 후 작업 방법
• 코킹(Caulking) : 보일러와 같이 기밀을 필요로 할 때 리벳 작업이 끝난 뒤에 리벳머리 주위와 강판의 가장자리를 정과 같은 공구로 때리는 작업
• 풀러링(Fullering) : 코킹 작업 후 기밀을 완전하게 유지하기 위한 작업으로 강판과 같은 너비의 풀러링 공구로 때려 붙이는 작업

10 나사에서 리드(lead)의 정의를 가장 옳게 설명한 것은?

① 나사가 1회전 했을 때 축 방향으로 이동한 거리
② 나사가 1회전 했을 때 나사산상의 1점이 이동한 원주거리
③ 암나사가 2회전 했을 때 축 방향으로 이동한 거리
④ 나사가 1회전 했을 때 나사산상의 1점이 이동한 원주각

리드(lead)
1회전시켰을 때 축 방향으로 이동한 거리
$\Rightarrow l = n \times p$ 여기서, (l : 리드, n : 줄 수, p : 피치)

11 다음 중 자동하중브레이크에 속하지 않는 것은?

① 원추 브레이크
② 웜 브레이크
③ 캠 브레이크
④ 원심 브레이크

해설

자동하중브레이크
하물을 감아올릴 때는 제동 작용을 하지 않고 내릴 때
는 하물자중에 의해 브레이크 작용을 한다.

자동하중브레이크의 종류
- 나사 브레이크
- 원심 브레이크
- 웜 브레이크

12 외부 이물질이 나사의 접촉면 사이의 틈새
나 볼트의 구멍으로 흘러나오는 것을 방지
할 필요가 있을 때 사용하는 너트는?

① 홈붙이 너트
② 플랜지 너트
③ 슬리브 너트
④ 캡 너트

해설

- 홈붙이 너트 : 특수 너트의 일종으로 너트의 풀림을
억제하기 위해 너트 머리 부분에 방사상(放射狀)의
홈을 파고, 미리 볼트 나사부에 뚫린 작은 구멍에 이
홈을 맞추고 분할 핀을 꽂아 고정시키는 너트
- 플랜지 너트 : 6각의 대각선거리보다 큰 지름의 자리
면이 달린 너트로서 볼트 구멍이 클 때, 접촉면을 거
칠게 다듬질 했을 때 또는 큰 면압을 피하려고 할 때
쓰이는 너트(Nut)
- 슬리브 너트 : 통 모양의 길쭉한 너트

13 모듈이 2이고 잇수가 각각 36, 74개인 두
기어가 맞물려 있을 때 축간 거리는 약 몇
mm인가?

① 100mm
② 110mm
③ 120mm
④ 130mm

해설

$$중심거리 = \frac{D_1 + D_2}{2} = \frac{m(Z_1 + Z_2)}{2}$$
$$= \frac{2(36 + 74)}{2} = 110mm$$

14 축에 작용하는 비틀림 토크가 2.5KN이고
축의 허용전단응력이 49MPa일 때 축 지름
은 약 몇 mm 이상이어야 하는가?

① 24
② 36
③ 48
④ 64

해설

- $T = Z_p \times \tau, \ Z_p = \dfrac{\pi d^3}{16}$

$Z_p = \dfrac{T}{\tau} = \dfrac{2,500N}{49MPa}$

$\therefore \ d^3 = \dfrac{16 \times 2,500}{\pi \times 49}$

$d = 64$

15 다음 중 하중의 크기 및 방향이 주기적으로
변화하는 하중으로서 양진하중을 말하는
것은?

① 집중하중
② 분포하중
③ 교번하중
④ 반복하중

해설

- 집중하중 : 한 점이나 아주 좁은 면적에 집중적으로
작용하는 하중
- 분포하중 : 힘의 크기가 균일하게 분포하여 작용하는
하중
- 반복하중 : 힘의 방향은 변하지 않고 연속하여 반복
적으로 작용하는 하중

16 고속회전 및 정밀한 이송기구를 갖추고 있
어 정밀도가 높고 표면 거칠기가 우수한 실
린더나 커넥팅로드 등을 가공하며, 진원도
및 진직도가 높은 제품을 가공하기에 가장
적합한 보링머신은?

① 수직 보링머신
② 수평 보링머신
③ 정밀 보링머신
④ 코어 보링머신

해설

정밀식 보링머신
정밀가공(다이아몬드, 초경합금 바이트 사용)

17 구성인선의 생성과정 순서가 옳은 것은?

① 발생 → 성장 → 분열 → 탈락
② 분열 → 탈락 → 발생 → 성장
③ 성장 → 분열 → 탈락 → 발생
④ 탈락 → 발생 → 성장 → 분열

해설

구성인선(built-up edge)의 발생순서
발생 → 성장 → 분열 → 탈락

18 래크형 공구를 사용하여 절삭하는 것으로 필요한 관계운동은 변환기어에 연결된 나사봉으로 조절하는 것은?

① 호빙머신
② 마그 기어셰이퍼
③ 베벨기어 절삭기
④ 펠로스 기어셰이퍼

해설

기어셰이퍼
피니언 또는 랙(rack)형 커터와 기어의 소재에 그 피치원 또는 피치선이 구름 접촉을 하도록 상대 운동을 시키면서 커터에 왕복 절삭 운동을 시켜 기어 절삭을 하는 형식의 기어 절삭 전용 기계

기어셰이퍼의 종류
• 펠로스 기어 셰이퍼 : 피니언 커터를 사용하여 기어를 절삭하는 기어 가공기어 모양의 밀링 커터(피니언 커터)를 상하 왕복 운동을 시켜 기어 절삭 가공을 하는 기계
• 마그 기어셰이퍼 : 래크에 상당하는 바이트와 피니언에 상당하는 기어 소재에 서로 맞물리는 운동을 주어, 치형을 만들어 내는 기어 절삭 가공을 하는 기계

19 윤활제의 급유 방법에서 작업자가 급유 위치에 급유하는 방법은?

① 컵 급유법   ② 분무 급유법
③ 충진 급유법   ④ 핸드 급유법

해설

윤활제의 급유 방법
• 핸드 급유법 : 작업자가 급유 위치에 급유하는 방법으로 급유가 불완전하고 윤활유의 소비가 많다.

• 적하 급유법 : 마찰면이 넓거나 시동되는 횟수가 많을 때, 연속적으로 적당한 양의 기름을 윤활면에 보내는 방법
• 오일링 급유법 : 축보다 큰 링이 축에 걸쳐져 회전하며 오일 통에서 링으로 급유한다.
• 분무 급유법 : 액체 상태의 기름에 압축공기를 이용하여 분무시켜 공급하는 방법

20 수나사를 가공하는 공구는?

① 정   ② 탭
③ 다이스   ④ 스크레이퍼

해설

• 수나사를 가공하는 공구 : 다이스
• 암나사를 가공하는 공구 : 탭

21 선반에서 절삭저항의 분력 중 탄소강을 가공할 때 가장 큰 절삭저항은?

① 배분력   ② 주분력
③ 횡분력   ④ 이송분력

해설

절삭저항의 3분력 크기
주분력 > 배분력 > 이송분력

22 구멍이 있는 원통형 소재의 외경을 선반으로 가공할 때 사용하는 부속장치는?

① 면판   ② 돌리개
③ 맨드릴   ④ 방진구

해설

• 면판 : 척으로 고정할 수 없는 대형공작물이나 불규칙한 일감 고정에 앵글플레이트, 볼트, 중심추와 함께 사용
• 돌리개 : 양 센터 작업 시 사용하는 것으로 굽힘 돌리개를 가장 많이 사용
• 방진구 : 가늘고 긴 공작물 가공 시 사용

23 브로칭 머신으로 가공할 수 없는 것은?

① 스플라인 홈
② 베어링용 볼
③ 다각형의 구멍
④ 둥근 구멍 안의 키 홈

해설
• 브로칭 머신 : 일감의 내면이나 외면을 1회 통과시켜 가공하는 공작기계
• 베어링용 볼은 구이므로 브로칭 머신으로 가공 못함.

24 밀링에서 절삭 속도 20m/min, 커터 지름 50mm, 날 수 12개, 1날 당 이송을 0.2mm로 할 때 1분간 테이블 이송량은 약 몇 mm인가?

① 120   ② 220
③ 306   ④ 404

해설
• $n = \dfrac{1,000v}{\pi d} = \dfrac{1,000 \times 20}{\pi \times 50} = 127.38 \text{rpm}$
• 테이블 이송속도(mm/min)
  $f = fz \times z \times n$
  $= 0.2 \times 12 \times 127.38$
  $\fallingdotseq 306 \text{mm/min}$

25 다음 숫돌바퀴 표시 방법에서 60이 나타내는 것은?

WA 60 K 5 V

① 입도   ② 조직
③ 결합도   ④ 숫돌 입자

해설
연삭숫돌의 표시 방법

연삭 입자 (WA)	-	입도 (60)	-	결합도 (K)	-	조직 (5)	-	결합제 (V)

26 그림과 같이 표면의 결 도시 기호가 지시되었을 때 표면의 줄무늬 방향은?

① 가공으로 생긴 선이 거의 동심원
② 가공으로 생긴 선이 여러 방향
③ 가공으로 생긴 선이 방향이 없거나 돌출됨
④ 가공으로 생긴 선이 투상면에 직각

해설
줄무늬 방향 기호 6가지
• = : 평행
• ⊥ : 직각
• X : 두 방향 교차
• M : 여러 방향 교차 또는 무방향
• C : 동심원 모양
• R : 레이디얼 모양 또는 방사상 모양

27 다음 중 도면에 기입되는 치수에 대한 설명으로 옳은 것은?

① 재료 치수는 재료를 구입하는데 필요한 치수로 잘림 여유나 다듬질 여유가 포함되어 있지 않다.
② 소재 치수는 주물 공장이나 단조공장에서 만들어진 그대로의 치수를 말하며 가공할 여유가 없는 치수이다.
③ 마무리 치수는 가공 여유를 포함하지 않은 치수로 가공 후 최종으로 검사할 완성된 제품의 치수를 말한다.
④ 도면에 기입되는 치수는 특별히 명시하지 않는 한 소재 치수를 기입한다.

해설
• 재료 치수 ⇒ 잘림 여유나 다듬질 여유가 포함되어 있어야 한다.
• 소재 치수 ⇒ 가공여유가 포함된 치수를 말한다.
• 도면에 기입되는 치수는 마무리 치수(완성치수, 다듬질 치수)이다.

28 다음 도면의 제도 방법에 관한 설명 중 옳은 것은?

① 도면에는 어떠한 경우에도 단위를 표시할 수 없다.
② 척도를 기입할 때 A:B로 표기하며, A는 물체의 실제크기, B는 도면에 그려지는 크기를 표시한다.
③ 축척, 배척으로 제도 했더라도 도면의 치수는 실제치수를 기입해야 한다.
④ 각도 표시는 항상 도, 분, 초(°, ′, ″) 단위로 나타내야 한다.

해설

① 도면에는 기본은 mm 단위를 사용하고 단위는 생략하지만 필요에 따라 치수 뒤에 단위 사용.
② 척도를 기입할 때 A : B로 표기하며, A는 도면에 그려지는 크기, B는 물체의 실제크기 표시
④ 각도 표시는 필요에 따라 도, 분, 초(°, ′, ″) 단위로 표시

29 얇은 부분의 단면 표시를 하는데 사용하는 선은?

① 아주 굵은 실선
② 불규칙한 파형의 가는 실선
③ 굵은 1점 쇄선
④ 가는 파선

해설

아주 굵은 실선
얇은 부분의 단면표시(형강, 개스킷, 얇은 판)

30 다음 중 치수와 같이 사용하는 기호가 아닌 것은?

① SØ   ② SR
③ ⊠   ④ □

해설

• SØ : 구의 지름
• SR : 구의 반지름
• □ : 정사각형의 한 변 길이

31 기계 제도의 표준 규격화의 의미로 옳지 않은 것은?

① 제품의 호환성 확보
② 생산성 향상
③ 품질 향상
④ 제품 원가 상승

해설

제도의 표준 규격화의 의미
제품의 호환성 확보, 생산성 향상, 품질향상, 제조 원가 낮춤.

32 핸들이나 암, 리브, 축 등의 절단면을 90° 회전시켜서 나타내는 단면도는?

① 부분단면도
② 회전도시단면도
③ 계단단면도
④ 조합에 의한 단면도

해설

• 부분단면도 : 파단선을 이용하여 필요한 부분만 단면으로 표시
• 계단단면도 : 계단 모양으로 물체를 절단하여 나타냄
• 조합단면도 : 절단면을 두 개 이상 표시하여 단면도를 같은 평면으로 그리는 것

33 다음 기하공차의 기호 중 위치도공차를 나타내는 것은?

① ↗   ② ↗↗
③ ⊕   ④ ⌀

해설

• 원주흔들림공차 : ↗
• 온흔들림공차 : ↗↗
• 위치도공차 : ⊕
• 원통도공차 : ⌀

34 다음 그림의 치수 기입에 대한 설명으로 틀린 것은?

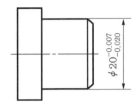

① 기준 치수는 지름 20이다.
② 공차는 0.013이다.
③ 최대 허용치수는 19.93이다.
④ 최소 허용치수는 19.98이다.

기준 치수 (∅20)	+	위치수허용차 (−0.007)	=	최대허용한계치수 (19.993)
	+	아래치수허용차 (−0.020)	=	최소허용한계치수 (19.980)

35 그림에서 나타난 정면도와 평면도에 적합한 좌측면도는?

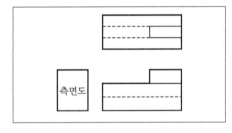

등각투상도

36 제도 표시를 단순화하기 위해 공차 표시가 없는 선형 치수에 대해 일반 공차를 4개의 등급으로 나타낼 수 있다. 이 중 공차 등급이 '거침'에 해당하는 호칭 기호는?

① c   ② f
③ m   ④ v

일반(보통)공차 기입에서 공차의 등급에 의한 기호 4가지
• f : 정밀급
• m : 보통급
• c : 거친급
• v : 아주 거친급

37 표면 거칠기 지시 기호가 옳지 않은 것은?

①   ②
③   ④

• 제거가공을 필요로 하는 지시
• 제거가공의 여부를 묻지 않음.
• 제거가공을 해서는 안됨을 지시

38 다음 기호가 나타내는 각법?

① 제1각법
② 제2각법
③ 제3각법
④ 제4각법

③ $29\mu m$ ④ $10\mu m$

• 헐거운 끼워맞춤(틈새) ⇒ 구멍 > 축

구멍 : $\varnothing 55^{+0.030(大)}_{+0.000(小)}$, 축 : $\varnothing 55^{-0.010(大)}_{-0.029(小)}$

• 최대틈새＝구멍(大) － 축(小)

＝0.030－(－0.029)

＝0.059mm＝59μm

해설

• 1각법 기호 • 3각법 기호

39 다음과 같이 도면에 기입된 기하공차에서 0.011이 뜻하는 것은?

//	0.011	A
	0.05/200	

① 기준길이에 대한 공차값
② 전체길이에 대한 공차값
③ 전체길이 공차값에서 기준길이 공차값을 뺀 값
④ 누진 치수 공차값

해설

//	0.011	A	⇒
	0.05/200		

평행도	형체의 전체 길이에 대한 공차값	데이텀
	지정 길이의 공차값/지정 길이	

40 다음 중 다이캐스팅용 알루미늄 합금 재료 기호는?

① AC1B ② ZDC1
③ ALDC3 ④ MGC1

해설

• AC1B : 알루미늄 주물 재료
• ZDC1 : 아연 합금 다이캐스팅
• ALDC3 : 다이캐스팅용 알루미늄 합금 재료

41 구멍 $\varnothing$55H7, 축 $\varnothing$55g6인 끼워맞춤에서 최대 틈새는 몇 μm인가? (단, 기준 치수 $\varnothing$55에 대하여 H7의 위치수허용차는 +0.030, 아래치수허용차는 0이고, g6의 위치수허용차는 −0.010, 아래치수허용차는 −0.029이다.)

① $40\mu m$ ② $59\mu m$

42 투상도를 나타내는 방법에 대한 설명으로 옳지 않은 것은?

① 형상의 이해를 위해 주투상도를 보충하는 보조투상도를 되도록 많이 사용한다.
② 주투상도에는 대상물의 모양, 기능을 가장 명확하게 표시하는 면을 그린다.
③ 특별한 이유가 없는 경우 주투상도는 가로 길이로 놓은 상태로 그린다.
④ 서로 관련되는 그림의 배치는 되도록 숨은선을 쓰지 않는다.

해설

주투상도를 보충하는 투상도는 형상이 이해되는 만큼만 사용하고 투상도 수가 적을수록 좋다.

43 제3각법으로 투상한 그림과 같은 정면도와 우측면도에 적합한 평면도는?

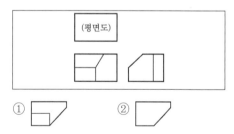

해설

등각투상도

44 도면 작성 시 선이 한 장소에 겹쳐서 그려야 할 경우 나타내야 할 우선순위로 옳은 것은?

① 외형선 > 숨은선 > 중심선 > 무게중심선> 치수선
② 외형선 > 중심선 > 무게중심선 > 치수선 > 숨은선
③ 중심선 > 무게중심선 > 치수선 > 외형선 > 숨은선
④ 중심선 > 치수선 > 외형선 > 숨은선 > 무게중심선

해설

- 한 곳에 2개 이상의 선이 겹칠 때 선의 우선순위 ⇒ 외형선 > 숨은선 > 절단선 > 중심선 > 무게중심선 > 치수선
- 선보다 더 우선시 되는 것 ⇒ 기호, 문자, 숫자

45 가는 1점 쇄선으로 끝부분 및 방향이 변하는 부분을 굵게 한 선의 용도에 의한 명칭은?

① 파단선 ② 절단선
③ 가상선 ④ 특수 지시선

해설

- 파단선 : 가는 실선
- 가상선 : 가는 2점 쇄선
- 특수지시선 : 굵은 1점 쇄선

46 미터 보통 나사에서 수나사의 호칭 지름은 무엇을 기준으로 하는가?

① 유효지름 ② 골지름
③ 바깥지름 ④ 피치원지름

해설

- 미터나사의 수나사와 암나사의 호칭지름 =수나사의 바깥지름

47 스프로킷 휠의 도시 방법에서 단면으로 도시할 때 이뿌리원은 어떤 선으로 표시하는가?

① 가는 1점 쇄선 ② 가는 실선
③ 가는 2점 쇄선 ④ 굵은 실선

해설

- 이뿌리원을 단면으로 도시할 때 ⇒ 굵은 실선
- 이뿌리원이 단면으로 도시되지 않을 때 ⇒ 가는 실선

48 평행 핀의 호칭이 다음과 같이 나타났을 때 이 핀의 호칭지름은 몇 mm인가?

KS B ISO 2338－8 m6×30－Al

① 1mm ② 6mm
③ 8mm ④ 30mm

해설

KS B ISO 2338	－	8	m6	x	30	－	Al
규격번호 및 명칭		호칭 지름	허용차		길이		재질

49 구름베어링의 호칭 기호가 다음과 같이 나타날 때 이 베어링의 안지름은 몇 mm인가?

6026 P6

① 26 ② 60
③ 130 ④ 300

해설

- 안지름 번호가 "26"이므로 ⇒ 26×5=130mm

50 용접 기호에서 그림과 같은 표시가 있을 때 그 의미는?

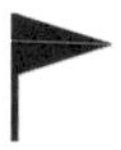

① 현장용접
② 일주용접
③ 매끄럽게 처리한 용접
④ 이면판재 사용한 용접

해설

- : 현장용접
- : 용접부재의 전체를 둘러서 용접할 때 원으로 표시한다.

44. ① 45. ② 46. ③ 47. ④ 48. ③ 49. ③ 50. ① 정답

51 스퍼기어의 도시법에 관한 설명으로 옳은 것은?

① 피치원은 가는 실선으로 그린다.
② 잇봉우리원은 가는 실선으로 그린다.
③ 축에 직각인 방향에서 본 그림을 단면으로 도시할 때 이골의 선은 가는 실선으로 표시한다.
④ 축방향에서 본 이골원은 가는 실선으로 표시한다.

해설

• 피치원 ⇒ 가는 1점 쇄선
• 잇봉우리원 ⇒ 굵은 실선
• 이골의선(이뿌리원) 단면 시 ⇒ 굵은 실선

52 나사의 도시 방법에 관한 설명 중 틀린 것은?

① 수나사와 암나사의 골 밑을 표시하는 선은 가는 실선으로 그린다.
② 완전 나사부와 불완전 나사부의 경계선은 가는 실선으로 그린다.
③ 불완전 나사부는 기능상 필요한 경우 혹은 치수 지시를 하기 위해 필요한 경우 경사된 가는 실선으로 표시한다.
④ 수나사와 암나사의 측면도시에서 각각의 골지름은 가는 실선으로 약 3/4에 거의 같은 원의 일부로 그린다.

해설

완전나사부와 불완전나사부의 경계선은 굵은 실선으로 그린다.

53 그림에서 도시된 기호는 무엇을 나타낸 것인가?

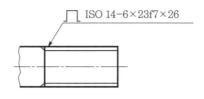

① 사다리꼴나사   ② 스플라인
③ 사각나사   ④ 세레이션

해설

• 스플라인 ⇒ 큰 동력을 전달하고자 할 때, 축으로부터 직접 여러 줄의 키(key)를 절삭하여, 축과 보스(boss)가 슬립 운동을 할 수 있도록 한 것

54 다음에 설명하는 캠은?

• 원동절의 회전운동을 종동절의 직선운동으로 바꾼다.
• 내연기관의 흡배기 밸브를 개폐하는데 많이 사용한다.

① 판 캠   ② 원통 캠
③ 구면 캠   ④ 경사판 캠

해설

• 원통 캠 : 기계의 구조상 캠의 회전축을 종동절과 평행하게 하고자 할 때 사용되는 캠으로 원통 위의 안내 홈으로써 캠의 형상을 형성한다. 공작기계에 주로 사용한다. 안내 홈에 맞물리는 종동절의 종류에 따라 좌우왕복운동 혹은 요동운동을 한다. 회전운동 → 좌우 한정 왕복운동
• 구면 캠 : 구의 표면에 안내 홈을 가공한 캠으로 종동절에 좌우 요동운동을 일으킨다. 회전운동 → 좌우 한정 요동운동
• 경사판 캠 : 경사판을 회전시키면 종동절은 상하운동을 한다.

55 표준 스퍼기어에서 모듈이 4이고, 피치원 지름이 160mm일 때, 기어의 잇수는?

① 20   ② 30
③ 40   ④ 50

해설

피치원의 지름(D) = 모듈(m) × 잇수(Z)

$$\therefore \ Z = \frac{D}{m} = \frac{160}{4} = 40$$

56 다음 중 파이프의 끝부분을 표시하는 그림 기호가 아닌 것은?

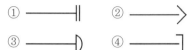

① ————‖	② ————→
③ ————ᗡ	④ ————ᒣ

해설

① 막힌 플랜지
③ 용접식 캡
④ 나사 박음식 캡 및 나사 박음식 플러그

57 CAD 시스템의 기본적인 하드웨어 구성으로 거리가 먼 것은?

① 입력장치　　② 중앙처리장치
③ 통신장치　　④ 출력장치

해설

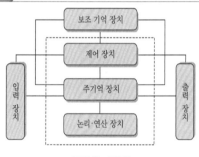

중앙처리장치

58 컴퓨터의 처리 속도 단위 중 ps(피코초)란?

① 10^{-3}초　　② 10^{-6}초
③ 10^{-9}초　　④ 10^{-12}초

해설

컴퓨터 처리 속도 단위
• 밀리초(ms) (1ms = 10^{-3}초)
• 마이크로초(μs) (1μs = 10^{-6}초)
• 나노초(ns) (1ns = 10^{-9}초)
• 피코초(ps) (1ps = 10^{-12}초) ⇒ 처리 속도가 가장 빠름

59 다른 모델링과 비교하여 와이어프레임 모델링의 일반적인 특징을 설명한 것 중 틀린 것은?

① 데이터의 구조가 간단하다.
② 처리 속도가 느리다.
③ 숨은선을 제거할 수 없다.
④ 체적 등의 물리적 성질을 계산하기가 용이하지 않다.

해설

와이어프레임(wire frame) 모델링
• 데이터의 구성이 간단하다(∴ 처리 속도가 빠르다).
• 모델작성을 쉽게 할 수 있다.
• 3면 투시도의 작성이 용이하다.
• 은선 제거가 불가능하다.
• 단면도 작성이 불가능하다.

60 좌표방식 중 원점이 아닌 현재 위치, 즉 출발점을 기준으로 하여 해당위치까지의 거리로 그 좌표를 나타내는 방식은?

① 절대 좌표 방식
② 상대 좌표 방식
③ 직교 좌표 방식
④ 원통 좌표 방식

해설

절대 좌표계	상대 좌표계	상대극 좌표계
좌표의 원점(0, 0)을 기준으로 하여 x, y 축 방향의 거리로 표시되는 좌표	마지막 점(임의의 점)에서 다음 점까지 거리를 입력하여 선 긋는 방법	마지막 점에서 다음 점까지 거리와 각도를 입력하여 선 긋는 방법
x, y	@x, y	@거리 < 각도

• 문제에서 원점이 아닌 현재 위치는 임의의 점을 말함.

01 절삭공구로 사용되는 재료가 아닌 것은?

① 페놀 ② 서멧
③ 세라믹 ④ 초경합금

해설

절삭공구 재료
탄소공구강, 합금공구강, 고속도강, 주소합금, 세라믹, 초경합금, 서멧, 다이아몬드공구 등

02 철강의 열처리 목적으로 틀린 것은?

① 내부의 응력과 변형을 증가시킨다.
② 강도, 인성, 내마모성 등을 향상시킨다.
③ 표면을 경화시키는 등의 성질을 변화시킨다.
④ 조직을 미세화하고 기계적 특성을 향상시킨다.

해설

열처리 목적
• 경도, 연성, 강도, 인성 등의 기계적 성질 향상
• 가공성 증대
• 균질화 및 미세화
• 내식성 향상 등
• 내부 응력과 변형을 제거

03 상온이나 고온에서 단조성이 좋아지므로 고온가공이 용이하며 강도를 요하는 부분에 사용하는 황동은?

① 톰백 ② 6-4황동
③ 7-3황동 ④ 함석황동

해설

• 6(Cu) : 4(Zn)황동 ⇒ 인장강도가 최대
• 7(Cu) : 3(Zn)황동 ⇒ 연신율이 최대

04 황동에 철 1~2%를 첨가함으로써 강도와 내식성이 향상되어 광산기계, 선박용 기계, 화학기계 등에 사용되는 특수 황동은?

① 쾌삭메탈
② 델타메탈
③ 네이벌 황동
④ 애드미럴티 황동

해설

델타메탈 ⇒ 6 : 4황동+Fe(1~2%)

05 탄소강에 함유되는 원소 중 강도, 연신율, 충격치를 감소시키며 적열취성의 원인이 되는 것은?

① Mn ② Si
③ P ④ S

해설

적열취성(red shortness)
황을 많이 함유한 탄소강이 약 950℃에서 인성이 저하되는 특성을 말한다. ⇒ 황(S)이 원인

06 탄소강에 함유된 원소 중 백점이나 헤어크랙의 원인이 되는 원소는?

① 황 ② 인
③ 수소 ④ 구리

해설

• 인(P) : 상온취성의 원인
• 황(S) : 적열취성의 원인
• 질소(N) : 변형시효 원인

07 냉간가공된 황동제품들이 공기 중의 암모니아 및 염류로 인하여 입간부식에 의한 균열이 생기는 것은?

① 저장균열　　　② 냉간균열
③ 자연균열　　　④ 열간균열

황동의 자연균열 방지책
• 온도 180~260℃에서 응력제거 풀림 처리(저온풀림)
• 도료나 안료를 이용하여 표면 처리(도료)
• Zn 도금으로 표면 처리(아연도금)

08 미끄럼베어링의 윤활 방법이 아닌 것은?

① 적하 급유법
② 패드 급유법
③ 오일링 급유법
④ 충격 급유법

미끄럼베어링의 급유 방법
• 적하 급유법
• 패드 급유법
• 오일링 급유법

09 한쪽은 오른나사, 다른 한쪽은 왼나사로 되어 양끝을 서로 당기거나 밀거나 할 때 사용하는 기계요소는?

① 아이 볼트　　　② 세트 스크류
③ 플레이너트　　　④ 턴버클

• 턴버클 : 죔 기구의 하나로 좌우에 나사막대가 있고 나사부가 공통 너트로 연결되어 있으며, 한쪽의 수나사는 오른나사이고, 다른쪽 수나사는 왼나사로 되어 있다. 암나사가 있는 부분, 즉 너트를 회전하면 2개의 수나사는 서로 접근하고, 회전을 반대로 하면 멀어지는 원리
• 스터드 볼트 : 양 끝에 수나사를 깎은 머리 없는 볼트로 한쪽 끝은 본체에 고정시키고 다른 한쪽 끝은 너트를 조여서 고정(양쪽 모두 오른나사)

10 일반 스퍼기어와 비교한 헬리컬기어의 특징에 대한 설명으로 틀린 것은?

① 임의의 비틀림각을 선택할 수 있어서 축 중심거리의 조절이 용이하다.
② 물림 길이가 길고 물림률이 크다.
③ 최소 잇수가 적어서 회전비를 크게 할 수가 있다.
④ 추력이 발생하지 않아서 진동과 소음이 적다.

헬리컬 기어
축 방향으로 추력이 발생하여 진동과 소음이 적다.

11 핀(pin)의 종류에 대한 설명으로 틀린 것은?

① 테이퍼 핀은 보통 1/50 정도의 테이퍼를 가지며, 축에 보스를 고정시킬 때 사용할 수 있다.
② 평행 핀은 분해·조립하는 부품의 맞춤면의 관계 위치를 일정하게 할 필요가 있을 때 주로 사용된다.
③ 분할 핀은 한쪽 끝이 2가닥으로 갈라진 핀으로 축에 끼워진 부품이 빠지는 것을 막는데 사용할 수 있다.
④ 스프링 핀은 2개의 봉을 연결하기 위해 구멍에 수직으로 핀을 끼워 2개의 봉이 상대각운동을 할 수 있도록 연결한 것이다.

스프링 핀(spring pin)
탄성(彈性)이 있는 얇은 강판을 원통 모양으로 둥글게 말아서 핀의 반지름 방향으로 스프링 작용이 발생하게 한 핀

12 회전체의 균형을 좋게 하거나 너트를 외부에 돌출시키지 않으려고 할 때 주로 사용하는 너트는?

① 캡 너트　　　② 둥근 너트
③ 육각 너트　　　④ 와셔붙이 너트

둥근 너트

회전체의 균형을 좋게 하거나 너트를 외부에 돌출시키지 않을 때 사용(예) 밀링 척에 사용)

13 체인 전동의 일반적인 특징으로 거리가 먼 것은?

① 속도비가 일정하다.
② 유지 및 보수가 용이하다.
③ 내열, 내유, 내습성이 강하다.
④ 진동과 소음이 없다.

해설

체인전동의 특성

① 장점
- 정확한 속도비 얻어진다.
- 여러 개의 축을 동시에 구동 가능하다.
- 큰 동력을 전달시킬 수 있고 전동효율이 높다.
- 체인의 탄성 ⇒ 충격하중을 흡수한다.
- 유지 및 수리가 쉽다.
- 마멸이 생겨도 효율이 별로 저하되지 않으며 수명이 길다.
- 접촉각이 90° 이상이 좋다.
- 내열, 내유, 내습성에 강하다.
- 체인의 길이 자유로이 조절 가능하다.
- 체인 속도 ⇒ 2~3m/s이다.

② 단점
- 진동과 소음이 나기 쉽다.
- 고속회전에 부적합하다.
- 회전각의 전달 정확도가 좋지 못하다.
- 윤활이 필요하다.
- 축간 거리는 4m 이하에서 사용한다.

14 기계의 운동에너지를 흡수하여 운동 속도를 감속 또는 정지시키는 장치는?

① 기어   ② 커플링
③ 마찰차   ④ 브레이크

해설

브레이크

기계 부분의 운동 에너지를 열에너지나 전기에너지 등으로 바꾸어 흡수함으로써 운동 속도를 감소시키거나 정지시키는 장치

15 8KN의 인장하중을 받는 정사각봉의 단면에 발생하는 인장응력이 5MPa이다. 이 정사각봉의 한 변의 길이는 약 몇 mm인가?

① 40   ② 60
③ 80   ④ 100

해설

- $\sigma = \dfrac{P}{A}$ (여기서, σ : 응력, P : 하중, A : 면적)

$5 = \dfrac{8,000}{A}$

$A = \dfrac{8,000}{5} = 1,600\text{mm}^2 = 40\text{mm} \times 40\text{mm}$

∴ 한 변의 길이는 40mm

16 가공할 구멍이 매우 클 때, 구멍 전체를 절삭하지 않고 내부에는 심재가 남도록 환형의 홈으로 가공하는 방식으로 판재에 큰 구멍을 가공하거나 포신 등의 가공에 적합한 보링머신은?

① 보통 보링머신
② 수직 보링머신
③ 지그 보링머신
④ 코어 보링머신

해설

- 수직 보링머신 : 주축이 수직으로 위치하고 있으며, 공구의 위치는 cross rail과 cross rail상의 주축대에 의하여 조정되고, 수평면 가공 및 수직 선삭 등
- 지그 보링머신 : 부정확한 구멍가공, 각종 지그의 제작, 기타 정밀한 구멍가공을 위한 수직 보링머신
- 코어 보링머신 : 가공할 구멍이 드릴 가공할 수 있는 것에 비해 아주 클 때에는 환형으로 절삭하여 core를 나오게 하며, core는 별도의 목적에 사용된다.

17 금형부품과 같은 복잡한 형상을 고정밀도로 가공할 수 있는 연삭기는?

① 성형 연삭기
② 평면 연삭기
③ 센터리스 연삭기
④ 만능 공구 연삭기

해설

- 평면 연삭기 : 공작물은 테이블 위에 설치된 자석 척에 의해 고정되며 빠르게 회전하는 숫돌바퀴와 좌우로 왕복하는 테이블 사이의 상대운동에 의해 연삭이 이루어지는 연삭기
- 센터리스 연삭기 : 가공물을 센터로 지지함이 없이 가공물의 외면을 조정하는 연삭숫돌과 지지판으로 지지하고 가공물의 회전이송운동
- 만능 공구 연삭기 : 절삭공구의 정확한 공구각을 연삭하기 위하여 사용되는 연삭기

18 CNC 선반에서 휴지기능(G04)에 관한 설명으로 틀린 것은?

① 휴지기능은 홈 가공에서 많이 사용한다.
② 휴지기능은 진원도를 향상시킬 수 있다.
③ 휴지기능은 깨끗한 표면을 가공할 수 있다.
④ 휴지기능은 정밀한 나사를 가공할 수 있다.

해설

휴지기능은 홈 가공 중 진원을 만들거나 모서리를 정밀 가공할 때 사용한다.

19 그림과 같이 테이퍼를 가공할 때 심압대의 편위량은 몇 mm인가?

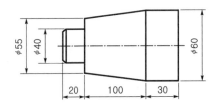

① 3.0   ② 3.25
③ 3.75   ④ 5.25

해설

심압대 편위량

$$x = \frac{(D-d)L}{2l}$$
$$= \frac{(60-55) \times 150}{2 \times 100} = 3.75\text{mm}$$

20 전해 연마의 특징에 대한 설명으로 틀린 것은?

① 가공면에 방향성이 없다.
② 복잡한 형상의 제품은 가공할 수 없다.
③ 가공 변질층이 없고 평활한 가공면을 얻을 수 있다.
④ 연질의 알루미늄, 구리 등도 쉽게 광택면을 가공할 수 있다.

해설

전해 연마
공작물의 표면이 매끈하도록 다듬질하며, 복잡한 모양의 연마에 사용된다.

21 마이크로미터의 구조에서 구성부품에 속하지 않는 것은?

① 앤빌   ② 스핀들
③ 슬리브   ④ 스크라이버

해설

- 마이크로미터의 구조 ⇒ 앤빌, 스핀들, 슬리브, 딤블, 클램프, 레칫 스톱, 프레임
- 하이트게이지의 부속품 ⇒ 스크라이버

22 기어절삭기로 가공된 기어의 면을 매끄럽고 정밀하게 다듬질하는 가공은?

① 래핑   ② 호닝
③ 폴리싱   ④ 기어셰이빙

해설

기어셰이빙
기어를 열처리하기 전에 이의 모양이나 피치를 수정하여 한 층 더 정밀도가 높은 것으로 완성 가공하는 공작기계

23 밀링가공에서 분할대를 이용하여 원주면을 등분하려고 한다. 직접 분할법에서 직접분할판의 구멍수는?

① 12개   ② 24개
③ 30개   ④ 36개

24 그림과 같은 환봉의 테이퍼를 선반에서 복식공구대를 회전시켜야 할 각도는? (단, 각도는 아래 표를 참고한다.)

tanθ	0.052	0.104	0.208	0.416
각도	3°	5° 5′	11° 45′	23° 35′

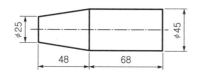

① 3°

② 5° 5′

③ 11° 45′

④ 23° 35′

25 윤활의 목적과 거리가 먼 것은?

① 냉각작용

② 방청작용

③ 청정작용

④ 용해작용

26 도면관리에 필요한 사항과 도면내용에 관한 중요한 사항이 기입되어 있는 도면 양식으로 도명이나 도면번호와 같은 정보가 있는 것은?

① 재단마크

② 표제란

③ 비교눈금

④ 중심마크

27 가는 실선으로만 사용하지 않는 선은?

① 지시선

② 절단선

③ 해칭선

④ 치수선

28 재료의 기호와 명칭이 맞는 것은?

① STC : 기계구조용 탄소 강재

② STKM : 용접 구조용 압연 강재

③ SPHD : 탄소 공구 강재

④ SS : 일반 구조용 압연 강재

29 기하공차의 종류와 기호 설명이 잘못된 것은?

① ▱ : 평면도공차

② ○ : 원통도공차

③ ⊕ : 위치도공차

④ ⊥ : 직각도공차

해설

기하공차의 기호와 공차 명칭
- 모양공차 : 진직도(공차) ━, 평면도(공차) ▱, 진원도(공차) ○, 원통도(공차) ⌖, 선의 윤곽도(공차) ⌒, 면의 윤곽도(공차) ⌓
- 자세공차 : 평행도 ∥, 직각도 ⊥, 경사도 ∠
- 위치공차 : 위치(공차) ⊕, 동축도(공차) 또는 동심도 ◎, 대칭도(공차) ═
- 흔들림공차 : 원주 흔들림(공차) ↗, 온 흔들림(공차) ↗↗

30 다음 면의 지시기호 표시에서 제거가공을 허락하지 않는 것을 지시하는 기호는?

① ②

③ ④

해설

- ∨ : 절삭 등 제거가공의 필요 여부를 문제 삼지 않을 때 사용
- ∨ : 제거가공을 필요로 한다는 것을 지시할 때 사용
- ∨ : 제거가공을 해서는 안 될 때 사용(그대로 둘 때)

31 제품의 표면 거칠기를 나타낼 때 표면 조직의 파라미터를 평가된 프로파일의 산술평균높이로 사용하고자 한다면 그 기호로 옳은 것은?

① Rt ② Rq
③ Rz ④ Ra

해설

표면 거칠기 측정 방법
- 산술 평균 거칠기(Ra)
- 최대 높이(Ry)
- 10점 평균 거칠기(Rz)

32 제3각법으로 그린 투상도에서 우측면도로 옳은 것은?

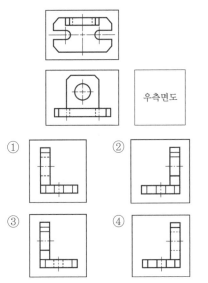

우측면도

해설

등각투상도

33 다음 중 억지 끼워맞춤에 속하는 것은?

① H8/e8 ② H7/t6
③ H8/f8 ④ H6/k6

해설

억지 끼워맞춤(죔새) : z에 가까울수록 죔새가 커진다.
∴ 헐거운 끼워맞춤 : a~g
　　중간 끼워맞춤 : h~n
　　억지 끼워맞춤 : p~z

34 모떼기를 나타내는 치수 보조 기호는?

① R ② SR
③ t ④ C

- (치수) : 참고치수 : 표시하지 않아도 될 치수
- ∅ : 원의 지름(동전 모양)
- S∅ : 구의 지름 (공 모양)
- R : 원의 반지름
- SR : 구의 반지름
- □ : 정사각형의 한 변의 치수 수치 앞에 붙인다.
- 치수 : 이론적으로 정확한 치수 : 수정하면 안 됨.
- 치수 : 치수 수치가 비례하지 않을 때 : 척도에 맞지 않을 때
- C : 45° 모따기 기호
- t= : 재료의 두께

35 투상도를 표시하는 방법에 관한 설명으로 가장 옳지 않은 것은?

① 조립도 등 주로 기능을 나타내는 도면에서는 대상물을 사용하는 상태로 표시한다.

② 물체의 중요한 면은 가급적 투상면에 평행하거나 수직이 되도록 표시한다.

③ 물품의 형상이나 기능을 가장 명료하게 나타내는 면을 주 투상도가 아닌 보조 투상도로 선정한다.

④ 가공을 위한 도면은 가공량이 많은 공정을 기준으로 가공할 때 놓여진 상태와 같은 방향으로 표시한다.

해설

물품의 형상이나 기능을 가장 명료하게 나타내는 면을 주투상도(정면도)로 선정한다.

36 그림에서 기하공차 기호로 기입할 수 없는 것은?

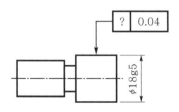

① ⟋⟍   ② ○
③ ＝   ④ ─

해설

- 데이텀이 없는 것은 ⇒ 모양공차
  (─, ⟋⟍, ○, ⟋⟍, ⌒, ⌒)
- 데이텀이 있는 것은 ⇒ 위치공차, 자세공차, 흔들림 공차

37 다음은 어떤 물체를 제3각법으로 투상한 것이다. 이 물체의 등각투상도로 가장 적합한 것은?

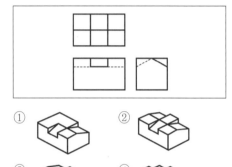

38 도면에서 구멍의 치수가 ∅50$^{+0.05}_{-0.02}$ 로 기입되어 있다면 치수공차는?

① 0.02   ② 0.03
③ 0.05   ④ 0.07

해설

(치수)공차＝위치수허용차 − 아래치수허용차
　　　＝0.05 − (−0.02)＝0.07

39 도면을 작성할 때 쓰이는 문자의 크기를 나타내는 기준은?

① 문자의 폭   ② 문자의 높이
③ 문자의 굵기   ④ 문자의 경사도

해설

문자 크기
문자의 높이를 기준으로 함.

40 기계관련 부품도에서 ∅80H7/g6로 표기된 것의 설명으로 틀린 것은?

① 구멍기준식 끼워맞춤이다.
② 구멍의 끼워맞춤공차는 H7이다.
③ 축의 끼워맞춤공차는 g6이다.
④ 억지끼워맞춤이다.

해설

• H7 : 구멍기준식 끼워맞춤
• 헐거운 끼워맞춤 : a~g
• 중간 끼워맞춤 : h~n
• 억지 끼워맞춤 : p~z

41 열처리, 도금 등 특별한 요구사항을 적용할 수 있는 범위를 표시하는 데 사용하는 특수 지정선은?

① 굵은 실선　　② 가는 실선
③ 굵은 파선　　④ 굵은 1점 쇄선

해설

굵은 1점 쇄선
• 부품의 일부분을 열처리 할 때 표시
• 특수한 가공(열처리, 도금) 등 특별한 요구사항을 적용할 수 있는 범위를 표시하는데 사용하는 특수 지정선
• 외형선에 평행하게 약간 떨어지게 하여 굵은 1점 쇄선을 긋고 특수 가공 부분에 기입

42 KS규격에서 규정하고 있는 단면도의 종류가 아닌 것은?

① 온단면도
② 한쪽단면도
③ 부분단면도
④ 복각단면도

해설

단면도의 종류
• 온단면도(전단면도)
• 한쪽단면도
• 부분단면도
• 회전단면도

43 다음 내용이 설명하는 투상법은?

> 투상선이 평행하게 물체를 지나 투상면에 수직으로 닿고 투상된 물체가 투상면에 나란히 하기 때문에 어떤 물체의 형상도 정확하게 표현할 수 있다. 이 투상법에는 1각법과 3각법이 속한다.

① 투시투상법　　② 등각투상법
③ 사투상법　　　④ 정투상법

해설

• 투시투상도 : 멀고 가까운 거리감을 느낄 수 있도록 하나의 시점과 물체의 각 점을 방사선으로 이어서 그리는 도법
• 등각투상도 : 정면, 평면, 측면을 하나의 투상도에서 동시에 볼 수 있는 투상법
• 사투상도 : 정투상도에서 정면도의 크기와 모양은 그대로 사용하고 평면도와 우측면도를 경사시켜 그리는 투상법

44 다음 그림과 같은 치수 기입 방법은?

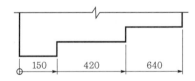

① 직렬 치수 기입 방법
② 병렬 치수 기입 방법
③ 누진 치수 기입 방법
④ 복합 치수 기입 방법

해설

누진 치수 기입
병렬 치수 기입과 완전히 동등한 의미를 가지면서 기점기호를 이용하여 한 개의 연속된 치수선으로 간편하게 표시하는 방법

45 도면이 구비하여야 할 구비 조건이 아닌 것은?

① 무역 및 기술의 구제적인 통용성
② 제도자의 독창적인 제도법에 대한 창의성
③ 면의 표면, 재료, 가공방법 등의 정보성
④ 대상물의 도형, 크기, 모양, 자세, 위치 등의 정보성

해설

도면이 구비해야 할 요건
• 보는 사람이 이해하기 쉬운 도면이어야 한다.
• 애매한 해석이 생기지 않도록 표현상 명확한 뜻을 가져야 한다.
• 표면 정도, 재질, 가공방법 등의 정보성을 포함한 도면이어야 한다.
• 대상물의 도형과 함께 필요한 구조, 조립상태, 치수, 가공법, 크기, 모양, 자세, 위치 등의 정보를 포함하여야 한다.
• 무역 및 기술의 국제교류의 입장에서 국제성을 가져야 한다.

46 스퍼기어의 도시 방법에 대한 설명으로 틀린 것은?

① 축에 직각인 방향으로 본 투상도를 주투상도로 할 수 있다.
② 잇봉우리원은 굵은 실선으로 그린다.
③ 피치원은 가는 1점 쇄선으로 그린다,
④ 축 방향으로 본 투상도에서 이골원은 굵은 실선으로 그린다.

해설

• 잇봉우리원(이끝원) : 굵은 실선
• 이골원(이뿌리원) : 가는 실선 (단면 시 : 굵은실선)
• 잇줄방향 : 보통 3개의 가는 실선

47 키의 호칭이 다음과 같이 나타날 때 설명으로 틀린 것은?

KS B 1311 PS-B 25×14×90

① 키에 관련한 규격은 KS 1311에 따른다.

② 평행키로서 나사용 구멍이 있다.
③ 키의 끝부가 양쪽 둥근형이다.
④ 키의 높이는 14mm이다.

해설

KS B 1311	PS	–	B	25×14×90
규격	나사용 구멍	–	키의 양쪽 사각형	키의 크기

48 스프링 제도에서 스프링 종류와 모양만을 도시하는 경우 스프링 재료의 중심선은 어느 선으로 나타내야 하는가?

① 굵은 실선   ② 가는 1점 쇄선
③ 굵은 파선   ④ 가는 실선

해설

코일스프링의 도시
• 스프링은 원칙적으로 무하중 상태에서 그린다(단, 하중이 가해진 상태로 도시할 경우 하중을 명시한다).
• 도면에 감긴 방향이 표시되지 않은 코일 스프링은 오른쪽 감기로 도시한다.
• 스프링의 종류와 모양만을 도시 할 경우 중심선을 굵은 실선으로 그린다.
• 스프링의 중간부분을 생략할 경우 가는 1점 쇄선과 가는 2점 쇄선으로 도시한다.

49 관의 결합방식 표시에서 유니언식을 나타내는 것은?

해설

① 나사식 이음
② 유니언 이음
③ 플랜지 이음

50 ISO 규격에 있는 관용테이퍼 나사로 테이퍼 수나사를 표시하는 기호는?

① R   ② Rc
③ PS   ④ Tr

• ISO 규격에 있는 것

미터사다리꼴나사 : Tr	
관용테이퍼 나사	테이퍼수나사 : R 테이퍼암나사 : Rc 평행암나사 : Rp
관용평행나사 : G	

• ISO 규격에 없는 것

관용테이퍼 나사	테이퍼나사 : PT 평행암나사 : PS
관용평행나사 : PF	

51 다음 표준 스퍼기어에 대한 요목표에서 전체 이 높이는 몇 mm인가?

스퍼기어 요목표		
기어 치형		표준
공구	모듈	2
	치형	보통이
	압력각	20°
전체 이 높이		(?)
피치원 지름		62
잇 수		31
다듬질 방법		호브절삭
정밀도		KS B 1045, 5급

① 4 ② 4.5
③ 5 ④ 5.5

기어에서 전체 이 높이
m(모듈)×2.25＝2×2.25＝4.5

52 축을 제도하는 방법에 관한 설명으로 틀린 것은?

① 긴축은 단축하여 그릴 수 있으나 길이는 실제 길이를 기입한다.
② 축은 일반적으로 길이 방향으로 절단하여 단면을 표시한다.

③ 구석 라운드 가공부는 필요에 따라 확대하여 기입할 수 있다.
④ 필요에 따라 부분 단면은 가능하다.

• 축은 길이 방향으로 절단하여 도시하지 않는다.
• 길이 방향으로 단면하지 않는 부품
  ☞ 축, 키, 볼트, 너트, 멈춤 나사, 와셔, 리벳, 강구, 원통롤러, 기어의 이, 휠의 암, 리브

53 나사의 제도 방법을 바르게 설명한 것은?

① 수나사와 암나사의 골밑은 굵은 실선으로 그린다.
② 완전 나사부와 불완전 나사의 경계는 가는 실선으로 그린다.
③ 나사 끝면에서 본 그림에서 나사의 골밑은 가는 실선으로 원주의 3/4에 가까운 원의 일부로 그린다.
④ 수나사와 암나사가 결합되었을 때의 단면은 암나사가 수나사를 가린 형태로 그린다.

나사 도시 방법
• 수나사 바깥지름 : 굵은 실선
  수나사 골지름 : 가는 실선
• 암나사 안지름 : 굵은 실선
  암나사 골지름 : 가는 실선
• 완전 나사부와 불완전 나사부 경계선 : 굵은 실선
• 암나사 탭 구멍의 드릴 자리는 120°의 굵은 실선
• 수나사와 암나사의 결합 부분은 수나사로 표시
• 단면 시 나사부 해칭 : 암나사는 안지름까지 해칭
• 수나사와 암나사의 측면 도시에서 각각의 골지름 : 가는 실선으로 약 3/4만큼 그린다.
• 불완전 나사부의 골 밑을 나타내는 선은 축선에 대하여 30°의 가는 실선으로 그린다.
• 가려서 보이지 않는 나사부의 산봉우리와 골을 나타내는 선 : 안지름은 굵은 파선, 골지름은 가는 파선

54 전체 둘레 현장용접을 나타내는 보조 기호는?

① ② ○

③ ④

① 현장용접
② 점용접
③ 전체 둘레 현장 용접

55 스프로킷 휠의 피치원을 표시하는 선의 종류는?

① 굵은 실선 ② 가는 실선
③ 가는 1점 쇄선 ④ 가는 2점 쇄선

스프로킷 휠의 도시 방법
• 스프로킷의 바깥지름(이끝원)은 굵은 실선으로 그린다.
• 스프로킷의 피치원은 가는 1점 쇄선으로 그린다.
• 스프로킷의 이뿌리원은 가는 실선 또는 굵은 파선으로 그린다(이뿌리원은 생략 가능).
• 축에 직각 방향에서 본 그림을 단면으로 도시할 때에는 톱니를 단면으로 표시하지 않고 이뿌리선을 굵은 실선으로 그린다.

56 다음 중 베어링의 안지름 17mm인 베어링은?

① 6303 ② 32307K
③ 6317 ④ 607U

베어링 안지름 번호가 2자리
예) 62 00 ⇒ ∅ 10
　　62 01 ⇒ ∅ 12
　　62 02 ⇒ ∅ 15
　　62 03 ⇒ ∅ 17
　　62 04 ⇒ 04 × 5 = ∅ 20
　　62 05 ⇒ 05 × 5 = ∅ 25
　　　　　　　:
　　62 08 ⇒ 08 × 5 = ∅ 40
　　　　　　　:
　　62 26 ⇒ 26 × 5 = ∅ 130
　　　　　　　:
　　62 96 ⇒ 96 × 5 = ∅ 480

62/500 ⇒ ∅ 500
　　　　　:
• 안지름 치수가 500mm 이상인 경우 '/안지름 치수'를 안지름 번호로 사용한다.
• 62/22 ⇒ 베어링 안지름 번호 앞에 '/'가 있으면 '/' 바로 뒤에 있는 안지름 번호가 바로 안지름이 된다.

57 다음이 설명하는 3차원 모델링 방식은?

• 간섭체크를 할 수 있다.
• 질량 등의 물리적 특성 계산이 가능하다.

① 와이어 프레임 모델링
② 서피스 모델링
③ 솔리드 모델링
④ DATA 모델링

솔리드 모델링(solid modeling)
• 은선 제거가 가능하다.
• 물리적 성질(체적, 무게중심, 관성모멘트) 등의 계산이 가능하다(∵ 컴퓨터의 메모리량과 데이터처리량이 많아진다).
• 간섭체크가 용이하다.
• Boolean 연산(합, 차, 적)을 통하여 복잡한 형상 표현도 가능하다.
• 형상을 절단한 단면도 작성이 용이하다.
• 이동, 회전 등을 통하여 정확한 형상 파악을 할 수 있다.
• 유한요소법(FEM)을 위한 메시 자동분할이 가능하다.

58 컴퓨터 입력장치의 한 종류로 직사각형의 판에 사용자가 손에 잡고 움직일 수 있는 펜모양의 스타일러스 혹은 버튼이 달린 라인 커서 장치의 2가지 부분으로 구성되며 펜이나 커서의 움직임에 대한 좌표정보를 읽어서 컴퓨터에 나타내는 장치는?

① 디지타이저(digitizer)
② 광학 마크 판독기(OMR)
③ 음극선관(CRT)
④ 플로터(plotter)

- 입력장치
  - ㉠ 키보드
  - ㉡ 디지타이저
  - ㉢ 태블릿
  - ㉣ 마우스
  - ㉤ 조이스틱
  - ㉥ 컨트롤 다이얼
  - ㉦ 기능키
  - ㉧ 트랙볼
  - ㉨ 라이트 펜
- 출력장치
  - ㉠ 디스플레이
  - ㉡ 모니터
  - ㉢ 플로터(도면용지에 출력)
  - ㉣ 프린터(잉크젯, 레이저)
  - ㉤ 하드카피장치
  - ㉥ COM 장치

59 CAD 시스템에서 도면상 임의의 점을 입력할 때 변하지 않는 원점(0,0)을 기준으로 정한 좌표계는?

① 상대좌표계　　② 상승좌표계
③ 증분좌표계　　④ 절대좌표계

해설

절대 좌표계	상대 좌표계	상대극 좌표계
좌표의 원점(0, 0)을 기준으로 하여 x, y축 방향의 거리로 표시되는 좌표	마지막 점(임의의 점)에서 다음 점까지 거리를 입력하여 선 긋는 방법	마지막 점에서 다음 점까지 거리와 각도를 입력하여 선 긋는 방법
x, y	@x, y	@거리 < 각도

60 데이터를 표현하는 최소 단위를 무엇이라고 하는가?

① byte　　② bit
③ word　　④ file

해설

컴퓨터의 기억용량단위(1byte)
- 1bit : 정보를 나타내는 최소 단위
- 1B=1byte=8bit
- 1KB=2^{10}byte
- 1MB=2^{20}byte
- 1GB=2^{30}byte

국가기술자격 필기시험문제

자격 종목 : 전산응용기계제도기능사(2017년 2회) 기출복원문제

01 구름베어링의 호칭번호가 '6203ZZ'일 때 베어링의 안지름은?

① 10   ② 13

③ 15   ④ 17

해설

- 6200 ⇒ φ10
- 6201 ⇒ φ12
- 6202 ⇒ φ15
- 6203 ⇒ φ17

02 3차원 모델링에서 물체의 외부 형상뿐만 아니라 내부구조까지도 표현이 가능하고 모형의 체적, 무게 중심, 관성모멘트 등의 물리적 성질까지 제공할 수 있는 모델링은?

① 와이어프레임 모델링
② 서피스 모델링
③ 솔리드 모델링
④ 아이소메트릭 모델링

해설

솔리드 모델링(solid modeling)
- 은선 제거가 가능하다.
- 물리적 성질(체적, 무게중심, 관성모멘트) 등의 계산이 가능하다(∴ 컴퓨터의 메모리양과 데이터 처리량이 많아진다).
- 간섭 체크가 용이하다.
- Boolean 연산(합, 차, 적)을 통하여 복잡한 형상 표현도 가능하다.
- 형상을 절단한 단면도 작성이 용이하다.
- 이동, 회전 등을 통하여 정확한 형상 파악을 할 수 있다.
- 유한요소법(FEM)을 위한 메시 자동 분할이 가능하다.

03 다음 표면의 결 도시기호에서 R이 뜻하는 것은?

① 가공에 의한 커터의 줄무늬가 기호를 기입한 면의 중심에 대하여 대략 레이디얼 모양임을 표시
② 가공에 의한 커터의 줄무늬 방향이 기호를 기입한 그림의 투상면에 평행임을 표시
③ 가공에 의한 커터의 줄무늬 방향이 기호를 기입한 그림의 투상면에 직각임을 표시
④ 가공에 의한 커터의 줄무늬가 여러 방향으로 교차 또는 무방향임을 표시

해설

줄무늬 방향 기호 6가지
- = : 평행
- ⊥ : 직각
- X : 두 방향 교차
- M : 여러 방향 교차 또는 무방향
- C : 동심원 모양
- R : 레이디얼 모양 또는 방사상 모양

04 선반작업에서 사용하는 센터가 아닌 것은?

① 하프센터   ② 게이지센터
③ 파이프센터   ④ 베어링센터

해설

선반작업에서 사용하는 센터
- 회전센터 : 주축에 삽입
- 정지센터 : 심압대에 삽입(가장 정밀한 작업에 쓰임)
- 하프센터 : 끝면(단면) 절삭 시
- 베어링센터 : 대형공작물 가공 시, 고속회전 절삭 시
- 파이프센터 : 관류나 중량이 큰 공작물 절삭 시

05 다음 중 척도의 기입 방법으로 틀린 것은?

① 척도는 표제란에 기입하는 것이 원칙이다.
② 표제란이 없는 경우에는 부품 번호 또는 상세도의 참조 문자 부근에 기입한다.
③ 한 도면에는 반드시 한 가지 척도만을 사용해야 한다.
④ 도형의 크기가 치수와 비례하지 않으면 NS라고 표시한다.

해설

한 도면에서 여러 개의 척도를 사용할 수 있다(예 도면 전체의 도의 척도와 확대도의 척도를 사용할 경우).

06 나사의 표시방법 중 Tr40×14(P7)-7e에 대한 설명 중 틀린 것은?

① Tr은 미터사다리꼴나사를 뜻한다.
② 줄 수는 7줄이다.
③ 40은 호칭지름 40mm를 뜻한다.
④ 리드는 14mm이다.

해설

미터사다리꼴 여러 줄 나사표시 방법

Tr40×14(P7)-7e

• Tr40 : 미터사다리꼴나사의 호칭지름 40mm
• 14 : 리드 14mm
• (P7) : 피치 7mm
• 7e : 나사의 등급

07 다음 중 평벨트풀리의 도시 방법으로 잘못 설명된 것은?

① 암의 테이퍼 부분 치수를 기입할 때 치수 보조선은 경사선으로 그을 수 있다.
② 벨트풀리는 모양이 대칭형이므로 그 일부분만을 도시할 수 있다.
③ 방사형으로 되어있는 암은 수직 중심선 또는 수평 중심선까지 회전하여 투상할 수 있다.
④ 암은 길이 방향으로 절단하여 단면을 도시한다.

해설

평벨트풀리 도시법
㉠ 벨트풀리 : 전체를 표시하지 않고 그 일부분만 표시할 수 있다.
㉡ 암과 같은 방사형의 것은 수직 또는 수평 중심선까지 회전하여 투상한다.
㉢ 암은 길이 방향으로 절단하여 도시하지 않는다.
㉣ 암의 단면(회전도시단면도로 도시)
 – 도형의 안의 회전도시단면선 ⇒ 가는 실선
 – 도형의 밖의 회전도시단면선 ⇒ 굵은 실선
㉤ 테이퍼 부분의 치수기입 : 치수 보조선은 경사선(수평과 60° 또는 30°)으로 긋는다.
㉥ 끼워맞춤은 축 기준식인지 구멍 기준식인지를 명기한다.
㉦ 벨트풀리 : 축 직각 방향의 투상을 정면도로 한다.

08 도면에서 구멍의 치수가 $\phi 80^{+0.03}_{-0.02}$로 기입되어 있다면 치수공차는?

① 0.01 　　　② 0.02
③ 0.03 　　　④ 0.05

해설

공차(치수공차) = 위치수허용차 − 아래치수허용차
　　　　　　 = 0.03 − (−0.02) = 0.03 + 0.02
　　　　　　 = 0.05

09 도면에서 2종류 이상의 선이 같은 장소에서 중복될 경우 우선순위에 따라 선을 그리는 순서로 맞는 것은?

① 외형선, 절단선, 숨은선, 중심선
② 외형선, 숨은선, 절단선, 중심선
③ 외형선, 무게중심선, 중심선, 치수 보조선
④ 외형선, 중심선, 절단선, 치수 보조선

해설

2개 이상의 선이 겹칠 때 선의 우선순위
㉠ 외형선
㉡ 숨은선
㉢ 절단선
㉣ 중심선
㉤ 무게중심선, 가상선
㉥ 치수선, 치수 보조선, 해칭선

10 보기와 같이 숫자를 ☐ 속에 기입하는 이유는?

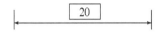

① 이론적으로 정확한 치수를 표시
② 주조의 가공을 위한 치수를 표시
③ 정정이 가능하도록 임시로 치수를 표시
④ 가공 여유를 주기 위하여 치수를 표시

• 치수 : 이론적으로 정확한 치수, 사각형 속의 치수
  예 25
• ☐치수 : 정사각형 한 변의 치수 앞에 표시
  예 ☐10

11 컴퓨터 도면관리 시스템의 일반적인 장점을 잘못 설명한 것은?

① 여러 가지 도면 및 파일의 통합관리체계를 구축 가능하다.
② 반영구적인 저장 매체로 유실 및 훼손의 염려가 없다.
③ 도면의 질과 정확도를 향상시킬 수 있다.
④ 정전 시에도 도면검색 및 작업을 할 수 있다.

정전 시 컴퓨터를 작동할 수 없다.

12 CAD 프로그램의 좌표에서 사용되지 않는 좌표계는?

① 직교좌표   ② 상대좌표
③ 극좌표   ④ 원형좌표

좌표계의 종류
• 2D : 절대좌표, 상대좌표, 상대극좌표, 직교좌표
• 3D : 원통형 좌표, 구형좌표(구면좌표)

13 담금질 응력 제거, 치수의 경년변화 방지, 내마모성 향상 등을 목적으로 100~200℃에서 마르텐자이트 조직을 얻도록 조작을 하는 열처리 방법은?

① 저온뜨임   ② 고온뜨임
③ 항온풀림   ④ 저온풀림

뜨임
• 저온뜨임 : 뜨임온도는 100~200℃이며, 담금질 경도는 변화하지 않고 내부응력은 제거해 점도를 회복시키는 것이며, 저탄소강, 구조강, 공구강 등에 실시
• 고온뜨임 : 고온뜨임은 400~600℃ 범위에서 실시한다. 그 중 스프링강 등 고점도를 요하는 것은 400~500℃에서 뜨임을 하고 중탄소구조강에서는 500~600℃에서 뜨임을 실시

14 다음은 제3각법으로 투상한 투상도이다. 입체도로 알맞은 것은? (단, 화살표 방향이 정면도이다.)

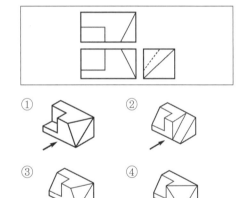

등각투상도

15 다음 원소 중 탄소강의 적열취성의 원인이 되는 것은?

① 황 ② 규소
③ 구리 ④ 인

해설

취성(메짐)의 종류
• 상온취성 : 인(P)이 원인
• 청열취성 : 인(P)이 원인
• 고온취성: 구리(Cu)가 원인
• 적열취성 : 황(S)이 원인
• 헤어크랙, 백점 : 수소(H_2)가 원인

16 그림과 같은 지시기호에서 'B'에 들어갈 지시사항으로 옳은 것은?

① 가공 방법
② 표면파상도
③ 줄무늬 방향 기호
④ 컷오프값

해설

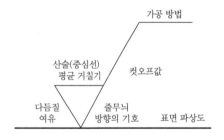

17 CAD시스템의 구성 중 출력장치가 아닌 것은?

① 프린터 ② 플로터
③ 라이트펜 ④ 하드카피장치

해설

• 입력장치 : 키보드, 마우스, 디지타이저, 태블릿, 조이스틱, 컨트롤 다이얼, 트랙볼, 라이트펜
• 출력장치 : 디스플레이, 모니터, 플로터(도면용지에 출력), 프린터(잉크젯, 레이저), 하드카피장치, COM장치

18 호닝머신에서 내면을 가공할 때 호운(hone)은 일감에 대하여 어떠한 운동을 하는가?

① 회전운동 ② 왕복운동
③ 이송운동 ④ 회전운동과 왕복운동

해설

• 호닝머신 원리 : 직사각형 단면의 긴 숫돌을 지지봉의 끝에 방사 모양으로 붙여 놓은 혼을 구멍에 넣고 이것을 회전 운동과 축 방향으로 왕복운동할 수 있는 구조 공작물은 테이블 위에 고정.
호닝머신은 축의 형식에 따라 수직식과 수평식이 있다.

공작물
숫돌
혼

19 나사용 구멍이 없고 양쪽 둥근형 평행키의 호칭으로 옳은 것은?

① P–A 25×90
② TG 20×12×70
③ WA 23×16
④ T–C 22×12×60

해설

P – A 25×90
└─→ 키의 너비×길이
└─→ 양쪽 둥근 형
└─→ 나사용 구멍 없음

20 주철에 대한 설명 중 틀린 것은?

① 강에 비하여 인장강도가 낮다.
② 강에 비하여 연신율이 작고, 메짐이 있어서 충격에 약하다.
③ 상온에서 소성변형이 잘된다.
④ 절삭가공이 가능하며 주조성이 우수하다.

해설

상온에서 소성변형이 어렵다.

21 다음 투상도의 좌측면도에 해당하는 것은?
(단, 제3각 투상법으로 표현한다.)

측면도

① ② ③ ④

해설

등각투상도

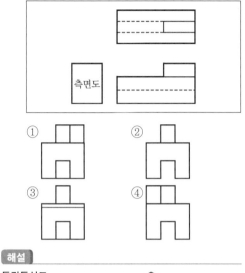

22 최대허용한계치수와 최소허용한계치수와의 차이 값을 무엇이라고 하는가?

① 공차　　　　② 기준차수
③ 최대틈새　　④ 위치수허용차

해설

공차(치수공차) = 위치수허용차 − 아래치수허용차
　　　　　　　= 최대허용한계치수 − 최소허용한계치수

23 벨트를 걸었을 때 이완측에 설치하여 벨트와 벨트풀리의 접촉각을 크게 하는 것을 무엇이라고 하는가?

① 단차　　　　② 안내풀리
③ 중간풀리　　④ 긴장풀리

해설

벨트전동장치
• 긴장(인장)측 : 종동축 → 원동축
• 이완측(긴장풀리) : 원동축 → 종동축

24 다음 나사의 도시 방법으로 틀린 것은?

① 암나사의 안지름은 굵은 실선으로 그린다.
② 완전 나사부와 불완전 나사부의 경계선은 굵은 실선으로 그린다.
③ 수나사의 바깥지름은 굵은 실선으로 그린다.
④ 수나사와 암나사의 측면 도시에서 골지름은 굵은 실선으로 그린다.

해설

수나사와 암나사의 골지름 ⇒ 가는 실선

25 투상도의 올바른 선택 방법으로 틀린 것은?

① 길이가 긴 물체는 특별한 사유가 없는 한 안정감 있게 옆으로 눕혀서 그린다.
② 대상 물체의 모양이나 기능을 가장 잘 나타낼 수 있는 면을 주투상도로 한다.
③ 조립도와 같이 주로 물체의 기능을 표시하는 도면에서는 대상물을 사용하는 상태로 그린다.
④ 부품도는 조립도와 같은 방향으로만 그려야 한다.

해설

부품도는 조립도의 방향과 관계없이 가공 방향에 맞추어 도면을 그려야 한다.

26 다음과 같이 표시된 기하공차에서 A가 의미하는 것은?

//	0.011	A

① 공차 종류와 기호
② 기준면
③ 공차 등급 기호
④ 공차값

해설

공차기입 방법

공차기호	공차값	기준면 (데이텀기호)

정답　21. ②　22. ①　23. ④　24. ④　25. ④　26. ②

전산응용기계제도기능사(2017년 2회) | **17-2-5**

27 두 축이 나란하지도 교차하지도 않는 기어는?

① 베벨기어   ② 헬리컬기어
③ 스퍼기어   ④ 하이포이드기어

두 축이 나란하지도 교차하지도 않는 기어
㉠ 웜기어
㉡ 하이포이드기어

28 구멍의 치수가 $\phi 50^{+0.025}_{-0}$, 축의 치수가 $\phi 50^{+0.009}_{-0.025}$일 때 최대틈새는 얼마인가?

① 0.025   ② 0.05
③ 0.07   ④ 0.009

헐거운 끼워맞춤(틈새)
⇒ 구멍 > 축
최대틈새=구멍(大) − 축(小)
    =0.025 − (−0.025)
    =0.025+0.025
    =0.05

29 선의 종류에서 용도에 의한 명칭과 선의 종류를 바르게 연결한 것은?

① 외형선 − 굵은 1점 쇄선
② 중심선 − 가는 2점 쇄선
③ 치수 보조선 − 굵은 실선
④ 지시선 − 가는 실선

선의 종류
• 외형선 → 굵은 실선
• 중심선 → 가는 1점 쇄선
• 무게 중심선 → 가는 2점 쇄선
• 치수 보조선 → 가는 실선
• 지시선, 해칭선 → 가는 실선
• 특수 지정선 → 굵은 1점 쇄선

30 치수 보조선에 대한 설명으로 옳지 않은 것은?

① 필요한 경우에는 치수선에 대하여 적당한 각도로 평행한 치수 보조선을 그을 수 있다.
② 도형을 나타내는 외형선과 치수 보조선은 떨어져서는 안 된다.
③ 치수 보조선은 치수선을 약간 지날 때까지 연장하여 나타낸다.
④ 가는 실선으로 나타낸다.

치수 보조선은 도형(외형선)에서 2~3mm 정도 틈새를 두고 그린다.

31 다음은 파이프 도시기호를 나타낸 것이다. 파이프 안에 흐르는 유체의 종류는?

① 공기   ② 가스
③ 유류   ④ 수증기

파이프의 도시 기호에서 유체 종류 표시 기호
• 공기 : A(Air)
• 가스 : G(Gas)
• 오일 : O(Oil)
• 수증기 : S(Steam)
• 물 : W(Water)

32 기어 제도법에 대한 설명 중 옳지 않은 것은?

① 스퍼기어의 이끝원은 굵은 실선으로 그린다.
② 맞물리는 한 쌍 기어의 도시에서 맞물림부의 이끝원은 모두 굵은 실선으로 그린다.
③ 헬리컬기어의 잇줄 방향은 3개의 가는 실선으로 그린다.
④ 스퍼기어의 피치원은 가는 2점 쇄선으로 그린다.

기어도시 방법
• 이끝원(＝잇봉우리원)은 굵은 실선으로 그린다.
• 피치원은 가는 1점 쇄선으로 그린다.
• 피치원의 지름을 기입할 때는 치수 앞에 P.C.D(Pitch Circular Diameter)를 기입한다.
• 이뿌리원(＝이골원)은 가는 실선으로 그린다. 단, 축에 직각 방향으로 단면 투상할 경우에는 굵은 실선으로 그린다.
• 기어 요목표를 표시한다.

33 다음 재료기호 중 기계구조용 탄소강재는?

① SM45C ② SPS1
③ STC3   ④ SKH2

해설

• SM45C : 기계구조용 탄소강재
• SPS1 : 스프링 강재
• STC3 : 탄소공구 강재
• SKH2 : 고속도 공구강

34 그림의 "a" 표기 부분이 의미하는 내용은?

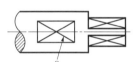

a

① 곡면   ② 회전체
③ 평면   ④ 구멍

해설

축과 같은 둥근 봉의 일부분이 평면임을 나타내야 할 경우 가는 실선으로 대각선을 그린다.

35 제1각법의 설명으로 틀린 것은?

① 평면도는 정면도 아래에 배치한다.
② 눈 → 물체 → 투상면의 순서가 된다.
③ 물체를 투상면의 앞쪽에 놓고 투상한다.
④ 좌측면도는 정면도 좌측에 배치한다.

해설

1각법의 투상 배치도

	저면		
우측	정면	좌측	배면
	평면		

36 축의 도시 방법에 대한 설명으로 틀린 것은?

① 긴 축은 중간 부분을 파단하여 짧게 그리고 실제 치수를 기입한다.
② 길이 방향으로 절단하여 단면을 도시한다.
③ 축의 끝에는 조립을 쉽고 정확하게 하기 위해서 모따기를 한다.
④ 축의 일부 중 평면 부위는 가는 실선의 대각선으로 표시한다.

해설

축은 길이 방향으로 단면을 도시하지 않고 부분단면으로 도시한다.

37 컴퓨터시스템에서 정보를 기억하는 최소 정보단위는 어느 것인가?

① bit(비트)   ② byte(바이트)
③ word(워드)   ④ block(블록)

해설

컴퓨터의 기억용량단위(1byte)
• 1bit : 정보를 나타내는 최소단위
• 1B＝1byte＝8bit
• 1KB＝2^{10}byte
• 1MB＝2^{20}byte
• 1GB＝2^{30}byte

38 밀링작업에서 스핀들의 앞면에 있는 24구멍의 직접분할판을 사용하여 분할하며, 이때 웜을 아래로 내려 스핀들의 웜휠과 물림을 끊는 분할법은?

① 섹터분할법   ② 직접분할법
③ 차동분할법   ④ 단식분할법

해설

직접분할법

• 정밀도가 필요하지 않는 단순한 분할 가공
• 24의 약수 분할 가공
• 밀링 자체 부분을 이용 – 24의 약수(2, 3, 4, 6, 8, 12, 24의 7종류 등분)
  예 8등분(24＝3×8) : 3구멍씩 이동시키면서 8번 가공

39 그림과 같이 V벨트풀리의 일부분을 잘라내고 필요한 내부 모양을 나타내기 위한 단면도는?

① 온단면도
② 한쪽단면도
③ 부분단면도
④ 회전도시단면도

해설

보기는 파단선을 이용한 부분단면도이다.

40 길이가 100mm인 스프링의 한 끝을 고정하고, 다른 끝에 무게 40N의 추를 달았더니 스프링의 전체 길이가 120mm로 늘어났다. 이때의 스프링 상수[N/mm]는?

① 0.5　　② 1
③ 2　　④ 4

해설

* 스프링상수$(k) = \dfrac{W(무게)}{\delta(처짐)}$

$\therefore k = \dfrac{40}{120-100} = \dfrac{40}{20} = 2(\text{N/mm})$

41 기어의 요목표에 [기준래크]의 치형, 압력각, 모듈을 기입한다. 여기서 [기준래크]란 무엇을 뜻하는가?

① 기어 이를 가공할 공구를 지정한 것이다.
② 기어 이를 검사할 측정기를 지정한 것이다.

③ 기어 이를 가공할 기계 종류를 지정한 것이다.
④ 기어 이를 가공할 때 설치할 곳을 지정한 것이다.

해설

• 기준래크 : 기어 이를 가공할 공구

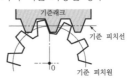

42 스프링의 종류와 모양만을 도시할 때에는 재료의 중심선을 어떤 선으로 표시하는가?

① 굵은 실선
② 가는 실선
③ 굵은 1점 쇄선
④ 가는 1점 쇄선

해설

코일스프링의 도시

• 스프링의 종류와 모양만을 도시할 때(간략도) : 중심선을 굵은 실선으로 표시
• 스프링의 중간 부분을 생략해서 도시할 때 : 중심선은 가는 1점 쇄선, 외형선은 가는 2점 쇄선으로 표시

43 리벳팅이 끝난 뒤에 리벳머리의 주위 또는 강판의 가장자리를 정으로 때려 그 부분을 밀착시켜 틈을 없애는 작업은?

① 시밍　　② 코킹
③ 커플링　　④ 해머링

해설

리벳팅 후 작업 방법

• 코킹(Caulking) : 보일러와 같이 기밀을 필요로 할 때 리벳 작업이 끝난 뒤에 리벳머리 주위와 강판의 가장자리를 정과 같은 공구로 때리는 작업
• 풀러링(Fullering) : 코킹 작업 후 기밀을 완전하게 유지하기 위한 작업으로 강판과 같은 너비의 풀러링 공구로 때려 붙이는 작업

44 너트의 풀림 방지 방법이 아닌 것은?

① 와셔를 사용하는 방법

② 핀 또는 작은나사 등에 의한 방법

③ 로크너트에 의한 방법

④ 키에 의한 방법

너트 풀림 방지법
• 탄성와셔에 의한 방법
• 로크너트에 의한 방법
• 핀(분할핀) 또는 작은나사를 사용하는 방법
• 철사에 의한 방법
• 자동죔너트에 의한 방법
• 세트스크루에 의한 방법

45 브로우치 구조에 대한 설명으로 잘못된 것은?

① 자루부 : 고정대에 고정

② 절삭부 : 거친날, 중간날, 다듬날로 구성

③ 평행부 : 절삭이 끝날때까지 브로우치 지지

④ 후단부 : 손잡이

브로우칭은 다수의 날이 순차적으로 배열된 공구(broach)로 공작물 표면을 세게 누른 상태에서 1회 통과시켜 브로우치의 단면 형상대로 공작물을 가공하는 방법이다. 호환성이 요구되는 정밀도가 높은 제품을 1회에 가공할 수 있으며, 복잡한 형상의 제품에도 적용이 용이하다.

브로우치의 구조
• 자루부 : 고정대에 고정
• 절삭부 : 거친날, 중간날, 다듬날로 구성 ⇒ 날끝이 차츰 커지면서 공작물을 절삭하는 날
• 평행부 : 절삭이 끝날때까지 브로우치 지지
• 후단부 : 뒤쪽 물림부

46 정밀 보링머신의 특성에 대한 설명으로 틀린 것은?

① 고속회전 및 정밀한 이송기구를 갖추고 있다.

② 다이아몬드 또는 초경합금 공구를 사용한다.

③ 진직도는 높으나 진원도는 낮다.

④ 실린더나 베어링면 등을 가공한다.

정밀 보링머신은 진직도와 진원도가 모두 높다.

47 선반에서 공작물의 편심가공과 불규칙한 모양의 공작물을 조정하는 데 편리한 척은?

① 단동척   ② 연동척

③ 콜릿척   ④ 유압척

• **단동척** : 불규칙한 일감을 고정하는 데 편리하며 4개의 조가 각각 움직이도록 구성
• **연동척** : 3개의 조가 동시에 움직이도록 구성
• **마그네틱척** : 자성을 이용하여 고정
• **콜릿척** : 주축테이퍼 구멍에 슬리브를 꽂고 여기에 콜릿척을 끼워 사용

48 브로칭머신으로 가공할 수 없는 것은?

① 스플라인 홈

② 베어링용 볼

③ 다각형의 구멍

④ 둥근 구멍 안의 키 홈

• **내면 브로칭** : 구멍 안에 키 홈, 스플라인 홈, 다각형의 구멍 등
• **외면 브로칭** : 세그먼트 기어(Segment Gear)의 치형이나 홈 등

49 일반적인 합성수지의 공통된 성질로 가장 거리가 먼 것은?

① 가볍다.

② 착색이 자유롭다.

③ 전기절연성이 좋다.

④ 열에 강하다.

합성수지의 공통된 성질
• 가볍고 튼튼하다.
• 전기 절연성이 좋다.
• 가공성이 크고 성형이 간단하다.
• 금속 고유의 광택을 가진다.
• 전기 및 열의 양도체이다.
• 소성 변형성이 있어 가공하기 쉽다.
• 산, 알카리, 유류, 약품 등에 강하다.
• 열에 약하다.

50 회전체의 균형을 좋게 하거나 너트를 외부에 돌출시키지 않으려고 할 때 주로 사용하는 너트는?

① 캡너트
② 둥근너트
③ 육각너트
④ 와셔붙이너트

둥근너트
회전체의 균형을 좋게 하거나 너트를 외부에 돌출시키지 않을 때 사용
예 밀링 척에 사용

51 보통 주철에 비하여 규소가 적은 용선에 적당량의 망간을 첨가하여 금형에 주입하면 금형에 접촉된 부분은 급랭되어 아주 가벼운 백주철로 되는데, 이러한 주철을 무엇이라고 하는가?

① 가단주철
② 칠드주철
③ 고급주철
④ 합금주철

칠드주철
• 주조 시 주형에 냉금을 삽입하여 표면을 급냉시켜 경도를 증가시킨 내마모성 주철
• 표면경도를 필요한 부분만을 급랭하여 경화시키고 내부는 본래의 연한 조직을 남게하는 주철

52 그림의 'C' 부분에 들어갈 기하공차 기호로 가장 알맞은 것은?

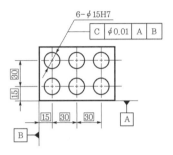

① ◎
② ⊕
③ ○
④ ◠

위치도 공차 : ⊕
복수데이팀 A, B를 기준으로 정확한 위치를 중심으로 하는 원의 지름은 0.01mm 공차 안에 있어야 한다.

53 다음은 필릿 용접부의 주요 치수를 나타낸 기호이다. 보기 중 목 두께를 나타내는 것은?

① a
② n
③ l
④ e

용접부의 주요 치수
• a : 목 두께
• n : 용접부 개수
• l : 용접부 길이
• e : 인접한 용접부 간의 간격

54 센터, 척 등을 사용하지 않고 가늘고 긴 재료의 연삭이 가능하며 조정숫돌과 지지대를 이용하여 가공물을 연삭하는 기계는?

① 드릴연삭기
② 바이트연삭기
③ 만능공구연삭기
④ 센터리스연삭기

센터리스연삭 작업 방법 ☞ **외경연삭**
• 통과이송 방법 : 공작물을 숫돌바퀴의 축 방향으로 급송하여 두 숫돌바퀴 사이를 통과하면서 연삭하는 방법
• 전후이송 방법 : 공작물을 숫돌바퀴의 접선 방향으로 급송하여 연삭하는 방법으로 일반적으로 관통할 수 없는 공작물, 테이퍼 되어 있는 공작물 등을 연삭할 때 이용하는 방법

55 오차가 +20μm인 마이크로미터로 측정한 결과 55.25mm의 측정값을 얻었다면 실제 값은?

① 55.18mm　　② 55.23mm
③ 55.25mm　　④ 55.27mm

* 실제값＝측정값－오차＝55.25－0.02＝55.23

　☞ $20\mu m=0.02mm(1\mu m=\dfrac{1}{1000}mm)$

56 회전수 350rpm, 토크(T)는 120N · m일 때 축 전달동력은 몇 kw인가?

① 44kw　　② 29kw
③ 2.9kw　　④ 4.4kw

* 동력＝T(토크)×ω(각속도)
　4.392kw＝0.12×36.6
• 각속도$(\omega)=\dfrac{2\pi N}{60}=\dfrac{2\pi\times350}{60}=36.6rad/s$
• T＝120N · m＝0.12KN · m/s
∴ 축 전달동력 → 4.392kw≒4.4kw

57 열처리방법 및 목적으로 틀린 것은?

① 불림 – 소재를 일정온도에 가열 후 공냉시킨다.
② 풀림 – 재질을 단단하고 균일하게 한다.
③ 담금질 – 급냉시켜 재질을 경화시킨다.
④ 뜨임 – 담금질된 것에 인성을 부여한다.

풀림
• 재결정온도 이상으로 가열한 후 가공 전의 연한 상태로 만드는 열처리 방법이다.
• 목적 : 내부응력을 제거하고 재료를 연화시킨다.

58 마우러조직도에 대한 설명으로 옳은 것은?

① 탄소와 규소량에 따른 주철의 조직관계를 표시한 것
② 탄소와 흑연량에 따른 주철의 조직관계를 표시한 것
③ 규소와 망간량에 따른 주철의 조직관계를 표시한 것
④ 규소와 Fe_3C량에 따른 주철의 조직관계를 표시한 것

마우러조직도
탄소(C)량과 규소(Si)량에 따른 주철의 조직관계로 냉각속도에 따라 주철의 종류가 달라짐을 나타낸다.

59 주조용 알루미늄합금이 아닌 것은

① Al-Cu계
② Al-Si계
③ Al-Zn-Mg계
④ Al-Cu-Si계

주조용 알루미늄합금
• 실루민 : Al-Si
• 하이드로날륨 : Al-Mg
• Y합금 : Al-Cu-Ni-Mg
• 라우탈 : Al-Cu-Si
• 로엑스 : Al-Si-Ni-Mg
• Al-Cu계

60 주조성이 좋으며 열처리에 의하여 기계적 성질을 개량할 수 있고 라우탈(Lautal)이 대표적인 합금은?

① Al-Cu계 합금

② Al-Si계 합금

③ Al-Cu-Si계 합금

④ Al-Mg-Si계 합금

해설

59번 문제 해설 참조

01 A₁ 제도용지의 크기는 몇 mm인가?

① 420×594   ② 297×420

③ 841×1189   ④ 594×841

해설

	1 (세로)	:	$\sqrt{2}$ (가로)
A_0	841	×	1189
A_1	594	×	841
A_2	420	×	594
A_3	297	×	420
A_4	210	×	297

02 탄소공구강의 단점을 보강하기 위해 Cr, W, Mn, Ni, V 등을 첨가하여 경도, 절삭성, 주조성을 개선한 강은?

① 주조경질합금   ② 초경합금

③ 합금공구강   ④ 스테인리스강

해설

* 합금공구강(STS) : 탄소공구강(STC)+W, Cr, V, Mo, Ni 첨가

03 아공석강 영역의 탄소강은 탄소량의 증가에 따라 기계적 성질이 변한다. 이에 대한 설명으로 옳지 않은 것은?

① 항복점이 증가한다.

② 인장강도가 증가한다.

③ 충격치가 증가한다.

④ 경도가 증가한다.

해설

아공석강은 탄소량이 0.77% 이하의 강으로 탄소량의 증가에 따라 인장강도, 경도 등은 증가하나 충격치, 탄성변형률 등은 저하된다.

04 3차원 형상을 솔리드 모델링하기 위한 기본 요소를 프리미티브라고 한다. 이 프리미티브가 아닌 것은?

① 박스(box)   ② 실린더(cylinder)

③ 원뿔(cone)   ④ 퓨전(fusion)

해설

프리미티브(3D 기본 요소) : 원뿔, 박스, 육면체, 원기둥, 구, 원추, 회전체, 프리즘, 스윕

05 CAD 시스템의 입력장치가 아닌 것은?

① 키보드   ② 라이트펜

③ 플로터   ④ 마우스

해설

입력장치

키보드, 디지타이저, 태블릿, 마우스, 조이스틱, 컨트롤다이얼, 기능키, 트랙볼, 라이트펜 등

06 호닝작업의 특징에 대한 설명으로 맞지 않는 것은?

① 발열이 적고 경제적인 정밀작업이 가능하다.

② 표면 거칠기를 좋게 할 수 있다.

③ 정밀한 치수로 가공할 수 있다.

④ 커터에 의한 가공보다 절삭능률이 좋다.

해설

• **호닝머신방법** : 직사각형 단면의 긴 숫돌을 지지봉의 끝에 방사 모양으로 붙여 놓은 혼을 구멍에 넣고 이것을 회전운동과 축 방향으로 왕복운동할 수 있는 구조 공작물은 테이블 위에 고정.
호닝머신은 축의 형식에 따라 수직식과 수평식이 있다.

정답 1. ④ 2. ③ 3. ③ 4. ④ 5. ③ 6. ④

07 CAD 시스템에서 마지막 입력점을 기준으로 다음 점까지의 직선거리와 기준 직교축과 그 직선이 이루는 각도로 입력하는 좌표계는?

① 절대좌표계　② 구면좌표계
③ 원통좌표계　④ 상대극좌표계

해설

- 절대좌표계 : 좌표의 원점(0, 0)을 기준으로 하여 x, y축 방향의 거리로 표시되는 좌표(x, y)
- 상대좌표계 : 마지막 점(임의의 점)에서 다음 점까지 거리를 입력하는 좌표(@x, y)
- (상대)극좌표계 : 마지막 점에서 다음 점까지 거리와 각도를 입력하는 좌표(@거리 < 각도)

08 제거가공해서는 안된다는 것을 지시할 때 사용하는 표면 거칠기의 기호로 맞는 것은?

① ∀　② ▽
③ √　④ ▽

해설

- ∀ : 제거가공을 해서는 안됨을 지시
- ▽ : 제거가공을 필요로 하는 지시
- √ : 제거가공의 여부를 묻지 않음.

09 기하공차의 구분 중 모양공차의 종류에 속하지 않는 것은?

① 진직도공차　② 평행도공차
③ 진원도공차　④ 면의 윤곽도공차

해설

단독형체 모양공차 6가지
- 진원도공차 : ○
- 원통도공차 : ⌀
- 진직도공차 : ─
- 평면도공차 : ▱
- 선의 윤곽도 : ⌒
- 면의 윤곽도 : ⌓

10 평판 모양의 쐐기를 이용하여 인장력이나 압축력을 받는 2개의 축을 연결하는 결합용 기계요소는?

① 아이볼트　② 테이퍼키
③ 코터　④ 커플링

해설

코터
축 방향에 인장력 또는 압축력이 작용하는 두 축을 연결하는 것으로 분해가 필요할 때 사용하며 로드, 소켓, 코터로 구성

11 하중의 작용방향에 따라 수직하중, 전단하중, 굽힘하중, 비틀림하중으로 분류되고 하중의 분포하중에 따른 분류 중 물체의 일정 부분에 균일하게 분포하여 작용하는 하중을 무슨 하중이라 하는가?

① 집중하중　② 분포하중
③ 반복하중　④ 교번하중

해설

하중의 분류
- 하중이 작용하는 시간에 따른 분류 : 정하중, 동하중(반복하중, 교번하중, 충격하중)
- 분포하중에 따른 분류 : 집중하중, 분포하중
- 하중의 작용방향에 따른 분류 : 수직하중, 전단하중, 굽힘하중, 비틀림하중

12 다음 중 평벨트풀리의 도시 방법으로 잘못 설명된 것은?

① 암의 테이퍼 부분 치수를 기입할 때 치수 보조선은 경사선으로 그을 수 있다.
② 벨트풀리는 모양이 대칭형이므로 그 일부분만을 도시할 수 있다.
③ 방사형으로 되어 있는 암은 수직 중심선 또는 수평 중심선까지 회전하여 투상할 수 있다.
④ 암은 길이 방향으로 절단하여 단면을 도시한다.

---

7. ④　8. ①　9. ②　10. ③　11. ②　12. ④　**정답**

평벨트풀리 도시법

㉠ 벨트풀리 : 전체를 표시하지 않고 그 일부분만 표시할 수 있다.

㉡ 암과 같은 방사형의 것은 수직 또는 수평 중심선까지 회전하여 투상한다.

㉢ 암은 길이 방향으로 절단하여 도시하지 않는다.

㉣ 암의 단면(회전도시단면도로 도시)
  • 도형의 內의 회전도시단면선은 가는 실선으로 그린다.
  • 도형의 外의 회전도시단면선은 굵은 실선으로 그린다.

㉤ 테이퍼 부분의 치수 기입 : 치수 보조선은 경사선(수평과 60° 또는 30°)으로 긋는다.

㉥ 끼워맞춤은 축 기준식인지 구멍기준식인지를 명기한다.

㉦ 벨트풀리 : 축 직각 방향의 투상을 정면도로 한다.

---

13 상하 또는 좌우 대칭인 물체의 1/4을 절단하여 기본 중심선을 경계로 1/2은 외부 모양, 다른 1/2은 내부 모양으로 나타내는 단면도는?

① 전단면도　　② 한쪽단면도
③ 부분단면도　　④ 회전단면도

한쪽단면도(1/4단면도)
대칭 물체를 1/4 절단, 내부와 외부를 동시에 표현

---

14 코일스프링의 전체 평균직경이 30mm, 소선의 직경이 3mm일 때 스프링 지수는 약 얼마인가?

① 15　　② 1.5
③ 27　　④ 10

스프링 지수(c)

$$c = \frac{D(전체평균직경)}{d(소선직경)} = \frac{30}{3} = 10$$

---

15 재료기호가 'STS11'로 명기되었을 때 이 재료의 명칭은?

① 합금공구강 강재
② 탄소공구강 강재
③ 스프링 강재
④ 탄소주강품

• 탄소공구강(STC)
• 합금공구강(STS)

---

16 용접부의 실제 모양이 그림과 같을 때 용접기호 표시로 맞는 것은?

① 　　② ∨
③ 　　④ ∧

＊용접부의 기본 기호

명칭	기호
양면 플랜지형 맞대기 이음	⊥∟
평면형 평행 맞대기 이음	‖
한쪽면 V형 홈 맞대기 이음	∨
한쪽면 K형 홈 맞대기 이음	⊮
부분 용입 한쪽면 V형 맞대기 이음	Y
부분 용입 한쪽면 K형 맞대기 이음	⊬
한쪽면 U형 홈 맞대기 이음	Y
한쪽면 J형 맞대기 이음	⊬
뒷면 용접	⌣
필릿 용접	◿
플러그 용접	⊓
스폿 용접	○
심 용접	⊖

---

* 용접부의 보조 기호

용접부 표면 또는 용접부 형상	기호
평면	──
블록형	⌒
오목형	⌣
끝단부를 매끄럽게 함	⤵
영구적인 덮개판을 사용	M
제거 가능한 덮개판을 사용	MR

17 다음 그림을 제3각법(정면도-화살표 방향)의 투상도로 볼 때 좌측면도로 가장 적합한 것은?

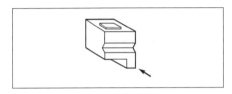

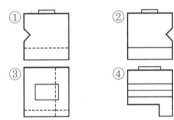

해설

* 제3각법 투상 : 화살표 방향을 정면도로 투상

평면

정면 우측

* 정면도부터 차례차례 등각투상도를 맞추어 본다.

18 미터사다리꼴나사 [Tr40×7 LH]에서 LH 가 뜻하는 것은?

① 피치 ② 나사의 등급
③ 리드 ④ 왼나사

해설

미터사다리꼴 1줄 나사 표시방법

Tr40×7LH

• Tr40 : 미터사다리꼴나사의 호칭지름 40mm
• 7 : 피치 7mm
• LH : 왼나사

19 기준치수가 30, 최대허용치수가 29.9, 최소 허용치수가 29.8일 때 아래치수허용차는?

① −0.1 ② −0.2
③ +0.1 ④ +0.2

해설

아래치수허용차
=최소허용치수−기준치수
=29.8−30=−0.2

20 공작기계 중 커터는 회전하고 공작물이 이 송되며 절삭하는 것은?

① 선반 ② 밀링
③ 드릴 ④ 슬로터

해설

• 선반 : 공작물 회전, 바이트 이송
• 밀링 : 공작물 이송, 공구 회전

21 주철의 성장 원인이 아닌 것은?

① 흡수한 가스에 의한 팽창
② Fe₃C의 흑연화에 의한 팽창
③ 고용 원소인 Sn의 산화에 의한 팽창
④ 불균일한 가열에 의해 생기는 균열 팽창

해설

주철의 성장 원인
• 시멘타이트(Fe_3C)의 흑연화에 의한 팽창
• 페라이트 중에 고용되어 있는 Si의 산화에 의한 팽창
• A₁변태에서 부피 변화로 인한 팽창
• 불균일 가열로 인한 균열에 의해 팽창
• 흡수된 가스에 의한 팽창
• Al, Si, Ni, Ti 등의 원소에 의한 흑연화 현상 촉진

22 도면 제작과정에서 다음과 같은 선들이 같은 장소에서 겹치는 경우 가장 우선시 하여 나타내야 하는 것은?

① 절단선　　　② 중심선
③ 숨은선　　　④ 치수선

> **해설**
> • 선의 우선순위 ⇒ 외형선 > 숨은선 > 절단선 > 중심선 > 무게중심선 > 치수선, 치수 보조선, 해칭선
> • 도면에서 선의 굵기보다 가장 우선 시 되는 것 ⇒ 치수(숫자와 기호), 문자

23 컴퓨터 도면관리시스템의 일반적인 장점을 잘못 설명한 것은?

① 여러 가지 도면 및 파일의 통합관리체계를 구축 가능하다.
② 반영구적인 저장 매체로 유실 및 훼손의 염려가 없다.
③ 도면의 질과 정확도를 향상시킬 수 있다.
④ 정전 시에도 도면 검색 및 작업을 할 수 있다.

> **해설**
> 정전 시 컴퓨터를 작동할 수 없다.

24 대상물의 일부를 떼어낸 경계를 표시하는데 사용하는 선의 명칭은?

① 외형선　　　② 파단선
③ 기준선　　　④ 가상선

> **해설**
> **파단선**
> 불규칙한 파형의 가는 실선 또는 지그재그선 도면의 중간부분 생략을 나타낼 때, 도면의 일부분을 확대하거나 부분단면의 경계를 표시할 때

25 헐거운 끼워맞춤에서 구멍의 최소허용치수와 축의 최대허용치수와의 차이 값을 무엇이라 하는가?

① 최대죔새　　　② 최대틈새
③ 최소죔새　　　④ 최소틈새

> **해설**
> • 헐거운 끼워맞춤(틈새) : 구멍 > 축
> • 최대틈새＝구멍(大) － 축(小)
> • 최소틈새＝구멍(小) － 축(大)

26 원통의 내면을 마무리할 경우에 그 공작물의 구멍보다도 약간 큰 직경의 강구 또는 초경합금구 등을 이용하여 매끈한 표면과 높은 정밀도를 얻는 방법으로 구멍 뚫기 또는 리머가공 후의 가공을 정밀하게 마무리하는데 사용되는 가공법은?

① 버니싱　　　② 베럴링가공
③ 숏피닝　　　④ 폴리싱

> **해설**
> **버니싱**
> 내면가공의 마무리에 하는 방법으로 끝에 라운드가 큰 다이아몬드가 달린 버니싱 바를 이용하여 가공 인선을 눌러서 높은 표면조도를 만드는 가공

27 투상관계를 나타내기 위하여 그림과 같이 원칙적으로 추가되는 그림 위에 중심선 등으로 연결하여 그린 투상도는?

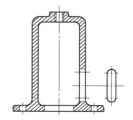

① 보조투상도　　　② 국부투상도
③ 부분투상도　　　④ 회전투상도

> **해설**
> **국부투상도**
> • 대상물의 구멍, 홈 등 한 국부만의 모양을 도시하는 것으로 충분한 경우에 그 필요 부분만을 그리는 투상도
> • 원칙적으로 주된 그림으로부터 국부투상도까지 중심선, 기준선, 치수 등으로 연결한다.

28 다음 선의 종류 중에서 특수한 가공을 하는 부분 등 특별한 요구사항을 적용할 범위를 나타내는 선은?

① 굵은 실선　　　② 가는 실선
③ 가는 1점 쇄선　④ 굵은 1점 쇄선

굵은 1점 쇄선
• 부품의 일부분을 열처리할 때 표시
• 열처리, 도금 등 특별한 요구사항을 적용할 수 있는 범위를 표시하는 데 사용하는 특수 지정선

29 나사의 도시방법에서 골지름을 표시하는 선의 종류는?

① 굵은 실선　　　② 굵은 1점 쇄선
③ 가는 실선　　　④ 가는 1점 쇄선

나사 도시 방법
㉠ 수나사 바깥지름 : 굵은 실선, 수나사 골지름 : 가는 실선
㉡ 암나사 안지름 : 굵은 실선, 암나사 골지름 : 가는 실선
㉢ 완전나사부와 불완전나사부 경계선 : 굵은 실선
㉣ 암나사 탭 구멍의 드릴자리는 120°의 굵은 실선
㉤ 수나사와 암나사의 결합부분은 수나사로 표시
㉥ 단면 시 나사부 해칭 : 암나사는 안지름까지 해칭
㉦ 수나사와 암나사의 측면 도시에서 각각의 골지름 : 가는 실선으로 약 3/4만큼 그린다.
㉧ 불완전 나사부의 골밑을 나타내는 선은 축선에 대하여 30°의 가는 실선으로 그린다.
㉨ 가려서 보이지 않는 나사부의 산봉우리와 골을 나타내는 선의 안지름은 굵은 파선, 골지름은 가는 파선으로 그린다.

30 배관기호에서 온도계의 표시방법으로 바른 것은?

① Ⓕ　　　② Ⓟ
③ Ⓣ　　　④ Ⓦ

배관에서 계기 도시

Ⓕ : 유량계

Ⓟ : 압력계

Ⓣ : 온도계

31 다음 중 보통선반에서 할 수 없는 작업은?

① 드릴링작업　　② 보링작업
③ 인덱스작업　　④ 널링작업

선반작업의 종류
외경가공, 홈가공, 드릴링작업, 보링작업, 널링작업, 테이퍼절삭, 나사절삭, 총형절삭 등

32 피치원지름 160mm, 잇수 40인 기어의 모듈은?

① 4　　　② 8
③ 3　　　④ 2

$$\text{모듈}(m) = \frac{d}{z} = \frac{160}{40} = 4$$

33 높은 정밀도를 요구하는 가공물, 정밀기계의 구멍가공 등에 사용하는 것으로 외부환경 변화에 따른 영향을 받지 않도록 항온, 항습실에 설치하는 보링머신은 무엇인가?

① 수평형보링머신
② 수직형보링머신
③ 지그(Jig)보링머신
④ 코어(Core)보링머신

지그보링머신
각종 지그의 제작, 기타 정밀한 구멍가공을 위한 보링머신으로써, 정밀도가 매우 높으므로 항온실(20℃)에 설치하며 정밀가공을 위해 나사식 측정장치, 표준봉 게이지, 광학적 측정장치, 다이얼 게이지 등을 갖춘다.

34 서보 제어방식 중 모터에 내장된 타코제네레이터에서 속도를 검출하고, 기계의 케이블에서 위치를 검출하여 피드백 시키는 방식은?

① 개방회로방식　　② 반폐쇄회로방식
③ 폐쇄회로방식　　④ 반개방회로방식

> **해설**
> **반폐쇄회로방식** : 일반 CNC공작기계에 가장 많이 사용된다.

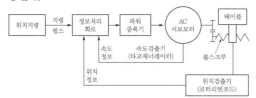

35 핸들과 같은 작은 곳에 사용하며 키 홈의 가공이 쉬운 키는?

① 둥근키　　　　② 새들키
③ 묻힘키　　　　④ 반달키

> **해설**
> **둥근키**
> 단면이 원형으로 된 작은 키(결합용 기계요소), 경하중에 사용된다.

36 미하나이트주철의 설명으로 틀린 것은?

① 담금질이 가능하다.
② 흑연의 형상을 미세화 한다.
③ 연성과 인성이 아주 크다.
④ 두께의 차에 의한 감수성이 아주 크다.

> **해설**
> **미하나이트 주철의 특징**
> • 흑연의 형상을 미세 균일하게 하기 위해 Si, Si-Ca 분말을 첨가하여 흑연의 핵형성을 촉진한다.
> • 인장강도 : 35~45kg/mm²
> • 조직 : 펄라이트+흑연(미세)
> • 담금질 가능
> • 고강도 내마멸, 내열성 주철
> • 공작기계 안내면, 내연기관 실린더 등에 사용

37 줄무늬방향 기호의 뜻으로 틀린 것은?

① = : 가공에 의한 커터의 줄무늬 방향이 기호를 기입한 그림의 투상면에 평행
② ⊥ : 가공에 의한 커터의 줄무늬 방향이 기호를 기입한 그림의 투상면에 직각
③ X : 가공에 의한 커터의 줄무늬 방향이 여러 방향으로 교차 또는 무방향
④ C : 가공에 의한 커터의 줄무늬가 기호를 기입한 면의 중심에 대하여 대략 동심원 모양

> **해설**
> **줄무늬 방향 기호 6가지**
> • = : 평행
> • ⊥ : 직각
> • X : 두 방향 교차
> • M : 여러 방향 교차 또는 무방향
> • C : 동심원 모양
> • R : 레이디얼 모양 또는 방사상 모양

38 Al합금 중 내식성 Al이 아닌 것은?

① 알민
② 알드레이
③ 하이드로날륨
④ 일렉트론

> **해설**
> **내식성 알루미늄**
> • Al+Mn계(알민)
> • Al+Mg계(하이드로날륨)
> • Al+Mg+Si계(알드레이)

39 축이음 중 두 축이 평행하고 각속도의 변동 없이 토크를 전달하는 데 가장 적합한 것은?

① 올덤커플링
② 플렉시블커플링
③ 유니버설커플링
④ 플랜지커플링

커플링의 종류

- 올덤커플링 : 두 축이 평행하거나 약간 떨어져 있는 경우, 축 중심이 어긋나 있거나 축의 양쪽 중심이 편심이 되어 있을 때
- 유니버설커플링 : 유니버설 조인트 또는 혹 조인트라고도 하며, 두 축이 같은 평면 내에 있으면서 그 중심선이 서로 30° 이내를 이루고 교차하는 경우
- 플랜지커플링 : 플랜지를 볼트로 체결하여 두 축을 일체가 되게 한다.
- 플렉시블커플링 : 두 축이 완전히 일치하지 않고 약간의 축의 비틀림을 허용하는 구조의 축이음에는 플렉시블커플링이 필요하다.

40 다음과 같이 지시된 기하공차의 해석이 맞는 것은?

○	0.05	
//	0.02/150	A

① 원통도 공차값 0.05mm, 축선은 데이텀 축직선 A에 직각이고 지정 길이 150mm 평행도 공차값 0.02mm

② 진원도 공차값 0.05mm, 축선은 데이텀 축직선 A에 직각이고 전체 길이 150mm 평행도 공차값 0.02mm

③ 진원도 공차값 0.05mm, 축선은 데이텀 축직선 A에 평행하고 지정 길이 150mm 평행도 공차값 0.02mm

④ 원통의 윤곽도 공차값 0.05mm, 축선은 데이텀 축직선 A에 평행하고 전체 길이 150mm 평행도 공차값 0.02mm

○	0.05	⇒	원통도	공차값

//	0.02/150	A	⇒

평행도	지정 길이의 공차값/지정 길이	데이텀

41 레디얼 볼베어링 번호 6200의 안지름은?

① 10mm　　② 12mm

③ 15mm　　④ 17mm

- 6200 ⇒ ϕ10
- 6201 ⇒ ϕ12
- 6202 ⇒ ϕ15
- 6203 ⇒ ϕ17

42 선반가공에서 공작물의 중심을 맞출 때 사용하는 공구는?

① 스패너　　② 버니어캘리퍼스

③ 펀치　　　④ 서피스 게이지

서피스 게이지

요즘에는 많이 사용하지 않으나, 단동척을 사용할 경우 공작물의 센터를 맞추기 위해 사용한다.

43 열경화성 수지에서 높은 전기절연성이 있어 전기부품 재료를 많이 쓰고 있는 베크라이트(bakelite)라고 불리는 수지는?

① 요소수지　　② 페놀수지

③ 멜라민수지　④ 에폭시수지

- **열경화성수지** : 열을 가하여 어떤 모양을 만든 다음에는 다시 가열하여도 연화나 용융되지 않는 수지
- **요소수지** : 무색으로 착색이 자유롭고 내수성이 자유롭다.
- **페놀수지** : 강도, 전기부품 재료, 내산성, 내열성, 내수성양호
- **멜라민수지** : 요소수지와 같고, 경도가 크고 내수성은 약함
- **에폭시수지** : 금속의 접착성이 크고, 내약품성, 내열성 우수

44 원통의 내면을 사각 숫돌이 원통형으로 장착된 공구를 회전 및 상·하 운동을 시켜 가공하는 정밀입자 공작기계는 무엇인가?

① 선반　　　② 슬로터

③ 호닝머신　④ 플레이너

---

40. ③　41. ①　42. ④　43. ②　44. ③　**정답**

해설

호닝머신
- 긴 숫돌을 혼(hone)의 구멍에 넣고 회전 및 왕복운동시키고 원주 방향으로 압력을 가하면서 다듬질하는 가공법이다(내연기관의 실린더, 고속 베어링 면, 크랭크축, 기어 등).
- 직사각형 단면의 긴 숫돌을 지지봉의 끝에 방사 방향으로 붙여놓고 공구를 구멍의 내면에 넣고 회전 및 이송운동(축 방향 운동) 시켜 구멍 내면을 정밀하게 다듬질하는 작업이다.
- 구멍에 대한 진원도, 직진도 및 표면 거칠기를 향상시키고 치수정밀도는 3~10μm 높일 수 있다.

45 너트의 풀림 방지 방법이 아닌 것은?

① 와셔를 사용하는 방법
② 핀 또는 작은나사 등에 의한 방법
③ 로크너트에 의한 방법
④ 키에 의한 방법

해설

너트 풀림 방지법
- 탄성와셔에 의한 방법
- 로크너트에 의한 방법
- 핀(분할핀) 또는 작은나사를 사용하는 방법
- 철사에 의한 방법
- 자동죔너트에 의한 방법
- 세트스크루에 의한 방법

46 코일스프링의 제도에 대한 설명 중 틀린 것은?

① 스프링은 원칙적으로 하중이 걸린 상태에서 도시한다.
② 스프링의 종류와 모양만을 도시할 때에는 재료의 중심을 굵은 실선으로 그린다.
③ 특별한 단서가 없는 한 모두 오른쪽 감기로 도시하고 왼쪽 감기일 경우 '감긴 방향 왼쪽'이라고 표시한다.
④ 코일 부분의 중간 부분을 생략할 때에는 생략한 부분을 가는 1점 쇄선 또는 가는 2점 쇄선으로 표시해도 좋다.

해설

코일 스프링의 도시
- 스프링은 원칙적으로 무하중 상태에서 그린다(단, 하중이 가해진 상태로 도시할 경우 하중을 명시한다).
- 하중과 높이(길이), 휨 등의 관계를 표시할 때에는 선도나 표를 이용한다.
- 도면에 감긴 방향이 표시되지 않은 코일스프링은 오른쪽 감기로 도시한다.
- 도면에 기입하기 복잡한 내용은 항목표를 작성하여 기입한다.
- 스프링의 중간부분은 가는 1점 쇄선과 가는 2점 쇄선(가상선)을 이용하여 생략 도시할 수 있다.
- 스프링의 종류, 모양만을 도시할 경우 중심선을 굵은 실선으로 그린다.
- 조립도, 설명도 등에서 코일스프링을 단면만 표시할 수 있다.

47 축의 끝에 45° 모떼기 치수를 기입하는 방법으로 틀린 것은?

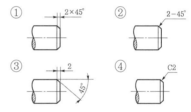

해설

②번 표기법이 틀림.

48 스퍼기어 제도 시 축 방향에서 본 그림에서 이골원은 어느 선으로 나타내는가?

① 가는 실선
② 가는 파선
③ 가는 1점 쇄선
④ 가는 2점 쇄선

해설

기어 그리는 방법
- 잇봉우리원(이끝원) : 굵은 실선
- 이골원(이뿌리원) : 가는 실선 (단면 시 : 굵은 실선)
- 잇줄 방향 : 보통 3개의 가는 실선

49 연삭가공에서 연삭가공시간을 나타내는 식은?

① $T = \dfrac{t+h}{fN}$ ② $T = \dfrac{1000v}{\pi D}$

③ $T = \dfrac{iL}{nf}$ ④ $T = \dfrac{iLf}{1000n}$

연삭가공시간(T)

$T = \dfrac{iL}{nf}$

• i : 연삭횟수
• L : 테이블의 총길이
• n : 가공물의 회전수
• f : 가공물 1회전당 이송량

50 다음 설명과 관련된 V벨트의 종류는?

• 한 줄 걸기를 원칙으로 한다.
• 단면 치수가 가장 적다.

① A형 ② B형
③ E형 ④ M형

단면 크기에 따른 V벨트의 종류
M < A < B < C < D < E
• M : 단면적이 가장 작음.
• E : 단면적이 가장 큼.

51 다음 그림과 같이 정면도와 우측면도가 주어졌을 때 평면도로 알맞은 것은?

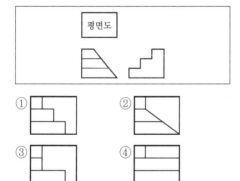

* 등각투상도

52 보기와 같이 숫자를 □ 속에 기입하는 이유는?

① 이론적으로 정확한 치수를 표시
② 주조의 가공을 위한 치수를 표시
③ 정정이 가능하도록 임시로 치수를 표시
④ 가공여유를 주기 위하여 치수를 표시

• 치수 : 이론적으로 정확한 치수, 사각형 속의 치수

53 평행키의 호칭 표기 방법으로 맞는 것은?

① KS B 1311 평행키 10×8×25
② KS B 1311 10×8×25 평행키
③ 평행키 10×8×25 양끝 둥금 KS B 1311
④ 평행키 10×8×25 KS B 1311 양끝 둥금

키의 호칭 방법

규격번호 또는 명칭	종류 및 호칭 치수	길이	끝 모양의 특별지정	재료
KS B 1311	평행키	10×8×25	양끝 둥금	SM45C

54 다음 중 치수기입 원칙에 어긋나는 방법은?

① 관련되는 치수는 되도록 한곳에 모아서 기입한다.

② 치수는 되도록 공정마다 배열을 분리하여 기입한다.

③ 중복된 치수기입을 피한다.

④ 치수는 각 투상도에 고르게 분포되도록 한다.

해설

도면의 치수기입
정면도에 집중기입하고 중복기입은 피한다.

55 다음 그림은 3각법으로 정투상한 도면이다. 입체도로 맞는 것은 어느 것인가?

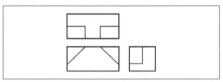

 ① ②

 ③ ④

해설

＊ 등각투상도

56 N.P.L식 각도게이지에 대한 설명과 관계가 없는 것은?

① 쐐기형의 열처리된 블록이다.

② 12개의 게이지를 한 조로 한다.

③ 조합 후 정밀도는 2~3초 정도이다.

④ 2개의 각도 게이지를 조합할 때에는 홀더가 필요하다.

해설

N.P.L식 각도게이지
• 쐐기형의 열처리된 블록(100×15mm)이다.
• 조합 후 정밀도는 2~3초 정도이다.
• 12개의 게이지를 한 조로 한다.
• 홀더는 필요 없다.

57 웜기어에서 웜이 3줄이고 웜휠의 잇수가 60개일 때의 속도비는?

① $\dfrac{1}{10}$ ② $\dfrac{1}{20}$

③ $\dfrac{1}{30}$ ④ $\dfrac{1}{60}$

해설

웜이 한 바퀴 돌 때 웜휠은 잇수가 하나 넘어간다. 그래서 잇수가 60개인 경우의 속도비는 $\dfrac{1}{60}$ 이다. 3줄 나사의 경우는 속도비가 3배 빨라지므로 속도비는 $\dfrac{1}{20}$ 이다.

58 다음 자료의 표현단위 중 그 크기가 가장 큰 것은?

① bit(비트) ② byte(바이트)

③ record(레코드) ④ field(필드)

해설

자료의 표현 단위
㉠ 비트(bit)
• 2진수 한 자리(0 또는 1)를 표현
• 정보 표현의 최소 단위
㉡ 니블(Nibble)
• 4개의 비트가 모여 1Nibble을 구성
• 16진수 한 자리를 나타냄.
㉢ 바이트(Byte)
8개의 비트가 모여 1Byte를 구성
㉣ 워드(Word)
• 컴퓨터가 한 번에 처리할 수 있는 명령 단위
• 하프워드 : 2Byte
• 풀워드 : 4Byte
• 더블워드 : 8Byte
㉤ 필드(Field)
파일 구성의 최소 단위

ⓗ 레코드(Record)
  1개 이상의 관련된 필드가 모여서 구성
ⓢ 블록(Block)
  한 개 이상의 논리 레코드가 모여서 구성
ⓞ 파일(file)
  같은 종류의 여러 레코드가 모여서 구성
ⓩ 데이터베이스(Database)
  1개 이상의 관련된 파일의 집합

59 Al – Mg계 합금으로 내식성이 우수한 합금은?

① 하이드로날륨   ② 모넬메탈
③ 포금   ④ 켈멧

내식성 알루미늄합금
• Al+Mn계 : 알민
• Al+Mg계 : 하이드로날륨
• Al+Mg+Si계 : 알드레이

60 최대허용치수가 구멍 50.025mm, 축 49.975mm이며 최소허용치수가 구멍 50.000mm, 축 49.950mm일 때 끼워맞춤의 종류는?

① 중간 끼워맞춤
② 억지 끼워맞춤
③ 헐거운 끼워맞춤
④ 상용 끼워맞춤

헐거운 끼워맞춤
• 항상틈새(축의 최대값보다 구멍의 최소값이 큼)
☞ $50.000 > 49.975$

01 다음 중 가는 2점 쇄선의 용도로 틀린 것은?

① 인접 부분 참고 도시
② 공구, 지그 등의 위치
③ 가공 전 또는 가공 후의 모양
④ 회전단면도를 도형 내에 그릴 때의 외형선

해설

가는 2점 쇄선의 용도
• 인접 부분을 참고로 표시할 때
• 공구, 지그 등의 위치를 참고로 나타낼 때
• 되풀이 하는 것을 나타낼 때
• 가공 전 또는 후의 모양을 표시할 때
• 가동 부분을 이동 중의 특정한 위치 또는 이동한 계의 위치로 표시할 때
• 도시된 단면의 앞쪽에 있는 부분을 표시할 때

02 길이가 50mm인 축을 도면에 5:1 척도로 그릴 때 기입되는 치수로 옳은 것은?

① 10   ② 250
③ 50   ④ 100

해설

치수를 기입할 때는 척도와 관계없이 치수는 반드시 실제 길이로 기입한다.

03 그림과 같이 테이퍼를 가공할 때 심압대의 편위량은 몇 mm인가?

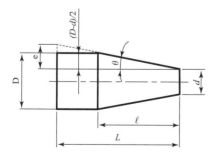

① $e = \dfrac{(D-d)}{\ell}$

② $e = \dfrac{(D-d)L}{2\ell}$

③ $e = \dfrac{DL}{2\ell}$

④ $e = \dfrac{(D-d)L}{2}$

04 창성법에 의한 기어절삭가공에 사용하는 공구가 아닌 것은?

① 호브
② 피니언커터
③ 랙커터
④ 슬로터

해설

기어형상의 공구 : 호브, 피니언커터, 랙커터

05 평행키의 호칭 표기 방법으로 맞는 것은?

① KS B 1311 평행키 10×8×25
② KS B 1311 10×8×25 평행키
③ 평행키 10×8×25 양끝 둥금 KS B1311
④ 평행키 10×8×25 KS B 1311 양끝 둥금

해설

키의 호칭 방법

규격 번호	종류	호칭치수 ×길이	끝모양의 특별지정	재료
KS B 1311	평행키	10×8×25	양끝 둥금	SM45C

06 외접 헬리컬기어를 축에 직각인 방향에서 본 단면으로 도시할 때, 잇줄 방향의 표시 방법은?

① 1개의 가는 실선
② 3개의 가는 실선
③ 1개의 가는 2점 쇄선
④ 3개의 가는 2점 쇄선

외접 헬리컬기어 표시

헬리컬기어 단면 도시	헬리컬기어 외형 도시
스퍼기어 도시 + 3개의 가는 2점 쇄선	스퍼기어 도시 + 3개의 가는 실선

07 줄 작업의 종류는 줄의 진행 방향에 따라 구분되는데, 거친 절삭에 사용되는 작업은?

① 병진법　　　② 직진법
③ 후진법　　　④ 사진법

• 직진법 : 가장 많이 사용하는 방법
• 병진법 : 좁은 면 다듬질
• 사진법 : 거친 절삭

08 투상법의 종류 중 정투상법에 속하는 것은?

① 등각투상법　　　② 제3각법
③ 사투상법　　　　④ 투시도법

정투상법에는 제1각법과 제3각법이 있다.

09 'M50×2-6g'인 나사에서 6g의 설명으로 맞는 것은?

① 나사의 피치
② 나사의 호칭지름
③ 나사의 등급
④ 나사의 줄 수

미터가는나사 표시

$$\underline{\text{나사의 종류 및 호칭지름} \times \text{피치} - \text{등급}}$$
$$\text{M} \qquad 50 \qquad \times 2 \ - 6g$$

10 CNC 프로그램에서 '주축기능'을 나타내는 기호는?

① G　　　　　② F
③ S　　　　　④ T

• G : 준비기능
• F : 이송기능
• S : 주축기능
• T : 공구기능

11 아공석강에 탄소량이 증가될 때 나타나는 현상은?

① 경도가 증가한다.
② 인성이 증가한다.
③ 연신율이 증가된다.
④ 연성이 증가된다.

탄소량이 많아지면 강도와 경도가 증가한다.

12 다음 치수 보조 기호에 관한 내용으로 틀린 것은?

① C : 45°의 모떼기
② D : 판의 두께
③ ⌒ : 원호의 길이
④ □ : 정사각형 변의 길이

t= : 판의 두께

13 기하공차 기호표에 포함되지 않는 것은?

① //　　　　② ○

③ □　　　　④ ∠

해설

- 평행도 : //
- 진원도(공차) : ○
- 경사도 : ∠

14 도면 작성 시 선이 한 장소에 겹쳐서 그려야 할 경우 나타내야 할 우선순위로 옳은 것은?

① 외형선 > 숨은선 > 중심선 > 무게중심선 > 치수선

② 외형선 > 중심선 > 무게중심선 > 치수선 > 숨은선

③ 중심선 > 무게중심선 > 치수선 > 외형선 > 숨은선

④ 중심선 > 치수선 > 외형선 > 숨은선 > 무게중심선

해설

- 한 곳에 2개 이상의 선이 겹칠 때 선의 우선순위 : 외형선>숨은선>절단선>중심선>무게중심선>치수선
- 선보다 더 우선시 되는 것 : 기호, 문자, 숫자

15 다음 중 와이어프레임 모델링(wireframe modeling)의 설명에 해당되는 것은?

① 단면도 작성이 불가능하다.

② 은선 제거가 가능하다.

③ 처리 속도가 느리다.

④ 물리적 성질의 계산이 가능하다.

해설

와이어프레임 모델링(wireframe modeling)
- 데이터의 구성이 간단하다(처리 속도가 빠르다).
- 모델 작성을 쉽게 할 수 있다.
- 3면 투시도의 작성이 용이하다.
- 은선 제거가 불가능하다.
- 단면도 작성이 불가능하다.
- 기하학적 현상을 선에 의해서만 3차원 형상을 나타낸다.

16 축에 작용하는 비틀림 토크가 2.5KN이고 축의 허용전단응력이 49MPa일 때 축 지름은 약 몇 mm 이상이어야 하는가?

① 24　　　　② 36

③ 48　　　　④ 64

해설

- $T = Z_p \times \tau, \ Z_p = \dfrac{\pi d^3}{16}$

$Z_p = \dfrac{T}{\tau} = \dfrac{2,500\text{N}}{49\text{MPa}}$

$\therefore d^3 = \dfrac{16 \times 2,500}{\pi \times 49}$

$d = 64$

T : 비틀림 토크
τ : 허용전단응력
d : 축지름
Z_p : 극단면 계수

17 보링머신에 의한 작업으로 적합하지 않은 것은?

① 리밍

② 태핑

③ 드릴링

④ 기어가공

해설

보링머신에 의한 작업
드릴링, 리밍, 태핑, 정면절삭 등

18 현가장치에 사용되는 공기스프링의 특징이 아닌 것은?

① 작은 진동을 흡수하는 효과가 있다.

② 차체의 높이가 항상 일정하게 유지된다.

③ 고유진동을 낮게 할 수 있다.

④ 다른 기구보다 간단하고 값이 싸다.

해설

공기스프링 : 고무로 된 용기(벨로스) 안에 압축공기를 넣어 공기의 탄성을 이용한 스프링

19 밀링에서 공작물을 고정하는 방법과 관계 없는 것은?

① 바이스에 의한 고정
② 아버에 의한 고정
③ 지그를 이용한 고정
④ 앵글플레이트에 의한 고정

해설

아버 : 밀링머신에서 자루가 없는 공구를 지탱하는 축

20 초경질합금의 중요한 원소가 아닌 것은?

① W   ② Cr
③ Co   ④ Al

해설

• 초경질합금 : Co-Cr-W

21 CAD 시스템의 입력장치가 아닌 것은?

① 키보드   ② 라이트 펜
③ 플로터   ④ 마우스

해설

• 입력장치 : 키보드, 디지타이저, 태블릿, 마우스, 조이스틱, 컨트롤 다이얼, 기능키, 트랙볼, 라이트 펜 등
• 출력장치 : 디스플레이, 모니터, 플로터, 프린터, 하드카피장치, COM 장치

22 공작물 내경보다 약간 큰 강구나 초경합금 볼을 공작물 내면에 압입하여 다듬질 면을 얻는 가공방법은?

① 버니싱   ② 슈퍼피니싱
③ 보링   ④ 드릴링

해설

• 슈퍼피니싱 : 입도가 작고 연한 숫돌을 작은 압력으로 공작물 표면에 가압하면서 공작물에 이송을 주고 동시에 숫돌에 좌우로 진동을 주어 표면 거칠기를 높이는 가공법
• 보링 : 드릴을 사용하여 뚫은 구멍의 내경을 넓히는 작업

• 드릴링 : 드릴링머신의 주된 작업. 드릴을 사용하여 구멍을 뚫는 작업

23 볼트 너트의 풀림방지 방법 중 틀린 것은?

① 로크 너트에 의한 방법
② 스프링 와셔에 의한 방법
③ 분할핀에 의한 방법
④ 아이 볼트에 의한 방법

해설

볼트 너트의 풀림방지 방법
• 와셔 이용(스프링와셔, 이붙이와셔)
• 로크 너트 이용
• 작은 나사나 멈춤 나사 이용
• 분할핀 이용
• 자동죔 너트 이용
• 철사 이용

24 다음 중 스프로킷 휠의 도시 방법으로 틀린 것은? (단, 축 방향에서 본 경우를 기준으로 한다.)

① 항목표에 톱니의 특성을 나타내는 사항을 기입한다.
② 바깥지름은 굵은 실선으로 그린다.
③ 피치원은 가는 2점 쇄선으로 그린다.
④ 이뿌리원을 나타내는 선은 생략 가능하다.

해설

기어, 스프로킷의 피치원 지름 : 가는 1점 쇄선

25 평벨트 전동에 비하여 V벨트 전동의 특징이 아닌 것은?

① 고속운전이 가능하다.
② 바로걸기와 엇걸기 모두 가능하다.
③ 미끄럼이 적고 속도비가 크다.
④ 접촉 면적이 넓으므로 큰 동력을 전달한다.

V벨트 전동의 특징
- 마찰력을 증대시킨 벨트(접촉 면적이 넓음)
- 작은 장력으로 큰 회전력을 얻을 수 있다.
- 평벨트에 비해 운전이 조용(충격 완화작용)
- 협소한 장소에도 설치 가능
- V벨트의 내구력과 효율을 높이기 위해 V홈의 표면을 정확하고 매끈하게 다듬질해야 한다.
- 고속운전이 가능하다.
- 이음매가 없는 고리모양 벨트 접착제 이음

26 철과 탄소는 약 6.68% 탄소에서 탄화철이라는 화합물을 만드는데, 이 탄소강의 표준조직은 무엇인가?

① 펄라이트
② 오스테나이트
③ 시멘타이트
④ 소르바이트

탄소강의 표준조직 : 페라이트(0.02%C), 펄라이트(0.8%C), 오스테나이트(0.2%C), 시멘타이트(6.68%C)

27 칩의 형성에서 일감이 연하고 인성이 큰 재질을 윗면 경사각이 큰 공구로 절삭 깊이를 작게 하고 절삭 속도를 크게 할 경우에 발생하는 칩은?

① 전단형칩
② 경작형칩
③ 유동형칩
④ 균열형칩

유동형칩 발생 원인
- 가장 이상적인 칩
- 연성 재료를 고속 절삭할 때 발생
- 절삭 깊이가 적을 때
- 윗면 경사각이 클 때
- 절삭저항이 가장 적다.
- 선삭 작업에서 생긴다.

28 축의 도시 방법에 대한 설명으로 틀린 것은?

① 긴 축은 중간 부분을 파단하여 짧게, 그리고 실제 치수를 기입한다.
② 길이 방향으로 절단하여 단면을 도시한다.
③ 축의 끝에는 조립을 쉽고 정확하게 하기 위해서 모따기를 한다.
④ 축의 일부 중 평면 부위는 가는 실선의 대각선으로 표시한다.

- 축은 길이 방향으로 절단하여 도시하지 않는다.
- 길이 방향으로 단면하지 않는 부품 : 축, 키, 볼트, 너트, 멈춤 나사, 와셔, 리벳, 강구, 원통 롤러, 기어의 이, 휠의 암, 리브

29 고탄소 주철로써 회주철과 같이 주조성이 우수한 백선주물을 만들고 열처리함으로써 강인한 조직으로 하여 단조를 가능하게 하는 주철은?

① 가단주철
② 구상흑연주철
③ 고급주철
④ 보통주철

- 구상흑연주철 : 용융상태의 주철 중에 니켈, 크롬, 몰리브덴, 구리 등을 첨가하여 재질을 개선한 것으로 노듈러 주철, 덕타일 주철 등으로 불린다.
- 고급주철 : 강력하고 내마멸성이 있는 인장강도 245MPa(25kgf/mm^2) 이상인 주철을 고급주철이라 한다.
- 보통주철 : 조직은 주로 편상 흑연과 페라이트로 되어 있는데, 약간의 펄라이트를 함유한다.

30 구리에 니켈 40~50% 정도를 함유하는 합금으로써 통신기, 전열선 등의 전기저항 재료로 이용되는 것은?

① 모넬메탈
② 콘스탄탄
③ 엘린바
④ 인바

니켈-구리계 합금

• 콘스탄탄(Constantan)＝구리(Cu)+Ni(40~45%) → 통신 기재, 저항선, 전열선(자동차 히터) 등으로 사용된다.
• 모넬메탈(Monel metal)＝구리(Cu)+Ni(60~70%) → 내열 및 내식성이 우수하므로 터빈 날개, 펌프 임펠러 등의 재료로 사용된다.

31 다음 그림과 같이 정면도와 우측면도가 주어졌을 때 평면도로 알맞은 것은?

해설

등각투상도

32 줄 작업의 안전수칙 중 바르지 못한 것은?

① 작업 중 줄 자루가 빠지지 않도록 고정 상태를 확인한다.
② 줄 작업 중 무리한 힘을 가하지 않는다.
③ 줄 작업 중 시선은 정면을 향한다.
④ 줄은 반드시 사용 후 제자리에 둔다.

해설

줄 작업 중 시선은 반드시 공작물의 절삭이 되는 부분을 본다.

33 비중이 2.7로써 가볍고 은백색의 금속으로 내식성이 좋으며, 전기전도율이 구리의 60% 이상인 금속은?

① 알루미늄(Al)   ② 마그네슘(Mg)
③ 바나듐(V)   ④ 안티몬(Sb)

해설

알루미늄의 성질

• 비중 2.7(경금속), 융점 660℃이며, 면심입방격자
• 전기 및 열의 양도체
• 산화피막이 있어 대기 중에 잘 부식이 안 되며, 해수 또는 산알카리에 부식된다.

34 원통 연삭 시 지름이 300mm인 연삭숫돌로 지름이 200mm인 공작물을 연삭할 때에 숫돌바퀴의 회전수는 2,000rpm일 때 연삭숫돌 바퀴의 원주속도는 얼마인가?

① 1584   ② 1884
③ 1784   ④ 1684

해설

• $v = \dfrac{\pi dn}{1000} = \dfrac{\pi \times 300 \times 2000}{1000} = 1884\mathrm{m/min}$

35 "M20×2"는 미터 가는 나사의 호칭 보기이다. 여기서 2는 무엇을 나타내는가?

① 나사의 피치
② 나사의 호칭지름
③ 나사의 크기
④ 나사의 경도

해설

미터나사의 호칭지름 : 20mm, 피치 : 2mm

36 다음 기하공차의 기호 중 위치도공차를 나타내는 것은?

① ⟋   ② ⟋⟋
③ ⊕   ④ ∠

- 원주 흔들림(공차) : ✓
- 온 흔들림(공차) : ✓✓
- 경사도 : ∠

37 그림과 같은 대칭적인 용접부의 기호와 보조 기호 설명으로 올바른 것은?

① 양면 V형 맞대기 용접
② 양면 필릿 용접
③ 양면 플러그 용접
④ 양면 개선형 맞대기 용접

해설

- 양면 V형 맞대기 용접 기호 :

38 표준 스퍼기어에서 모듈이 3이고, 피치원 지름이 105mm일 때, 기어의 잇수는?

① 25
② 30
③ 35
④ 40

해설

* 피치원의 지름(D)=모듈(m)×잇수(Z)

$$\therefore Z = \frac{D}{m} = \frac{105}{3} = 35$$

39 다음 면의 지시기호 표시에서 제거가공을 허락하지 않는 것을 지시하는 기호는?

①

②

③

④

해설

- ⟋ : 절삭 등 제거가공의 필요 여부를 문제 삼지 않을 때 사용
- ▽ : 제거가공을 필요로 한다는 것을 지시할 때 사용
- ⟋ : 제거가공을 해서는 안 될 때 사용(그대로 둘 때)

40 컴퓨터 도면관리시스템의 일반적인 장점을 잘못 설명한 것은?

① 여러 가지 도면 및 파일의 통합관리체계를 구축 가능하다.
② 반영구적인 저장매체로 유실 및 훼손의 염려가 없다.
③ 도면의 질과 정확도를 향상시킬 수 있다.
④ 정전 시에도 도면 검색 및 작업을 할 수 있다.

해설

컴퓨터 도면관리 중 정전 시에는 도면 검색 및 작업을 할 수 없다.

41 다음 관 이름의 그림 기호 중 플랜지식 이음은?

① ┼
② ╫
③ ╢┼
④ ┤

해설

① 나사식 이음
② 플랜지식 이음
③ 유니언 나사 이음
④ 나사 박음 관 끝부분 기호

42 전위기어의 사용 목적으로 가장 옳은 것은?

① 베어링 압력을 증대시키기 위함
② 속도비를 크게 하기 위함
③ 언더컷을 방지하기 위함
④ 전동 효율을 높이기 위함

전위기어의 목적
• 언더컷을 방지하기 위해
• 중심거리를 변화시키기 위해
• 이의 강도를 개선하려 할 때

43 다음은 어떤 물체를 제3각법으로 투상하여 평면도와 우측면도를 나타낸 것이다. 정면도로 옳은 것은?

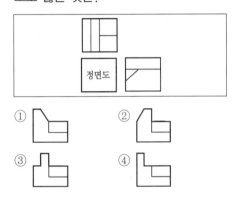

정면도

① ② ③ ④

해설

등각투상도

44 수나사 막대의 양 끝에 나사를 깎은 머리 없는 볼트로서, 한끝은 본체에 박고 다른 끝은 너트로 죌 때 쓰이는 것은?

① 관통볼트
② 미니어처볼트
③ 스터드볼트
④ 탭볼트

해설

• 스터드볼트 : 양 끝에 수나사를 깎은 머리 없는 볼트로 한쪽 끝은 본체에 고정시키고 다른 한쪽 끝은 너트를 조여서 고정한다.

45 코일 스프링의 제도방법에 대한 설명으로 틀린 것은?

① 하중이 걸린 상태에서 그릴 때에는 선도(Diagram) 또는 그때의 치수와 하중을 기입한다.
② 스프링의 종류와 모양만을 도시할 때에는 재료의 중심선만을 굵은 실선으로 그린다.
③ 코일 부분의 중간 부분을 생략할 때에는 생략한 부분을 가는 1점 쇄선 또는 가는 2점 쇄선으로 표시한다.
④ 특별한 단서가 없는 한 모두 왼쪽 감기로 도시한다.

해설

특별한 단서가 없는 한 모두 오른쪽 감기로 도시한다.

46 공작기계의 고속, 능률화에 따라 생산성을 높이고 가공재료의 절삭성, 제품의 정밀도 및 절삭공구의 수명 등을 향상하기 위하여 탄소강에 S, Pb, P, Mn을 첨가하여 개선한 구조용 특수강은?

① 강인강
② 스프링강
③ 고속도강
④ 쾌삭강

해설

• 강인강 : 탄소강으로 얻기 어려운 강인성을 가져야 하기 때문에 탄소강에 Ni, Cr, Mo, W, V 등의 원소를 첨가한 것
• 스프링강 : 탄성한도가 높아 주로 스프링을 만드는 데 사용되는 강
• 고속도강 : 고속도강은 고온에서도 경도가 저하되지 않고 내마멸성도 커서 고속절삭의 공구로 적당

47 축의 Ø56h6일 때 최소틈새가 0.05mm가 될 수 있는 구멍의 치수는?

① $\varnothing 56^{+1.15}_{+0.15}$

② $\varnothing 56^{+1.10}_{+0.05}$

③ $\varnothing 56^{+1.15}_{+1.10}$

④ $\varnothing 56^{+1.10}_{+1.15}$

해설

• 헐거운 끼워맞춤(틈새) → 구멍 > 축
〈편의상 大와 소로 표시〉

기준치수 (구멍/축)	위치수허용차(大) 아래치수허용차(小)

• Ø56h6 : 위치수허용차=0
• 최소틈새 = 구멍(小)−축(大)=0.05−0=0.05
∴ 구멍 아래 치수허용차값이 0.05인 값을 고르면 된다.

48 그림의 ⓐ 표기 부분이 의미하는 내용은?

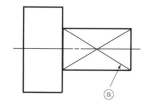

① 곡면
② 회전체
③ 평면
④ 구멍

해설

축과 같은 둥근 봉의 일부분이 평면임을 나타낼 경우 가는 실선으로 대각선을 그린다.

49 치수 보조선에 대한 설명으로 옳지 않은 것은?

① 필요한 경우에는 치수선에 대하여 적당한 각도로 평행한 치수 보조선을 그을 수 있다.
② 도형을 나타내는 외형선과 치수 보조선은 떨어져서는 안 된다.

③ 치수 보조선은 치수선을 약간 지날 때까지 연장하여 나타낸다.
④ 가는 실선으로 나타낸다.

해설

치수 보조선은 도형(외형선)에서 2~3mm 정도 틈새를 두고 그린다.

50 다음 치수 보조 기호의 사용 방법이 올바른 것은?

① Ø : 구의 지름 치수 앞에 붙인다.
② R : 원통의 지름 치수 앞에 붙인다.
③ □ : 정사각형의 한 변의 치수 앞에 붙인다.
④ SR : 원형의 지름 치수 앞에 붙인다.

해설

• Ø : 원의 지름 치수 앞에 붙인다.
• R : 원의 반지름 치수 앞에 붙인다.
• SR : 구의 반지름 치수 앞에 붙인다.

51 좌우 또는 상하가 대칭인 물체의 1/4을 잘라내고 중심선을 기준으로 외형도와 내부 단면도를 나타내는 단면의 도시 방법은?

① 한쪽단면도
② 부분단면도
③ 회전단면도
④ 온단면도

해설

• 부분단면도 : 물체의 이해를 위해 필요한 부분을 파단선으로 절단하여 단면으로 표시하는 방법
• 회전단면도 : 암, 리브, 축, 훅 등의 일부를 90° 회전하여 나타내는 단면도
• 온단면도 : 물체의 1/2을 절단하여 표시하는 단면도

52 다음 중 스프링의 재료로서 가장 적당한 것은?

① SPS7
② SCr420
③ GC20
④ SF50

해설

스프링 재료 : SPS

53 단면적이 100mm²인 강재에 200N의 전단 하중이 작용할 때 전단응력(N/mm²)은?

① 1   ② 2
③ 3   ④ 4

해설

$$\tau(\text{전단응력}) = \frac{P(\text{하중})}{A(\text{면적})} = \frac{200}{100} = 2(\text{N/mm}^2)$$

54 볼베어링의 호칭 번호가 62/22이면 안지름은 몇 mm인가?

① 22   ② 110
③ 55   ④ 100

해설

62/22 : 베어링 안지름 번호 앞에 '/'가 있으면 바로 뒤에 있는 안지름 번호가 바로 안지름이 된다.

55 컴퓨터가 기억하는 정보의 최소 단위는?

① bit   ② record
③ byte   ④ field

해설

컴퓨터의 기억용량단위(1byte)
• 1bit : 정보를 나타내는 최소 단위
• 1B=1byte=8bit
• 1KB=210byte, 1MB=220byte, 1GB=230byte

56 CAD 프로그램의 좌표에서 사용되지 않는 좌표계는?

① 직교좌표 ② 상대좌표
③ 극좌표   ④ 원형좌표

해설

좌표계의 종류
• 2D : 절대좌표, 상대좌표, 상대극좌표
• 3D : 원통형 좌표, 구형좌표(구면좌표)

57 정면, 평면, 측면을 하나의 투상면 위에서 동시에 볼 수 있도록 그린 도법은?

① 보조 투상도 ② 단면도
③ 등각 투상도 ④ 전개도

해설

등각 투상도

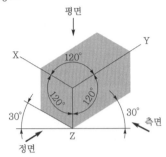

58 최대 허용한계치수와 최소 허용한계치수와의 차이값을 무엇이라고 하는가?

① 공차   ② 기준차수
③ 최대 틈새 ④ 위치수허용차

해설

공차(치수공차)
=위치수허용차 – 아래치수허용차
=최대 허용한계치수 – 최소 허용한계치수

59 핸들과 같은 작은 곳에 사용하며 키 홈의 가공이 쉬운 키는?

① 둥근키   ② 새들키
③ 묻힘키   ④ 반달키

해설

둥근키 : 단면이 원형으로 된 작은 키(결합용 기계요소), 경하중에 사용된다.

60 가공 방법의 약호에서 연삭가공의 기호는?

① D   ② G
③ L   ④ M

해설

가공 방법의 기호
D : 드릴, G : 연삭, L : 선반, M : 밀링

01 도면에서 구멍의 치수가 $\varnothing 55^{+0.03}_{-0.02}$ 로 기입되어 있다면 치수공차는?

① 0.01 ② 0.02

③ 0.03 ④ 0.05

해설

공차(치수공차) = 위치수허용차 − 아래치수허용차
= 0.03−(−0.02) = 0.03+0.02
= 0.05

02 주로 금형으로 생산되는 플라스틱 눈금자와 같은 제품 등에 제거가공 여부를 묻지 않을 때 사용되는 기호는?

①   ②

③   ④

해설

- ⏊ : 절삭 등 제거, 가공의 필요 여부를 문제 삼지 않을 때 사용

- ⏊ : 제거 가공을 필요로 한다는 것을 지시할 때 사용

- ⏊ : 제거 가공을 해서는 안 될 때 사용(그대로 둘 때)

03 다음 그림은 3각법으로 정투상 한 도면이다. 입체도로 맞는 것은 어느 것인가?

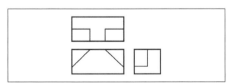

①   ②

③   ④

해설

등각투상도

04 6:4 황동에 철 1~2%를 첨가한 동합금으로 강도가 크고 내식성도 좋아 광산기계, 선반용 기계에 사용되는 것은?

① 톰백 ② 문쯔메탈

③ 네이벌황동 ④ 델타메탈

해설

델타메탈 : 6:4황동+Fe(1~2%)

05 다음 그림과 같은 베어링의 명칭은 무엇인가?

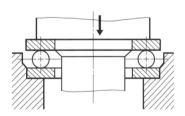

① 깊은 홈 볼 베어링
② 구름 베어링 유닛용 볼 베어링
③ 앵귤러 볼 베어링
④ 평면자리 스러스트 볼 베어링

- 스러스트 볼 베어링 : 하중의 방향과 축의 방향이 같다.
- 레이디얼 볼 베어링 : 하중의 방향과 축의 방향이 수직이다.

06 비틀림 모멘트(T)의 단위는?

① kg · m 　　　② kg/m

③ kg/m^2 　　 ④ kg · m^2

해설

모멘트 = 힘(kg) × 거리(m)

∴ 단위 : kg · m

07 작은 스퍼기어와 맞물려 돌아가며 스퍼기어의 잇줄과 같은 방향의 축으로 기어를 회전하며 직선운동을 하는 기어는?

① 래크기어 　　② 헬리컬기어

③ 베벨기어 　　④ 스파이럴 베벨기어

해설

- 기어 중 직선운동을 하는 기어 : 래크기어

08 다음 내용이 설명하는 투상법은?

> 투상선이 평행하게 물체를 지나 투상면에 수직으로 닿고 투상된 물체가 투상면에 나란히 하기 때문에 어떤 물체의 형상도 정확하게 표현할 수 있다. 이 투상법에는 1각법과 3각법이 속한다.

① 투시투상법 　　② 등각투상법

③ 사투상법 　　　④ 정투상법

해설

- 투시투상도 : 멀고 가까운 거리감을 느낄 수 있도록 하나의 시점과 물체의 각 점을 방사선으로 이어서 그리는 도법
- 등각투상도 : 정면, 평면, 측면을 하나의 투상도에서 동시에 볼 수 있는 투상법
- 사투상도 : 정투상도에서 정면의 크기와 모양은 그대로 사용하고 평면도와 우측면도를 경사시켜 그리는 투상법

09 치수 기입의 원칙에 대한 설명으로 틀린 것은?

① 필요한 치수를 명료하게 도면에 기입한다.

② 가능한 한 주요 투상도에 집중하여 기입한다.

③ 가능한 한 계산하여 구할 필요가 없도록 기입한다.

④ 도면을 잘 알 수 있도록 치수를 중복하여 기입한다.

해설

치수 기입에서 치수는 중복 기입하지 않는다.

10 코일 스프링의 도시 방법으로 맞는 것은?

① 특별한 단서가 없는 한 모두 왼쪽 감기로 도시한다.

② 종류와 모양만을 도시할 때는 스프링 재료의 중심선을 굵은 실선으로 그린다.

③ 스프링은 원칙적으로 하중이 걸린 상태로 그린다.

④ 스프링의 중간 부분을 생략할 때는 안지름과 바깥지름을 가는 실선으로 그린다.

해설

① 도면에 감긴 방향이 표시되지 않은 코일 스프링은 오른쪽 감기로 도시한다.

③ 스프링은 원칙적으로 무하중 상태에서 그린다(단, 하중이 가해진 상태로 도시할 경우 하중을 명시한다).

④ 스프링의 중간 부분은 중심선(가는 1점 쇄선)과 가상선(가는 2점 쇄선)을 이용하여 생략 도시할 수 있다.

11 회전수 350rpm, T(토크)는 120N · m일 때 축 전달동력은 몇 kw인가?

① 44kw 　　　② 29kw

③ 2.9kw 　　　④ 4.4kw

해설

동력＝T(토크)×ω(각속도)

• T(토크)＝120N · m ＝ 0.12kN · m

• ω(각속도)＝$\dfrac{2\pi N}{60}$＝$\dfrac{2\pi \times 350}{60}$＝36.6rad/s

∴ 동력＝0.12×36.6＝4.392kw

12 운전 중 두 축의 동력을 전달하거나 차단하기에 적절한 축이음은?

① 외접기어　　② 클러치

③ 올덤 커플링　④ 유니버설 조인트

해설

• 커플링(올덤 커플링, 유니버설 커플링, 플랜지 커플링, 플렉시블 커플링) : 운전 중에 두 축을 분리할 수 없다.

• 클러치 : 운전 중에 수시로 원동축의 회전운동을 종동축에 연결했다 끊었다를 반복한다.

13 그림과 같은 리벳 이음의 명칭은?

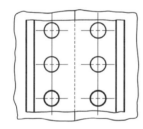

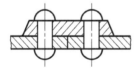

① 1줄 겹치기 리벳 이음

② 1줄 맞대기 리벳 이음

③ 2줄 겹치기 리벳 이음

④ 2줄 맞대기 리벳 이음

14 CAD 시스템에서 출력장치가 아닌 것은?

① 디스플레이(CRT)

② 스캐너

③ 프린터

④ 플로터

해설

• 입력장치 : 키보드, 마우스, 스캐너, 디지타이저와 태블릿, 조이스틱, 컨트롤 다이얼, 트랙볼, 라이트 펜

• 출력장치 : 디스플레이, 모니터, 플로터(도면용지에 출력), 프린터(잉크젯, 레이저), 하드카피장치, COM 장치

15 다음 중 C와 N이 동시에 재료에 침입하여 표면경화 되는 것은?

① 고체침탄법　② 청화법

③ 화염경화법　④ 질화법

해설

청화법(액체침탄법)

NaCN을 주성분으로 한 용융염욕 중에 강재를 침지시키면 NaCN이 분해하여 탄소(C)와 질소(N)가 동시에 침입 확산되는 방법

16 탄소강에 함유된 5대 원소는?

① 황, 망간, 탄소, 규소, 인

② 탄소, 규소, 인, 망간, 니켈

③ 규소, 탄소, 니켈, 크롬, 인

④ 인, 규소, 황, 망간, 텅스텐

해설

탄소강의 5대 원소

황(S), 망간(Mn), 탄소(C), 규소(Si), 인(P)

17 작업 시 발생되는 유해광선, 위험요인으로부터 얼굴부분을 보호하기 위한 안전도구는?

① 차광보안경　② 보안경

③ 보안면　　　④ 보호마스크

해설

보안면

용접, 그라인딩 작업 등에서 안면부 보호가 필요할 때 사용

18 다음 보기의 그림은 무슨 리벳인가?

① 둥근머리 리벳 ② 납작머리 리벳
③ 접시머리 리벳 ④ 유니버설 리벳

해설

리벳의 머리모양에 따라 구분

둥근머리   접시머리   납작머리   유니버설 머리

19 다음과 같이 도면에 기입된 기하공차에서 0.011이 뜻하는 것은?

//	0.011	A
	0.05/200	

① 기준 길이에 대한 공차값
② 전체 길이에 대한 공차값
③ 전체 길이 공차값에서 기준 길이 공차값을 뺀 값
④ 누진 치수 공차값

해설

기준 길이(=지정 길이)

//	0.011	A	⇒
	0.05/200		

평행도	형체의 전체 길이에 대한 공차값	데이텀
	지정 길이의 공차값/지정 길이	

20 다음 중 재료의 기호와 명칭이 맞는 것은?

① STC : 기계 구조용 탄소 강재
② STKM : 용접 구조용 압연 강재
③ SC : 탄소 공구 강재
④ SS : 일반 구조용 압연 강재

해설

• STC : 탄소공구강재
• STKM : 기계 구조용 탄소강관
• SC : 탄소 주강품

21 회전단면도를 설명한 것으로 가장 올바른 것은?

① 도형 내의 절단한 곳에 겹쳐서 90° 회전시켜 도시한다.
② 물체의 1/4을 절단하여 1/2은 단면, 1/2은 외형을 도시한다.
③ 물체의 반을 절단하여 투상면 전체를 단면으로 도시한다.
④ 외형도에서 필요한 일부분만 단면으로 도시한다.

해설

② 한쪽단면도
③ 전단면도
④ 부분단면도

22 나사의 도시에서 완전 나사부와 불완전 나사부의 경계선을 나타내는 선의 종류는?

① 굵은 실선
② 가는 실선
③ 가는 1점 쇄선
④ 가는 2점 쇄선

해설

굵은 실선
나사의 불완전 나사부와 완전 나사부의 경계선

23 마이크로미터에서 측정압을 일정하게 하기 위한 장치는?

① 스핀들   ② 프레임
③ 딤블   ④ 래칫스톱

- 래칫스톱 : 마이크로미터에서 측정압을 일정하게 하기 위하여 설치된 것이다.
- 래칫스톱을 돌려 스핀들을 진행시키고 스핀들이 측정물에 접촉할 때 그 접촉압이 어떤 일정한 값에 도달하면 용수철의 수축으로 포크가 끌려 들어가 래칫이 공회전해 스핀들을 멈추게 한다.

24 마지막 입력 점으로부터 다음 점까지의 거리와 각도를 입력하는 좌표 입력 방법은?

① 절대좌표 입력
② 상대좌표 입력
③ 상대극좌표 입력
④ 요소 투영점 입력

- 절대좌표계 : 좌표의 원점(0, 0)을 기준으로 하여 x, y축 방향의 거리로 표시되는 방법
- 상대좌표계 : 마지막 점(임의의 점)에서 다음 점까지 거리를 입력하여 선을 긋는 방법
- 상대극좌표계 : 마지막 점(임의의 점)에서 다음 점까지 거리와 각도를 입력하여 선을 긋는 방법

25 스프로킷 휠의 도시 방법에 대한 설명 중 옳은 것은?

① 스프로킷의 이끝원은 가는 실선으로 그린다.
② 스프로킷의 피치원은 가는 2점 쇄선으로 그린다.
③ 스프로킷의 이뿌리원은 가는 실선으로 그린다.
④ 축의 직각 방향에서 단면을 도시할 때 이뿌리선은 가는 실선으로 그린다.

스프로킷 휠의 도시 방법
- 스프로킷의 바깥지름(이끝원)은 굵은 실선으로 그린다.
- 스프로킷의 피치원은 가는 1점 쇄선으로 그린다.
- 스프로킷의 이뿌리원은 가는 실선 또는 굵은 파선으로 그린다(이뿌리원은 생략 가능).

- 축에 직각 방향에서 본 그림을 단면으로 도시할 때는 톱니를 단면으로 표시하지 않고 이뿌리선을 굵은 실선으로 그린다.

26 Al-Cu-Mg-Mn의 합금으로 시효경화 처리한 대표적인 알루미늄 합금은?

① 두랄루민
② Y-합금
③ 코비탈륨
④ 로우엑스 합금

두랄루민(Al+Cu+Mg+Mn+Si) : 가벼워서 항공기나 자동차 등에 사용된다.

27 다음과 같은 구멍과 축의 끼워맞춤에서 최대틈새는?

$$\varnothing 15H7 = \varnothing 15^{+0.018}_{0}$$
$$\varnothing 15m6 = \varnothing 15^{+0.017}_{-0.007}$$

① 0.018
② 0.025
③ 0.011
④ 0.007

- 헐거운 끼워맞춤(틈새) : 구멍＞축
- 최대틈새＝구멍(大)－축(小)
  ＝0.018－(－0.007)
  ＝0.025

28 헬리컬기어, 평기어, 웜기어 등을 가공하는 기계는?

① 슬로터
② 플레이너
③ 세이퍼
④ 호빙머신

- 슬로터 : 내경가공(키홈 등)
- 플레이너 : 평면가공(큰 형상의 공작물)
- 세이퍼 : 평면가공(소형 공작물)

29 그림과 같이 표면의 결 도시 기호가 지시되었을 때 표면의 줄무늬 방향은?

① 가공으로 생긴 선이 거의 동심원
② 가공으로 생긴 선이 여러 방향
③ 가공으로 생긴 선이 방향이 없거나 돌출됨
④ 가공으로 생긴 선이 투상면에 직각

> **해설**
>
> **줄무늬 방향 기호 6가지**
> • = : 평행
> • ⊥ : 직각
> • X : 두 방향 교차
> • M : 여러 방향 교차 또는 무방향
> • C : 동심원 모양
> • R : 레이디얼 모양 또는 방사상 모양

30 드릴 가공 방법에서 구멍에 암나사를 가공하는 작업은?

① 다이스 작업 　② 탭핑 작업
③ 리밍 작업 　④ 보링 작업

> **해설**
>
> • 다이스 작업 : 수나사 가공
> • 리밍 작업 : 뚫린 구멍의 정밀도와 표면 거칠기를 좋게 하는 가공
> • 보링 작업 : 뚫린 구멍을 넓히거나 정밀하게 하는 가공

31 아공석강 영역의 탄소강은 탄소량의 증가에 따라 기계적 성질이 변한다. 이에 대한 설명으로 옳지 않은 것은?

① 항복점이 증가한다.
② 인장강도가 증가한다.
③ 충격치가 증가한다.
④ 경도가 증가한다.

> **해설**
>
> 아공석강은 탄소량이 0.77% 이하의 강으로 탄소량의 증가에 따라 인장강도, 경도 등은 증가하나 충격치, 탄성변형률 등은 저하된다.

32 A_1 제도용지의 크기는 몇 mm인가?

① 420×594 　② 297×420
③ 841×1189 　④ 594×841

> **해설**
>
> 제도용 도면용지의 세로와 가로의 비는 $1 : \sqrt{2}$
>
> | | 1 (세로) | : | $\sqrt{2}$ (가로) |
> |---|---|---|---|
> | A_0 | 841 | × | 1189 |
> | A_1 | 594 | × | 841 |
> | A_2 | 420 | × | 594 |
> | A_3 | 297 | × | 420 |
> | A_4 | 210 | × | 297 |

33 다음의 평면도에 해당하는 것은?(3각법의 경우)

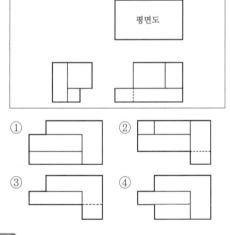

평면도

① ② ③ ④

> **해설**
>
> * 등각투상도
>
>

34 베벨기어 제도 시 피치원을 나타내는 선의 종류는?

① 굵은 실선　　② 가는 1점 쇄선
③ 가는 실선　　④ 가는 2점 쇄선

해설
모든 기어 제도 시 피치원의 선 종류는 가는 1점 쇄선

35 초경합금의 특성으로 틀린 것은?

① 경도가 높다.
② 고온에서 변형이 적다.
③ 내마모성이 크다.
④ 연성이 크다.

해설
초경합금은 경도, 강도, 내마모성, 압축강도가 높고 고온에서 변형이 적다.

36 도면에 사용되는 선, 문자가 겹치는 경우에 투상선의 우선순위로 맞는 것은?

① 문자 → 외형선 → 중심선 → 치수선
② 외형선 → 문자 → 중심선 → 숨은선
③ 문자 → 숨은선 → 외형선 → 중심선
④ 중심선 → 파단선 → 문자 → 치수 보조선

해설
• 선의 우선순위(도면에서 2종류 이상의 선이 같은 위치에서 겹치는 경우에 적용) : 외형선>숨은선>절단선>중심선>무게중심선>치수선, 치수 보조선, 해칭선
• 도면에서 선의 굵기보다 가장 우선시 되는 것은 치수(숫자와 기호)와 문자

37 다음 중 용접이음의 끝부분을 표시하는 기호는?

① ——┤├　　② ———→
③ ——┤>　　④ ——┤

① 블라인더 플랜지
③ 용접식 캡
④ 나사 박음

38 투상도의 선택 방법에 관한 설명으로 옳지 않은 것은?

① 대상물의 모양 및 기능을 가장 명확하게 표시한 면을 주투상도로 한다.
② 조립도 등 주로 기능을 표시하는 도면에서는 대상물을 사용하는 상태로 투상도를 그린다.
③ 특별한 이유가 없는 경우는 대상물을 가로 길이로 놓은 상태로 그린다.
④ 대상물의 명확한 이해를 위해 주투상도를 보충하는 다른 투상도를 되도록 많이 그린다.

해설
주투상도(정면도)를 보충하는 다른 투상도는 반드시 필요한 투상도만 그린다.

39 단면도를 나타낼 때 길이 방향으로 절단하여 도시할 수 있는 것은?

① 볼트　　　　② 기어의 이
③ 바퀴 암　　　④ 풀리의 보스

해설
길이 방향으로 단면하지 않는 부품
축, 키, 볼트, 너트, 멈춤 나사, 와셔, 리벳, 강구, 원통롤러, 기어의 이, 휠의 암, 리브

40 밀링 가공에서 지름 120mm 커터로 회전수 100rpm에서 가공할 때, 절삭 속도는 약 몇 m/min인가?

① 31　　　　② 37
③ 33　　　　④ 12

절삭속도(V)

$$V = \frac{\pi DN}{1000}(m/min)$$
$$= \frac{\pi \times 120 \times 100}{1000}$$
$$= 37.7m/min$$

41 제동장치의 제동부 조작에 사용되는 에너지원이 아닌 것은?

① 빛   ② 전기
③ 유압   ④ 열

해설

제동장치에 사용되는 에너지원
전기, 유압, 열

42 피치 0.6mm인 2줄 나사를 1회전 시켰을 때의 리드는 얼마인가?

① 1.2 mm   ② 12mm
③ 0.6mm   ④ 2mm

해설

L(리드)＝n(줄수)×p(피치)
n＝2, p＝0.6
∴ L＝n×p＝2×0.6＝1.2mm

43 다음의 기하공차 기호에서 평면도를 나타내는 것은?

① //   ② ─
③ ▱   ④ ∠

해설

· // : 평행도
· ─ : 진직도
· ∠ : 경사도

44 다음 그림에서 나타난 치수선은 어떤 치수를 나타내는가?

① 변의 길이   ② 현의 길이
③ 호의 길이   ④ 각도

해설

(a) 변의 길이 치수   (b) 현의 길이 치수

(c) 호의 길이 치수   (d) 각도 치수

45 연삭숫돌의 입자 종류가 아닌 것은?

① 알루미나   ② 산화규소
③ 탄화규소   ④ 다이아몬드

해설

연삭숫돌의 입자 종류
알루미나, 탄화규소, 다이아몬드

46 선반가공에서 테이퍼 절삭 시 복식공구대의 선회값은 얼마인가?

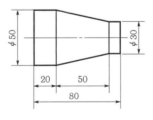

① 3   ② 2
③ 0.5   ④ 0.2

$$\text{선회값}(\tan\theta) = \frac{D-d}{2\ell}$$
$$= \frac{50-30}{2\times50} = \frac{20}{100}$$
$$= 0.2$$

47 고급주철의 한 종류로서 저C, 저Si의 주철을 용해하여 주입하기 전에 Fe-Si 또는 Ca-Si분말을 첨가하여 흑연의 핵형성을 촉진시켜 만든 것은?

① 구상흑연 주철
② 미하나이트 주철
③ 가단주철
④ 회주철

해설

미하나이트주철
흑연의 핵을 미세하고 균일하게 분포시키기 위해 Fe-Si 또는 Ca-Si 분말을 첨가하여 흑연의 핵형성을 촉진하여 만든 주철

48 다음 설명에 가장 적합한 3차원의 기하학적 형상모델링 방법은?

- Boolean 연산(합, 차, 적)을 통하여 복잡한 형상 표현이 가능하다.
- 형상을 절단한 단면도 작성이 용이하다.
- 은선 제거가 가능하고 물리적 성질 등의 계산이 가능하다.
- 컴퓨터의 메모리양과 데이터 처리가 많아진다.

① 서피스 모델링(surface modeling)
② 솔리드 모델링(solid modeling)
③ 시스템 모델링(system modeling)
④ 와이어 프레임 모델링(wire frame modeling)

해설

솔리드 모델링(solid modeling)
- 은선 제거가 가능하다.
- 물리적 성질(체적, 무게중심, 관성모멘트) 등의 계산이 가능하다.

- 간섭 체크가 용이하다.
- Boolean 연산(합, 차, 적)을 통하여 복잡한 형상 표현도 가능하다.
- 형상을 절단한 단면도 작성이 용이하다.
- 이동, 회전 등을 통하여 정확한 형상 파악을 할 수 있다.
- 유한요소법(FEM)을 위한 메시 자동 분할이 가능하다.

49 IT기본공차는 몇 등급으로 구분되는가?

① 12   ② 15
③ 18   ④ 20

해설

IT기본공차는 20등급(IT01, IT00, IT1, IT2~IT18)

50 CNC선반에서 오토모드로 프로그램을 연속 실행하지만, 프로그램을 한 블록씩 실행하고자 할 때 사용하는 기능은?

① 드웰   ② 싱글블록
③ 머신록   ④ 수동절삭

해설

- 드웰(휴지) : 지령된 시간 동안 프로그램을 정지시키는 기능
- 머신록 : 축 이동을 하지 않게 하는 기능
- 수동절삭(JOG) : 공구이송을 연속적으로 외부 이송속도 조절 스위치의 속도로 이송

51 컴퓨터의 구성에서 중앙처리장치에 해당하지 않는 것은?

① 연산장치   ② 제어장치
③ 주기억장치   ④ 출력장치

해설

중앙처리장치(CPU)
논리(연산)장치, 제어장치, 주기억장치(ROM, RAM)

52 미터사다리꼴나사의 호칭지름 40mm, 피치 7, 수나사 등급 7e인 경우 바른 표기 방법은?

① TM40×7-7e
② TM40×7e-7
③ Tr40×7-7e
④ Tr40×7e-7

- Tr : 미터사다리꼴나사
- TM : 30° 사다리꼴나사
- 등급의 표기는 마지막에 표시

53 래핑(lapping)의 특징에 대한 설명으로 틀린 것은?

① 가공면은 윤활성이 좋다.
② 가공면은 내마모성이 좋다.
③ 정밀도가 높은 제품을 가공할 수 있다.
④ 가공이 복잡하여 소량생산을 한다.

래핑은 가공이 간단하고 대량생산 할 수 있다.

54 증기나 기름 등이 누출되는 것을 방지하는 부위 또는 외부로부터 먼지 등의 오염물 침입을 막는 데 주로 사용하는 너트는?

① 캡너트(cap nut)
② 와셔붙이너트(washer based nut)
③ 둥근너트(circular nut)
④ 육각너트(hexagon nut)

캡너트
유체가 나사의 접촉면 사이의 틈새나 볼트와 볼트 구멍의 틈으로 새어나오는 것을 방지할 목적으로 사용한다.

55 다음 중 회전공구 가공법이 아닌 것은?

① 선반   ② 연삭기
③ 밀링머신   ④ 호닝

선반 : 공작물이 회전하고 공구는 회전하지 않는다.

56 컴퓨터 도면관리시스템의 일반적인 장점을 잘못 설명한 것은?

① 여러 가지 도면 및 파일의 통합관리체계를 구축 가능하다.
② 반영구적인 저장매체로 유실 및 훼손의 염려가 없다.
③ 도면의 질과 정확도를 향상시킬 수 있다.
④ 정전 시에도 도면 검색 및 작업을 할 수 있다.

컴퓨터 도면 관리 중 정전 시에는 도면 검색 및 작업을 할 수 없다.

57 다음은 표준 스퍼기어 요목표이다. (1), (2)에 들어갈 숫자로 옳은 것은?

스퍼기어		
기어 치형		표준
공구	치형	보통이
	모듈	2
	압력각	20°
잇수		40
피치원 지름		(1)
전체 이 높이		(2)
다듬질 방법		호브 절삭
정밀도		KS B 1450, 급

① (1) ∅80 (2) 4.5
② (1) ∅40 (2) 4
③ (1) ∅40 (2) 4.5
④ (1) ∅80 (2) 4

- 피치원지름(d)

 $d = m \times z = 2 \times 40 = 80mm$

- 전체 이 높이(h)

 $h = m \times 2.25 = 2 \times 2.25 = 4.5mm$

58 용접 기호에서 스폿 용접 기호는?

① ◯   ② ⌐

③ ⊖   ④ ☼

해설

① 스폿 용접(점용접)
② 플러그 용접
③ 심 용접

59 레이디얼 볼 베어링 번호 6200의 안지름은?

① 10mm   ② 12mm

③ 15mm   ④ 17mm

해설

- 62 00 : ∅10
- 62 01 : ∅12
- 62 02 : ∅15
- 62 03 : ∅17

60 다음 중 가는 2점 쇄선의 용도로 틀린 것은?

① 인접 부분 참고 도시
② 공구, 지그 등의 위치
③ 가공 전 또는 가공 후의 모양
④ 회전단면도를 도형 내에 그릴 때의 외형선

해설

가는 2점 쇄선의 용도
- 인접 부분을 참고로 표시할 때
- 공구, 지그 등의 위치를 참고로 나타낼 때
- 되풀이 하는 것을 나타낼 때
- 가공 전 또는 후의 모양을 표시할 때

회전단면도를 도형 내에 그릴 때는 가는 실선

01 선반가공에서 공작물의 중심을 맞출 때 사용하는 공구는?

① 스패너 ② 버니어캘리퍼스

③ 펀치 ④ 서피스 게이지

해설

• 서피스 게이지 : 단동척을 사용할 경우 공작물의 센터를 맞추기 위해 사용한다.

02 한 쌍의 기어가 맞물려 있을 때 모듈을 m이라 하고 각각의 잇수를 Z_1, Z_2라 할 때, 두 기어의 중심거리(C)를 구하는 식은?

① $C = \dfrac{(Z_1 + Z_2) \cdot m}{2}$

② $C = \dfrac{Z_1 + Z_2}{m}$

③ $C = \dfrac{(Z_1 + Z_2)}{2 \cdot m}$

④ $C = (Z_1 + Z_2) \cdot m$

해설

두 기어의 축 중심거리(C)

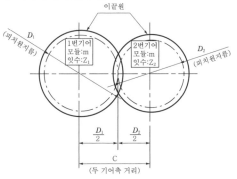

• $m = \dfrac{D}{Z} = \dfrac{D_1}{Z_1} = \dfrac{D_2}{Z_2}$ $(\therefore D = m \times Z)$

• $C = \dfrac{D_1 + D_2}{2} = \dfrac{(m \times Z_1) + (m \times Z_2)}{2}$

$= \dfrac{(Z_1 + Z_2) \times m}{2}$

03 다음 보기의 설명에 해당되는 도면 양식은 무엇인가?

> • 도면의 영역을 명확히 한다.
> • 용지의 가장자리에서 생기는 손상으로 도면 내용이 보호되도록 그리는 테두리선이다.
> • 선의 굵기는 0.5mm 이상의 굵기인 실선으로 그린다.

① 윤곽선 ② 비교눈금

③ 표제란 ④ 중심마크

해설

• 비교눈금 : 도면의 크기가 얼마만큼 확대 또는 축소되었는지를 확인하기 위해 도면 아래 중심선 바깥쪽에 마련하는 도면양식이다.
• 표제란 : 도면번호, 도명, 척도, 투상법, 도면작성일, 작성자 등을 표기한다. 도면을 접어서 사용하거나 보관하고자 할 때 앞부분에 표제란이 보이도록 해야 한다.
• 중심마크 : 도면을 마이크로필름 등으로 촬영, 복사 및 도면 철(접기)의 편의를 위하여 마련한다. 윤곽선 중앙으로부터 용지의 가장자리에 이르는 0.5mm 굵기로 수직한 직선으로 표시한다.

04 도면관리에서 다른 도면과 구별하고 도면 내용을 직접 보지 않고도 제품의 종류 및 형식 등의 도면 내용을 알 수 있도록 하기 위해 기입하는 것은?

① 도면번호 ② 도면척도

③ 도면양식 ④ 중심마크

- 표제란에 기입되는 도면번호는 도면번호만으로 도면 내용을 알 수 있도록 표기한다.
- 도면척도 : 어떤 형상을 도면으로 나타낼 때 도면용지의 크기에 맞게 척도를 결정한다.
  - 예 현척 – 1:1
    축척 – 1:2, 1:5, 1:10 등
    배척 – 2:1, 5:1, 10:1 등
- 도면양식
  - ㉠ 도면에 반드시 그려야 할 양식 : 윤곽선, 중심마크, 표제란
  - ㉡ 필요에 따라 그리는 양식 : 도면구역, 재단마크, 비교눈금

05 절삭공구강의 일종인 고속도강(18-4-1)의 표준성분은?

① Cr18%, W4%, V1%

② V18%, Cr4%, W1%

③ W18%, Cr4%, V1%

④ W18%, V4%, Cr1%

표준형 고속도강의 성분 : W(텅스텐)18% – Cr(크롬)4% – V(바나듐)1%

06 최대 실체 공차 방식에서 외측 형체에 대한 실효치수의 식으로 옳은 것은?

① 최대 실체 치수 – 기하공차

② 최대 실체 치수 + 기하공차

③ 최소 실체 치수 – 기하공차

④ 최소 실체 치수 + 기하공차

- 실효치수(VS) : 형체의 실효상태를 정하는 치수
  - ㉠ 외측형체 : 최대허용치수 + 기하공차
  - ㉡ 내측형체 : 최소허용치수 – 기하공차

07 다음 중 축에는 홈을 파지 않고 보스에만 키홈을 파는 키는?

① 성크키   ② 스플라인키

③ 평키   ④ 새들키

키의 종류	설명
묻힘키(성크키)	• 축과 보스에 모두 홈을 판다. 가장 많이 사용된다. • 묻힘키의 일반적 기울기 : 100
안장키(새들키)	• 축은 절삭하지 않고 보스에만 홈을 판다.
반달키(우드러프키)	• 반달키의 크기 : b×d • 축에 원호상의 홈을 판다.
미끄럼키(페더키)	• 묻힘키의 일종으로 키는 테이퍼가 없어야 한다. • 축 방향으로 보스의 이동이 가능하며, 보스와 간격이 있어 회전 중 이탈을 막기 위해 고정하는 경우가 많다.
접선키	• 축과 보스에 축의 접선 방향으로 홈을 파서 서로 반대의 테이퍼를 120° 간격으로 2개의 키를 조합하여 끼운다.
평키(플랫키)	• 축의 자리만 평평하게 다듬고 보스에 홈을 판다.
둥근키(핀키)	• 축과 보스에 드릴로 구멍을 내어 홈을 만든다.
스플라인(사각형 이)	• 축 둘레에 4~20개의 턱을 만들어 큰 회전력을 전달하는 경우 사용된다.
세레이션(삼각형 이)	• 축에 작은 삼각형의 작은 이를 만들어 축과 보스를 고정시킨 것으로 같은 지름의 스플라인에 비해 많은 이가 있으므로 전동력이 가장 크다.

08 리벳팅이 끝난 뒤에 리벳머리의 주위 또는 강판의 가장자리를 정으로 때려 그 부분을 밀착시켜 틈을 없애는 작업은?

① 시밍   ② 코킹

③ 커플링   ④ 해머링

리벳팅 후 작업 방법 2가지

- 코킹(Caulking) : 보일러와 같이 기밀을 필요로 할 때 리벳 작업이 끝난 뒤에 리벳머리 주위와 강판의 가장자리를 정과 같은 공구로 때리는 작업
- 풀러링(Fullering) : 코킹 작업 후 기밀을 완전하게 유지하기 위한 작업으로 강판과 같은 너비의 풀러링 공구로 때려 붙이는 작업

09 용접 기호에서 플러그 용접 기호는?

① ○　　　② ⊓

③ ⊖　　　④ ☼

문제의 보기 설명
① 스폿용접(점용접)
② 플러그 용접
③ 심용접
④ 용접기호 아님

10 다음 면의 지시기호 표시에서 제거가공을 허락하지 않는 것을 지시하는 기호는?

① 　　②

③ 　　④

문제의 보기 설명
① 제거가공을 허락하지 않음
② 제거가공의 여부를 묻지 않을 때
③ ④ 지시기호에 따라 제거가공을 해야 한다.

11 운전 중 또는 정지 중에 운동을 전달하거나 차단하기에 적절한 축이음은?

① 외접기어　　　② 클러치
③ 올덤 커플링　　④ 유니버설 조인트

• 커플링(올덤 커플링, 유니버설 커플링(유니버설 조인트), 플랜지 커플링, 플렉시블 커플링) : 운전 중에 두 축을 분리할 수 없다.
• 클러치 : 운전 중에 수시로 두 축을 분리할 수 있다.

12 스프링의 종류와 모양만을 도시할 때에는 재료의 중심선을 어떤 선으로 표시하는가?

① 굵은 실선　　　② 가는 실선
③ 굵은 1점 쇄선　　④ 가는 1점 쇄선

코일스프링의 도시
• 스프링의 종류와 모양만을 도시할 때(간략도) : 중심선을 굵은 실선으로 표시
• 스프링의 중간 부분을 생략해서 도시할 때 : 중심선은 가는 1점 쇄선, 외형선은 가는 2점 쇄선으로 표시

13 스프로킷 휠의 도시 방법에서 바깥지름은 어떤 선으로 표시하는가?

① 가는 실선　　　② 굵은 실선
③ 가는 1점 쇄선　　④ 굵은 1점 쇄선

스프로킷 휠 도시법(기어도시법과 거의 유사)
• 바깥지름은 굵은 실선
• 피치원은 가는 1점 쇄선
• 이뿌리원은 가는 실선 또는 <u>굵은 파선으로 도시(</u>이뿌리원은 생략 가능)　↳ 기어도시법에는 해당 안 된다.
• 축의 직각 방향에서 단면으로 도시할 때 ⇒ 이뿌리선을 굵은 실선으로 도시
• 도면에는 주로 스프로킷 소재를 제작하는데 필요한 치수를 기입
• 항목표 ⇒ 이의 특성
• 치수 기입은 이의 절삭에 필요한 치수 기입

14 치수공차와 끼워맞춤에서 구멍의 치수가 축의 치수보다 작을 때, 구멍과 축과의 치수의 차를 무엇이라 하는가?

① 틈새　　　② 죔새
③ 공차　　　④ 끼워맞춤

끼워맞춤의 종류
• 헐거운 끼워맞춤(틈새) : 구멍의 치수가 축의 지름보다 클 때, 구멍과 축과의 치수의 차를 말한다(구멍>축).
• 중간 끼워맞춤 : 구멍과 축의 주어진 공차에 따라 틈새가 생길 수도 있고 죔새가 생길 수도 있다.
• 억지 끼워맞춤(죔새) : 구멍의 치수가 축의 지름보다 작을 때, 조립 전의 구멍과 축과의 치수의 차를 말한다(축>구멍).

15 기계도면에서 부품란에 재질을 나타내는 기호가 'SS400'으로 기입되어 있다. 기호에서 '400'은 무엇을 나타내는가?

① 무게　　　　② 탄소함유량
③ 녹는 온도　　④ 최저인장강도

해설

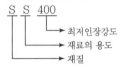

- 최저인장강도
- 재료의 용도
- 재질

16 면을 사용하여 은선을 제거시킬 수 있고, 또 면의 구분이 가능하므로 가공면을 자동적으로 인식 처리할 수 있어서 NC data에 의한 NC 가공 작업이 가능하나 질량 등의 물리적 성질은 구할 수 없는 모델링 방법은?

① 서피스 모델링
② 솔리드 모델링
③ 시스템 모델링
④ 와이어 프레임 모델링

해설

서피스 모델링(surface modeling)
• 은선 제거가 가능하다.
• 단면도를 작성할 수 있다.
• 복잡한 형상의 표현이 가능하다.
• 2개 면의 교선을 구할 수 있다.
• NC 가공 정보를 얻을 수 있다.
• 서피스 모델링의 임의의 평면을 절단하면 선으로 표현된다.

17 치수 보조 기호의 설명으로 틀린 것은?

① 구의 지름 – S∅
② 구의 반지름 – SR
③ 45° 모따기 – C
④ 이론적으로 정확한 치수 – (15)

해설

• 이론적으로 정확한 치수 – 15
• 참고 치수 – (15)

18 밀링 작업에서 안전 및 유의사항으로 틀린 것은?

① 바이스 및 일감은 단단하게 고정한다.
② 정면 밀링 커터 작업을 할 때에는 보안경을 착용한다.
③ 주축을 변속할 때는 저속 상태에서 해야 한다.
④ 테이블 위에는 측정기나 공구를 올려놓지 말아야 한다.

해설

주축 변속 시에는 반드시 정지상태에서 변속해야 한다.

19 ∅100 $^{+0.04}_{-0.02}$ 의 치수공차 표시에서 최대 허용 치수는?

① 99.98　　　② 100.04
③ 0.02　　　　④ 0.06

해설

최대 허용 치수＝기준치수 + 위치수허용차
　　　　　　　＝100+0.04＝100.04

20 V벨트풀리에 대한 설명으로 올바른 것은?

① A형은 원칙적으로 한 줄만 걸친다.
② 암은 길이 방향으로 절단하여 도시한다.
③ V벨트풀리는 축 직각 방향의 투상을 정면도로 한다.
④ V벨트풀리의 홈의 각도는 35°, 38°, 40°, 42° 4종류가 있다.

해설

문제의 보기 설명
① M형은 원칙적으로 한 줄만 걸친다.
② 암은 길이 방향으로 절단하여 도시하지 않는다.
④ V벨트풀리의 홈의 각도는 34°, 36°, 38° 3종류가 있다.

21 풀림의 목적이 아닌 것은?

① 조직이 균일화된다.
② 재질을 경화시킨다.
③ 내부응력을 저하시킨다.
④ 강의 경도가 낮아져 연화된다.

해설
• 풀림의 목적 : 재질의 연화
• 풀림의 종류 : 완전풀림, 저온풀림, 시멘타이트 구상화 풀림

22 구름 베어링의 호칭 번호에서 '6203 ZZ P6'의 설명 중 틀린 것은?

① 62 : 베어링 계열 번호
② 03 : 안지름 번호
③ ZZ : 실드 기호
④ P6 : 내부 틈새 기호

해설
• P6 : 등급 기호
• C2 : 내부 틈새 기호

23 너트의 풀림 방지 방법이 아닌 것은?

① 와셔를 사용하는 방법
② 핀 또는 작은 나사 등에 의한 방법
③ 로크 너트에 의한 방법
④ 키에 의한 방법

해설
• 너트 풀림 방지법
 – 탄성 와셔에 의한 방법
 – 로크 너트에 의한 방법
 – 핀(분할핀) 또는 작은 나사를 쓰는 법
 – 철사에 의한 법
 – 자동 죔 너트에 의한 방법
 – 세트 스크루에 의한 방법
• 키 : 회전체와 축의 동력전달에 사용

24 다음 설명 중 나사의 도시 방법으로 틀린 것은?

① 암나사의 안지름은 굵은 실선으로 그린다.
② 측면도시에서 골지름은 약 3/4의 원을 가는 실선으로 그린다.
③ 나사면의 표면 거칠기는 나사 표시의 마지막에 기입한다.
④ 여러줄 나사의 리드는 나사의 호칭 앞에 괄호로 기입한다.

해설
• 46번 문제 해설 참조
• 미터사다리꼴나사의 여러줄 나사 표시
 Tr40 × 14 × (p7)
  ↳ 리드 ↳ 피치

25 밀링머신에서 분할대는 어디에 설치하는가?

① 주축대 ② 테이블 위
③ 컬럼(기둥) ④ 오버암

해설
분할대는 공작물의 분할작업(스플라인 홈작업, 커터나 기어절삭 등), 수평, 경사, 수직으로 장치한 공작물에 연속회전운동을 주는 가공작업(캠절삭, 비틀린 홈 절삭, 웜기어절삭 등) 등에 사용된다.

26 파선의 용도 설명으로 맞는 것은?

① 치수를 기입하는 데 사용된다.
② 도형의 중심을 표시하는 데 사용된다.
③ 대상물의 보이지 않는 부분의 모양을 표시한다.
④ 대상물의 일부를 파단한 경계 또는 일부를 떼어낼 경계를 표시한다.

해설
문제의 보기 설명
① 치수선
② 중심선
④ 파단선

27 표면경화와 피로강도 상승의 효과가 함께 있는 가공방법은?

① 브로칭   ② 배럴가공
③ 숏피닝   ④ 래핑

해설

• 배럴가공 : 회전하는 상자에 공작물과 공작액, 콤파운드 등을 함께 넣어 공작물이 입자와 충돌하는 동안에 그 표면의 요철을 제거하여 공작물 표면을 매끄럽게 한다.
• 브로칭 : 다수의 절삭날을 직렬로 나열된 공구를 가지고 1회 행정으로 공작물의 구멍 내면 혹은 외측표면을 가공하는 절삭 방법
• 래핑 : 랩과 일감 사이에 랩제를 넣어 상대운동을 시킴으로써 매끈한 다듬면을 얻는 가공 방법으로 각종 게이지, 렌즈, 프리즘 등의 정밀 다듬질에 사용

28 다음 선의 용도에 대한 설명이 틀린 것은?

① 외형선 : 대상물의 보이는 부분의 겉모양을 표시하는 데 사용
② 숨은선 : 대상물의 보이지 않는 부분의 모양을 표시하는 데 사용
③ 파단선 : 단면도를 그리기 위해 절단 위치를 나타내는 데 사용
④ 해칭선 : 단면도의 절단면을 표시하는 데 사용

해설

• 절단선 : 단면을 그리기 위해 절단 위치를 나타낸다.
• 파단선 : 부분 단면이나 중간 부분 생략 시에 사용된다.

29 정면, 평면, 측면을 하나의 투상도에서 볼 수 있도록 그린 도법은?

① 보조 투상도   ② 단면도
③ 등각 투상도   ④ 전개도

해설

등각투상도의 특징
• 정면, 평면, 측면을 하나의 투상도에서 동시에 볼 수 있다.
• 직육면체에서 직각으로 만나는 3개의 모서리는 120°를 이룬다.

• 한 축이 수직일 때는 나머지 두 축은 수평선과 30°를 이룬다.
• 원을 등각투상하면 타원이 된다.

30 다음 구멍과 축의 끼워맞춤 조합에서 헐거운 끼워맞춤은?

① ∅40H7/g6   ② ∅50H7/k6
③ ∅60H7/p6   ④ ∅40H7/s6

해설

구멍의 공차가 H7로 동일하므로 축의 공차가 a에 가까운 공차값일수록 틈새가 크다.
∴ 보기 중 g가 a에 가장 가깝다.

31 내연기관의 피스톤 등 자동차 부품으로 많이 쓰이는 Al 합금은?

① 실루민   ② 화이트메탈
③ Y합금   ④ 두랄루민

해설

Y합금 : Al+Cu+Ni+Mg의 합금, 내열합금으로 내연기관의 실린더에 사용된다.

32 기어가공에서 창성법에 의한 가공이 아닌 것은?

① 호브에 의한 가공
② 피니언커터에 의한 가공
③ 랙커터에 의한 가공
④ 형판에 의한 가공

해설

창성법에 의한 기어절삭은 공구와 소재가 상대운동을 하여 기어를 절삭한다(기어형상의 공구 : 호브, 피니언커터, 랙커터).

33 제3각법으로 표시한 다음 정면도와 측면도를 보고 평면도에 해당하는 것은?

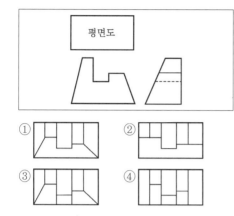

① ② ③ ④

등각투상도

34 캐시 메모리(cache memory)에 대한 설명으로 맞는 것은?

① 연산장치로서 주로 나눗셈에 이용된다.
② 제어장치로 명령을 해독하는 데 주로 사용된다.
③ 보조기억장치로서 휴대가 가능하다.
④ 중앙처리장치와 주기억장치 사이의 속도 차이를 극복하기 위해 사용한다.

해설

Cache Memory
컴퓨터에서 CPU와 주변기기 간의 속도 차이를 극복하기 위하여 두 장치 사이에 존재하는 보조기억장치

35 다음 스프링 중 나비가 좁고 얇은 긴 보의 형태로 하중을 지지하는 것은?

① 원판 스프링
② 겹판 스프링

③ 인장 코일 스프링
④ 압축 코일 스프링

해설

겹판 스프링은 자동차 차체에 사용하며, 주로 굽힘하중을 받는 스프링

36 다음과 같이 제3각법으로 그린 정투상도를 등각투상도로 바르게 표현한 것은?

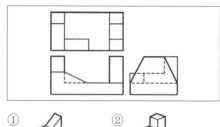

① ② ③ ④

해설

37 피로한도에 영향을 끼치는 인자가 아닌 것은?

① 노치효과   ② 치수효과
③ 표면거칠기   ④ 인장강도

해설

피로한도에 영향을 주는 인자 : 노치효과, 치수효과, 힘박음, 표면거칠기, 부식

38 다음 중 길이 방향으로 단면하지 않는 부품으로 묶여진 것은?

① 볼트, 보스   ② 부시, 베어링
③ 축, 리벳   ④ 벨트풀리, 강구

길이 방향으로 단면하지 않는 부품 : 축, 키, 볼트, 너트, 멈춤 나사, 와셔, 리벳, 강구, 원통 롤러, 기어의 이, 휠의 암, 리브

39 모듈 5, 잇수가 40인 표준 평기어의 이끝원 지름은 몇 mm인가?

① 200mm ② 210mm
③ 220mm ④ 240mm

- 이끝원지름＝피치원지름＋(2×모듈)
- 피치원지름＝모듈×잇수
∴ 이끝원지름＝(모듈×잇수)＋(2×모듈)
$\qquad$＝(5×40)＋(2×5)
$\qquad$＝210mm

40 연강제 볼트에 600N의 하중이 축 방향으로 작용할 때 볼트의 골지름은 몇 mm 이상이어야 하는가? (단 허용압축응력은 60MPa이다.)

① 12 ② 10
③ 2.5 ④ 3.5

- $\sigma = \dfrac{P}{A}$, $A = \dfrac{P}{\sigma}$, $A = \dfrac{\pi d^2}{4}$

$d^2 = \dfrac{4}{\pi} \cdot \dfrac{P}{\sigma}$
$\quad = \dfrac{4}{\pi} \cdot \dfrac{600}{60}$
$\quad = 12.7$
∴ $d = 3.5$

- $\sigma = 60\text{Mpa} = 60 \times 10^6\,\text{Pa} = 60\text{N/mm}^2$

41 축의 도시 방법에 대한 설명으로 틀린 것은?

① 긴 축은 중간 부분을 파단하여 짧게, 그리고 실제 치수를 기입한다.

② 길이 방향으로 절단하여 단면을 도시한다.
③ 축의 끝에는 조립을 쉽고 정확하게 하기 위해서 모따기를 한다.
④ 축의 일부 중 평면 부위는 가는 실선의 대각선으로 표시한다.

- 38번 문제 해설 참조
- 축은 길이 방향으로 절단하여 도시하지 않는다.

42 마우러조직도에 대한 설명으로 옳은 것은?

① 탄소와 규소량에 따른 주철의 조직 관계를 표시한 것
② 탄소와 흑연량에 따른 주철의 조직 관계를 표시한 것
③ 규소와 망간량에 따른 주철의 조직 관계를 표시한 것
④ 규소와 Fe_3C량에 따른 주철의 조직 관계를 표시한 것

마우러조직도는 탄소와 규소의 성분과 냉각속도에 따라 백주철, 펄라이트주철, 반주철, 회주철, 페라이트주철로 나타난다.

43 다음 중 용접이음의 끝부분을 표시하는 기호는?

① ──┤│ ② ──→
③ ──┤) ④ ──┐

문제의 보기 기호 이름
① 블라인더 플랜지
② 표시 기호 없음
③ 용접식 캡
④ 나사 박음

44 다음 중 다이캐스팅용 알루미늄합금의 요구되는 성질이 아닌 것은?

① 유동성이 좋을 것
② 열간취성이 적을 것
③ 금형에 대한 점착성이 좋을 것
④ 응고수축에 대한 용탕 보급성이 좋을 것

해설

금형에서 잘 떨어져야 하므로 점착성이 좋으면 안 된다.

45 미터가는나사의 표시 방법으로 맞는 것은?

① 3/8-16 UNC   ② M8×1
③ Tr 12×3   ④ M10

해설

• 미터가는나사 표시 방법

나사종류   나사 바깥지름 × 피치
   M   8   1

• 문제 보기의 나사 종류
  ① 유니파이 보통나사
  ③ 미터사다리꼴 나사
  ④ 미터보통나사

46 나사의 도시 방법에서 골지름을 표시하는 선의 종류는?

① 굵은 실선   ② 굵은 1점 쇄선
③ 가는 실선   ④ 가는 1점 쇄선

해설

나사 도시 방법
㉠ 수나사 바깥지름 : 굵은 실선, 수나사 골지름 : 가는 실선
㉡ 암나사 안지름 : 굵은 실선, 암나사 골지름 : 가는 실선
㉢ 완전나사부와 불완전나사부 경계선 : 굵은 실선
㉣ 암나사 탭 구멍의 드릴자리는 120°의 굵은 실선
㉤ 수나사와 암나사의 결합 부분은 수나사로 표시
㉥ 단면 시 나사부 해칭 : 암나사는 안지름까지 해칭
㉦ 수나사와 암나사의 측면 도시에서 각각의 골지름 : 가는 실선으로 약 3/4만큼 그린다.
㉧ 불완전 나사부의 골밑을 나타내는 선은 축선에 대하여 30°의 가는 실선으로 그린다.

㉨ 가려서 보이지 않는 나사부의 산봉우리와 골을 나타내는 선의 안지름은 굵은 파선, 골지름은 가는 파선으로 그린다.

47 CAD의 좌표 표현 방식 중 임의의 점을 지정할 때 원점을 기준으로 좌표를 지정하는 방법은?

① 상대좌표   ② 상대극좌표
③ 절대좌표   ④ 혼합좌표

해설

• 절대 좌표계 : 좌표의 원점(0, 0)을 기준으로 하여 x, y축 방향의 거리로 표시되는 좌표
• 상대 좌표 : 마지막 점(임의의 점)에서 다음 점까지 거리를 입력하여 선 긋는 방법
• (상대)극 좌표계 : 마지막 점에서 다음 점까지 거리와 각도를 입력하여 선 긋는 방법

48 다음 중 절삭공구가 회전하는 가공법이 아닌 것은?

① 선반   ② 연삭기
③ 밀링머신   ④ 호닝

해설

선반 : 공작물이 회전하고 공구는 회전하지 않는다.

49 황동의 자연균열 방지책이 아닌 것은?

① 온도 180~260℃에서 응력 제거 풀림처리
② 도료나 안료를 이용하여 표면처리
③ Zn 도금으로 표면처리
④ 물에 침전처리

해설

황동의 자연균열 방지책
• 온도 180~260℃에서 응력 제거 풀림처리(저온풀림)
• 도료나 안료를 이용하여 표면처리(도료)
• Zn 도금으로 표면처리(아연도금)

50 보링머신에 의한 작업으로 적합하지 않은 것은?

① 리밍   ② 태핑

③ 드릴링   ④ 기어가공

> **해설**

보링머신에 의한 작업 : 드릴링, 리밍, 태핑, 정면절삭 등

51 열가소성 플라스틱의 일종으로 비중이 약 0.9이며, 인장강도가 약 28~38MPa 정도이고 포장용 노끈이나 테이프, 섬유, 어망, 로프 등에 사용되는 것은?

① 폴리에틸렌   ② 폴리프로필렌

③ 폴리염화비닐   ④ 폴리스티렌

> **해설**

- 폴리에틸렌(PE) : 전기 절연성, 내수성, 방습성, 내한성이 우수한 열가소성수지로써 사출성형품, 전선 피복 재료, 내장이나 코팅 재료, 연료탱크나 용기 등의 재료로 널리 쓰인다.
- 폴리염화비닐(PVC) : 염화비닐의 중합체로 성형, 압출 및 캘린더링용 등이 있다.
- 폴리스티렌(PS) : 스티렌 수지는 플라스틱 중에서 가장 가공하기 쉽고 높은 굴절률을 가진다. 투명하고 빛깔이 아름다울 뿐만 아니라 단단한 성형품이 되고 전기절연 재료로도 우수하다.

52 보조투상도의 설명 중 가장 옳은 것은?

① 복잡한 물체를 절단하여 그린 투상도

② 그림의 특정 부분만을 확대하여 그린 투상도

③ 물체의 경사면에 대향하는 위치에 그린 투상도

④ 물체의 홈, 구멍 등 투상도의 일부를 나타낸 투상도

> **해설**

문제의 보기 설명

① 단면도

② 부분확대도

④ 국부투상도

53 다음 중 자세공차에 속하지 않는 것은?

① //   ② ⊥

③ ▱   ④ ∠

> **해설**

모양공차

- 진직도(공차) : —
- 평면도(공차) : ▱
- 진원도(공차) : ○
- 원통도(공차) : ⌀
- 선의 윤곽도(공차) : ⌒
- 면의 윤곽도(공차) : ⌓

자세공차

- 평행도 : //
- 직각도 : ⊥
- 경사도 : ∠

위치공차

- 위치도(공차) : ⊕
- 동축도(공차) 또는 동심도 : ◎
- 대칭도(공차) : ═

흔들림공차

- 원주 흔들림(공차) : ↗
- 온 흔들림(공차) : ↗↗

54 핸들이나 암, 리브, 축 등의 절단면을 90° 회전시켜서 나타내는 단면도는?

① 부분단면도

② 회전도시단면도

③ 계단단면도

④ 조합에 의한 단면도

> **해설**

- 부분단면도 : 파단선을 이용하여 필요한 부분만 단면으로 표시
- 계단단면도 : 계단 모양으로 물체를 절단하여 표시
- 조합단면도 : 절단면을 두 개 이상 표시하여 단면도를 같은 평면으로 표시

55 연삭가공에서 연삭가공시간을 나타내는 식은?

① $T = \dfrac{t+h}{fN}$ ② $T = \dfrac{1000v}{\pi D}$

③ $T = \dfrac{iL}{nf}$ ④ $T = \dfrac{iLf}{1000n}$

해설

연삭가공시간(T)

$T = \dfrac{iL}{nf}$

- i : 연삭횟수
- L : 테이블의 총길이
- n : 가공물의 회전수
- f : 가공물 1회전당 이송량

56 CAD 시스템의 입력장치가 아닌 것은?

① 키보드   ② 라이트 펜
③ 플로터   ④ 마우스

해설

- 입력장치 : 키보드, 디지타이저, 태블릿, 마우스, 조이스틱, 컨트롤 다이얼, 기능키, 트랙볼, 라이트 펜
- 출력장치 : 디스플레이, 모니터, 플로터, 프린터, 하드카피장치, COM장치

57 서보기구에서 위치와 속도의 검출을 서보모터에 내장된 엔코더(encoder)에 의해서 검출하는 방식은?

① 반폐쇄회로방식   ② 개방회로방식
③ 폐쇄회로방식   ④ 반개방회로방식

해설

폐쇄회로방식은 위치 검출을 어떤 식으로 하는가에 따라 다음 3가지로 나눈다.

방식	위치 검출기
반폐쇄회로방식	펄스 엔코드, 리졸버
폐쇄회로방식	라이너 스케일(인덕터신, 자기스케일, 광학스케일)
하이브리드 서보방식	리졸버(인덕터신, 자기스케일, 광학스케일)

58 치수 기입에 대한 설명 중 틀린 것은?

① 제작에 필요한 치수를 도면에 기입한다.
② 잘 알 수 있도록 중복하여 기입한다.
③ 가능한 한 주요 투상도에 집중하여 기입한다.
④ 가능한 한 계산하여 구할 필요가 없도록 기입한다.

해설

치수 기입에서 중복 기입은 피한다.

59 기어제도 시 잇봉우리원에 사용하는 선의 종류는?

① 가는 실선   ② 굵은 실선
③ 가는 1점 쇄선   ④ 가는 2점 쇄선

해설

기어제도 시

- 이끝원(=잇봉우리원=바깥지름) : 굵은 실선
- 피치원 : 가는 1점쇄선
- 이뿌리원 : 가는 실선(단면 시 굵은 실선)

60 N.P.L식 각도게이지에 대한 설명과 관계가 없는 것은?

① 쐐기형의 열처리된 블록이다.
② 12개의 게이지를 한 조로 한다.
③ 조합 후 정밀도는 2~3초 정도이다.
④ 2개의 각도 게이지를 조합할 때에는 홀더가 필요하다.

해설

N.P.L식 각도게이지

- 쐐기형의 열처리된 블록(100×15mm)이다.
- 조합 후 정밀도는 2~3초 정도이다.
- 12개의 게이지를 한 조로 한다.
- 홀더는 필요 없다.

01 투상도를 표시하는 방법에 관한 설명으로 가장 옳지 않은 것은?

① 조립도 등 주로 기능을 나타내는 도면에서는 대상물을 사용하는 상태로 표시한다.
② 물체의 중요한 면은 가급적 투상면에 평행하거나 수직이 되도록 표시한다.
③ 물품의 형상이나 기능을 가장 명료하게 나타내는 면을 주투상도가 아닌 보조투상도로 선정한다.
④ 가공을 위한 도면은 가공량이 많은 공정을 기준으로 가공할 때 놓여진 상태와 같은 방향으로 표시한다.

해설

물품의 형상이나 기능을 가장 명료하게 나타내는 면을 주투상도(정면도)로 선정한다.

02 탁상용 드릴머신에서 드릴자루의 최대 지름은?

① $\phi 20$　　　　② $\phi 13$
③ $\phi 10$　　　　④ $\phi 8$

해설

탁상용 드릴머신의 최대 지름 : $\phi 13mm$

03 다음 도면에서 ㉠의 의미는 무엇인가?

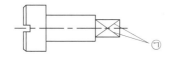

① 곡면　　　　② 구멍
③ 평면　　　　④ 회전체

해설

가는 실선의 대각선은 평면을 나타낸다.

04 다음 설명에 맞는 나사는 무엇인가?

- 미국, 영국, 캐나다 3국의 협정에 의해 지정된 것이다.
- ABC 나사라고도 한다.
- 나사산의 각도가 60°인 인치계 나사이다.

① 유니파이나사　　② 관용나사
③ 사다리꼴나사　　④ 미터나사

해설

- 관용나사 : 나사산의 각도가 55°인 인치계 나사
- 사다리꼴 나사 : 나사산의 각도가 30°(TM)인 사다리꼴로 된 나사
- 미터나사 : 나사산의 각도가 60°인 미터계 나사

05 보통 주철에 비하여 규소가 적은 용선에 적당량의 망간을 첨가하여 금형에 주입하면 금형에 접촉된 부분은 급랭되어 아주 가벼운 백주철로 되는데, 이러한 주철을 무엇이라고 하는가?

① 가단주철　　　② 칠드주철
③ 고급주철　　　④ 합금주철

해설

칠드주철
- 주조 시 주형에 냉금을 삽입하여 표면을 급냉시켜 경도를 증가시킨 내마모성 주철
- 표면 경도를 필요한 부분만을 급랭하여 경화시키고 내부는 본래의 연한 조직을 남게 하는 주철

06 암나사의 안지름과 골지름을 표시하는 방법이 맞는 것은? (단, 단면하지 않은 상태로 도시한 그림을 기준으로 함)

① 안지름은 굵은 실선, 골지름은 가는 실선으로 그린다.
② 안지름은 굵은 파선, 골지름은 가는 파선으로 그린다.
③ 안지름은 가는 파선, 골지름은 굵은 파선으로 그린다.
④ 안지름은 가는 실선, 골지름은 굵은 실선으로 그린다.

해설

가려서 보이지 않는 부분은 파선으로 그린다.

07 리벳팅이 끝난 뒤에 리벳머리의 주위 또는 강판의 가장자리를 정으로 때려 그 부분을 밀착시켜 틈을 없애는 작업은?

① 시밍   ② 코킹
③ 커플링   ④ 해머링

해설

리벳팅 후 작업 방법 2가지
• 코킹(Caulking) : 보일러와 같이 기밀을 필요로 할 때 리벳 작업이 끝난 뒤에 리벳머리 주위와 강판의 가장자리를 정과 같은 공구로 때리는 작업
• 풀러링(Fullering) : 코킹 작업 후 기밀을 완전하게 유지하기 위한 작업으로 강판과 같은 너비의 풀러링 공구로 때려 붙이는 작업

08 피치 2mm인 2줄 삼각나사를 180°회전시켰을 때의 이동 거리는 얼마인가?

① 1.2mm   ② 1mm
③ 4mm   ④ 2mm

해설

L(리드)=n(줄수)×p(피치)
n=2, p=2
∴ L=n×p=2×2=4mm(1회전 시 이동거리)
• 180°회전($\frac{1}{2}$ 회전)했을 때 이동거리 : $\frac{L}{2}=\frac{4}{2}=2$

09 다음은 제3각법으로 투상한 투상도이다. 입체도로 알맞은 것은?

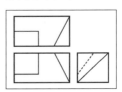

①   ②

③   ④

해설

등각투상도

10 머시닝센터에서 테이블에 고정된 공작물의 높이를 측정하고자 할 때 가장 적당한 것은?

① 한계게이지   ② 다이얼게이지
③ 사인바   ④ 하이트게이지

해설

• 한계게이지 : 오차의 한계를 주어 오차 한계를 재는 게이지이다.
• 다이얼게이지 : 길이 또는 변위를 정밀 측정
• 사인바 : 삼각 함수의 사인(sine)을 이용하여 각도를 측정
• 하이트게이지 : 테이블에 고정된 공작물의 높이를 측정. 금긋기에 사용되며 높이 게이지라고도 한다.

11 다음 자료의 표현 단위 중 그 크기가 가장 큰 것은?

① bit(비트) ② byte(바이트)
③ record(레코드) ④ field(필드)

비트(bit)
• 2진수 한 자리(0 또는 1)를 표현
• 정보 표현의 최소 단위

니블(Nibble)
• 4개의 비트가 모여 1Nibble을 구성
• 16진수 한 자리를 나타냄

바이트(Byte) : 8개의 비트가 모여 1Byte를 구성

워드(Word)
• 컴퓨터가 한 번에 처리할 수 있는 명령 단위
• 하프워드 : 2Byte
• 풀워드 : 4Byte
• 더블워드 : 8Byte

필드(Field) : 파일 구성의 최소 단위

레코드(Record) : 1개 이상의 관련된 필드가 모여서 구성

12 일반적으로 스퍼기어의 요목표에 기입하는 사항이 아닌 것은?

① 치형 ② 잇수
③ 피치원 지름 ④ 비틀림각

기어 요목표 항목
기어의 치형, 모듈, 압력각, 잇수, 피치원 지름, 정밀도, 전체 이 높이, 다듬질 방법

13 그림과 같이 표면의 결 도시 기호가 지시되었을 때 표면의 줄무늬 방향은?

① 가공으로 생긴 선이 거의 동심원
② 가공으로 생긴 선이 여러 방향
③ 가공으로 생긴 선이 방향이 없거나 돌출됨
④ 가공으로 생긴 선이 투상면에 직각

줄무늬 방향 기호 6가지
• = : 평행
• ⊥ : 직각
• X : 두 방향 교차
• M : 여러 방향 교차 또는 무방향
• C : 동심원 모양
• R : 레이디얼 모양 또는 방사상 모양

14 기어전동기와 비교했을 때 V벨트전동기의 장점으로 틀린 것은?

① 미끄럼이 안전한 동력을 전달한다.
② 원동축의 진동이나 충격이 종동축에 전달되지 않는다.
③ 먼거리의 동력을 전달할 수 있다.
④ V벨트는 엇걸기로 동력을 전달할 수 있다.

기어전동기의 특징
• 전동효율이 높고 감속비가 크다.
• 강력한 동력을 일정한 속도비로 전달할 수 있다.
• 공작기계, 시계, 자동차, 항공기 등 적용 범위가 넓다.

V벨트 전동기의 특징
• 마찰력을 증대시킨 벨트(∵ 접촉 면적이 넓음)
• 작은 장력으로 큰 회전력을 얻을 수 있다.
• 평벨트에 비해 운전이 조용(충격완화작용)
• 협소한 장소에도 설치 가능
• V벨트의 내구력과 효율을 높이기 위해 V홈의 표면을 정확하고 매끈하게 다듬질해야 한다.
• 고속운전이 가능하다.
• 이음매가 없는 고리모양 벨트 접착제 이음

15 스프링의 종류와 모양만을 도시할 때에는 재료의 중심선을 어떤 선으로 표시하는가?

① 굵은 실선 ② 가는 실선
③ 굵은 1점 쇄선 ④ 가는 1점 쇄선

코일스프링의 도시
• 스프링의 종류와 모양만을 도시할 때(간략도) : 중심선을 굵은 실선으로 표시
• 스프링의 중간 부분을 생략해서 도시할 때 : 중심선은 가는 1점 쇄선, 외형선은 가는 2점 쇄선으로 표시

16 스프링의 용도에 대한 설명 중 틀린 것은?

① 힘의 측정에 사용된다.
② 마찰력 증가에 이용한다.
③ 일정한 압력을 가할 때 사용된다.
④ 에너지를 저축하여 동력원으로 작동시킨다.

해설

스프링 사용 목적
• 힘의 축적(동력원)
• 진동 흡수
• 충격 완화
• 힘의 측정
• 운동과 압력을 가할 때

17 시간의 변화에도 힘의 크기 방향이 변하지 않는 하중은?

① 정하중   ② 동하중
③ 굽힘하중   ④ 인장하중

해설

• 동하중 : 시간에 따른 힘의 크기, 방향, 속도가 수시로 변하는 하중(반복하중, 교번하중, 충격하중)
• 굽힘하중 : 재료가 휘어지게 작용하는 하중
• 인장하중 : 재료를 길이 방향으로 잡아당기는 하중

18 나사의 표시 방법 중 Tr40×14(P7)-7e에 대한 설명 중 틀린 것은?

① Tr은 미터사다리꼴 나사를 뜻한다.
② 줄 수는 7줄이다.
③ 40은 호칭지름 40mm를 뜻한다.
④ 리드는 14mm이다.

해설

미터사다리꼴 여러 줄 나사 표시 방법
Tr40×14(P7)-7e
• Tr40 : 미터사다리꼴나사의 호칭지름 40mm
• 14 : 리드 14mm
• (P7) : 피치 7mm
• 7e : 나사의 등급

19 그림과 같이 V벨트 풀리의 일부분을 잘라내고 필요한 내부 모양을 나타내기 위한 단면도는?

① 온단면도
② 한쪽단면도
③ 부분단면도
④ 회전도시단면도

해설

파단선을 이용한 부분단면도이다.

20 모듈 5, 잇수가 60인 표준 평기어의 이끝원 지름은 몇 mm인가?

① 300mm   ② 310mm
③ 320mm   ④ 340mm

해설

• 이끝원지름＝피치원지름+(2×모듈)
• 피치원지름＝모듈×잇수
∴ 이끝원지름＝(모듈×잇수)+(2×모듈)
　　　　　　＝(5×60)+(2×5)
　　　　　　＝310mm

21 연삭가공에서 결합제의 기호 중 틀린 것은?

① 비트리파이드-V
② 금속결합제-M
③ 셀락-E
④ 레지노이드-R

해설

연삭가공에서 연삭숫돌 결합제의 기호
• 비트리파이드 숫돌 : V
• 실리케이트 숫돌 : S
• 탄성숫돌 : E(셀락), R(고무), B(레지노이드), PVA(비닐)
• M : 금속질의 숫돌(다이아몬드 숫돌의 결합제로 사용)

22 구멍의 치수가 $\varnothing 50^{+0.025}_0$, 축의 치수가 $\varnothing 50^0_{-0.025}$일 때 최대틈새는 얼마인가?

① 0.025　　　② 0.05

③ 0.07　　　④ 0.00

해설

헐거운 끼워맞춤(틈새)

⇒ 구멍 > 축

최대틈새＝구멍(大)−축(小)

$\quad\quad\quad =0.025-(-0.025)$

$\quad\quad\quad =0.025+0.025$

$\quad\quad\quad =0.05$

---

23 치수 보조선에 대한 설명으로 옳지 않은 것은?

① 필요한 경우에는 치수선에 대하여 적당한 각도로 평행한 치수 보조선을 그을 수 있다.

② 도형을 나타내는 외형선과 치수 보조선은 떨어져서는 안 된다.

③ 치수 보조선은 치수선을 약간 지날 때까지 연장하여 나타낸다.

④ 가는 실선으로 나타낸다.

해설

치수 보조선은 도형(외형선)에서 2~3mm 정도 틈새를 두고 그린다.

---

24 도면의 척도가 '1 : 2'로 도시되었을 때 척도의 종류는?

① 배척　　　② 축척

③ 현척　　　④ 비례척이 아님

해설

• 척도는 A:B로 표시

　(A : 도면에서의 길이, B : 물체의 실제 길이)

• 축척(1:B)

　→ 1 : 2, 1 : 5, 1 : 10, 1 : 20, 1 : 50 등

• 배척(A : 1)

　→ 2 : 1, 5 : 1, 10 : 1, 20 : 1, 50 : 1

---

25 축의 도시 방법에 대한 설명으로 틀린 것은?

① 긴 축은 중간 부분을 파단하여 짧게, 그리고 실제 치수를 기입한다.

② 길이 방향으로 절단하여 단면을 도시한다.

③ 축의 끝에는 조립을 쉽고 정확하게 하기 위해서 모따기를 한다.

④ 축의 일부 중 평면 부위는 가는 실선의 대각선으로 표시한다.

해설

• 길이 방향으로 단면하지 않는 부품 : 축, 키, 볼트, 너트, 멈춤 나사, 와셔, 리벳, 강구, 원통 롤러, 기어의 이, 휠의 암, 리브

---

26 구름베어링의 호칭이 '6203 ZZ'인 베어링의 안지름은 몇 mm인가?

① 3　　　② 15

③ 17　　　④ 30

해설

• 베어링 안지름 번호가 2자리

[예] 62 00 ⇒ $\varnothing$ 10

　　 62 01 ⇒ $\varnothing$ 12

　　 62 02 ⇒ $\varnothing$ 15

　　 62 03 ⇒ $\varnothing$ 17

　　 62 04 ~ 62 96 ⇒ 안지름 번호×5＝$\varnothing 20$~$\varnothing 480$

• 안지름 치수가 500mm 이상인 경우

　⇒ 계열/안지름 번호

　　(62/500 ⇒ $\varnothing$ 500)

---

27 기하공차의 종류에서 위치공차에 해당하는 것은?

① 평면도　　　② 원통도

③ 동심도　　　④ 직각도

해설

위치공차 종류

• 위치도(공차)

• 동축도(공차) 또는 동심도

• 대칭도(공차)

---

28 스프로킷 휠의 도시 방법에 대한 설명 중 옳은 것은?

① 스프로킷의 이끝원은 가는 실선으로 그린다.

② 스프로킷의 피치원은 가는 2점 쇄선으로 그린다.

③ 스프로킷의 이뿌리원은 가는 실선으로 그린다.

④ 축의 직각 방향에서 단면을 도시할 때 이뿌리선은 가는 실선으로 그린다.

해설

스프로킷 휠의 도시 방법
- 스프로킷의 바깥지름(이끝원)은 굵은 실선으로 그린다.
- 스프로킷의 피치원은 가는 1점 쇄선으로 그린다.
- 스프로킷의 이뿌리원은 가는 실선 또는 굵은 파선으로 그린다(이뿌리원은 생략 가능).

29 CAD 시스템에서 출력장치가 아닌 것은?

① 디스플레이(CRT) ② 스캐너
③ 프린터   ④ 플로터

해설

- 입력장치 : 키보드, 마우스, 스캐너, 디지타이저와 태블릿, 조이스틱, 컨트롤 다이얼, 트랙볼, 라이트 펜
- 출력장치 : 디스플레이, 모니터, 플로터(도면용지에 출력), 프린터(잉크젯, 레이저), 하드카피장치, COM장치

30 금속결정격자의 종류가 아닌 것은?

① 체심입방격자   ② 면심입방격자
③ 조밀육방격자   ④ 사방입방격자

해설

금속결정격자의 종류
- 체심입방격자(BCC)
- 면심입방격자(FCC)
- 조밀육방격자(HCP)

31 그림과 같은 지시기호에서 'B'에 들어갈 지시사항으로 옳은 것은?

① 가공 방법
② 표면파상도
③ 줄무늬 방향 기호
④ 컷오프값

해설

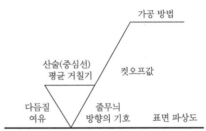

32 도면 작성 시 선을 한 장소에 겹쳐서 그려야 할 경우 나타내야 할 우선순위로 옳은 것은?

① 외형선 > 숨은선 > 중심선 > 무게중심선 > 치수보조선

② 외형선 > 중심선 > 무게중심선 > 치수선 > 숨은선

③ 중심선 > 무게중심선 > 치수선 > 외형선 > 숨은선

④ 중심선 > 치수선 > 외형선 > 숨은선 > 무게중심선

해설

- 한 곳에 2개 이상의 선이 겹칠 때 선의 우선순위 : 외형선 > 숨은선 > 절단선 > 중심선 > 무게중심선 > 치수보조선
- 외형선보다 더 우선시 되는 것 : 기호, 문자, 숫자

33 밀링 주축의 회전운동을 직선왕복운동으로 변환하여 가공물 안지름에 키홈을 가공할 수 있는 부속장치는?

① 슬로팅장치   ② 래크절삭장치
③ 분할대   ④ 회전테이블

밀링머신에서는 슬로팅장치를 이용하여 바이트로 스플라인, 세레이션, 내경키 홈 등을 가공할 수 있다.

34 황동의 연신율이 가장 클 때 아연(Zn)의 함유량은 몇 % 정도인가?

① 30 ② 40
③ 50 ④ 60

해설

• 7(Cu) : 3(Zn)황동 : 연신율이 최대
• 6(Cu) : 4(Zn)황동 : 인장강도가 최대

35 구의 지름이 100일 때 맞는 기호 표기는?

① R100 ② SR100
③ ϕ100 ④ Sϕ100

해설

• R : 반지름
• SR : 구의 반지름
• ϕ : 지름
• Sϕ : 구의 지름

36 도면에서 구멍의 치수가 $\varnothing70^{+0.07}_{-0.04}$ 로 기입되어 있다면 치수공차는?

① 0.11 ② 0.03
③ 0.04 ④ 0.07

해설

공차(치수공차)＝위치수허용차 － 아래치수허용차
＝0.07－(－0.04)
＝0.07＋0.04
＝0.11

37 직립형 브로칭머신과 비교했을 때 수평형 브로칭머신의 특징 중 틀린 것은?

① 기계점검이 어렵다.
② 가동 및 안전성이 직렵형보다 우수하다.

③ 기계의 조작이 쉽다.
④ 설치 면적이 크다.

해설

직립형 브로칭머신
• 수평형에 비해 가공물 고정이 편리하다.
• 설치 면적은 적으나 안정성이 떨어진다.

수평형 브로칭머신
• 설치하는 면적이 크다.
• 기계조작이 쉽다.
• 가동 및 안정성, 기계점검 등 직립형보다 우수하다.

38 CNC 공작기계의 일반적인 특징으로 틀린 것은?

① 품질이 균일한 생산품을 얻을 수 있으나 고장 발생 시 자가진단이 어렵다.
② 공작기계가 공작물을 가공 중에도 파트 프로그램 수정이 가능하다.
③ 인치 단위의 프로그램을 쉽게 미터 단위로 자동 변환할 수 있다.
④ 파트 프로그램을 매그로 형태로 저장시켜 필요시 불러 사용할 수 있다.

해설

가동 중에 프로그램 수정이 불가능하고 비상 정지해야 된다.

39 방전가공에서 가공액의 역할이 아닌 것은?

① 극간의 절연 회복
② 방전 폭발 압력의 발생
③ 방전 가공 부분의 보온
④ 가공칩의 제거

해설

가공액의 역할
• 이온화 효과
• 극간의 절연 회복
• 방전 폭발 압력의 발생
• 방전 가공 부분의 냉각
• 가공칩의 제거

40 다음과 같은 배관 설비도면에서 유니온 접속을 나타내는 기호는?

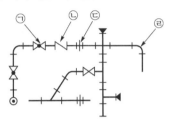

① ㉠   ② ㉡

③ ㉢   ④ ㉣

해설

문제의 기호 설명

㉠ 글로벌 밸브, ㉡ 체크 밸브, ㉣ 90°엘보

41 다음 중 표면경화의 종류가 아닌 것은?

① 침탄법   ② 질화법

③ 고주파경화법   ④ 심냉처리법

해설

표면경화법 종류

• 화학적 표면경화법 : 침탄법, 질화법, 청화법(시안화법, 액체침탄법)
• 물리적 표면경화법 : 화염경화법, 고주파경화법
• 심냉처리(서브제로처리법) : 잔류 오스테나이트를 0℃ 이하로 냉각하여 마르텐자이트화 하는 처리 방법으로, 주로 게이지강에 적용한다(질량효과를 없애기 위한 방법).

42 열경화성수지에서 높은 전기 절연성이 있어 전기부품 재료로 많이 쓰고 있는 베크라이트(bakelite)라고 불리는 수지는?

① 요소수지   ② 페놀수지

③ 멜라민수지   ④ 에폭시수지

해설

열경화성수지

• 열을 가하여 경화한 후 다시 열을 가해도 물러지지 않는 수지
• 종류 : 페놀수지(베크라이트), 규소수지, 멜라민수지, 에폭시수지, 폴리우레탄수지, 요소수지

43 8~12% Sn에 1~2% Zn의 구리합금으로 밸브, 콕, 기어, 베어링, 부시 등에 사용되는 합금은?

① 코르손 합금   ② 베릴륨 합금

③ 포금   ④ 규소 청동

해설

포금(gun metal)

• Sn(8~12%)+Zn(1~2%)
• 내해수성이 좋고 수압, 증기압에도 잘 견디어 선박용 재료에 사용

44 알콜, 석유 등의 유류화제 등급은?

① A급   ② B급

③ C급   ④ D급

해설

• A급 : 보통화재
• B급 : 유류화재
• C급 : 전기화재
• D급 : 금속화재

45 다음 설명에 가장 적합한 3차원의 기하학적 형상모델링 방법은?

> • Boolean 연산(합, 차, 적)을 통하여 복잡한 형상 표현이 가능하다.
> • 형상을 절단한 단면도 작성이 용이하다.
> • 은선 제거가 가능하고 물리적 성질 등의 계산이 가능하다.
> • 컴퓨터의 메모리 양과 데이터 처리가 많아진다.

① 서피스 모델링(surface modeling)

② 솔리드 모델링(solid modeling)

③ 시스템 모델링(system modeling)

④ 와이어 프레임 모델링
   (wire frame modeling)

해설

솔리드 모델링(solid modeling)

• 은선 제거가 가능하다.
• 물리적 성질(체적, 무게중심, 관성모멘트) 등의 계산이 가능하다.

46 CAD 시스템에서 마지막 입력점을 기준으로 다음 점까지의 직선거리와 기준 직교축과 그 직선이 이루는 각도로 입력하는 좌표계는?

① 절대좌표계   ② 구면좌표계
③ 원통좌표계   ④ 상대극좌표계

• 절대좌표계 : 좌표의 원점(0, 0)을 기준으로 하여 x, y축 방향의 거리로 표시되는 좌표(x, y)
• 상대좌표계 : 마지막 점(임의의 점)에서 다음 점까지 거리를 입력하는 좌표(@x, y)
• (상대)극좌표계 : 마지막 점에서 다음 점까지 거리와 각도를 입력하는 좌표(@거리<각도)

47 등각 투상도에 대한 설명으로 틀린 것은?

① 원근감을 느낄 수 있도록 하나의 시점과 물체의 각점을 방사선으로 이어서 그린다.
② 정면, 평면, 측면을 하나의 투상도에서 동시에 볼 수 있다.
③ 직육면체에서 직각으로 만나는 3개의 모서리는 120°를 이룬다.
④ 한 축이 수직일 때에는 나머지 두 축은 수평선과 30°를 이룬다.

• 투시투상도 : 원근감을 느낄 수 있도록 그린 것

48 선의 종류에서 용도에 의한 명칭과 선의 종류를 바르게 연결한 것은?

① 외형선 – 굵은 1점 쇄선
② 중심선 – 가는 2점 쇄선
③ 치수 보조선 – 굵은 실선
④ 지시선 – 가는 실선

선의 종류
• 외형선 – 굵은 실선
• 중심선 – 가는 1점 쇄선
• 무게 중심선 – 가는 2점 쇄선
• 치수 보조선 – 가는 실선
• 지시선, 해칭선 – 가는 실선
• 특수 지정선 – 굵은 1점 쇄선

49 다음과 같이 표시된 기하공차에서 A가 의미하는 것은?

//	0.011	A

① 공차 종류와 기호
② 기준면
③ 공차 등급 기호
④ 공차값

기하공차의 표시

공차 기호	공차값	기준면(데이텀)

50 다음 중 나사의 종류를 표시하는 기호로 맞는 것은?

① 미터보통나사 : BC
② 미니어처나사 : SM
③ 유니파이보통나사 : UNC
④ 미터사다리꼴 나사 : G

① 미터보통나사 : M
② 미니어처나사 : S
④ 미터사다리꼴나사 : Tr

51 다음 투상도의 좌측면도에 해당하는 것은? (단, 제3각 투상법으로 표현한다.)

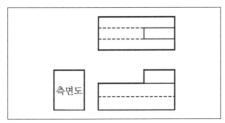

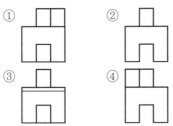

① ② ③ ④

해설

등각투상도

52 평벨트 전동에 비하여 V벨트 전동의 특징이 아닌 것은?

① 고속운전이 가능하다.
② 바로걸기와 엇걸기 모두 가능하다.
③ 미끄럼이 적고 속도비가 크다.
④ 접촉 면적이 넓으므로 큰 동력을 전달한다.

해설

V벨트 전동의 특징
• 마찰력을 증대시킨 벨트(∵ 접촉 면적이 넓음)
• 작은 장력으로 큰 회전력을 얻을 수 있다.
• 평벨트에 비해 운전이 조용(충격완화작용)
• 협소한 장소에도 설치 가능
• V벨트의 내구력과 효율 높이기 위해 V홈의 표면을 정확하고 매끈하게 다듬질해야 한다.
• 고속운전이 가능하다.
• 이음매가 없는 고리모양 벨트 접착제 이음

53 선반에서 그림과 같이 테이퍼 가공을 하려 할 때, 필요한 심압대의 편위량은 몇 mm인가?

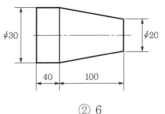

① 5 ② 6
③ 7 ④ 8

해설

심압대 편위량

$$x = \frac{(D-d)L}{2\ell} = \frac{(30-20)140}{2 \times 100} = 7\text{mm}$$

54 재질 중 SS275에서 275는 무엇을 의미하는가?

① 인장응력 ② 압축응력
③ 전단강도 ④ 항복강도

해설

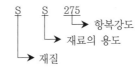

S S 275
→ 항복강도
→ 재료의 용도
→ 재질

55 Al_2O_3분말과 Tic 또는 TiN 혼합 후 소결하여 제작하는 공구 재료는?

① 다이아몬드 ② 세라믹
③ 초경합금 ④ 서멧

해설

• 초경합금(cemented carbide) : W, Ti, Ta, Mo, Zr 등의 경질합금 탄화물 분말을 Co, Ni을 결합제로 하여 1400℃ 이상의 고온으로 가열하면서 프레스로 소결 성형
• 세라믹(ceramic) : 산화알루미늄(Al_2O_3 : 순도 99. 5% 이상) 분말을 주성분으로 마그네슘(Mg), 규소(Si) 등의 산화물과 소량의 다른 원소를 첨가하여 소결
• 서멧(cermet) : 세라믹(ceramic)과 메탈(metal)의 합성어로 Al_2O_3 70%에 TiC 또는 TiN 분말 30% 혼합
• 다이아몬드(diamond) : 현존 절삭공구 중에서 가장 경도가 크고 내마모성이 크며, 절삭속도가 우수

51. ② 52. ② 53. ③ 54. ④ 55. ④ **정답**

56 철과 탄소는 약 6.68% 탄소에서 탄화철이라는 화합물을 만드는데, 이 탄소강의 표준 조직은 무엇인가?

① 펄라이트
② 오스테나이트
③ 시멘타이트
④ 소르바이트

• 탄소강의 표준 조직 : 페라이트(0.02%C), 펄라이트(0.8%C), 오스테나이트(0.2%C), 시멘타이트(6.68%C)

57 스퍼기어에서 축 방향에서 본 투상도의 이뿌리원을 나타내는 선은?

① 가는 1점 쇄선
② 가는 2점 쇄선
③ 가는 실선
④ 굵은 실선

• 기어의 이뿌리원 : 가는 실선(단, 단면으로 표시될 때는 굵은 실선)

58 컴퓨터 도면관리시스템의 일반적인 장점을 잘못 설명한 것은?

① 여러 가지 도면 및 파일의 통합관리체계를 구축 가능하다.
② 반영구적인 저장매체로 유실 및 훼손의 염려가 없다.
③ 도면의 질과 정확도를 향상시킬 수 있다.
④ 정전 시에도 도면 검색 및 작업을 할 수 있다.

컴퓨터 도면관리 중 정전 시에는 도면 검색 및 작업을 할 수 없다.

59 용접부 표면의 형상에서 동일 평면으로 다듬질함을 표시하는 보조 기호는?

① ──
② ▱
③ ⌣
④ ⌒

① 평면(동일한 면으로 마감처리)
③ 오목형
④ 볼록형

60 제도 표시를 단순화하기 위해 공차 표시가 없는 선형 치수에 대해 일반 공차를 4개의 등급으로 나타낼 수 있다. 이 중 공차 등급이 '거침'에 해당하는 호칭 기호는?

① c
② f
③ m
④ v

일반(보통)공차 기입에서 공차의 등급에 의한 기호 4가지
• f : 정밀급
• m : 보통급
• c : 거친급
• v : 아주 거친급

정답 56. ③ 57. ③ 58. ④ 59. ① 60. ①

01 전위기어의 사용 목적으로 가장 옳은 것은?

① 베어링 압력을 증대시키기 위함
② 속도비를 크게 하기 위함
③ 언더컷을 방지하기 위함
④ 전동 효율을 높이기 위함

해설

전위기어의 목적
• 언더컷 방지
• 중심거리를 변화시키기 위해
• 이의 강도 개선

02 나사 면에 증기, 기름 또는 외부로부터의 먼지 등이 유입되는 것을 방지하기 위해 사용하는 너트는?

① 나비 너트
② 둥근 너트
③ 사각 너트
④ 캡 너트

해설

• 캡 너트 : 유체가 나사의 접촉면 사이의 틈새나 볼트와 볼트 구멍의 틈으로 새어 나오는 것을 방지할 목적으로 사용한다.

03 구름 베어링 기본 구성요소 중 회전체 사이에 적절한 간격을 유지해 주는 구성요소를 무엇이라 하는가?

① 리테이너
③ 외륜
② 내륜
④ 회전체

해설

리테이너
구름 베어링 볼의 일정 간격 유지

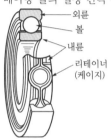

04 기어의 제작상 중요한 치형, 모듈, 압력각, 피치원 지름 등 기타 필요한 사항들을 기록한 것을 무엇이라 하는가?

① 주서
② 부품란
③ 표제란
④ 요목표

해설

기어 요목표의 항목
기어의 치형, 모듈, 압력각, 잇수, 피치원 지름, 정밀도, 전체 높이, 다듬질 방법

05 리퀴드메탈에 대한 설명이 잘못된 것은?

① 인공뼈, 의료기구, 전자제품, 외장재료에 이용한다.
② 철보다 가볍지만 강도는 철보다 강하다.
③ 마그네슘을 주원료로 하는 합금이다.
④ 부식에 대한 저항성이 크다.

해설

리퀴드메탈
지르코늄을 주원료로 하여 합금한 신소재의 하나로 철에 비해 무게는 훨씬 가볍지만, 강도는 3배 이상 강하다.

정답 1. ③ 2. ④ 3. ① 4. ④ 5. ③

06 주철의 장점이 아닌 것은?

① 압축강도가 작다.
② 절삭가공이 쉽다.
③ 주조성이 우수하다.
④ 마찰저항이 우수하다.

해설

주철의 장점
• 마찰저항이 우수하고 절삭가공이 쉽다.
• 주조성이 우수하고 복잡한 부품의 성형이 가능하다.
• 압축강도(인장강도의 3~4배)가 크다.
• 융점이 낮고 유동성이 좋다.

07 흑연이 미세하고 균일하게 분포되어 있으며, 내마멸성이 요구되는 공작기계의 안내면과 강도를 요하는 기관의 실린더 등에 쓰이는 고급 주철은?

① 칠드주철 ② 고합금주철
③ 미하나이트주철 ④ 구상흑연주철

해설

미하나이트주철
• 가장 대표적인 고급 주철
• 미세흑연을 균일하게 분포시킨 펄라이트 주철
• 내마모성이 요구되는 공작기계의 안내면과 고강도를 요구하는 실린더에 사용
• 내열성이 좋아 터빈 케이스, 피스톤링에 사용

08 두 축이 나란하지도 교차하지도 않는 기어는?

① 베벨기어 ② 헬리컬기어
③ 스퍼기어 ④ 하이포이드기어

해설

두 축이 나란하지도 교차하지도 않는 기어
㉠ 웜기어 ㉡ 하이포이드기어

09 인장 코일 스프링에 3kgf의 하중을 걸었을 때 변위가 30mm이었다면 스프링상수는 얼마인가?

① 0.1kgf/mm ③ 5kgf/mm
② 0.2kgf/mm ④ 10kgf/mm

해설

$$스프링상수(k) = \frac{W}{\delta}$$
$$= \frac{무게(kgf)}{처짐(mm)} = \frac{3}{30}$$
$$= \frac{1}{10} = 0.1\,kgf/mm$$

10 외접하고 있는 원통마찰차의 지름이 각각 240mm, 360mm일 때, 마찰차의 중심거리는?

① 60mm ② 300mm
③ 400mm ④ 600mm

해설

• 마찰차의 중심거리 $= \frac{240+360}{2} = \frac{600}{2} = 300\,mm$

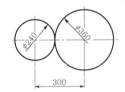

11 다음 중 리벳의 호칭 방법으로 올바른 것은?

① 규격 번호, 종류, 호칭지름×길이, 재료
② 규격 번호, 길이×호칭지름, 종류, 재료
③ 재료, 종류, 호칭지름×길이, 규격 번호
④ 종류, 길이×호칭지름, 재료, 규격 번호

해설

리벳의 호칭 방법

규격 번호	종류	호칭지름	×	길이	재료

12 두께가 10mm인 강판 2장, 용접길이가 200mm, 맞대기용접 40,000N의 인장하중이 맞대기용접 이음부에 작용할 때 용접부 인장응력은 몇 N/mm²인가?

① 200 ② 20
③ 400 ④ 40

해설

$$\sigma = \frac{P}{A} = \frac{40,000}{200 \times 10} = 20/mm^2$$

13 외부로부터 작용하는 힘이 재료를 구부려 휘어지게 하는 형태의 하중은?

① 인장하중
② 압축하중
③ 전단하중
④ 굽힘하중

해설

• 인장하중 : 재료를 길이 방향으로 잡아당기는 하중
• 압축하중 : 재료를 길이 방향으로 누르는 하중
• 전단하중 : 재료를 가로 방향으로 자르는 하중

14 영국의 G.A Tolimson 박사가 고안한 것으로 게이지 면이 크고, 개수가 적은 각도게이지로 몇 개의 블록을 조합하여 임의의 각도를 만들어 쓰는 각도게이지는?

① 요한슨식
② N.P.A식
③ 제퍼슨식
④ N.P.L식

해설

N.P.L식 각도게이지
• 쐐기형의 열처리된 블록이다.
• 12개의 게이지를 한 조로 한다.
• 100×15mm의 강철제 블록으로 구성된다.
• 2개의 각도게이지 조립 시 홀더가 필요 없다.
• 두 개 이상 조합해서 0~81까지 6초 간격의 임의의 각도를 만들 수 있다.

15 도면에 기입된 공차 도시에 관한 설명으로 틀린 것은?

//	0.050	A
	0.011/200	

① 전체 길이는 200mm이다.
② 공차의 종류는 평행도를 나타낸다.
③ 지정 길이에 대한 공차값은 0.011이다.
④ 전체 길이에 대한 공차값은 0.050이다.

해설

//	0.050	A	⇒
	0.011/200		

평행도	형체의 전체 공차값	데이텀
	지정 길이의 공차값/지정 길이	

16 버니어캘리퍼스(vernier callipers)에서 어미자의 한 눈금이 1mm이고, 아들자의 눈금 19mm를 20등분 한 경우 최소 측정치는 몇 mm인가?

① 0.01mm ② 0.02mm
③ 0.05mm ④ 0.1mm

해설

• 버니어캘리퍼스 최소 눈금=어미자 눈금/등분 수
=S/N=1/20
=0.05

17 다음은 어떤 나사에 대한 설명인가?

나사산의 각도에 따라 29°와 30°의 두 가지가 있으며, 동력 전달용으로 프레스나 밸브 등에 쓰인다.

① 삼각나사 ② 사각나사
③ 사다리꼴나사 ④ 톱니나사

해설

사다리꼴나사
• 사각나사에 비해 가공이 쉽다.
• 공작기계의 이송나사로 많이 사용한다.
• 나사산의 각도에 따라 미터계 30°, 인치계 29°로 구분한다.

18 다음 기하공차에 대한 설명으로 틀린 것은?

① ○ : 진원도공차
② ∠ : 경사도공차
③ ⊥ : 직각도공차
④ ◎ : 흔들림공차

> **해설**

• ✔ : 흔들림공차
• ◎ : 동축도 또는 동심도공차

19 황동의 종류 중 아연이 5~20% 수준인 저황동에 속하지 않는 것은?

① 길딩메탈   ② 레드브라스
③ 톰백   ④ 문쯔메탈

> **해설**

합금명		아연 함유량
톰백	길딩메탈	5%
	대표적톰백	10%
	레드브라스	15%
	로브라스	20%

• 문쯔메탈(6 : 4황동) : 아연 함유량 40%

20 다음 중 다이캐스팅용 알루미늄합금에 해당하는 기호는?

① WM1   ② ALDC1
③ BC1   ④ ZDC1

> **해설**

• WM1 : 화이트메탈, 고속, 고하중용
• BC1 : 청동주물
• ZDC1 : 아연합금 다이캐스팅, 자동차의 브레이크 피스톤 등에 사용

21 다음 가공 방법의 약호를 나타낸 것 중 틀린 것은?

① 선반가공(L)   ② 보링가공(B)
③ 리머가공(FR)   ④ 호닝가공(GB)

> **해설**

• 호닝가공 ⇒ GH

22 두께 9mm 강판을 지름 20mm 1열 겹치기 리벳 이음할 때 리벳 구멍에서 발생하는 강판의 압축응력은 몇 N/mm^2인가? (1피치마다 작용하중은 900N, 리벳 지름과 리벳구멍 지름이 같다고 한다.)

① 50   ② 20
③ 45   ④ 18

> **해설**

• 압축응력
$$Q = \frac{P}{A} = \frac{P}{dt} = \frac{900}{20 \times 9} = \frac{900}{180} = 50(N/mm^2)$$

23 컴퓨터의 처리속도 단위 중 가장 빠른 시간 단위는?

① ms   ② μs
③ ns   ④ ps

> **해설**

컴퓨터 처리속도 단위
• 밀리초(ms) ($1ms = 10^{-3}$초)
• 마이크로초(μs) ($1\mu s = 10^{-6}$초)
• 나노초(ns) ($1ns = 10^{-9}$초)
• 피코초(ps) ($1ps = 10^{-12}$초) : 처리속도가 가장 빠르다.

24 금속의 이온화 경향 순서를 바르게 배열한 것은?

① K > Na > Ca > Mg
② Ca > Co > Mn > Cd
③ Na > Al > Zn > Fe
④ Pt > H > Ni > Ag

> **해설**

금속의 이온화 순서
K > Ca > Na > Mg > Al > Zn > Fe > Ni > Sn > Pb > H > Cu > Hg > Ag > Pt > Au

25 베어링 메탈의 구비조건이 아닌 것은?

① 피로강도가 작아야 한다.
② 열전도가 좋아야 한다.
③ 면압강도와 강성이 커야 한다.
④ 마찰이나 마멸이 적어야 한다.

베어링 메탈의 구비조건
• 축과 재료보다 연하면서 마모에 견딜 것
• 축과의 마찰계수가 적을 것
• 내식성이 클 것
• 마찰열 발산이 잘될 것
• 열전도가 좋을 것
• 가공성이 좋으며 유지 및 수리가 쉬울 것

26 리벳 이음의 도시 방법으로 옳은 것은?

①   ②

③   ④

27 일반 치수공차 기입 방법으로 틀린 것은?

① $\varnothing\,50\,^{-0.05}_{0}$ ② $\varnothing\,50\,^{+0.05}_{0}$

③ $\varnothing\,50\,^{+0.05}_{+0.02}$ ④ $\varnothing\,50\,^{+0.01}_{-0.01}$

• 위치수 허용차는 항상 아래치수 허용차보다 커야 한다.

28 제도의 목적을 달성하기 위하여 도면이 구비하여야 할 기본 요건이 아닌 것은?

① 면의 표면 거칠기, 재료 선택, 가공 방법 등의 정보
② 도면 작성법에 있어서 설계자 임의의 창의성

③ 무역 및 기술의 국제 교류를 위한 국제적 통용성
④ 대상물의 도형, 크기, 모양, 자세 위치의 정보

• 제도 정의에서 '창의력', '주관적'이란 단어가 나오면 잘못된 설명이다.

29 특별한 결정구조를 갖는 합금계에서 나타나는 열탄성 마텐자이트 변태 결정구조의 변화를 이용한 고탄성 재료인 것은?

① 형상기억합금 ② 게르마늄
③ 합금공구 ④ 세라믹

• 열탄성 마르텐자이트 변태를 나타내는 합금은 예외 없이 형상기억 특성을 나타낸다.

30 0.77%C의 γ-고용체가 726℃에서 분열하여 생긴 페라이트와 시멘타이트의 공석정은?

① 소르바이트 ② 트루스타이트
③ 펄라이트 ④ 베이나이트

펄라이트
• 0.85%C의 γ-고용체 726℃에서 분열되어 생긴다.
• α-Fe(페라이트)와 Fe_3C(시멘타이트)의 공석정으로 층상조직이다.
• 0.8%C강을 800℃로 가열 후 서냉하는 조직이다.(풀림조직)

31 제거 가공해서는 안 된다는 것을 지시할 때 사용하는 표면 거칠기의 기호로 맞는 것은?

①   ②

③ ✓ ④ ▽

- ⌀̸ : 제거 가공을 해서는 안 됨을 지시
- ▽ : 제거 가공을 필요로 하는 지시
- ∨ : 제거 가공의 여부를 묻지 않을 때

32 CAD 시스템에서 원점이 아닌 주어진 시작점을 기준으로 하여 그 점과의 거리로 좌표를 나타내는 방식은?

① 절대좌표   ② 상대좌표
③ 직교좌표   ④ 극좌표

해설

- 절대좌표 : 좌표의 원점(0, 0)을 기준으로 하여 x, y축 방향의 거리로 표시되는 좌표(x, y)
- 상대좌표 : 마지막 점(임의의 점)에서 다음 점까지 거리를 입력하여 선 긋는 방법(@x, y)
- (상대)극좌표 : 마지막 점에서 다음 점까지 거리와 각도를 입력하여 선 긋는 방법(@거리<각도)

33 다음 중 치수공차를 올바르게 나타낸 것은?

① 최대허용한계치수−최소허용한계치수
② 기준치수−최소허용한계치수
③ 최대허용한계치수−기준치수
④ (최소허용한계치수−최대허용한계치수)/2

해설

- (치수)공차=최대허용한계치수 − 최소허용한계치수
=위치수허용차 − 아래치수허용차

34 냉간가공에 대한 설명으로 올바른 것은?

① 어느 금속이나 모두 상온(20℃) 이하에서 가공함을 말한다.
② 그 금속의 재결정온도 이하에서 가공함을 말한다.
③ 그 금속의 공정점보다 10~20℃ 낮은 온도에서 가공함을 말한다.

④ 빙점(0℃) 이하의 낮은 온도에서 가공함을 말한다.

해설

- 냉간가공(상온가공) : 재결정온도 이하에서 가공하는 것
- 열간가공(고온가공) : 재결정온도 이상에서 가공하는 것

35 다음 중 용접이음의 끝부분을 표시하는 기호는?

① ——‖   ② ——→
③ ——D   ④ ——⌐

해설

① 블라인더 플랜지
③ 용접식 캡
④ 나사 박음

36 얇은 부분의 단면 표시를 하는 데 사용하는 선은?

① 아주 굵은 실선
② 불규칙한 파형의 가는 실선
③ 굵은 1점 쇄선
④ 가는 파선

해설

아주 굵은 실선
얇은 부분의 단면 표시(형강, 개스킷, 얇은 판)

37 다음 중 각도를 측정할 수 있는 측정기는 어느 것인가?

① 버니어캘리퍼스
② 사인바
③ 하이트게이지
④ 다이얼게이지

해설

각도 측정기
N.P.L식 각도게이지, 수준기, 사인바 등

38 선의 종류에서 용도에 의한 명칭과 선의 종류를 바르게 연결한 것은?

① 외형선 – 굵은 1점 쇄선
② 중심선 – 가는 2점 쇄선
③ 치수보조선 – 굵은 실선
④ 지시선 – 가는 실선

해설

• 외형선–굵은 실선
• 중심선–가는 1점 쇄선
• 치수보조선–가는 실선

39 기어제도 시 이끝원과 피치원의 선 종류는?

① 이끝원–굵은 실선, 피치원–가는 실선
② 이끝원–굵은 실선, 피치원–가는 1점 쇄선
③ 이끝원–가는 실선, 피치원–가는 실선
④ 이끝원–가는 실선, 피치원–가는 1점 쇄선

해설

• 이끝원 : 굵은 실선, 피치원 : 가는 1점 쇄선

40 다음 등각투상도에서 화살표 방향을 정면도로 할 경우 평면도로 옳은 것은?

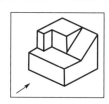

①   ②

③   ④

해설

• 제3각법 투상

41 다음 중 표면을 경화시키기 위한 열처리 방법이 아닌 것은?

① 풀림   ② 침탄법
③ 질화법   ④ 고주파경화법

해설

표면경화법 종류
• 화학적 표면경화법 : 침탄법, 질화법, 청화법(시안화법, 액체침탄법)
• 물리적 표면경화법 : 화염경화법, 고주파경화법

42 자기 감응도가 크고 잔류자기 및 항자력이 작아 변압기 철심이나 발전기의 로터에 쓰이는 강은?

① 자석강   ② 규소강
③ 고니켈강   ④ 고크롬강

해설

• 자석강 : 영구자석에 적합한 강으로 탄소강, 텅스텐강, 크롬강, Co강이 사용된다.
• 니켈(Ni)강 : 불변강이라고도 하며 정밀기계부품으로 사용되며 길이가 불변하다.
• 크롬(Cr)강 : 자경성이 있어 경도를 크게 하고 담금질과 뜨임효과를 좋게 한다.

43 일반적으로 CAD에서 사용하는 3차원 형상 모델링이 아닌 것은?

① 솔리드 모델링(solid modeling)
② 시스템 모델링(system modeling)
③ 서피스 모델링(surface modeling)
④ 와이어 프레임 모델링(wire frame modeling)

3차원 형상 모델링 종류
- 와이어 프레임 모델링(wire frame modelling)
- 서피스 모델링(surface modelling)
- 솔리드 모델링(solid modelling)

44 국제단위계(SI)의 기본 단위에 해당되지 않은 것은?

① 길이 : m　　② 질량 : kg

③ 광도 : mol　　④ 열역학 온도 : K

국제단위계(SI)의 기본 단위 7가지
- 길이 : m
- 질량 : kg
- 열역학 온도 : K
- 물질의 양 : mol(몰)
- 시간 : s(초)
- 전류 : A(암페어)
- 광도 : cd(칸델라)

45 구멍의 치수가 $\varnothing 50^{+0.025}_{-0}$, 축의 치수가 $\varnothing 50^{+0.009}_{-0.025}$일 때 최대틈새는 얼마인가?

① 0.025　　② 0.05

③ 0.07　　④ 0.009

- 헐거운 끼워맞춤(틈새)
  ⇒ 구멍＞축
- 최대틈새＝구멍(大) － 축(小)
  　　　　＝0.025 － (－0.025)
  　　　　＝0.05

46 다음 중 가는 2점 쇄선의 용도로 틀린 것은?

① 인접 부분 참고 도시

② 공구, 지그 등의 위치

③ 가공 전 또는 가공 후의 모양

④ 회전단면도를 도형 내에 그릴 때의 외형선

가는 2점 쇄선의 용도
- 인접 부분을 참고로 표시할 때
- 공구, 지그 등의 위치를 참고로 표시할 때
- 되풀이하는 것을 표시할 때
- 가공 전 또는 후의 모양을 표시할 때

47 헬리컬기어, 나사기어, 하이포이드기어의 잇줄 방향의 표시 방법은?

① 2개의 가는 실선으로 표시

② 2개의 가는 2점 쇄선으로 표시

③ 3개의 가는 실선으로 표시

④ 3개의 굵은 2점 쇄선으로 표시

헬리컬기어, 나사기어, 하이포이드기어 표시 방법
- **단면으로 도시할 때** : 스퍼기어의 정면도에 이의 잇줄 방향(30°)으로 3개의 가는 2점 쇄선으로 표시
- **단면으로 도시하지 않을 때** : 스퍼기어의 정면도에 이의 잇줄 방향(30°)으로 3개의 가는 실선으로 표시

48 축에 키(key) 홈을 가공하지 않고 사용하는 것은?

① 묻힘(sunk)키　　② 안장(saddle)키

③ 반달키　　④ 스플라인

- 묻힘(sunk)키 : 축과 보스에 모두 홈 가공
- 반달(우드러프)키 : 축에 원호상의 홈 가공
- 스플라인 : 축 둘레에 사각형 모양의 턱을 4~20개 가공

49 선반가공에서 공작물의 중심을 맞출 때 사용하는 공구는?

① 스패너　　② 버니어캘리퍼스

③ 펀치　　④ 서피스게이지

- 서피스게이지 : 단동척을 사용할 경우 공작물의 센터를 맞추기 위해 사용

50 단면에 대하여 수직하게 작용하는 하중을 무엇이라 하는가?

① 전단하중 ② 인장하중
③ 반복하중 ④ 충격하중

해설

• 인장하중 : 재료를 길이 방향으로 잡아당기는 하중
• 전단하중 : 재료를 가로 방향으로 자르는 하중
• 반복하중 : 힘의 방향은 변하지 않고 연속하여 반복적으로 작용하는 하중
• 충격하중 : 짧은 시간에 순간적으로 작용하는 하중

51 왕복운동 기관에서 직선운동과 회전운동을 상호 전달할 수 있는 그림과 같은 축은?

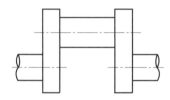

① 크랭크축 ② 직선축
③ 플랙시블축 ④ 차축

해설

• 직선축 : 보통 사용되는 곧은 축으로 동력 전달
• 플래시블축 : 축이 자유롭게 휠 수 있도록 만든 축으로 축 방향이 변하는 작은 동력 전달
• 차축 : 휨하중을 받는 축으로 자동차, 철도용 차량 등의 중량을 차륜하는 데 사용

52 나사 원리를 이용한 측정기?

① 버니어캘리퍼스
② 다이얼게이지
③ 마이크로미터
④ 옵티미터

53 체결하려는 부분이 두꺼워서 관통 구멍을 뚫을 수 없을 때 사용되는 볼트는?

① 탭볼트 ② T홈볼트
③ 아이볼트 ④ 스테이볼트

해설

• T홈볼트 : 공작기계 테이블의 T홈에 물체를 용이하게 고정시키는 볼트
• 아이볼트 : 볼트의 머리부에 핀을 끼울 구멍이 있어 자주 탈착하는 뚜껑의 결합에 사용된다. 무거운 물체를 달아 올리기 위해 훅을 걸 수 있는 고리가 있는 볼트
• 스테이볼트 : 간격 유지 볼트, 두 물체 사이의 거리를 일정하게 유지

54 V벨트의 형별 중 단면의 폭 치수가 가장 큰 것은?

① A형 ② D형
③ E형 ④ M형

해설

V벨트 단면 치수

M < A < B < C < D < E

(M : 단면 치수가 가장 작다.)

55 다음 도면의 평면도는 무엇인가?

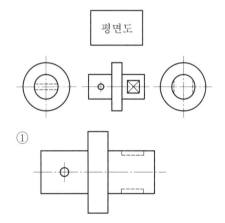

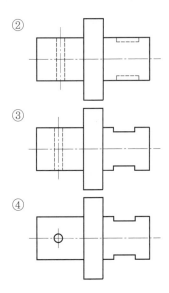

② (그림)

③ (그림)

④ (그림)

56 다음 중 필릿 용접을 나타내는 기호는?

① ⌐ ② ∨

③ ◣ ④ ○

① 플러그용접
② V형 맞대기용접
④ 점용접

57 CAD 시스템의 입력장치가 아닌 것은?

① 키보드 ② 라이트펜
③ 플로터 ④ 마우스

입력장치
키보드, 디지타이저, 태블릿, 마우스, 조이스틱, 컨트롤다이얼, 기능키, 트랙볼, 라이트펜 등

58 $-5\mu m$의 오차를 가지고 마이크로미터 측정한 결과 30.115mm일 때 실제 길이는?

① 30.125 ② 30.115
③ 30.120 ④ 30.110

• 오차 : $-5\mu m = -5 \times 10^{-3} \text{mm} = -0.005\text{mm}$
• 마이크로미터 측정 결과 : 30.115mm
∴ 실제 길이 $= 30.115 - (-0.005) = 30.120\text{mm}$

59 세라믹은 무기재료를 의미하며 천연원료를 정제 또는 합성하여 특성을 좋게 하는데 세라믹의 성분 종류가 아닌 것은?

① Al_2O_3 ② WC
③ SiC ④ Si

세라믹 재료나 부품의 제작을 위한 원료
점토, 카올리나이트(고령토), 산화알루미늄(Al_2O_3), 탄화규소(SiC), 탄화텅스텐(WC), 실리콘 또는 다이아몬드(탄소)

60 블록브레이크에서 브레이크의 용량을 결정하는 인자와 관계가 먼 것은?

① 드럼의 원주속도
② 블록의 열팽창계수
③ 마찰계수
④ 브레이크 압력

블록 브레이크 용량($\mu q v$)
단위 시간당 단위 면적에서 방출할 수 있는 에너지

• $\mu q v = \dfrac{75 Hps}{A} = \dfrac{102 Hkw}{A} = \dfrac{\mu P \nu}{A}$
• μ : 마찰계수
• ν : 원주속도
• q : 브레이크압력($= \dfrac{P}{A}$)

01 피치 1.5mm인 3줄 나사를 1회전 시켰을 때의 리드는 얼마인가?

① 4.5 mm   ② 15mm

③ 1.5mm   ④ 3mm

해설

L(리드)$= n$(줄 수)$\times p$(피치)

$n = 3,\ p = 1.5$

$\therefore\ L = n \times p = 3 \times 1.5 = 4.5mm$

02 컴퓨터의 중앙처리장치(CPU)를 구성하는 요소가 아닌 것은?

① 제어장치   ② 주기억장치

③ 보조기억장치   ④ 연산논리장치

해설

중앙처리장치(CPU)의 구성 요소
연산논리장치, 제어장치, 주기억장치(ROM, RAM)

03 체결하려는 부분이 두꺼워서 관통 구멍을 뚫을 수 없을 때 사용되는 볼트는?

① 탭볼트   ② T홈볼트

③ 아이볼트   ④ 스테이볼트

해설

• T홈볼트 : 공작기계 테이블의 T홈에 물체를 용이하게 고정하는 볼트
• 아이볼트 : 볼트의 머리부에 핀을 끼울 구멍이 있어 자주 탈착하는 뚜껑의 결합에 사용된다. 무거운 물체를 달아 올리기 위해 훅을 걸 수 있는 고리가 있는 볼트
• 스테이볼트 : 간격 유지 볼트, 두 물체 사이의 거리를 일정하게 유지할 때 사용

04 도면의 양식과 관련하여 도면에서 상세, 추가, 수정 등의 위치를 가장자리 구역에 나타내는 영문자 중 사용하지 않는 것은?

① K   ② X

③ I   ④ Z

해설

도면 양식에서 각 구역을 표시하는 방법
• 세로 : 용지 위쪽에서 아래쪽으로는 대문자로 표시 (단, I와 O는 사용금지)
• 가로 : 용지 왼쪽에서 오른쪽으로는 숫자로 표시

05 진원도 측정법이 아닌 것은?

① 지름법   ② 수평법

③ 삼점법   ④ 반지름법

해설

진원도 측정방법에는 삼점법, 지름법(직경법), 반지름법(반경법)이 있다.

06 전동축에 큰 휨(deflection)을 주어서 축의 방향을 자유롭게 바꾸거나 충격을 완화시키기 위하여 사용하는 축은?

① 크랭크축   ② 플렉시블축

③ 차축   ④ 직선축

해설

• 크랭크축 : 직선운동을 회전운동으로 전환
• 차축 : 주로 휨을 받는 회전축 또는 정지축
• 직선축 : 흔히 쓰이는 곧은 축

07 디스플레이상 도형의 입력장치와 연동시켜 움직일 때 도형이 움직이는 상태를 나타내는 것은?

① 트리밍　　　② 주밍
③ 셰이딩　　　④ 드레깅

> **해설**
> • 드레깅(dragging) : 디스플레이상에서 도형이 움직이는 상태
> • 트리밍(trimming) : 표시하고자 하는 영역을 벗어나는 선들을 잘라버리는 작업
> • 셰이딩(shading) : 모델을 명암이 포함된 색상으로 처리한 솔리드로 표시하는 작업
> • 주밍(zooming) : 도형을 확대하거나 축소하는 작업

08 주석(Sn), 아연(Zn), 납(Pb), 안티몬(Sb)의 합금으로 주석계 메탈을 베빗메탈이라고 한다. 내연기관, 각종 기계의 베어링에 사용하는 것은?

① 컬밋　　　② 합성수지
③ 트리메탈　　　④ 화이트메탈

> **해설**
> **화이트메탈**
> 주석, 아연, 납, 안티몬의 합금으로 주석과 구리, 안티몬을 함유한 것을 베빗메탈이라고도 한다.

09 마그네슘의 성질에 대한 설명으로 틀린 것은?

① 비중이 1.74로서 실용금속 중 가장 가볍다.
② 표면의 산화마그네슘은 내부의 부식을 방지한다.
③ 산, 알칼리에 대해 거의 부식되지 않는다.
④ 망간의 첨가로 철의 용해작용을 어느 정도 막을 수 있다.

> **해설**
> 대기 중에서 내식성이 양호하나 산이나 염류에는 부식되기 쉽다.

10 다음 중 진원도를 측정할 때 가장 적당한 측정기는?

① 다이얼 게이지　　　② 한계 게이지
③ 게이지 블록　　　④ 버니어 캘리퍼스

> **해설**
> 진원도 측정은 다이얼 게이지가 가장 적당하다.

11 가상선의 용도에 대한 설명으로 틀린 것은?

① 인접 부분을 참고로 표시하는 데 사용한다.
② 수면, 유면 등의 위치를 표시하는 데 사용한다.
③ 가공 전·후의 모양을 표시하는 데 사용한다.
④ 도시된 단면의 앞쪽에 있는 부분을 표시하는 데 사용한다.

> **해설**
> **가는 실선**
> 수면, 유면 등의 위치를 표시

12 주철의 종류로 조직은 흑연이 미세하고 활 모양으로 구부러져 고르게 분포되어 있고, 그 바탕이 펄라이트 조직으로 기계적 성질이 우수하고 주조성이 양호하여 내연기관의 실린더, 실린더 라이너 등에 사용되는 주철은?

① 보통주철　　　② 고급주철
③ 구상흑연주철　　　④ 가단주철

> **해설**
> **고급주철**
> • 기계의 중요 부분에 강력하고 내마모성이 좋은 철
> • 인장강도가 250MPa 이상인 주철

13 길이의 기준으로 사용되고 있는 평행단도 기로서 1개 또는 2개 이상의 조합으로 사용되며, 다른 측정기의 교정 등에 사용되는 측정기는?

① 컴비네이션 세트　② 마이크로미터
③ 다이얼 게이지　　④ 게이지 블록

해설

게이지 블록(블록 게이지)
기준 게이지의 대표적인 것으로 면과 면, 선과 선 사이 길이의 기준을 정하는 데 사용된다. 특수공구강을 열처리한 후 래핑으로 다듬질한다.

14 용접 기호에서 스폿 용접 기호는?

① ○　　② ⌐
③ ⊖　　④ ☼

해설

① 스폿 용접(점용접)
② 플러그 용접
③ 심용접

15 다음 그림과 같은 테이퍼에서 $\varnothing d$는 얼마인가?

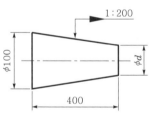

① 96　　② 98
③ 100　　④ 200

해설

테이퍼$(T) = \dfrac{D-d}{L}$

$\dfrac{1}{200} = \dfrac{100-d}{400}$

$100 - d = \dfrac{400}{200}$

$\therefore d = 98\text{mm}$

16 용융온도가 3,400℃ 정도로 높은 고용융점 금속으로, 전구의 필라멘트 등에 쓰이는 금속재료는?

① 납　　② 금
③ 텅스텐　　④ 망간

해설

텅스텐(w) : 용융온도 3,400℃

17 그림과 같이 표면의 결 도시 기호가 있을 때, 이에 대한 설명으로 옳지 않은 것은?

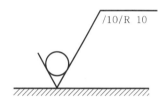

① 표면의 결 명세한계의 규칙은 16%-규칙을 적용한다.
② 재료 제거를 허용하지 않는 공정이다.
③ 양측 상한 및 하한을 나타낸다.
④ 평가 길이는 10mm이다.

해설

• 재료 제거를 허용하지 않는 공정이다.
• 편측 상한을 나타낸다.
• 모티프 파라미터는 "16%-규칙"만을 사용한다.
• 평가 길이는 10mm이다.

18 모듈이 2이고 잇수가 각각 30, 20개인 두 기어가 맞물려 있을 때 축간거리는 약 몇 mm인가?

① 60mm　　② 50mm
③ 40mm　　④ 30mm

$$중심거리(C) = \frac{m(Z_1 + Z_2)}{2}$$
$$= \frac{2(30+20)}{2}$$
$$= 50mm$$

19 나사용 구멍이 없는 평행키의 기호는?

① P
② PS
③ T
④ TG

• 보통형, 조임형 : 나사용 구멍이 없는 평행키, P
• 활동형 : 나사용 구멍 부착 평행키, PS

20 제도 표시를 단순화하기 위해 공차 표시가 없는 선형 치수에 대해 일반공차를 4개의 등급으로 나타낼 수 있다. 이 중 공차 등급이 '거침'에 해당하는 호칭 기호는?

① c
② f
③ m
④ v

일반(보통)공차의 등급에 의한 기호 4가지
• f : 정밀급
• m : 보통급
• c : 거친급
• v : 아주 거친급

21 ISO 규격에 있는 것으로 미터사다리꼴나사의 종류를 표시하는 기호는?

① M
② S
③ Rc
④ Tr

• ISO 규격에 있는 것

미터사다리꼴나사 : Tr	
관용 테이퍼 나사	테이퍼 수나사 : R
	테이터 암나사 : Rc
	평행 암나사 : Rp
관용평행나사 : G	

• ISO 규격에 없는 것

관용 테이퍼 나사	테이퍼 나사 : PT
	평행 암나사 : PS
관용 평행 나사 : PF	

22 다음 중 캠을 평면 캠과 입체 캠으로 구분할 때 입체 캠의 종류로 틀린 것은?

① 원통캠
② 삼각캠
③ 원추캠
④ 빗판캠

• 평면캠 : 판캠, 직선운동캠, 정면캠, 삼각캠
• 입체캠 : 원통캠, 원추캠, 구면(구형)캠, 빗판캠(경사판 캠)

23 파이프의 도시 기호에서 글자 기호 "G"가 나타내는 유체의 종류는?

① 공기
② 가스
③ 기름
④ 수증기

파이프 도시에서 유체 기호
• 공기 : A(Air)
• 가스 : G(Gas)
• 오일 : O(Oil)
• 수증기 : S(Steam)
• 물 : W(Water)

24 주철의 장점이 아닌 것은?

① 압축 강도가 작다.
② 절삭가공이 쉽다.
③ 주조성이 우수하다.
④ 마찰저항이 우수하다.

주철의 장점
• 마찰저항이 우수하고 절삭가공이 쉽다.
• 주조성이 우수하고 복잡한 부품의 성형이 가능하다.
• 잘 녹슬지 않는다.
• 융점이 낮고 유동성이 좋다.
• 압축강도가 크다(인장강도의 3~4배).

25 탄소량이 0.12~0.20% 함유하며 교량, 볼트, 리벳에 사용되는 강은?

① 반경강　　　② 탄소공구강
③ 경강　　　　④ 연강

해설

탄소 함유량
• 연강 : 0.12~0.20%
• 반연강 : 0.20~0.30%
• 반경강 : 0.30~0.40%
• 경강 : 0.40~0.50%

26 너클핀 설계에서 인장력 120KN 허용전단 응력 100N/mm²일 때, 핀의 지름은 몇 mm 이상이어야 하는가?

① 22　　　　② 25
③ 31　　　　④ 28

해설

코터핀 구조

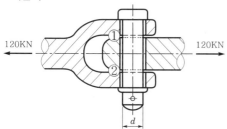

• 전단되는 곳 : 2곳(①, ②)

$$\tau = \frac{P}{A} = \frac{P}{2 \times A} = \frac{P}{2 \times \frac{\pi d^2}{4}}$$

$$= \frac{2P}{\pi d^2} = \frac{2 \times 120 KN}{\pi \times d^2}$$

$$\tau = \frac{240 KN}{\pi d^2} = 100 \text{N/mm}^2$$

$$d^2 = \frac{240000}{\pi \times 100}$$

$$\therefore \ d = 27.65 \text{mm}$$

27 제3각법으로 투상한 그림과 같은 도면에서 평면도로 맞는 것은?

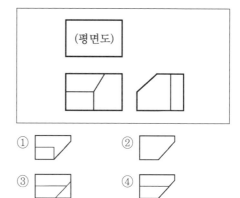

① 　　②

③ 　　④

해설

등각투상도

28 지름 5mm 이하 바늘 모양의 롤러를 사용하는 베어링은?

① 니들 롤러 베어링
② 원통 롤러 베어링
③ 자동조심형 롤러 베어링
④ 테이퍼 롤러 베어링

해설

니들 롤러 베어링
• 롤러의 지름이 바늘 모양으로 가늘다(5mm 이하).
• 마찰저항이 크다.
• 충격하중에 강하다.
• 축 지름에 비하여 바깥지름이 작다(∵ 롤러 지름이 작아서).
• 내륜 붙이 베어링과 내륜 없는 베어링이 있다.

29 다음과 같은 정면도와 우측면도가 주어졌을 때 평면도로 알맞은 것은? (단, 제3각법의 경우)

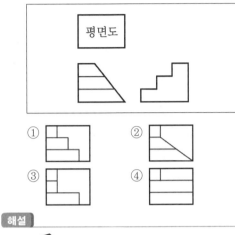

해설

30 오스테나이트 망간강 또는 하드필드 망간강이라고도 하며, 내마멸성이 우수하고 경도가 커서 각종 광산기계의 파쇄장치, 기차 레일의 교차점, 칠드롤러 등 내마멸성이 요구되는 곳에 이용되는 강은?

① 튜콜　　　　② 림드강
③ 고망간강　　④ 고강도강

해설

고망간강
내마멸성이 우수하고 경도가 커서 각종 광산기계, 기차 레일의 교차점, 칠드롤러 등 내마멸성이 요구되는 곳에 이용된다.

31 축의 바깥지름을 검사하는 한계 게이지는 무엇인가?

① 스냅 게이지　② 플러그 게이지
③ 테보 게이지　④ 센터 게이지

해설

스냅 게이지
축을 가공한 후 일정한 치수 내에 들어있는지를 검사할 때 사용하는 게이지

32 스프링의 용도에 대한 설명 중 틀린 것은?

① 힘의 측정에 사용된다.
② 마찰력 증가에 이용한다.
③ 일정한 압력을 가할 때 사용된다.
④ 에너지를 저축하여 동력원으로 작동시킨다.

해설

스프링 사용 목적
• 힘의 축적(동력원)
• 진동 흡수
• 충격 완화
• 힘의 측정
• 운동과 압력을 가할 때

33 코일 스프링 도시의 원칙 설명으로 틀린 것은?

① 스프링은 원칙적으로 하중이 걸린 상태로 도시한다.
② 하중과 높이 또는 휨과의 관계를 표시할 필요가 있을 때는 선도 또는 요목표에 표시한다.
③ 특별한 단서가 없는 한 모두 오른쪽 감기로 도시한다.
④ 스프링의 종류와 모양만을 간략도로 도시할 때에는 재료의 중심선만을 굵은 실선으로 그린다.

해설

스프링을 도시할 때는 기본적으로 무하중 상태에서 도시한다.

34 열팽창계수가 작아 거의 변하지 않는 불변 강은?

① 인바   ② 실루민
③ 모넬메탈   ④ 포금

해설

열팽창계수가 작은 Ni을 첨가한 인바(Ni-Fe)가 적합하다.

35 다음 중 표면경화의 종류가 아닌 것은?

① 침탄법   ② 질화법
③ 고주파경화법   ④ 심냉처리법

해설

표면경화법 종류
• 화학적 표면경화법 : 침탄법, 질화법, 청화법(시안화법, 액체침탄법)
• 물리적 표면경화법 : 화염경화법, 고주파경화법

36 작은 스퍼기어와 맞물리고 잇줄이 스퍼기어의 축 방향과 일치하며, 회전운동을 직선운동으로 바꾸는 기어는?

① 스퍼기어   ② 베벨기어
③ 헬리컬기어   ④ 랙과 피니언

해설

직선 운동(랙) ⇄ 회전 운동(피니언)

37 디스플레이의 방식은 발광형과 수광형으로 분류된다. 다음 중 발광형이 아닌 것은?

① CRT   ② PDP
③ LCD   ④ LED

해설

• 수광형 : LCD
• 발광형 : LED, PDP, CRT, OLED, ELD

38 축 방향에 인장력과 압축력이 작용하는 두 축을 연결하는 곳으로 분해가 필요할 때 사용하는 것은?

① 코터이음   ② 축이음
③ 리벳이음   ④ 용접이음

해설

코터이음의 구조

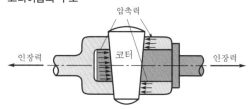

39 CAD에서 기하학적 현상을 나타내는 방법 중 선에 의해서만 3차원 형상을 표시하는 방법을 무엇이라고 하는가?

① surface modelling
② solid modelling
③ system modeling
④ wireframe modeling

해설

3차원의 기하학적 형상 표시 방법
• 와이어프레임 모델링(wireframe modelling) : 선
• 서피스 모델링(surface modelling) : 면
• 솔리드 모델링(solid modelling) : 체적

40 그림의 'b' 부분에 들어갈 기하공차 기호로 가장 옳은 것은?

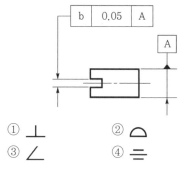

① ⊥   ② ⌒
③ ∠   ④ ═

대칭도 공차

지시선의 화살표로 표시한 중심면은 데이텀 중심평면 A에 대칭으로 0.05mm의 공차값 사이에 있어야 한다.

41 모듈이 4이고 잇수가 각각 30, 60개인 두 기어가 맞물려 있을 때 축간거리는 약 몇 mm인가?

① 180mm ② 120mm
③ 90mm   ④ 240mm

해설

$$중심거리(C) = \frac{m(Z_1 + Z_2)}{2}$$
$$= \frac{4(30+60)}{2}$$
$$= 180mm$$

42 회전단면도를 설명한 것으로 가장 올바른 것은?

① 도형 내의 절단한 곳에 겹쳐서 90° 회전시켜 도시한다.
② 물체의 1/4을 절단하여 1/2은 단면, 1/2은 외형을 도시한다.
③ 물체의 반을 절단하여 투상면 전체를 단면으로 도시한다.
④ 외형도에서 필요한 일부분만 단면으로 도시한다.

해설

② 한쪽단면도
③ 전단면도
④ 부분단면

43 베벨기어에서 피치원은 무슨 선으로 표시하는가?

① 가는 1점 쇄선 ② 굵은 1점 쇄선
③ 가는 2점 쇄선 ④ 굵은 실선

해설

모든 기어의 피치원 : 가는 1점 쇄선

44 치수 보조 기호에서 이론적으로 정확한 치수를 나타내는 것은?

① $\boxed{30}$ ② $\underline{30}$
③ 30   ④ (30)

해설

• $\underline{30}$: 치수가 비례척이 아닐 때
• 30 : 완성치수 (다듬질치수)
• (30) : 참고치수

45 배관 도시에서 배관 구배 방향 표시가 틀린 것은?

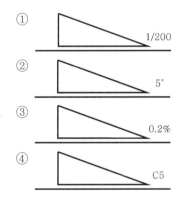

① 1/200
② 5°
③ 0.2%
④ C5

해설

④는 잘못된 표기법

46 외부로부터 작용하는 힘이 재료를 구부려 휘어지게 하는 형태의 하중은?

① 인장하중   ② 압축하중
③ 전단하중   ④ 굽힘하중

해설

• 인장하중 : 재료를 길이 방향으로 잡아당기는 하중
• 압축하중 : 재료를 길이 방향으로 누르는 하중
• 전단하중 : 재료를 가로 방향으로 자르는 하중

47 베어링 NU318C3P6에 대한 설명 중 틀린 것은?

① 원통롤러 베어링이다.
② 베어링 안지름이 318mm이다.
③ 틈새는 C3이다.
④ 등급은 6등급이다.

해설
- NU : 원통롤러 베어링
- 3 : 계열
- 18 : 안지름 번호(안지름＝18×5＝90mm)

48 축의 원주에 많은 키를 깎은 것으로 큰 토크를 전달시킬 수 있고, 내구력이 크며 보스와의 중심축을 정확하게 맞출 수 있는 것은?

① 성크키   ② 반달키
③ 접선키   ④ 스플라인

해설
- 스플라인(사각형 이) : 축 둘레에 4~20개의 턱을 만들어 큰 회전력을 전달하는 경우 사용된다.

49 주조 시 주형에 냉금을 삽입하여 주물 표면을 급랭시킴으로써 표면 경도를 증가시키고, 내부는 강하고 인성이 있는 주철은?

① 백심가단주철   ② 구상흑연주철
③ 칠드주철   ④ 보통주철

해설
- 칠드주철 : 금형에 닿는 부분만 급랭하고, 내부는 서랭하여 연하고 강인성을 갖는 주철

50 게이지 블록과 마이크로미터를 조합한 형태의 마이크로미터는?

① 하이트 마이크로미터
② 나사 마이크로미터
③ 깊이 마이크로미터
④ 외측 마이크로미터

해설
- 하이트 마이크로미터 : 게이지 블록과 마이크로미터를 조합한 측정기로 높이 측정

51 벨트를 걸었을 때 이완 측에 설치하여 벨트와 벨트풀리의 접촉각을 크게 하는 것을 무엇이라고 하는가?

① 단차   ② 안내풀리
③ 중간풀리   ④ 긴장풀리

해설
벨트전동장치
- 긴장(인장) 측 : 종동축 → 원동축
- 이완(긴장풀리) 측 : 원동축 → 종동축

52 IC 기판재료, 자성재료, 유전재료 등과 같이 전자기적, 광학적 특성을 갖는 분야에 사용되는 신소재는?

① 파인세라믹   ② 형상기억합금
③ 광섬유   ④ 섬유강화금속

해설
- 파인세라믹 : 철 무게의 1/2 정도로 가볍고 금속보다 훨씬 단단하며, 온도에 따른 신축성도 작다.

53 특수한 가공을 하는 부분 등 특별한 요구사항을 적용할 수 있는 범위를 표시하는 데 사용하는 선은?

① 굵은 1점 쇄선   ② 가는 2점 쇄선
③ 가는 실선   ④ 굵은 실선

해설
굵은 1점 쇄선
외형선에 평행하게 약간 떨어지게 하여 굵은 1점 쇄선을 특수가공 부분에 그어 표시

---

54 미터나사 나사산의 각도는 몇 도인가?

① 29° ② 30°

③ 55° ④ 60°

해설

미터나사 나사산의 각도 : 60°

55 기하공차를 위한 데이텀 및 데이텀 시스템과 관련하여 가동 데이텀 표적 프레임을 나타내는 것은?

①   ②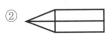

③   ④

해설

• 가동 데이텀 표적 프레임

〈가동(可動)부호〉 〈가동 데이텀 표적〉

• 단일 데이텀 표적 프레임

예 ,

56 훅의 법칙(Hooke's law)은 어느 점 내에서 응력과 변형률이 비례하는가?

① 비례한도 ② 탄성한도

③ 항복점 ④ 인장강도

해설

• 후크의 법칙 : 비례한도 내에서 휨과 처짐이 비례한다.

57 시간의 변화에도 힘의 크기 방향이 변하지 않는 하중은?

① 정하중 ② 동하중

③ 굽힘하중 ④ 인장하중

해설

• 동하중 : 시간에 따른 힘의 크기, 방향, 속도가 수시로 변하는 하중(반복하중, 교번하중, 충격하중)

• 굽힘하중 : 재료가 휘어지게 작용하는 하중

• 인장하중 : 재료를 길이 방향으로 잡아당기는 하중

58 IT 기본공차에 대한 설명으로 틀린 것은?

① IT 기본공차는 치수공차와 끼워맞춤에 있어서 정해진 모든 치수공차를 의미한다.

② IT 기본공차의 등급은 IT01부터 IT18까지 20등급으로 구분되어 있다.

③ IT공차 적용 시 제작의 난이도를 고려하여 구멍에는 ITn-1, 축에는 ITn을 부여한다.

④ 끼워맞춤공차를 적용할 때 구멍일 경우 IT6~IT10이고, 축일 때는 IT5~IT9이다.

해설

• IT공차 적용 시는 ISO 공차 방식에 따라 분류하며 적용한다.

• 구멍 : ITn

• 축 : ITn-1

59 지름 D_1=240mm, D_2=360mm의 외접 마찰차에서 그 중심거리는 몇 mm인가?

① 120 ② 150

③ 180 ④ 300

해설

$$중심거리 = \frac{D_1 + D_2}{2} = \frac{240 + 360}{2} = 300mm$$

60 재료에 일정한 하중을 가하고 일정한 온도에서 긴 시간 동안 유지하면 시간이 경과함에 따라 변형량이 증가하는 현상은?

① 스트레인 ② 스트레스

③ 크리프 ④ 템퍼링

해설

크리프

물체에 일정 온도 아래에서 일정 응력 혹은 일정 하중이 작용할 때 변형이 시간과 함께 증가하는 현상

01 비교 측정 방법에 해당하는 것은?

① 사인바에 의한 각도 측정
② 버니어 캘리퍼스에 의한 길이 측정
③ 롤러와 게이지 블록에 의한 테이퍼 측정
④ 공기마이크로미터를 이용한 제품의 치수 측정

해설

• 직접 측정기 : 버니어 캘리퍼스, 마이크로미터 등과 같이 측정하려는 양을 직접 측정기기의 눈금을 읽어 그 크기를 확인하는 측정기
• 비교 측정기 : 공기마이크로미터, 다이얼 게이지, 미니미터, 옵티미터 등과 같이 측정하는 양과 일정한 관계가 있는 기준과 비교하여 그 차이로 크기, 불량 여부를 판정하는 측정기

02 제3각법으로 도시한 3면도 중 가장 옳게 나타낸 것은?

① ②

③ ④

해설

① ②

③ ④

03 일반적으로 CAD 작업에서 사용되는 좌표계와 거리가 먼 것은?

① 상대좌표 ② 절대좌표
③ 극좌표 ④ 원점좌표

해설

좌표계의 종류
• 2D : 절대좌표, 상대좌표, (상대)극좌표
• 3D : 원통형 좌표, 구형좌표(구면좌표)

04 모듈 m인 한 쌍의 외접 스퍼기어가 맞물려 있을 때 각각의 잇수를 Z_1, Z_2라면, 두 기어의 중심거리를 구하는 계산식은?

① $\dfrac{(Z_1 + Z_2) \times m}{2}$

② $(Z_1 + Z_2) \times m$

③ $\dfrac{m}{2 \times (Z_1 + Z_2)}$

④ $2 \times m \times (Z_1 + Z_2)$

해설

두 축간 중심거리(C)

$$= \frac{D_1}{2} + \frac{D_2}{2}$$

$$= \frac{mZ_1 + mZ_2}{2}$$

$$= \frac{(Z_1 + Z_2) \times m}{2}$$

05 측정오차에 관한 설명으로 틀린 것은?

① 기기오차는 측정기의 구조상에서 일어나는 오차이다.
② 계통오차는 측정값에 일정한 영향을 주는 원인에 의해 생기는 오차이다.
③ 우연오차는 측정자와 관계없이 발생하고, 반복적이고 정확한 측정으로 오차 보정이 가능하다.
④ 개인오차는 측정자의 부주의로 생기는 오차이며, 주의해서 측정하고 결과를 보정하면 줄일 수 있다.

해설
• 우연오차 : 진동이나 소리 또는 자연현상의 급변 등으로 생기는 오차이다.

06 나사 제도 시 수나사와 암나사의 골지름을 표시하는 선은?

① 굵은 실선　　② 가는 1점 쇄선
③ 가는 실선　　④ 가는 2점 쇄선

해설
나사의 골지름 표시 ⇒ 가는 실선

07 탄소강에 함유된 원소 중 백점이나 헤어크랙의 원인이 되는 원소는?

① 황(S)　　　　② 인(P)
③ 수소(H)　　　④ 구리(Cu)

해설
• 수소(H) : 헤어크랙(hair crack)이라는 내부 균열을 일으켜 파괴의 원인을 제공한다.

08 다음 중 스프링의 재료로써 가장 적당한 것은?

① SPS7　　　　② SCr420
③ GC20　　　　④ SF50

해설
• 스프링 재료 : SPS

09 알루미늄(Al)합금 중 510∼530℃에서 인공 시효 시켜 내연기관의 실린더 피스톤, 실린더 헤드로 사용되는 재료는?

① 실루민　　　　② 라우탈
③ 하이드로날륨　④ Y-합금

해설
• Y합금 : Al+Cu+Ni+Mg의 합금, 내열 합금으로 내연기관의 실린더에 사용된다.

10 나사의 측정 방법 중 삼침법으로 수나사의 무엇을 측정하는 방법인가?

① 골지름　　　　② 피치
③ 유효지름　　　④ 바깥지름

해설
나사의 유효지름 측정 방법
• 삼침법에 의한 측정 방법(정밀도가 가장 높다.)
• 공구 현미경에 의한 방법
• 나사 마이크로미터에 의한 방법

11 오스테나이트계 18-8형 스테인리스강의 성분은?

① 크롬 18%, 니켈 8%
② 티탄 18%, 니켈 8%
③ 니켈 18%, 크롬 8%
④ 크롬 18%, 티탄 8%

해설
• 스테인리스강(STS) : 강에 Cr, Ni 등을 첨가하여 녹이 잘 슬지 않는다.
• 18-8형 스테인리스강 : 18%의 크롬, 8%의 니켈 함유

12 너트의 풀림 방지 방법이 아닌 것은?

① 와셔를 사용하는 방법
② 핀 또는 작은 나사 등에 의한 방법
③ 로크 너트에 의한 방법
④ 키에 의한 방법

해설

너트 풀림 방지법
- 탄성 와셔에 의한 방법
- 로크 너트에 의한 방법
- 핀(분할핀) 또는 작은 나사를 사용하는 방법
- 철사에 의한 방법
- 자동 죔 너트에 의한 방법
- 세트 스크루에 의한 방법

13 TTT 곡선도에서 TTT가 의미하는 것이 아닌 것은?

① 시간(time)
② 뜨임(tempering)
③ 온도(temperature)
④ 변태(transformation)

해설

강을 오스테나이트 상태에서 A_1점 이하의 항온까지 급랭하여 이 온도에 그대로 항온을 유지했을 때 일어나는 변태를 항온 변태라 하고, 이 항온 변태 및 조직의 변화를 시간에 대하여 나타나는 것을 항온변태곡선(TTT 곡선)이라 한다.

14 단면의 표시와 단면도의 해칭에 관한 설명 중 틀린 것은?

① 일반적으로 단면부의 해칭은 생략하여 도시하고 특별한 경우는 예외로 한다.
② 인접한 부품의 단면은 해칭의 각도 또는 간격을 달리하여 구별할 수 있다.
③ 해칭하는 부분에 글자 등을 기입하는 경우, 해칭을 중단할 수 있다.
④ 해칭선의 각도는 일반적으로 주된 중심선에 대하여 45°로 하여 가는 실선으로 등간격으로 그린다.

해설

단면도 표시 방법
- 단면 부분은 해칭(hatching) 또는 스머징을 한다.
- 해칭을 하지 않아도 단면이라는 것을 알 수 있을 때는 해칭을 생략해도 된다.
- 단면은 필요로 하는 부분만을 파단하여 표시할 수 있다.

- 일반적으로 해칭선의 각도는 주된 중심선에 대하여 45°로 가는 실선으로 등간격 3~5mm로 그린다.
- 해칭하는 부분 안에 문자, 기호 등을 기입하기 위하여 해칭을 중단할 수 있다.
- 절단면 뒤에 나타나는 숨은선과 중심선은 표시하지 않는 것을 원칙으로 한다.
- 단면을 기본 중심선에서 절단할 경우 절단선을 표시하지 않는다.

15 강괴를 탈산 정도에 따라 분류할 때, 이에 속하지 않는 것은?

① 림드강   ② 세미림드강
③ 킬드강   ④ 세미킬드강

해설

- 림드강(불완전 탈산강) : 강을 가볍게 탈산시킨 것으로, 전평로 또는 전로에서 정련된 용강을 페로망간(Fe-Mn)으로 불완전 탈산시켜 주형에 주입하여 응고한 것이다.
- 세미킬드강 : 강을 중간 정도로 탈산시킨 것으로, 응고 도중 소량의 가스만 발생하도록 해서 적당한 양의 기공을 형성시켜 응고에 의한 수축을 방지한다. 탈산의 정도를 림드강과 킬드강의 중간 정도로 한 강이다.
- 킬드강 : 강력한 탈산제(규소, 알루미늄, 페로실리콘)를 레들 또는 주형의 용강에 첨가하여 가스 반응을 억제하여 가스 방출은 없으나, 주괴 상부 중앙에 수축공이 만들어지는 결함이 발생한다(완전탈산강).

16 나사 "M50x2-6H"의 설명으로 틀린 것은?

① 미터 가는 나사이다.
② 암나사의 등급은 6이다.
③ 피치는 2mm이다.
④ 왼나사이다.

해설

나사 표시 방법

나사 감긴 방향	나사산의 줄수	나사의 호칭	–	나사의 등급
(오른나사) 생략가능	(1줄나사) 생략가능	M50x2	–	6H

왼나사일 경우 "L 또는 좌(왼쪽)"이라고 나사를 표시해야 한다.

17 일반적으로 리벳 작업을 하기 위한 구멍은 리벳 지름보다 몇 mm 정도 커야 하는가?

① 0.5~1.0　　② 1.0~1.5
③ 2.5~5.0　　④ 5.0~10.0

• 리벳구멍 : 리벳 지름보다 약 1~1.5mm 정도 크게 작업

18 웜기어에서 웜이 3줄이고 웜휠의 잇수가 60개일 때의 속도비는?

① 1/10　　② 1/20
③ 1/30　　④ 1/60

• 속도비 $= \dfrac{웜줄수}{웜기어의\ 잇수} = \dfrac{3}{60} = \dfrac{1}{20}$

19 블록 게이지 사용 시 링잉(wringing)이란 무엇인가?

① 개수를 줄이는 것
② 블록 게이지의 보호 장치
③ 여러 개를 조립하여 규정 치수로 만든 것
④ 두 조각을 눌러 밀착시키는 것

• 밀착(wringing) : 두 개의 블록끼리 눌러 밀착하는 것

20 열처리에 대한 설명으로 틀린 것은?

① 금속 재료에 필요한 성질을 주기 위한 것이다.
② 가열 및 냉각의 조작으로 처리한다.
③ 금속의 기계적 성질을 변화시키는 처리이다.
④ 결정립을 조대화하는 처리이다.

• 열처리 : 사용 목적에 따라 강에 적당한 성질을 주는 조작
• 결정립을 조대화 하면 강이 물러져 강도와 경도가 약해진다.

21 기어에서 이(tooth)의 간섭을 막는 방법으로 틀린 것은?

① 이의 높이를 높인다.
② 압력각을 증가시킨다.
③ 치형의 이끝면을 깎아낸다.
④ 피니언의 반경 방향의 이뿌리면을 파낸다.

기어에서 이의 간섭을 막는 방법
• 이 높이를 낮게 한다.
• 전위기어를 사용한다.
• 압력각을 크게 한다.
• 치형의 이끝면을 깎아낸다.
• 피니언의 반경 방향의 이뿌리면을 파낸다.

22 다음과 같이 도면에 기입된 기하공차에서 0.015가 뜻하는 것은?

//	0.015	A
	0.003/200	

① 기준길이에 대한 공차값
② 전체길이에 대한 공차값
③ 전체길이 공차값에서 기준길이 공차값을 뺀 값
④ 누진 치수 공차값

기하 공차의 종류	형체의 전체길이에 대한 공차값	데이텀
	기준(지정)길이의 공차값 / 기준(지정)길이	

23 강을 충분히 가열한 후 물이나 기름 속에 급랭시켜 조직 변태에 의한 재질의 경화를 주목적으로 하는 것은?

① 담금질　　② 뜨임
③ 풀림　　④ 불림

• 담금질 : 강도와 경도 증가
• 뜨임 : 담금질로 인한 취성을 감소시키고 인성을 증가
• 풀림 : 강의 조직 개선 및 재질의 연화
• 불림 : 결정 조직의 균일화, 내부 응력 제거

24 축용으로 사용되는 한계 게이지는?

① 봉 게이지
② 스냅 게이지
③ 블록 게이지
④ 플러그 게이지

• 한계 게이지 : 두 개의 게이지를 한쪽은 허용되는 최대치수의 기준(정지측)을, 다른 한쪽은 최소치수의 기준(통과측)으로 하여 제품이 이 한도 내에 제작되는가를 판별하는 게이지
• 구멍용 한계 게이지 : 플러그 게이지, 봉 게이지, 테보 게이지
• 축용 한계 게이지 : 스냅 게이지, 링 게이지

25 구멍 치수가 $\varnothing 50^{+0.039}_{0}$이고, 축 치수가 $\varnothing 50^{-0.025}_{-0.050}$일 때 최소 틈새는?

① 0
② 0.025
③ 0.050
④ 0.039

• 헐거운 끼워맞춤(틈새) : 구멍 > 축
• 최소 틈새 = 구멍(小) - 축(大) = 0 - (-0.025) = 0.025

26 CAD 시스템에서 데이터 저장장치가 아닌 것은?

① USB 메모리
② LIGHT PEN
③ HDD
④ CD-ROM

• 라이트 펜(light pen) : 점자 센서가 부착되어 그래픽 스크린 상에 접촉하여 특정 위치나 도형을 지정하거나, 명령어 선택이나 좌표 입력이 가능한 입력장치이다.

27 다음과 같은 등각투상도에서 화살표 방향이 정면일 경우, 평면도로 가장 적합한 투상도는?

①
②

③
④

[평면도]

[정면도]　　　　[우측면도]

28 길이가 100mm인 스프링의 한쪽 끝을 고정하고, 다른 쪽 끝에 무게 40N의 추를 달았더니 스프링의 전체 길이가 120mm로 늘어났을 때 스프링상수는 몇 N/mm인가?

① 8
② 2
③ 4
④ 1

$$스프링상수 = \frac{W(무게)}{\delta(처짐)}$$
$$= \frac{40}{120-100}$$
$$= \frac{40}{20} = 2$$

29 부품의 위치 결정 또는 고정 시에 사용되는 체결 요소가 아닌 것은?

① 핀(pin)　　② 너트(nut)

③ 볼트(bolt)　④ 기어(gear)

> **해설**
> • 체결(결합)용 기계요소 : 볼트, 너트, 키, 핀, 코터
> • 전동용 기계요소 : 마찰차, 기어, 스프로킷, 풀리

30 3차원 물체를 외부 형상뿐만 아니라 내부 구조의 정보까지도 표현하여 물리적 성질 등의 계산까지 가능한 모델은?

① 와이어 프레임 모델

② 서피스 모델

③ 솔리드 모델

④ 엔티티 모델

> **해설**
> **솔리드 모델링(solid modeling)**
> • 은선 제거가 가능하다.
> • 물리적 성질(체적, 무게중심, 관성모멘트) 등의 계산이 가능하다(∴ 컴퓨터의 메모리양과 데이터 처리량이 많아진다).
> • 간섭 체크가 용이하다.
> • Boolean 연산(합, 차, 적)을 통하여 복잡한 형상 표현도 가능하다.
> • 형상을 절단한 단면도 작성이 용이하다.

31 볼트를 결합시킬 때 너트를 2회전 하면 축 방향으로 10mm, 나사산 수는 4산이 진행된다. 이와 같은 나사의 조건은?

① 피치 2.5mm, 리드 5mm

② 피치 1.25mm, 리드 5mm

③ 피치 5mm, 리드 10mm

④ 피치 2.5mm, 리드 10mm

> **해설**
> • 리드는 나사를 1회전했을 때 축 방향으로 이동한 거리이다. 2회전 시 10mm이므로, 1회전 시는 5mm를 이동한다.
> ∴ 리드 (ℓ) =5

> • $\ell = n \times p$
> $5 = 4 \times p$
> ∴ 피치$(p) = \dfrac{5}{4} = 1.25$

32 모델링 방법 중 와이어 프레임(wire frame) 모델링에 대한 설명으로 틀린 것은?

① 처리 속도가 빠르다.

② 물리적 성질의 계산이 가능하다.

③ 데이터 구성이 간단하다.

④ 모델 작성이 쉽다.

> **해설**
> **와이어 프레임(wire frame) 모델링**
> • 데이터의 구성이 간단하다(∴ 처리 속도가 빠르다).
> • 모델 작성을 쉽게 할 수 있다.
> • 3면 투시도의 작성이 용이하다.
> • 은선 제거가 불가능하다.
> • 단면도 작성이 불가능하다.

33 W, Cr, V, Co 등의 원소를 함유하며 600℃까지 경도를 유지하며, 절삭 속도는 같은 공구 수명에 비하여 탄소공구강보다 약 2배가 넘는 공구 재료는?

① 합금공구강　　② 스텔라이트

③ 초경합금　　　④ 고속도공구강

> **해설**
> • 탄소공구강(STC) : 탄소량 0.6~1.5% 함유 ⇒ 줄, 쇠톱, 정, 펀치의 재료
> • 고속도공구강(SKH) : C(0.8%), W(18%)-Cr(4%)-V(1%)의 표준형 고속도강이 대표적이며, 600℃까지 경도를 유지하며, 절삭 속도가 탄소공구강보다 2배가 넘는다.
> • 합금공구강(STS) : STC+W, Cr, V, Mo, Ni을 첨가

---

34 특수강 중에서 자경성(self-hardening)이 있어 담금질성과 뜨임효과를 좋게 하며, 탄소와 결합하여 탄화물을 만들어 강에 내마멸성을 좋게 하고 내식성, 내산화성을 향상시켜 강인한 강을 만드는 것은?

① Co강 ② Cr강
③ Ni강 ④ Si강

해설

• 자경성(기경성) : 특수원소를 첨가하여 가열한 후 공랭하여도 자연히 경화되는 것(담금질 효과를 얻는 것).
⇒ Ni, Cr, Mn, Mo, W, Cu

35 지름이 50mm 축에 10mm인 성크키를 설치했을 때 일반적으로 전단하중만을 받을 경우, 키가 파손되지 않으려면 키의 길이는 몇 mm인가?

① 25mm ② 75mm
③ 150mm ④ 200mm

해설

• 전단하중 작용 시 ⇒ 키의 길이=지름×1.5배
$\ell = 1.5 \times d = 1.5 \times 50 = 75$

36 입체 캠의 종류에 해당하지 않는 것은?

① 원통 캠 ② 정면 캠
③ 빗판 캠 ④ 원뿔 캠

해설

• 평면 캠 : 판캠, 직선운동 캠, 정면 캠, 삼각 캠
• 입체 캠 : 원통 캠, 원추 캠, 구면(구형) 캠, 빗판 캠 (경사 캠)

37 단면도의 절단된 부분을 나타내는 해칭을 표현하는 선은?

① 가는 2점 쇄선 ② 가는 파선
③ 가는 실선 ④ 가는 1점 쇄선

해설

해칭은 가는 실선으로 45° 경사지게 긋는다.

38 기어의 이(tooth) 크기를 나타내는 방법으로 옳은 것은?

① 모듈 ② 중심거리
③ 압력각 ④ 치형

해설

기어의 이의 크기 3가지 방법
• 모듈
• 원주피치
• 지름피치

39 표면거칠기 값을 직접 면에 지시하는 경우 다음 중 표시가 잘못된 것은?

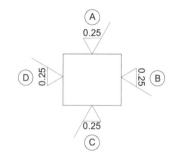

① Ⓐ ② Ⓑ
③ Ⓒ ④ Ⓓ

해설

Ⓑ의 표면거칠기 값 0.25의 방향이 잘못 표시되었다.

40 평벨트풀리의 도시 방법이 아닌 것은?

① 암의 단면형은 도형의 안이나 밖에 회전 도시 단면도로 도시한다.

② 풀리는 축 직각 방향의 투상을 주투상도로 도시할 수 있다.

③ 풀리와 같이 대칭인 것은 그 일부만을 도시할 수 있다.

④ 암은 길이 방향으로 절단하여 단면을 도시한다.

해설

• 암은 길이 방향으로 단면을 도시하지 않는다.
• 길이 방향으로 단면하지 않는 부품으로 축, 키, 볼트, 너트, 멈춤 나사, 와셔, 리벳, 강구, 원통 롤러, 기어의 이, 휠의 암, 리브 등이 있다.

41 코일 스프링의 전체 평균 직경이 50mm, 소선의 직경이 6mm일 때 스프링 지수는 약 얼마인가?

① 1.4 　　　　② 2.5

③ 4.3 　　　　④ 8.3

해설

스프링 지수(C)

$C = \dfrac{D}{d} = \dfrac{50}{6} = 8.3$

42 구상흑연주철을 조직에 따라 분류했을 때, 이에 해당하지 않는 것은?

① 마르텐자이트형　② 페라이트형

③ 펄라이트형　　　④ 시멘타이트형

해설

구상흑연주철의 조직
• 시멘타이트형
• 펄라이트형
• 페라이트형

43 다음 중 특히 심냉처리(sub-zero treatment)해야 하는 강은 어느 것인가?

① 스테인리스강　② 내열강

③ 게이지강　　　④ 구조용강

해설

• 서브제로처리(심냉처리) : 잔류오스테나이트를 0℃ 이하로 냉각하여 마르텐자이트화하는 처리 방법으로 주로 게이지강에 적용한다.

44 스스로 빛을 내는 자기발광형 디스플레이로서 시야각이 넓고 응답시간도 빠르며 백라이트가 필요 없기 때문에 두께를 얇게 할 수 있는 디스플레이는?

① TFT-LCD

② 플라즈마 디스플레이

③ OLED

④ 래스터스캔 디스플레이

해설

• OLED(Organic Light Emitting Diodes) : 전류가 흐르면 빛을 내는 자체발광형 유기물질로 Back Light가 필요 없으므로 두께를 얇게 할 수 있다.

45 스퍼기어에서 모듈(m)이 4, 피치원 지름(D)이 72mm일 때, 전체 이 높이(H)는?

① 4.0mm 　　　② 7.5mm

③ 9.0mm 　　　④ 10.5mm

해설

H=2.25×m=2.25×4=9.0mm

46 축에 키 홈을 파지 않고 축과 키 사이의 마찰력만으로 회전력을 전달하는 키는?

① 새들키　　　② 반달키

③ 성크키　　　④ 둥근키

---

40. ④　41. ④　42. ①　43. ③　44. ③　45. ③　46. ①　**정답**

- 안장키(새들키) : 축은 절삭하지 않고 보스에만 홈을 판다.
- 반달키(우드러프키) : 축에 원호상의 홈을 판다.
- 묻힘키(성크키) : 축과 보스에 모두 홈을 판다.
- 둥근키(핀키) : 축과 보스에 드릴로 구멍을 내어 홈을 만든다.

47 체인전동의 특징으로 잘못된 것은?

① 고속 회전의 전동에 적합하다.
② 내열성, 내유성, 내습성이 있다.
③ 큰 동력 전달이 가능하고 전동 효율이 높다.
④ 미끄럼이 없고 정확한 속도비를 얻을 수 있다.

체인전동은 고속 회전에 부적합하며 저속(2~3m/s)으로 큰 동력 전달에 적당하다.

48 베어링 번호가 6205인 레이디얼 볼베어링의 안지름은 얼마인가?

① 5mm
② 25mm
③ 62mm
④ 205mm

베어링 안지름 번호가 2자리
- 62 00 ⇒ ∅10
- 62 01 ⇒ ∅12
- 62 02 ⇒ ∅15
- 62 03 ⇒ ∅17
- 62 04~62 96 ⇒ ∅20~∅480
  (안지름 번호×5=안지름)
∴ 05×5=25mm

49 최대허용한계치수와 최소허용한계치수와의 차이값을 무엇이라고 하는가?

① 공차
② 기준치수
③ 최대틈새
④ 위치수허용차

50 치수공차와 끼워맞춤에서 구멍의 치수가 축의 치수보다 항상 작을 때, 구멍과 축과의 치수의 차를 무엇이라 하는가?

① 틈새
② 죔새
③ 공차
④ 끼워맞춤

끼워맞춤의 종류
- 틈새(헐거운 끼워맞춤) : 구멍의 치수가 축의 지름보다 항상 클 때, 구멍과 축과의 치수의 차를 말한다.
- 중간 끼워맞춤 : 구멍과 축의 주어진 공차에 따라 틈새가 생길 수도 있고 죔새가 생길 수도 있다.
- 죔새(억지끼워맞춤) : 구멍의 치수가 축의 지름보다 항상 작을 때, 조립 전의 구멍과 축과의 치수의 차를 말한다.

51 치수보조 기호의 설명으로 틀린 것은?

① R-반지름
② C-45° 모떼기
③ SR-구의 반지름
④ (50)-이론적으로 정확한 치수

- (50) : 참고 치수
- 50 : 이론적으로 정확한 치수

52 구리에 아연을 8~20% 첨가한 합금으로, α-고용체만으로 구성되어 있으므로 냉간 가공이 쉽게 되어 단추, 금박, 금 모조품 등으로 사용되는 재료는?

① 톰백(tombac)
② 델타메탈(delta metal)
③ 니켈 실버(nickel silver)
④ 문쯔메탈(muntz metal)

- 톰백 : 구리(Cu)+Zn(8~20%)

53 직경이 10mm인 환봉을 인장하중 5,500kg으로 당길 때 인장응력은 몇 kg/mm²인가?

① 60
② 70
③ 80
④ 90

- 인장응력 $= \dfrac{\text{인장하중(kg)}}{\text{면적(mm}^2)} = \dfrac{P}{A}$

$\qquad = \dfrac{5500}{78.5} = 70.06$

$\left(A = \dfrac{\pi d^2}{4} = \dfrac{\pi \times 10^2}{4} = 78.5 \right)$

54 다음 나사의 도시 방법으로 틀린 것은?

① 암나사의 안지름은 굵은 실선으로 그린다.
② 완전 나사부와 불완전 나사부의 경계선은 굵은 실선으로 그린다.
③ 수나사의 바깥지름은 굵은 실선으로 그린다.
④ 수나사와 암나사의 측면 도시에서 골지름은 굵은 실선으로 그린다.

- 수나사와 암나사의 골지름 : 가는 실선

55 한계 게이지의 종류에 해당하지 않는 것은?

① 봉 게이지
② 스냅 게이지
③ 다이얼 게이지
④ 플러그 게이지

- 한계 게이지 종류 : 원통형 게이지, 판형 게이지, 봉 게이지, 링 게이지, 스냅 게이지

56 도면 제작 과정에서 다음과 같은 선들이 같은 장소에서 겹치는 경우 가장 우선시하여 나타내야 하는 것은?

① 절단선
② 중심선
③ 숨은선
④ 치수선

- 선의 우선순위 : 외형선>숨은선>절단선>중심선>무게중심선>해칭선
- 도면에서 선의 굵기보다 가장 우선시 되는 것 : 치수(숫자와 기호), 문자

57 CAD 작업에서 제공되는 객체(object)를 정확하게 선정할 수 있도록 하는 방법이 아닌 것은?

① 원이나 원호의 중심
② 직선, 원호, 원의 교차점
③ 직선, 원호의 끝점
④ 점, 선, 원 등에서 가장 먼 점

Object Snap(CAD 작업에서 도면 요소의 지정 방법 중 정확한 객체 선택 방법)
- 직선, 원호의 끝점(END)
- 직선, 원, 원호의 교차점(INT)
- 원이나 원호의 중심(CEN)
- 직선이나 호의 중간점(MID)

58 컬러 디스플레이(color display)에 의해서 표현할 수 있는 색들은 어떤 3색의 혼합에 의해서인가?

① 빨강, 파랑, 초록
② 빨강, 하양, 노랑
③ 파랑, 검정, 하양
④ 하양, 검정, 노랑

- 컬러 디스플레이에 의해서 표현할 수 있는 색 : 3가지(빨강, 파랑, 초록) 색의 혼합비에 의해 약 4,100가지의 색이 정해진다.

59 구름베어링 호칭 번호의 순서가 올바르게 나열된 것은?

① 형식 기호–치수계열 기호–안지름 번호 –접촉각 기호
② 치수계열 기호–형식 기호–안지름 번호 –접촉각 기호
③ 형식 기호–안지름 번호–치수계열 기호 –틈새 기호
④ 치수계열 기호–안지름 번호–형식 기호 –접촉각 기호

해설

베어링 호칭법(기본 기호)

계열 기호		안지름 번호	접촉각 기호
형식	치수		

60 용접부의 기호 중 플러그 용접을 나타내는 것은?

① ‖   ② ◯
③ ◺   ④ ⊓

해설

• ‖ : 평면형 평행 맞대기 이음
• ◯ : 점(스폿) 용접
• ◺ : 필릿 용접

01 나사를 제도하는 방법을 설명한 것 중 틀린 것은?

① 수나사의 바깥지름과 암나사의 안지름을 나타내는 선은 굵은 실선으로 그린다.

② 수나사와 암나사의 골을 표시하는 선은 가는 실선으로 그린다.

③ 완전 나사부와 불완전 나사부와의 경계를 나타내는 선은 가는 실선으로 그린다.

④ 불완전 나사부의 골 밑을 나타내는 선은 축선에 대하여 30°의 경사진 가는 실선으로 그린다.

해설

완전 나사부와 불완전 나사부와의 경계를 나타내는 선은 굵은 실선으로 그린다.

02 도면에서 구멍의 치수가 $\varnothing 55 {}^{+0.034}_{+0.009}$ 로 기입되어 있다면 치수공차는?

① 0.009
② 0.025
③ 0.034
④ 0.043

해설

- (치수)공차 = 위치수허용차 − 아래치수허용차
  = 0.034 − 0.009
  = 0.025

03 순철의 설명이 아닌 것은?

① 합금보다 융점이 높다.

② 공업용 순철은 탄소 함유량이 0.02% 이하이다.

③ 높은 강도로 기계구조용 재료로 많이 사용된다.

④ 전기용 재료에 많이 사용된다.

해설

순철은 연질이기 때문에 기계구조용으로는 부적합하다.

04 열가소성 수지가 아닌 재료는?

① 멜라민수지
② 초산비닐수지
③ 폴리에틸렌수지
④ 폴리염화비닐수지

해설

- 열경화성 수지 : 멜라민수지

05 황동의 종류 중 Zn(아연)이 5~20% 수준인 저황동에 속하지 않는 것은?

① 길딩메탈
② 레드브라스
③ 톰백
④ 문쯔메탈

해설

합금명		아연 함유량
톰백	길딩메탈	5%
	대표적 톰백	10%
	레드브라스	15%
	로브라스	20%

- 문쯔메탈(6:4황동) : 아연 함유량 40%

06 다음 중 결합용 기계요소라고 볼 수 없는 것은?

① 나사
② 베어링
③ 키
④ 코터

해설

- 결합용 기계요소 : 나사, 키, 핀, 코터, 리벳

07 대상물의 일부를 떼어낸 경계를 표시하는데 사용하는 선의 명칭은?

① 외형선 ② 파단선
③ 기준선 ④ 가상선

해설

- 파단선 : 도면 중간 부분의 생략을 나타낼 때, 도면의 일부분을 확대하거나 부분 단면의 경계를 표시할 때 사용한다.

08 테보(Tebo) 게이지에 관한 설명으로 틀린 것은?

① 구멍용 한계 게이지에 속한다.
② 안지름을 신속하게 검사할 수 있다.
③ 측정의 정확도 요구가 높지 않은 안지름 검사에 사용된다.
④ 테일러 원칙에 적합한 게이지이다.

해설

- 구멍용 한계 게이지에는 플러그 게이지, 테보 게이지, 봉게이지가 있다.
- 테보 게이지 : 통과 측은 최소허용과 동일한 지름을 갖는 구의 일부로 되어 있고, 정지 측은 같은 구면상에 공차만큼 지름이 커진 구형 돌기 모양의 볼이 붙어 있다. 이것을 넣고 돌릴 때 돌기를 넣어서 돌지 않으면 허용한계치수 내에 있다는 것을 알 수 있다.
- 테일러의 원리 : 통과 측은 모든 치수(측정물과 같은 길이와 기하학적 형상)를 동시에 검사하고, 정지 측은 길이가 짧을수록 좋다.

09 용접 기호에서 스폿용접 기호는?

① ○ ② ⊓
③ ⊖ ④ ☼

해설

① 스폿용접(점용접)
② 플러그 용접
③ 심용접

10 배관제도에서 관의 끝부분이 용접식 캡의 경우를 나타내는 그림 기호는

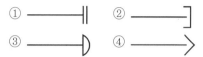

해설

① 플랜지 캡
② 나사 캡

11 치수선에서는 치수의 끝을 의미하는 기호로 단말기호와 기점기호를 사용하는데 다음 중 단말기호에 속하지 않는 것은?

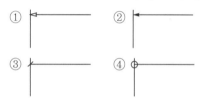

해설

단말기호(화살표, 사선, 점으로 이루어짐)

- 기점기호(속이 비어있는 작은 원) : 누진치수 기입법에서 기준면에 사용하는 기호

12 다음 중 가장 큰 감속비를 나타내는 기어는?

① 웜기어 ② 평기어
③ 헤리컬기어 ④ 하이포이드기어

해설

웜기어의 장점
- 큰 감속비를 얻을 수 있다.
- 소음과 진동이 적다.
- 소형이고 경량으로 운용할 수 있다.
- 역전을 방지할 수 있다.

13 치수 보조 기호와 의미가 잘못 연결된 것은?

① R : 반지름

② C : 45° 모떼기

③ SR : 구의 반지름

④ (50) : 이론적으로 정확한 치수

해설

• (50) : 참고 치수

• 50 : 이론적으로 정확한 치수

14 제3각법으로 투상한 도면에 적합한 등각투상도는?

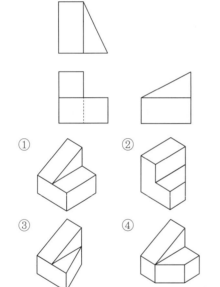

① ② ③ ④

해설

등각투상도

15 다음 중 ISO 규격에 있는 관용평행나사를 표시하는 기호는?

① R ② G

③ PT ④ Tr

해설

• ISO 규격에 있는 것

미터사다리꼴나사 : Tr	
관용테이퍼 나사	테이퍼수나사 : R 테이퍼암나사 : Rc 평행암나사 : Rp
관용평행나사 : G	

• ISO 규격에 없는 것

관용테이퍼 나사	테이퍼나사 : PT 평행암나사 : PS
관용평행나사 : PF	

16 주철의 기계적 성질로서 틀린 것은?

① 압축강도가 크다.

② 경도가 높다.

③ 절삭성이 크다.

④ 연성 및 전성이 크다.

해설

주철은 연성 및 전성이 작고, 취성이 크다.

17 비교 측정의 장점이 아닌 것은?

① 측정 범위가 넓고 표준게이지가 필요 없다.

② 제품의 치수가 고르지 못한 것을 계산하지 않고 알 수 있다.

③ 길이, 면의 각종 형상 측정, 공작기계의 정밀도 검사 등 사용 범위가 넓다.

④ 높은 정밀도의 측정이 비교적 용이하다.

해설

측정 범위가 좁고 피측정물의 치수를 직접 읽을 수 없으며, 기준이 되는 표준게이지가 필요하다.

18 기계 관련 부품도에서 ⌀80H7/g6으로 표기된 것의 설명으로 틀린 것은?

① 구멍기준식 끼워맞춤이다.
② 구멍의 끼워맞춤공차는 H7이다.
③ 축의 끼워맞춤공차는 g6이다.
④ 억지 끼워맞춤이다.

• H7 : 구멍기준식 끼워맞춤
• 헐거운 끼워맞춤 : a~g
• 중간 끼워맞춤 : h~n
• 억지 끼워맞춤 : p~z

19 평벨트풀리의 제도법을 설명한 것 중 틀린 것은?

① 벨트풀리는 축 방향의 투상도를 정면도로 한다.
② 모양이 대칭형인 벨트풀리는 그 일부분만을 도시한다.
③ 암은 길이 방향으로 절단하여 단면을 도시하지 않는다.
④ 암의 단면 모양은 도형의 안이나 밖에 회전 단면을 도시한다.

• 벨트풀리 : 축 직각 방향의 투상을 정면도로 한다.

20 대칭형의 물체를 1/4 절단하여 내부와 외부의 모습을 동시에 보여주는 단면도는?

① 온단면도
② 한쪽단면도
③ 부분단면도
④ 회전도시단면도

• 한쪽단면도 : 대칭 물체를 1/4 절단하고, 내부와 외부를 동시에 표현한다.

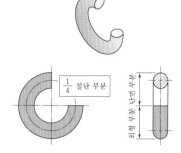

21 회전체의 균형을 좋게 하거나 너트를 외부에 돌출시키지 않으려고 할 때 주로 사용하는 너트는?

① 캡 너트   ② 둥근 너트
③ 육각 너트   ④ 와셔붙이 너트

• 둥근 너트 : 회전체의 균형을 좋게 하거나 너트를 외부에 돌출시키지 않을 때 사용(예 밀링 척에 사용), 너트를 죄는 데는 특수 스패너가 필요하다.

22 베이나이트 조직을 만드는 열처리는?

① 오스템퍼링   ② 마아퀜칭
③ 마아템퍼링   ④ 오스포밍

오스템퍼링 열처리법을 통해 베이나이트 조직을 얻을 수 있다.

23 버니어캘리퍼스(vernier callipers)에서 어미자의 한 눈금이 1mm이고, 아들자의 눈금 19mm를 20등분 한 경우, 최소 측정치는 몇 mm인가?

① 0.01mm   ② 0.02mm
③ 0.05mm   ④ 0.1mm

버니어캘리퍼스 최소 눈금
= 어미자 눈금/등분 수
= S/N = 1/20
= 0.05

24 가공 전 또는 가공 후의 모양을 표시하기 위해 사용하는 선의 종류는?

① 가는 1점 쇄선　② 가는 파선
③ 가는 2점 쇄선　④ 굵은 1점 쇄선

가는 2점 쇄선의 용도
• 공구, 지그 등의 위치를 참고로 나타낼 때
• 되풀이 하는 것을 나타낼 때
• 가공 전 또는 후의 모양을 표시할 때
• 가동 부분을 이동 중의 특정한 위치 또는 이동한계의 위치로 표시할 때
• 도시된 단면의 앞쪽에 있는 부분을 표시할 때

25 레이디얼 볼베어링 번호 6200의 안지름은?

① 10mm　　② 12mm
③ 15mm　　④ 17mm

베어링 번호	베어링 안지름
62**00**	Ø10
62**01**	Ø12
62**02**	Ø15
62**03**	Ø17
62**04**	Ø20

26 다음 원소 중 고속도강의 주요 성분이 아닌 것은?

① W　　　　② Ni
③ Cr　　　　④ V

• 표준형 고속도강의 성분 : C(탄소)0.8%-W(텅스텐)18%-Cr(크롬)4%-V(바나듐)1%

27 고정밀용 나사가 아니고 대형 선반의 이송에 사용되는 나사는?

① 사각나사　　② 둥근나사
③ 삼각나사　　④ 유니파이나사

• 사각나사 : 축 방향에 큰 하중을 받아 운동 전달에 적합하다.

28 길이 측정에 적합하지 않은 것은?

① 버니어캘리퍼스　② 마이크로미터
③ 하이트게이지　　④ 수준기

• 길이 측정 : 버니어갤리퍼스, 마이크로미터, 하이트게이지, 스냅게이지

29 내부응력을 감소시키는 뜨임은 보통 어떤 강재에 사용하는가?

① 담금질한 강
② 가공경화된 강
③ 용접응력이 생긴 강
④ 풀림하여 연화된 강

• 뜨임 : 담금질한 강을 적당한 온도로 변태점 이하에서 재가열하여 인성을 증가시키는 것이 목적이다.

30 다음 그림과 같이 기하공차를 적용할 때 알맞은 기하공차 기호는?

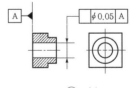

① ◎　　　　② //
③ ⟋　　　　④ ⊥

데이텀 Ⓐ의 기준 방향과 가공면은 직각 관계이다.

31 CAD 시스템에서 데이터 저장장치가 아닌 것은?

① USB 메모리 ② HDD
③ LIGHT PEN ④ CD-ROM

해설

LIGHT PEN : 입력장치

32 다음 스프링에서 스프링상수가 $K_1 = 2N$, $K_2 = 4N$일 때 합성스프링 상수는 얼마인가?

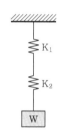

① 1.33 ② 2.33
③ 3.21 ④ 4

해설

직렬연결

$$\frac{1}{K} = \frac{1}{K_1} + \frac{1}{K_2}$$

$$\frac{1}{K} = \frac{1}{2} + \frac{1}{4} = \frac{3}{4}$$

$$\therefore K = \frac{4}{3} = 1.33$$

33 측미기의 일종으로 미소량의 치수 변화를 배출되는 공기량의 변화로 전환하고, 이것을 확대하여 지시하는 측정기는?

① 전기 마이크로미터
② 공기 마이크로미터
③ 나사 마이크로미터
④ 깊이 마이크로미터

해설

• 공기 마이크로미터 : 공기를 이용하여 치수를 측정하는 측정기로, 에어게이지라고도 한다.

34 공작기계의 밑면 구조물이 받는 하중은? (단, 공작기계가 작동하지 않을 때)

① 압축하중 ② 인장하중
③ 전단하중 ④ 휨하중

해설

공작기계의 자중이 중력 방향으로 압축하중이 작용한다.

35 핀(pin)의 용도가 아닌 것은?

① 핸들과 축의 고정
② 너트의 풀림 방지
③ 볼트의 마모 방지
④ 분해 조립할 때 조립할 부품의 위치 결정

해설

• 평행핀 : 부품의 관계 위치를 항상 일정하게 유지할 때 사용
• 테이퍼핀: 축에 보스를 고정시킬 때 사용
• 분할핀: 몸통 부분이 갈라진 것으로 너트의 풀림 방지에 사용
• 스프링핀: 세로 방향으로 쪼개져 있어서 크기가 정확하지 않을 때 해머로 박아 고정 또는 이완을 방지할 때 사용

36 다음 중 서피스 모델링의 특징으로 틀린 것은?

① NC 가공 정보를 얻기가 용이하다.
② 복잡한 형상 표현이 가능하다.
③ 구성된 형상에 대한 중량 계산이 용이하다.
④ 은선 제거가 가능하다.

해설

서피스 모델링의 특징
• 은선 제거가 가능하다.
• 단면도를 작성할 수 있다.
• 복잡한 형상의 표현이 가능하다.
• 2개 면의 교선을 구할 수 있다.
• NC 가공 정보를 얻을 수 있다.

37 주조성이 좋으며 열처리에 의하여 기계적 성질을 개량할 수 있는 라우탈(lautal)의 대표적인 합금은?

① Al-Cu계 합금
② Al-Si계 합금
③ Al-Cu-Si계 합금
④ Al-Mg-Si계 합금

해설

주조용 알루미늄합금
• 라우탈 : Al+Cu+Si
• 실루민 : Al+Si
• 하이드로날륨 : Al+Mg
• Y합금 : Al+Cu+Ni+Mg

38 증기나 기름 등이 누출되는 것을 방지하는 부위 또는 외부로부터 먼지 등의 오염물 침입을 막는 데 주로 사용하는 너트는?

① 캡너트(cap nut)
② 와셔붙이너트(washer based nut)
③ 둥근너트(circular nut)
④ 육각너트(hexagon nut)

해설

• 캡너트 : 유체가 나사의 접촉면 사이의 틈새나 볼트와 볼트 구멍의 틈으로 새어 나오는 것을 방지할 목적으로 사용한다.

39 기어의 이(tooth) 크기를 나타내는 방법으로 옳은 것은?

① 모듈   ② 중심거리
③ 압력각   ④ 치형

해설

기어 이의 크기 표시 방법 3가지
• 모듈
• 원주피치
• 지름피치

40 스스로 빛을 내는 자기발광형 디스플레이로서 시야각이 넓고, 응답시간도 빠르며, 백라이트가 필요 없기 때문에 두께를 얇게 할 수 있는 디스플레이는?

① TFT-LCD
② 플라즈마 디스플레이
③ OLED
④ 래스터스캔 디스플레이

해설

• OLED(Organic Light Emitting Diodes) : 전류가 흐르면 빛을 내는 자체 발광형 유기물질로 Back Light가 필요 없으므로 두께를 얇게 할 수 있다.

41 표면거칠기에서 컷오프값에 따른 거칠기를 구하는 방법이 아닌 것은?

① 최대높이   ② 10점평균거칠기
③ 제곱평균거칠기   ④ 산술평균거칠기

해설

표면거칠기 구하는 방법 3가지
• 최대높이
• 10점평균거칠기
• 산술평균거칠기(중심선평균거칠기)

42 지름 $D_1 = 300mm$, $D_2 = 200mm$의 외접 마찰차에서 그 중심거리는 몇 mm인가?

① 50   ② 100
③ 125   ④ 250

해설

• 중심거리 $= \dfrac{D_1 + D_2}{2}$

$= \dfrac{300 + 200}{2} = 250mm$

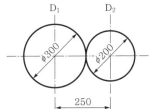

43 인벌류트 치형 기어는 어떤 곳에 많이 사용되는가?

① 동력전달용　　② 정밀기기용
③ 소형 기어용　　④ 시계용

해설
• 사이클로이드 치형 : 정밀측정기, 시계 등의 정밀용 소형기어에 주로 사용한다.
• 인벌류트 치형 : 동력전달용, 공작기계 등의 대부분 기어에 사용한다.

44 고강도 Al 합금으로 조성이 Al-Cu-Mg-Mn 인 합금은?

① Y합금　　　　② 실루민
③ 두랄루민　　　④ 켈멧합금

해설
• 두랄루민 : 가볍고 기계적 강도가 우수하여 항공기, 차량 부품 등에 쓰인다.

45 P이나 S을 첨가하여 절삭성을 향상한 특수강을 무엇이라 하는가?

① 내열강　　　　② 내부식강
③ 쾌삭강　　　　④ 내마모강

해설
강의 절삭성을 향상하기 위해 P, Pb, S, Mn 등을 첨가하여 쾌삭강을 만든다.

46 스테인리스강의 종류에 해당하지 않는 것은?

① 페라이트계 스테인리스강
② 펄라이트계 스테인리스강
③ 마텐자이트계 스테인리스강
④ 오스테나이트계 스테인리스강

해설
스테인리스강의 종류
• 페라이트계 스테인리스강
• 오스테나이트계 스테인리스강
• 마르텐자이트계 스테인리스강

47 외력에 저항하는 질긴 성질로서 재료에 굽힘이나 비틀림 등의 외력을 가할 때, 이 외력에 저항하는 성질을 무엇이라 하나?

① 인성　　　　　② 취성
③ 경도　　　　　④ 연성

해설
• 취성 : 인성의 반대되는 성질, 즉 잘 부서지고 혹은 잘 깨지는 성질이다.
• 경도 : 재료의 단단한 경도를 표시하는 것으로 다이아몬드와 같은 딱딱한 물체를 재료에 압입할 때의 변형 저항을 말한다.
• 연성 : 재료를 잡아당겼을 때 가느다란 선으로 늘어나는 성질이다.

48 각 좌표계에서 현재 위치, 즉 출발점을 항상 원점으로 하여 임의의 위치까지의 거리로 나타내는 좌표계 방식은?

① 직교좌표계　　② 극좌표계
③ 절대좌표계　　④ 원통좌표계

해설
• 절대좌표계 : 좌표의 원점(0, 0)을 기준으로 하여 x, y축 방향의 거리로 표시되는 좌표(x, y)
• 상대좌표계 : 마지막 점(임의의 점)에서 다음 점까지 거리를 입력하여 선을 긋는 방법(@x, y)
• (상대)극좌표계 : 마지막 점에서 다음 점까지 거리와 각도를 입력하여 선을 긋는 방법(@거리<각도)

49 비틀림모멘트 3,140N·m를 받을 때 나사 골지름(d)은? (단, $\tau_a = 2MPa$)

① 10mm　　　　② 15mm
③ 20mm　　　　④ 25mm

해설
$$T = Z_p \times \tau_a = \frac{\pi d^3}{16} \times \tau_a$$

$$d = \sqrt[3]{\frac{T \times 16}{\pi \times \tau_a}}$$

$$\therefore d = \sqrt[3]{\frac{3140 \times 16}{\pi \times 2}} \fallingdotseq 20mm$$

50 다음 체인전동의 특성 중 틀린 것은?

① 정확한 속도비를 얻을 수 있다.
② 벨트에 의해 소음과 진동이 심하다.
③ 2축이 평행한 경우에만 전동이 가능하다.
④ 축간거리는 10~15m가 적합하다.

해설

체인의 축간거리는 4m 이하에서 사용한다.

51 기하공차의 종류를 나타낸 것 중 틀린 것은?

① 진직도(━)   ② 진원도(○)
③ 평면도(□)   ④ 원주 흔들림(↗)

해설

단독형체 공차
• 진직도(공차) : ━
• 평면도(공차) : ▱
• 진원도(공차) : ○
• 원통도(공차) : ⌀
• 선의 윤곽도(공차) : ⌒
• 면의 윤곽도(공차) : ⌓

52 제도 시 선의 굵기에 대한 설명으로 틀린 것은?

① 선은 굵기 비율에 따라 표시하고 3종류로 한다.
② 선의 최대 굵기는 0.5mm로 한다.
③ 동일 도면에서는 선의 종류마다 굵기를 일정하게 한다.
④ 선의 최소 굵기는 0.18mm로 한다.

해설

선의 굵기(한국산업표준에서 정한 도면에 사용) : 0.18mm, 0.25mm, 0.35mm, 0.5mm, 0.7mm, 1.0mm

53 축에 키 홈을 파지 않고 축과 키 사이의 마찰력만으로 회전력을 전달하는 키는?

① 새들키   ② 성크키
③ 반달키   ④ 둥근키

해설

• 묻힘키(성크키) : 축과 보스에 모두 홈을 판다.
• 반달키(우드러프키) : 축에 원호상의 홈을 판다.
• 둥근키(핀키) : 축과 보스에 드릴로 구멍을 내어 홈을 만든다.

54 전단력 10KN 볼트가 힘을 받을 때 볼트의 골지름(d)은? (단, 볼트의 $\tau_a = 60\text{N}/\text{mm}^2$)

① 12mm   ② 13mm
③ 14mm   ④ 15mm

해설

$$\tau_a = \frac{P}{A} = \frac{P}{\frac{\pi d^2}{4}}$$

$$\therefore d = \sqrt{\frac{4P}{\pi \tau_a}} = \sqrt{\frac{4 \times 10000}{\pi \times 60}} = 14.6\text{mm}$$

55 제3각법으로 그린 투상도에서 우측면도로 옳은 것은?

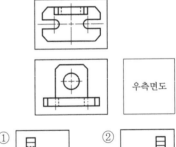

우측면도

①   ②

③   ④

해설

56 하중의 작용 상태에 따른 분류에서 재료의 축선 방향으로 늘어나게 하는 하중은?

① 굽힘하중   ② 전단하중
③ 인장하중   ④ 압축하중

• 굽힘하중 : 재료가 휘어지게 작용하는 하중
• 전단하중 : 재료를 가로 방향으로 자르는 하중
• 압축하중 : 재료를 길이 방향으로 누르는 하중

57 주철의 여러 성질을 개선하기 위하여 합금 주철에 첨가하는 특수원소 중 크롬(Cr)이 미치는 영향이 아닌 것은?

① 경도를 증가시킨다.
② 흑연화를 촉진시킨다.
③ 탄화물을 안정시킨다.
④ 내열성과 내식성을 향상시킨다.

Cr의 영향
• 흑연화 방지
• 탄화물을 안정화
• 내식성과 내열성 증대
• 경도 증가

58 지름 5mm 이하의 바늘 모양의 롤러를 사용하는 베어링은?

① 니들 롤러베어링
② 원통 롤러베어링
③ 자동조심형 롤러베어링
④ 테이퍼 롤러베어링

니들 롤러 베어링
• 롤러의 지름이 바늘 모양으로 가늘다(5mm 이하).
• 마찰저항이 크다.
• 충격하중에 강하다.
• 축 지름에 비하여 바깥지름이 작다(∵ 롤러지름이 작아서).
• 내륜 붙이 베어링과 내륜 없는 베어링이 있다.

59 국제단위계(SI)의 기본 단위에 해당하지 않은 것은?

① 길이 : m   ② 광도 : mol
③ 질량 : kg   ④ 열역학 온도 : K

국제단위계(SI)의 기본 단위
• 물질의 양 : mol(몰)
• 광도 : cd(칸델라)

60 다음 보기의 설명에 해당하는 도면 양식은 무엇인가?

> • 도면의 영역을 명확히 한다.
> • 용지의 가장자리에서 생기는 손상으로 도면 내용이 보호되도록 그리는 테두리선이다.
> • 선의 굵기는 0.5mm 이상의 굵기인 실선으로 그린다.

① 윤곽선   ② 비교눈금
③ 표제란   ④ 중심마크

• 비교눈금 : 도면의 크기가 얼마만큼 확대 또는 축소되었는지를 확인하기 위해 도면 아래 중심선 바깥쪽에 마련하는 도면양식
• 표제란 : 도면번호, 도명, 척도, 투상법, 도면작성일, 작성자 등을 표기
• 중심마크 : 도면을 마이크로필름 등으로 촬영, 복사 및 도면철(접기)의 편의를 위하여 마련한다. 윤곽선 중앙으로부터 용지의 가장자리에 이르는 0.5mm 굵기로 수직한 직선으로 표시

01 제3각법으로 그린 투상도에서 우측면도로 옳은 것은?

우측면

①
②
③
④

> **해설**
>
> 등각투상도
>
>

02 다이얼게이지를 이용하여 측정할 때 다이얼게이지 눈금 상태에서 직접 측정(직접측정법)값을 결정하는 방법으로 측정할 수 없는 것은?

① 두께　　　　② 깊이
③ 내외경　　　④ 거칠기

> **해설**
>
> • 다이얼게이지의 용도 : 평행도, 직각도, 진원도, 두께, 깊이 측정 등을 할 수 있고 그밖에 큰 지름 및 구면의 흔들림, 테이퍼, 편심 측정 등

03 나사의 도시 방법에 관한 설명 중 틀린 것은?

① 수나사와 암나사의 골을 표시하는 선은 가는 실선으로 그린다.
② 완전 나사부와 불완전 나사부의 경계선은 가는 실선으로 그린다.
③ 불완전 나사부는 기능상 필요한 경우 경사된 가는 실선으로 표시한다.
④ 수나사와 암나사의 측면도시에서 각각의 골지름은 가는 실선으로 약 3/4의 크기로 원의 일부를 그린다.

> **해설**
>
> 완전 나사부와 불완전 나사부의 경계선은 굵은 실선으로 그린다.

04 지름 $D_1 = 200mm$, $D_2 = 300mm$의 내접 마찰차에서 그 중심거리는 몇 mm인가?

① 50　　　　② 100
③ 125　　　④ 250

> **해설**
>
> 내접하는 마찰차의 중심거리
> $$= \frac{300-200}{2} = \frac{100}{2} = 50mm$$
>
>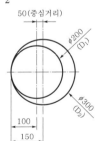

05 구름 베어링 기본 구성요소 중 회전체 사이에 적절한 간격을 유지해 주는 구성요소를 무엇이라 하는가?

① 리테이너   ② 외륜
③ 내륜   ④ 회전체

해설

• 리테이너 : 구름 베어링의 볼의 일정 간격을 유지

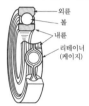

외륜
볼
내륜
리테이너
(케이지)

06 ISO 규격에 있는 관용테이퍼 나사로 테이퍼 수나사를 표시하는 기호는?

① R   ② Rc
③ PS   ④ Tr

해설

ISO 규격에 있는 것

미터사다리꼴나사 : Tr	
관용·테이퍼 나사	테이퍼수나사 : R
	테이퍼암나사 : Rc
	평행암나사 : Rp
관용평행나사 : G	

07 순철의 일반적인 성질은?

① 기계구조용으로 사용된다.
② 주물을 만드는 데 사용된다.
③ 합금보다 용융점이 높다.
④ 탄소 함유량은 2.1% 이하이다.

해설

순철의 일반적 성질
• 탄소 함유량 : 0.02% 이하
• 재질이 연하여 기계구조용으로 사용하지 못한다.
• 강자성체의 특성이 있어 변압기, 발전기용 철심 등에 사용한다.

08 스테인리스강 중 내식성이 가장 높고 비자성체인 스테인리스강은?

① 오스테나이트계
② 페라이트계
③ 마르텐사이트계
④ 펄라이트계

해설

오스테나이트계
• 내식성과 내구성 우수하다.
• 비자성체이며 용접성과 성형성이 우수하다.

09 열가소성 수지가 아닌 재료는?

① 멜라민수지
② 초산비닐수지
③ 폴리에틸렌수지
④ 폴리염화비닐수지

해설

열가소성 수지
• 가열하여 성형한 후 냉각하면 경화하며, 재가열하여 새로운 모양으로 다시 성형할 수 있다.
• 종류 : 초산비닐수지, 폴리에틸렌수지, 폴리염화비닐수지, 아크릴수지

10 버니어캘리퍼스의 어미자 19mm를 아들자에서 20등분하면 최소 지시 눈금 값은? (단, 어미자의 1눈금은 1mm이다.)

① 0.02   ② 0.01
③ 0.05   ④ 0.25

해설

어미자의 최소 눈금이 1mm 단위이고, 아들자의 눈금은 어미자 19mm를 20등분한 것으로, 한 눈금이 0.95 mm로 되어 있어 어미자와 아들자의 한 눈금의 차이는 1−0.95=0.05mm가 되고, 1/20mm(0.05mm)까지 측정할 수 있다.

11 온도가 낮아질수록 강도가 커지고 취성이 생기는 현상을 무엇이라 하는가?

① 청열취성　　② 저온취성
③ 상온취성　　④ 적열취성

해설

• 저온취성 : 탄소강 등에 있어서 저온이 되면 충격치가 현저하게 저하되고 무르게 되는 현상으로, 재료의 온도가 상온보다 낮아지면 경도나 인장강도는 증가하지만, 연신율이나 충격값 등은 감소하여 부서지기 쉽다.

12 블록 브레이크에서 브레이크의 용량을 결정하는 인자와 관계가 먼 것은?

① 드럼의 원주속도
② 블록의 열팽창계수
③ 마찰계수
④ 브레이크 압력

해설

• 블록 브레이크 용량($\mu q v$) : 단위 시간당 단위 면적에서 방출할 수 있는 에너지

• $\mu q v = \dfrac{75 H_{ps}}{A} = \dfrac{102 H_{kw}}{A} = \dfrac{\mu P v}{A}$

　여기서, μ : 마찰계수
　　　　　v : 원주속도
　　　　　q : 브레이크압력$\left(= \dfrac{P}{A}\right)$

13 구멍의 치수가 $\varnothing 45^{+0.025}_{-0}$ 축의 치수가 $\varnothing 45^{-0.009}_{-0.025}$일 때, 최대 틈새는 얼마인가?

① 0.025　　② 0.05
③ 0.07　　④ 0.009

해설

최대 틈새(헐거운 끼워맞춤) ⇒ 구멍〉축
최대 틈새＝구멍(大)-축(小)
　　　　　＝0.025-(-0.025)
　　　　　＝0.025+0.025
　　　　　＝0.05

14 회전도시단면도에 대한 설명으로 틀린 것은?

① 회전도시단면도는 핸들, 벨트풀리, 기어 등과 같은 바퀴의 암, 림, 리브 등의 절단한 단면의 모양을 90°로 회전하여 표시한 것이다.
② 회전도시단면도는 투상도의 안이나 밖에 그릴 수 있다.
③ 회전도시단면도를 투상의 절단한 곳과 겹쳐서 그릴 때는 가는 2점 쇄선으로 그린다.
④ 회전도시단면도를 절단할 곳의 전·후를 파단하여 그 사이에 그릴 경우에는 굵은 실선으로 그린다.

해설

회전도시단면도를 투상의 절단한 곳과 겹쳐서 그릴 때는 가는 실선으로 그린다.

15 형상기억합금의 종류에 해당하지 않는 것은?

① 구리-알루미늄-니켈계 합금
② 니켈-티타늄-구리계 합금
③ 니켈-티타늄계 합금
④ 니켈-크롬-철계 합금

해설

• 형상기억합금 : 처음에 주어진 특정 모양의 것을 인장 하거나 소성 변형된 것을 다시 가열하면 원래의 모양으로 돌아오는 성질
• 형상기억합금의 종류 : Ni-Ti계 합금, Ni-Ti-Cu계 합금, Cu-Al-Ni계 합금

16 6:4 황동에 주석을 0.75~1% 정도 첨가하여 판, 봉 등으로 가공하여 용접봉, 파이프, 선박용 기계에 주로 사용하는 것은?

① 애드미럴티 황동(admiralty brass)
② 네이벌 황동(naval brass)
③ 델타메탈(delta metal)
④ 듀라나 메탈(durana metal)

- 애드미럴티=황동 7:3황동+Sn(1%) ⇒ 증발기, 열교환기의 관
- 델타메탈=6:4황동+Fe(1~2%) ⇒ 광산기계, 선박용 기계
- 듀라나메탈=Cu(59~65%)+Sn(2%)+Al(2%)+Fe(0.4~2%)+Zn ⇒ 철이 첨가되어 있어 강도가 크고, 항장력이 커서 선박판, 선박용 기계 부품에 사용

17 리벳이음의 도시 방법에 대한 설명 중 옳은 것은?

① 얇은 판, 형강 등의 단면은 가는 실선으로 도시한다.
② 리벳의 위치만을 표시할 때는 굵은 실선으로 그린다.
③ 리벳은 길이 방향으로 절단하여 도시한다.
④ 구조물에 쓰이는 리벳은 약도로 표시할 수 있다.

해설

① 얇은 판, 형강 등의 단면은 굵은 실선으로 도시한다.
② 리벳의 위치만을 표시할 때는 중심선만 그린다.
③ 리벳은 길이 방향으로 절단하여 도시하지 않는다.

18 누진치수 기입법에서 기점 기호의 표시로 맞는 것은?

① ◇ ② ×
③ ○ ④ □

해설

누진치수기입법

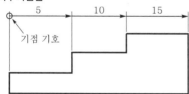

기점 기호

19 N.P.L식 각도게이지에 대한 설명과 관계가 없는 것은?

① 쐐기형의 열처리된 블록이다.
② 12개의 게이지를 한 조로 한다.
③ 조합 후 정밀도는 2~3초 정도이다.
④ 2개의 각도게이지를 조합할 때는 홀더가 필요하다.

해설

N.P.L식 각도게이지
- 쐐기형의 열처리된 블록($100 \times 15mm$)이다.
- 조합 후 정밀도는 2~3초 정도이다.
- 12개의 게이지를 한 조로 한다.
- 홀더는 필요 없다.

20 강도와 경도를 높이는 열처리 방법은?

① 뜨임 ② 담금질
③ 풀림 ④ 불림

해설

열처리 종류와 특징
- 담금질 : 강도와 경도 증가
- 뜨임 : 담금질로 인한 취성을 감소시키고 인성을 증가
- 풀림 : 강의 조직 개선 및 재질의 연화
- 불림 : 결정 조직의 균일화, 내부 응력 제거

21 모듈 m인 한 쌍의 외접 스퍼기어가 맞물려 있을 때 각각의 잇수를 Z_1, Z_2라면, 두 기어의 중심거리를 구하는 계산식은?

① $\dfrac{(Z_1 + Z_2) \times m}{2}$
② $m \times (Z_1 + Z_2)$
③ $\dfrac{m}{2 \times (Z_1 + Z_2)}$
④ $2 \times m \times (Z_1 + Z_2)$

해설

$$중심거리 = \frac{D_1 + D_2}{2}$$
$$= \frac{mZ_1 + mZ_2}{2} = \frac{(Z_1 + Z_2) \times m}{2}$$

22 체결하려는 부분이 두꺼워서 관통 구멍을 뚫을 수 없을 때 사용되는 볼트는?

① 탭볼트   ② T홈볼트
③ 아이볼트   ④ 스테이볼트

해설

- T홈볼트 : 공작기계 테이블의 T홈에 물체를 용이하게 고정시키는 볼트
- 아이볼트 : 무거운 물체를 달아 올리기 위해 혹을 걸 수 있는 고리가 있는 볼트
- 스테이볼트 : 간격 유지 볼트, 두 물체 사이의 거리를 일정하게 유지

23 다음 재료 기호 중 기계구조용 탄소강재는?

① SM45C   ② SPS1
③ STC3   ④ SKH2

해설

- SPS1 : 스프링 강재
- STC3 : 탄소공구 강재
- SKH2 : 고속도 공구강

24 버니어캘리퍼스의 오차를 줄이기 위한 방법으로 틀린 것은?

① 피측정물의 측정 부위를 깨끗이 닦는다.
② 캘리퍼스의 0점을 세팅한다.
③ 슬라이드면, 측정면과 눈금면을 깨끗이 닦는다.
④ 사용 전 기름으로 닦는다.

해설

캘리퍼스를 사용하기 전에는 슬라이드면, 측정면과 눈금면을 먼저 깨끗이 닦아서 먼지나 기름을 제거해야 한다.

25 그림에서 ㉮ 부분과 ㉯ 부분에 두 개의 베어링을 같은 축선에 조립하고자 한다. 이때 ㉮ 부분을 기준으로 ㉯ 부분에 기하공차를 결정할 때 가장 올바른 것은?

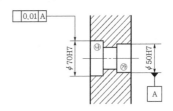

① ▱   ② ⌀
③ ◎   ④ ⊕

해설

- 데이텀의 위치와 기하공차를 넣을 부분의 위치 모양을 확인한다.

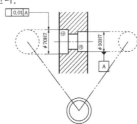

- ⌀50과 ⌀70의 원의 중심이 같아야 하므로 동축도공차가 되어야 한다.

26 특수한 가공을 하는 부분 등 특별한 요구사항을 적용할 수 있는 범위를 표시하는 데 사용하는 선의 종류는?

① 가는 1점 쇄선
② 굵은 1점 쇄선
③ 가는 2점 쇄선
④ 굵은 2점 쇄선

해설

굵은 1점 쇄선
- 부품의 일부분을 열처리할 때 표시
- 특수한 가공(열처리, 도금) 등 특별한 요구사항을 적용할 수 있는 범위를 표시하는 데 사용하는 특수 지정선

27 다음 등각투상도에서 화살표 방향을 정면도로 할 경우, 평면도로 올바른 것은?

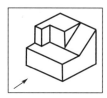

① ② ③ ④

해설

제3각법 투상

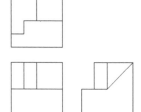

28 벨트풀리의 도시법에 대한 설명으로 틀린 것은?

① 벨트풀리는 축 직각 방향의 투상을 주 투상도로 할 수 있다.
② 벨트풀리는 모양이 대칭형이므로 그 일 부분만을 도시할 수 있다.
③ 암은 길이 방향으로 절단하여 도시한다.
④ 암의 단면형은 도형의 안이나 밖에 회 전 단면을 도시한다.

해설

• 암은 길이 방향으로 절단하여 도시하지 않는다.
• 길이 방향으로 단면하지 않는 부품 : 축, 키, 볼트, 너트, 멈춤 나사, 와셔, 리벳, 강구, 원통 롤러, 기어 의 이, 휠의 암, 리브

29 베벨기어 제도 시 피치원을 나타내는 선의 종류는?

① 굵은 실선 ② 가는 1점 쇄선
③ 가는 실선 ④ 가는 2점 쇄선

해설

기어 제도 시 피치원의 선 종류 : 가는 1점 쇄선

30 솔리드 모델링의 특징을 열거한 것 중 틀린 것은?

① 은선 제거가 불가능하다.
② 간섭 체크가 용이하다.
③ 물리적 성질 등의 계산이 가능하다.
④ 형상을 절단하여 단면도 작성이 용이하다.

해설

솔리드 모델링(solid modeling)
• 은선 제거가 가능하다.
• 물리적 성질(체적, 무게중심, 관성모멘트) 등의 계산 이 가능하다.
• 간섭 체크가 용이하다.
• Boolean 연산(합, 차, 적)을 통하여 복잡한 형상 표 현도 가능하다.
• 형상을 절단한 단면도 작성이 용이하다.
• 이동, 회전 등을 통하여 정확한 형상 파악을 할 수 있다.
• 유한요소법(FEM)을 위한 메시 자동 분할이 가능하다.

31 가공 재료의 단면에 수직 방향으로 작용하 는 하중은?

① 전단하중 ② 굽힘하중
③ 인장하중 ④ 비틀림하중

해설

32 키의 종류 중 페더키(feather key)라고도 하며, 회전력의 전달과 동시에 축 방향으로 보스를 이동시킬 필요가 있을 때 사용되는 것은?

① 미끄럼키　② 반달키
③ 새들키　④ 접선키

해설

• 미끄럼키(페더키) : 묻힘키의 일종으로 키는 테이퍼가 없어야 한다. 축 방향으로 보스의 이동이 가능하며 보스와 간격이 있어 회전 중 이탈을 막기 위해 고정하는 경우가 많다.

33 일반적 중탄소 주강의 탄소 함유량은?

① 0~0.1%　② 0.1~0.30%
③ 0.30~0.50%　④ 0.50~1.05%

해설

탄소 함유량에 따라
• 저탄소강 : 0.10~0.30%
• 중탄소강 : 0.30~0.50%
• 고탄소강 : 0.50~1.05%

34 담금질 후 경화되고 잔류응력을 해소해서 조직을 연하게 만드는 열처리는?

① 뜨임　② 담금질
③ 풀림　④ 불림

해설

• 뜨임(tempering) : 경화된 강의 취성을 감소시키고 연성과 인성을 개선시켜 마르텐사이트(martensite) 조직의 응력을 완화하기 위한 열처리 공정이다.

35 용접작업 시 $t=10$, 용접길이가 200mm이고 인장하중이 4000N으로 작용할 때, 인장응력은 몇 N/mm²인가?

① 2　② 3
③ 4　④ 5

해설

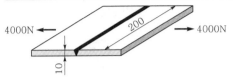

$$\sigma = \frac{P}{A} = \frac{P}{t \times \ell} = \frac{\text{인장하중}}{\text{판두께} \times \text{용접길이}}$$

$$= \frac{4000}{10 \times 200} = 2$$

36 다음은 어떤 밸브에 대한 도시 기호인가?

① 글로브 밸브　② 앵글 밸브
③ 체크 밸브　④ 게이트 밸브

해설

밸브 종류
• ▶◀ : 글로브 밸브
• ◁ : 체크 밸브
• ▷◁ : 게이트 밸브

37 도면에서 도면의 관리상 필요한 사항(도면 번호, 도명, 책임자, 척도, 투상법 등)과 도면 내에 있는 내용에 관한 사항을 모아서 기입하는 것을 무엇이라 하는가?

① 표제란　② 요목표
③ 주서란　④ 부품란

해설

• 요목표 : 기어나 스프로킷 등 간략하게 그려진 도면의 상세한 내용을 기록한 표
• 주서란 : 미처 도면에 표현하지 못한 부분이나 기타 도면에 자주 반복되는 치수들과 공작자에게 지시할 기타 사항들을 문서로써 간단명료하게 기입하는 것
• 부품란 : 부품의 명칭, 재질, 수량 등을 표시할 양식을 작성하여 표시

38 다음 중 하중이 작용하는 방향에 따른 분류를 나타낸 것 중 틀린 것은?

① 인장하중 ② 압축하중
③ 전단하중 ④ 충격하중

해설

• 작용 방향에 따라 분류되는 하중의 종류 : 인장하중, 압축하중, 전단하중
• 충격하중 : 짧은 시간에 순간적으로 작용하는 하중

39 우리나라의 도면에 사용되는 길이 치수의 기본적인 단위는?

① mm ② cm
③ m ④ inch

해설

우리나라에서 사용되는 도면의 기본 단위는 mm이다.

40 다음 설명과 관련된 V벨트 풀리의 종류는?

• 한 줄 걸기를 원칙으로 한다.
• 단면 치수가 가장 작다.

① A형 ② B형
③ E형 ④ M형

해설

단면 치수 크기에 따른 V벨트 풀리의 종류
$\underline{M} < A < B < C < D < \underline{E}$
↳ 단면치수 가장 작음 ↳ 단면치수 가장 큼

41 인장 코일 스프링에 3kgf의 하중을 걸었을 때 변위가 30mm이었다면 스프링 상수는 얼마인가?

① 0.1kgf/mm ② 0.2kgf/mm
③ 5kgf/mm ④ 10kgf/mm

해설

스프링 상수(k)

$k = \dfrac{w(하중)}{\delta(처짐)} = \dfrac{3}{30}$

$k = \dfrac{1}{10} = 0.1$

42 구리의 성질로 틀린 것은?

① 절연성이 크다.
② 경도가 높다.
③ 열전도성이 높다.
④ 전기전도율이 크다.

해설

• 구리 : 경도가 낮아 합금으로 많이 사용된다.

43 탄소공구강의 구비 조건으로 틀린 것은?

① 내마모성이 클 것
② 가공 및 열처리성이 양호할 것
③ 저온에서의 경도가 클 것
④ 강인성 및 내충격성이 우수할 것

해설

탄소공구강 구비 조건
• 열처리가 양호할 것
• 고온 경도가 클 것
• 내마모성이 클 것
• 내충격성이 우수할 것

44 다음은 어떤 나사에 대한 설명인가?

나사산의 각도에 따라 29°와 30°의 두 가지가 있으며 동력 전달용으로 프레스나 밸브 등에 쓰인다.

① 삼각나사
② 사각나사
③ 사다리꼴나사
④ 톱니나사

해설

• 사다리꼴나사 : 사각나사에 비해 가공이 쉽기 때문에 공작기계의 이송나사로 많이 사용하고 있으며, 나사산의 각도에 따라 미터계에서 30°, 인치계에서 29°이다.

45 도형의 생략에 관한 설명 중 틀린 것은?

① 대칭의 경우에는 대칭 중심선의 한쪽 도형만을 그리고, 그 대칭 중심선의 양 끝부분에 짧은 두 개의 나란한 가는 실선을 그린다.
② 도면을 이해할 수 있더라도 숨은선은 생략해서는 안 된다.
③ 같은 종류, 같은 모양의 것이 다수 줄지어 있는 경우에는 지시선을 사용하여 기술할 수 있다.
④ 물체가 긴 경우 도면의 여백을 활용하기 위하여 파단선이나 지그재그선을 사용하여 투상도를 단축할 수 있다.

해설

도면의 숨은선은 생략하고 만약 도면의 숨은선이 필요하다면 단면도를 이용한다.

46 왕복운동 기관에서 직선운동과 회전운동을 상호 전달할 수 있는 그림과 같은 축은?

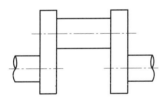

① 크랭크축   ② 직선축
③ 플랙시블축   ④ 차축

해설

• 직선축 : 보통 사용되는 곧은 축으로 동력 전달에 사용된다.
• 플랙시블축 : 축이 자유롭게 휠 수 있도록 만든 축으로 축방향이 변하는 작은 동력 전달에 사용된다.
• 차축 : 휨하중을 받는 축으로 자동차, 철도용 차량 등의 중량을 차륜하는 데 사용된다.

47 둥근 머리에 육각 홈을 파 놓은 것으로, 볼트의 머리가 밖으로 나오지 않아야 하는 곳에 주로 사용하는 볼트는?

① 접시머리볼트
② 스터드볼트
③ 육각볼트
④ 육각구멍붙이 볼트

해설

• 육각구멍붙이 볼트 : 볼트의 머리가 조립 부분 밖으로 나오지 않게 할 때 사용하는 볼트

48 6208 ZZ로 표시된 베어링에 결합하는 축의 지름은?

① 8mm   ② 20mm
③ 30mm   ④ 40mm

해설

안지름 번호 × 5 = 베어링 안지름(축의 지름)
$\quad\downarrow$ (04~96)
∴ 08 × 5 = 40mm

49 일반 치수공차 기입 방법 중 잘못된 기입 방법은?

① $\varnothing\,50\pm0.1$ ② $\varnothing\,50\,^{+0.1}_{0}$

③ $\varnothing\,50\,^{+0.2}_{-0.5}$ ④ $\varnothing\,50\,^{-0.034}_{0}$

해설

치수공차 기입법
• 위치수허용차(항상 아래치수허용차보다 커야 함)
• 아래치수허용차(항상 위치수허용차보다 작아야 함)
∴ ④ $\varnothing 50\,^{-0.034}_{0}$ 는 위치수허용차(−0.034)가 아래치수허용차(0)보다 작으므로 잘못 기입한 것이다.

50 다음 중 공차의 종류와 기호가 잘못 연결된 것은?

① 진원도공차 : ○   ② 경사도공차 : ∠
③ 직각도공차 : ⊥   ④ 대칭도공차 : //

해설

• 대칭도공차 : =

51 물체가 구의 지름임을 나타내는 치수 보조 기호는?

① SØ
② C
③ Ø
④ R

• C : 모떼기
• Ø : 원의 지름
• R : 원의 반지름

52 특수 합금 주철의 구상흑연주철을 만들기 위해 용융 상태에서 어느 원소를 첨가해야 하는가?

① Mg
② Al
③ Ni
④ Cu

• 구상화제 : Ce, Mg, Fe-Si, Ca-Si, Mg-Si-Fe

53 CAD의 좌표 표현 방식 중 임의의 점을 지정할 때 원점을 기준으로 좌표를 지정하는 방법은?

① 상대좌표
② 상대극좌표
③ 절대좌표
④ 혼합좌표

• 절대좌표 : 좌표의 원점(0,0)을 기준으로 하여 x, y 축 방향의 거리로 표시되는 좌표

54 기어설계 시 전위기어를 사용하는 이유로 거리가 먼 것은?

① 중심거리를 자유로이 변화시키려고 할 경우
② 언더컷을 피하고 싶은 경우
③ 베어링에 작용하는 압력을 줄이고자 할 경우
④ 기어 이 강도를 개선하고자 할 경우

전위기어의 목적
• 언더컷을 방지하기 위해
• 중심거리를 변화시키기 위해
• 이의 강도를 개선하려 할 때

55 나사 바이트를 이용하여 나사 가공할 때 공작물의 중심선과 나사 바이트 날이 직각으로 세팅되도록 사용하는 측정기는?

① 센터게이지
② 테이퍼게이지
③ 틈새게이지
④ 블록게이지

• 센터게이지 : 선반으로 나사를 절삭할 때 나사 절삭 바이트의 날 끝각을 조사하거나 바이트를 바르게 부착하는 데 사용하는 게이지로, 공작물의 중심위치의 좋고 나쁨을 검사하는 게이지이다.

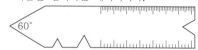

• 적용 예)

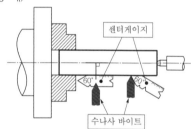

56 모니터 출력 시 컬러 디스플레이(color display)에 의해서 표현할 수 있는 색들은 어떤 3색의 혼합에 의해서인가?

① 빨강, 파랑, 초록
② 빨강, 하얀, 노랑
③ 파랑, 검정, 하얀
④ 하얀, 검정, 노랑

컬러 디스플레이에 의해서 표현할 수 있는 색은 3가지 (빨강, 파랑, 초록) 색의 혼합비에 의해 약 4,100가지의 색이 정해진다.

57 다음 중 용접기호에서 플러그 용접 기호는?

① ⊖   ② ⌐|

③ ○   ④ ||

① 심용접
③ 점용접
④ 맞대기 용접

58 컴퓨터의 처리속도 단위 중 가장 빠른 시간 단위는?

① 밀리초(ms)   ② 마이크로초(μs)
③ 나노초(ns)   ④ 피코초(ps)

컴퓨터 처리속도 단위
• 밀리초(ms) : $1ms = 10^{-3}$초
• 마이크로초(μs) : $1\mu s = 10^{-6}$초
• 나노초(ns) : $1ns = 10^{-9}$초
• 피코초(ps) : $1ps = 10^{-12}$초(처리속도가 가장 빠름)

59 두 축이 평행한 기어가 아닌 것은?

① 베벨기어   ② 헬리컬기어
③ 스퍼기어   ④ 하이포이드기어

•두 축이 나란하지도 교차하지도 않는 기어 : 웜기어, 하이포이드기어

60 제품의 표면 거칠기를 나타낼 때 표면 조직의 파라미터를 평가된 프로파일의 산술평균 높이로 사용하고자 한다면, 그 기호로 옳은 것은?

① Rt   ② Rq
③ Rz   ④ Ra

표면 거칠기 측정 방법
• 산술 평균 거칠기(Ra)
• 최대 높이(Ry)
• 10점 평균 거칠기(Rz)